U0264147

住房和城乡建设领域专业人员岗位培训考核系列用书

施工员专业管理实务
（土建施工）

江苏省建设教育协会　组织编写

中国建筑工业出版社

图书在版编目(CIP)数据

施工员专业管理实务（土建施工）/江苏省建设教育协
会组织编写. —北京：中国建筑工业出版社，2014.4
住房和城乡建设领域专业人员岗位培训考核系列用书
ISBN 978-7-112-16622-0

Ⅰ.①施… Ⅱ.①江… Ⅲ.①建筑工程-工程施工-岗
位培训-教材②土木工程-工程施工-岗位培训-教材 Ⅳ.
①TU712

中国版本图书馆 CIP 数据核字(2014)第 056762 号

本书是《住房和城乡建设领域专业人员岗位培训考核系列用书》中的
一本，供土建施工员学习使用。全书包括三大部分内容：建筑施工技术、
高层建筑施工技术和项目管理，系统阐述了土建施工员工作中需要掌握的
施工工艺技术、施工安全质量要求和施工现场管理知识，本书可作为土建
施工员岗位考试的指导用书，也可供职业院校师生和相关专业技术人员参
考使用。

责任编辑：刘 江 岳建光
责任设计：董建平
责任校对：姜小莲 赵 颖

住房和城乡建设领域专业人员岗位培训考核系列用书

施工员专业管理实务

（土建施工）

江苏省建设教育协会 组织编写

*

中国建筑工业出版社出版、发行（北京西郊百万庄）
各地新华书店、建筑书店经销
北京科地亚盟排版公司制版
北京同文印刷有限责任公司印刷

*

开本：787×1092 毫米 1/16 印张：30 字数：725 千字
2014 年 9 月第一版 2015 年 3 月第三次印刷
定价：**77.00** 元
ISBN 978 - 7 - 112 - 16622 - 0
(25329)

住房和城乡建设领域专业人员岗位培训考核系列用书

编审委员会

主　任：杜学伦

副主任：章小刚　　陈　曦　　曹达双　　漆贯学

　　　　金少军　　高　枫　　陈文志

委　员：王宇旻　　成　宁　　金孝权　　郭清平

　　　　马　记　　金广谦　　陈从建　　杨　志

　　　　魏德燕　　惠文荣　　刘建忠　　冯汉国

　　　　金　强　　王　飞

出版说明

为加强住房城乡建设领域人才队伍建设,住房和城乡建设部组织编制了住房城乡建设领域专业人员职业标准。实施新颁职业标准,有利于进一步完善建设领域生产一线岗位培训考核工作,不断提高建设从业人员队伍素质,更好地保障施工质量和安全生产。第一部职业标准——《建筑与市政工程施工现场专业人员职业标准》(以下简称《职业标准》),已于2012年1月1日实施,其余职业标准也在制定中,并将陆续发布实施。

为贯彻落实《职业标准》,受江苏省住房和城乡建设厅委托,江苏省建设教育协会组织了具有较高理论水平和丰富实践经验的专家和学者,以职业标准为指导,结合一线专业人员的岗位工作实际,按照综合性、实用性、科学性和前瞻性的要求,编写了这套《住房和城乡建设领域专业人员岗位培训考核系列用书》(以下简称《考核系列用书》)。

本套《考核系列用书》覆盖施工员、质量员、资料员、机械员、材料员、劳务员等《职业标准》涉及的岗位(其中,施工员、质量员分为土建施工、装饰装修、设备安装和市政工程四个子专业),并根据实际需求增加了试验员、城建档案管理员岗位;每个岗位结合其职业特点以及培训考核的要求,包括《专业基础知识》、《专业管理实务》和《考试大纲·习题集》三个分册。随着住房城乡建设领域专业人员职业标准的陆续发布实施和岗位的需求,本套《考核系列用书》还将不断补充和完善。

本套《考核系列用书》系统性、针对性较强,通俗易懂,图文并茂,深入浅出,配以考试大纲和习题集,力求做到易学、易懂、易记、易操作。既是相关岗位培训考核的指导用书,又是一线专业人员的实用手册;既可供建设单位、施工单位及相关高、中等职业院校教学培训使用,又可供相关专业技术人员自学参考使用。

本套《考核系列用书》在编写过程中,虽经多次推敲修改,但由于时间仓促,加之编者水平有限,如有疏漏之处,恳请广大读者批评指正(相关意见和建议请发送至 JYXH05@163.com),以便我们认真加以修改,不断完善。

本书编写委员会

主　　编：郭清平

副 主 编：冯均州

编写人员：郭清平　张福生　冯均州

前　言

　　为贯彻落实住房城乡建设领域专业人员新颁职业标准，受江苏省住房和城乡建设厅委托，江苏省建设教育协会组织编写了《住房和城乡建设领域专业人员岗位培训考核系列用书》，本书为其中的一本。

　　施工员（土建施工）培训考核用书包括《施工员专业基础知识（土建施工）》、《施工员专业管理实务（土建施工）》、《施工员考试大纲·习题集（土建施工）》三本，反映了国家现行规范、规程、标准，并以建筑工程施工技术操作规程和建筑工程施工安全技术操作规程为主线，不仅涵盖了现场施工人员应掌握的通用知识、基础知识和岗位知识，还涉及新技术、新设备、新工艺、新材料等方面的知识。

　　本书为《施工员专业管理实务（土建施工）》分册，全书内容包括建筑施工技术、高层建筑施工技术和项目管理三大部分，系统阐述了施工员（土建施工）工作中需要掌握的施工工艺流程和技术要求、施工安全和质量要求及施工现场管理知识。

　　本书既可作为施工员（土建施工）岗位培训考核的指导用书，又可作为施工现场相关专业人员的实用手册，也可供职业院校师生和相关专业技术人员参考使用。

目　　录

第一篇　建筑施工技术

第二篇 高层建筑施工技术

第三篇　项目管理

第一篇

建筑施工技术

第1章 土方工程

1.1 概　述

土方工程施工的主要内容包括：场地平整，基坑（槽）与管沟的开挖与回填；人防工程、地下建筑物或构筑物的开挖与回填；地坪填土与碾压；路基的填筑等。土方工程的施工过程主要有：土的开挖或爆破、运输、填筑、平整和压实，以及排水、降水和墙壁支撑等准备工作与辅助工作。

1. 土方工程施工特点

土方工程具有面广量大、劳动繁重、施工条件复杂等特点。

2. 土的工程分类

建筑施工过程中一般按照土的开挖难易程度，将土分为松软土、普通土、坚土、砂砾坚土、软石、次坚石、坚石、特坚石八类。各类土的工程特点见表1-1。

土的工程分类　　　　　　　　　　　　　表 1-1

土的分类	土的名称	开挖方法及工具	可松性	
			K_s	K_s'
第一类 （松软土）	砂，粉土，冲积砂土层，种植土，泥炭（淤泥）	用锹、锄头挖掘	1.08～1.17	1.01～1.04
第二类 （普通土）	粉质黏土，潮湿的黄土，夹有碎石、卵石的砂，种植土，填筑土及亚砂土	用锹、锄头挖掘，少许用镐翻松	1.14～1.28	1.02～1.05
第三类 （坚土）	软及中等密实黏土，重粉质黏土，粗砾石，干黄土及含碎石、卵石的黄土、亚黏土	主要用镐，少许用锹、锄头，部分用撬棍	1.24～1.30	1.04～1.07
第四类 （砾砂坚土）	重黏土及含碎石、卵石的黏土，粗卵石，密实的黄土，天然级配砂石，软泥灰岩及蛋白岩	先用镐、撬棍，然后用锹挖掘，部分用锲子及大锤	1.26～1.37	1.06～1.09
第五类 （软石）	硬石炭纪黏土，中等密实的页岩、泥灰岩、白垩土，胶结不紧的砾岩，软的石灰岩	用镐或撬棍、大锤，部分用爆破方法	1.30～1.45	1.10～1.20
第六类 （次坚石）	泥岩，砂岩，砾岩，坚实的页岩、泥灰岩，密实的石灰岩，风化花岗岩，片麻岩	用爆破方法，部分用风镐	1.30～1.45	1.10～1.20
第七类 （坚石）	大理石，辉绿岩；玢岩；粗中粒花岗岩；坚实的白云岩、砂岩、砾岩、片麻岩、石灰岩等	用爆破方法	1.45～1.50	1.15～1.20
第八类 （特坚石）	安山岩，玄武岩，花岗片麻岩，坚实的细粒花岗岩，闪长岩	用爆破方法	1.45～1.50	1.20～130

3. 土的工程性质

土的工程性质对土方工程的施工方法及工程量大小有直接影响，其基本的工程性质有：

（1）土的可松性

自然状态下的土，经过开挖后，其体积因松散而增加，以后虽经回填压实，仍不能恢复到原来的体积，这种性质称为土的可松性。

土的可松性程度用可松性系数来表示。自然状态土经开挖后的松散体积与原自然状态下的体积之比，称为最初可松性系数（K_s）；土经回填压实后的体积与原自然状态下的体积之比，称为最后可松性系数（K'_s）。计算公式如下：

$$K_s = V_2/V_1 \tag{1-1}$$

$$K'_s = V_3/V_1 \tag{1-2}$$

式中　K_s——土的最初可松性系数（表1-1）；

　　　K'_s——土的最后可松性系数（表1-1）；

　　　V_1——土在自然状态下的体积，m^3；

　　　V_2——土经开挖后的松散体积，m^3；

　　　V_3——土经回填压实后的体积，m^3。

（2）土的含水量

土的含水量是指土中所含的水与土的固体颗粒之间的质量比，以百分数表示：

$$W = \frac{m_1 - m_2}{m_2} \times 100\% = \frac{m_w}{m_s} \times 100\% \tag{1-3}$$

式中　W——土的含水量；

　　　m_1——含水状态时土的质量；

　　　m_2——烘干后土的质量；

　　　m_w——土中水的质量；

　　　m_s——固体颗粒的质量。

（3）土的渗透性

土的渗透性是指土体被水透过的性质。土的渗透性用渗透系数 K 表示。地下水在土中渗流速度可按达西定律计算：

$$V = Ki \tag{1-4}$$

式中　V——水在土中的渗流速度，m/d 或 cm/s；

　　　i——水力坡度；

　　　K——土的渗透系数，m/d 或 cm/s。

渗透系数 K 值反映出土的透水性强弱，它直接影响降水方案的选择和涌水量计算的准确性，一般可通过室内渗透试验或现场抽水试验确定。

1.2　土方工程量计算与土方调配

1. 基坑与基槽土方量计算

（1）基坑土方量计算

基坑土方量的计算可近似地按拟柱体（由两个平行的平面做上下底的多面体）体积计算（图1-1*a*）。即：

$$V = \frac{H}{6}(A_1 + 4A_0 + A_2) \qquad (1\text{-}5)$$

式中　　H——基坑深度，m；

　A_1，A_2——基坑上下底的面积，m^2；

　　A_0——基坑中截面面积，m^2。

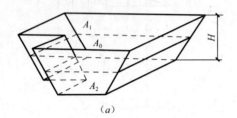 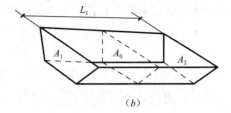

图 1-1　基坑（槽）土方量计算

（a）基坑；（b）基槽

（2）基槽土方量计算：

基槽或路堤的土方量可以沿长度方向分段后，再按拟柱体的计算方法计算（图 1-1b）。即：

$$V_1 = \frac{L}{6}(A_1 + 4A_0 + A_2) \qquad (1\text{-}6)$$

式中　　V_1——第一段的土方量，m^3；

　　L——第一段的长度，m。其他符号含义同前。

然后将各段相加即得总土方量：

$$V = V_1 + V_2 + V_3 + V_4 + \cdots\cdots V_n \qquad (1\text{-}7)$$

式中　　V_1，V_2，…，V_n——各段的土方量，m^3。

2. 场地平整土方量的计算

场地平整的步骤：确定场地设计标高→计算挖、填土方工程量→确定土方平整调配方案→选择土方机械、拟定施工方案。

（1）确定场地设计标高

确定场地设计标高应考虑的主要因素：建筑规划、生产工艺、运输、尽量利用地形、排水等。

确定场地设计标高常用的原则：场地内挖、填方量平衡原则。

确定场地设计标高的主要步骤：划分网格（一般每方格网边长 10～40m，图 1-2）→利用等高线内插求得角点标高（有地形图时）或测量角点木桩高度（无地形图时）→初步确定场地的设计标高（H_0）→场地初步设计标高的调整。

1）计算场地初步设计标高的公式：

$$H_0 n a^2 = \sum_{i=1}^{n} \left(a^2 \frac{H_{i1} + H_{i2} + H_{i3} + H_{i4}}{4} \right) \Rightarrow H_0 = \frac{\Sigma H_1 + 2\Sigma H_2 + 3\Sigma H_3 + 4\Sigma H_4}{4n}$$

$$(1\text{-}8)$$

式中　　H_1——一个方格独有的角点标高；

　　H_2——两个方格共有的角点标高；

　　H_3——三个方格共有的角点标高；

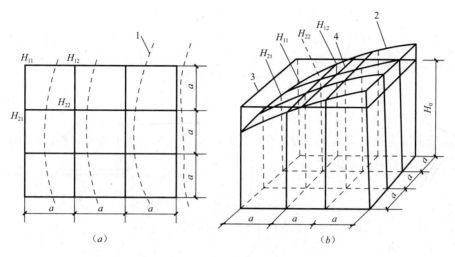

图 1-2 场地设计标高计算示意图

(a) 方格网划分；(b) 场地设计标高示意图

1—等高线；2—自然地面标高；3—设计地面标高；4—自然地面与设计标高平面的交线（零线）

H_4——四个方格共有的角点标高；

n——方格网中的方格数。

2）场地初步设计标高的调整

场地标高调整的原因：土的可松性影响；借土或弃土的影响；泄水坡度的影响等。下面以考虑泄水坡度的影响对场地进行初步设计标高的调整。

按前面计算的场地初步设计标高，平整后场地是一个平面。但实际上由于排水的要求，场地表面需要有一定的泄水坡度，其大小应符合设计规定。因此，在计算的 H_0（或经调整后的 H_0'）基础上，要根据场地要求的泄水坡度（单向泄水或双向泄水，图 1-3），

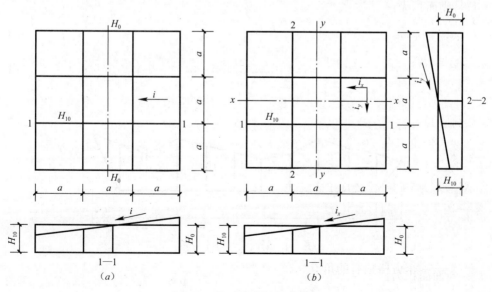

图 1-3 场地泄水坡度示意图

(a) 单向泄水；(b) 双向泄水

最后计算出场地内各方格角点实际施工时的设计标高。

单向泄水时，以计算出的实际标高 H_0（或调整后的设计标高 H_0'）作为场地中心线的标高。场地内任意一个方格角点的设计标高为：

$$H_n = H_0(H_0') \pm li \tag{1-9}$$

式中　l——该方格角点距场地中心线的距离，单位为 m；

　　　i——场地泄水坡度。

当场地表面为双向泄水时，设计标高的求法原理与单向泄水坡度时相同。场地内任意一个方格角点的设计标高为：

$$H_n = H_0(H_0') \pm l_x i_x \pm l_y i_y \tag{1-10}$$

式中　l_x，l_y——该点于 x-x、y-y 方向上距场地中心线的距离，单位为 m；

　　　i_x，i_y——场地在 x-x、y-y 方向上的泄水坡度。

（2）场地土方量的计算

场地平整土方量的计算方法，通常有方格网法和断面法两种。当场地地形较为平坦时宜采用方格网法；当场地地形起伏较大、断面不规则时，宜采用断面法。

1）方格网法

方格边长一般取 10m、20m、30m、40m 等。根据每个方格角点的自然地面标高和设计标高，算出相应的角点挖填高度，然后计算出每一个方格的土方量，并算出场地边坡的土方量，这样即可求得整个场地的填、挖土方量。其具体步骤如下：

将场地按确定的方格边长进行网格划分（a=10～40m，视场地大小及计算精度而定）→计算场地各角点的施工高度（h_n）→计算每个方格的挖、填方量→计算场地边坡的挖、填方量→累计求场地挖、填方总量。

2）断面法

沿场地取若干个相互平行的断面，将所取的每个断面划分为若干个三角形和梯形（图 1-4），则面积为：

$$f_1 = \frac{h_1 d_1}{2}, \tag{1-11}$$

$$f_2 = \frac{(h_1 + h_2)d_2}{2}, \cdots \tag{1-12}$$

$$\cdots\cdots$$

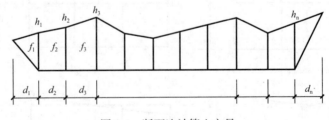

图 1-4　断面法计算土方量

某一断面面积为：

$$F_i = f_1 + f_2 + \cdots + f_n \tag{1-13}$$

若 $d_1 = d_2 = d_3 = \cdots\cdots d_n = d$，则：

$$F_i = d(h_1 + h_2 + \cdots + h_{n-1}) \qquad (1\text{-}14)$$

设备断面面积分别为 F_1，F_2，$\cdots$，F_m，相邻两断面间的距离依次为 L_1，L_2，$\cdots$，L_m，则所求土方量为：

$$\cdots V = \frac{F_1 + F_2}{2}L_1 + \frac{F_2 + F_3}{2}L_2 + \cdots + \frac{F_{m-1} + F_m}{2}L_{m-1} \qquad (1\text{-}15)$$

用断面法计算土方量时，边坡土方量已包括在内。

3. 土方调配

土方调配：就是指对挖土的弃和填的综合协调。

土方调配的原则：挖方和填方基本平衡就近调配；考虑施工与后期利用；合理布置挖、填分区线，选择恰当的调配方向、运输路线；好土用在回填质量高的地区。

土方调配图表的编制方法：划分调配区→计算土方量→计算调配区之间的平均运距→确定土方最优调配方案→在场地地形图上绘制土方调配图、调配平衡表。

1.3　土方工程施工准备与辅助工作

1. 施工准备工作

土方开挖前的主要准备工作有：场地清理（清理房屋、古墓、通讯电缆、水道、树木等）；排出地面水（尽量利用自然地形来排水，设置排水沟）；修筑临时设施（道路、水、电、机棚）。

2. 土方边坡与土壁支撑

（1）土方边坡与边坡稳定

1）土方边坡

开挖基坑（槽）时，为了防止塌方，保证施工安全及边坡的稳定，其边沿应考虑放坡。当地质条件良好、土质均匀、地下水位低于基坑或基槽底面标高且敞开时间不长时，挖方边坡可以做成直立的形状（不放坡）。但是开挖深度不得超过当地规定的不放坡开挖的最大挖土深度要求（表1-2）。

直立壁（不放坡）不加支撑时的最大挖土深度　　　　　　　　　　　表 1-2

土的类别	挖方深度（m）
密实、中密的砂土和碎石类土（充填物为砂土）	1.00
硬塑、可塑的粉质黏土及粉土	1.25
硬塑、可塑的黏土和碎石类土（充填物为黏性土）	1.50
坚硬的黏土	2.00

当挖土深度超过了当地规定的最大挖土深度时，应考虑放坡，放坡时应按不同土层设置不同的放坡坡度（图1-5）。

土方边坡的坡度一般以挖方深度 h（或填方深度）与底宽 b 之比表示。即：

$$\frac{h}{b} = 1 \Big/ \Big(\frac{b}{h}\Big) = 1 : m \qquad (1\text{-}16)$$

式中　m——边坡系数。边坡系数依据土质、挖方深度和施工方法来确定。

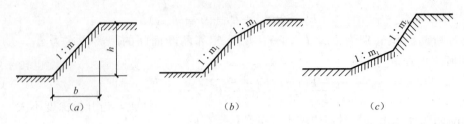

图 1-5　土方边坡图

(a) 直线边坡；(b) 不同土层折线边坡；(c) 相同土层折线边坡

影响土方边坡大小的因素：土质、开挖深度、开挖方法、边坡留置时间、边坡附近的荷载状况、排水情况等。深度在 5m 以内的基坑（槽）的最陡坡度可参考表 1-3 选用。

深度在 5m 以内的基坑（槽）的最陡坡度（不加支撑）　　　　表 1-3

土的类别	边坡坡度（高：宽）		
	坡顶无荷载	坡顶有静载	坡顶有动载
砂类土	1：1.00	1：1.25	1：1.50
卵石、砾类土	1：0.75	1：1.00	1：1.25
粉质土、黏质土	1：0.33	1：0.50	1：0.75
极软岩	1：0.25	1：0.33	1：0.67
软质岩	1：0	1：0.1	1：0.25
硬质岩	1：0	1：0	1：0

注：1. 静载指堆土或材料等，动载指机械挖土或汽车运输作业等。静（动）载距挖方边缘的距离应保证边坡和直立壁的稳定，堆土或材料应距挖方边缘 0.8m 以外，高度不宜超过 1.50m。
　　2. 软土地区开挖时，坡顶不得堆土或材料，亦不得有动载。
　　3. 坑壁有不同土层时，基坑坑壁坡度可分层选用，并酌情加设平台。
　　4. 岩石单轴极限强度＜5.5 或＝5.5~30 或＞30 时，分别定义为极软、软质、硬质岩。

基坑（槽）挖好后，应及时进行基础工程施工。当挖基坑较深或晾槽时间较长时，应根据实际情况采取防护措施，防止基底土体反鼓，降低地基土承载力。

2）边坡稳定

开挖基坑（槽）时，必须保证土方边坡的稳定，才能保证土方工程施工的安全。影响土方边坡的主要因素是由于外部因素的作用下造成土方边坡的土体内摩擦阻力和粘结力失去平衡，土体的抗剪强度降低。造成边坡塌方的常见原因有：①土质差且边坡过陡；②雨水、地下水渗入基坑，使边坡土体的重量增大，抗剪能力低；③基坑边缘附近大量堆土或停放机具材料，使土体产生剪应力超过土体强度等。

为了保证土方边坡的稳定，防止塌方，确保土方施工的安全，土方开挖达到一定深度时，应按规定进行放坡或进行土壁支撑。

（2）土壁支撑技术

开挖基坑或基槽时，采用放坡开挖，往往是比较经济的。但当在建筑稠密地区或场地狭窄地段施工时，没有足够的场地来按规定进行放坡开挖；有防止地下水渗入基坑要求；深基坑（槽）放坡开挖所增加的土方量过大等情况时，就需要用土壁支护结构来支撑土壁，以保证土方施工的安全顺利地进行，并减少对邻近建筑物和地下设施的不利影响。

常用的土壁支护结构有：横撑式支撑、钢（木）板桩支撑、钢筋混凝土排桩支撑、水泥土搅拌桩支撑、土层锚杆支撑、土钉支护和地下连续墙等。

1) 横撑式支撑

横撑式支撑由挡土板、木楞和横撑组成。用于基坑开挖宽度不大、深度也较小的土壁支撑。根据挡土板所放位置的不同分为水平和垂直两类型式（图 1-6）。

水平挡土板有间断式和连续式两种。对于湿度小的黏性土，当开挖深度不大于 3m 时可用间断式水平挡土板支撑。对于开挖深度不超过 5m 且呈松散状如砾石、砂、湿度大的软黏土等可用连续式水平挡土板支撑。

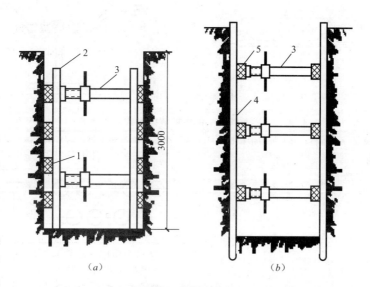

图 1-6　横撑式支撑
(a) 间断式水平挡土板支撑；(b) 垂直挡土板支撑
1—水平挡土板；2—竖楞木；3—工具式横撑；4—竖直挡土板；5—横楞木

基坑开挖后按回填土的顺序拆除支撑，由下而上拆除，与支撑顺序相反。

2) 板桩支撑

板桩是一种支护结构，可用于抵抗土和水所产生的水平压力，既挡土又挡水（连续板桩）。

当开挖的基坑较深，地下水位较高且有可能发生流砂时，如果未采用井点降水方法，则宜采用板桩支撑，阻止地下水渗入基坑内，从而防止流砂产生。在靠近原建筑物开挖基坑（槽）时，为了防止原有建筑物基础下沉，通常也可采用板桩支撑。

桩的常用种类有：钢板桩（图 1-7）、木板桩、钢筋混凝土板桩和钢（木）混合板桩式支护结构等。

3) 钢筋混凝土排桩支撑

它是用灌注桩作为深基坑开挖时的土壁支护结构，具有布置灵活、施工简便、成桩快、价格低等优点，应用广泛（图 1-8，图 1-9）。

排桩的布置情况与土质、土压力大小及地下水位高低有关。有一字相间排列、一字相接排列、一字搭接、交错相接、交错相间排列几种形式。

排桩挡土效果较好，但是挡水效果较差，经常用在地下水位较低的地方。

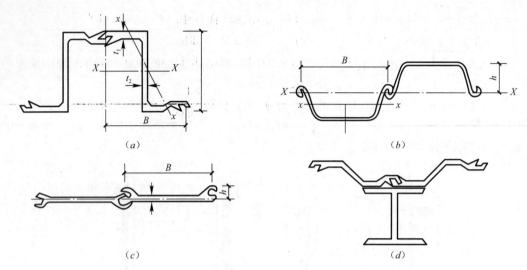

图 1-7　钢板桩截面形式

(a) Z字形板桩；(b) 波浪形板桩（"拉森"板桩）；(c) 平板桩；(d) 组合截面板桩

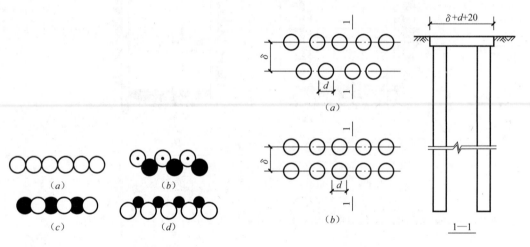

图 1-8　连续排桩挡土止水结构

(a) 一字相接排列；(b) 交错相接排列；
(c) 一字搭接排列；(d) 交错大小桩排列

图 1-9　双排挡土结构

(a) 三角形布置；(b) 矩形布置

灌注桩支护结构类型及其适用范围　　　　　　　　　　　　表 1-4

结构类型		适用范围
排桩结构	稀疏排桩	土质较好（黏土、砂土），地下水位较低或降水效果好的土层
	连续排桩	土质较差、地下水位高或降水效果差的土层
	框架式或双排式排桩	单排桩刚度或承载力不足时，适用于砂土、黏土层
组合排桩结构（排桩为平面直线形或平面拱形）	排桩加钢丝网水泥抹面	黏土、砂土和地下水位较低的土层
	排桩加压密注浆止水	排桩承重，压密注浆止水有防渗作用，用于中砂及黏性土层
	排桩加深层搅拌桩止水	排桩承重，深层搅拌桩相互搭接（≥200mm）成平面或拱形，有较好防漏、防渗效果，用于软土地层
	排桩加水泥旋喷桩止水	排桩承重，旋喷桩（水泥防渗墙）止水，用于软土、砂性土
	排桩加薄壁混凝土防渗墙	排桩承重，射水法施工的薄壁混凝土连续墙止水，用于开挖深度较深、地下水位较高的软土、砂性土

结构类型	适用范围
排桩或组合排桩加内支撑结构	排桩和内支撑承重，各种止水措施防渗，适用于悬臂桩承载力、刚度无法满足要求时
排桩或组合排桩加土层锚杆结构	适用于排桩和组合排桩承载力、刚度无法满足要求，开挖深度在8m以上者

4）水泥土搅拌桩支撑

它在边坡土体需要加固的范围内，将软土与水泥浆强制拌和，使软土硬结成整体并具有足够强度的水泥加固土，因而称为水泥土搅拌桩。按施工机具和方法不同，可以分为深层搅拌法、旋喷法和粉喷法。它适用于淤泥、粉土和含水量较高且地基承载力不大的黏性土等软土层，作为基坑截水和较浅基坑的支护。

深层搅拌桩是加固饱和软黏土地基的一种方法，它利用水泥、石灰等作为固化剂，通过深层搅拌机械就地将软土和固化剂（浆液）强制搅拌，利用固化剂和软土间所产生的物理—化学反应，使软土硬结成具有整体性、水稳定性和一定强度的地基（图1-10）。当用作支护结构时，可作为重力式挡土墙，利用其自身重量挡土，同时连续搭接（止水时≥200mm）形成的连续结构可兼作止水结构。当用于深基坑支护结构时，一般基坑开挖深度不大于7m，且基坑四周有足够的施工场地。

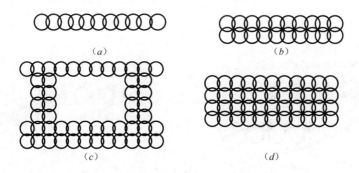

图 1-10 深层搅拌桩平面布置方式
(*a*)、(*b*) 壁式；(*c*) 格栅式；(*d*) 实体式

深层搅拌桩的施工工艺为：深层搅拌机就位→预搅下沉→喷浆搅拌提升→重复搅拌下沉→重复搅拌提升直至孔口（图1-11）。

旋喷法是利用专用钻机钻孔之设计处理深度，采用高压发生装置，通过安装在钻杆端部的特殊喷嘴，将高压水泥浆液向四周高速喷入土体，随钻头旋转和提升切削土层，使其拌和均匀。

粉喷法是用压缩空气将水泥粉体输送到桩头，并以雾状喷入土中，通过钻头叶片旋转搅拌混合而成。

水泥土搅拌桩法挡土效果好，但是挡水较差。如果在水泥土搅拌桩完成后、凝固前及时进行插钢筋或插入H型钢进行加固，变成劲性水泥土墙，则既可起到挡土又能起到挡水的双重作用。

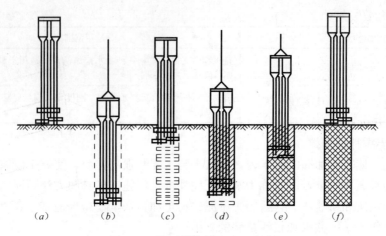

图 1-11　深层搅拌桩施工工艺流程

（a）就位；（b）预搅下沉；（c）喷浆搅拌提升；（d）重复搅拌下沉；（e）重复喷浆搅拌提升；（f）完毕

5）土层锚杆支撑

当基坑开挖深度过大时，可能造成悬臂式支护结构变形过大或所需截面过大而不经济，此时通常采用内支撑或土层锚杆来防止支护结构变形过大并改善其受力状况，降低造价。

土层锚杆是一种埋入土层深处的受拉杆件，它一端与工程构筑物相连，另一端锚固在土层中，通常对其施加预应力，以承受由土压力、水压力等所产生的拉力，用以维护支护结构的稳定（图 1-12）。

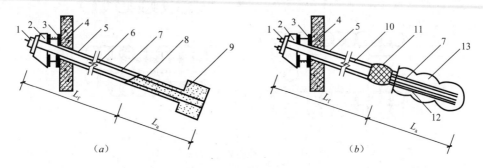

图 1-12　土层锚杆构造

（a）圆柱形及端部扩大头型锚固段土层锚杆；（b）连续球体型锚固段土层锚杆

1—锚具；2—台座；3—横梁；4—支挡结构；5—钻孔；6—二次灌浆防腐处理；7—预应力锚筋；8—圆柱形锚固体；

9—端部扩大头体；10—塑料套管；11—止浆密封装置；12—注浆套管；13—连续球体型锚固体；

L_f—自由段长度；L_a—锚固段长度

6）土钉支护

土钉支护是以土钉作为主要受力构件的坑外边坡支护技术。它由密集的土钉群、被加固的原位土体、喷射的混凝土面层和必要的防水系统组成（图 1-13）。

土钉支护具有以下特点：材料用量和工程量小，施工速度快；施工设备和操作方法简单；施工操作场地小，对环境干扰小，适合在城市地区施工；土体支护位移小，对相邻建筑物影响小；经济效益好。

土钉支护适用于地下水位以上或经过降水措施后的砂土、粉土、黏土中。

土钉支护的施工工艺：定位→钻机就位→成孔→插钢筋→注浆→喷射混凝土。土钉支护依设计规定的分层开挖深度按顺序施工，上层土钉喷射混凝土前不得进行下一层的施工。成孔钻机可采用螺旋钻机、冲击钻机、地质钻机并按规定钻孔施工。插入孔中的二级以上的螺纹钢筋必须除锈，保持平直。注浆可用重力、低压或高压方法。喷射混凝土顺序应自下而上，喷射分二次进行。第一次喷射后铺设钢筋网，并使钢筋网与土钉连接牢固。喷射第二次混凝土，要求表面湿润、平整，无滑移流淌现象。待混凝土终凝后 2 小时，浇水养护 7 天。

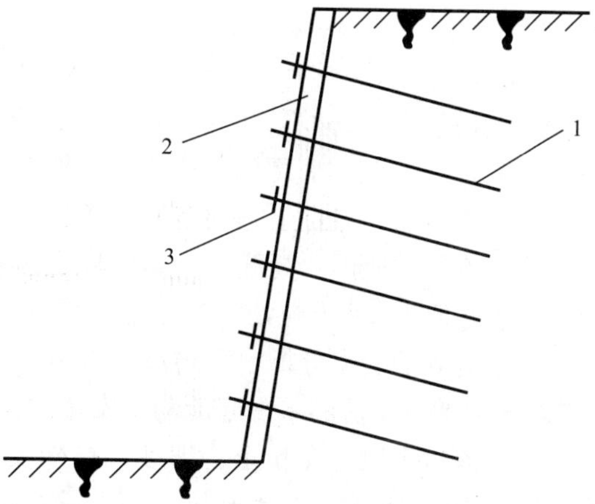

图 1-13　土钉墙支护

1—土钉；2—喷射混凝土；3—垫板

7）地下连续墙支撑

地下连续墙工艺是近十几年来在地下工程和深基础施工中发展起来并应用较广泛的一项施工技术。近年来，高层建筑、地铁及各种大型地下设施日益增多，基础埋深大，加之周围环境和施工场地的限制，无法采用传统的施工方法，地下连续墙便成为深基础施工的有效手段。地下连续墙既可以作为深基础的支护还可以作为建筑物的深基础，后者称为两墙合一，而且更为经济。

地下连续墙的优点是刚度大，既可以挡土又可以挡水，能够承受较大的土压力；遇开挖基坑时无需放坡，也无需用井点降水；施工时噪音低、振动小；对邻近的地下设施和工程结构影响较小；适用于各种土质，尤其适用于城市中密集建筑群的基础开挖。但是地下连续墙的施工技术比较复杂，要求精度高。施工过程中产生的泥浆对地下水有污染，需要妥善处理。

1.4　人工降低地下水位

主要的降水方法有：集水坑降水法和井点降水法。

1. 集水坑降水法

集水坑降水法是在基坑开挖过程中，在坑底设置集水坑，并沿坑底的周围或中央开挖排水沟，使基坑内的水经排水沟流向集水井，然后用水泵抽走的降水法（图 1-14）。

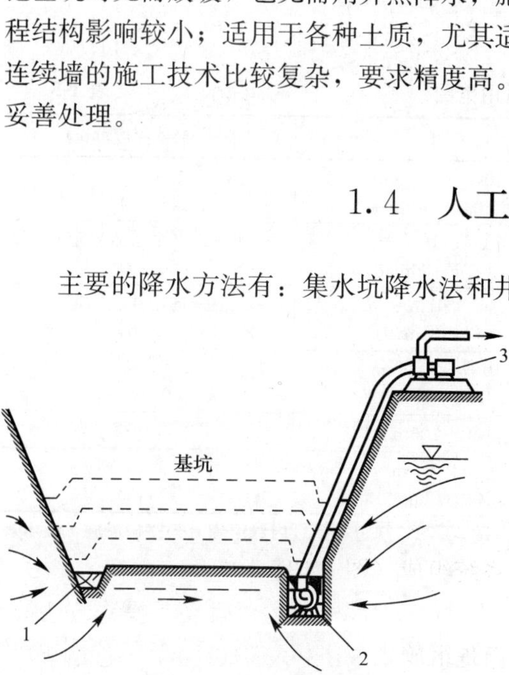

集水坑降水法的适用范围：开挖深度不宜太大，地下水位不宜太高，土质宜较好的基坑降水。集水坑一般 20～40m 设置一个，直径或宽度一般为 0.7～0.8m，深度低于挖土面 0.8～1m。排水沟尺寸一般为 0.3m×0.3m。水泵主要有离心泵、潜水泵和软轴

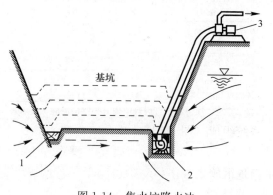

图 1-14　集水坑降水法

1—排水沟；2—集水坑；3—水泵

水泵等。

集水坑降水法具有设备简单和排水方便的优点，采用较为普遍，但当开挖深度大、地下水位较高而土质又不好时，容易出现"流砂"或"管涌"现象，导致工程事故。

1）流砂：基坑底部的土成流动状态，随地下水涌入基坑的现象。

① 流砂的特点：土完全丧失承载能力。

② 流砂的成因：高低水位间的压力差使得水在其间的土体内发生渗流，当压力差达到一定程度时，使土粒处于悬浮流动状态。

③ 流砂的受力分析：当动水压力 $G_D \geqslant \gamma'$ 时，土粒处于悬浮状态，土的抗剪强度等于零，土粒随着渗流的水一起流动，发生"流砂现象"。

④ 流砂现象易在粉土、细砂、粉砂及淤泥土中发生。但是否会发生流砂现象，还与动水压力的大小有关。当基坑内外水位差较大时，动水压力就较大，易发生流砂现象。一般工程经验是：在可能发生流砂的土质处，当基坑挖深超过地下水位线 0.5m 左右时，就要注意流砂的发生。

⑤ 流砂的治理办法，主要途径是消除、减少或平衡动水压力，具体措施有抢挖法、打板桩法、水下挖土法、人工降低地下水位（轻型井点降水）等。

2）管涌：坑底位于不透水层，不透水层下面为承压蓄水层，坑底不透水层的覆盖厚度的重量小于承压水的顶托力时，发生的管状涌水现象。

2. 井点降水法

井点降水法就是在基坑开挖前，预先在基坑四周埋设一定数量的井点管，利用抽水设备抽水，使地下水位降落在坑底以下，直到施工结束为止的降水方法。

井点降水法主要井点有：轻型井点、喷射井点、电渗井点、管井井点和深井井点等，其适用范围见表1-5，但一般轻型井点采用较广。

各类井点的适用范围 表1-5

项　次	井点类别	K	降低水位深度（m）
1	轻型井点	$10^{-2} \sim 10^{-5}$cm/s （0.1～80m/d）	3～6 （3～6）
2	多层轻型井点 （二级轻型井点）	$10^{-2} \sim 10^{-5}$cm/s （0.1～80m/d）	6～12（由层数决定） （6～9）
3	电渗井点	<1cm/s （<0.1m/d）	根据选用井点确定 （5～6）
4	喷射井点	$10^{-3} \sim 10^{-6}$cm/s （0.1～50m/d）	8～20 （8～20）
5	管井井点	（20～200m/d）	（3～5）
6	深井井点	$\geqslant 10^{-5}$cm/s （10～80m/d）	>10 （>15）

注：表中数值为《建筑地基基础工程施工质量验收规范》（GB 50202）规定，括号内数值为《公路桥涵施工技术规范》（JTJ 041）规定。

（1）轻型井点（如图1-15所示）

1）组成：轻型井点主要由管路系统与抽水设备组成。

管路系统：井点管、滤管（图1-16）、总管、联结管。

抽水设备：离心泵、真空泵、水气分离器。

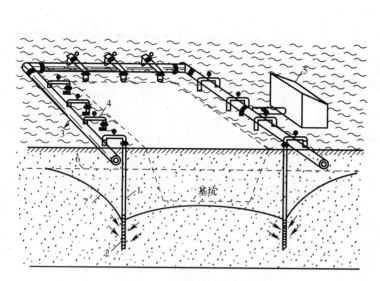

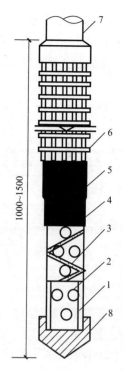

图 1-15 轻型井点全貌图

1—井点管；2—滤管；3—总管；4—弯联管；

5—泵房；6—原地下水位线；7—降水后地下水位线

图 1-16 滤管构造

1—钢管；2 小孔；3—螺旋塑料

管等；4—细滤网；5—粗滤网；6—粗

铁丝保护网；7—井点管；8—塞头

2）轻型井点的布置

轻型井点布置时应考虑的影响因素主要有：基坑大小、深度、土质、地下水位的高低、流向、降水深度等。

轻型井点的平面布置形式有：单排线状布置、双排线状布置、环状布置和 U 形布置。

当基坑或沟槽宽度小于 6m，水位降低不大于 5m 时，可采用单排线状布置，井点管应布置在地下水的上游一侧，其两端的延伸长度一般不小于坑（槽）宽度（图 1-17）。如

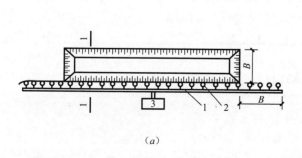

（a）

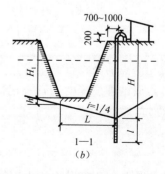

（b）

图 1-17 单排井点布置简图

（a）平面布置；（b）高程布置

1—总管；2—井点管；3—抽水设备

沟槽宽度大于6m，或土质不良，则采用双排线状布置（图1-18）。面积较大的基坑应采用环状布置（图1-19），且四个角点部分的井点应适当加密。有时也可布置为U形，以利于挖土机械和运输车辆出入基坑。

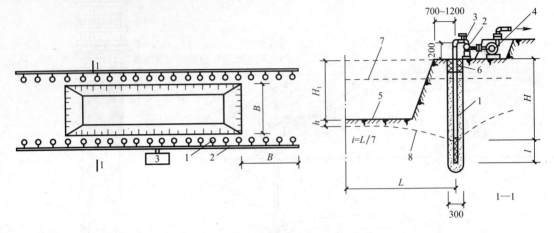

图1-18 双排线状井点布置

1—井点管；2—集水总管；3—弯联管；4—抽水设备；5—基坑；

6—黏土封孔；7—原地下水位线；8—降低后地下水位线

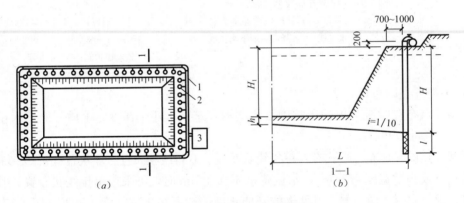

图1-19 环形井点布置简图

（a）平面布置；（b）高程布置

1—总管；2—井点管；3—抽水设备

轻型井点的高程布置：

井点管的埋设深度H（不包括滤管长），按下式计算（图1-17（b），图1-18（b），图1-19（b））：

$$H \geqslant H_1 + h + iL \tag{1-17}$$

式中 i——地下水降落坡度，环状井点1/10，单排线状井点为1/4。

当采用一级轻型井点达不到降水深度时，可采用二级轻型井点降水（图1-20）。

3）轻型井点的计算

轻型井点的计算内容包括：涌水量计算、井点管数量与井距的确定等。

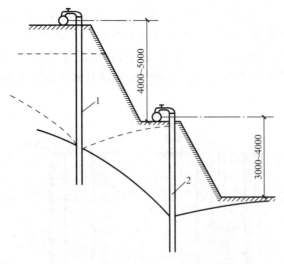

图 1-20 二级轻型井点
1—第一级轻型井点；2—第二级轻型井点

井点系统的涌水量计算是以水井理论为依据进行的。根据地下水在土层中的分布情况，水井有几种不同的类型。水井布置在含水层中，当地下水表面为自由水压时，称为无压井；当含水层处于两不透水层之间，地下水表面具有一定水压时，称为承压井。另一方面，当水井底部达到不透水层时，称为完整井；否则称为非完整井。综合而论，水井大致有下列四种：无压完整井、无压非完整井、承压完整井和承压非完整井。水井类型不同，其涌水量的计算公式亦不相同。

轻型井点的计算过程一般为：涌水量计算→单根井点管的最大出水量→井点管的最少根数→井点管的平均间距。

（2）喷射井点

当开挖基坑（槽）的深度较大，且地下水位较高时，若布置一层轻型井点则不能满足降水深度的要求。如采用多层轻型井点布置，则挖土方量大，经济上又不合理。因此通常在降水深度超过 6m 时，可采用喷射井点。其降水深度可达 8～20m，可用于渗透系数为 0.1～50m/d 的砂土、淤泥质土层。

（3）电渗井点

在深基坑施工中有时会遇到渗透系数小于 0.1m/d 的土质，这类土含水量大，压缩性高，稳定性差。由于土料间微小毛细孔隙的作用，将水保持在孔隙内，采用真空吸力降水的方法效果不好，此时采用电渗井点降水。在饱和黏土中插入两根电极，通入直流电，黏土粒即能沿力线向阳极移动，称为电泳。水分电子向阴极移动为电渗。如图 1-21 所示。

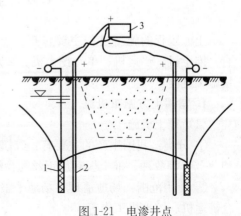

图 1-21 电渗井点
1—井点管；2—电极；3—24～48V 直流电源

（4）管井井点和深井井点

在土的渗透系数更大（20～200m/d），地下水含量丰富的土层中降水，宜采用管井井点或深井井点。管井井点就是在基坑的四周每隔10～50m钻孔成井，然后放入钢筋混凝土管或钢管，底部设滤水管。每个井管用一台水泵抽水，以使水位降低。如图1-22所示分别为钢管和混凝土管井点。深井井点与管井井点基本相同，只是井较深，用井泵抽水。管井井点和深井井点设备简单，但一次投资大。

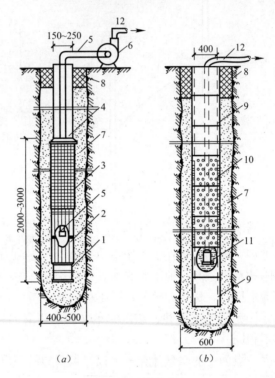

图 1-22　管井井点

(a) 钢管管井；(b) 混凝土管管井

1—沉沙管；2—钢筋焊接骨架；3—滤网；4—管身；5—吸水管；6—离心泵；7—小砾石过滤层；
8—黏土封口；9—混凝土实壁管；10—混凝土过滤管；11—潜水泵；12—出水管

1.5　土方机械化施工

土方工程的施工过程主要包括：土方开挖、运输、填筑与压实等。常用的施工机械有：推土机、铲运机、单斗挖土机、装载机和土方压实机械等，施工时应正确选用，以加快施工进度。

1. 常用土方施工机械

(1) 推土机施工

① 分类：我国生产的主要有：红旗100、T-120、移山160、T-180、黄河220、T-240和T-320等数种。推土板有用钢丝绳操纵和用油压操作两种。

② 使用范围：场地清理、场地平整、开挖深度1.5m以内的基坑，填平沟坑，以及配合铲运机、挖土机工作等。

③ 特点：操作灵活、运转方便，所需工作面较小、行驶速度快、易于转移，经济运

距 100m，效率最高为 60m。

④ 提高生产率的作业方法有：下坡推土（图 1-23），并列推土（图 1-24），多刀送土和槽形推土四种。

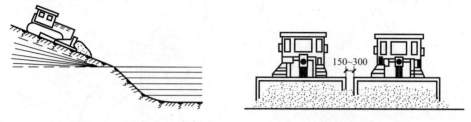

图 1-23　下坡推土法　　　　图 1-24　两台推土机并列推土法

（2）铲运机施工

构成：牵引机械和土斗。

① 分类：按行走方式分为拖式和自行式两种；按操纵机构分油压式和索式两种（图 1-25）。

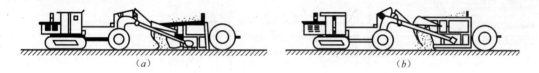

（a）　　　　　　　　　　　（b）

图 1-25　拖式铲运机作业示意图

（a）铲土；（b）卸土

② 使用范围：适合大面积场地平整，开挖大基坑、沟槽以及填筑路基、堤坝等工程。

③ 特点：能综合完成挖土、运土、平土和填土等全部土方施工工序，自行式经济运距 800～1500m，拖式经济运距 600m。

④ 提高生产率的作业方法：

合理的行走路线——环形路线、8 字形路线，图 1-26。

施工方法——下坡铲土、跨铲法、助铲法。

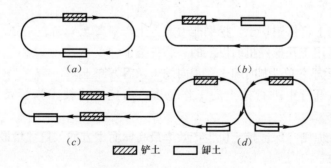

（a）　　　　　　　　　　　（b）

（c）　　　　　　　　　　　（d）

▨铲土　▢卸土

图 1-26　铲运机开行路线

（a），（b）环形路线；（c）大环形路线；（d）8 字形路线

（3）单斗挖土机施工

分类：按其行走装置的不同，分为履带式和轮胎式两类；按其工作装置的不同，分为

正铲、反铲、拉铲和抓铲等。按其操纵机械的不同，可分为机械式和液压式两类，但机械式现在少用了。

1）正铲挖土机（图1-27，图1-28）

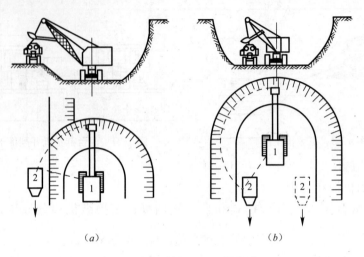

图1-27 正铲挖土机开挖方式
（a）正向开挖侧向卸土；（b）正向开挖后方卸土
1—正铲挖土机；2—自卸汽车

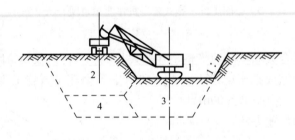

图1-28 正铲挖土机开行通道布置示例
1、2、3、4—挖土机开行次序

特点：向前向上，强制切土，挖掘能力大，生产率高。

适用范围：适用于开挖停机面以上的一～三类土。

开挖方式：正向挖土，侧向卸土；正向挖土，后方卸土。

工作面：一次开行中进行挖土的工作范围，由挖土机技术指标及挖、卸土的方式决定。

工作面的布置原则：保证挖土机生产效率最高，而土方的欠挖数量最少。

2）反铲挖土机

特点：后退向下，强制切土，挖掘能力比正铲小。

适用范围：能开挖停机面以下的一～三类土；适用于挖基坑、基槽和管沟、有地下水的土或泥泞土。

开挖方式：沟端开挖、沟侧开挖，图1-29。

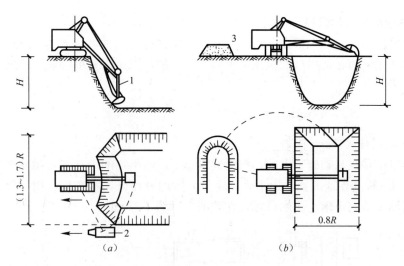

图 1-29　反铲挖土机工作方式与工作面
（a）沟端开挖；（b）沟侧开挖
1—反铲挖土机；2—自卸汽车；3—弃土堆

3）拉铲挖掘机

特点：后退向下、自重（土斗自重）切土，其挖土半径和挖土深度较大，但不如反铲灵活，开挖精确性差。

适用范围：适用于开挖停机面以下的一、二类土。可用于开挖大而深的基坑或水下挖土。

开挖方式：与反铲相似，可沟侧开挖，也可沟端开挖。

4）抓铲挖土机（图 1-30）

特点：直上直下、自重（土斗自重）切土；

适用范围：适用于开挖停机面以下的一、二类土，如挖窄而深的基坑疏通旧有渠道以及挖取水中淤泥，或用于装卸碎石、矿渣等松散材料。在软土地基的地区，常用于开挖基坑等。

（4）装载机

分类：按行走方式分履带式和轮胎式两种，按工作方式分单斗式和轮斗式两种。

特点：操作轻便、灵活、转运方便、快速。

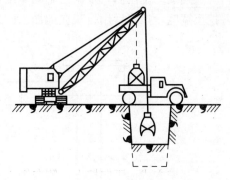

图 1-30　抓铲

适用范围：适用于装卸土方和散料，也可用于松散土的表层剥离、地面平整和场地清理等工作。

（5）压实机械

按压实原理不同，可分为冲击式、碾压式和振动式三大类。冲击式压实机械主要有蛙式打夯机和内燃式打夯机两类；碾压式压实机械按行走方式分自行式压路机（光轮和轮胎）和牵引式（推土机或拖拉机牵引）压路机两类；振动压实机械按行走方式分为手扶平板式和振动式两类。

2. 土方挖运机械的选择

土方机械选择，通常先根据工程特点和技术条件提出几种可行方案，然后进行技术经济比较，选择效率高、费用低的机械进行施工，一般可选用土方单价最小的机械。

1.6 土方开挖施工

1. 建筑物定位

建筑物定位是在基础施工以前，根据建筑总平面图给定的坐标，将拟建建筑物的平面位置和±0.000标高在地面上确定下来。定位一般用经纬仪、水准仪、钢尺等根据轴线控制点将外墙轴线的四个角点用木桩标设在地面上（图1-31）。

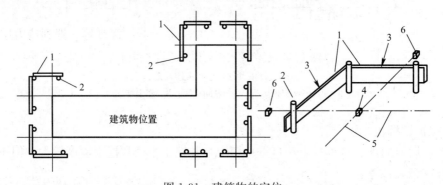

图1-31 建筑物的定位

1—龙门板；2—龙门桩；3—轴线钉；4—轴线桩（角桩）；5—轴线；6—控制桩

2. 放线

建筑物定位后，根据基础的宽度、土质情况、基础埋深及施工方法，计算基槽的上口挖土宽度，拉线后用石灰在地面上画出基坑（槽）开挖的边线为放线（图1-32）。

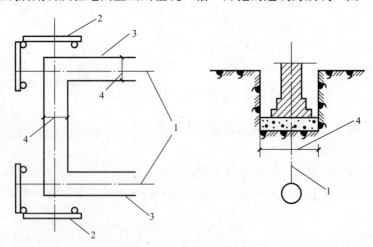

图1-32 放线示意图

1—墙（柱）轴线；2—龙门板；3—白灰线（基槽）边线；4—基槽宽度

3. 基坑（槽）土方开挖

基坑（槽）开挖有人工开挖和机械开挖两种形式。当深度和土方量不大或无法用机械开挖的桩间土等可以采用人工开挖的方法。人工开挖可以保证放坡和坑底尺寸的精度要求，但是人工开挖劳动强度大，作业时间长。当基坑较深，土方量大时一般采用机械开挖的方式。即使采用机械开挖，在接近基底设计标高时通常也用人工来清底，以免超挖和机械扰动基底。

开挖较深基坑时，土方施工必须遵循"开槽支撑，先撑后挖，严禁超挖，分层开挖"的原则。

4. 验槽

基坑（槽）开挖完毕并清理好后，在垫层施工前，承包商应会同勘察设计、监理、业主、质量监督部门一起进行现场检查并验收。验收的主要内容为：

（1）核对基坑（槽）的位置、平面尺寸、坑底标高。

（2）核对基坑土质和地下水情况。

（3）孔穴、古井、防空掩体及地下埋设物的位置、形状、深度等。遇到持力层明显不均匀或软弱下卧层者，应在基坑底进行轻型动力触探，会同有关部门进行处理。

（4）验槽的重点应选择在桩基、承重墙或其他受力较大部位。

（5）验槽后应填写验槽记录或隐蔽工程验收报告。

5. 土方填筑与压实

（1）土料的选用与填筑要求

1）土料的选用

为了保证填方工程的强度和稳定性要求，必须正确地选择土料和填筑方法。填土的土料应符合设计要求。如设计无要求可按下列规定：

① 级配良好的碎石类土、砂土和爆破石渣可作表层以下填料，但其最大粒径不得超过每层铺垫厚度的 2/3。

② 含水量符合压实要求的黏性土，可用作各层填料。

③ 以砾石、卵石或块石作填料时，分层夯实最大料径不宜大于 400mm，分层压实不得大于 200mm，尽量选用同类土填筑。

④ 碎块草皮类土，仅用于无压实要求的填方。

不能作为填土的土料：含有大量有机物、石膏和水溶性硫酸盐（含量大于 5%）的土以及淤泥、冻土、膨胀土等；含水量大的黏土也不宜作填土用。

2）填筑要求

土方填筑前，要对填方的基底进行处理，使之符合设计要求。如设计无要求，应符合下列规定：

① 基底上的树墩及主根应清除，坑穴应清除积水、淤泥和杂物等，并分层回填夯实。基底为杂填土或有软弱土层时，应按设计要求加固地基，并妥善处理基底的空洞、旧基、暗塘等。

② 如填方厚度小于 0.5m，还应清除基底的草皮和垃圾。当填方基底为耕植土或松土时，应将基底碾压密实。

③ 在水田、沟渠或池塘填方前，应根据具体情况采用排水疏干、挖出淤泥、抛填石块、砂砾等方法处理后，再进行填土。

④ 应根据工程特点、填料种类、设计压实系数，施工条件等合理选择压实机具，并

23

确定填料含水量的控制范围、铺土厚度和压实遍数等参数。

⑤ 填土应分层进行，并尽量采用同类土填筑。当选用不同类别的土料时，上层宜填筑透水性较小的填料，下层宜填筑透水性较大的土料。不能将各类土混杂使用，以免形成水囊。压实填土的施工缝应错开搭接，在施工缝的搭接处应适当增加压实遍数。

⑥ 当填方位于倾斜的地面时，应先将基底斜坡挖成阶梯状，阶宽不小于 1m，然后分层回填，以防填土侧向移动。

⑦ 填方土层应接近水平地分层压实。在测定压实后土的干密度，并检验其压实系数和压实范围符合设计要求后，才能填筑上层。由于土的可松性，回填高度应预留一定的下沉高度，以备行车碾压和自然因素作用下，土体逐渐沉落密实。其预留下沉高度（以填方高度为基数）：砂土为 1.5%，亚黏土为 3%～3.5%。

⑧ 如果回填土湿度大，又不能采用其他土换填，可以将湿土翻晒晾干、均匀掺入干土后再回填。

⑨ 冬雨季进行填土施工时，应采取防雨、防冻措施，防止填料（粉质黏土、粉土）受雨水淋湿或冻结，并防止出现"橡皮土"。

（2）填土压实方法

填土压实的方法一般有碾压、夯实、振动压实等几种。

1）碾压法

碾压机械有平碾（压路机）、羊足碾、振动碾等（图 1-33）。砂类土和黏性土用平碾的压实效果好；羊足碾只适宜压实黏性土；振动碾是一种振动和碾压同时作用的高效能压实机械，适用于碾压爆破石碴、碎石类土等。

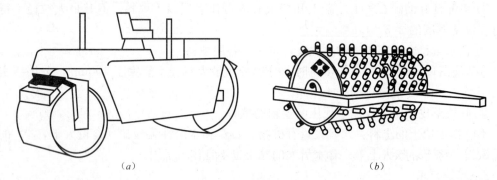

(a) (b)

图 1-33 碾压机械
(a) 光轮压路机；(b) 羊足碾

用碾压机械进行大面积填方碾压时，宜采用"薄填、低速、多遍"的方法。碾压应从填土两侧逐渐压向中心，并应至少有 15～20cm 的重叠宽度。机械的开行速度不宜过快，一般不应超过下列规定：平碾、振动碾 2km/h，羊足碾 3km/h。除了按规定的速度行驶，还应有一定的压实遍数才能保证压实质量。为了保证填土压实的均匀和密实度的要求，提高碾压效率，宜先用轻型机械碾压，使其表面平整后，再用重型机械碾压。

2）夯实法

夯实法是用夯锤自由下落的冲击力来夯实土壤，主要用于小面积回填土。其优点是可以夯实较厚的黏性土层和非黏性土层，使地基原土的承载力加强。方法有人工和机械夯实两种。

人工夯实用木夯和石夯，机械夯实有夯锤和蛙式打夯机等。夯锤借助起重设备提起落下，其重力大于 15KN，落距 2.5～4.5m，夯实厚度可达 1.5～2.0m，但是费用高。常用于夯实黏性土、砂砾土，杂填土及分层填土施工等。

蛙式打夯机轻巧灵活、构造简单、操作方便，在小型土方工程中应用最广（图 1-34）。夯打遍数依据填土的类别和含水量确定。

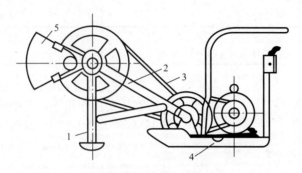

图 1-34　蛙式打夯机

1—夯头；2—夯架；3—三角胶带；4—拖盘；5—偏心块

3）振动压实法

振动压实法是借助振动机构令压实机振动，使土颗粒发生相对位移而达到密实状态。振动压路机是一种振动和碾压同时作用的高效能压实机械，比一般压路机提高功效 1～2 倍。这种方法更适用于填方为爆破石碴、碎石类土、杂填土等。

（3）影响填土压实的因素

填土压实的影响因素为压实功、土的含水量及每层铺土厚度。

1）压实功的影响

填土压实后的密度与压实机械所施加功的关系如图 1-35 所示。当土的含水量一定，开始压实时，土的密度急剧增加。当接近土的最大密度时，虽经反复压实，压实功增加很多，而土的密度变化很小。因此，在实际施工中，不要盲目地增加填土压实遍数。

2）含水量的影响

填土含水量的大小直接影响碾压（或夯实）遍数和质量。

较为干燥的土，由于摩阻力较大，而不易压实。当土具有适当含水量时，土的颗粒之间因水的润滑作用使摩阻力减小，在同样压实功作用下，得到最大的密实度，这时土的含水量称做最佳含水量（图 1-36）。

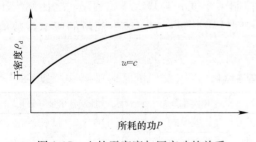

图 1-35　土的干密度与压实功的关系

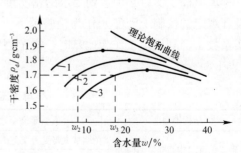

图 1-36　土的干密度与含水量的关系

为了保证填土在压实过程中具有最佳含水量，土的含水量偏高时，可采取翻松、晾晒、掺干土等措施。如含水量偏低，可采用预先洒水湿润、增加压实遍数等措施。

各种土的最佳含水量和所能获得的最大干密度，可由试验确定，也可参考表1-6。

土的含水量和最大干密度关系表　　　　　　　　表 1-6

项　次	土的种类	变动范围		项　次	土的种类	变动范围	
		最佳含水量（%）（质量比）	最大干密度（g/cm³）			最佳含水（%）（质量比）	最大干密度（g/cm³）
1	砂土	8～12	1.80～1.88	3	粉质黏土	12～15	1.85～1.95
2	黏土	19～23	1.58～1.70	4	粉土	16～22	1.61～1.80

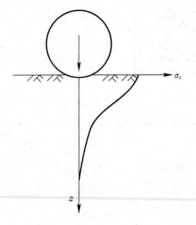

图 1-37　压实作用沿深度的变化

3）铺土厚度的影响

在压实功作用下，土中的应力随深度增加而逐渐减小（图1-37）。其影响深度与压实机械、土的性质及含水量有关。铺土厚度应小于压实机械的有效作用深度。铺得过厚，要增加压实遍数才能达到规定的密实度。铺得过薄，机械的总压实遍数也要增加。恰当的铺土厚度能使土方压实而机械的耗能最少。

对于重要填方工程，达到规定密实度所需要的压实遍数、铺土厚度等应根据土质和压实机械在施工现场的压实试验来决定。若无试验依据可参考表1-7的规定。

填土施工时的分层厚度及压实遍数　　　　　　　　表 1-7

压实机具	分层铺土厚度（mm）	每层压实遍数
平碾	250～300	6～8
振动压实机	250～350	3～4
柴油打夯机	200～250	3～4
人工打夯	<200	3～4

（4）填土压实的质量控制与检查

1）填土压实的质量控制

填土经压实后必须达到要求的密实度，以避免建筑物产生不均匀沉陷。填土密实度以设计规定的控制干密度 ρ_d 作为检验标准。土的控制干密度 ρ_d 与最大干密度 ρ_{max} 之比称为压实系数 λ_c。利用填土作为地基时，规范规定了不同结构类型、不同填土部位的压实系数值（表1-8）。

填土压实的质量控制　　　　　　　　表 1-8

结构类型	填土部位	压实系数 λ_c	控制含水量（%）
砌体承重结构和框架结构	在地基主要受力层范围以内	≥0.97	$\omega_{op} \pm 2$
	在地基主要受力层范围以下	≥0.95	

26

结构类型	填土部位	压实系数 λ_c	控制含水量（%）
排架结构	在地基主要受力层范围以内	≥0.96	$\omega_{op} \pm 2$
	在地基主要受力层范围以下	≥0.94	
地坪垫层以下及基础底面标高以上的压实填土		≥0.94	$\omega_{op} \pm 2$

注：ω_{op} 为最佳含水量。

填土压实的最大干密度一般在试验室由击实试验确定，再根据规范规定的压实系数，即可算出填土控制干密度 ρ_d 值。在填土施工时，土的实际干密度 ρ'_d 大于或等于控制干密度 ρ_d 时，即：

$$\rho'_d \geqslant \rho_d = \lambda_c \rho_{max} \tag{1-18}$$

则符合质量要求。

式中　λ_c——要求的压实系数；

　　　ρ_{max}——土的最大干密度，g/cm^3。

2）填土压实的质量检验

① 填土施工过程中应检查排水措施、每层填筑厚度、含水量控制和压实程序。

② 填土经夯实或压实后，要对每层回填土的质量进行检验，一般采用环刀法（或灌砂法）取样测定土的干密度，符合要求后才能填筑上层。

③ 按填土对象不同，规范规定了不同的抽取标准：基坑回填，每 100～500m² 取样一组（每个基坑不少于一组）；基槽或管沟，每层按长度 20～50m 取样一组；室内填土，每层按 100～500m² 取样一组；场地平整填方每层按 400～900m² 取样一组。取样部位在每层压实后的下半部，用灌砂法取样应为每层压实后的全部深度。

④ 每项抽检之实际干密度应有 90% 以上符合设计要求，其余 10% 的最低值与设计值的差不得大于 $0.08g/cm^3$，且应分散，不得集中。

⑤ 填土施工结束后应检查标高、边坡坡高、压实程度等，均应符合规范标准。

1.7　土方工程施工质量与安全要求

（1）土方工程施工的质量要求

符合《建筑地基基础工程施工质量验收规范》（GB 50202—2010）的要求。

（2）土方工程施工的安全要求

1）基坑开挖时，两人操作间距应大于 2.5m，多台机械开挖，挖土机间距应大于 10m。挖土应由上而下，逐层进行，严禁采用挖空底脚（挖神仙土）的施工方法。

2）基坑开挖应严格按要求放坡。操作时应随时注意土壁变动情况，如发现有裂纹或部分坍塌现象，应及时进行支撑或放坡，并注意支撑的稳固和土壁的变化。

3）基坑（槽）挖土深度超过 3m 以上，使用吊装设备吊土时，起吊后，坑内操作人员应立即离开吊点的垂直下方，起吊设备距坑边一般不得少于 1.5m，坑内人员应戴安全帽。

4）用手推车运土，应先铺好道路。卸土回填，不得放手让车自动翻转。用翻斗汽车运土，运输道路的坡度、转弯半径应符合有关安全规定。

5）深基坑上下应先挖好阶梯或设置靠梯，或开斜坡道，采取防滑措施，禁止踩踏支撑上下。坑四周应设安全栏杆或悬挂危险标志。

6）基坑（槽）设置的支撑应经常检查是否有松动变形等不安全迹象，特别是雨后更应加强检查。

7）坑（槽）沟边 1m 以内不得堆土、堆料和停放机具，1m 以外堆土。其高度不宜超过 1.5m。坑（槽）、沟与附近建筑物的距离不得小于 1.5m，危险时必须加固。

8）支护结构与挖土应紧密配合，遵循先撑后挖、分层分段、对称、限时的原则。土方开挖宜选用合适施工机械、开挖程序及开挖路线。

9）要重视打桩效应，防止桩位移和倾斜。注意减少坑边地面荷载，防止开挖完的基坑暴露时间过长。

10）当挖土至坑槽底 50cm 左右时，应及时抄平。在基坑开挖和回填过程中应保持井点降水工作的正常进行。开挖前要编制包含周详安全技术措施的基坑开挖施工方案，以确保施工安全。

第2章　地基处理与桩基础工程

2.1　地　基　处　理

地基加固处理的原理是：将土质由松变实，将土的含水量由高变低。即可达到地基加固的目的。常用的人工地基处理方法有换填法、重锤夯实法、机械碾压法、挤密桩法、深层搅拌法、化学加固法等。

1. 换填法

当建筑物的地基土比较软弱、不能满足上部荷载对地基强度和变形的要求时，常采用换填来处理。具体实践中可分几种情况。

挖：就是挖去表面的软土层，将基础埋置在承载力较大的基岩或坚硬的土层上，此种方法主要用于软土层不厚、上部结构的荷载不大的情况。

填：当软土层很厚，而又需要大面积进行加固处理，则可在原有的软土层上直接回填一定厚度的好土或砂石、矿石等。

换：就是将挖与填相结合，即换土垫层法，施工时先将基础下一定范围内的软土挖去，而用人工填筑的垫层作为持力层，按其回填的材料不同可分为砂垫层、碎石垫层、素土垫层、灰土垫层等。

换填法适用于淤泥、淤泥质土、膨胀土、冻涨土、素填土、杂填土及暗沟、暗塘、古井、古墓或拆除旧基础后的坑穴等的地基处理。

换土垫层的处理深度应根据建筑物的要求，由基坑开挖的可能性等因素综合决定，一般多用于上部荷载不大，基础埋深较浅的多层民用建筑的地基处理工程中，开挖深度不超过3m。

（1）砂和砂石地基垫层

砂和砂石地基（垫层）是采用级配良好、质地坚硬的中粗砂和碎石、卵石等，经分层夯实，作为基础的持力层，提高基础下地基强度，降低地基的压应力，减少沉降量，加速软土层的排水固结作用。

砂石垫层应用范围广泛，施工工艺简单，用机械和人工都可以使地基密实，工期短，造价低；适用于3.0m以内的软弱、透水性强的黏性土地基，不适用加固湿陷性黄土和不透水的黏性土地基。

1）材料要求

砂石垫层材料，宜采用级配良好、质地坚硬的中砂、粗砂、石屑和碎石、卵石等，含泥量不应超过5%，且不含植物残体、垃圾等杂质。若用作排水固结地基的，含泥量不应超过3%；在缺少中、粗砂的地区，若用细砂或石屑，因其不容易压实，而强度也不高，因此在用作换填材料时，应掺入粒径不超过50mm，不少于总重30%的碎石或卵石并拌和均匀。若回填在碾压、夯、振地基上时，其最大粒径不超过 80mm。

2）施工技术要点

① 铺设垫层前应验槽，将基底表面浮土、淤泥、杂物等清理干净，两侧应设一定坡度，防止振捣时塌方。基坑（槽）内如发现有孔洞、沟和墓穴等，应将其填实后再做垫层。

② 垫层底面标高不同时，土面应挖成阶梯或斜坡，并按先深后浅的顺序施工，搭接处应夯压密实。分层铺实时，接头应做成斜坡或阶梯搭接，每层错开 0.5～1.0m，并注意充分捣实。

③ 人工级配的砂石材料，施工前应充分拌匀，再铺夯压实。

④ 砂石垫层压实机械首先应选用振动碾和振动压实机，其压实效果、分层填铺厚度、压实次数、最优含水量等应根据具体的施工方法及施工机械现场确定。如无试验资料，砂石垫层的每层填铺厚度及压实边数可参考表 2-1。分层厚度可用样桩控制。施工时，下层的密实度应经检验合格后，方可进行上层施工。一般情况下，垫层的厚度可取 200～300mm。

砂和砂石垫层每层铺筑厚度及最优含水量　　表 2-1

振捣方式	每层铺筑厚度（mm）	施工时最优含水量（%）	施工说明	备　注
平振法	200～250	15～20	用平板式振捣器往复振捣	
插振法	振捣器插入深度	饱和	① 插入式振捣器 ② 插入间距可根据机械振幅大小决定 ③ 不应插入下卧黏性土层 ④ 插入式振捣器插入完毕后所留的孔洞，应用砂填实	不宜用于细纱或含泥量较大的砂所铺筑的砂垫层
水撼法	250	饱和	① 注水高度应超过每次铺筑面 ② 钢叉摇撼捣实，插入点间距为 100mm，钢叉分四齿，齿的间距 800mm，长 300mm，木柄长 90mm，重 40N	湿陷性黄土、膨胀土地区不得使用
夯实法	150～200	8～12	① 用木夯或机械夯 ② 木夯重 400N，落距 400～500mm ③ 一夯压半夯，全面夯实	
碾压法	250～350	8～12	60～100kN 压路机往复碾压	① 适用于大面积砂垫层 ② 不宜用于地下水位以下的砂垫层

⑤ 砂石垫层的材料可根据施工方法的不同控制最优含水量。最优含水量由工地试验确定，也可参考表 2-1 选择。对于矿渣应充分洒水，湿透后进行夯实。

⑥ 当地下水位高出基础底面时，应采取排、降水措施，要注意边坡稳定，以防止塌土混入砂石垫层中影响质量。

⑦ 当采用水撼法施工或插振法施工时，应在基槽两侧设置样桩，控制铺砂厚度，每

层为 250mm。铺砂后，灌水与砂面齐平，以振动棒插入振捣，依次振实，以不再冒气泡为准，直至完成。垫层接头应重复振捣，插入式振动棒振完所留孔洞应用砂填实。在振动首层垫层时，不得将振动棒插入原土层或基槽边部，以避免使软土混入砂垫层而降低砂垫层的强度。

⑧ 垫层铺设完毕，应及时回填，并及时施工基础。

⑨ 冬期施工时，砂石材料中不得夹有冰块，并应采取措施防止砂石内水分冻结。

3）质量检验

砂石垫层的施工质量检验，应随施工分层进行。检验方法主要有环刀法和贯入法。

① 环刀取样法

用容积不小于 200cm³ 的环刀压入垫层的每层 2/3 深处取样，测定其干密度，以不小于通过试验所确定的该砂料在中密状态时的干密度数值为合格。如是砂石地基，可在地基中设置纯砂检验点，在相同的试验条件下，用环刀测其干密度。

② 贯入测定法

检验前先将垫层表面的砂刮去 30mm 左右，再用贯入仪、钢筋或钢叉等以贯入度大小来定性地检验砂垫层的质量，以不大于通过相关试验所确定的贯入度为合格。钢筋贯入法所用的钢筋的直径 $\phi 20$，长 1.25m，垂直举离砂垫层表面 700mm 时自由下落，测其贯入深度。

（2）灰土垫层

灰土垫层是将基础底面以下一定范围内的软弱土挖去，用按一定体积配合比的灰土在最优含水量情况下分层回填夯实（或压实）。

灰土垫层的材料为石灰和土，石灰和土的体积比一般为 3∶7 或 2∶8。灰土垫层的强度是随用灰量的增大而提高，当用灰量超过一定值时，其强度增加很小。

灰土地基施工工艺简单，费用较低，是一种应用广泛、经济、实用的地基加固方法。适用于加固处理 1～3m 厚的软弱土层。

1）材料要求

① 土：土料可采用就地基坑（槽）挖出来的黏性土或塑性指数大于 4 的粉土，但应过筛，其颗粒直径不大于 15mm，土内有机含量不得超过 5％。不宜使用块状的黏土和粉土、淤泥、耕植土、冻土。

② 石灰：应使用达到国家三等石灰标准的生石灰，使用前生石灰消解 3～4 天并过筛，其粒径不应大于 5mm。

2）施工技术要点

① 铺设垫层前应验槽，基坑（槽）内如发现有孔洞、沟和墓穴等，应将其填实后再做垫层。

② 灰土在施工前应充分拌匀，控制含水量，一般最优含水量为 16％ 左右，如水分过多或不足时，应晾干或洒水湿润。在现场可按经验直接判断，方法是：手握灰土成团，两指轻捏即碎，这时即可判定灰土达到最优含水量。

③ 灰土垫层应选用平碾和羊足碾、轻型夯实机及压路机，分层填铺夯实。每层虚铺厚度可见表 2-2。

灰土最大虚铺厚度   表 2-2

夯实机具种类	重量（T）	虚铺厚度（mm）	备 注
石夯、木夯	0.04～0.08	200～250	人力送夯，落距 400～500mm，一夯压半夯，夯实后约 80～100mm
轻型夯实机械	0.12～0.4	200～250	蛙式打夯机、柴油打夯机，夯实后约 100～150mm 厚
压路机	6～10	200～300	双轮

④ 分段施工时，不得在墙角、柱基及承重窗间墙下接缝，上下两层的接缝距离不得小于 500mm，接缝处应夯压密实。

⑤ 灰土应当日铺填夯压，入槽（坑）的灰土不得隔日夯打，如刚铺筑完毕或尚未夯实的灰土遭雨淋浸泡时，应将积水及松软灰土挖去并填补夯实，受浸泡的灰土，应晾干后再夯打密实。

⑥ 垫层施工完后，应及时修建基础并回填基坑，或作临时遮盖，防止日晒雨淋，夯实后的灰土 30 天内不得受水浸泡。

⑦ 冬期施工，必须在基层不冻的状态下进行，土料应覆盖保温，不得使用夹有冻土及冰块的土料，施工完的垫层应加盖塑料面或草袋保温。

3）施工质量检验

质量检验宜用环刀取样，测定其干密度。质量标准可按压实系数 λ_c 鉴定，一般为 0.93～0.95。

$$\lambda_c = \frac{\rho_d}{\rho_{dmax}}$$

式中　ρ_d——实际施工达到的干密度；

ρ_{dmax}——室内击实试验得到的最大干密度。

如用贯入仪检查灰土质量，应先在现场进行试验，以确定贯入度的具体要求。

如无设计要求，可按表 2-3 取值。

灰土质量要求   表 2-3

土料种类	灰土最小密度（t/m³）
粉土	1.55
粉质黏土	1.50
黏土	1.45

2. 强夯法

强夯法具有施工速度快、造价低、设备简单，能处理的土壤类别多等特点。

施工时用起重机将很重的锤（一般为 8～40t）起吊至高处（一般为 6～30m），使其自由落下，产生的巨大冲击能量和振动能量给地基以冲击和振动，从而在一定的范围内提高地基土的强度，降低其压缩性，达到地基受力性能改善的目的。是我国目前最为常用和最经济的深层地基处理方法之一。

强夯法适用于碎石土、砂性土、黏性土、湿陷性黄土和回填土。

（1）施工机具：

强夯施工的主要机具和设备有：起重设备、夯锤、脱钩装置等。

1）起重设备：

起重机是强夯施工的主要设备，施工时宜选用起重能力大于100kN的履带式起重机，为防起重机起吊夯锤时倾翻和弥补起重量的不足，也可在起重机臂杆端部设置辅助门架（图2-1）。

2）夯锤：

夯锤的形状有圆台形和方形，夯锤的材料是用整个铸钢（或铸铁），或用钢板壳内填筑混凝土，夯锤的质量在8～40t，夯锤的底面积取决于表面土层，对砂石、碎石、黄土，一般面积为2～4m²；黏性土一般为3～4m²，淤泥质土为4～6m²。为消除作业时夯坑对夯锤的

图2-1　辅助门架强夯施工

气垫作用，夯锤上应对称性设置4～6个直径为250～300mm上下贯通的排气孔（图2-2）。

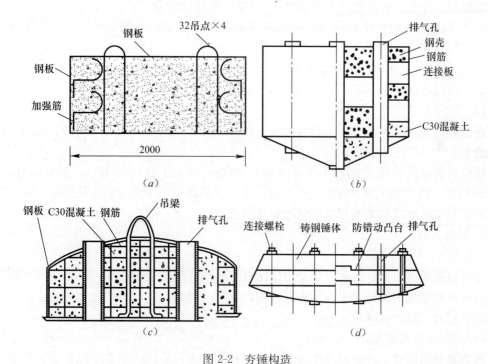

图2-2　夯锤构造

（a）平底方形锤；（b）锥形圆柱形锤；（c）平底圆柱形锤；（d）球形圆台形锤

3）脱钩装置：

用履带式起重机作强夯起重设备时，都采用通过动滑轮组用脱钩装置起落夯锤。脱钩装置用得较多的是工地自制的，（图2-3），脱钩装置由吊环、耳板、销环、吊钩等组成，要求有足够的强度，使用灵活，脱钩快速、安全。

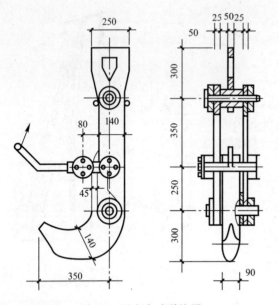

图 2-3　强夯自动脱钩器

（2）施工要点

① 施工前应进行试夯，试夯面积不小于 10m×10m，对试夯前后的变化情况进行对比，以确定正式夯击施工时的技术参数。

② 场地应做好排水工作，地下水位高时应采取降低水位措施，冬季施工要采取防冻措施。

③ 夯点的布置应根据基础底面形状确定，施工时按由内向外，隔行跳打原则进行。夯实范围应大于基础边缘 3m。

（3）注意事项

① 施工前应进行场地调查，查明施工范围内有无地下设施和各种地下管道等。

② 强夯前应平整场地，地下水位较高时，可在场地内铺垫一层 0.5～2m 厚度的粗颗粒砂砾石、碎石、矿渣等（不宜用砂），用以支承机械设备。

③ 当强夯施工时产生的振动对临近的建筑物和设备会产生影响时，应挖防振沟，并设置相应的监测点。

④ 注意现场安全，非强夯施工人员，不得进入夯点 30m 内，现场操作人员，当夯锤起吊后，应迅速撤离 10m 以外，以免飞石伤人。

（4）质量检查

现场测试方法有标准贯入、静力触探、动力触探等，选用两种或两种以上的测试数据综合确定。

检验的数量：每单位工程不少于 3 处，1000m² 以上工程，每 100m² 至少应有一点，3000m² 以上，每 300m² 至少应有一点，每一个独立基础下不少于 1 点，基槽每 20m 应有 1 点。对于复杂场地或重要的建筑物应增加检测点数。

3. 其他方法

（1）压：（压实地基）

压即指将地基压实，压实主要是用压路机等机械对地基进行碾压，使地基压实排水固结，也可在地基范围的地面上，预先堆置重物预压一段时间，以增加地基的密实度，提高地基的承载力，减少沉降量。

（2）挤：（挤密地基）

挤主要是用沉管、冲击或爆炸等方法在地基中挤土，形成一定直径的桩孔，然后向桩孔内夯填灰土、砂石、石灰和水泥粉煤灰等，形成灰土挤密桩、砂石挤密桩、石灰挤密桩和水泥粉煤灰挤密桩。成孔时，桩孔部分的土被横向挤开，形成横向挤密，与换土垫层相比，不需大量开挖和回填，施工的工期短，费用低，处理深度较大，桩体与挤密土共同组成人工复合地基，此种地基是一种深层地基加密处理的方法。

（3）拌：（搅拌法加固地基）

施工时以旋喷法或搅拌法加固地基，是以水泥土或水玻璃、丙凝等作为固化剂，通过特制的搅拌机械边钻进边往软土中喷射浆液或雾状粉体，在地基深处就地将软土和固化剂强制搅拌，使喷入软土中的固化剂与软土充分拌合在一起，由固化剂和软土之间产生一系列物理和化学变化，使土体固结，增加了地基的强度，减少沉降，形成复合地基。

4. 地基处理质量要求

地基处理应符合《建筑地基处理技术规范》（JGJ 79—2012）和《建筑地基基础工程施工质量验收规范》（GB 50202—2010）的相关要求。

2.2 桩基础施工

桩基础是深基础中的一种，利用承台和基础梁将深入土中的桩联系起来，以便承受整个上部结构重量（图 2-4）。

桩基础中桩的作用将来自上部结构的荷载传递至地下深处坚硬土层或岩石上，或者将软弱土层挤压密实，从而提高地基土的承载力，以减少基础的沉降。承台的作用则是将各单桩连成整体，承受并传递上部结构的荷载给群桩。

桩的种类较多，按桩的承载性质可分为端承桩和摩擦桩两种类型。端承桩是桩顶荷载由桩端阻力承受的桩；摩擦桩是桩顶荷载由桩侧摩阻力承受的桩。按桩身的材料可分为木桩、混凝土或钢筋混凝土桩、钢桩等。按沉桩的施工方法可分为挤土桩（包括打入式和压入式预制桩）、部分挤土桩（包括预钻孔打入式预制桩和部分挤土灌注桩）、非挤土桩（各种非挤土灌注桩）和混合桩等四种类型。按桩的制作方法可分为预制桩和灌注桩。

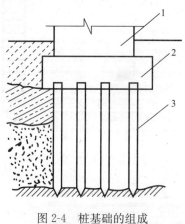

图 2-4 桩基础的组成
1—上部结构；2—承台；3—桩

1. 预制桩施工

预制桩是一种先预制桩构件，然后将其运至桩位处，用沉桩设备将它沉入或埋入土中而成的桩。预制桩主要有钢筋混凝土预制桩和钢桩两类。

预制桩施工流程如下：

现场布置→场地地基处理、整平、浇筑混凝土→支模→绑扎钢筋、安设吊环→浇混凝土→养护至 30% 设计强度拆模→支间隔端头模板、刷隔离剂、绑钢筋→浇筑间隔桩混凝土→同法间隔重叠制作第二层桩→养护至 70% 强度起吊→养护至 100% 设计强度运输、打桩。

（1）桩的预制、起吊、运输与堆放

预制钢筋混凝土桩分实心桩和空腹桩，有钢筋混凝土桩和预应力钢筋混凝土桩。实心桩截面有三角形、圆形、矩形、六边形、八边形。为了便于预制一般做成正方形断面。断面一般为 200mm×200mm～550mm×550mm（图 2-5）。单根桩的最大长度，一般根据打桩架的高度而定，目前单根桩通常在 30m 以内，工厂预制时单根桩长一般在 12m 以内。如需打设 30m 以上的桩，在打桩过程中逐段接桩。空腹桩有空心正方形、空心三角形和空心圆形（即管桩）。管桩在工厂内采用离心法制成，外径一般有 400mm、500mm 等数种。钢桩通常有钢管桩、工字型钢桩、H型钢桩等。

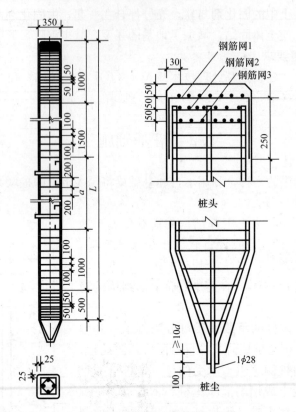

图 2-5　钢筋混凝土预制桩示例

1）桩的制作

预制桩的制作有并列法、间隔法、重叠法和翻模法等方法。

预应力混凝土管桩一般由工厂用离心旋转法制作。管桩按混凝土强度等级分为预应力混凝土管桩（混凝土等级不低于C50）和预应力高强混凝土管桩（混凝土等级不低于C80）。

制作钢管桩的材料规格及强度应符合设计要求，并有出厂合格证和试验报告。桩材表面不得有裂缝、起鳞、夹层及严重锈蚀等缺陷。焊缝的电焊质量除常规检查外，还应做10%的焊缝探伤检查。用于地下水有侵蚀性的地区或腐蚀性土层的钢管桩，应按设计要求作防腐处理。

2）桩的起吊、运输

预制桩应在混凝土达到设计强度的70%后方可起吊，达到设计强度的100%后才可运输和沉桩。如需提前吊运和沉桩，则必须采取措施并经承载力和抗裂度验算合格后方可进行。

桩在起吊和搬运时，必须做到平稳并不得损坏棱角，吊点应符合设计要求。如无吊环，设计又未作规定时，可按吊点间的跨中弯矩与吊点处的负弯矩相等的原则来确定吊点位置。常见的几种吊点合理位置如图2-6所示。

钢管桩在运输过程中，应防止桩体撞击而造成桩端、桩体损坏或弯曲。

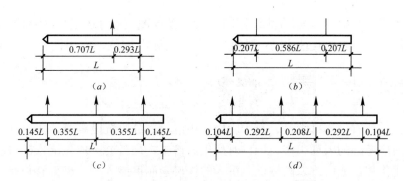

图 2-6 吊点的合理位置

(a) 1 个吊点；(b) 2 个吊点；(c) 3 个吊点；(d) 4 个吊点

　3）桩的堆放

　桩运到工地现场后，应按不同规格将桩分别堆放，以免沉桩时错用；堆放桩的场地应靠近沉桩地点，地面必须平整坚实，设有排水坡度；多层堆放时，各层桩间应置放垫木，垫木的间距可根据吊点位置确定，并应上下对齐，位于同一垂直线上（图 2-7）。堆放桩最多 4 层。

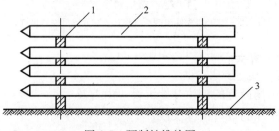

图 2-7 预制桩堆放图

1—垫木；2—预制桩；3—地坪

　（2）沉桩前的准备工作

　为使桩基施工能顺利地进行，沉桩前应根据设计图纸要求、现场水文地质情况和施工方案，做好以下施工准备工作。

　1）清除障碍物

　沉桩前应认真清除现场（桩基周围 10m 以内）妨碍施工的高空、地面和地下的障碍物（如地下管线、地上电杆线、旧有房基和树木等），同时还必须加固邻近的危房、桥涵等。

　2）平整场地

　在建筑物基线以外 4～6m 范围内的整个区域，或桩机进出场地及移动路线上，应作适当平整压实（地面坡度不大于 1%），并保证场地排水良好。

　3）进行沉桩试验

　沉桩前应进行不少于 2 根桩的沉桩工艺试验，以了解桩的沉入时间、最终贯入度、持力层的强度、桩的承载力以及施工过程中可能出现的各种问题和反常情况等，确定沉桩设备和施工工艺是否符合设计要求。

　4）抄平放线、定桩位

　在沉桩现场或附近区域应设置数量不少于 2 个的水准点，以作抄平场地标高和检查桩的入土深度之用。根据建筑物的轴线控制桩，按设计图纸要求定出桩基础轴线和每个桩位。定桩位的方法是在地面上用小木桩或撒白灰点标出桩位，或用设置龙门板拉线法定桩位。

5）确定沉桩顺序

桩基施工中宜先确定沉桩顺序，后考虑预制桩堆放场地布局。

沉桩顺序一般有：逐排沉设、自中间向四周沉设、分段沉设等三种情况（图2-8）。确定沉桩顺序时应考虑的因素很多，沉桩时产生的挤土，是否会造成先沉入的桩被后沉入的桩推挤而发生位移，或后沉入的桩被先沉入的桩挤紧而不能入土；桩架移位是否方便，有无空跑现象等。其中挤土影响为考虑的主要因素。

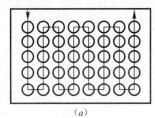 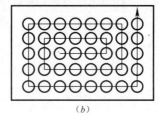 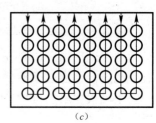

（a）　　　　　　　　　　（b）　　　　　　　　　　（c）

图2-8　沉桩顺序图

（a）逐排沉没；（b）自中间向四周沉设；（c）分段沉设（可同时施工）

为减少挤土影响，确定沉桩顺序的原则如下：

① 从中间向四周沉设，由中及外；

② 从靠近现有建筑物最近的桩位开始沉设，由近及远；

③ 先沉设入土深度深的桩，由深及浅；

④ 先沉设断面大的桩，由大及小。

沉桩顺序确定后，还需考虑桩架是往后"退沉桩"还是向前"顶沉桩"。当沉桩地面标高接近桩顶设计标高时，由于桩尖持力层的标高不可能完全一致，桩架只能采取往后"退沉桩"，不能事先将桩布置在地面，只能随沉桩随运桩。如沉桩后桩顶的实际标高在地面以下，则桩架可以采取往前"顶沉桩"的方法，此时只要场地允许，所有的桩都可以事先布置好，避免场内二次搬运。

（3）桩的沉设

预制桩按沉桩设备和沉桩方法，可分为锤击沉桩、振动沉桩、静力压桩和射水沉桩等数种。

由于钢桩长度大，承受的荷载大，因此通常采用锤击沉桩，尤以柴油桩锤为佳。

1）锤击沉桩

锤击沉桩又称打桩。它是利用打桩设备的冲击动能将桩打入土中的一种方法。

① 打桩设备及选用

打桩设备主要包括桩锤、桩架和动力装置三部分。桩锤是对桩施加冲击，把桩打入土中的主要机具。桩架的作用是将桩提升就位，并在打桩过程中引导桩的方向，以保证桩锤能沿着所要求的方向冲击。动力装置包括驱动桩锤及卷扬机用的动力设备（发电机、蒸汽锅炉、空气压缩机等）、管道、滑轮组和卷扬机等。

② 打桩工艺

桩的沉设工艺流程：吊桩就位→打桩

打桩有"轻锤高击"和"重锤低击"两种方式。这两种方式，如果所做的功相同，实际得到的效果却不同。轻锤高击，桩头易损坏，桩难以入土。相反，重锤低击，桩能很快地入土。此外，由于重锤低击的落距小，桩锤频率较高，对于较密实的土层，如砂土或黏土也能较容易地穿过（但不适用于含有砾石的杂填土），打桩效率也高，所以打桩宜采用"重锤低击"。实践经验表明：在一般情况下，若单动汽锤的落距≤0.6m，落锤的落距≤1.0m，以及柴油锤的落距≤1.50m时，能防止桩顶混凝土被击碎或开裂。

③ 质量要求与验收

打桩质量评定包括两个方面：一是能否满足设计规定的贯入度或标高的要求；二是桩打入后的偏差是否在施工规范允许的范围以内。具体要满足三个方面的要求：

A. 贯入度或标高必须符合设计要求

B. 平面位置或垂直度必须符合施工规范要求

C. 打入桩桩基工程的验收必须符合施工规范要求

2）振动沉桩

振动沉桩与锤击沉桩的施工方法基本相同，其不同之处是用振动桩机代替锤打桩机施工。振动桩机主要由桩架、振动锤、卷扬机和加压装置等组成。

振动沉桩施工方法是在振动桩机就位后，先将桩吊升并送入桩架导管内，落下桩身直立插于桩位中。然后在桩顶扣好桩帽，校正好垂直度和桩位，除去吊钩，把振动锤放置于桩顶上并连牢。此时，在桩自重和振动锤重力作用下，桩自行沉入土中一定深度，待稳定并经再校正桩位和垂直度后，即可启动振动锤开始沉桩。振动沉桩一般控制最后三次振动（每次振动10min），测出每分钟的平均贯入度，或控制沉桩深度，当不大于设计规定的数值时即认为符合要求。

振动沉桩法适用于砂质黏土、砂土和软土地区施工，但不宜用于砾石和密实的黏土层中施工。如用于砂砾石和黏土层中时，则需配以水冲法辅助施工。

3）静力压桩

静力压桩（图2-9）是在软土地基上，利用桩机本身产生的静压力将预制桩分节压入土中的一种沉桩方法。具有施工时无噪声、无振动，施工迅速简便，沉桩速度快（压桩速度可达

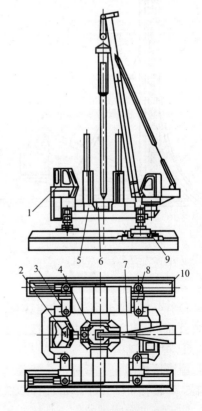

图2-9　液压式静力压桩机

1—操纵室；2—电气控制台；3—液压系统；
4—导向架；5—配重；6—夹持机构；
7—吊桩吊机；8—支腿平台；9—横向行走
及回转机构；10—纵向行走机构

2m/min）等优点，而且在压桩过程中，还可预估单桩承载力。静力压桩适用于软弱土层，当存在厚度大于 2m 的中密以上砂夹层时，不宜采用静力压桩。

静力压桩的施工，一般都采取分段压入、逐段接长的方法。施工程序：测量定位→压桩机就位→吊桩、插桩→桩身对中调直→静压沉桩→接桩→再静压沉桩→终止压桩→切割桩头→检查验收→转移桩机。静力压桩施工前的准备工作，桩的制作、起吊、运输、堆放、施工流水、测量放线和定位等均同锤击沉桩法。

压桩时，用起重机将预制桩吊运或用汽车运至桩机附近，再利用桩机自身设置的起重机将其吊入夹持器中，夹持油缸将桩从侧面夹紧，即可开动压桩油缸，先将桩压入土中1m 左右后停止，矫正桩在互相垂直的两个方向的垂直度后，压桩油缸继续伸程动作，把桩压入土层中。伸长完后，夹持油缸回程松夹，压桩油缸回程，重复上述动作，可实现连续压桩操作，直至把桩压入预定深度土层中。

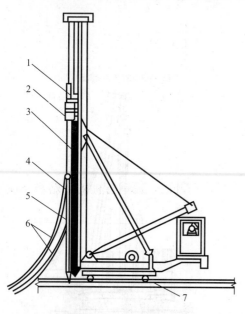

图 2-10　水冲沉桩示意图

1—桩锤；2—桩帽；3—桩；4—卡具；
5—射水管；6—高压软管；7—轨道

4）水冲沉桩

水冲沉桩（图 2-10）施工方法是在待沉桩身两对称旁侧，插入两根用卡具与桩身连接的平行射水管，管下端设喷嘴，沉桩时利用高压水，通过射水管喷嘴射水，冲刷桩尖下的土壤，使土松散而流动，减少桩身下沉的阻力。同时射入的水流大部分又沿桩身返回地面，因而减少了土壤与桩身间的摩擦力，使桩在自重或加重的作用下沉入土中。

水冲沉桩法适用于在砂土和砂石土或其他坚硬土层中沉桩施工。水冲沉桩与锤击沉桩或振动沉桩结合使用，则更能显示其工效。方法是当桩尖水冲沉至离设计标高 1~2m 处时，停止射水，改用锤击或振动将桩沉到设计标高。

（4）桩的连接

预制桩的长度往往很大，须将长桩分节逐段沉入。通常一根桩的接头总数不宜超过 3 个，接桩时其接口位置以离地面 0.8~1.0m。

1）钢筋混凝土预制桩的连接

目前，国内通常采用的连接方法有焊接、法兰盘螺栓连接和硫磺胶泥锚接。

① 焊接接桩

焊接接桩即在上下桩接头处预埋钢帽铁件，上下接头对正后用金属件（如角钢）现场焊牢。焊接接桩适用于单桩设计承载力高，细长比大，桩基密集或须穿过一定厚度软硬土层，估计沉桩较困难的桩，其接头构造如图 2-11 所示。

② 法兰盘螺栓连接接桩

法兰盘螺栓连接接桩即在上下桩接头处预埋带有法兰盘的钢帽预埋件，上下桩对正用螺栓拧紧。法兰盘螺栓连接接桩的适用条件基本上与焊接接桩相同。接桩时上下节桩之间用石棉或纸板衬垫，拧紧螺母，经锤击数次后再拧紧一次，并焊死螺母。

③ 硫磺胶泥锚接接桩

硫磺胶泥锚接接桩即在上节桩的下端预留伸出锚筋，长度为其直径的 15 倍，布于方桩的四角，见图 2-12，下节桩顶端预留垂直锚筋孔，将熔化的硫磺胶泥注满锚筋孔并溢出桩面，迅速落下上桩头使相互胶结。待其冷却一段时间后即可开始沉桩。该接桩方法一般适用于软土层，但由于这种方法接桩的接头可靠性差，因而不推荐采用。

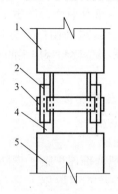

图 2-11　桩连接的焊接接桩

1—上节桩；2—连接角钢；3—连接板；
4—与主筋连接的角钢；5—下节桩

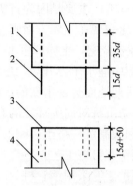

图 2-12　桩连接的硫磺胶泥锚接接桩

1—上节桩；2—锚筋；3—锚筋孔；4—下节桩

2) 钢桩的连接

① 钢管桩的连接

桩接头构造如图 2-13 所示，其连接用的衬环是斜面切开的，比钢管桩内径略小，搁置于挡块上，以专用工具安装，使之与下节钢管桩内壁紧贴。

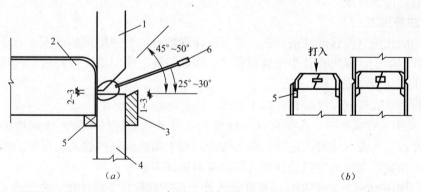

图 2-13　钢管桩连接

(a) 钢管桩连接构造；(b) 内衬环安装

1—上节钢管桩；2—内衬环；3—铜夹箍；4—下节钢管桩；5—挡块；6—焊枪

② H 型钢桩

采用坡口焊对接连接，将上节桩下端作坡口切割，连接时采取措施（如加填块）使上下节桩保持 2~3mm 的连接间隙，使之对焊接长。

(5) 沉桩施工对环境影响及预防措施

打桩对周围环境的影响，除振动、噪声外，还有土体的变形、位移和形成超静孔隙水压力，它使土体原来所处的平衡状态破坏，对周围原有的建筑物和地下设施带来不利影响。轻则使建筑物的粉刷脱落，墙体和地坪开裂；重则使圈梁和过梁变形，门窗开闭困难。它还会使邻近的地下管线破损或断裂，甚至中断使用；还能使邻近的路基变形，影响交通安全等。如附近有生产车间和大型设备基础，它亦可能使车间跨度发生变化，基础被推移，因而影响正常的生产。

产生这些危害，主要是因为打桩破坏了土体内部原来的静力平衡，产生了一系列新的变化。这些变化表现在土体方面则有：

1）地面垂直隆起，土体产生水平位移（包括表层土的水平位移和深层土的水平位移）。

2）土孔隙中静水压力升高，形成超孔隙静水压力。

3）沉桩后期地面会发生新的沉降，使已入土的群桩产生负摩擦力。

减少或预防沉桩对周围环境的有害影响，可采用下述措施。

1）减少和限制沉桩挤土影响的措施

①采用预钻孔打桩工艺。②合理安排沉桩顺序。③控制沉桩速率。④挖防振沟。⑤打设钢板桩等围护。⑥采用钢管桩。

2）减小孔隙水压力措施

①采用井点降水；②袋装砂井；③预钻排水孔；④预埋塑料板排水。

3）减少振动影响的措施

用锤击沉桩，在锤击时必然产生振动波，振动波在传播过程中对邻近桩区的地下结构和管线会带来危害。为减少震动波的产生，宜采用液压锤或用"重锤轻击"。为限制振动波的传播，可采用上述开挖防震沟的措施，用防振沟来阻断沿地表层传播的地震波。为防止震动对地下敏感的地下管线等的影响，可在沉桩期间将地下管线等挖出暂时暴露在外，沉桩结束时再回土掩埋。

2. 灌注桩施工

混凝土灌注桩（简称灌注桩）是一种直接在现场桩位上使用机械或人工方法成孔，并在孔中灌注混凝土（或先在孔中吊放钢筋笼）而成的桩。所以灌注桩的施工过程主要有成孔和混凝土灌注两个施工序。

灌注桩的成孔控制深度应符合以下要求：

① 当采用套管成孔时，必须保证设计桩长，对于摩擦桩其桩管入土深度的控制以标高为主，并以贯入度（或贯入速度）作为参考；对于端承桩其桩管入土深度的控制以贯入度（或贯入速度）为主，并以设计持力层标高对照作为参考。

② 采用钻孔成孔时，必须保证桩孔进入硬土层达到设计规定深度，并清理孔底沉渣。

（1）钻孔灌注桩

钻孔灌注桩是指利用钻孔机械钻出桩孔，并在孔中浇筑混凝土（或先在孔中吊放钢筋笼）而成的桩。根据钻孔机械的钻头是否在土壤的含水层中施工，分为泥浆护壁成孔和干作业成孔两种施工方法。

1）泥浆护壁成孔灌注桩施工

泥浆护壁成孔灌注桩的施工方法为先利用钻孔机械（机动或人工）在桩位处进行钻孔，待钻孔达到设计要求的深度后，立即进行清孔，并在孔内放入钢筋笼，水下浇注混凝土成桩。在钻孔过程中，为了防止孔壁坍塌，孔中可注入一定稠度的泥浆（或孔中注入清水直接制浆）护壁进行成孔。泥浆护壁成孔灌注桩适用于在地下水位较高的含水黏土层、或流砂、夹砂和风化岩等各种土层中的桩基成孔施工，因而使用范围较广。

泥浆护壁钻孔灌注桩施工工艺流程（图 2-14）是：

场地平整→桩位放线→开挖浆池、浆沟→护筒埋设→钻机就位、孔位校正→成孔、泥浆循环、清除废浆、泥渣→清孔换浆→终孔验收→下钢筋笼和钢导管→浇筑水下混凝土→成桩。

泥浆护壁成孔灌注桩所用的成孔机械有冲击钻机、回转钻机及潜水钻机等。

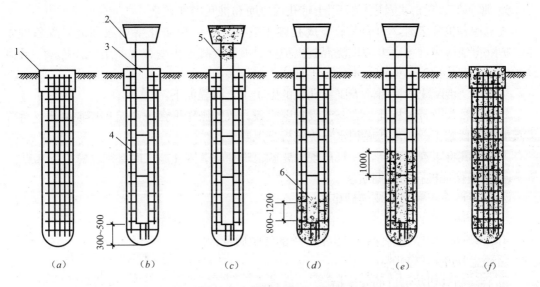

图 2-14　混凝土灌注工艺图

(a) 吊放钢筋笼；(b) 插下导管；(c) 漏斗满灌混凝土；

(d) 除去隔水栓混凝土下落孔底；(e) 随浇混凝土随提升导管；(f) 拔除导管成桩

1—护筒；2—漏斗；3—导管；4—钢筋笼；5—隔水栓；6—混凝土

2）干作业成孔灌注桩施工

干作业成孔灌注桩的施工方法是先利用钻孔机械（机动或人工）在桩位处进行钻孔，待钻孔深度达到设计要求时，立即进行清孔，然后将钢筋笼吊入桩孔内，再浇注混凝土而成的桩。

干作业成孔灌注桩，适用于地下水位以上的干土层中桩基的成孔施工。

干作业成孔灌注桩所用的成孔机械有螺旋钻机、钻孔扩机、机动或人工洛阳铲等。

3）挤扩灌注桩施工

挤扩灌注桩是在普通灌注桩工艺中，增加一道"挤扩"工序，而生成一种新的桩型。它使传统的灌注桩由单纯摩擦受力变为摩擦与端承共同受力，使其承载力提高 2～3 倍，可缩短工期、节约建筑材料、减少工程量 30%～70%，使工程造价大幅度降低。

挤扩灌注桩适用于一般黏性土、粉土、砂性土、残积土、回填土、强风化岩及其他可形成桩孔的地基土，而且地下水位上、下可选用不同的适用工法进行施工。

（2）人工挖孔灌注桩

人工挖孔灌注桩是以硬土层作持力层、以端承力为主的一种基础形式，其直径可达

1~3.5m，桩深 60~80m，每根桩的承载力高达 6000~10000kN，如果桩底部再进行扩大，则称"大直径扩底灌注桩"。

人工挖孔桩施工机具设备可根据孔径、孔深和现场具体情况加以选用，常用的有：

1）电动葫芦和提土桶：用于施工人员上下桩孔，材料和弃土的垂直运输。

2）潜水泵：用于抽出桩孔中的积水。

3）鼓风机和输风管：用于向桩孔中输送新鲜空气。

4）镐、锹和土筐：用于挖土的工具，如遇坚硬土或岩石，还需另备风镐。

5）照明灯、对讲机及电铃：用于桩孔内照明和桩孔内外联络。

人工挖孔桩施工时，为确保挖土成孔施工安全，必须预防孔壁坍塌和流砂现象的发生。护壁方法很多，可以采用现浇混凝土护壁、喷射混凝土护壁、混凝土沉井护壁、砖砌体护壁、钢套管护壁、型钢、木板桩工具式护壁等多种。

当做现浇混凝土护壁时，人工挖孔桩的施工工艺流程如下：

放线定桩位→开挖桩孔土方→支设护壁模板→放置操作平台→浇筑护壁混凝土→拆除模板继续下段施工→排出孔底积水→浇筑桩身混凝土

人工挖孔桩承载力很高，一旦出现问题就很难补救．因此施工时必须注意以下几点：

① 必须保证桩孔的挖掘质量；

② 注意防止土壁坍落及流砂事故；

③ 注意防积水；

④ 必须保证钢筋笼的保护层及混凝土的浇筑质量；

⑤ 注意防止护壁倾斜；

⑥ 必须制订切实可行的安全措施。

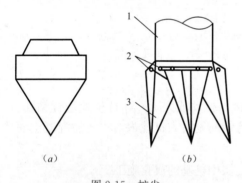

图 2-15　桩尖

(a) 预制混凝土桩尖；(b) 钢活瓣桩尖

1—钢套管；2—销轴；3—活瓣

（3）沉管灌注桩

沉管灌注桩是指用锤击或振动的方法，将带有预制混凝土桩尖或钢活瓣桩尖（图 2-15）的钢套管沉入土中，待沉到规定的深度后，立即在管内浇筑混凝土或管内放钢筋笼后再浇筑混凝土，随后拔出钢套管，并利用拔管时的冲击或振动使混凝土捣实而形成桩，沉管灌注桩又称打拔管灌注桩。

适应在有地下水、流砂、淤泥的情况下，可使施工大大简化等优点，但其单桩承载能力低，在软土中易产生颈缩。

沉管灌注桩成桩过程为：桩机就位→锤击（振动）沉管→上料→边锤击（振动）边拔管，并继续浇筑混凝土→下钢筋笼，继续浇筑混凝土及拔管→成桩。

沉管灌注桩按沉管的方法不同，分为锤击沉管灌注桩和振动沉管灌注桩两种。锤击沉管灌注桩适用于一般黏性土、淤泥质土、砂土、人工填土及中密碎石土地基的沉桩。振动沉管灌注桩适用于一般黏性土、淤泥质土、淤泥、粉土、湿陷性黄土、松散至中密砂土以及人工填土等土层。沉管灌注桩的施工工艺流程如图 2-16 所示。

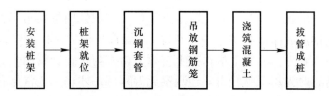

图 2-16　沉管灌注桩的施工工艺流程

1）振动沉管灌注桩

振动沉管灌注桩是利用振动锤将钢套管沉入土中成孔，其机械设备如图 2-17 所示。振动沉管原理与振动沉桩原理完全相同。

振动沉管灌注桩施工方法是先桩架就位，在桩位处用桩架吊起钢套管，并将钢套管下端的活瓣桩尖闭合起来，对准桩位后再缓慢地放下套管，使活瓣桩尖垂直压入土中，然后开动振动锤使套管逐渐下沉。当套管下沉达到设计要求的深度后，停止振动，立即利用吊斗向套管内灌满混凝土，并再次开动振动锤，边振动边拔管，同时在拔管过程中继续向套管内浇筑混凝土。如此反复进行，直至套管全部拔出地面后即形成混凝土桩身。

根据地基土层情况和设计要求不同，以及施工中处理所遇到问题时的需要，振动沉管灌注桩可采用单打法、复打法和反插法三种施工方法。

2）锤击沉管灌注桩

锤击沉管灌注桩是采用落锤、蒸汽锤或柴油锤将钢套管沉入土中成孔。其锤击沉管机械设备如图 2-18 所示。

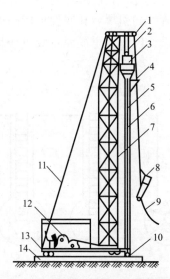

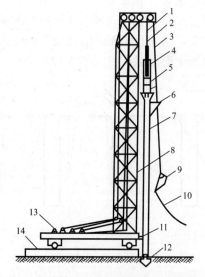

图 2-17　振动沉管灌注桩机械设备

1—导向滑轮；2—滑轮组；3—激振器；
4—混凝土漏斗；5—桩管；6—加压钢绳；
7—桩架；8—混凝土吊斗；9—回绳；
10—桩尖；11—缆风绳；12—卷扬机；
13—行驶用钢管；14—枕木

图 2-18　锤击沉管灌注桩机械设备

1—钢丝绳；2—滑轮组；3—吊斗金钢丝绳；
4—桩锤；5—桩帽；6—混凝土漏斗；
7—套管；8—桩架；9—混凝土吊斗；
10—回绳；11—钢管；12—桩尖；
13—卷扬机；14—枕木

锤击沉管灌注桩的施工工艺是：先就位桩架，在桩位处用桩架吊起钢套管，对准预先设在桩位处的预制钢筋混凝土桩尖（也称桩靴）。套管与桩尖接口处垫以稻草绳或麻绳垫圈，以防地下水渗入管内。套管上端再扣上桩帽。检查与校正套管的垂直度，即可起锤打套管。锤击套管开始时先用低锤轻击，经观察无偏移后，才进入正常施打，直至把套管打入到设计要求的贯入度或标高位置时停止锤击，并用吊锤检查管内有无泥浆和渗水情况。然后用吊斗将混凝土通过漏斗灌入钢套管内，待混凝土灌满套管后，即开始拔管。套管内混凝土要灌满，第一次拔管高度应控制在能容纳第二次所需灌入的混凝土量为限，一般应使套管内保持不少于 2m 高度的混凝土，不宜拔管过高。拔管速度要均匀，一般应以 1m/min 为宜，能使套管内混凝土保持略高于地面即可。在拔管过程中应保持对套管连续低锤密击，使套管不断受振动而振实混凝土。采用倒打拔管的打击次数，对单动汽锤不得少于 50 次/min，对自由落锤不得少于 40 次/min，在管底未拔到桩顶设计标高之前，倒打或轻击都不得中断。如此边浇筑混凝土，边拔套管，一直到套管全部拔出地面为止。

为扩大桩径，提高承载力或补救缺陷，也可采用复打法，复打法的要求同振动沉管灌注桩，但以扩大一次为宜，当作为补救措施时，常采用半复打法或局部复打法。

（4）爆扩灌注桩

爆扩灌注桩（简称爆扩桩）是由桩柱和扩大头两部分组成。爆扩桩一般桩身直径为 200～350mm，扩大头直径为 $D=(2.5～3.5)d$，桩距为 $l≥1.5D$，桩长为 $H=3～6m$（最长不超过 10m）；混凝土粗骨料粒径不宜大于 25mm；混凝土坍落度在引爆前为 100～140mm，在引爆后为 80～120mm。

爆扩桩的一般施工过程是：用钻孔或爆破方法使桩身成孔，孔底放进有引出导线的雷管炸药包；孔内灌入适量用作压爆的混凝土；通电使雷管炸药引爆，孔底便形成圆球状空腔扩大头，瞬间孔中压爆的混凝土即落入孔底空腔内；桩孔内放入钢筋笼，浇筑桩身及扩大头混凝土而成爆扩桩（图 2-19）。

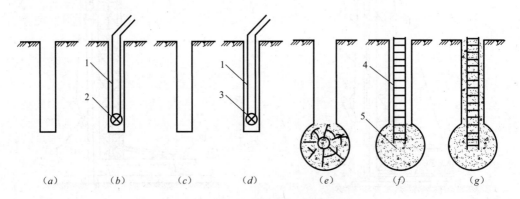

图 2-19　振动沉管灌注桩机械设备

（a）钻导孔；（b）放炸药条；（c）爆扩桩孔；（d）放炸药包；
（e）爆扩大头；（f）放钢筋笼；（g）浇筑混凝土
1—导线；2—炸药条；3—炸药包；4—钢筋笼；5—混凝土

爆扩桩适应性广泛，除软土、砂土和新填土外，其他各种土层中均可使用，尤其适用于大孔隙的黄土地区施工。

46

3. 桩承台筏式基础施工

桩基础施工已全部完成，并按设计要求挖完土，而且办完桩基施工验收记录后，即可进行桩承台施工。施工前先修整桩顶混凝土，剔完桩顶疏松混凝土，如桩顶低于设计标高时，需用同级混凝土接高，在达到桩强度的50％以上，再将埋入承台梁内的桩顶部分剔毛、冲净。如桩顶高于设计标高时，应预先剔凿，使桩顶伸入承台梁深度完全符合设计要求。

筏式基础（图2-20）由钢筋混凝土底板、梁组成（梁板式）或由整板式底板（平板式）两种类型，适用于有地下室或地基承载力较低而上部荷载较大的基础，其外形和构造像倒置的钢筋混凝土楼盖，其优点是整体刚度较大。

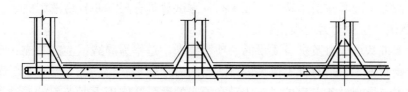

图 2-20 筏式基础

（1）构造要求

① 底板下宜铺设厚度≥100mm 的不小于 C15 的素混凝土垫层，每边伸出基础底板不小于 100mm。

② 基础的混凝土强度等级不宜低于 C30，基础平面布置应尽量对称，以减少基础荷载的偏心矩，底板尽量做成等厚，其厚度不应小于 300mm。

③ 若为梁板式基础，梁应高出板的顶面不小于 300mm，梁宽不小于 250mm。

④ 钢筋宜用 HRB335 和 HPB300，钢筋的保护层厚度不宜小于 35mm。

（2）施工要点

① 基础施工必须在无水的情况下进行，如地下水位较高，应提前进行降低地下水位至基坑底面以下 500mm。

筏体结构施工要根据筏体结构情况和施工条件确定施工方案，一般有两种情况，第一种是先铺设垫层，在垫层上绑扎底板、梁的钢筋和柱子的插筋，浇筑底板混凝土，待达到25％设计强度后，再在底板上支梁模板，继续浇筑完梁部分的混凝土。也可采用底板和梁模板一次支好，梁侧模板采用支架支承并固定牢固，混凝土一次连续浇筑完成。

② 混凝土浇筑时一般不留施工缝，必须留设时，应按施工缝的要求处理，同时应有止水技术措施。

③ 基础浇筑完毕，表面应覆盖和洒水养护。

4. 桩基检测与验收

（1）成桩检测

成桩的质量检验有两种基本方法：一种是静载试验法（或称破坏试验），另外一种是动测法（或称无破坏试验）。

1）静载试验

它是对单根桩进行的竖向抗压（抗拔或水平）试验，通过静载加压，确定单桩的极限承载力。在打桩后经过一定的时间，待桩身与土体的结合趋于稳定，才能进行试验。对于预制桩，土质为砂类土，打桩完后与试验的时间应不少于 10 天，如是粉土或黏性土，则不应少于 15 天，对于淤泥或淤泥质土，不应少于 25 天。灌注桩在桩身混凝土强度达到设计等级的前提下，对砂类土不少于 10 天，黏性土不少于 20 天，淤泥或淤泥质土不少于 30 天。

桩的静荷载试验根数应不少于总桩数的 1%，且不少于 3 根，当总桩数少于 50 根时，应不少于 2 根。桩身质量也应进行检验，检验数不少于总数的 20%，且每个柱子承台下不得少于 1 根。

一般静荷载试验可直观地反映桩的承载力和混凝土的浇筑质量，数据可靠。但其装置较复杂笨重，装、卸操作费工费时，成本高，测试数量有限，并且易破坏桩基。

2）动测法（也称动力无损检测法）

它是检测桩基承载力及桩身质量的一项新技术，是作为静载试验的补充。动测法是相对于静载试验而言，它是对桩土体系进行适当的简化处理，建立起数学—力学模型，借助现代电子技术与量测设备采集桩、土体系在给定的动荷载作用下所产生的振动参数，结合实际桩土条件进行计算，所得结果与相应的静载试验结果进行比较，在积累一定数量的动静试验对比结果的基础上，找出两者之间的某种相关关系，并以此作为标准来确定桩基承载力。应用波在混凝土介质内的传播速度，传播时间和反射情况，用来检验、判定桩身是否存在断裂、夹层、颈缩、空洞等质量缺陷。

动测法具有仪器轻便灵活，检测快速（单桩检测时间仅为静载试验的 1/50），不破坏桩基，相对也较准确，费用低，可进行普查。不足之处是需要做大量的测试数据，需静载试验来充实完善、编写电脑软件，所测的极限承载力有时与静载荷值离散性较大等问题。

单桩承载力的动测方法很多，国内有代表性的方法有：动力参数法、锤击贯入法、水电效应法、共振法、机械阻抗法、波动方程法等，最常用的是动力参数法和锤击贯入法两种。

（2）桩基验收

1）一般规定

① 当桩顶设计标高与施工场地标高相同时，桩基工程的验收应在施工结束后进行。

② 当桩顶设计标高低于施工场地标高时，可对护筒位置作中间验收，待承台或底板开挖到设计标高后，再作最终验收。

2）桩基验收

① 预制桩验收

预制混凝土方桩、先张法预应力管桩、钢桩的桩位允许偏差见表 2-4。

预制桩（PHC桩、钢桩）桩位的允许偏差　　　　　　　　表 2-4

项　次	项　目	允许偏差（mm）
1	盖有基础梁的桩 1. 垂直基础梁的中心线 2. 沿基础梁的中心线	$100+0.01H$ $150+0.01H$
2	桩数为 1~3 根桩基中的桩	100

项　次	项　目	允许偏差（mm）
3	桩数为 4～6 根桩基中的桩	1/2 桩径或边长
4	桩数大于 16 根桩基中的桩 1. 最外边的桩 2. 中间桩	1/3 桩径或边长 1/2 桩径或边长

注：H 为施工现场地面标高与桩顶设计标高的距离。

② 灌注桩验收

灌注桩在成桩后的桩位偏差应符合表 2-5 规定，桩顶标高至少要比设计标高高出 500mm。桩底清孔按规范要求进行。每浇筑 50m³ 必须有一组试件，小于 50m³ 的桩，每根桩必须有一组试件。

灌注桩的平面位置和垂直度的允许偏差表　　　　　　　　　表 2-5

序　号	成孔方法		桩位允许偏差（mm）	垂直度允许偏差（%）	桩位允许偏差（mm）	
					1～3 根桩、单排桩基垂直于中心线方向和群桩桩基础的边桩	条形桩基沿中心线方向和群桩基础的中间桩
1	泥浆护壁钻孔桩	$D \leqslant 1000mm$	±50	<1	$D/6$ 且不大于 100	$D/4$ 且不大于 150
		$D > 1000mm$	±50		$100+0.01H$	$150+0.01H$
2	套管成孔灌注桩	$D \leqslant 500mm$	−20	<1	70	150
		$D > 500mm$	−20		100	150
3	干成孔灌注桩		−20	<1	70	150
4	人工挖孔桩	混凝土护壁	+50	<0.5	50	150
		钢套管护壁	+50	<1	100	200

注：1. 桩径允许偏差的负值是指个别端面。
　　2. 采用复打、反插法施工的桩，其桩径允许偏差不受上表限制。
　　3. H 为施工现场地面标高与桩顶设计标高的距离，D 为设计桩径。

（3）桩基验收资料

桩基工程验收时应提交下列资料：

① 工程地质勘察报告、桩基施工图、图纸会审纪要、设计变更及材料代用通知单等。

② 经审定的施工组织设计、施工方案及执行中的变更情况。

③ 桩位测量放线图、包括工程桩位复核签证单。

④ 成桩质量检查报告。

⑤ 单桩承载力检测报告。

⑥ 基坑挖至设计标高的基桩竣工平面图及桩顶标高图。

（4）桩基工程安全施工

① 打桩前应对现场进行详细的踏勘和调查，对地下的各类管道和周边的建筑物有影响的，应采取有效的加固措施或隔离措施，以确保施工的安全。

② 机具进场要注意危桥、陡坡、陷地和防止碰撞电杆、房屋等以免造成事故。

③ 施工前应全面检查机械，发现问题及时解决，严禁带病作业。

④ 机械设备操作人员必须经过专门培训，熟悉机械操作性能，经专业部门考核取得

操作证后方能上岗作业。不违规操作，杜绝机械和车辆事故发生。

⑤ 在打桩过程中遇有地坪隆起或下陷时，应随时对桩架及路轨调平或垫平。

⑥ 护筒埋设完毕、灌注混凝土完毕后的桩坑应加以保护，避免人和物品掉入而发生人身事故。

⑦ 打桩时桩头垫料严禁用手拨正，不要在桩锤未打到桩顶即起锤或过早刹车，以免损坏桩机设备。

⑧ 成孔桩机操作时，注意钻机安定平稳，以防止钻架突然倾倒或钻具突然下落而发生事故。

⑨ 所有现场作业人员佩戴安全帽，特种作业人员佩戴专门的防护工具。所有现场作业人员严禁酒后上岗。

⑩ 施工现场的一切电源、电路的安装和拆徐必须由持证电工操作；电器必须严格接地、接零和使用漏电保护器。

（5）环保要求

① 受工程影响的一切公共设施与结构物，在施工期间应采取适当措施加以保护。

② 使用机械设备时，要尽量减少噪音、废气等的污染；施工场地的噪声应符合建筑施工场地界噪声限值的规定。

③ 施工废水、生活污水不直接排入农田、耕地、灌溉渠和水库，不排入饮用水源。

④ 运转时有粉尘发生的施工场地应有防尘设备，在运输细料和松散料时用帆布、盖套等遮盖物覆盖。

⑤ 驶出施工现场的车辆应进行清理，避免携带泥土。

第3章 砌筑工程

砌体工程是指用砂浆砌筑烧结普通砖和多孔砖、蒸压灰砂和粉煤灰砖、普通混凝土和轻骨料混凝土小型砌块以及石材等。

脚手架是在施工现场为安全防护、工人操作以及解决少量上料和堆料而搭设的临时结构架。

3.1 脚手架施工

脚手架是建筑施工中重要的临时设施，是在施工现场为安全防护、工作操作以及解决楼层间少量垂直和水平运输而搭设的支架。

建筑工程施工用的脚手架种类很多，按材料分为竹、木、钢管脚手架；按平面搭设位置分为外脚手架、里脚手架；按用途分为操作脚手架、防护脚手架、承重脚手架和支撑脚手架。按构造分为多立杆式、门式、吊挂式、悬挑式、升降式以及工具式脚手架；按搭设高度分为高层脚手架和普通脚手架等。

对脚手架的基本要求是：构造合理、受力可靠和传力明确；能满足工人操作、材料堆置和运输的需要；搭拆简单，搬移方便，节约材料，能多次周转使用；与结构拉结可靠，局部稳定和整体稳定好。

1. 外脚手架的种类及搭设要求

外脚手架是沿建筑物的外围从地面搭起，既可用于外墙砌筑，又可用于外装饰施工的一种脚手架。其主要形式有多立杆式、门式和桥式等。其中多立杆式应用最广（图 3-1），门式次之。

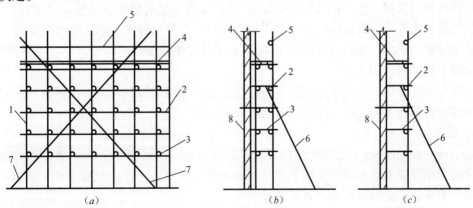

图 3-1 多立杆式脚手架

(*a*) 立面；(*b*) 侧面（双排）；(*c*) 侧面（单排）

1—立杆；2—大横杆；3—小横杆；4—脚手板；5—栏杆；6—抛撑；7—剪刀撑；8—墙体

多立柱式外脚手架主要有：扣件式钢管脚手架和碗扣式钢管脚手架两种形式。

（1）扣件式钢管脚手架

扣件式钢管脚手架属于多立杆式外脚手架的一种，其特点是：杆配件数量少；装卸方便，利于施工操作；搭设灵活，搭设高度大；坚固耐用，使用方便，能适应建筑物平立面的变化。但也具有一次性投资较大的缺点。

1）基本构造要求

扣件式脚手架是由标准的钢管杆件（立杆、横杆（大、小横杆）、斜杆）和特制扣件组成的脚手架骨架与脚手板、防护构件、连墙件等组成的，是目前最常用的一种脚手架。

① 钢管杆件

钢管杆件一般采用外径 48mm、壁厚 3.5mm 的焊接钢管。用于立杆、大横杆、斜杆的钢管最大长度不宜超过 6.5m，最大重量不宜超过 250N，以便适合人工搬运。用于小横杆的钢管长度宜在 1.5～2.5m，以适应脚手板的宽度。

② 扣件

扣件用于钢管之间的连接，其基本形式有三种（图 3-2）。

回转扣件，用于两根钢管成任意角度相交的连接；直角扣件，用于两根钢管成垂直相交的连接；对接扣件，用于两根钢管的对接连接。

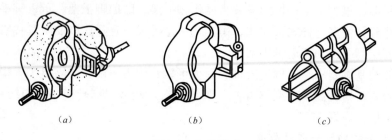

（a）　　　　　　　　（b）　　　　　　　　（c）

图 3-2　扣件形式

（a）回转扣件；（b）直角扣件；（c）对接扣件

③ 支撑体系

主要有纵向支撑（剪力撑又称十字撑）、横向支撑（又称横向斜拉杆、之字撑）、水平支撑、抛撑和连墙杆。剪刀撑设置在脚手架外侧面、与外墙面平行的十字交叉斜杆，可增强脚手架的纵向刚度；横向支撑是设置在脚手架内、外排立杆之间的、呈之字形的斜杆，可增强脚手架的横向刚度。

支撑是为保证脚手架的整体刚度和稳定性，并提高脚手架的承载力而设置的；双排脚手架应设剪刀撑与横向支撑，单排脚手架应设剪刀撑。

④ 脚手板

脚手板一般用厚 2mm 的钢板压制而成，长度 2～4m，宽度 250mm，表面应有防滑措施。也可采用厚度不小于 50mm 的杉木板或松木板，长度 3～4m，宽度 200～250mm；或者采用竹脚手板，有竹笆板和竹片板两种形式。

⑤ 连墙件

连墙件将立杆与主体结构连接在一起，可用钢管、型钢或粗钢筋等，其间距如表 3-1 所示。

脚手架类型	脚手架高度（m）	垂直间距（m）	水平间距（m）
双排	≤50	≤6	≤6
	>50	≤4	≤6
单排	≤24	≤6	≤6

每个连墙件抗风荷载的最大面积应小于 40m²。连墙件需从底部第一根纵向水平杆处开始设置，附墙件与结构的连接应牢固，通常采用预埋件连接。

⑥ 底座

底座一般采用厚 8mm，边长 150～200mm 的钢板作底板，上焊 150mm 高的钢管。底座形式有内插式和外套式两种（图 3-3，图 3-4），内插式的外径 D_1 比立杆内径小 2mm，外套式的内径 D_2 比立杆外径大 2mm。

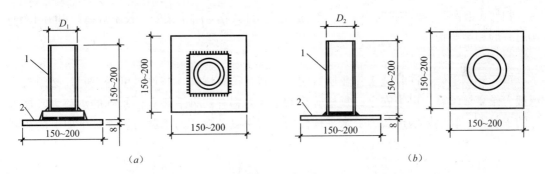

图 3-3　内插式扣件钢管架底座

（a）内插式底座；（b）外套式底座

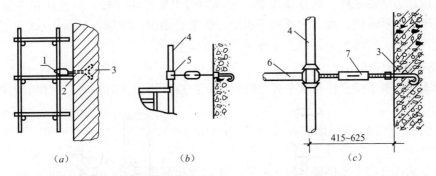

图 3-4　外套式脚手架典型连墙件构造

（a）扣件式钢管脚手架；（b）门式钢管脚手架；（c）碗扣式钢管脚手架

1—8♯铁丝；2—横杆顶紧；3—顶埋件；4—立杆；5—专用扣件；6—横杆；7—连墙撑

2）搭设要求

主要搭设程序：安放扫地杆（贴近地面的大横杆）→逐根立立柱，随即与扫地杆扣紧→装扫地小横杆并与立杆或扫地杆扣紧→要第一步大横杆，随即与各立杆扣紧→要第一步小横杆→第二步大横杆→第二步小横杆→加抛撑（临用时，上端与第二步大横杆扣紧，在装设两道连墙杆后可拆除）→第三、四步大横杆和小横杆→接立杆→加设剪力撑→铺脚手板。常用双排钢管外脚手架的搭设几何尺寸见表 3-2。

常用双排钢管外脚手架的搭设几何尺寸（m）　　　　　　表 3-2

| 脚手架形式 | 步距 h | 排距 l_b | 柱距 l_n | 连墙件间距 | | 脚手架设计高度 |
				竖向 H_1	水平 L_1	H
扣件式	1.8	1.05	1.8	3.6	5.4	50
	1.8	1.30	1.5	3.6	5.4	50
	1.8	1.05	1.5	5.4	5.4	40
碗扣式	1.8	1.2	1.5	5.4	5.4	50
	1.8	1.2	2.4	5.4	9.6	30
门式	1.7	1.2	1.8	≤4.0	≤6.0	45

注：表中尺寸根据脚手架有两层装修荷载，每层荷载为 2.0kN/m² 定出。脚手架外侧仅用安全网封闭。当具体施工条件变化时，尺寸应作适当减少。

扣件式钢管脚手架搭设时应符合《建筑施工扣件式钢管脚手架安全技术规范》（JGJ 130—2011）的相关要求。

3）安全要求

钢管外脚手架在同时施工作业层数增多、施工荷载增加、搭设高度增高时，必须对其承载力作复核验算，以策安全。复核验算的主要内容有：脚手架立杆基础的承载力、连墙件的承载力、脚手板的承载力、水平杆件的承载力以及立杆的承载力。外脚手架上的荷载由立杆传至地面，立杆的稳定性尤为重要。

（2）碗扣式钢管脚手架

碗扣式钢管脚手架全称为 WDJ 碗扣型多功能脚手架，是我国参考国外经验自行研制的一种多功能脚手架，其杆件节点处采用碗扣连接，由于碗扣是固定在钢管上的，构件全部轴向连接，力学性能好，其连接可靠，组成的脚手架整体性好，不存在扣件丢失问题。在我国近年来发展较快，现已广泛用于房屋、桥梁、涵洞、隧道、烟囱、水塔、大坝、大跨度棚架等多种工程施工中，取得了显著的经济效益。

1）基本构造要求

碗扣式钢管脚手架立杆与水平杆靠特制的碗扣接头连接（图 3-5）。碗扣分上碗扣和下

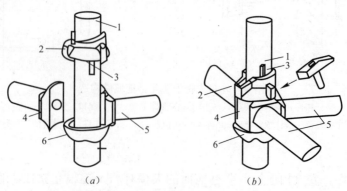

图 3-5　碗扣接头构造

(a) 连接前；(b) 连接后

1—立杆；2—上碗扣；3—限位销；4—横杆接头；5—横杆；6—下碗扣

碗扣，下碗扣焊接于立杆上，上碗扣对应地套在立杆上，其销槽对准焊接在立杆上的限位销即能上下滑动。连接时，只需将横杆接头插入下碗扣内，将上碗扣沿限位销扣下，并顺时针旋转，靠上碗扣螺旋面使之与限位销顶紧，从而将横杆和立杆牢固地连在一起，形成框架结构。每个下碗扣内可同时插入 4 个横杆接头，位置任意。

2）搭设要求：基本同钢管扣件式脚手件。

3）安全要求：碗扣式钢管脚手架搭设时应符合《建筑施工碗扣式脚手架安全技术规范》（JGJ 166—2008）的相关要求。

（3）门式钢管脚手架

门式钢管脚手架又称多功能门型脚手架，是一种工厂生产、现场搭设的脚手架，是当今国际上应用最普遍的脚手架之一。它不仅可作为外脚手架，也可作为内脚手架或满堂脚手架。门式钢管脚手架因其几何尺寸标准化、结构合理、受力性能好、施工中装拆容易、安全可靠、经济实用等特点，广泛应用于建筑、桥梁、隧道、地铁等工程施工，若在门架下部安放轮子，也可以作为机电安装、油漆粉刷、设备维修、广告制作的活动工作平台。

门式钢管脚手架的搭设一般只要根据产品目录所列的使用荷载和搭设规定进行施工，不必再进行验算。如果实际使用情况与规定有不同，则应采用相应的加固措施或进行验算。通常门式钢管脚手架搭设高度限制在 45m 以内，采取一定措施后可达到 80m 左右。施工荷载取值一般为：均布荷载 $1.8kN/m^2$，或作用于脚手板跨中的集中荷载 2kN。

1）基本构造要求

门式钢管脚手架是用普通钢管材料制成工具式标准件，在施工现场组合而成。其基本单元是由一副门式框架、二副剪刀撑、一副水平梁架和四个连接器组合而成（图 3-6）。若干基本单元通过连接器在竖向叠加，扣上臂扣，组成一个多层框架。在水平方向，用加固杆和水平梁架使相邻单元连成整体，加上斜梯、栏杆柱和横杆组成上下步相通的外脚手架。

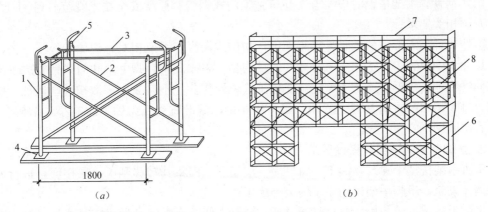

图 3-6 门式钢管脚手架

(a) 基本单元；(b) 门式外脚手架

1—门式框架；2—剪刀撑；3—水平梁架；4—螺旋基脚；5—连接器；6—梯子；7—栏杆；8—脚手板

门式钢管脚手架由门架、交叉支撑、连接棒、锁臂、挂扣式脚手板或水平架等基本构、配件组成（图 3-7），它是当今国际上应用最普遍的脚手架之一，而且可作为内脚手架或满堂脚手架。

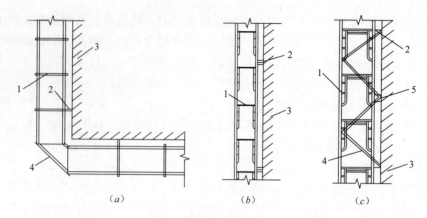

图 3-7 门式钢管脚手架的加固处理

(a) 转角用钢管扣紧；(b) 用附墙管与墙体锚固；(c) 用钢管与墙撑紧

1—门式脚手架；2—附墙管；3—墙体；4—钢管；5—混凝土板

我国使用的门式钢管脚手架多为三边门樘式，它由立杆、横杆、加强杆、短杆和锁销焊接组成。

2）搭设要求：门式钢管脚手架是一种工厂生产、现场搭设的脚手架，一般只要按产品安装说明书上所列的使用荷载和搭设规定进行搭设就可以。

门式钢管脚手架一般按以下程序搭设：铺放垫木（板）→拉线、放底座→自一端起立门架并随即装剪刀撑→装水平梁架（或脚手板）→装梯子（需要时，装设通长的纵向水平杆）→装连墙杆→照上述步骤，逐层向上安装→装加强整体刚度的长剪刀撑→装设顶部栏杆。

3）安全要求：

门式钢管脚手架搭设时应符合《建筑施工门式钢管脚手架安全技术规范》（JGJ 128—2010）的相关要求。

上述三种基本形式的钢管外脚手架中，扣件式钢管脚手架相对来说比较经济，搭设灵活，尺寸不受限制，可适用于各种立面的结构物。碗扣式钢管脚手架和门式钢管脚手架安装如同搭积木，拼拆迅速省力，完全避免了拧螺栓作业，不易丢失零散扣件。此外，碗扣式钢管脚手架和门式钢管脚手架杆、配件标准化，搭设时受人为因素影响小，结构合理，传力直接明确，安全可靠。

2. 里脚手架的种类及搭设要求

里脚手架搭设于建筑物内部，每砌完一层墙后，即将其转移到上一层楼面，进行新的一层墙体砌筑。里脚手架也用于室内装饰施工。

里脚手架装拆较频繁，要求轻便灵活，装拆方便。通常将其做成工具式的，结构形式有折叠式、支柱式和门架式。

角钢折叠式里脚手架（图3-8）的架设间距，砌墙时宜为1.0～2.0m，粉刷时宜2.2～2.5m。根据施工层高，沿高度可以搭设两步脚手，第一步高约1m，第二步高约1.65m。

套管式支柱（图3-9）是支柱式里脚手架的一种，由若干支柱和横杆组成。将插管插入立管中，以销孔间距调节高度，在插管顶端的凹形支托内搁置方木横杆，横杆上铺设脚手板。搭设间距，砌墙时宜为2.0m，粉刷时不超过2.5m。

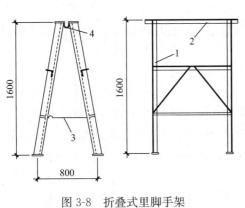

图 3-8　折叠式里脚手架

1—立柱；2—横楞；3—挂钩；4—铰链

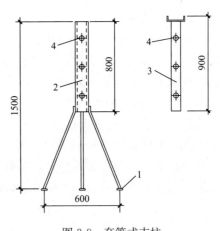

图 3-9　套管式支柱

1—支脚；2—立管；3—插管；4—销孔

门架式里脚手架由两片 A 形支架与门架组成（图 3-10）。其架设高度为 1.5～2.4m，两片 A 形支架间距 2.2～2.5m。

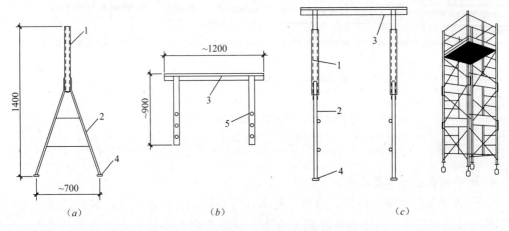

(a)　　　　　　　　　　(b)　　　　　　　　　　(c)

图 3-10　门架式里脚手架

(a) A 形支架；(b) 门架；(c) 安装示意

1—立管；2—支脚；3—门架；4—垫板；5—销孔

里脚手架搭设时应符合《建筑施工工具式脚手架安全技术规范》（JGJ 202—2010）的相关要求。

3. 其他脚手架简介

（1）竹、木脚手架

主要在我国南方地区和广大乡镇地区采用，它是由竹、木用铅丝、棕绳或竹篾绑扎而成的。这种脚手架由于受力性能和稳定性能差而被限制使用。

（2）悬挑式脚手架

简称"挑架"，它是搭设在建筑物外边缘外伸的悬挑结构上，将脚手架荷载全部或部分传递给建筑结构的脚手架。该形式的脚手架适用于高层建筑的施工。

（3）吊挂式脚手架

它在主体结构施工阶段为外挂脚手架，随主体结构逐层向上施工，用塔吊吊升，悬挂在结构上。在装饰施工阶段，该脚手架改为从屋顶吊挂，逐层下降。该形式的脚手架适用于高层框架和剪力墙结构施工。

（4）升降式脚手架

简称"爬架"，它是将自身分为两大部件，分别依附固定在建筑结构上。在主体结构施工阶段，升降式脚手架利用自身带有的升降机构和升降动力设备，使两个部件互为利用，交替松开、固定、交替爬升，其爬升原理同爬升模板。在装饰施工阶段，交替下降。它适用于高层框架、剪力墙和筒体结构的快速施工，如图 3-11 所示。

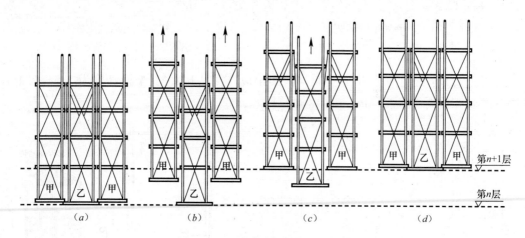

图 3-11　互升降式脚手架爬升过程

（a）第 n 层作业；（b）提升甲单元；（c）提升乙单元；（d）第 n+1 层作业

4. 脚手架安全技术要求

① 对脚手架的基础、构架、结构、连墙件等必须进行设计，复核验算其承载力，作出完整的脚手架搭设、使用和拆除施工方案。对超高或大型复杂的脚手架必须做专项方案，并通过必要的专家论证后方可实施。

② 脚手架按规定设置斜杆、剪刀撑、连墙件（或撑、拉件）。对通道和洞口或承受超规定荷载的部位，必须作加强处理。

③ 脚手架的联结节点应可靠，连接件的安装和紧固力应符合要求。

④ 脚手架的基础应平整，具有足够的承载力和稳定性。脚手架立杆距坑、台的上边缘应不小于 1m，立杆下必须设置垫座和垫板。

⑤ 脚手架的连墙点、拉撑点和悬挂（吊）点必须设置在可靠的能承力的结构部位，必要时作结构验算。

⑥ 脚手架应有可靠的安全防护设施。作业面上的脚手板之间不留孔隙，脚手板与墙面之间的孔隙一般不大于 200mm；脚手板间的搭接长度不得小于 300mm；砌筑用脚手架的宽度一般为 1.5m。作业面的外侧面应有挡脚板（或高度小于 1m 竹笆，或满挂安全网），加 2 道防护栏杆或密目式聚乙烯网加 3 道栏杆。对临街面要作完全封闭。

3.2　垂直运输设施

1. 常用垂直运输设施

塔式起重机、井字架、独杆提升机、层顶起重机、建筑施工电梯等。

2. 井字架、龙门架

（1）井字架特点：起重能力 10～15kN，提升高度 40m 以内，采取措施后亦可搭得更高。种类有单孔、两孔或多孔。井架上可设拔杆，起重量为 5～10kN，工作高度可达 10m。

（2）龙门架特点：起重能力在 2t 以内，提升高度 40m 以内，一般单独设置。

（3）井架、龙门架安装和使用注意事项

立于可靠的地基和基座上，排水畅通；架高在 12～15m 以下时设一道缆风绳，15m 以上每增高 5～10m 增设一道；井字架每道 $\not<$ 4 根，龙门架每道 $\not<$ 6 根；缆风绳为直径 7～9mm 钢丝绳，与地面成 45°角；垂直偏差 $\not>$ 1/600H；架高超过 30m 设避雷；架向地面起 5m 以上设坚网封闭；采用限位自停装置；卷扬机距吊盘距离＞10m；卷扬机位置应不受现场作业干扰，且不应在起重机工作幅度之内。

3. 建筑施工电梯

特点：人货两用，附着在外墙或其他建筑结构上，架设高度 100m 以上，梯笼载重 10～12kN，载人 12～15 人。

3.3　砌体材料准备与运输

砖砌体所用的材料主要有块材（砖、砌块和石材）和砂浆。

1. 块材

（1）砖

砖的品种有烧结普通砖、烧结多孔砖、烧结空心砖、煤渣砖和蒸压（养）砖等，其强度等级决定着砌体的强度，特别是抗压强度。

砖在砌筑前应提前 1～2 天浇水湿润，以使砂浆和砖能很好地粘结。严禁砌筑前临时浇水，以免因砖表面存有水膜而影响砌体质量。烧结普通砖和多孔砖的含水率宜为 10%～15%；灰砂砖和粉煤灰砖的含水率宜为 5%～8%。检查含水率的最简易方法是现场断砖，砖截面周围融水深度 15～20mm 视为符合要求。

（2）砌块

砌块代替黏土砖做为建筑工程的墙体材料，是墙体改革的一个重要途径。砌块是以天然材料或工业废料为原材料制作的，它的主要特点是施工方法非常简便，改变了手工砌筑的落后方式，减轻了工人的劳动强度，提高了生产效率。

砌块按使用目的可以分为承重砌块与非承重砌块（包括隔墙砌块和保温砌块）；按是否有孔洞可以分为实心砌块与空心砌块（包括单排孔砌块和多排孔砌块）；按砌块大小可以分为小型砌块（块材高度小于 380mm）和中型砌块（块材高度 380～940mm）；按使用的原材料可以分为普通混凝土砌块、粉煤灰硅酸盐砌块、煤矸石混凝土砌块、浮石混凝土砌块、火山灰混凝土砌块、蒸压加气混凝土砌块等。

（3）石块

砌筑用石有毛石和料石两类。

毛石又分为乱毛石和平毛石。乱毛石是指形状不规则的石块；平毛石是指形状不规则、但有两个平面大致平行的石块。毛石的中部厚度不宜小于 150mm。

料石按其加工面的平整度分为细料石、粗料石和毛料石三种。料石的宽度、厚度均不宜小于 200mm，长度不宜大于厚度的 4 倍。

因石材的大小和规格不一，通常用边长为 70mm 的立方体试块进行抗压试验，取 3 个试块破坏强度的平均值作为确定石材强度等级的依据。石材的强度等级划分为 MU100、MU80、MU60、MU50、MU40、MU30、MU20、MU15 和 MU10。

2. 砂浆

砂浆是使单块砖接一定要求铺砌成砖砌体的必不可少的胶凝材料。砂浆既与砖产生一定的粘结强度，共同参与工作，使砌体受力均匀，又减少砌体的透气性，增加密实性。按组成材料的不同砂浆分为：仅有水泥和砂拌合成的水泥砂浆；在水泥砂浆中掺入一定数量的石灰膏的水泥混合砂浆，其目的是改善砂浆的和易性；最常用的砂浆的强度等级为 M2.5 级和 M5 级。在潮湿环境中砖墙砌体的砌筑砂浆宜采用水泥砂浆。

水泥砂浆的最小水泥用量不宜小于 200kg/m³。砂浆用砂宜采用中砂。砂中的含泥量，对于水泥砂浆和强度等级不小于 M5 的水泥混合砂浆，不应超过 5%；对于强度等级小于 M5 的水泥混合砂浆，不应超过 10%。用块状生石灰熟化成石灰膏时，其熟化时间不得少于 7 天。

砂浆应采用机械拌合，自投料完算起，水泥砂浆和水泥混合砂浆的拌合时间不得少于 2min；水泥粉煤灰砂浆和掺用外加剂的砂浆不得少于 3min；掺用有机塑化剂的砂浆，应为 3~5min。砂浆的稠度控制在 70~90mm。砂浆应随拌随用，水泥砂浆和水泥混合砂浆应分别在拌成后 3h 和 4h 内使用完毕；如施工期间最高气温超过 30℃时，应分别在拌成后 2h 和 3h 使用完毕。

砂浆的强度等级以标准养护，龄期为 28 天的试块抗压试验结果为准。砌筑砂浆试块强度验收时其强度合格标准必须符合规定。

3. 块材和砂浆的运输

砖和砂浆的水平运输多采用手推车或机动翻斗车，垂直运输多采用人货两用施工电梯，或塔式起重机。对多高层建筑，还可以用灰浆泵输送砂浆。

3.4 砌筑施工工艺与质量要求

1. 砖墙的组砌形式

砖砌体的组砌要求：上下错缝，内外搭接，以保证砌体的整体性。同时组砌要少砍砖，以提高砌筑效率，节约材料。

砖墙的组砌形式主要有以下几种（图 3-12）。

2. 砌筑工艺

砌砖施工通常包括抄平、放线、摆砖样、立皮数杆、挂准线、铺灰、砌砖等工序。如果是清水墙，则还要进行勾缝。

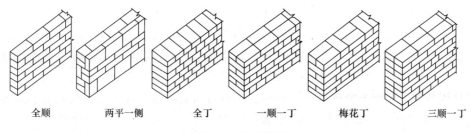

| 全顺 | 两平一侧 | 全丁 | 一顺一丁 | 梅花丁 | 三顺一丁 |

图 3-12　砌筑形式

（1）抄平：砌筑砖墙前，先在基础防潮层或楼面上定出各层标高，并用水泥砂浆或 C15 细石混凝土抄平。

（2）放线：底层墙身可按龙门板上轴线定位钉为准拉麻线，沿麻线挂线锤，将墙身轴线引测到基础面上，据此定出纵横墙边线，定出门窗洞口位置。在楼层，可用经纬仪或线锤将各轴线向上引测，在复核无误后，弹出各墙边线及门窗洞口位置。

（3）摆砖（又称摆脚）：摆砖主要是核对所弹出的墨线在门洞、窗口、附墙垛等处是否符合砖的模数，以减少打砖。

（4）立皮数杆挂线：使用皮数杆对保证灰缝一致，避免砌体发生错缝、错皮的作用较大。皮数杆立于墙的转角处，其标高用水准仪校正。挂线时，根据皮数杆找准墙体两端砖的层数，将准线挂在墙身上。每砌一皮砖，准线向上移动一次。沿挂线砌筑，墙体才能平直。

（5）砌筑：实心砖砌体多采用一顺一丁、梅花丁或三顺一丁的砌筑形式，图 8-58。使用大铲砌筑宜采用一铲灰、一块砖、一挤揉的"三一"砌砖法；使用瓦刀铺浆砌筑时，铺浆长度不得超过 750mm，施工期间气温超过 30℃时，铺浆长度不得超过 500mm。

（6）勾缝：勾缝使清水砖墙面美观、牢固。墙面勾缝宜采用细砂拌制的 1：1.5 的水泥砂浆；内墙也可采用原浆勾缝，但必须随砌随勾，并使灰缝光滑密实。

3. 砖砌体的砌筑施工准备工作

（1）施工需用材料及施工工具，如淋石灰膏、淋黏土膏、筛砂、木砖或锚固件（包括防腐措施），支过梁模板、油毛毡、钢筋砖过梁及所需的拉结钢筋等材料；运砖车、运灰车、大小灰槽、水桶、靠尺、线坠、小白线、水平尺、百格网等工具应在砌筑前准备好。

（2）砖要按规定及时进场，按砖的强度等级、外观、几何尺寸进行验收，并应检查出厂合格证。在常温情况下，黏土砖应在砌筑前一两天浇水湿润，以免在砌筑时由于砖吸收砂浆中的大量水分，使砂浆流动性降低，砌筑困难，影响砂浆的粘结强度。同时也要注意不能将砖浇得过湿，以水浸入砖内深度 1～1.5cm 为宜。过湿过干都会影响施工速度和施工质量。如因天气酷热，砖面水分蒸发过快，操作时揉压困难，也可在脚手架上进行二次浇水。

（3）砌筑房屋墙体时，应事先准备好皮数杆。皮数杆上应划出主要部位的标高，如防潮层、窗台、门口过梁、挑檐、凹凸线脚、梁垫、楼板位置和预埋件以及砖的层数。砖的层数应按砖的实际厚度和水平灰缝的允许厚度来确定。水平灰缝和竖缝一般为 10mm，不应小于 8mm，也不应大于 12mm。

（4）墙体砌筑前应将基础顶面的灰砂、泥土和杂物等清扫干净，在皮数杆上接线检查基础顶面标高。如基础顶面高低不平、高低差大于 20mm 时，应用强度等级在 C10 以上的细石混凝土找平，高低差在 20mm 以内不必找平，可在砌筑过程中调整。然后，按龙门板上给定的轴线及图纸上标注的墙体尺寸，在基础顶面上用墨线弹出墙的轴线和墙的宽度线。

（5）砌筑前，必须按施工组织设计所确定的垂直和水平运输方案，组织机械进场和做好机械的架设工作。与此同时，还要准备好脚手架工具，搭设好搅拌棚，安设好搅拌机等。

4. 砖砌体的砌筑方法

砖砌体的砌筑方法常用的有"三一"砌砖法、挤浆法。

"三一"砌砖法：即是一块砖、一铲灰、一揉压并随手将挤出的砂浆刮去的砌筑方法。这种砌砖方法的优点是：随砌随铺，随即挤揉，灰缝容易饱满，粘结力好，同时在挤砌时随手刮去挤出墙面的砂浆，使墙面保持整洁。所以，砌筑实心砖砌体宜采用"三一"砌砖法。

挤浆法：用灰勺、大铲或铺灰器在墙顶上铺一段砂浆，然后双手拿砖或单手拿砖，用砖挤入砂浆中一定厚度之后把砖放平，达到下齐边、上齐线、横平竖直的要求。这种砌砖方法的优点是可以连续挤砌几块砖，减少繁琐的动作，平推平挤可使灰缝饱满，效率高，保证砌筑质量。

5. 砌砖的技术要求

（1）砖基础

砖基础砌筑前，应先检查垫层施工是否符合质量要求，然后清扫垫层表面，将浮土及垃圾清除干净。砌基础时可依皮数杆先砌几皮转角及交接处部分的砖，然后在其间拉准线砌中间部分。若砖基础不在同一深度，则应先由底往上砌筑。在砖基础高低台阶接头处，下台面台阶要砌一定长度（一般不小于 500mm）实砌体，砌到上面后和上面的砖一起退台。基础墙的防潮层，如设计无具体要求，宜用 1:2.5 的水泥砂浆加适量的防水剂铺设，其厚度一般为 20mm。抗震设防地区的建筑物，不用油毡做基础墙的水平防潮层。

（2）砖墙

1）全墙砌砖应平行砌起，砖层必须水平，砖层正确位置除用皮数杆控制外，每楼层砌完后必须校对一次水平、轴线和标高，在允许偏差范围内，其偏差值应在基础或楼板顶面调整。

2）砖墙的水平灰缝厚度和竖缝宽度一般为 10mm，但不小于 8mm，也不大于 12mm。水平灰缝的砂浆饱满度不低于 80%，砂浆饱满度用百格网检查。竖向灰缝宜用挤浆或加浆方法，使其砂浆饱满，严禁用水冲浆灌缝。

3）砖墙的转角处和交接处应同时砌筑。不能同时砌筑应砌成斜槎，斜槎水平投影的长度不应小于高度的 2/3。

非抗震设防及抗震设防烈度为 6 度、7 度地区，如临时间断处留斜槎确有困难，除转角处外，也可以留直槎，但必须做成阳槎，并加设拉结筋。拉结筋的数量为 120mm 墙厚和 240mm 厚墙放置 2Φ6 拉结钢筋，此后每增加 120mm 墙厚增设 1φ6 拉结筋；拉结筋间距沿墙高不得超过 500mm。埋入长度从墙的留槎处算起，每边均不应小于 500mm；对抗震设防烈度为 6 度、7 度的地区，不应小于 1000mm；末端应有 90°弯钩。抗震设防地区建筑物的临时间断处不得留直槎（图 3-13）。

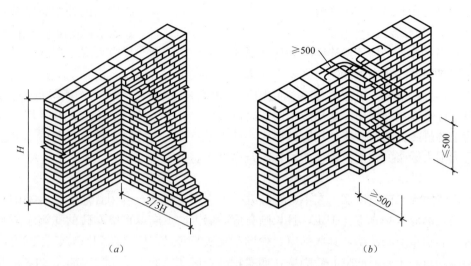

图 3-13　砖墙接槎示意图
（a）斜槎砌筑示意图；（b）直槎和拉接筋示意图

隔墙与墙或柱如不同时砌筑而又不留成斜槎时，可于墙或柱中引出阳槎，并于墙或柱的灰缝中预埋拉结筋（其构造与上述相同，但每道不得少于 2 根）。抗震设防地区建筑物的隔墙，除应留阳槎外，沿墙高每 500mm 配置 2Φ6 钢筋与承重墙或柱拉结，伸入每边墙内的长度不应小于 500mm。

砖砌体接槎时，必须将接槎处的表面清理干净，浇水湿润，并应填实砂浆，保持灰缝平直。

4）宽度小于 1m 的窗间墙，应选用整砖砌筑，半砖和破损的砖，应分散使用于墙心或受力较小部位。

5）不得在下列墙体或部位留设脚手眼：①半砖墙和砖柱；②过梁上与过梁成 60°角的三角形范围及过梁净跨度 1/2 的高度范围内；③宽度小于 1m 的窗间墙；④梁或梁垫下及其左右各 500mm 的范围内；⑤砖砌体的门窗洞口两侧 200mm（石砌体为 300mm）和转角处 450mm（石砌体为 600mm）的范围内。

6）施工时需在砖墙中留置的临时洞口，其侧边离交接处的墙面不应小于 500mm，洞口净宽度不应超过 1m。洞口顶部宜设置过梁。抗震设防烈度为 9 度地区的建筑物，临时洞口的留置应会同设计单位研究决定。临时施工洞口应做好补砌。

7）每层承重墙的最上一皮砖，在梁或梁垫的下面，应用丁砖砌筑。隔墙与填充墙的顶面与上层结构的接触处，宜用侧砖或立砖斜砌挤紧。

8）设有钢筋混凝土构造柱的抗震多层砖房，应先绑扎钢筋，而后砌砖墙，最后浇筑混凝土。墙与柱应沿高度方向每 500mm 设 2Φ6 钢筋（一砖墙），每边伸入墙内不应少于 1m。构造柱应与圈梁连接，砖墙应砌成马牙槎，每一马牙槎沿高度方向的尺寸不超过 300mm，马牙槎从每层柱脚开始，应先退后进。该层构造柱混凝土浇完之后，才能进行上一层的施工。

9）砖墙每天砌筑高度以不超过 1.8m 为宜，雨期施工时，每天砌筑高度不宜超过 1.2m。

10）砖砌体相邻工作段的高度差，不得超过楼层的高度，也不宜大于4m。工作段的分段位置宜设在伸缩缝、沉降缝、防震缝或门窗洞口处。砌体临时间断处的高度差不得超过一步脚手架的高度。

11）当室外日平均气温连续5天稳定低于5℃时，砌筑工程应采取冬期施工措施。砂浆宜采用普通硅酸盐水泥拌制，必要时在水泥砂浆或水泥混合砂浆中掺入氯盐（氯化钠）。气温在−15℃以下时，可掺双盐（氯化钠和氯化钙）。氯盐掺入砂浆，能降低砂浆冰点，在负温条件下有抗冻作用。冬期施工的砖砌体应按"三一"砌砖法施工，并采用一顺一丁或梅花丁的排砖方法。砂浆使用时的温度不应低于5℃。在负温条件下，砖可不浇水，但必须适当增大砂浆的稠度。砌体的每日砌筑高度不超过1.2m。

（3）空心砖墙

空心砖墙砌筑前应试摆，在不够整砖处，如无半砖规格，可用普通黏土砖补砌。承重空心砖的孔洞应呈垂直方向砌筑，且长圆孔应顺墙方向。非承重空心砖的孔洞应呈水平方向砌筑。非承重空心砖墙，其底部应至少砌三皮实心砖，在门口两侧一砖长范围内，也应用实心砖砌筑。半砖厚的空心砖隔墙，如墙较高，应在墙的水平灰缝中加设2Φ8钢筋或每隔一定高度砌几皮实心砖带。

（4）砖过梁

砖平拱过梁应用不低于MU10的砖和不低于M5.0砂浆砌筑。砌筑时，在过梁底部支设模板，模板中部应有1%的起拱，过梁底部的模板在灰缝砂浆强度达到设计强度标准值的50%以上时，方可拆除。砌筑时，应从两边往中间砌筑。

钢筋砖过梁其底部配置3φ6～3φ8钢筋，两端伸入墙内不应少于240mm，并有90°弯钩埋入墙的竖缝内。在过梁的作用范围内（不少于六皮砖高度或过梁跨度的1/4高度范围内），应用M5.0砂浆砌筑。砌筑前先在模板上铺设30mm厚1：3水泥砂浆层，将钢筋置于砂浆层中，均匀摆开，接着逐层平砌砖层，最下一皮应丁砌。

6. 砌筑工程质量要求

砌筑工程质量的基本要求是：横平竖直、砂浆饱满、灰缝均匀、上下错缝、内外搭砌、接槎牢固。

砌筑质量应符合《砌体工程施工质量验收规范》（GB 50203—2011）的要求。

3.5　砌块的砌筑要求

砌块房屋的施工，是采用各种吊装机械及夹具将砌块安装在设计位置。一般要按建筑物的平面尺寸及预先设计的砌块排列图逐块地按顺序吊运、就位。

1. 砌块安装前准备工作

（1）编制砌块排列图

砌块在吊装前应先绘制砌块排列图，以指导吊装施工和砌块准备。砌块排列图的绘制方法是：在立面图上用1：50或1：30的比例绘制出纵横墙，然后将过梁、平板、大梁、楼梯、混凝土垫块等在图上标出，再将预留孔洞标出，在纵墙和横墙上画出水平灰缝线，然后按砌块错缝搭接的构造要求和竖缝的大小进行排列。以主砌块为主，其他各种型号砌块为辅，以减少吊次，提高台班产量。需要镶砖时，应整砖镶砌，而且尽量对称分散布置。砖的强度等级应不小于砌块的强度等级。镶砖应平砌，不宜侧砌或竖砌，墙体的转角处和纵横墙交接处，不得镶砖，门窗洞口不宜镶砖。砌块的排列应遵守下列技术要求：上下皮砌块错缝搭接长度一般为砌块长度的1/2（较短的砌块必须满足这个要求），或不得小于砌块皮高的1/3，以保证砌块牢固搭接，外墙转角及纵横墙交接处应用砌块相互搭接。

如纵横墙不能互相搭接，则每二皮应设置一道钢筋网片。砌块中水平灰缝厚度应为10～20mm。当水平灰缝有配筋或柔性拉结条时，其灰缝厚度应为20～25mm。竖缝的宽度为15～20mm。当竖缝宽度大于30mm时，应用强度等级不低于C20的细石混凝土填实；当竖缝宽度大于或等于150mm，或楼层不是砌块加灰缝的整数倍时，都要用黏土砖镶砌。

（2）选择砌块安装方案

中小型砌块安装用的机械有台灵架、附设有起重拔杆的井架、轻型塔式起重机等。

1）用台灵架安装砌块，用附设起重拔杆的井架进行砌块、楼板的垂直运输。

根据台灵架安装砌块时的吊装路线，有后退法、合拢法及循环法。

① 后退法：吊装从工程的一端开始退至另一端，井架设在建筑物两端。台灵架回转半径为9.5m，房屋宽度小于9m。

② 合拢法：工程情况同前，井架设在工程的中间，吊装线路先从工程的一端开始吊装到井架处，再将台灵架移到工程的另一端进行吊装，最后退到井架处收拢。

③ 循环法：当房屋宽度大于9m时，井架设在房屋一侧中间，吊装从房屋一端转角开始，依次循环至另一端转角处，最后吊装至井架处。

2）用台灵架安装砌块，用塔式起重机进行砌块和预制构件的水平和垂直运输及楼板安装，此时台灵架安装砌块的吊装线路与上述相同。

（3）机具准备

除应准备好砌块垂直、水平运输和吊装的机械外，还要准备安装砌块的专用夹具和其他有关工具。

（4）砌块的运输及堆放

砌块的装卸可用汽车式起重机、履带式起重机和塔式起重机等。砌块堆放应使场内运输路线最短。堆置场地应平整夯实，有一定泄水坡度，必要时开挖排水沟。砌块不宜直接堆放在地面上，应堆在草袋、煤渣垫层或其他垫层上，以免砌块底面弄脏。砌块的规格、数量必须配套，不同类型分别堆放。砌块的水平运输可用专用砌块小车、普通平板车等。

2. 砌块施工工艺

砌块施工的主要工序是铺灰、吊砌块就位、校正、灌缝和镶砖等。

铺灰：砌块墙体所采用的砂浆，应具有较好的和易性，砂浆稠度采用50～80mm，铺灰应均匀平整，长度一般以不超过5m为宜。炎热的夏季或寒冷季节应按设计要求适当缩短，灰缝的厚度按设计规定。

吊砌块就位：吊砌块一般用摩擦式夹具，夹砌块时应避免偏心。砌块就位时，应使夹具中心尽可能与墙身中心线在同一垂直线上，对准位置徐徐下落于砂浆层上，待砌块安放稳当后，方可松开夹具。

校正：用垂球或托线板检查垂直度，用拉准线的方法检查水平度。校正时可用人力轻微推动砌块或用撬杠轻轻撬动砌块，自重在150kg以下的砌块可用木锤敲击偏高处。

灌缝：竖缝可用夹板在墙体内外夹住，然后灌砂浆，用竹片插或铁棒捣，使其密实。

当砂浆吸水后用刮缝板把竖缝和水平缝刮齐。此后，砌块一般不准撬动，以防止破坏砂浆的粘结力。

镶砖：镶砖工作要在砌块校正后进行，不要在安装好一层墙身后才砌镶砖。如在一层楼安装完毕尚需镶砖时，镶砖的最后一皮砖和安装楼板梁、檩条等构件下的砖层都必须用丁砖来镶砌。

3. 质量要求

砌筑工程质量的基本要求是：横平竖直、砂浆饱满、灰缝均匀、上下错缝、内外搭砌、接槎牢固。

3.6　框架填充墙的砌筑要求

框架填充墙施工应先主体结构施工，后砌填充墙，不得改变框架结构的传力路线。

砌筑施工时应满足一般砖砌体、砌块砌体的砌筑要求，同时应注意以下几方面的问题：

1. 与结构的连接

（1）墙两端与结构连接

砌体与混凝土柱或剪力墙的连接，一般采用构件上预埋铁件加焊拉结钢筋或植墙拉筋的方法。

（2）墙顶与结构件底部连接

为保证墙体的整体性稳定性，填充墙顶部应采取相应的措施与结构挤紧。通常采用在墙顶加小木楔。砌筑实心砖或在梁底做预埋铁件等方式与填充墙连接。为了让砌体砂浆有一个完成压缩变形的时间，保证墙顶与构件连接的效果，不论采用哪种连接方式，都应分两次完成一片墙体的施工。

（3）注意事项

填充墙施工最好从顶层向下层砌筑，防止因结构变形量向下传递而造成早期下层先砌筑的墙体产生裂缝。

2. 与门窗的连接

施工中通常采用在洞口两侧做混凝土构造柱、预埋混凝土预制块及镶砖的方法实现门窗与填充墙的连接。空心砌块在窗台顶面应做成混凝土压顶，以保证门窗框与砌体的可靠连接。

3. 防潮与防水

空心砌块用于外墙面涉及到防水问题，主要发生在灰缝处。在砌筑中，应注意灰缝饱满密实，其竖缝应灌砂浆插捣密实。外墙面的装饰层采取适当的防水措施，如在抹灰层中加防水剂，面砖构缝等。

4. 单片面积较大的填充墙的施工

注意提高大空间的框架结构填充墙稳定性，在墙体中根据墙体长度和高度需要设置构造柱和水平现浇混凝土带。当大面积的墙体有转角时，可以在转角处设芯柱。

3.7　砌体工程质量通病与防治措施

砌体结构工程施工质量应符合《砌体结构工程施工质量验收规范》（GB 50203—2011）

的相关要求。

1. 砖砌体质量通病与防治措施

（1）砂浆强度偏低、不稳定

砂浆强度偏低有两种情况：一是砂浆标养试块强度偏低；二是试块强度不低，甚至较高，但砌体中砂浆实际强度偏低。标养试块强度偏低的主要原因是计量不准，或不按配比计量，水泥过期或砂及塑化剂质量低劣等。由于计量不准，砂浆强度离散性必然偏大。主要预防措施是：加强现场管理，加强计量控制。砂浆实际强度偏低比较普遍，也比较复杂，其原因有二：一是现场客观条件与标养条件差异较大，砌筑时未能根据实际条件对砂浆配比作相应的调整；二是人为的弄虚作假，为了省钱，故意少用水泥，但为应付验收，试块另行配制。主要预防措施是：加强法制观念，严格现场检验制度。

（2）砂浆和易性差，沉底结硬

砂浆和易性差主要表现在砂浆稠度和保水性不合规定，容易产生沉淀和泌水现象，铺摊和挤浆较为困难，影响砌筑质量，降低砂浆与砖的粘结力。主要原因是水泥强度等级高而用量太少，塑化材料（石灰膏等）质量差，砂子过细，以及拌制砂浆无计划，存放时间过长等。预防措施是：低强度水泥砂浆尽量不用高强度水泥配制，不用细砂，严格控制塑化材料的质量和掺量，加强砂浆拌制计划性，随拌随用，灰桶中的砂浆经常翻拌、清底。

（3）砌体组砌方法错误

砖墙面出现数皮砖同缝（通缝、直缝）、里外两张皮，砖柱采用包心法砌筑，里外皮砖层互不相咬，形成周围通天缝等，影响砌体强度，降低结构整体性。预防措施是：对工人加强技术培训，严格按规范方法组砌，缺损砖应分散使用，少用半砖，禁用碎砖。

（4）灰缝砂浆不饱满

砌体灰缝饱满度很低，水平缝低于80%，竖缝脱空、透亮、"瞎眼缝"（无砂浆），直接影响砌体强度，是外墙渗漏的一大隐患。此外，清水墙采用大缩口铺灰，减小了砌体承压面积。预防措施是：改善砂浆和易性，砖应隔夜浇水，使砌筑时黏土砖的含水率达到10%～15%，严禁干砖砌筑，铺灰长度不得超过500mm，宜采用一块砖、一铲灰、一揉挤的"三一"砌砖法。

（5）墙面灰缝不平直，游丁走缝，墙面凹凸不平

水平灰缝弯曲不平直，灰缝厚度不一致，出现"螺丝"墙，垂直灰缝歪斜，灰缝宽窄不匀，丁不压中（丁砖未压在顺砖中部），墙面凹凸不平。预防措施是：砌前应摆底，并根据砖的实际尺寸对灰缝进行调整。采用皮数杆拉线砌筑，以砖的小面跟线，拉线长度（15～20m）超长时，应加腰线。竖缝，每隔一定距离应弹墨线找齐，墨线用线锤引测，每砌一步架用立线向上引伸，立线、水平线与线锤应"三线归一"。

（6）清水墙面勾缝污染

清水墙面勾缝深浅不一致，竖缝不实，十字缝搭接不平，缝内残浆未扫净，墙面被砂浆污染；脚手眼堵塞不严、不平，堵孔砖与原墙砖色泽不一致，留有永久痕迹；勾缝砂浆开裂、脱落。预防措施是：勾缝前应对墙体砖缺楞掉角部位、瞎缝、刮缝深度不够的灰缝进行开凿，开缝深度为1cm左右，缝子上下切口应开凿整齐。勾缝前应提前浇水冲刷墙面浮浆（包括清除灰缝表层不实部分）。砌墙时，保留一部分堵脚手眼砖，采用专用勾缝镏子，以1:1.5水泥细砂砂浆勾缝。勾缝后应进行清扫，干燥天气应喷水养护。

（7）墙体留槎错误

砌墙时随意留直槎，甚至阴槎，构造柱马牙槎不标准，槎口以砖渣填砌，接槎砂浆填塞不严，影响接槎部位砌体强度，降低结构整体性。预防措施是：施工组织设计时应对留槎作统一考虑，严格按规范要求留槎，采用18层退槎砌法。马牙槎高度，标准砖留五皮，多孔砖留三皮，对于施工洞所留槎，应加以保护和遮盖，防止运料车碰撞槎子。

（8）拉结钢筋被遗漏

构造柱及接槎的水平拉结钢筋常被遗漏，或未按规定布置；配筋砖缝砂浆不饱满，露筋年久易锈。预防措施是：拉结筋应作为隐检项目对待，应加强检查，并填写检查记录存档。施工中，对所砌部位需要的配筋应一次备齐，以备检查有无遗漏。尽量采用点焊钢筋网片，适当增加灰缝厚度（以钢筋网片厚度上下各有 2mm 保护为宜）。

（9）基础轴线移位

内墙条形基础与上部墙体，常易发生轴线错位。若在±0.00 处硬行调整，会使上层墙体和基础产生偏心，影响受力；若不调正，与设计不符。预防措施是：建筑物定位放线时，外墙角处应设龙门板，并妥加保护。横墙轴线不宜采用基槽内排尺方法控制，应设置中心桩，基础大放脚部分砌完后，应拉通线重新核对调整，然后砌筑基础直墙部分。

（10）基础标高偏差

基础砌至±0.00 处，往往标高不在同一水平面，影响地坪标高及上部墙体高度控制。原因是砖基础下部的基层（灰土、混凝土）标高控制不准。大放脚宽度大而皮数杆无法贴近，难以察觉所砌砖层与皮数杆的标高差。基础大放脚填心砖采用大面积铺灰的砌筑方法，由于铺灰厚薄不匀或铺灰面太长，砌筑速度跟不上，砂浆因停歇时间过久挤浆困难，灰缝不易压薄而出现冒高现象。预防措施是：加强施工过程的标高控制，一旦形成超高部分需拆除，标高不够处用细石混凝土填铺抹平。

（11）基础防潮层失效

基础防潮层大多采用 20mm 厚防水砂浆或混凝土圈梁，该防潮层容易干裂，或因振捣抹压不实，不能有效地阻止地下水分通过防潮层向上渗透，致使墙体长期处在潮湿状态，造成室内墙面粉刷层脱落，室外墙面经盐碱及冻融反复作用，表层逐渐疏松剥落，影响居住环境卫生和结构承载力。预防措施是：防潮层应作为独立的隐检项目，精细施工。防潮层施工应在基础完工并回填土后进行，尽量不留或少留施工缝。防潮层下面三皮砖应满铺满挤灰浆，横竖灰缝砂浆饱满度均应大于 80%。

2. 砌块砌体质量通病与防治

（1）砌体强度偏低，不稳定

墙垛、柱子及窗间墙等砌体强度比设计规定的偏低，且随时间不断降低，甚至出现压碎和开裂现象。原因是砌块本身强度偏低，且硅酸盐砌块碳化对强度的降低影响较大，加上砌体砌筑质量难于保证等。预防措施是：使用前必须对砌块、水泥、石灰膏和砂子等原材料质量进行认真检验，特别是砌块碳化强度稳定性检验，不合格者坚决不用。应根据砌块类别确定浇水程度，一般粉煤灰硅酸盐砌块浇水应充分，混凝土砌块不宜过多浇水；严格按预先排定的砌块排列图和砌向，上下皮应错缝搭砌，混凝土空心砌块应孔对孔、肋对肋错缝搭砌，尽量采用主规格砌块，既有利于建筑物的受力和整体性，又可以提高台班产量；铺灰长度不宜过长。一般情况下，密实砌块的铺灰长度不应超过 3~5m，空心砌块的铺灰长度不超过 2～3m，灰缝砂浆应饱满密实。

（2）墙体裂缝

砌块墙体易产生沿楼板的水平裂缝，还有底层窗台中部的竖向裂缝、顶层两端角部阶梯形裂缝以及砌块周边的裂缝等。外因是温度、收缩及地基不均匀下沉，内因是砌块与砂浆粘结强度较低，砌块砌体通缝抗剪强度仅为砖砌体的 25%～50%。预防措施是：为减少收缩，砌块出池后应有足够的静置时间（30～50d）；清除砌块表面脱模剂及粉尘等；采用粘结力强、和易性较好的砂浆砌筑，控制铺灰长度和灰缝厚度；设置芯柱、圈梁、伸缩缝，在温度、收缩比较敏感的部位局部配置水平钢筋。

（3）墙面渗水

砌块墙面及门窗框四周常出现渗水、漏水现象。主要原因是砌块密实度差，灰缝砂浆不饱满，特别是竖缝。同时，墙体还存在贯通性裂缝，以及门窗框固定不牢、嵌缝不严等。预防措施是：认真检验砌块质量，特别是抗渗性能；加强灰缝砂浆饱满度控制；杜绝墙体裂缝；门窗框周边嵌缝应在墙面抹灰前进行，而且要待固定门窗框铁脚的砂浆（或细石混凝土）达到一定强度后进行。

（4）层高超高

层高实际高度与设计高度的偏差超过允许偏差。主要原因是：砌块几何尺寸偏差超过规定，特别是砌块的高度和顶面相对两棱边的高低偏差值（即倾斜）过大；水平灰缝超厚，或砂浆中有石块、硬物，造成砌块倾斜；楼面标高找平不准，或砌筑时误差过大，砌块体积大，水平灰缝少，可供调整的机会和次数少；梁、圈梁、楼板等预制构件超厚、翘曲或搁置不平，造成找平层超厚。预防措施是：保证配置砌筑砂浆的原材料符合质量要求，并且控制铺灰厚度和长度；砌筑前应根据砌块、梁、板的尺寸和规格，计算砌筑皮数，绘制皮数杆，砌筑时控制好每皮砌块的砌筑高度，对于原楼地面的标高误差，可在砌筑灰缝或圈梁、楼板找平层的允许误差内逐皮调整。

3.8　砌筑工程安全技术要求

为了避免事故的发生，做到文明施工，砌筑过程中必须采取适当的安全措施。砌筑操作前必须检查操作环境是否符合安全要求，道路是否畅通，机具是否完好，安全设施和防护用品是否齐全，经检查符合要求后方可施工。在砌筑过程中，应注意下列问题。

① 砌基础时，应注意基坑土质变化情况，堆放砌筑材料应离开坑边一定距离。

② 墙身砌体高度超过地坪 1.2m 以上时，应搭设脚手架，在一层以上或高度超过 4m 时，采用外脚手架必须支搭安全网。

③ 预留孔洞宽度大于 300mm 应该设置钢筋混凝土过梁。

④ 在楼层（特别是预制板面）施工时，堆放机具、砖块等物品不得超过使用荷载。

⑤ 不准用不稳固的工具或物体在脚手板面垫高操作。

⑥ 砍砖时应面向内打，防止碎砖跳出伤人。

⑦ 用于垂直运输的吊笼、滑车、绳索、刹车等，必须满足负荷要求，牢固无损。

⑧ 冬期施工时，脚手板上如有冰霜、积雪，应先清除后才能上架子进行操作。

⑨ 要做好防雨措施，以防雨水冲走砂浆，致使砌体倒塌。

⑩ 不准在墙顶或架上修改石材，以免震动墙体影响质量或石片掉下伤人。

⑪ 不准徒手移动上墙的料石，以免压破或擦伤手指。

⑫ 已经就位的砌块，必须立即进行竖缝灌浆。

⑬ 对稳定性较差的窗间墙、独立柱和挑出墙面较多的部位，应加临时稳定支撑。

⑭ 在台风季节，应及时进行圈梁施工，加盖楼板，或采取其他稳定措施。

⑮ 在砌块砌体上，不宜拉锚缆风绳，不宜吊挂重物。

⑯ 大风、大雨、冰冻等异常气候之后，应检查砌体是否有垂直度的变化，是否产生了裂缝。

第4章 钢筋混凝土工程

混凝土结构是土木工程结构的主要形式之一。混凝土结构工程由模板工程、钢筋工程和混凝土工程三个主要工种工程组成。

混凝土结构工程按施工方法分为现浇混凝土结构施工和预制装配混凝土结构施工。

4.1 模 板 工 程

模板工程是指支承新浇筑混凝土的整个系统，包括了模板和支撑。模板是使新浇筑混凝土成形并养护，使之达到一定强度以承受自重的临时性结构并能拆除的模型板。支撑是保证模板形状和位置并承受模板、钢筋、新浇筑混凝土的自重以及施工荷载的临时性结构。

现浇混凝土结构施工中，模板工程费用约占结构工程费用的30%左右，劳动量约占50%左右。

模板工程必须满足下列三项基本要求：

安装质量：应保证成型后混凝土结构或构件的形状、尺寸和相互位置的正确；模板拼缝严密，不漏浆。

安全性：要有足够的承载能力、刚度和稳定性。

经济性：能快速装拆，多次周转使用，并便于后续钢筋和混凝土工序的施工。

1. 模板工程材料

模板工程材料的种类很多，木、钢、复合材、塑料、铝，甚至混凝土本身都可作为模板工程材料。

（1）木模板

木模板（图4-1）的主要优点是制作拼装随意。尤适用于浇筑外形复杂、数量不多的混凝土结构或构件。木摸扳的木材主要采用松木和杉木，其含水率不宜过高，以免开裂。

（2）钢模板

组合钢模板是施工企业拥有量最大的一种钢模板。组合钢模扳由钢模板（图4-2）及

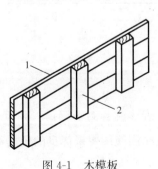

图 4-1 木模板

1—板条；2—拼长

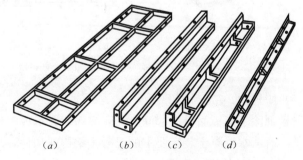

图 4-2 钢模板

（a）平面模板；（b）阳角模板；（c）阴角模板；（d）连接角模

配件两部分组成。配件包括支承件和连接件。常用钢模板规格见表 4-1。

常用钢模板规格（mm）　　　　　　　　　表 4-1

名　称	宽　度	长　度	肋　高
平面模板	600、550、500、450、400、350、300、250、200、150、100	1800、1500、1200、900、750、600、450	55
阴角模板	150×150、100×150		
阳角模板	100×100、50×50		
连接角模	50×50		

（3）胶合板模板

模板用的木胶合板通常由 5、7、9、11 等奇数层单板（薄木片）经热压固化而胶合成型，相邻层的纹理方向相互垂直（图 4-3、图 4-4）。

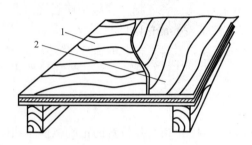

图 4-3　木胶合板模板
1—表板；2—芯板

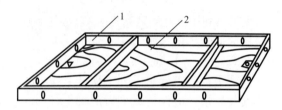

图 4-4　钢框胶合板模板
1—钢框；2—胶合板

（4）塑料与玻璃钢模板

塑料与玻璃钢用作模板材料，优点是质轻，易加工成小曲率的曲面模板；缺点是材料价格偏高，模板刚度小。塑料与玻璃钢盆式模板主要用于现浇密肋楼板施工（图 4-5）。

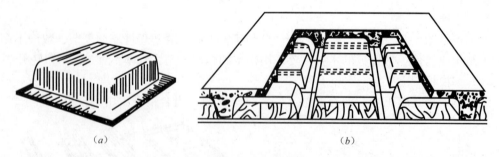

（a）　　　　　　　　　　　（b）

图 4-5　盆式模板
（a）塑料模壳；（b）用于密肋板施工的盆式模板

（5）脱模剂

脱模剂涂于模板面板上起润滑和隔离作用，拆模时使混凝土顺利脱离模板，并保持形状完整。有清水混凝土装饰要求的混凝土结构或构件，均应涂刷使用效果优良的脱模剂。

2. 基本构件的模板构造

现浇混凝土基本构件主要有柱、墙、梁、板等，下面介绍由胶合板模板以及组合钢模板组装的这些基本构件的模板构造。

（1）柱、墙模板

柱和墙均为垂直构件，模板工程应能保持自身稳定，并能承受浇筑混凝土时产生的横向压力。

1）柱模板

柱模主要由侧模（包括加劲肋）、柱箍、底部固定框、清理孔四个部分组成，图4-6为典型的矩形柱模板构造。

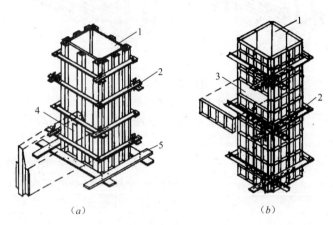

图 4-6　矩形柱模板

（a）胶合板模板；（b）组合钢模板

1—侧模；2—柱箍；3—浇筑孔；4—清理孔；5—固定框

柱的横断面较小，混凝土浇筑速度快，柱侧模上所受的新浇筑混凝土压力较大，特别要求柱模板拼缝严密、底部固定牢靠，柱箍间距适当，并保证其垂直度。此外，对高的柱模，为便于浇筑混凝土，可沿柱高度每隔2m开设浇注孔。

2）墙模板

对墙模板的要求与柱模板相似，主要保证其垂直度以及抵抗新浇筑混凝土的侧压力。

墙模板由五个基本部分组成：①侧模（面板）——维持新浇筑混凝土形状直至硬化；②内楞——支承侧模；③外楞——支承内楞和加强模板；④斜撑——保证模板垂直和支承施工荷载及风荷载等；⑤对拉螺栓及撑块——混凝土侧压力作用到侧模上时，保持两片侧模间的距离。

墙模板的侧模可采用胶合模板、组合钢模板、钢框胶合板模板等。图4-7为采用胶合板模板以及组合钢模板的典型墙模板构造。内外楞可采用方木、内卷边槽钢、圆钢管或矩形钢管等。

（2）梁、板模板

梁与板均为水平构件，其模板工程主要承受竖向荷载，如模板及支撑自重，钢筋、新浇筑混凝土自重以及浇筑混凝土时的施工荷载等，侧模则受到混凝土的侧压力。因此，要求模板支撑数量足够，搭设稳固牢靠。

1）梁与楼板模板

现浇混凝土楼面结构多为梁板结构，梁和楼板的模板通常一起拼装，图4-8。

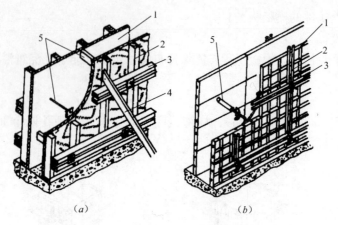

图 4-7 墙模板

(a) 胶合板模板；(b) 组合钢模板

1—侧模；2—内楞；3—外楞；4—斜撑；5—对拉螺栓及撑块

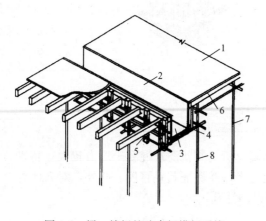

图 4-8 梁、楼板的胶合板模板系统

1—楼板模板；2—梁侧模；3—梁底模；
4—夹条；5—短撑木；6—楼板模板小楞；
7—楼板模板钢管排架；8—梁模钢管架

梁模板由底模及侧模组成。底模承受竖向荷载，刚度较大，下设支撑；侧模承受混凝土侧压力，其底部用夹条夹住，顶部由支承楼板模板的小楞顶住或斜撑顶住。

2）支撑系统

模板工程的支撑系统广义地来说包括了垂直支撑、水平支撑、斜撑以及连接件等，其中垂直支撑用来支承梁和板等水平构件，直至构件混凝土达到足够的自承重强度；水平支撑用来支承模板跨越较大的施工空间或减少垂直支撑的数量。

梁与楼板模板的垂直支撑可选用可调式钢支柱、扣件式钢管支架、碗扣式钢管支架、门式钢管支架以及方塔钢管支架等，图 4-9。单管钢支柱的支承高度为 3~4m；支架在承载能力允许范围内可搭设任意高度。

楼板模板的水平支撑主要有小楞、大楞或桁架等。小楞支承模板，大楞支承小楞。当层间高度大于 5m 或需要扩大施工空间时，可选用桁架、贝雷架、军用梁等来支承小楞，图 4-10。

3. 模板荷载及计算规定

模板及其支架应具有足够的承载能力、刚度和稳定性，能可靠地承受浇筑混凝土的重量、侧压力以及施工荷载。

在计算模板及支架时，主要考虑荷载有：模板及支架自重；浇筑混凝土的重量；钢筋重量；施工人员及施工设备重量在水平投影面上的荷载；振捣混凝土时产生的荷载；新浇筑混凝土对模板的侧压力；倾倒混凝土时对垂直面模板产生的水平荷载；风荷载等。

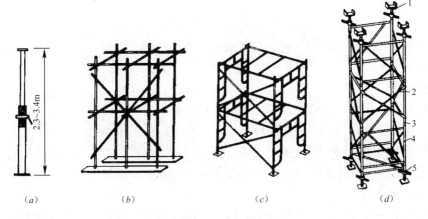

图 4-9 矩形柱模板

（a）可调式钢支柱；（b）扣件式钢管支架；（c）门式钢管支架；（d）方塔钢管支架

1—顶托；2—交叉斜撑；3—连接棒；4—标准架；5—底座

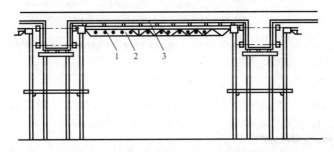

图 4-10 楼板模板的桁架式水平支撑

1—小楞；2—可调桁架；3—楼板模板

4. 模板的拆除

混凝土结构模板的拆除日期取决于结构的性质、模板的用途和混凝土硬化速度，及时拆模，可提高模板的周转；过早拆模，过早承受荷载会产生变形甚至会造成重大的质量事故。

（1）模板拆除的规定

非承重模板（如侧板），应在混凝土强度能保证其表面及棱角不因拆除模板而受损坏时，方可拆除；承重模板应在达到规定的强度时方可拆除，表 4-2。拆模时如发现混凝土质量问题时应暂停拆除，经过处理后方可继续。

现浇结构单层模板支撑拆模时的混凝土强度要求   表 4-2

构件类型	构件跨度（m）	按达到设计的混凝土立方体抗压强度标准值的百分率计（%）
板	≤2	≥50
	>2，≤8	≥75
	>8	≥100
梁、拱、壳	≤8	≥75
	>8	≥100
悬臂构件	—	≥100

（2）拆除模板应注意下列几点

拆模程序一般应是后支的先拆，先拆除非承重部分，后拆除承重部分。

拆除框架结构模板的顺序：首先是柱模板，然后是楼板底板，梁侧模板，最后梁底模板；拆除跨度较大的梁下支柱时，应先从跨中开始，分别拆向两端。

5. 组合模板

组合模板是一种工具式模板，是工程施工用得最多的一种模板。它由具有一定模数的若干类型的板块、角模、支撑和连接件组成，用它可以拼出多种尺寸和几何形状，以适应各种类型建筑物的梁、柱、板、墙、基础和设备基础等施工的需要，也可用它拼成大模板、隧道模和台模等。施工时可以在现场直接组装，亦可以预拼装成大块模板或构件模板用起重机吊运安装。

组合模板的板块和配件，轻便灵活，拆装方便，可用人力装拆；由于板块小，板块重量轻，存放、修理和运输极方便，如用集装箱运输效率更高。

6. 大模板

大模板是一大尺寸的工具式模板，一般是一块墙面用一块大模板。因为其重量大，装拆皆需起重机械吊装，但可提高机械化程度，减少用工量和缩短工期。它是目前我国剪力墙和筒体体系的高层建筑施工用得较多的一种模板，已形成一种工业化建筑体系。目前，我国采用大模板施工的结构体系有：

① 内外墙皆用大模板现场浇筑，而隔墙、楼梯等为预制吊装；

② 横墙、内纵墙用大模板现场浇筑，而外墙板、隔墙板为预制吊装；

③ 横墙、内纵墙用大模板现场浇筑，外墙、隔墙用砖砌筑。

一块大模板由面板、主肋、次肋、支撑桁架、稳定机构及附件组成。

7. 模板安装质量和安全技术要求

（1）模板安装质量

参见《混凝土结构工程施工质量验收规范》（GB 50204—2002）（2010 版）关于模板工程的相关要求。

（2）模板安装安全技术要求

1）进入施工现场人员必须戴好安全帽，高空作业人员必须配戴安全带，并应系牢。

2）经医生检查认为不适宜高空作业的人员，不得进行高空作业。

3）工作前应先检查使用的工具是否牢固，扳手等工具必须用绳链系挂在身上，以免掉落伤人。工作时要思想集中，防止钉子扎脚和空中滑落。

4）安装与拆除 5m 以上的模板，应搭脚手架，并设防护栏，防止上下在同一垂直面操作。

5）高空、复杂结构模板的安装与拆除，事先应有切实的安全措施。

6）遇六级以上大风时，应暂停室外的高空作业，雪、霜、雨后应先清扫施工现场，略干后不滑时再进行工作。

7）二人抬运模板时要互相配合、协同工作。传递模板、工具应用运输工具或绳子系牢后升降，不得乱扔。装拆时，上下应有人接应，钢模板及配件应随装随拆运送，严禁从高处掷下。高空拆模时，应有专人指挥，并在下面标出工作区，用绳子和红白旗加以围栏，暂停人员过往。

8）不得在脚手架上堆放大批模板等材料。

9）支撑、牵杠等不得搭在门框架和脚手架上。通路中间的斜撑、拉杠等应设在1.8m高以上。

10）支模过程中，如需中途停歇，应将支撑、搭头、柱头板等钉牢。拆模间歇应将已活动的模板、牵杠等运走或妥善堆放，防止因扶空、踏空而坠落。

11）模板上有预留洞者，应在安装后将空洞口盖好。混凝土板上的预留洞，应在模板拆除后随即将洞口盖好。

12）拆除模板一般用长撬棍。人不许站在正在拆除的模板上。在拆除楼板模板时，要注意整块模板掉下，尤其是用定型模板做平台模板时，更要注意，拆模人员要站在门窗洞口外拉支撑，防止模板突然全部掉落伤人。

13）在组合钢模板上架设的电线和使用电动工具，应用36V低压电源或采取其他有效措施。

4.2 钢筋工程

普通混凝土结构用的钢筋可分为两类，热轧钢筋和冷加工钢筋（冷轧带肋钢筋、冷轧钢筋、冷拔螺旋钢筋等），余热处理钢筋属于热轧钢筋一类。根据新标准，热轧钢筋的强度等级由原来的Ⅰ级、Ⅱ级、Ⅲ级和Ⅳ级更改为按照屈服强度（MPa）分为HPB300级、HRB335级、HRB400级和HRB500级。

1. 钢筋检验和存放

1）钢筋的检验

钢筋混凝土结构中所用的钢筋，都应有出厂质量证明或试验报告单，每捆（盘）钢筋均应有标牌。进场时应按批号及直径分批验收。验收的内容包括查对标牌、外观检查，并按有关标准的规定抽取试样作力学性能试验，合格后方可使用。

对有抗震设防要求的框架结构，其纵向受力钢筋的强度应满足设计要求，当设计无具体要求时，对一、二、三级抗震等级检验所得的强度实测值，应符合下列规定：

① 钢筋的抗拉强度实测值与屈服强度实测值的比值不应小于1.25。

② 钢筋的屈服强度实测值与钢筋强度标准值的比值不应大于1.3。

对于每批钢筋的检验数量，应按相关产品标准执行。国家《钢筋混凝土用钢 第1部分：热轧光圆钢筋》GB 1499.1—2008和《钢筋混凝土用钢 第2部分：热轧带肋钢筋》GB 1499.2—2007中规定每批抽取5个试件，先进行重量偏差检验，再取其中2个试件进行力学性能检验。

2）钢筋的存放

当钢筋运进施工现场后，必须严格按批分等级、牌号、直径、长度挂牌存放，并注明数量，不得混淆。钢筋应尽量堆入仓库或料棚内。条件不具备时，应选择地势较高，土质坚实，较为平坦的露天场地存放。在仓库或场地周围挖排水沟，以利泄水。堆放时钢筋下面要加垫木，离地不宜少于200mm，以防钢筋锈蚀和污染。钢筋成品要分工程名称和构件名称，按号码顺序存放。同一项工程与同一构件的钢筋要存放在一起，按号挂牌排列，牌上注明构件名称、部位、钢筋类型、尺寸、钢号、直径、根数。不能将几项工程的钢筋混放在一起，同时不要和产生有害气体的车间靠近，以免污染和腐蚀钢筋。

2. 钢筋翻样与配料

为了确保钢筋配筋和加工的准确性，事先应根据结构施工图画出相应的钢筋翻样图并填写配料单。

（1）钢筋翻样图

钢筋翻样图依照结构配筋图做成。一般把混凝土结构分解成柱、梁、墙、楼板、楼梯等构件，根据构件所在的结构层次，以一种构件为主，画出其配筋。钢筋翻样图中构件的各钢筋均应编号，标明其数量、牌号、直径、间距、锚固长度、接头位置以及搭接长度等。对于形状复杂的钢筋和结构节点密度大的钢筋，在钢筋翻样图上，还应画出其细部加工图和细部安装图。

钢筋翻样图既是编制配料加工单和进行配料加工的依据，也是钢筋工绑扎、安装钢筋的依据，还是工程项目负责人检查钢筋工程施工质量的依据。

（2）钢筋配料单

钢筋配料单是根据构件配筋图，先绘出各种形状和规格的单根钢筋简图并加以编号，然后分别计算钢筋下料长度和根数，填写配料单，申请加工。

对于钢筋翻样图中编了号的各钢筋进行配料时，必须根据规范混凝土保护层、钢筋弯曲、弯钩等规定计算其下料长度。

钢筋因弯曲或弯钩会使其长度变化，在配料中不能直接根据图纸中尺寸下料；必须了解对混凝土保护层、钢筋弯曲、弯钩等规定，再根据图中尺寸计算其下料长度。各种钢筋下料长度计算如下：

直钢筋下料长度＝构件长度－保护层厚度＋弯钩增加长度

弯起钢筋下料长度＝直段长度＋斜段长度－弯曲调整值＋弯钩增加长度

箍筋下料长度＝箍筋周长＋箍筋调整值

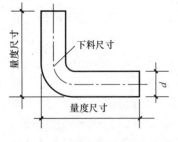

图 4-11　钢筋弯曲时的量度方法

上述钢筋需要搭接的话，还应增加钢筋搭接长度。

1）弯曲调整值

钢筋弯曲后的特点：一是在弯曲处内皮收缩、外皮延伸、轴线长度不变；二是在弯曲处形成圆弧。钢筋的量度方法是沿直线量外包尺寸（图 4-11）；因此，弯起钢筋的量度尺寸大于下料尺寸，两者之间的差值称为"弯曲调整值"。弯曲调整值，根据理论推算并结合实践经验，列于表 4-3。

钢筋弯曲调整值　　　　　　　　　　　　　　表 4-3

钢筋弯曲角度	30°	45°	60°	90°	135°
钢筋弯曲调整值	0.35d	0.5d	0.85d	2d	2.5d

注：d 为钢筋直径。

2）弯钩增加长度

钢筋的弯钩形式有三种：半圆弯钩、直弯钩及斜弯钩（图 4-12）。半圆弯钩是最常用的一种弯钩。直弯钩只用在柱钢筋的下部、箍筋和附加钢筋中。斜弯钩只用在直径较小的钢筋中。

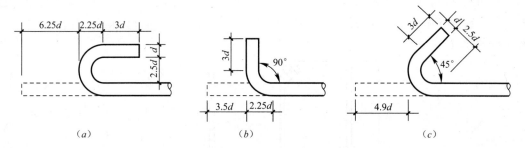

图 4-12　钢筋弯钩计算简图

(a) 半圆弯钩；(b) 直弯钩；(c) 斜弯钩

光圆钢筋的弯钩增加长度，按图 4-12 所示的简图（弯心直径为 $2.5d$、平直部分为 $3d$）计算：对半圆弯钩为 $6.25d$，对直弯钩为 $3.5d$，对 45°斜弯钩为 $4.9d$。

在生产实践中，由于实际弯心直径与理论弯心直径有时不一致，钢筋粗细和机具条件不同等而影响平直部分的长短（手工弯钩时平直部分可适当加长，机械弯钩时可适当缩短），因此在实际配料计算时，对弯钩增加长度常根据具体条件，采用经验数据，见表 4-4。

半圆弯钩增加长度参考表（用机械弯）　　　　　　　　　　　　　　表 4-4

钢筋直径（mm）	≤6	8～10	12～18	20～28	32～36
一个弯钩长度（mm）	40	6d	5.5d	5d	4.5d

3）弯起钢筋斜长

弯起钢筋斜长计算简图，见图 4-13。弯起钢筋斜长系数见表 4-5。

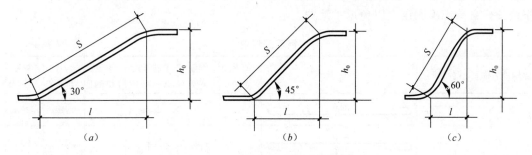

图 4-13　弯起钢筋斜长计算简图

(a) 弯起角度 30°；(b) 弯起角度 45°；(c) 弯起角度 60°

弯起钢筋斜长系数　　　　　　　　　　　　　　　　　　　　　　表 4-5

弯起角度	$\alpha=30°$	$\alpha=45°$	$\alpha=60°$
斜边长度 s	$2h_0$	$1.41h_0$	$1.15h_0$
底边长度 l	$1.732h_0$	h_0	$0.575h_0$
增加长度 $s-l$	$0.268h_0$	$0.41h_0$	$0.575h_0$

注：h_0 为弯起高度。

4）箍筋调整值

箍筋调整值，即为弯钩增加长度和弯曲调整值两项之差或和，根据箍筋量外包尺寸或内皮尺寸确定（见图 4-14 与表 4-6）。

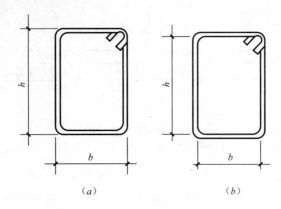

图 4-14　箍筋量度方法

（a）量外包尺寸；（b）量内皮尺寸

箍筋调整值　　　　　　　　　　　　　　表 4-6

箍筋量度方法	箍筋直径（mm）			
	4～5	6	8	10～12
量外包尺寸	40	50	60	70
量内皮尺寸	80	100	120	150～170

钢筋配料计算完毕，填写配料单，详见表 4-7。列入加工计划的配料单，将每一编号的钢筋制作一块料牌，作为钢筋加工的依据与钢筋安装的标志。钢筋配料单和料牌，应严格校核，必须准确无误，以免返工浪费。

钢筋配料单　　　　　　　　　　　　　　表 4-7

构件名称	钢筋编号	简　图	直径（mm）	钢筋级别	下料长度（m）	单位（根数）	合计（根数）	重量（kg）
1号厂房 L_1 梁 共计 5 根	①	5980	18	Φ	6.21	2	10	123
	②	5980	10	Φ	6.11	2	10	37.5
	③	390　564　4400　564　390	18	Φ	6.49	1	5	64.7
	④	890　564　3400　564　890	18	Φ	6.49	1	5	64.7
	⑤	412　162	6	Φ	1.20	31	165	41.3
备注		合计 Φ6＝41.3kg，Φ10＝37.5kg，Φ18＝252.4kg						

3. 钢筋加工

钢筋加工主要包括调直、切断和弯折。

（1）钢筋调直

钢筋调直宜采用机械方法，也可采用冷拉方法。当采用冷拉方法调直钢筋时，HPB235级钢筋的冷拉率不宜大于4%，HRB335级、HRB400级和RRB400级钢筋的冷拉率不宜大于1%。

为了提高施工机械化水平，钢筋的调直宜采用钢筋调直切断机，它具有自动调直、定位切断、除锈、清垢等多种功能。

（2）钢筋切断

钢筋下料时须按计算的下料长度切断。钢筋切断可采用钢筋切断机或手动切断器。手动切断器只用于切断直径小于16mm的钢筋；钢筋切断机可切断直径40mm以内的钢筋。

在大中型建筑工程施工中，提倡采用钢筋切断机，它不仅生产效率高，操作方便，而且确保钢筋端面垂直钢筋轴线，不出现马蹄形或翘曲现象，便于钢筋进行焊接或机械连接。钢筋的下料长度力求准确，其允许偏差为±10mm。

（3）钢筋弯折

1）钢筋弯钩和弯折的一般规定

① 受力钢筋。HPB300级钢筋末端应作180°弯钩，其弯弧内直径不应小于钢筋直径的2.5倍，弯钩的弯后平直部分长度不应小于钢筋直径3倍。当设计要求钢筋末端需作135°弯钩时，HRB335级、HRB400级钢筋的弧内直径 D 不应小于钢筋直径的4倍，弯钩的弯后平直部分长度应符合设计要求。钢筋作不大于90°的弯折时，弯折处的弯弧内直径不应小于钢筋直径的5倍。

② 箍筋。除焊接封闭环式箍筋外，箍筋的末端应作弯钩。弯钩形式应符合设计要求，当设计无具体要求时，应符合下列规定：

A. 箍筋弯钩的弯弧内直径不小于受力钢筋的直径。

B. 箍筋弯钩的弯折角度：对一般结构，不应小于90°；对有抗震等要求的结构应为135°。

③ 箍筋弯后的平直部分长度：对一般结构，不宜小于箍筋直径的5倍；对有抗震等级要求的结构，不应小于箍筋直径的10倍。

2）钢筋弯曲

① 划线。钢筋弯曲前，对形状复杂的钢筋（如弯起钢筋），根据钢筋料牌上标明的尺寸，用石笔将各弯曲点位置划出。

② 钢筋弯曲成型。钢筋在弯曲机上成型时（图4-15），心轴直径应是钢筋直径的2.5～5.0倍，成型轴宜加偏心轴套，以便适应不同直径的钢筋弯曲需要。弯曲细钢筋时，为了使弯弧一侧的钢筋保持平直，挡铁轴宜做成可变挡架或固定挡架（加铁板调整）。

钢筋弯曲点和心轴的关系，如图4-16所示。由于成型轴和心轴在同时转动，就会带动钢筋向前滑移。因此，钢筋弯90°时，弯曲点线约与心轴内边缘齐；弯180°时，弯曲点线距心轴内边缘为1.0～1.5d（钢筋硬时取大值）。对HRB335与HRB400钢筋，不能弯过头再弯过来，以免钢筋弯曲点处发生裂纹。

③ 曲线型钢筋成型。弯制曲线形钢筋时（图4-17），可在原有钢筋弯曲机的工作盘中央，放置一个十字架和钢套；另外在工作盘四个孔内插上短轴和成型钢套（和中央钢套相切）。插座板上的挡轴钢套尺寸，可根据钢筋曲线形状选用。钢筋成型过程中，成型钢套起顶弯作用，十字架只协助推进。

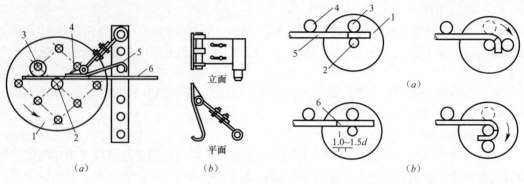

图 4-15　钢筋弯曲成型
(a) 工作简图; (b) 可变挡架构造
1—工作盘; 2—心轴; 3—成型轴;
4—可变挡架; 5—插座; 6—钢筋

图 4-16　弯曲点线与心轴关系
(a) 弯 90°; (b) 弯 180°
1—工作盘; 2—心轴; 3—成型轴;
4—固定挡铁; 5—钢筋; 6—弯曲点线

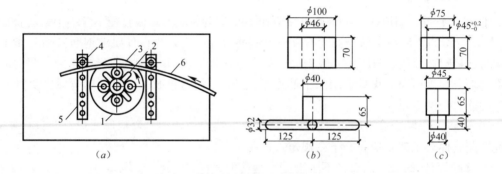

图 4-17　曲线形钢筋成型
(a) 工作简图; (b) 十字撑及圆套详图; (c) 桩柱及圆套详图
1—工作盘; 2—十字撑及圆套; 3—桩柱及圆套; 4—挡轴圆套; 5—插座板; 6—钢筋

4. 钢筋连接

工程中钢筋往往因长度不足或因施工工艺上的要求等必须连接。钢筋连接,应按结构要求、施工条件及经济性等,选用合适的接头。钢筋在工厂或工地加工多选用闪光对焊接头。现场施工中,除采用传统的绑扎搭接接头以外,对多高层建筑结构中的竖向钢筋直径 $d > 20mm$ 时多选用电渣压力焊接头,水平钢筋多选用螺纹套筒接头;对受疲劳荷载的高耸、大跨结构钢筋直径 $d > 20mm$ 时,选用与母材等强的直螺纹套筒接头等。钢筋连接的方式很多,接头的主要方式可归纳为以下几类:

绑扎连接——绑扎搭接接头;

焊接连接——闪光对焊接头、电弧焊接头、电渣压力焊接头、气压焊接头等;

机械连接——挤压套筒接头、锥螺纹套筒接头、直螺纹套筒接头、填充介质套筒接头等。

(1) 绑扎连接

钢筋绑扎连接的基本原理,是将两根钢筋搭接一定长度,用细铁丝将搭接部分多道绑扎牢固。混凝土中的绑扎搭接接头在承受荷载后,一根钢筋中的力通过该根钢筋与混凝土之间的握裹力（粘结力）传递给周围混凝土，再由该部分混凝土传递给另一根钢筋。

《混凝土结构设计规范》（GB 50010—2010）和《混凝土结构工程施工质量验收规范》（GB 50204—2002）（2010 版）中，对绑扎搭接接头的使用范围和技术要求作了相关规定。

（2）焊接连接

混凝土结构设计规范规定，钢筋的接头宜优先采用焊接接头，焊接接头的焊接质量与钢材的焊接性、焊接工艺有关。

1）闪光对焊

闪光对焊是利用对焊机，将两钢筋端面接触，通以低电压的强电流，利用接触点产生的电阻热使金属融化，产生强烈飞溅、闪光，使钢筋端部产生塑性区及均匀的液体金属层，迅速施加顶锻力而完成的一种电阻焊方法，图 4-18。

闪光对焊具有生产效率高、操作方便、节约能源、节约钢材、接头受力性能好、焊接质量高等优点，加工场钢筋制作时的对接焊接优先采用闪光对焊。最近，在箍筋加工上也引入了闪光对焊方法。

钢筋闪光对焊工艺常用的有三种工艺方法：连续闪光焊、预热闪光焊和闪光一预热一闪光焊。对焊接性差的 HRB500 牌号钢筋，还可焊后再进行通电热处理。

① 连续闪光焊：连续闪光焊是自闪光一开始就徐徐移动钢筋，工件端面的接触点在高电流密度作

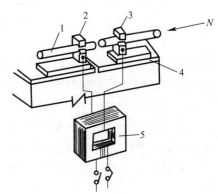

图 4-18　闪光对焊原理图
1—钢筋；2—固定电极；3—可动电极；
4—机座；5—焊接变压器

用下迅速融化、蒸发、连续爆破，形成连续闪光，接头处逐步被加热。连续闪光焊工艺简单，一般用于焊接直径较小和牌号较低的钢筋。连续闪光焊所能焊接钢筋的上限直径与焊机容量、钢筋牌号有关，一般钢筋直径在 22mm 以下。

② 预热闪光焊：预热闪光焊是首先连续闪光，使钢筋预热，接着再连续闪光，最后顶锻。预热闪光焊适用于直径较粗、端面比较平整的钢筋。

③ 闪光-预热-闪光焊：在预热闪光焊之前，预加闪光阶段，烧去钢筋端部的压伤部分，使其端面比较平整，以保证端面上加热温度比较均匀，提高焊接接头质量。

2）电弧焊

电弧焊将焊条作为一极，钢筋为另一极，利用焊接电流通过产生的高温电弧热进行焊接的一种熔焊方法。选择焊条时，其强度应略高于被焊钢筋。对重要结构的钢筋接头，应选用低氢型碱性焊条。

钢筋电弧焊接头的主要形式有：搭接焊、帮条焊、坡口焊、窄间隙焊等接头型式。

① 搭接焊与帮条焊接头

搭接焊接头（图 4-19（a））适用于 HPB300、HRB335、HRB400、RRB400 钢筋。钢筋应适当预弯，以保证两钢筋的轴线在同一直线上。

帮条焊接头（图 4-19（b））可用于 HPB300、HRB335、HRB400、RRB400 钢筋，帮条宜采用与主筋同牌号、同直径的钢筋制作。

搭接焊与帮条焊宜采用双面焊，如不能进行双面焊时，也可采用单面焊，其焊缝长度

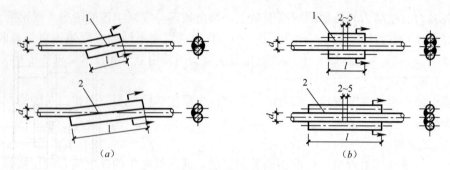

图 4-19　钢筋搭接焊与帮条焊接头

(a) 搭接焊接头；(b) 帮条焊接头

1—双面焊；2—单面焊

应加长一倍。采用双面焊时，焊缝长度应不小于 (4～5)d (d 为钢筋直径)。搭接焊或帮条焊在焊接时，其焊缝厚度不应小于 0.3d，焊缝宽度不应小于 0.8d。

② 坡口焊接头

坡口焊分为平焊和立焊两种，适用于装配式框架结构的节点，可焊接直径 18～40mm 的 HPB300、HRB335、HRB400 钢筋。

钢筋坡口平焊 (图 4-20 (a))；钢筋坡口立焊 (图 4-20 (b))。

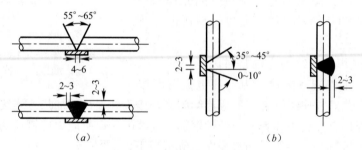

图 4-20　钢筋坡口焊接头

(a) 坡口平焊；(b) 坡口立焊

③ 窄间隙焊接头

水平钢筋窄间隙焊适用于直径 16mm 以上钢筋的现场水平连接，图 4-21。

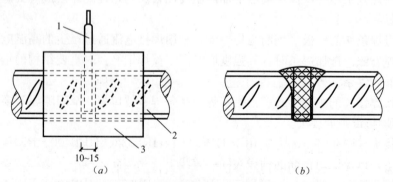

图 4-21　水平钢筋窄间隙焊接头

(a) 被焊钢筋端部；(b) 成型接头

1—焊条；2—钢筋；3—U 形铜模

3）钢筋电渣压力焊

钢筋电渣压力焊是将两钢筋安放成竖向对接形式，利用焊接电流通过两钢筋端面间隙，在焊剂层下形成电弧和电渣过程，产生电弧热和电阻热，熔化钢筋，待到一定程度后施加压力，完成钢筋连接。它适用于直径为 14～32mm 的 HPB300、HRB335、HRB400 竖向或斜向钢筋（倾斜度在 4：1 范围内）的连接。

电渣压力焊的主要设备包括：三相整流或单相交流电的焊接电源；夹具、操作杆及监控仪的专用机头；可供电渣焊和电弧焊的专用控制箱等（图 4-22）。电渣压力焊耗用的材料主要有焊剂及钢丝。常用高度不小于 10mm 的钢丝圈，或用一高约 10mm 的 $\phi 3.2$ 的焊条芯引燃电弧。

钢筋电渣压力焊具有电弧焊、电渣焊和压力焊的特点。焊接过程包括四个阶段（图 4-23）：

引弧过程→电弧过程→电渣过程→顶压过程。

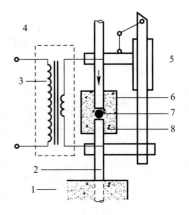

图 4-22 钢筋电渣压力焊示意图
1—混凝土；2—下钢筋；3—焊接电源；
4—上钢筋；5—焊接夹具；6—焊剂盒；
7—钢丝圈；8—焊剂

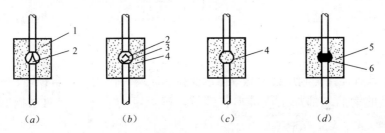

图 4-23 钢筋电渣压力焊焊接过程示意图
（a）引弧过程；（b）电弧过程；（c）电渣过程；（d）顶压过程
1—焊剂；2—电弧；3—渣池；4—熔池；5—渣壳；6—熔化的钢筋

4）气压焊

钢筋气压焊是利用乙炔与氧混合气体（或液化石油气）燃烧所形成的火焰加热两钢筋对接处端面，使其达到一定温度，在压力作用下获得牢固接头的焊接方法。这种焊接方法设备简单、工效高、成本较低，适用于各种位置的直径为 14～40mm 的 HPB300、HRB335、HRB400 钢筋焊接连接。

气压焊有熔态气压焊（开式）和固态气压焊（闭式）两种。

钢筋气压焊设备由供气装置、多嘴环管加热器、加压器以及焊接夹具等组成，图 4-24。

（3）机械连接

钢筋机械连接是通过连接件的直接或间接的机械咬合作用或钢筋端面的承压作用将一根钢筋中的力传至另一根钢筋的连接方法。在粗直径的钢筋连接中，钢筋机械连接方法有广阔的应用前景。

1）挤压套筒接头

钢筋挤压套筒有轴向挤压和径向挤压两种方式，现常用径向挤压。钢筋径向挤压套筒

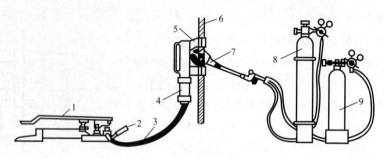

图 4-24　钢筋气压焊设备

1—手动液压加压器；2—压力表；3—油管；4—活动液压油缸；5—夹具；
6—被焊钢筋；7—焊炬；8—氧气瓶；9—乙炔气瓶

连接工艺的基本原理是：将两根待接钢筋端头插入钢套筒，用液压压接钳径向挤压套筒，使之产生塑性变形与带肋钢筋紧密咬合，由此产生摩擦力和抗剪力来传递钢筋连接处的轴向荷载，图 4-25。

套筒冷挤压连接的主要设备有钢筋液压压接钳和超高压油泵。钢套筒材料可选用 10～20 号优质碳素结构镇静钢无缝钢管，钢套筒的设计截面积一般不小于被连接钢筋截面积的 1.7 倍，抗拉力为被接钢筋的 1.25 倍左右。

钢筋挤压套筒接头适用于直径 18～50mm 的 HRB335、HRB400 钢筋，操作净距大于 50mm 的各种场合。

2）锥螺纹套筒接头

钢筋锥形螺纹连接是利用锥形螺纹能承受拉、压两种作用力及自锁性、密封性好的原理，将被连接的钢筋端部加工成锥形状螺纹，按规定的力矩值将两根钢筋连接在一起（图 4-26）。

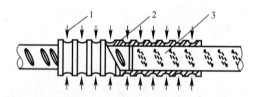

图 4-25　钢筋挤压套筒接头

1—压痕；2—钢套筒；3—带肋钢筋

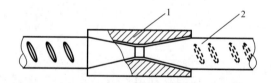

图 4-26　锥螺纹套筒接头

1—连接套筒；2—带肋钢筋

钢筋端部锥形螺纹是在专用套丝机上套丝加工而成，连接套内锥形螺纹则是在锥形螺纹旋切机上加工而成。

该连接方法适用于按一、二级抗震等级设防的混凝土结构工程中直径为 16～40mm 的 HRB335、HRB400 的竖向、斜向和水平钢筋的现场连接施工。

3）直螺纹套筒接头

钢筋直螺纹连接分为镦粗直螺纹和滚轧直螺纹两类。镦粗直螺纹又分为冷镦粗和热镦粗直螺纹两种。钢筋冷镦粗直螺纹连接的基本原理是：通过钢筋镦粗机把钢筋端头镦粗，再切削成直螺纹，然后用直螺纹的连接套筒将被连钢筋两端拧紧完成连接。

钢筋滚轧直螺纹连接接头（图 4-27）是将钢筋端部用滚轧工艺加工成直螺纹，并用相应具有内螺纹的连接套筒将两根被连钢筋连接在一起。该接头形式是 20 世纪 90 年代中期发展起来的钢筋机械连接新技术，目前已成为钢筋机械连接的主要形式。滚轧直螺纹连接适用于中等或较粗直径的 HRB335、HRB400 带肋钢筋和 RRB400 余热处理钢筋的连接。

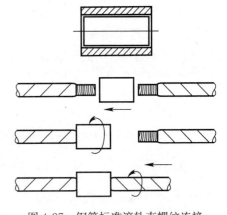

图 4-27 钢筋标准滚轧直螺纹连接

（4）接头质量检验与评定

为确保钢筋连接质量，钢筋接头应按有关规程规定进行质量检查与评定验收。

1）焊接连接接头

应按现行国家标准《混凝土结构工程施工质量验收规范》（GB 50204—2002）（2010 版）中基本规定和行业标准《钢筋焊接及验收规程》（JGJ 18—2012）中的有关规定执行。其中除检查外观质量外，还必须进行拉伸或弯曲试验。

2）机械连接接头

应按现行国家标准《混凝土结构工程施工质量验收规范》（GB 50204—2002）（2010 版）中基本规定和行业标准《钢筋机械连接通用技术规程》（JGJ 107—2003）中的有关规定执行。

（5）钢筋安装与检查

钢筋安装总要求为：受力钢筋的品种、级别、规格和数量必须符合设计要求。此外，钢筋位置要准确，固定要牢靠，接头要符合规定。

钢筋绑扎一般采用 20 号、22 号铁丝，钢筋搭接处应在中心和两端用铁丝扎牢。

板与墙的钢筋网，其外围两行钢筋的相交点全部扎牢；中间部分的相交点可相隔交错扎牢；双向受力的钢筋，须全部扎牢。相邻绑扎点的铁丝扣应成八字形，以免网片歪斜变形。梁和柱的钢筋骨架，其箍筋弯钩叠合处应沿受力钢筋方向错开布置，箍筋转角与受力钢筋交叉点均应扎牢。

钢筋安装中，受力钢筋接头的位置应相互错开，接头距钢筋弯折处不应小于钢筋直径的 10 倍，也不宜位于构件最大弯矩处。

钢筋网和钢筋骨架现场绑扎或安装就位后，混凝土保护层可用水泥砂浆垫块或塑料卡控制。对水平构件中双层钢筋网，在上层钢筋网下面应设置钢筋撑脚或混凝土撑脚，以保证钢筋位置正确。

钢筋安装完毕后，应主要检查钢筋的牌号、直径、根数、间距等是否正确，特别是负弯矩钢筋的位置是否正确，还应检查钢筋接头和保护层等是否符合要求。钢筋工程属隐蔽工程，在浇筑混凝土前，对钢筋安装进行验收，做好隐蔽工程记录，以便考查。

5. 钢筋代换

在钢筋配料中如遇有钢筋品种或规格与设计要求不符，需要代换时，可参照以下原则进行钢筋代换。

（1）代换原则

1）等强度代换：不同种类的钢筋代换，按抗拉强度值相等的原则进行代换；

2）等面积代换：相同种类和级别的钢筋代换，应按面积相等的原则进行代换。

（2）代换方法

1）等强度代换方法

如设计图中所用的钢筋设计强度为 f_{y1}，钢筋总面积 A_{s1}，代换后的钢筋设计强度为 f_{y2}，钢筋总面积 A_{s2}，则应使：

$$A_{s1} f_{y1} \leqslant A_{s2} f_{y2} \tag{4-1}$$

$$因为 \quad n_1 \cdot \pi \cdot \frac{d_1^2}{4} \cdot f_{y1} \leqslant n_2 \cdot \pi \cdot \frac{d_2^2}{4} \cdot f_{y2} \tag{4-2}$$

$$所以 \quad n_2 \geqslant \frac{n_1 d_1^2 f_{y1}}{d_2^2 f_{y2}} \tag{4-3}$$

式中　n_1——原设计钢筋根数；

　　　　n_2——代换后钢筋根数；

　　　　d_1——原设计钢筋直径；

　　　　d_2——原设计钢筋直径。

2）等面积代换方法

$$A_{s1} \leqslant A_{s2} \tag{4-4}$$

$$n_2 \geqslant \frac{n_1 d_1^2}{d_2^2} \tag{4-5}$$

（3）钢筋代换应注意事项

1）对重要受力构件，如吊车梁、桁架下弦等不宜用Ⅰ级光面钢筋代替变形钢筋，以免裂缝开展过大。

2）钢筋代换后，应满足混凝土结构设计规范中所规定的钢筋间距、锚长，最小钢筋长度、根数等要求。

3）当构件受裂缝宽度或挠度控制时，钢筋代换后应进行刚度，裂缝验算。

4）梁的纵向受力钢筋与弯曲钢筋应分别代换，以保证正截面与斜截面强度。偏心受压构件或大偏心受拉构件作钢筋代换时，不取整个截面配筋量计算，应按受力面（受拉或受压）分别代换。

5）有抗震要求的梁、柱和框架，不宜以强度等级高的钢筋代换原设计中的钢筋，如必须代换时，其代换的钢筋检验所得的实际强度，尚应符合抗震钢筋要求。

6）预制构件的吊环，必须采用未经冷拉的 HPB300 级热轧钢筋制做，严禁以其他钢筋代换。

6. 钢筋工程施工安全技术要求

（1）钢筋加工应遵循以下安全要求：

① 机械的安装必须坚实稳固，保持水平位置。固定式机械应有可靠的基础，移动式机械作业时应楔紧行走轮。

② 室外作业应设置机棚，机旁应有堆放原料、半成品的场地。

③ 加工较长的钢筋时，应有专人帮扶，并听从操作人员指挥，不得随意推拉。

④ 作业后，应堆放好成品、清理场地、切断电源、锁好电闸。

对钢筋进行冷拉、冷拔及预应力筋加工，还应严格地遵守有关规定。

（2）钢筋焊接应遵循以下安全要求：

① 焊机必须接地，以保证操作人员安全，对于焊接导线及焊钳接导处，都应可靠的绝缘。

② 大量焊接时，焊接变压器不得超负荷，变压器升温不得超过 60℃。

③ 点焊、对焊时，必须开放冷却水，焊机出水温度不得超过 40℃，排水量应符合要求。天冷时应放尽焊机内存水，以免冻塞。

④ 对焊机闪光区域，须设铁皮隔挡。焊接时禁止其他人员停留在闪光区范围内，以防火花烫伤。焊机工作范围内严禁堆放易燃物品，以免引起火灾。

⑤ 室内电弧焊时，应有排气装置。焊工操作地点相互之间应设挡板，以防弧光刺伤眼睛。

4.3　混凝土工程

混凝土工程在混凝土结构工程中占有重要地位，混凝土工程质量的好坏直接影响到混凝土结构的承载力、耐久性与整体性。目前由于高层现浇混凝土结构和高耸构筑物的增多，混凝土的制备在施工现场通过小型搅拌站搅拌时实现了机械化。在工厂，大型搅拌站时已实现了微机控制自动化。混凝土外加剂技术也不断发展和推广应用，混凝土拌合物通过搅拌输送车和混凝土泵实现了长距离、超高度运输。随着现代工程结构的高度、跨度及预应力混凝土的发展，人们开发、研制了强度 80MPa 以上的高强混凝土，以及高工作性、高体积稳定性、高抗渗性、良好力学性能的高性能混凝土，并且还有具备环境协调性和自适应特性的绿色混凝土。此外，自动化、机械化的发展和新的施工机械和施工工艺的应用，也大大改变了混凝土工程的施工技术。

混凝土施工的工艺流程一般为：搅拌→运输、泵送与布料→浇筑、振捣和表面抹压→养护。

1. 混凝土制备

(1) 混凝土配制

混凝土在配合比设计时，必须满足结构设计的混凝土强度等级和耐久性要求，并有较好的工作性（流动性等）和经济性。混凝土的实际施工强度随现场生产条件的不同而上下波动，因此，混凝土制备前应在强度和含水量方面进行调整试配，试配合格后才能进行生产。

1) 混凝土施工配制强度

为了保证混凝土的实际施工强度不低于设计强度标准值，混凝土的施工试配强度应比设计强度标准值提高一个数值，并有 95％的强度保证率，即：

混凝土配制强度应按式（4-6）计算：

$$f_{cu,o} \geq f_{cu,k} + 1.645\sigma \qquad (4\text{-}6)$$

式中　$f_{cu,o}$——混凝土配制强度，MPa；

　　　$f_{cu,k}$——混凝土立方体抗压强度标准值，MPa；

　　　σ——混凝土强度标准差，MPa。

混凝土配合比是在实验室根据混凝土的配制强度经过试配和调整而确定的。实验室配合比所有用砂、石都是不含水分的，而施工现场砂、石都有一定的含水率，且含水率大小随气温等条件不断变化。施工中应按砂、石实际含水率对原配合比进行调整为施工配合比混凝土。

2）混凝土的施工配合比换算及施工配料

影响混凝土配制质量的因素主要有两方面：一是称量不准，二是未按砂、石骨料实际含水率的变化进行施工配合比的换算。这样必然会改变原理论配合比的水灰比、砂石比（含砂率）及浆骨比。当水灰比增大时，混凝土黏聚性、保水性差，而且硬化后多余的水分残留在混凝土中形成水泡，或水分蒸发留下气孔，使混凝土密实性差，强度低。若水灰比减少时，则混凝土流动性差，甚至影响成型后的密实，造成混凝土结构内部松散，表面产生蜂窝、麻面现象。同样，含砂率减少时，则砂浆量不足，不仅会降低混凝土流动性，更严重的是将影响其黏聚性及保水性，产生粗骨料离析，水泥浆流失，甚至溃散等不良现象。浆骨比是反映混凝土中水泥浆的用量多少（即每立方米混凝土的用水量和水泥用量），如控制不准，亦直接影响混凝土的水灰比和流动性。所以，为了确保混凝土的质量，在施工中必须及时进行施工配合比的换算和严格控制称量。

（2）施工配合比换算

混凝土的配合比是在实验室根据混凝土的施工配制强度经过试配和调整而确定的，称为实验室配合比。

为保证混凝土配合比的准确，在施工中应适当扣除使用砂、石的含水量，经调整后的配合比，称为施工配合比。施工配合比可以经过实验室配合比作如下调整得出：

设实验室配合比为：水泥∶砂子∶石子＝1∶x∶y，水灰比为 W/C，并测定砂子的含水量为 W_x，石子的含子量为 W_y，则施工配合比应为：

$$水泥∶砂子∶石子 = 1∶x(1+W_x)∶y(1+W_y)。 \tag{4-7}$$

按实验室配合比 1m³ 混凝土水泥、砂、石的用量分别为 C（kg）、C_x（kg）、C_y（kg），计算时确保混凝土水灰比 W/C 不变（W 为用水量），则换算后各种材料用量为：

水泥：$C'=C$； $\tag{4-8}$

砂子：$C'_{砂}=C_x(1+W_x)$； $\tag{4-9}$

石子：$G'_{石}=C_y(1+W_y)$； $\tag{4-10}$

水：$W'=W-C_xW_x-C_yW_y$。 $\tag{4-11}$

（3）施工配料

求出每立方米混凝土材料用量后，还必须根据工地现有搅拌机出料容量确定每次需用几整袋水泥，然后按水泥用量来计算砂石的每次拌用量。

为严格控制混凝土的配合比，原材料的计量应按重量计，水和液体外加剂可按体积计。其计量结果偏差不得超过以下规定：水泥、掺合料、水、外加剂为±2%；粗细骨料为±3%。各种衡量器应定期校验，保持准确，骨料含水量应经常测定，雨天施工时，应增加测定次数。

2. 混凝土搅拌

（1）混凝土搅拌机理及搅拌机选择

采用机械搅拌，使混凝土中各物料颗粒均匀分散，其搅拌机理有两种：

1）自落式搅拌机就是在搅拌筒内壁焊有弧形叶片，当搅拌筒绕水平轴旋转时，弧形叶片不断地将物料提升到一定高度，然后自由落下而相互混合（图 4-28）。

2）强制式搅拌机就是在搅拌筒中装有风车状的叶片，这些不同角度和位置的叶片转动时。强制物料翻越叶片，填充叶片通过后留下的空间，使物料混合均匀（图4-29）。

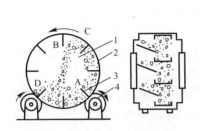

图 4-28　自落式搅拌机拌合原理
1—自由坠落物料；2—滚筒；3—叶片；4—托轮

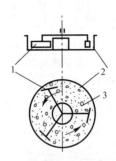

图 4-29　强制式搅拌机拌合原理
1—搅拌叶片；2—盘式搅拌筒；3—拌合物

施工现场除少量零星的塑性混凝土或低流动性混凝土仍可选用自落式搅拌机，但由于此类搅拌机对混凝土骨料的棱角有较大的磨损，影响混凝土的质量，现已逐步被强制式搅拌机取代。对于干硬性混凝土和轻骨料混凝土也选用强制式搅拌机。在混凝土集中预拌生产的搅拌站（图4-30），多采用强制式搅拌机，以缩短搅拌时间，还能用微机控制配料和称量，拌制出具有较高工作性的混合料。

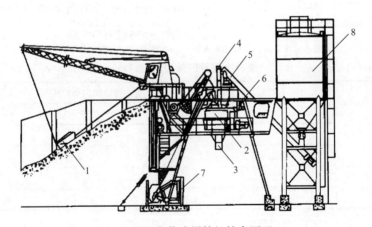

图 4-30　自落式搅拌机拌合原理
1—拉铲；2—搅拌机；3—出料口；4—水泥计量；5—螺旋运输机；6—外加剂计量；7—砂石计量；8—水泥仓

选用搅拌机容量时不宜超载，如超过额定容积的10％，就会影响混凝土的均匀性，反之则影响生产效益。我国规定混凝土搅拌机容量一般以出料容积（m³）×1000 标定规格，常用规格有 250、350、500、750、1000 等。装料容积与出料容积之比约为 1：0.55～1：0.72，一般可取 1：0.66。

（2）搅拌制度的确定

主要是投料顺序的确定，其目的是提高搅拌质量，减少叶片、衬板的磨损，减少拌合物与搅拌筒的粘结，减少水泥飞扬等。主要的投料顺序有：

1) 一次投料法。这是目前最普遍采用的方法。它是将砂、石、水泥和水一起同时加入搅拌筒中进行搅拌，为了减少水泥的飞扬和水泥的粘罐现象，对自落式搅拌机常采用的投料顺序是将水泥夹在砂、石之间，最后加水搅拌。

2) 二次投料法。它又分为预拌水泥砂浆法和预拌水泥净浆法。

预拌水泥砂浆法是先将水泥、砂和水加入搅拌筒内进行充分搅拌，成为均匀的水泥砂浆后，再加入石子搅拌成均匀的混凝土。

预拌水泥净浆法是先将水泥和水充分搅拌成均匀的水泥净浆后，再加入砂和石搅拌成混凝土。

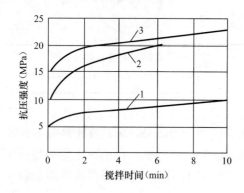

图 4-31 混凝土强度与搅拌时间的关系
1—混凝土 7 天强度；2—混凝土 28 天强度；
3—混凝土两个月强度

国内外的试验表明，二次投料法搅拌的混凝土与一次投料相比较，混凝土强度可提高约 15%，在强度等级相同的情况下可节约水泥 15%～20%。

（3）搅拌时间

搅拌时间是指从原材料全部投入搅拌筒时起，至开始卸料时为止所经历的时间。

搅拌时间是影响混凝土质量及搅拌机生产率的重要因素之一（图 4-31）。混凝土质量的搅拌时间最多不宜超过表 4-8 规定的最短时间的三倍。轻骨料及掺有外加剂的混凝土均应适当延长搅拌时间。

混凝土搅拌的最短时间（s）　　　　　　　　　　　　　表 4-8

混凝土坍落度（mm）	搅拌机类型	搅拌机出料容积（L）		
		<250	250～500	>500
≤30	自落式	90	120	150
	强制式	60	90	120
>30	自落式	90	90	120
	强制式	60	60	90

注：掺有外加剂时，搅拌时间应适当延长。

3. 混凝土的运输

（1）混凝土运输的基本要求

1) 在混凝土运输过程中，应控制混凝土运至浇筑地点后，不离析、不分层，组成成分不发生变化，并能保证施工所必需的稠度。混凝土运送至浇筑地点，如混凝土拌合物出现离析或分层现象，应进行二次搅拌。

2) 运送混凝土的容器和管道，应不吸水、不漏浆，并保证卸料及输送通畅。容器和管道在冬期应有保温措施，夏季最高气温超过 40℃ 时，应有隔热措施。混凝土拌合物运至浇筑地点时的温度，最高不超过 35℃，最低不低于 5℃。

3) 混凝土从搅拌机卸出后到浇筑完毕的延续时间不应超过表 4-9 的规定。

混凝土从搅拌机卸出到浇筑完毕的延续时间　　　　　　　　　　表 4-9

气　温	延续时间（min）			
	采用搅拌车		采用其他运输设备	
	≤C30	>C30	≤C30	>C30
≤25°	120	90	90	75
>25°	90	60	60	45

注：掺有外加剂或采用快硬水泥时延续时间应通过试验确定。

　　4）混凝土运至浇筑地点时，应检测其坍落度，所测值应符合设计和施工要求。其允许偏差应符合表 4-10 的规定。

坍落度允许偏差　　　　　　　　　　表 4-10

坍落度（mm）	允许偏差（mm）
≤40	±10
50～90	±20
≥100	±30

　　（2）混凝土运输工具选择

　　1）地面运输——运距较远时可采用混凝土搅拌运输车（图 4-32），工地范围内运输可采用小型机动翻斗车，近距离亦可采用双轮手推车；

　　2）垂直运输——塔式起重机，井架（图 4-33），也可采用混凝土泵（图 4-34）、（图 4-35）；

　　3）楼面运输——塔式起重机，手推车。

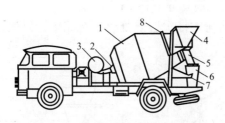

图 4-32　混凝土搅拌运输车外形示意图

1—搅拌筒；2—轴承座；3—水箱；4—进料斗；
5—卸料槽；6—引料槽；7—托轮；8—轮圈

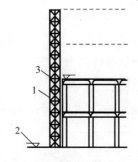

图 4-33　井架运输混凝土

1—井架；2—手推车；3—升降平台

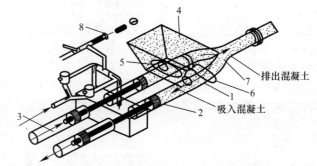

图 4-34　液压活塞式混凝土泵工作原理图

1—混凝土缸；2—活塞；3—液压缸；4—料斗；5—控制吸入的水平分配阀；
6—控制排出的竖向分配阀；7—Y 形输送管；8—冲洗系统

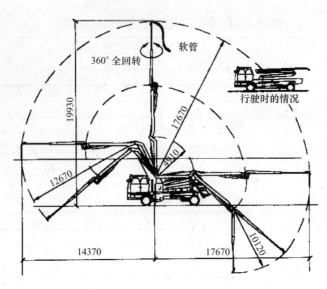

图 4-35　带布料杆的混凝土泵车

4. 混凝土的浇筑与捣实

浇筑前应检查模板、支架、钢筋和预埋件的正确位置，并进行验收。

（1）浇筑要求

1）防止离析——混凝土拌合物自由倾落高度过大，粗骨料在重力作用下下落速度较砂浆快，形成混凝土离析；为此，混凝土倾落自由高度不应超过 2m，在竖向结构中限制自由倾落高度不宜超过 3m，否则应用串筒、斜槽、溜管等下料，图 4-36。

2）分层灌注，分层捣实——前层混凝土凝结前，将次层混凝土浇筑完毕，以保证混凝土整体性。

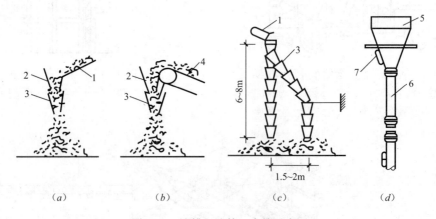

图 4-36　溜槽、溜管、串筒示意图

（a）溜槽运输；（b）皮带运输；（c）串筒；（d）振动串筒

1—溜槽；2—挡板；3—串筒；4—皮带运输机；5—漏斗；6—节管；7—振动器（每隔 2～3 节管安一台）

3）正确留置施工缝

混凝土结构大多要求整体浇筑，如因技术或组织上的原因，混凝土不能连续浇筑，且停顿时间有可能超过混凝土的初凝时间，则应预先确定在适当位置留置施工缝。

施工缝的留置位置要求：

宜留在结构剪力较小的部位，同时要方便施工；柱子宜留在基础顶面，梁的下面（图 4-37），和板连成整体的大截面梁应留在板底面以下 20～30mm 处；单向板应留在平板短边的任何位置；有主次梁的楼盖宜顺着次梁方向浇筑，施工缝应留在次梁跨度的中间 1/3 长度范围内，图 4-38。

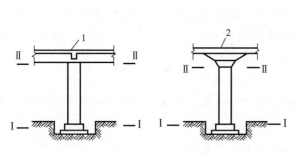

图 4-37　浇筑柱的施工缝位置图
Ⅰ—Ⅰ、Ⅱ—Ⅱ—施工缝位置
1—肋形板；2—无梁板

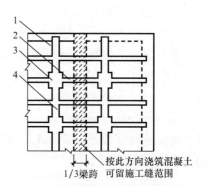

图 4-38　浇筑有主次梁楼板的
施工缝位置图
1—楼板；2—次梁；3—柱；4—主梁

施工缝的处理办法：

在施工缝处应除掉水泥浮浆和松动石子，并用水冲洗干净，待已浇筑混凝土强度不低于 1.2MPa 时才允许继续浇筑；在结合面应先铺抹一层水泥浆或与混凝土砂浆成分相同的砂浆；在重新浇筑混凝土过程中，施工缝处应仔细捣实，使新旧混凝土结合牢固。

4）后浇带的设置

后浇带是为在现浇钢筋混凝土过程中，克服由于温度收缩而可能产生有害裂缝而设置的临时施工缝。该缝需根据设计要求保留一段时间后再浇筑，将整个结构连成整体。

后浇带的设置距离，应考虑在有效降低温差和收缩应力条件下，通过计算来确定。在正常的施工条件下，一般规定是：如混凝土置于室内和土中，则为 30m；如在露天，则为 20m。

后浇带的保留时间应根据设计确定，若设计无要求时，一般应至少保留 28d 以上。后浇带的宽度一般为 700～1000mm，后浇带内的钢筋应完好保存。其构造见图 4-39 所示。

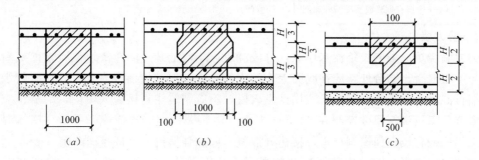

图 4-39　后浇带构造图
(a) 平接式；(b) 企口式；(c) 台阶式

后浇带在浇筑混凝土前，必须将整个混凝土表面按照施工缝的要求进行处理。填充后浇带混凝土可采用微膨胀或无收缩水泥，也可采用普通水泥加入相应的外加剂拌制，但必须要求混凝土的强度等级比原结构强度提高一级，并保持至少 15d 的湿润养护。

（2）浇筑方法

1）多层钢筋混凝土框架结构的浇筑

划分施工层和施工段：施工层一般按结构层划分；施工层如何划分施工段，则要考虑工序数量、技术要求、结构特点等。

准备工作：模板、钢筋和预埋管线的检查；浇筑用脚手架、走道的搭设和安全检查。

浇筑柱子：施工段内的每排柱子应由外向内对称地依次浇筑，不要由一端向一端推进，预防柱子模板因湿胀造成受推倾斜而误差积累难以纠正。

梁和板一般应同时浇筑，顺次梁方向从一端开始向前推进。

为保证捣实质量，混凝土应分层浇筑，每层厚度见表 4-11；连续浇筑的全部时间不得超过表 4-12 的要求。

混凝土浇筑层厚度（mm）   表 4-11

捣实混凝土的方法		浇筑层厚度
插入式振捣		振捣器作用部分长度的 1.25 倍
表面振动		200
人工捣固	在基础、无筋混凝土或钢筋稀疏的结构中	250
	在梁、墙板、柱结构中	200
	在配筋密列的结构中	150
轻骨料混凝土	插入式振捣	300
	表面振动（振动时需加荷）	200
泵送混凝土	一般结构	300～500
	水平结构厚度超过 500mm	按斜面坡度 1∶6～1∶10

混凝土运输、浇筑和间歇的允许时间（min）   表 4-12

混凝土强度等级	气温	
	≥25℃	<25℃
≤C30	210	180
>C30	180	150

注：当混凝土中掺有促凝或缓凝型外加剂时，其允许时间应根据试验结构确定。

2）剪力墙浇筑

剪力墙浇筑应采取长条流水作业，分段浇筑，均匀上升。墙体浇筑混凝土前或新浇混凝土与下层混凝土结合处，应在底面上均匀浇筑 50mm 厚与墙体混凝土成分相同的水泥砂浆或细石混凝土。砂浆或混凝土应用铁锹入模，不应用料斗直接灌入模内，混凝土应分层浇筑振捣，每层浇筑厚度控制在 600mm 左右，浇筑墙体混凝土应连续进行。墙体混凝土的施工缝一般宜设在门窗洞口上，接槎处混凝土应加强振捣，保证接槎严密。

洞口浇筑混凝土时，应使洞口两侧混凝土高度大体一致。振捣时，振捣棒应距洞边300mm 以上，从两侧同时振捣，以防止洞口变形，大洞口下部模板应开口并补充振捣。

构造柱混凝土应分层浇筑，内外墙交接处的构造柱和墙同时浇筑，振捣要密实。

墙体浇筑振捣完毕后，将上口甩出的钢筋加以整理，用木抹子按标高线将墙上表面混凝土找平。

混凝土浇捣过程中，不可随意挪动钢筋，要经常检查钢筋保护层厚度及所有预埋件的牢固程度和位置的准确性。

3) 大体积混凝土的浇筑

大体积混凝土结构整体性要求较高，一般不允许留设施工缝。因此，必须保证混凝土搅拌、运输、浇筑、振捣各工序的协调配合，并根据结构特点、工程量、钢筋疏密等具体情况，分别选用如下浇筑方案，如图 4-40 所示。

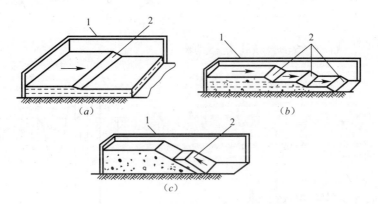

图 4-40　大体积混凝土浇筑方案

(a) 全面分层；(b) 分段分层；(c) 斜面分层

1—模板；2—新浇筑的混凝土

① 全面分层浇筑方案。在整个结构内全面分层浇筑混凝土，待第一层全部浇筑完毕，在初凝前再回来浇筑第二层，如此逐层进行，直至浇筑完成。此浇筑方案适宜于结构平面尺寸不大的情况下。浇筑时一般从短边开始，沿长边进行，也可以从中间向两端或由两端向中间同时进行。

② 分段分层浇筑方案。混凝土从底层开始浇筑，进行一定距离后回来浇筑第二层，如此依次向前浇筑以上各层。此浇筑方案适用于厚度不太大，而面积或长度较大的结构。

③ 斜面分层浇筑方案。混凝土从结构一端满足其高度浇筑一定长度，并留设坡度为1：3的浇筑斜面，从斜面下端向上浇筑，逐层进行。此浇筑方案适用于结构的长度超过其厚度 3 倍的情况。

(3) 混凝土密实成型

混凝土振动密实原理：在振动力作用下混凝土内部的粘着力和内摩擦力显著减少，骨料在其自重作用下紧密排列，水泥砂浆均匀分布填充空隙，气泡逸出，混凝土填满了模板并形成密实体积。

人工捣实是用人力的冲击来使混凝土密实成型。

机械捣实的方法主要有：

① 内部振动器（插入式振动器）

建筑工地常用的振动器，多用于振实梁、柱、墙、厚板和基础等。振动混凝土时应垂直插入，并插入下层混凝土 50mm，以促使上下层混凝土结合成整体。振点振捣延续时间，应使混凝土捣实（即表面呈现浮浆和不再沉落为限）。捣实移动间距，不宜大于作用半径的 1.5 倍（图 4-41a，图 4-43，图 4-44）。

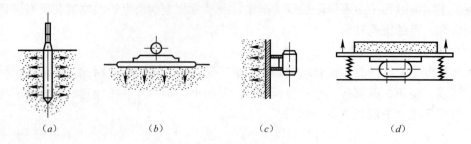

图 4-41　振动机械示意图

（a）内部振动器；（b）表面振动器；（c）外部振动器；（d）振动台

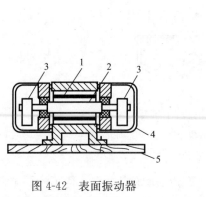

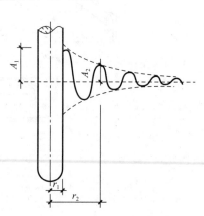

图 4-42　表面振动器

1—电动机；2—电机轴；3—偏心块；4—护罩；5—平板

图 4-43　内部振动器振动波
在混凝土中传递的示意图

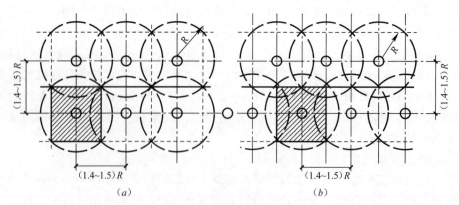

图 4-44　振动棒插点的布置

（a）行列式；（b）交错式

（R＝8～10 倍振动棒半径）

② 表面振动器（平板式振动器）

适用于捣实楼板、地面、板形构件和薄壳等薄壁结构。在无筋或单层钢筋的混凝土结

98

构中，每次振实的厚度不大于 250mm；在双层钢筋的结构中，每次振实厚度不大于 120mm（图 4-41b，图 4-42）。

③ 外部振动器（附着式振动器）

通过螺栓或夹钳等固定在模板外侧的横档或竖档上，但模板应有足够的刚度（图 4-41c）。

5. 混凝土的养护与拆模

（1）混凝土的养护

混凝土浇筑捣实后，而水化作用必须在适当的温度和湿度条件下才能完成。混凝土的养护就是创造一个具有一定湿度和温度的环境，使混凝土凝结硬化，达到设计要求的强度。

1）自然养护——是指在自然气温条件下（大于+5℃），对混凝土采取覆盖、浇水湿润、挡风、保温等养护措施，使混凝土在规定的时间内有适宜的温湿条件进行硬化。自然养护又可分为覆盖浇水养护和薄膜布养护、薄膜养生液养护等。

混凝土养护期间，混凝土强度未达到 1.2N/mm² 前，不允许在上面走动。

当最高气温低于 25℃时，混凝土浇筑完后应在 6～12h 以内加以覆盖和浇水；最高气温高于 25℃时，应在 3～6h 以内开始养护。

浇水养护时间的长短视水泥品种定，浇水次数应使混凝土保持具有足够的湿润状态。

2）人工养护——是指人工控制混凝土的温度和湿度，使混凝土强度增长，如蒸汽养护、热水养护、太阳能养护等。

现浇构件大多用自然养护，人工养护主要用来养护预制构件。

（2）混凝土的拆模

模板拆除日期取决于混凝土的强度、模板的用途、结构的性质及混凝土硬化时的气温；承重的侧模，在混凝土的强度能保证其表面棱角不因拆除模板而受损坏时，即可拆除；承重模板，如梁、板等底模，应待混凝土达到规定强度后，方可拆除；已拆除承重模板的结构，应在混凝土达到规定的强度等级后，才允许承受全部设计荷载。

（3）混凝土工程施工质量检查

混凝土质量检验包括施工过程中的质量检验和养护后的质量检验。施工过程的质量检验，即在制备和浇筑过程中对原材料的质量、配合比、坍落度等的检验，每一工作班至少检查一次，遇有特殊情况还应及时进行检验。混凝土的搅拌时间应随时检查。

混凝土养护后的质量检验，主要包括混凝土的强度、外观质量和结构构件的轴线、标高、截面尺寸和垂直度的偏差。如设计上有特殊要求时，还需对抗冻性、抗渗性等进行检验。

混凝土强度的检验，主要指抗压强度的检查。混凝土的抗压强度应以边长为 150mm 的立方体试件，在温度为 20℃±3℃和相对湿度为 90％以上的潮湿环境或水中的标准条件下，经 28d 养护后试验确定。

结构混凝土的强度等级必须符合设计要求。用于检查结构构件混凝土强度的试件，应在混凝土的浇筑地点随机抽取。取样与试件留置应符合下列规定：

① 每拌制 100 盘且不超过 100m³ 的同配合比的混凝土，其取样不得少于一次。

② 每工作班拌制的同配合比的混凝土不足 100 盘时，其取样不得少于一次。

③ 当一次连续浇筑超过 1000m³ 时，同一配合比的混凝土每 200m³ 取样不得少于一次。

④ 每一现浇楼层、同配合比的混凝土，其取样不得少于一次。

每次取样应至少留置一组标准试件，同条件养护试件的留置组数根据实际需要确定。对有抗渗要求的混凝土结构，其混凝土试件应在浇筑地点随机取样。同一工程、同一配合比的混凝土，取样不应少于一次。留置组数可根据实际需要而确定。

每组3个试件应在同盘混凝土中取样制作，并按下列规定确定该组试件的混凝土强度代表值：

① 取3个试件强度的平均值。

② 当3个试件强度中的最大值或最小值之一与中间值之差超过中间值的15%时，取中间值。

③ 当3个试件强度中的最大值和最小值与中间值之差均超过15%时，该组试件不应作为强度评定的依据。

混凝土结构强度的评定应按下列要求进行：

混凝土强度应分批进行验收。同一验收批的混凝土应由强度等级相同、龄期相同、生产工艺和配合比基本相同且不超过三个月的混凝土组成，并按单位工程的验收项目划分验收批，每个验收项目应按《混凝土强度检验评定标准》（GBJ 107—2010）确定。对同一验收批的混凝土强度，应以同批内标准试件的全部强度代表值来评定。评定方法有如下两种：

1）统计方法评定

① 标准差已知方案

当连续生产的混凝土，条件在较长时间内保持一致，且同一品种、同一混凝土的强度变异性保持稳定时，一个验收批的样本容量应为连续的3组试件组成，其强度应同时满足下列规定：

$$m_{f_{cu}} \geqslant f_{cu,k} + 0.7\sigma_0 \tag{4-12}$$

$$f_{cu,min} \geqslant f_{cu,k} - 0.7\sigma_0 \tag{4-13}$$

验收批混凝土立方体抗压强度的标准差应按下式计算：

$$\sigma_0 = \sqrt{\frac{\sum_{i=1}^{n} f_{cu,i}^2 - nm_{f_{cu}}^2}{n-1}} \tag{4-14}$$

当混凝土强度等级不高于C20时，其强度的最小值尚应满足下式要求：

$$f_{cu,min} \geqslant 0.85 f_{cu,k} \tag{4-15}$$

当混凝土强度等级高于C20时，其强度的最小值尚应满足下式要求：

$$f_{cu,min} \geqslant 0.90 f_{cu,k} \tag{4-16}$$

式中　$m_{f_{cu}}$——同一验收批混凝土立方体抗压强度的平均值，精确到0.1N/mm²；

　　　$f_{cu,k}$——混凝土立方体抗压强度的标准值，精确到0.1N/mm²；

　　　$f_{cu,min}$——同一验收批混凝土立方体抗压强度的最小值，精确到0.1N/mm²；

　　　σ_0——验收批混凝土立方体抗压强度的标准差，精确到0.1N/mm²；当检验批混凝土强度标准差σ_0计算值小于2.5N/mm²时，应取2.5N/mm²；

　　　$f_{cu,i}$——前一个检验期内同一品种、同一强度等级的第i组混凝土试件的立方体抗压强度代表值该检验期不应少于60d，也不得大于90d；

　　　n——前一验收期的样本容量，在该期间内样本容量不应少于45。

② 标准差未知方案

当混凝土的生产条件在较长时间内不能保持一致，混凝土强度变异性不能保持稳定，或前一个检验期内的同一品种混凝土，无足够多的强度数据可用于确定统计计算的标准差时，检验评定只能直接根据每一验收批抽样的强度数据来确定。

强度评定时，应由不少于 10 组的试件组成一个验收批，其强度应同时满足下列要求

$$m_{f_{cu}} \geqslant f_{cu,k} + \lambda_1 \cdot S_{f_{cu}} \qquad (4\text{-}17)$$

$$f_{cu,min} \geqslant \lambda_2 \cdot f_{cu,k} \qquad (4\text{-}18)$$

同一检验批混凝土立方体抗压强度标准差应按下式计算：

$$S_{f_{cu}} = \sqrt{\frac{\sum_{i=1}^{n} f_{cu,i}^2 - n m_{f_{cu}}^2}{n-1}} \qquad (4\text{-}19)$$

式中　$S_{f_{cu}}$——同一验收批混凝土立方体抗压强度标准差，精确到 0.1N/mm^2；当检验批混凝土强度标准差 $S_{f_{cu}}$ 计算值小于 2.5N/mm^2 时，应取 2.5N/mm^2；

λ_1、λ_2——合格判定系数，按表 4-13。

混凝土强度的合格判定系数 　　　　　　　表 4-13

试件组数	10~14	15~24	≥25
λ_1	1.15	1.05	0.95
λ_2	0.90	0.85	

2）非统计方法评定

对某些小批量零星混凝土的生产，因其试件数量有限（试件组数＜10），不具备按统计方法评定混凝土强度的条件，可采用非统计方法评定。

按非统计方法评定混凝土强度时，其强度应同时满足下列要求

$$m_{f_{cu}} \geqslant \lambda_3 \cdot f_{cu,k} \qquad (4\text{-}20)$$

$$f_{cu,min} \geqslant \lambda_4 \cdot f_{cu,k} \qquad (4\text{-}21)$$

式中　λ_3、λ_4——合格评定系数，应按表 4-14。

混凝土强度的非统计法合格评定系数 　　　　　　　表 4-14

混凝土强度等级	＜C60	≥C60
λ_3	1.15	1.10
λ_4	0.95	

3）混凝土强度的合格性判定

① 混凝土强度应分批进行检验评定，当检验结果满足（4-12）、（4-13）或（4-17）、（4-18）或（4-20）、（4-21）的规定时，则该批混凝土强度应评定为合格；当不能满足上述规定时，该批混凝土强度应评定为不合格。

② 对评定为不合格批的混凝土，可按国家现行的有关标准进行处理。

6. 混凝土冬期施工

（1）混凝土冬期施工的基本概念

混凝土进行正常的凝结硬化，需要适宜的温度和湿度，温度的高低对混凝土强度的增

长有很大影响。在一般情况下，在温度合适的条件下，温度越高，水泥水化作用就越迅速、越完全，混凝土硬化速度快，其强度越高。但是，当温度超过一定数值，水泥颗粒表面就会迅速水化，结成比较硬的外壳，阻止水泥内部继续水化，易形成"假凝"现象。

当温度低于5℃时，水化作用缓慢，硬化速度变缓；当接近0℃时，混凝土的硬化速度就更慢，强度几乎不再增长；当温度低于−3℃时，混凝土中的水会产生结冰，水化作用完全停止，甚至产生"冰胀应力"，严重影响混凝土的质量。因此，为确保混凝土结构的工程质量，应根据工程所在地多年气温资料，当室外日平均气温连续5d稳定低于5℃时，必须采用相应的技术措施进行施工，并及时采取气温突然下降的防冻措施，称为混凝土冬期施工。

(2) 冻结对混凝土质量的影响

1) 混凝土在初凝前或刚一初凝即遭冻结，此时水泥水化作用尚未开始或刚开始，混凝土本身尚无强度，水泥受冻后处于"休眠"状态；立即恢复正常养护后，强度可以重新增长，直到与未受冻前相同，强度损失非常小。但工程有工期的限制，故这种冻结要尽量避免。

2) 若混凝土在初凝后遭冻结，此时其强度很小。混凝土内部存在两种应力：一种是水泥水化作用产生的粘结应力；另一种是混凝土内部自由水结冻，体积膨胀（8%～9%）所产生的冻胀应力。由于粘结应力小于冻胀应力，很容易破坏刚形成水泥石的内部结构，产生一些微裂纹，这些微裂纹是不可逆的，冰块融化后也会形成孔隙，严重降低混凝土的强度和耐久性。在混凝土结冻后，其强度虽然能继续增长，但不能再达到设计的强度等级。

3) 若混凝土在冻结前已达到某一强度值以上，此时混凝土内部虽然也存在着粘结应力，但其粘结应力可抵抗冻胀应力的破坏，不会出现微裂纹。混凝土解冻后强度能迅速增长，并可达到设计的强度等级，对强度影响较小，只不过增长比较缓慢。

(3) 混凝土冬期施工工艺

1) 原材料的选择及要求

① 水泥。配制冬期施工的混凝土，应优先选用硅酸盐水泥和普通硅酸盐水泥，水泥强度等级不应低于42.5MPa，最小水泥用量不宜少于300kg/m³，水灰比不应大于0.6。使用矿渣硅酸盐水泥，宜采用蒸汽养护；使用其他品种的水泥，应注意掺合料对混凝土抗冻、抗渗等性能的影响，掺用防冻剂的混凝土，严禁选用高铝水泥。

② 骨料。配制冬期施工的混凝土，骨料必须清洁，不得含有冰、雪、冻块及其他易冻裂物质。在掺用含有钾、钠离子的防冻剂混凝土中，不得采用活性骨料或在骨料中混有这类物质的材料。

③ 外加剂。冬期浇筑的混凝土，宜使用无氯盐类防冻剂；对抗冻性要求高的混凝土，宜使用引气剂或减水剂。在钢筋混凝土中掺用氯盐类防冻剂时，其掺量应严格控制，按无水状态计算不得超过水泥重量的1%。当采用素混凝土时，氯盐掺量不得超过水泥重量的3%。掺用氯盐的混凝土应振捣密实，并且不宜采用蒸汽养护。

2) 原材料的加热

冬期施工的混凝土，在拌制前应优先对水进行加热，当水加热仍不能满足要求时，再对骨料进行加热，但水泥不能直接加热，宜在使用前运入暖棚内存放。水及骨料的加热温度，应根据热工计算确定，但不得超过表 4-15 的规定。当水、骨料达到规定温度仍不能满足热工计算要求时，可提高水温到 100℃，但水泥不能与 80℃ 以上的水直接接触。

3）混凝土的搅拌

在混凝土搅拌前，先用热水或蒸汽冲洗、预热搅拌机，以保证混凝土的出机温度。投料顺序是：当拌合水的温度不高于 80℃（或 60℃）时，应将水泥和骨料先投入，干拌均匀后，再投入拌合水，直至搅拌均匀为止；当拌合水的温度高于 80℃（或 60℃）时，应先投入骨料和热水，搅拌到温度低于 80℃（或 60℃）时，再投入水泥，直至搅拌均匀为止。

拌合水及骨料加热最高温度（℃）　　　　　　　　　　　　表 4-15

项　目	拌合水	骨料
水泥强度等级小于 52.5MPa 的普通硅酸水泥、矿渣硅酸盐水泥	80	60
水泥强度等级等于及大于 52.5MPa 的硅酸盐水泥、普通硅酸盐水泥	60	40

混凝土的搅拌时间应为常温搅拌时间的 1.5 倍（表 4-16）；混凝土拌合物的出机温度不宜低于 10℃。

拌制混凝土的最短时间（s）　　　　　　　　　　　　表 4-16

混凝土坍落度	搅拌机机型	搅拌机容积（L）		
		＜250	250～650	＞650
≤30	自落式	135	180	225
	强制式	90	135	180
＞30	自落式	135	135	180
	强制式	90	90	135

4）混凝土运输和浇筑

冬期施工中运输混凝土所用的容器应有保温措施，运输时间尽量缩短，以保证混凝土的浇筑温度。

混凝土在浇筑前，应清除模板和钢筋上的冰雪和污垢；不得在强冻胀性地基上浇筑；当在弱冻胀性地基上浇筑时，基土不得遭冻；当在非冻胀性地基上浇筑时，混凝土在受冻前，其抗压强度不得低于允许受冻临界强度。

混凝土的入模温度不得低于 5℃；当采用加热养护时，混凝土养护前的温度不得低于 2℃；当分层浇筑大体积结构时，已浇筑层的混凝土温度，在被上一层混凝土覆盖前，不得低于按热工计算的温度，且不得低于 2℃；当加热温度在 40℃ 以上时，应征得设计单位的同意。

5）混凝土养护的方法

冬期施工的混凝土养护方法有蓄热法、蒸汽法、电热法、暖棚法及外加剂法等。

① 蓄热法养护。蓄热法是利用原材料预热的热量及水泥水化热，在混凝土外围用保温材料严密覆盖，使混凝土缓慢冷却，并在冷却过程中逐渐硬化，保证混凝土能在冻结前达到允许受冻临界强度以上。此种方法适用于室外最低温度不低于 -15℃ 的地面以下工程，或表面系数不大于 15 的结构。

蓄热法养护具有施工简单、节省能源、冬期施工费用低等特点，这是混凝土冬期施工首选的方法。只有当确定蓄热法不能满足要求时，才考虑其他的养护方法。

蓄热法养护的三个基本要素是：混凝土的入模温度、围护层的总传热系数和水泥水化热值。采用蓄热法时，宜选用强度等级高、水化热大的硅酸盐水泥和普通硅酸盐水泥，适量掺用早强剂，适当提高入模温度，外部早期短时加热；同时选用导热系数小，价廉耐用的保温材料，如草帘、稻草板、麻袋、锯末、岩棉毡、谷糠、炉渣等。蓄热保温材料表面应覆盖一层塑料薄膜、油毡或水泥纸袋等。

此外，还可以采用其他一些有利蓄热的措施，如地下工程可用未冻结的土壤覆盖；用生石灰与湿锯末均匀拌合覆盖，利用保温材料本身发热保温；充分利用太阳的热能，白天打开保温材料日照，夜间覆盖保温等。

② 蒸汽法养护。蒸汽法养护可分为湿热养护和干热养护两类。湿热养护是让蒸汽与混凝土直接接触，利用蒸汽的湿热作用养护混凝土；干热养护是将蒸汽作为加热载体，通过某种形式的散热器，将热量传导给混凝土，使混凝土升温养护。蒸汽法养护混凝土，按其加热方法分为棚罩法、蒸汽套法、热模法、内部通气法等。

③ 电热法养护。电热法是将电能转换为热能来加热养护混凝土，属于干热高温养护。电热法养护可采用电极加热法、电热毯加热法、工频涡流加热法和远红外线加热法等。

④ 暖棚法养护。暖棚法养护是在所要养护的建筑结构或构件周围用保温材料搭设暖棚，在棚内以生火炉、热风机供热、蒸汽管供热等形式采暖，使棚内温度保持在5℃以上，并保持混凝土表面湿润，使混凝土在正温条件下养护到一定强度。暖棚搭设需要大量的材料和人工，保温效果较差，工程费用较大，一般只适用于地下结构工程和混凝土量比较集中的结构工程。

⑤ 外加剂法养护。外加剂法养护是在混凝土拌制时掺加适量的外加剂，使混凝土强度迅速增长，在冻结前达到要求的临界强度；或者降低水的冰点，使混凝土在负温下能够凝结、硬化。掺加防冻剂混凝土的初期养护温度，不得低于防冻剂的规定温度，达不到应立即采取保温措施。当温度降低到防冻剂的规定温度以下时，其强度不应小于 3.5MPa。当拆模后混凝土的表面温度与环境温度差大于15℃时，应对混凝土采用保温材料覆盖养护。

7. 混凝土质量缺陷的修整

当混凝土结构构件拆模后发现缺陷，应查清原因，根据具体情况处理，严重影结构性能的，要会同设计和有关部门研究处理。

（1）混凝土质量缺陷的分类和产生原因

1）麻面

构件表面上呈现若干小凹点，但无露筋；

模板湿润不够，拼缝不严，振捣时间不足或漏振导致气泡沫排出，混凝土过干等。

2）露筋

露筋是钢筋暴露在混凝土外面；

混凝土保护层不够，浇筑时垫块移位。

3）蜂窝

构件中有蜂窝状窟窿，骨料间有空隙存在；

混凝土产生离析、钢筋过密、石子粒径卡在钢筋上使其产生间隙、振捣不足或漏振、模板拼缝不严等。

4）孔洞

混凝土内部存在空隙，局部部位全部无混凝土；

钢筋布置太密或一次下料过多，下部无法振捣而形成。

5）裂缝

表面裂缝、深度裂缝；

结构设计承载能力不够、施工荷载过重太集中、施工缝设置不当等。

(2) 混凝土质量缺陷的修整方法

1）表面抹浆修补法——对小蜂窝、麻面、露筋、露石的混凝土表面缺陷，可用水泥砂浆抹面修整。

2）细石混凝土填补法——对较大面积蜂窝、露筋、露石的混凝土，可用细石混凝土填塞。

3）灌浆法——对于影响承载力、防水、防渗性能的裂缝，应根据裂缝的宽度、结构性质等采用砂浆输送泵灌浆的方法予以修补。

8. 混凝土特殊施工

(1) 真空密实法

真空密实法是在已浇筑的混凝土表面盖上一真空吸盘（或吸垫），用真空泵形成的负压抽吸混凝土拌合物中多余水分，使混凝土的水灰比减小，凝结加快，密实度和强度提高。采用真空密实法的混凝土亦称真空混凝土。

真空密实法工艺目前主要应用于现浇混凝土施工的道路、楼板、停车场、飞机场以及水工构筑物等。

1）真空处理设备

真空处理设备由真空吸水机组、真空吸盘或吸垫、吸水软管三部分组成（图4-45）。

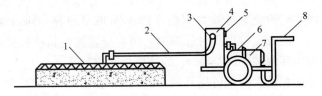

图 4-45　真空处理设备组成图

1—真空吸水装置；2—软管；3—吸水进口；4—集水箱；5—真空表；6—真空泵；7—电动机；8—手推小车

真空吸水机组由真空泵、电动机、真空室、集水箱、排水管及滤网等组成。真空吸盘吸垫均设滤网和滤布，滤布通常采用透水的纤维织物。

2）操作要点

真空作业前必须对混凝土作业面充分振实、刮平，并需检查真空泵空载真空度，检查时堵住进水口，表值应<95%（即 0.1N/mm²）。还需检查其他设备是否正常。

作业时先将真空吸垫依次铺放于新浇混凝土作业面上，滤布间搭接不少于 30mm，塑料网骨架层周边应较滤布缩进 10～20mm；橡胶布或化纤织物夹胶布盖垫铺上，使周边紧

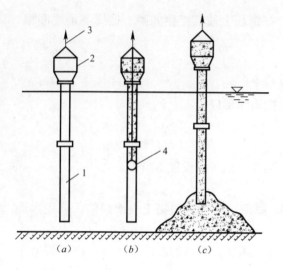

图 4-46　导管法浇筑水下混凝土设备和
浇筑过程示意图

(a) 组装设备；(b) 导管内悬吊球塞，注入混凝土；

(c) 不断注入混凝土，提升导管

1—导管；2—承料漏斗；3—提升机具；4—球塞

密贴合，形成密封带。吸水管与真空吸水机组接通后即启动机组吸水。

（2）水下浇筑混凝土

在深基础、沉井、沉箱和钻孔桩的封底以及地下连续墙等的施工中，当地下水渗透量较大时，这时可直接在水下浇筑混凝土。在水下或泥浆中浇筑混凝土，目前常用导管法（图 4-46）。

导管直径一般为 250～300mm（至少为粗骨料最大粒径的 5 倍），每节长 3m，各节间用法兰盘螺栓连接并加密封圈。导管用起重机吊住，可以升降、移动。

浇筑前，导管下口先用球塞堵住，并从管子中用绳子或铁丝吊住，塞子可用木、橡胶等制作。开始浇筑时，导管下口下沉到距地基表面约 300mm 处，太近则容易堵塞。第一次灌入导管内的混凝土必须经过严格计算，要求混凝土浇入基坑后能封住管口并满足导管口埋入混凝土内 500mm 以上。管口如埋入太浅则导管内易进水，如太深则管内混凝土不易压出。

为了使管内混凝土能顺利压出，管内混凝土顶面应高出地下水面 2.5m 左右。

当管中混凝土的体积和高度满足上述要求后，即可剪断铁丝，球塞被管中混凝土冲开，混凝土就进入水中。如用木塞，这时木塞即浮起回收，此过程称开管。以后边连续浇筑混凝土，边将导管缓缓提起，并注意导管下口始终埋入混凝土内。浇筑速度以提升导管 0.5～3m/h，浇筑强度每个导管可达 15m³/h。

在整个浇筑过程中，应避免水平方向移动导管，开管以后应连续浇筑，防止堵管。一旦发生堵管，如在半小时内无法排除，则应立即换插备用导管，插入深度也应在 500mm 以上，避免松软夹层。混凝土接近设计标高时，可将导管提起，换插别处继续浇筑。浇筑完毕后应清除顶面与水接触的厚约 200mm 的一层松软混凝土。

如水下结构部分面积较大时，可用几根导管同时浇筑。

（3）喷射混凝土

喷射混凝土是借助喷射机械，以压缩空气作为动力，将速凝混凝土喷射到受喷面上而形成一定密实度的混凝土。

喷射混凝土在地下建筑（如洞室、隧道等）的支护，对有缺陷的工程结构物的修复补强，对抗渗性能要求高的构筑物（如水池、水塔、地下室等）的表面处理等工程中得到广泛应用。

1）施工工艺

喷射混凝土的施工方法分为干式喷射和湿式喷射两种。

干式喷射是先将未加水的水泥、骨料等在搅拌机中搅拌成均匀的干混合物，然后装入喷射机内，再利用压缩空气将干混合物通过输料软管送往喷枪，在喷枪处加压力水，使干混合料在与水混合的同时，高速地喷射到受喷面上去（图4-47）。此法施工较方便，输送软管不易被堵塞，输送距离长。但水灰比由操作人员凭经验控制，准确性差，且喷射时粉尘较大，材料回弹量也较大。湿式喷射是将水泥、骨料、水等搅拌均匀后，再装入喷射机内．经输料软管送往喷枪，由压缩空气将混凝土喷射到受喷面上。目前应用较广的是干式喷射法。

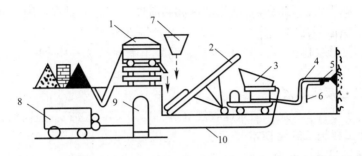

图4-47 干式喷射

1—强制式搅拌机；2—皮带运输机；3—喷射机；4—软管；5—喷嘴；
6—高压水管；7—速凝剂槽；8—空气压缩机；9—储气罐；10—压缩空气管

2）施工设备

喷射混凝土（干式喷射）施工用机具设备主要有：混凝土喷射机、空气压缩机、搅拌机和喷枪等。

混凝土喷射机按其构造和工作原理不同，主要有双罐式、转子式和螺旋式三种类型（图4-48）。喷枪是将干混合料与水混合成混凝土喷出的工具，空气压缩机为喷射混凝土提供动力。搅拌机采用涡桨式强制混凝土搅拌机，能保证干料搅拌均匀。由于喷枪及软管重量较大，喷射时粉尘也大，为减轻工人的劳动强度，故都配有机械手来代替人工操作。

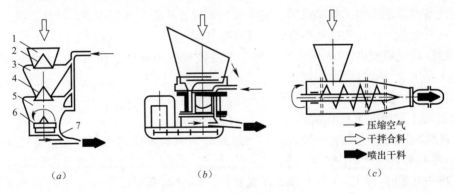

图4-48 三种喷射机示意图

（a）双罐式；（b）转子式；（c）螺旋式

1—料斗；2—上钟形盖；3—上罐；4—下钟形盖；5—下罐；6—分配器；7—出料弯管

（4）对原材料的要求

1）水泥：宜优先采用强度等级不低于42.5级的硅酸盐水泥或普通硅酸盐水泥。

2）砂：一般宜用中砂。砂的含水率控制在4%～6%范围内。

3）石：喷射混凝土中，卵石和碎石均可用。最大粒径不宜超过喷射厚度的1/3，一般卵石粒径不超过 25mm，碎石粒径不超过 20mm；大于 15mm 的石子不宜超过 20%，含水率控制在 2% 左右为宜。

4）速凝剂：喷射混凝土所用的速凝剂应具有使混凝土凝结速度快。早期强度高，后期强度损失小，收缩量较小，对金属腐蚀小，在较低温度（5℃）时不失效等性能。使用前应对水泥做适应性试验，要求具有良好的流动性，初凝时间不大于 5min，终凝不大于 10min。

喷射混凝土施工工艺对混凝土的流动性和黏滞性有一定的要求，因此其配合比应满足以下要求：砂率要适当增加，约为 45%～55%，每立方米混凝土中的水泥用量以 375～400kg 为宜，水灰比控制在 0.4～0.6 为宜。混凝土喷射后 2～4h 即应进行喷水养护，养护时间不得少于 7 天。

9. 混凝土施工质量要求

符合《混凝土结构工程施工质量验收规范》（GB 50204—2002）（2010 版）的相关要求。

10. 混凝土工程施工安全技术

（1）垂直运输设备的安全规定

1）垂直运输设备，应有完善可靠的安全保护装置（如起重量及提升高度的限制、制动、防滑、信号等装置及紧急开关等），严禁使用安全保护装置不完善的垂直运输设备。

2）垂直运输设备安装完毕后，应按出厂说明书要求进行无负荷、静负荷、动负荷试验及安全保护装置的可靠性实验。

3）对垂直运输设备应建立定期检修和保养责任制。

4）操作垂直运输设备的司机，必须通过专业培训。考核合格后持证上岗，严禁无证人员操作垂直运输设备。

5）操作垂直运输设备，在有下列情况之一时，不得操作设备：

① 司机与起重机之间视线不清、夜间照明不足，而又无可靠的信号和自动停车、限位等安全装置。

② 设备的传动机构、制动机构、安全保护装置有故障，问题不清，动作不灵。

③ 电气设备无接地或接地不良、电气线路有漏电。

④ 超负荷或超定员。

⑤ 无明确统一信号和操作规程。

（2）混凝土施工机械的安全规定

1）混凝土搅拌机的安全规定

① 进料时，严禁将头或手伸入料斗与机架之间察看或探摸进料情况，运转中不得用手或工具等物伸入搅拌筒内扒料出料。

② 料斗升起时，严禁在其下方工作或穿行。料坑底部要设料斗枕垫，清理料坑时必须将料斗用链条扣牢。

③ 向搅拌筒内加料应在运转中进行；添加新料必须先将搅拌机内原有的混凝土全部卸出才能进行。不得中途停机或在满载荷时启动搅拌机，反转出料者除外。

④ 作业中，如发生故障不能继续运转时，应立即切断电源、将筒内的混凝土清除干净，然后进行检修。

2）混凝土泵送设备作业的安全事项

① 支腿应全部伸出并支固，未支固前不得启动布料杆。布料杆升离支架后方可回转。

布料杆伸出时应按顺序进行。严禁用布料杆起吊或拖拉物件。

② 当布料杆处于全伸状态时，严禁移动车身。作业中需要移动时，应将上段布料杆折叠固定，移动速度不超过 10km/h。布料杆不得使用超过规定直径的配管，装接的软管应系防脱安全绳带。

③ 应随时监视各种仪表和指示灯，发现不正常应及时调整或处理。如出现输送管道堵塞时，应进行逆向运转使混凝土返回料斗，必要时应拆管排除堵塞。

④ 泵送工作应连续作业，必须暂停时应每隔 5～10min（冬季 3～5min）泵送一次。若停止较长时间后泵送时，应逆向运转一至二个行程，然后顺向泵送。泵送时料斗内应保持一定量的混凝土，不得吸空。

⑤ 应保持储满清水，发现水质混浊并有较多砂粒时应及时检查处理。

⑥ 泵送系统受压力时，不得开启任何输送管道和液压管道。液压系统的安全阀不得任意调整，蓄能器只能充入氮气。

3）混凝土振捣器的使用规定

① 使用前应检查各部件是否连接牢固，旋转方向是否正确。

② 振捣器不得放在初凝的混凝土、地板、脚手架、道路和干硬的地面上进行试振。维修或作业间断时，应切断电源。

③ 插入式振捣器软轴的弯曲半径不得小于 50cm，并不多于两个弯，操作时振动棒应自然垂直地沉入混凝土，不得用力硬插、斜推或使钢筋夹住棒头，也不得全部插入混凝土中。

④ 振捣器应保持清洁，不得有混凝土粘结在电动机外壳上妨碍散热。

⑤ 作业转移时，电动机的导线应保持有足够的长度和松度。严禁用电源线拖拉振捣器。

⑥ 用绳拉平板振捣器时，绳应干燥绝缘，移动或转向时不得用脚踢电动机。

⑦ 振捣器与平板应保持紧固，电源线必须固定在平板上，电器开关应装在手把上。

⑧ 在一个构件上同时使用几台附着式振捣器工作时，所有振捣器的频率必须相同。

⑨ 操作人员必须穿戴绝缘手套。

⑩ 作业后，必须做好清洗、保养工作。振捣器要放在干燥处。

第5章 预应力混凝土工程

5.1 预应力混凝土的概念

1. 预应力混凝土的定义

预应力混凝土结构是在结构承受外荷载前，预先对其在外荷载作用下的受拉区施加预压应力，以改善结构使用性能，这种结构形式称为预应力混凝土结构。

在结构（构件）使用前预先施加应力，推迟了裂缝的出现或限制裂缝的开展，提高了结构（构件）的刚度。

2. 预应力混凝土的特点

预应力混凝土与普通钢筋混凝土相比，具有以下明显的特点：

1）在与普通钢筋混凝土同样的条件下，具有构件截面小、自重轻、刚度大、抗裂度高、耐久性好、节省材料等优点。工程实践证明，预应力混凝土可节约钢材 40%～50%，节省混凝土 20%～40%，减轻构件自重可达 20%～40%。

2）可以有效地利用高强度钢筋和高强度等级的混凝土，能充分发挥钢筋和混凝土各自的特性，并能提高预制装配化程度。

3）预应力混凝土的施工，需要专门的材料与设备、特殊的施工工艺，工艺比较复杂，操作要求较高，但用于大开间、大跨度与重荷载的结构中，其综合效益较好。

3. 预应力混凝土的分类

预应力混凝土按预应力施加工艺的不同分为：先张法预应力混凝土和后张法预应力混凝土。先张法是在台座或钢模上先张拉预应力筋并用夹具临时固定，再浇筑混凝土，待混凝达到一定强度后，放张并切断构件外预应力筋的方法；预应力是靠预应力筋与混凝土之间的粘结力传递给混凝土，并使其产生预压应力。后张法是先浇筑构件或结构混凝土，待达到一定强度后，在构件或结构上张拉预应力筋，然后用锚具将预应力筋固定在构件或结构上的方法；预应力是靠锚具传递给混凝土，并使其产生预压应力。

预应力混凝土按预应力度大小可分为：全预应力混凝土和部分预应力混凝土。全预应力混凝土是在全部使用荷载下受拉边缘不允许出现拉应力的预应力混凝土，适用于要求混凝土不开裂的结构；部分预应力混凝土是在全部使用荷载下受拉边缘允许出现一定的拉应力或裂缝的混凝土。

预应力混凝土按预应筋在体内和体外的位置不同分为体内预应力混凝土和体外预应力混凝土。

按预应力筋粘结状态又可分为：有粘结预应力钢筋混凝土和无粘结预应力钢筋混凝土。

按钢筋张拉方式：机械张拉，电热张拉与自应力张拉。

5.2 预应力钢筋及锚（夹）具

预应力筋用锚具是后张法预应力结构或构件中为保持预应力筋的拉力并将其传递到构件或结构上所用的永久性锚固装置。预应力筋用夹具是先张法预应力混凝土构件施工时为保持预应力筋拉力并将其固定在张拉台座（设备）上的临时锚固装置。锚（夹）具按锚固原理不同可分为支承式锚（夹）具和楔紧式锚（夹）具。支承式锚（夹）具主要有镦头锚具、冷（热）铸锚、挤压锚等；楔紧式锚（夹）具主要有钢质锥形锚具、夹片锚具等。

1. 预应力钢筋

预应力筋通常由单根或成束的高强螺纹钢筋、高强钢丝、钢绞线和高强钢棒组成。

（1）高强螺纹钢筋

高强螺纹钢筋，也称精轧螺纹钢筋，主要用于中等跨度的变截面连续梁桥和连续刚构桥的箱梁腹板内竖向预应力束，还用于其他构件的直线预应力筋。

（2）高强钢丝

常用的高强钢丝分为冷拉和矫直回火两种，按外形分为光面、刻痕和螺旋肋三种，其直径有 4.0、5.0、6.0、7.0、8.0、9.0（mm）等（图 5-1）。

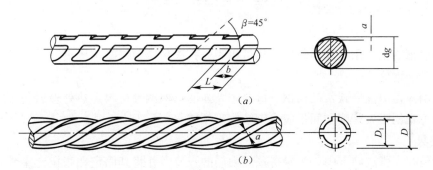

图 5-1　高强钢丝表面及截面形状

（a）三面刻痕钢丝；（b）螺旋肋钢丝

（a）中：a—刻痕深度；b—刻痕长度；L—节距；（b）中：a—单肋宽度

（3）钢绞线

钢绞线是用冷拔钢丝绞扭而成，其方法是在绞扭机上以一种稍粗的直钢丝为中心，其余钢丝围绕其进行螺旋状绞合，再经低温回火处理而成（图 5-2）。钢绞线根据深加工的不同又可分为：普通松弛钢绞线（消除应力钢绞线）、低松弛钢绞线、镀锌钢绞线、模拔钢

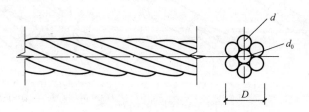

图 5-2　预应力钢绞线表面及截面形状

D—钢绞线直径；d_0—中心钢丝直径；d—外层钢丝直径

绞线等。模拔钢绞线是在捻制成型后，再经模拔处理制成，其钢丝在模拔时被压扁，使钢绞线的密度提高约18%。在相同截面时，该钢绞线的外径较小，可减少孔道直径；在相同直径的孔道内，可使钢绞线的数量增加，并且它与锚具的接触较大，易于锚固。

钢绞线规格有2股、3股、7股和9股等。7股钢绞线由于的面积较大、柔软、施工定位方便，适用于先张法和后张法预应力结构，是目前国内外应用最广的一种预应力筋。

（4）热处理钢筋

热处理钢筋是由普通热轧中碳低合金钢经淬火和回火的调质热处理或轧后冷却方法制成。这种钢筋具有强度高、松弛值低、韧性较好、粘结力强等优点。按其螺纹外形可分为带纵肋和无纵肋两种（图5-3）。

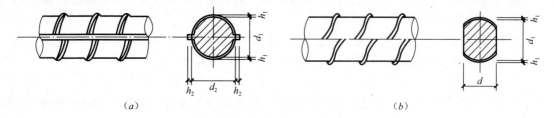

图 5-3　热处理钢筋表面及截面形状

（a）带纵肋；（b）无纵肋

热处理钢筋主要用于铁路轨枕，也可用于先张法预应力混凝土楼板等。

（5）高强钢棒

高强钢棒是由优质碳素结构钢、低合金高强度结构钢等材料经热处理后制成的一种光圆钢棒。主要用于大跨度空间预应力钢结构等领域。

2. 夹具

夹具是在先张法施工中，为保持预应力筋的张拉力并将其固定在张拉台座或设备上所使用的临时性锚固装置。对钢丝和钢筋张拉所用夹具不同。

（1）钢丝夹具

先张法中钢丝的夹具分两类：一类是将预应力筋锚固在台座或钢模上的锚固夹具；另一类是张拉时夹持预应力筋用的张拉夹具。图5-4是钢丝的锚固夹具，图5-5是钢丝的张拉夹具。

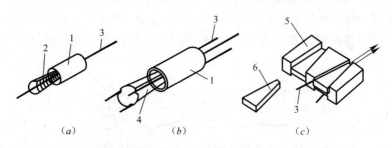

图 5-4　钢丝的锚固夹具

（a）圆锥齿板式；（b）圆锥槽式；（c）楔形

1—套筒；2—齿板；3—钢丝；4—锥塞；5—锚板；6—楔块

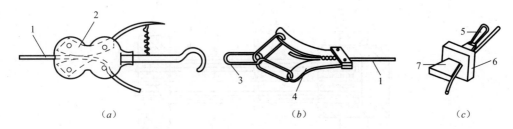

图 5-5　钢丝的张拉夹具

(a) 钳式；(b) 偏心式；(c) 楔形

1—钢丝；2—钳齿；3—拉钩；4—偏心齿条；5—拉环；6—锚板；7—楔块

（2）钢筋夹具

钢筋锚固多用螺母锚具、镦头锚具和销片夹具等。（图 5-6）

3. 锚具

锚具是后张法结构或构件中保持预应力筋的张拉力，并将其传递到混凝土上的永久性锚固装置。锚具是结构或构件的重要组成部分，是保证预应力值和结构安全的关键，故应尺寸准确，有足够的强度和刚度，工作可靠，构造简单，施工方便，预应力损失小，成本低廉。锚具的种类很多，按其锚固方式不同可分为支承式锚具、锥塞式锚具、夹片式锚具和握裹式锚具。

（1）支承式锚具

1）螺母锚具。螺母锚具由螺丝端杆、螺母及垫板组成（图 5-7），适用于锚固直径 18～36mm 的冷拉 HRB335、HRB400 级钢筋。此锚具也可作先张法夹具使用。

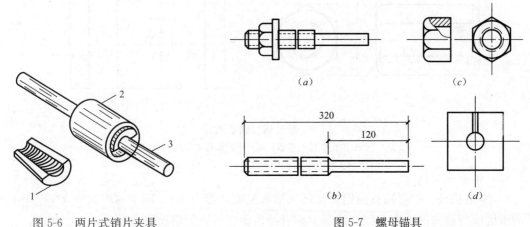

图 5-6　两片式销片夹具

1—销片；2—套筒；3—预应力筋

图 5-7　螺母锚具

(a) 螺母锚具；(b) 螺丝端杆；(c) 螺母；(d) 垫板

2）镦头锚具。用于单根粗钢筋的镦头锚具一般直接在预应力筋端部热镦、冷镦或锻打成型。镦头锚具也适用于锚固多根钢丝束。钢丝束镦头锚具分为 A 型和 B 型。A 型由锚环和螺母组成，可用于张拉；B 型为锚板，用于固定端。钢丝束镦头锚具构造如图 5-8 所示。

3）精轧螺纹钢筋锚具。精轧螺纹钢筋锚具由垫板和螺母组成，是一种利用与该钢筋螺纹匹配的特制螺母锚固的支承式锚具。适用于锚固直径 25～32mm 的高强度精轧螺纹钢筋（图 5-9）。

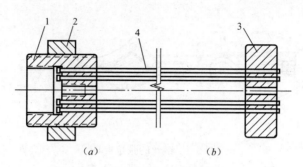

图 5-8　钢丝束镦头锚具

(a) 张拉端锚具（A 型）；(b) 固定端锚具（B 型）

1—锚环；2—螺母；3—锚板；4—钢丝束

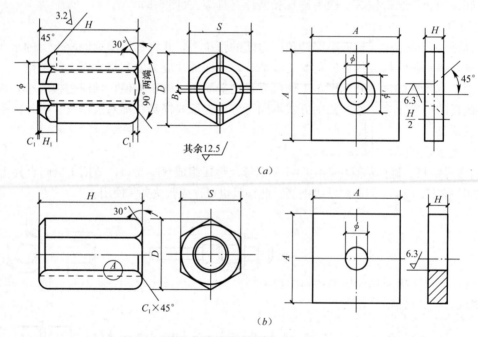

(a)

(b)

图 5-9　精轧螺纹钢筋锚具

(a) 锥面螺母与垫板；(b) 平面螺母与垫板

（2）锥塞式锚具

1）锥形描具。锥形锚具由钢质锚环和锚塞组成（图 5-10），用于锚固钢丝束。锚环内孔的锥度应与锚塞的锥度一致。锚塞上刻有细齿槽，可夹紧钢丝防止滑动。

2）锥形螺杆锚具。锥形螺杆锚具用于锚固 14～28 根直径 5mm 的钢丝束。它由锥形螺杆、套筒、螺母等组成（图 5-11）。

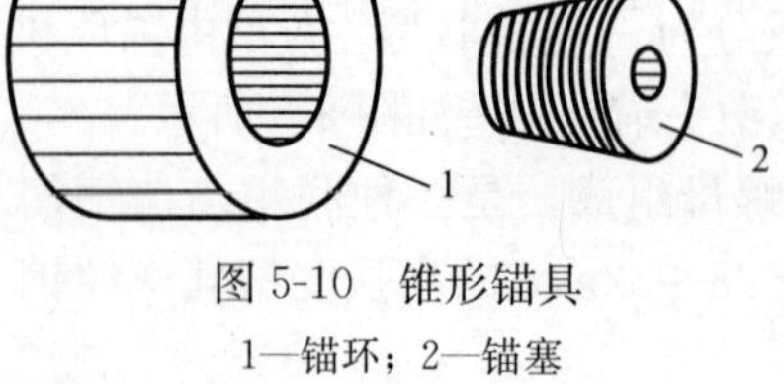

（3）夹片式锚具

1）单孔夹片锚具。单孔夹片锚具由锚环与夹片组成。夹片的种类很多，按片数可分为三片式与二片式；按开缝形式可分为直开缝与斜开缝（图 5-12）。

2）多孔夹片锚具。多孔夹片锚具又称预应力钢

图 5-10　锥形锚具

1—锚环；2—锚塞

114

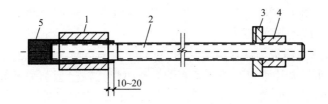

图 5-11　锥形螺杆锚具

1—套筒；2—锥形螺杆；3—垫板；4—螺母；5—钢丝束

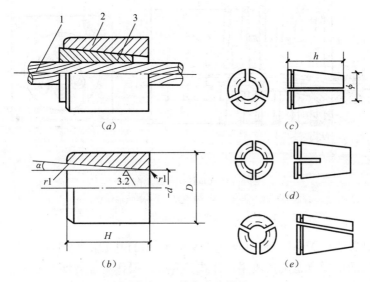

图 5-12　单孔夹片锚具

(a) 组装图；(b) 锚环；(c) 三片式夹片；(d) 二片式夹片；(e) 斜开缝夹片

1—钢绞线；2—锚环；3—夹片

筋束锚具，是在一块多孔锚板上，利用每个锥形孔装一副夹片夹持一根钢筋或钢绞线的一种楔紧式锚具。这种锚具在现代预应力混凝土工程中广泛应用，主要的产品有：XM 型、QM 型、QVM 型、BS 型等。

① XM 型锚具。由锚板和夹片组成（图 5-13）。锚板尺寸由锚孔数确定，锚孔沿锚板

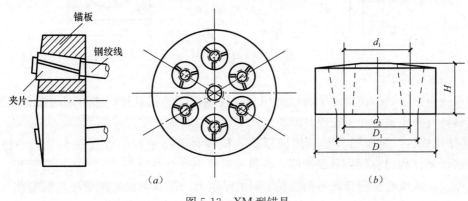

图 5-13　XM 型锚具

(a) 装配图；(b) 锚板

圆周排列，中心线倾角 1：20；与锚板顶面垂直；夹片为 120°均分斜开缝三片式，开缝沿轴向的偏转角与钢绞线的扭角相反。

② QM 型锚具。由锚板与夹片组成（图 5-14）。它与 XM 型锚具的不同点是锚孔是直的，锚板顶面是平面，夹片垂直开缝，备有配套喇叭形铸铁垫板与弹簧圈等。由于灌浆孔设在垫板上，锚板的尺寸可稍小一些。

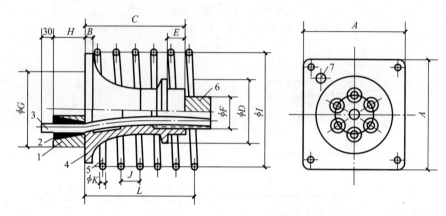

图 5-14　QM 型锚具及配件

1—锚板；2—夹片；3—钢绞线；4—喇叭形铸铁垫板；
5—弹簧圈；6—预留孔道的螺旋管；7—灌浆孔

③ QVM 型锚具。QVM 型锚具是在 QM 型锚具的基础上发展起来的一种新型锚具，其与 QM 型锚具的不同点是夹片改用二片式直开缝，操作更加方便。

④ BS 型锚具。BS 型锚具采用钢垫板、焊接喇叭道与螺旋筋，灌浆孔设置在喇叭管上，并由塑料管引出（图 5-15）。此种锚具适用于锚固 3～55 根 φ15 钢绞线。

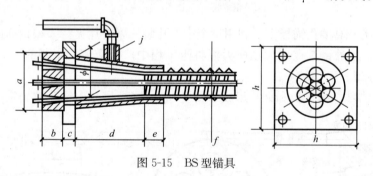

图 5-15　BS 型锚具

（4）握裹式锚具

钢绞线束固定端的锚具除了可以采用与张拉端相同的锚具外，还可选用握裹式锚具。握裹式锚具有挤压锚具和压花锚具两类。

1）挤压锚具。挤压锚具是利用液压压头机将套筒挤紧在钢绞线端头上的一种锚具（图 5-16）。套筒内衬有硬钢丝螺旋圈，在挤压后硬钢丝全部脆断，一半嵌入外钢套，一半压入钢绞线，从而增加钢套筒与钢绞线之间的摩阻力。锚具下设有钢垫板与螺旋筋。这种锚具适用于构件端部的设计应力较大或端部尺寸受到限制的情况。

2）压花锚具。压花锚具是利用液压压花机将钢绞线端头压成梨形散花状的一种锚具

（图 5-17）。梨形头的尺寸对于 φ15 钢绞线不小于 φ95mm×150mm。多根钢绞线梨形头应分排埋置在混凝土内。为提高压花锚四周混凝土及散花头根部混凝土抗裂强度，在散花头的头部配置构造筋，在散花头的根部配置螺旋筋，压花锚距构件截面边缘不小于 30cm。第一排压花锚的锚固长度，对 φ15 钢绞线不小于 95cm，每排相隔至少 30cm。多根钢绞线压花锚具构造如图 5-18 所示。

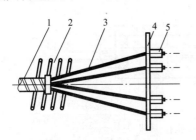 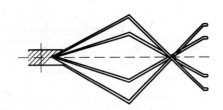

图 5-16　挤压锚具的构造　　　　　　图 5-17　压花锚具

1—波纹管；2—螺旋筋；3—钢绞线；

4—钢垫板；5—挤压锚具

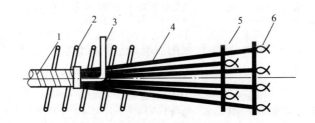

图 5-18　多根钢绞线压花锚具

1—波纹管；2—螺旋筋；3—灌浆管；4—钢绞线；5—构造筋；6—压花锚具

（5）钢棒专用锚具

钢棒专用锚具应是一组装件（图 5-19）。它由两端耳板、钢棒拉杆、调节套筒、锥形锁紧螺母等组成。

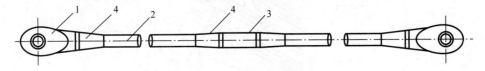

图 5-19　钢棒—锚具组装件

1—耳板；2—钢棒拉杆；3—调节套筒；4—锥形锁紧螺母

5.3　预应力张拉设备及连接器

1. 先张法张拉设备及连接器

张拉设备应当操作方便、可靠，准确控制张拉应力，以稳定的速率增大拉力。

在先张法中常用的是拉杆式千斤顶、穿心式千斤顶、台座式液压千斤顶、电动螺杆张拉机和电动卷扬张拉机等。

（1）拉杆式千斤顶

拉杆式千斤顶用于螺母锚具、锥形螺杆锚具、钢丝镦头锚具等（图5-20）。

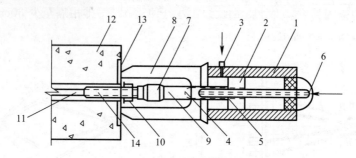

图 5-20　拉杆式张拉千斤顶张拉原理

1—主油缸；2—主缸活塞；3—进油孔；4—回油缸；5—回油活塞；6—回油孔；7—连接器；
8—传力架；9—拉杆；10—螺母；11—预应力筋；12—混凝土构件；13—预埋铁板；14—螺丝端杆

YL60 型千斤顶是一种常用的拉杆式千斤顶，另外还有 YL400 型和 YL500 型千斤顶，其张拉力分别为 4000kN 和 5000kN，主要用于张拉大吨位预应力筋。

（2）穿心式千斤顶

穿心式千斤顶具有一个穿心孔，是利用双液压缸张拉预应力筋和顶压锚具的双作用千斤顶。穿心式千斤顶适用于张拉带 JM 型锚具、XM 型锚具的钢筋，配上撑脚与拉杆后，也可作为拉杆式千斤顶张拉带螺母锚具和镦头锚具的预应力筋。图 5-21 为 JM 型锚具和 YC60 型千斤顶的安装示意图，图 5-22 为 YC60 型千斤顶构造及外形图。

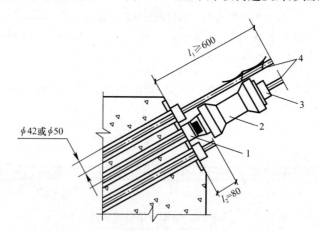

图 5-21　YC-60 型千斤顶和 JM 型锚具的安装示意图

1—工作锚；2—YC60 型千斤顶；3—工具锚；4—预应力筋束

穿心式千斤顶根据使用功能不同，可分为 YC 型、YCD 型与 YCQ 型等系列产品，常用的是 YC 型千斤顶，其中 YC20D 型、YC60 型和 YC120 型千斤顶应用较广。

（3）台座式千斤顶

台座式千斤顶是在先张法四横梁式或三横梁式台座上成组整体张位或放松预应力筋的设备（图5-23）。

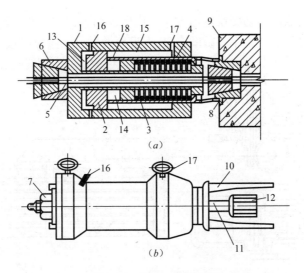

图 5-22　YC60 型千斤顶

(a) 构造与工作原理；(b) 加撑脚后的外貌

1—张拉油缸；2—顶压油缸（张拉活塞）；3—顶压活塞；4—弹簧；5—预应力筋；6—工具锚；
7—螺帽；8—锚环；9—构件；10—撑套；11—张拉杆；12—连接器；13—张拉工作油室；
14—顶压工作油室；15—张拉回程油室；16—张拉缸油嘴；17—顶压缸油嘴；18—油孔

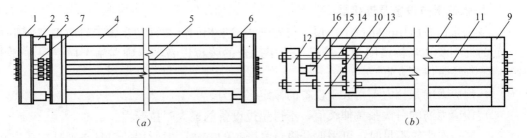

图 5-23　预应力钢筋成组张拉装置

(a) 三横梁式成组张拉装置；(b) 四横梁式成组张拉装置

1—活动横梁；2—千斤顶；3—固定横梁；4—槽式台座；5—预应力筋；6—放松装置；7—连接器；8—台座传力柱；
9，10—后、前横梁；11—钢丝（筋）；12，13—拉力架横梁；14—大螺杆；15—台座式千斤顶；16—螺母

（4）电动螺杆张拉机

电动螺杆张拉机主要适用于预制厂在长线台座上张拉冷拔低碳钢丝。其工作原理为：电动机正向旋转时，通过减速箱带螺母旋转，螺母即推动螺杆沿轴向后移动，即可张拉钢筋。弹簧测力计上装有计量标尺和微动开关，当张拉力达到要求时，电动机能够自动停止转动。锚固好钢丝（筋）后，使电动机反向旋转，螺杆即向前运动，放松钢丝（筋），完成张拉过程。小型电动螺杆张拉机如图 5-24 所示。

目前，工程上常用的是 DL 型电动螺杆张拉机，其最大张拉力为 10kN，最大张拉行程为 780mm，张拉速度为 2m/min，适用于 $\varphi^b 3 \sim \varphi^b 5$ 的钢丝张拉。

（5）电动卷扬机

电动卷扬机主要用于长线台座上张拉冷拔低碳钢丝。工程上常用的是 LYZ-1 型电动卷扬机，其最大张拉力为 10kN，最大张拉行程为 5m，张拉速度为 2.5m/min，电动机功率 0.75kW。LYZ-1 型又分为 LYZ－1A 型（支撑式）和 LYZ-1B 型（夹轨式）两种。A

型适用于多处预制场地，移动变换场地方便；B型运用于固定式大型预制场地，左右移动灵活、轻便、动作快，生产效率高。图5-25为采用卷扬机张拉单根预应力筋的示意图。

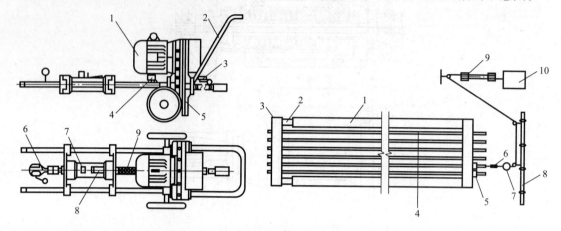

图5-24　电动螺杆张拉机
1—电动机；2—手柄；3—前限位开关；
4—后限位开关；5—减速箱；6—夹具；
7—测力器；8—计量标尺；9—螺杆

图5-25　用卷扬机张拉预应力筋
1—台座；2—放松装置；3—横梁；
4—预应力筋；5—锚固夹具；6—张拉夹具；
7—测力计；8—固定梁；9—滑轮组；10—卷扬机

2. 后张法张拉设备及连接器

后张法张拉时所用的张拉千斤顶，与先张法基本相同。关键是在施工时应根据所用预应力筋的种类及其张拉锚固工艺情况，选用适合的张拉设备，以确保施工质量。在选用时，应特别注意以下几点：

（1）预应力的张拉力不得大于设备的额定张拉力。

（2）预应力筋的一次张拉伸长值，不得超过设备的最大张拉行程。

（3）当一次张拉不足时，可采取分级重复张拉的方法，但所用的锚具与夹具应适宜重复张拉的要求。

（4）一般采用液压式张拉机

液压张拉机包括：液压千斤顶、油泵与压力表等。液压千斤顶常用的有：穿心式千斤顶和锥锚式千斤顶两类。选用千斤顶型号与吨位时，应根据预应力筋的张拉力和所用的锚具形式确定。

1）双作用穿心式千斤顶

双作用穿心式千斤顶，这种千斤顶的适应性强，既可张拉用夹片锚具锚固的钢绞线束；也可张拉用钢质锥形锚具锚固的钢丝束（图5-26）。

2）锥锚式千斤顶

锥锚式千斤顶，这种千斤顶专门用于张拉用锥形锚具锚固的钢丝束（图5-27）。

3）大孔径穿心式千斤顶

又称群锚千斤顶，是一种具有大穿心孔径的单作用千斤顶。广泛用于大吨位钢绞线束张拉（图5-28）。

4）前卡式千斤顶

YDCQ型前置内卡式千斤顶是一种小型千斤顶，适用于张拉单根钢绞线（图5-29）。

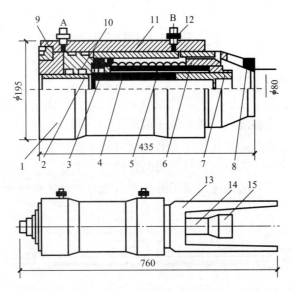

图 5-26　YC60 型千斤顶构造

1—大缸缸体；2—穿心套；3—顶压活塞；4—护套；5—回程弹簧；6—连接套；7—顶压套；8—撑套；
9—堵头；10—密封圈；11—二缸缸体；12—油嘴；13—撑脚；14—拉杆；15—连接套；A、B—油嘴

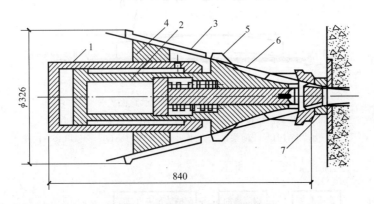

图 5-27　YZ85 型千斤顶构造简图

1—主缸；2—副缸；3—楔块；4—锥形卡环；5—退楔翼片；6—钢丝；7—锥形锚具

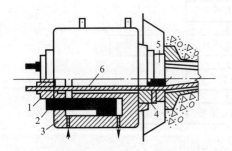

图 5-28　YCQ 型大孔径穿心式千斤顶构造简图

1—工具锚；2—千斤顶活塞；3—千斤顶缸体；
4—限位板；5—工作锚；6—钢绞线

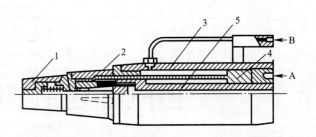

图 5-29　YDCQ 型前置内卡式千斤顶构造简图

A—进油；B—回油

1—顶压器；2—工具锚；3—外缸；4—活塞；5—拉杆

5.4 预应力混凝土施工

1. 先张法预应力施工要点

先张法是在浇筑混凝土之前，先张拉预应力钢筋，并将预应力筋临时固定在台座或钢模上，待混凝土达到一定强度（一般不低于混凝土设计强度标准值的 75%），混凝土与预应力筋具有一定的粘结力时，放松预应力筋，使混凝土在预应力筋的反弹力作用下，使构件受拉区的混凝土承受预压应力。预应力筋的张拉力，主要是由预应力筋与混凝土之间的粘结力传递给混凝土。先张法预应力施工的主要方法有台座法和机组流水法，一般采用台座法较多（图 5-30）。

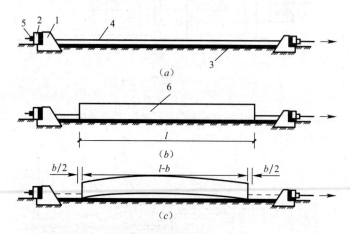

图 5-30 先张法生产示意图

(*a*) 预应力筋张拉；(*b*) 浇筑混凝土构件；(*c*) 放张预应力筋

1—台座承力结构；2—横梁；3—台面；4—预应力筋；5—夹具；6—构件

先张法施工工艺流程如图 5-31 所示。

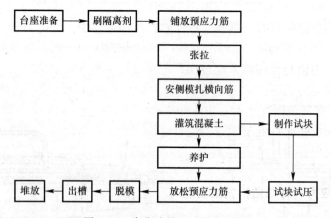

图 5-31 先张法施工工艺流程图

（1）台座在先张法生产中，承受预应力筋的全部张拉力。因此，台座应有足够的强度、刚度和稳定性。台座按构造形式可分为墩式和槽式两类，如图 5-32、图 5-33 所示。

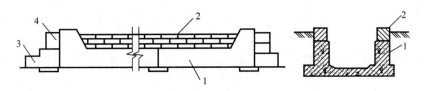

图 5-32　槽式台座
1—混凝土压杆；2—砖墙；3—下横梁；4—上横梁

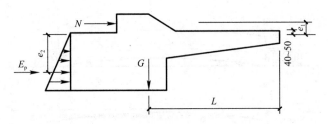

图 5-33　承力台墩的稳定性验算简图

（2）长线台座台面（或胎模）要平整，在铺设预应力筋前应涂刷非油质类模板隔离剂，隔离剂的隔离层效果要好，以减少台面的咬合力、粘结力与摩擦力。隔离剂不应沾污预应力筋，以免影响预应力筋与混凝土的粘结，如图 5-34 所示。

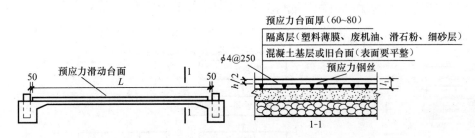

图 5-34　预应力混凝土滑动台面

（3）在先张法中，施加预应力宜采用一端张拉工艺，张拉控制应力和程序按图纸设计要求进行。当采用单根张拉时，其张拉顺序宜由下向上，由中到边（对称）进行。全部张拉工作完毕，应立即浇筑混凝土。超过 24h 尚未浇筑混凝土时，必须对预应力筋进行再次检查；如检查的应力值与允许值差超过误差范围时，必须重新张拉。

（4）先张法预应力筋张拉后与设计位置的偏差不得大于 5mm，且不得大于构件界面短边边长的 4%。在浇筑混凝土前，发生断裂或滑脱的预应力筋必须予以更换。

（5）预应力筋放张时，混凝土强度应符合设计要求；当设计无要求时，不应低于设计的混凝土立方体抗压强度标准值的 75%。放张时宜缓慢放松锚固装置，使各根预应力筋同时缓慢放松。

2. 后张法预应力（有粘结）施工要点

后张法是先制作构件，预留孔道，待构件混凝土强度达到设计规定的数值后，在孔道内穿入预应力筋进行张拉，并用锚具在构件端部将预应力筋锚固，最后进行孔道灌浆。预应力筋的张拉力主要是靠构件端部的锚具传递给混凝土，使混凝土产生预应力。后张法预应力施工，不需要台座设备，灵活性大，广泛用于施工现场生产大型预制预应力混凝土构件和就地浇筑预应力混凝土结构。后张法预应力施工，又可分为有粘结预应力施工和无粘结预应力施工两类。

后张法预应力施工工序如图 5-35 所示。

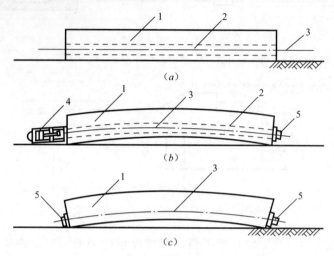

图 5-35 后张法施工顺序

(a) 制作构件，预留孔道；(b) 穿入预应力钢筋进行张拉并锚固；(c) 孔道灌浆

1—混凝土构件；2—预留孔道；3—预应力筋；4—千斤顶；5—锚具

后张法施工工艺流程如图 5-36 所示。

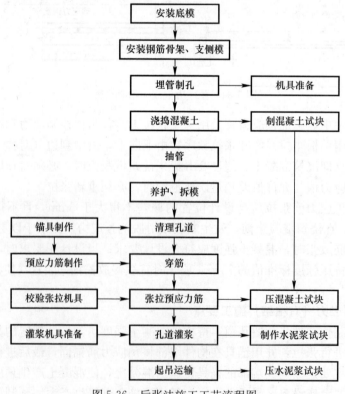

图 5-36 后张法施工工艺流程图

（1）预应力筋孔道形状有直线、曲线和折线三种类型。孔道的留设可采用预埋金属螺旋管留孔、预埋塑料波纹管留孔（图 5-37）、抽拔钢管留孔和胶管充气抽芯留孔等方法。在留设预应力筋孔道的同时，尚应按要求连接（图 5-38）。

（a）　　　　　　　　　　　（b）

图 5-37　金属波纹管外形

（a）双波圆波纹管；（b）扁波纹管

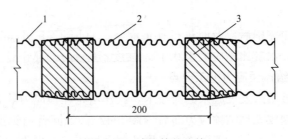

图 5-38　波纹管的连接

1—波纹管；2—接头管；3—密封胶带

留孔位置要准确，通常按设计位置固定在钢筋骨架、定位筋和网片筋上（图 5-39）；合理留设灌浆孔、排气孔和沁水管（图 5-40）。

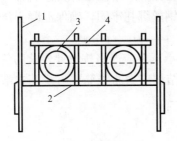
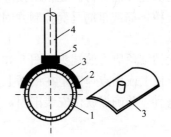

图 5-39　波纹管的固定　　　　　　　图 5-40　灌浆孔留设

1—箍筋；2—钢筋支架；　　　　　1—波纹管；2—海绵垫片；3—塑料弧形

3—波纹管；4—后绑的钢筋　　　　压板；4—增强塑料管；5—铁丝绑扎

（2）按要求进行预应力筋下料、编束（单根穿孔的预应力筋不编束），并穿入孔道（简称穿束）。穿束可在混凝土浇筑之前进行，也可在混凝土浇筑之后进行。

（3）预应力筋张拉时，混凝土强度必须符合设计要求；当设计无具体要求时，不低于设计的混凝土立方体抗压强度标准值的 75%。

（4）张拉程序和方式要符合设计要求；通常预应力筋张拉方式有一端张拉、两端张拉、分批张拉、分阶段张拉、分段张拉和补偿张拉等方式。

张拉顺序：采用对称张拉的原则。对于平卧重叠构件张拉顺序宜先上后下逐层进行，

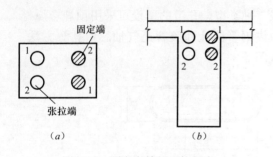

图 5-41 预应力筋的张拉顺序

(a) 屋架下弦杆；(b) 框架梁

每层对称张拉的原则，为了减少因上下层之间摩擦引起的预应力损失，可逐层适当加大张拉力，图 5-41。

（5）若混凝土构件遇有孔洞、露筋、管道串通、裂缝等缺陷或构件端支承板变形、板面与管道中心不垂直等缺陷，均应采取有效措施处理，并达到设计要求后才能进行预应力筋张拉。

（6）预应力筋的张拉以控制张拉力值（预先换算成油压表读数）为主，以预应力筋张拉伸长值作校核。对后张法预应力结构构件，断裂或滑脱的预应力筋数量严禁超过同一截面预应力筋总数的 3%，且每束钢丝不得超过一根。

（7）预应力筋张拉完毕后应及时进行孔道灌浆。宜用 42.5 级硅酸盐水泥或普通硅酸盐水泥调制的水泥浆，水灰比不应大于 0.45，强度不应小于 30MPa。

3. 后张法（无粘结）预应力施工要点

无粘结预应力是近年来发展起来的新技术，其作法是在预应力筋表面涂敷防腐润滑油脂，并外包塑料护套制成无粘结预应力筋后（图 5-42），如同普通钢筋一样先铺设在支好的模板内；然后，浇筑混凝土，待混凝土强度达到设计要求后再张拉锚固。它的特点是不需预留孔道和灌浆，施工简单等。在无粘结预应力施工中，主要工作是无粘结预应力筋的铺设、张拉和锚固区的处理。

（1）无粘结预应力筋的铺设：一般在普通钢筋绑扎后期开始铺设无粘结预应力筋，并与普通钢筋绑扎穿插进行。无粘结预应力筋的铺设位置应严格按设计要求就位，用间距为 1~2m 的支撑钢筋或钢筋马凳控制并固定位置，用钢丝绑扎牢固，确保混凝土浇筑中预应力筋不移位。

（2）无粘结预应力筋端头（图 5-43，图 5-44）承压板应严格按设计要求的位置用钉子固定在端模板上或用点焊固定在钢筋上，确保无粘结预应力曲线筋或折线筋末端的切线与承压板相垂直，并确保就位安装牢固，位置准确。

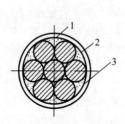

图 5-42 无粘结预应力筋

1—钢绞线；2—油脂；3—塑料护套

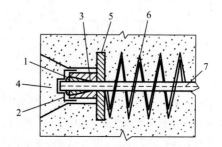

图 5-43 凹入式张拉端构造

1—防腐油脂；2—塑料盖帽；3—夹片锚具

（3）无粘结预应力筋的张拉应严格按设计要求进行。通常在预应力混凝土楼盖中的张拉顺序是先张拉楼板、后张拉楼面梁。板中的无粘结筋可依次张拉，梁中的无粘结筋可对

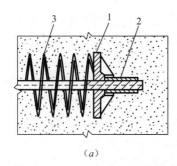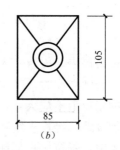

（a）　　　　　　　　　　　　（b）

图 5-44　内埋式固定端构造

（a）固定端构造；（b）铸铁锚垫板平面

1—铸铁承压板；2—挤压后的挤压锚；3—螺旋筋

称张拉。

当曲线无粘结预应力筋长度超过 35m 时，宜采用两端张拉。当长度超过 70m 时，宜采用分段张拉。正式张拉之前，宜用千斤顶将无粘结预应力筋先往复抽动 1～2 次后再张拉，以降低摩阻力。

张拉验收合格后，按图纸设计要求及时做好封锚处理工作，确保锚固区密封，严防水汽进入，锈蚀预应力筋和锚具等。

4. 缓粘结预应力施工要点

缓粘结预应力体系由无粘结和有粘结两种体系有机组合。其最大的特点是：在施工阶段与无粘结预应力一样施工方便，在使用阶段如同有粘结预应力一样受力性能好，且耐腐蚀性优于其他预应力体系。

缓粘结预应力筋由预应力钢材、缓粘结材料和塑料护套组成。预应力钢材宜用钢绞线，特别是应优先选用多股大直径的钢绞线；缓粘结材料是由树脂粘结剂和其他材料混合而成，具有延迟凝固性能；塑料护套应带有纵横向外肋，以增强预应力筋与混凝土的粘结力（图 5-45）。

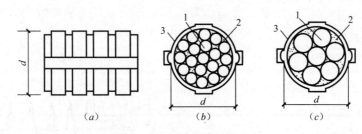

（a）　　　　　　　（b）　　　　　　　（c）

图 5-45　缓粘结预应力钢绞线

（a）外形；（b）19 丝钢绞线；（c）7 丝钢绞线

1—钢绞线；2—缓粘结剂；3—塑料护套

5.5　预应力混凝土质量要求

符合《混凝土结构工程施工质量验收规范》（GB 50204—2002）（2010 版）的相关要求。

5.6 预应力混凝土施工安全要求

（1）所用张拉设备仪表，应由专人负责使用与管理，并定期进行维护与检验，设备的测定期不超过半年，否则必须时及时重新测定。施工时，根据预应力筋种类等合理选择张拉设备，预应力筋的张拉力不应大于设备额定张拉力，严禁在负荷时拆换油管或压力表。按电源时，机壳必须接地，经检查绝缘可靠后，才可试运转。

（2）先张法施工中，张拉机具与预应力筋应在一条直线上；顶紧锚塞时，用力不要过猛，以防钢丝折断。台座法生产，其两端应设有防护设施，并在张拉预应力筋时，沿台座长度方向每隔4～5m设置一个防护架，两端严禁站人，更不准进入台座。

（3）后张法施工中，张拉预应力筋时，任何人不得站在预应力筋两端，同时在千斤顶后面设立防护装置。操作千斤顶的人员应严格遵守操作规程，应站在千斤顶侧面工作。在油泵开动过程，不得擅自离开岗位，如需离开，应将油阀全部松开或切断电路。

第 6 章　结构安装工程

将结构设计成许多单独的构件，分别在施工现场或工厂预制成型，然后在现场用起重机械将各种预制构件吊起并安装到设计位置上去的全部施工过程，称为结构安装工程。用这种施工方式完成的结构，叫做装配式结构。

结构安装工程的主要施工特点是：预制构件类型多；预制质量影响大；结构受力变化复杂；高空作业多。

6.1　起重机械

结构安装工程中常用的起重机械有：桅杆起重机、自行杆式起重机（履带式、汽车式和轮胎式）、塔式起重机及浮吊等。索具设备有：钢丝绳、吊具（卡环、横吊梁）、滑轮组、卷扬机及锚碇等。在特殊安装工程中，各种千斤顶、提升机等也是常用的起重设备。

1. 桅杆起重机

桅杆起重机分为：独脚桅杆、人字桅杆、悬臂桅杆和牵缆式桅杆起重机。

桅杆起重机的特点是：制作简单，装拆方便，能在比较狭窄的工地使用；起重能力较大（可达 1000kN 以上）；能解决缺少其他大型起重机械或不能安装其他起重机械的特殊工程和重大结构的困难；当无电源时可用人工绞磨起吊。但是，它的服务半径小，移动困难，需要设置较多的缆风绳，施工速度较慢，因而只适用于安装工程量比较集中，工期较富余的工程。

（1）独脚桅杆

独脚桅杆（又称扒杆）是由桅杆、起重滑轮组、卷扬机、缆风绳和锚碇组成（图 6-1a）。独脚桅杆一般用钢管或型钢制成。桅杆的稳定主要依靠桅杆顶端的缆风绳。缆风绳常采用钢丝绳，数量一般为 6～12 根，但不得少于 5 根。缆风绳与地面夹角为 30°～45°。钢管独脚桅杆起升高度小于 30m，起升载荷小于 300kN；金属格构式独脚桅杆的起升高度可达 70～80m，起升载荷可达 1000kN 以上。

（2）人字桅杆

人字桅杆一般是用两根钢杆以钢丝绳或铁件铰接而成（图 6-1b）。两杆夹角以 30°为宜其中一根桅杆底部装有起重导向滑轮，上部铰接处有缆风绳保持桅杆的稳定。人字桅杆的特点是起升载荷大，稳定性好，但构件吊起后活动范围小，适用于吊装重型柱子等构件。

（3）悬臂桅杆

在独脚桅杆中部或 2/3 高度处安装一根起重臂即成悬臂桅杆（图 6-1c）。悬臂桅杆的特点是起升高度和工作幅度都较大，起重臂可左右摆动 120°～270°，吊装方便。悬臂桅杆适用于吊装屋面板、檩条等小型构件。

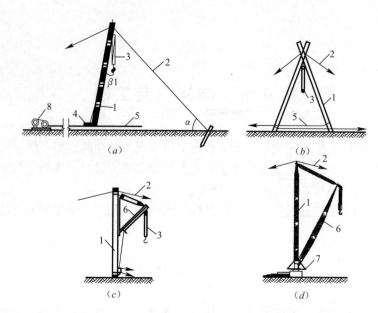

图 6-1　构杆起重机

(a) 独脚桅杆；(b) 人字桅杆；(c) 悬臂桅杆；(d) 牵缆式桅杆起重机

1—桅杆；2—缆风绳；3—起重滑轮组；4—导向装置；5—拉索；6—起重臂；7—回转盘；8—卷扬机

（4）牵缆式桅杆起重机

在独脚桅杆的下端装一根起重臂即成牵缆式桅杆起重机（图 6-1 (d)）。牵缆式桅杆起重机的特点是起重臂可以起伏；整个机身可做 360°回转；起升载荷（150～600kN）和起升高度（达 25m）都较大。适用于多而集中的构件吊装，但应设置较多的缆风绳。

2. 自行杆式起重机

自行杆式起重机有履带式起重机、汽车式起重机和轮胎式起重机三类。

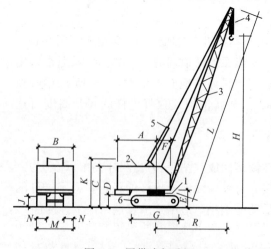

图 6-2　履带式起重机

1—底盘；2—机棚；3—起重臂；4—起重滑轮组；
5—变幅滑轮组；6—覆带；A～K—外形尺寸符号；
L—起重臂长度；H—起升高度；R—工作幅度

（1）履带式起重机

履带式起重机由动力装置、传动装置、回转机构、行走装置、卷扬机构、操作系统、工作装置以及电器设备等部分组成（图 6-2）。

履带式起重机的履带面积较大，可以在较为坎坷不平的松软地面行驶和工作，必要时可垫以路基箱。车身可以原地转动 360°，故在结构安装中被广泛应用。但其稳定性较差，使用时必须严格遵守操作规程，若需超负荷或加长起重杆时，必须先对稳定性进行验算。

（2）汽车式起重机

汽车式起重机是将起重装置安装在载重汽车（越野汽车）底盘上的一种起重机械（图 6-3），其动力是利用汽车的发动机。汽车式起重机最大优点是转移迅速，对路面破坏性小。但它起吊时，必须将支腿落地，不能负载行走，故使用上不及履带式起重机灵活。轻型汽车式起重机主要适用于装卸作业，大型汽车式起重机可用于一般单层或多层房屋的结构吊装。

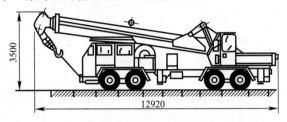

图 6-3　Q_2—32 型汽车式起重机

使用汽车式起重机时，因它自重较大，对工作场地要求较高。起吊前必须将场地平整、压实，以保证操作平稳、安全。此外，起重机工作时的稳定性主要依靠支腿，故支腿落地必须严格按操作规程进行。

（3）轮胎式起重机

轮胎式起重机由起重机构、变幅机构、回转机构、行走机构、动力设备和操纵系统等组成。图 6-4 所示为轮胎式起重机的构造示意图。

轮胎式起重机底盘上装有可伸缩的支腿，起重时可使用支腿以增加机身的稳定性，并保护轮胎，必要时支腿下面可加垫块，以增加支承面。

（4）自行杆式起重机的稳定性验算

力矩法是验算起重机抗倾覆稳定的主要方法。力矩法校核抗倾覆稳定的基本原则是：作用于起重机上包括自重

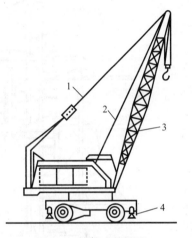

图 6-4　轮胎式起重机
1—变幅索；2—起重索；
3—起重杆；4—支腿

在内的各项荷载对危险倾覆边的力矩之和必须大于或等于零，即 $\Sigma M \geqslant 0$，其中起稳定作用的力矩为正值，起倾覆作用。

3. 塔式起重机

塔式起重机具有竖直的塔身，起重臂安装在塔身的顶部，能全回转，具有较大的安装空间，起重高度和工作幅度均较大，运行速度快，工作效率高，使用和装拆方便等优点，广泛应用于多层及高层民用建筑和多层工业厂房结构安装工程。

塔式起重机的类型很多，按有无引走机构可分为固定式和移动式两种。前者固定在地面上或建筑物上，后者按其引走装置又可分为履带式、汽车式、轮胎式和轨道式四种，按其回转形式可分为上回转和下回转两种，按其安装方式可分为自动式、整体快速拆装和拼装式三种。目前，应用最广泛的是下回转、快速拆装、轨道式塔式起重机和能够一机四用（轨道式、固定式、附着式和内爬式）的自升塔式起重机。拼装式塔式起重机因拆装工作量大将逐渐淘汰。

塔机的生产厂家为了满足客户的不同需求，通常同一型号的塔吊可根据需要安装成轨道行走式、固定式、附着式及爬升式（图 6-5），这类塔吊通常采用上回转机构。

（1）轨道式塔式起重机

轨道式塔式起重机是可在轨道上行走的起重机械，其工作范围大，适用于工业与民用建筑的结构吊装工作。轨道式塔式起重机按其旋转机构的位置分上旋转塔式起重机和下旋转塔式起重机。

（2）内爬式塔式起重机（图6-5）

内爬式塔式起重机安装在建筑物内部（如电梯井等），它的塔身长度不变，底座通过伸缩支腿支承在建筑物上，一般每隔1～2层爬升一次。这种塔吊体积小，重量轻，安装简单，既不需要铺设轨道，又不占用施工场地，故特别适用于施工现场狭窄的高层建筑施工。内爬式塔吊由塔身、套架、起重臂和平衡臂等组成。

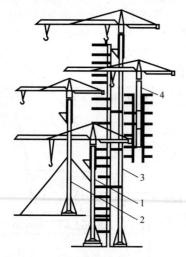

图6-5 塔式起重机的多种安装方式

1—轨道行走式；2—固定式；3—附着式；4—爬升式

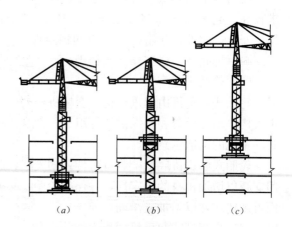

图6-6 内爬式塔式起重机的爬升过程

（a）准备状态；（b）提升套架；（c）提升起重机

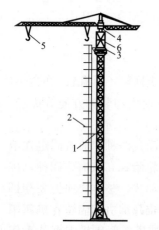

图6-7 附着式塔式起重机

1—附墙支架；2—建筑物；

3—标准节；4—操纵室；

5—起重小车；6—顶升套架

（3）附着式自升塔式起重机

附着式自升塔式起重机（图6-7）的液压自升系统主要包括：顶升套架、长行程液压千斤顶、支承座、顶升横梁及定位销等。其顶升过程可分为五个步骤（图6-8）。

4. 其他形式的起重机

（1）龙门架

龙门架是土木工程施工中最常用的垂直起吊设备。在龙门架顶横梁上设置行车时，可横向运输重物构件，在龙门架两腿下缘设有滚轮并置于铁轨上时，可在轨道上纵向运输；若在两腿下设能转向的滚轮时，可进行任何方向的水平运输。

龙门架通常设于预制构件厂吊移构件，或设在桥墩顶、墩旁安装桥梁构件。常用的龙门架种类有钢木混合构造龙门架、拐脚龙门架和装配式钢桥桁节拼制的龙门架，图6-9是装配式钢梁桁节拼制的龙门架。

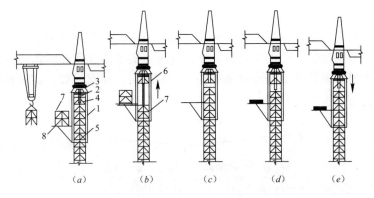

图 6-8　塔式起重机的多种安装方式

(a) 准备状态；(b) 顶升塔顶；(c) 推入塔身标准节；(d) 安装塔身标准节；(e) 塔顶与塔身连成整体

1—顶升套架；2—液压千斤顶；3—支承座；4—顶升横梁；5—定位销；6—过渡节；7—标准节；8—摆渡小车

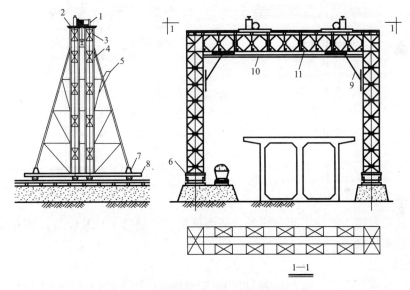

图 6-9　装配式钢梁桁架节拼制的龙门架

1—单筒慢速卷扬机；2—行道板；3—枕木；4—贝雷桁片；5—斜撑；

6—端桩；7—底梁；8—轨道平车；9—角撑；10—加强吊杆；11—单轨

（2）浮吊

在通航河流上建桥，浮吊船是浮运架桥重要的工作船。常用的浮吊有铁驳轮船浮吊和由木船、型钢、人字扒杆等拼成的简易浮吊，其起重量可达 5000kN。

一般简单的浮吊可利用两只民用木船组拼成门船，底舱用木料加固，舱面上安装型钢组成底板构架，上铺木板，其上安装人字扒杆。可使用一台双筒电动卷扬机作为起重动力，安装在门船后部中线上。人字扒杆可用钢管或圆木，由两根钢丝绳分别固定在船尾端两弦旁钢构件上，由门船移动来调节吊物平面位置，另外，还需配备电动卷扬机、钢丝绳、锚链、铁锚等作为移动及固定船位用。

（3）缆索起重机

缆索起重机适用于高差较大的垂直吊装和架空纵向运输，吊运量比较大，纵向运距也比较长。

缆索起重机是由主索、天线滑车、起重索、牵引索、起重及牵引绞车、主索地锚、塔架、风缆、主索平衡滑轮、电动卷扬机、手摇绞车、链滑车及各种滑轮等部件组成。在吊装拱桥时，缆索吊装系统除了上述各部件外，还有扣索、扣索排架、扣索地锚、扣索绞车等部件。其布置方式见图6-10。

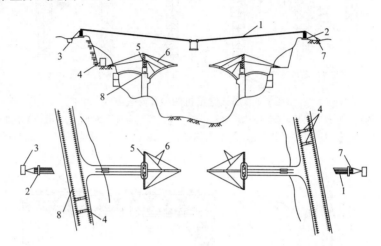

图 6-10 缆索吊装布置示例

1—主索；2—主索塔架；3—主索地锚；4—构件运输龙门架；
5—万能杆件缆风架；6—扣索；7—主索收紧装置；8—龙门架轨道

6.2 起 重 设 备

结构吊装工程施工中除了起重机外，还要使用许多辅助工具及设备，如卷扬机、钢丝绳、滑车组及横吊梁等。

1. 卷扬机

卷扬机按驱动方式可分为手动卷扬机和电动卷扬机，用于结构吊装的卷扬机多为电动卷扬机。电动卷扬机主要由电动机、卷筒、电磁制动器和减速机等组成，卷扬机按其速度又分为快速和慢速两种。快速卷扬机又分单向和双向，主要用于垂直运输和打桩作业；慢速电动卷扬机主要用于结构吊装、钢筋冷拉、预应力张拉等作业。

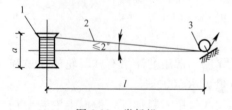

图 6-11 卷扬机

1—卷筒；2—钢丝绳；3—第1个导向滑轮

卷扬机的主要技术参数是卷筒牵引力、钢丝绳的速度和卷筒容量。图6-11

卷扬机使用时，必须用地锚予以固定，以防止工作时产生滑动造成倾覆。根据牵引力的大小，固定卷扬机方法有四种：螺栓锚固法、水平锚固法、立桩锚固法、压重物锚固法，如图6-12所示。

2. 钢丝绳

结构吊装中常用的钢丝绳是由6股钢丝绳围绕一根绳芯（一般为麻芯）捻成，每股钢

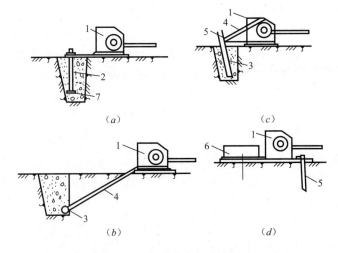

图 6-12　固定卷扬机的方法

(a) 螺栓锚固法；(b) 水平锚固法；(c) 立桩锚固法；(d) 压重物锚固法；

1—卷扬机；2—地脚螺栓；3—横木；4—拉索；5—木桩；6—压重；7—压板

丝绳又由许多根直径为 0.4-2mm 的高强钢丝按一定规则捻制而成（图 6-13）。

钢丝绳按照捻制方法不同，分为单绕、双绕和三绕，建筑工程施工中常用的是双绕钢丝绳。双绕钢丝绳按照捻制方向不同分为同向绕、交叉绕和混合绕三种（图 6-14），同向绕是钢丝捻成股的方向与股捻成绳的方向相同，这种绳的绕性好、表面光滑、磨损小，但易松散和扭转，不宜用作悬吊重物，多用于拖拉和牵引，交叉绕是指钢丝捻成股的方向与股捻成绳的方向相反，这种绳不宜松散和扭转，吊装中应用广泛，但绕性差。混合绕指相邻的两股钢丝绕向相反、性能介于两者之间，制造复杂，用得不多（表 6-1）。

图 6-13　普通钢丝绳截面

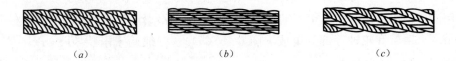

图 6-14　双绕钢丝绳绕向

(a) 同向绕；(b) 交叉绕；(c) 混合绕

钢丝绳安全系数 k　　　　　　　　　　　　　　　　　　　　表 6-1

用　途	安全系数 k	用　途	安全系数 k
作缆风	3.5	作吊索，无弯曲时	6～7
用于手动起重设备	4.5	作捆绑吊索	8～10
用于机动起重设备	5～6	用于载人的升降机	14

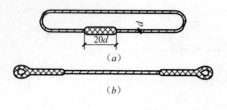

图 6-15　吊索

(*a*) 环状吊索；(*b*) 8 股头吊索

3. 其他机具

（1）吊索、横吊梁

吊索与横吊梁都是吊装构件时的辅助工具。吊索又称千斤绳、绳套。主要用来绑扎构件以便起吊。常用的有环状吊索（又称万能吊索或闭式吊索）和 8 股头吊索（又称轻便吊索或开式吊索）两种（图 6-15）。

横吊梁又称铁扁担和平衡梁。常用于起吊柱子和屋架等构件（图 6-16）。用横吊梁吊柱时可使柱子保持垂直，便于安装；用横吊梁吊屋架时可以降低起吊高度，减少吊索的水平分力对屋架的压力。

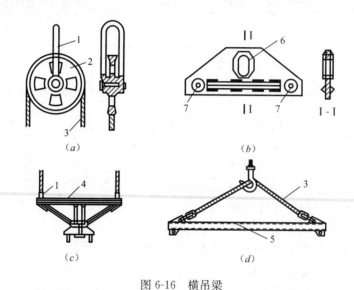

图 6-16　横吊梁

(*a*) 滑轮横吊梁；(*b*) 钢板横吊梁；(*c*) 桁架横吊梁；(*d*) 钢管横吊梁

1—吊环；2—滑轮；3—吊索；4—桁架；5—钢管；6—挂吊钩孔；7—挂卡环孔

常用的横吊梁有滑轮横吊梁、钢板横吊梁、桁架横吊梁和钢管横吊梁等形式。滑轮横吊梁由吊环、滑轮和轮轴等部分组成（图 6-16 (*a*)）。一般用于吊装 80kN 以下的柱。钢板横吊梁由 Q235 钢板制成（图 6-16 (*b*)），一般用于 100kN 以下柱的吊装，桁架横吊梁用于双机抬吊柱子安装（图 6-16 (*c*)）。钢管横吊梁的钢管长 6～12m，也可用两个槽钢焊接成方形截面来代替（图 6-16 (*d*)），一般用于屋架的吊装。

（2）滑车及滑车组

滑车又称"葫芦"，可以省力，也可改变力的方向。按其滑轮的多少可分为单门，双门和多门；按使用方式不同，可分为定滑车和动滑车。

滑车组是由一定数量的定滑车和动滑车以及绕过它们的绳索组成，具有省力和改变力的方向的功能，是起重机械的主要组成部分。

由滑车组引出的绳头称为"跑头"，跑头可根据需要从定滑车引出或从动滑车引出或由两台卷扬机同时牵引（图 6-17）。

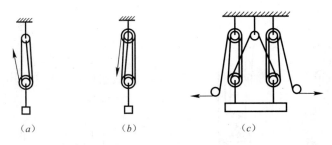

图 6-17　滑车组的种类

(a) 滑车跑头自动引出；(b) 跑头自定滑车引出；(c) 双联滑车组

6.3　构件吊装（以单层装配式混凝土结构工业厂房安装为例）

单层工业厂房结构构件有基础、柱子、吊车梁、连系梁、物架、天窗架。

1. 准备工作

场地清理和道路修筑，结构构件的检查与清理，结构构件的弹线放样，杯形基础的准备，结构构件的运输，结构构件的堆放。

2. 结构安装方法及技术要求

单层工业厂房结构的安装方法，有以下两种：

（1）分件安装法

起重机每开行一次，仅吊装一种或几种构件。

（2）综合安装法

起重机在厂房内一次开行中（每移动一次）就安装完一个节间内的各种类型的构件。

（3）起重机的选用

起重机型号的选择

起重机型号选择取决于三个工作参数：起重量、起重高度和起重半径。三个工作参数均应满足结构安装的要求。

3. 构件的吊装工艺

构件的吊装工艺包括绑扎、吊升、对位、临时固定、校正、最后固定等工序。

（1）柱子吊装

1）绑扎

柱的绑扎方法、绑扎位置和绑扎点数，应根据柱的形状、长度、截面、配筋、起吊方法和起重机性能等确定。常用的绑扎方法有：

① 一点绑扎斜吊法：当柱平放起吊的受弯承载力满足要求时，可采用斜吊绑扎法如图 6-18（a）所示．一般高重型柱吊装时用此法绑扎。

② 一点绑扎直吊法：当柱平放起吊的受弯承载力不足，需将柱由平放转为侧立后起吊（习惯上称为柱翻身），可采用直吊法如图 6-18（b）所示。

③ 两点绑扎法：当柱较长，一点绑扎受弯承载力不足时，可用两点绑扎起吊（图 6-19）。此时，绑扎点位置，应使下绑扎点距柱重心距离小于上绑扎点至柱重心距离，柱吊起后即可自行回转为直立状态。

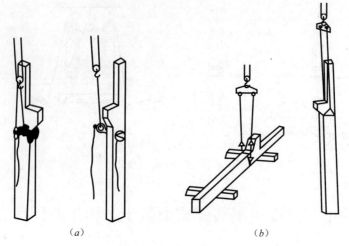

图 6-18 柱子一点绑扎法

(a) 一点绑扎斜吊法;(b) 一点绑扎直吊法

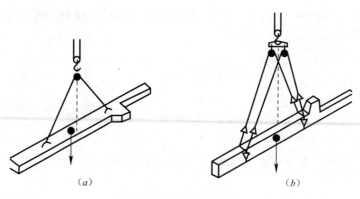

图 6-19 柱子一点绑扎法

(a) 两点绑扎斜吊法;(b) 两点绑扎直吊法

2) 吊升方法

主要的吊升方法有两种:旋转法和滑行法,双机抬吊旋转法和双机抬吊滑行法。如图 6-20、6-21、6-22、6-23 所示。

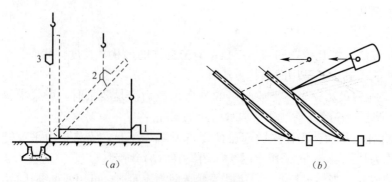

图 6-20 旋转法吊柱

(a) 旋转过程;(b) 平面布置

1—柱平放时;2—起吊中途;3—直立

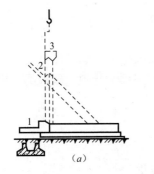 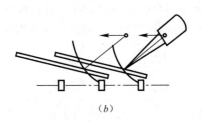

图 6-21　滑行法吊柱

(a) 旋转过程；(b) 平面布置

1—柱平放时；2—起吊中途；3—直立

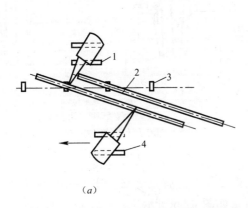 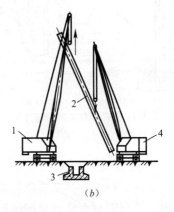

图 6-22　双机抬吊旋转法（递送法）

(a) 平面位置；(b) 递送过程

1—主机；2—柱；3—基础；4—副机

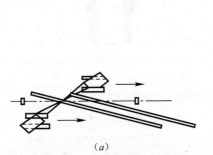 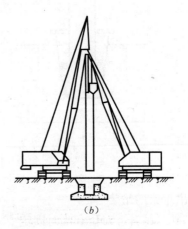

图 6-23　双机抬吊滑行法

(a) 平面布置；(b) 将柱吊离地面

3）对位和临时固定

柱子对位是将柱子插入杯口并对准安装准线的一道工序。

临时固定是用楔子等将已对位的柱子作临时性固定的一道工序。如图 6-24 所示。

4）柱的校正

柱子校正是对已临时固定的柱子进行全面检查及校正的一道工序。柱子校正包括平面位置、标高和垂直度的校正。对重型柱或偏斜值较大则用千斤顶、缆风绳、钢管支撑等方法校正，如图 6-25 所示。

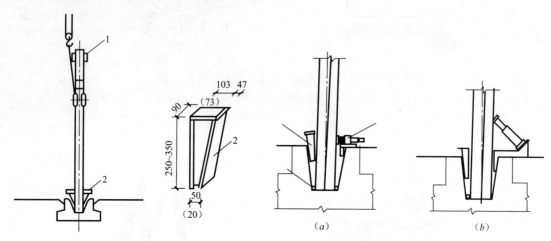

图 6-24　柱的对位与临时固定
1—安装缆风绳或挂操作台的夹箍；2—钢楔

图 6-25　柱垂直度校正方法
(a) 螺旋千斤顶平顶法；(b) 千斤顶斜顶法

5）柱子最后固定

其方法是在柱脚与杯口之间浇筑细石混凝土，其强度等级应比原构件的混凝土强度等级提高一级。细石混凝土浇筑分两次进行，如图 6-26 所示。

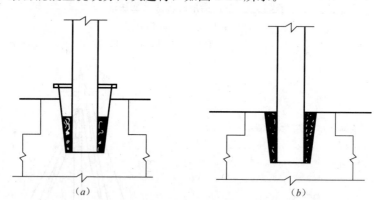

图 6-26　柱的对位与临时固定
(a) 第一次浇筑细石混凝土；(b) 第二次浇筑细石混凝土

（2）吊车梁的吊装

1）绑扎、吊升、对位和临时固定

吊车梁绑扎时，两根吊索要等长，绑扎点对称设置，吊钩对准梁的重心，以使吊车梁起吊后能基本保持水平，如图 6-27 所示。

2）校正及最后固定

吊车梁的校正主要包括标高校正、垂直度校正和平面位置校正等。

吊车梁的标高主要取决于柱子牛腿的标高。

平面位置的校正主要包括直线度和两吊车梁之间的跨距。

吊车梁直线度的检查校正方法有通线法、平移轴线法、边吊边校法等。

重型吊车梁校正时撬动困难，可在吊装吊车梁时借助于起重机，采用边吊装边校正的方法。

吊车梁的最后固定，是在吊车梁校正完毕后，用连接钢板等与柱侧面、吊车梁顶端的预埋铁相焊接，并在接头处支模浇筑细石混凝土。

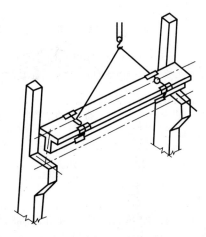

图 6-27　吊车梁的吊装

（3）屋架的吊装

1）屋架绑扎

屋架的绑扎点应选在上弦节点处，左右对称，绑扎中心（即各支吊索的合力作用点）必须高于屋架重心，使屋架起吊后基本保持水平，不晃动、不倾翻。吊索与水平线的夹角不宜小于 45°，以免屋架承受过大的横向压力，必要时可采用横吊梁。屋架的绑扎见如图 6-28 所示。

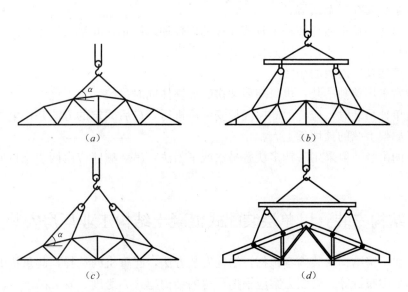

图 6-28　屋架的绑扎

（a）屋架跨度小于或等于 18m 时；（b）屋架跨度大于 18m 时；

（c）屋架跨度等于或大于 30m 时；（d）三角形组织屋架

2）屋架的扶直与排放

屋架扶直时应采取必要的保护措施，必要时要进行验算。

屋架扶直有正向扶直和反向扶直两种方法。

正向扶直　如图 6-29（a）所示；反向扶直　如图 6-29（b）所示。

屋架扶直之后，立即排放就位，一般靠柱边斜向排放，或以 3～5 榀为一组平行于柱边纵向排放。

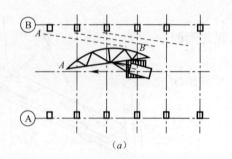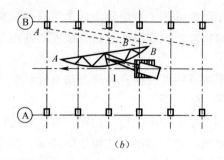

图 6-29　屋架的扶直

(a) 正向扶直；(b) 反向扶直

3）屋架的吊升、对位与临时固定

屋架的吊升是将屋架吊离地面约 300mm，然后将屋架转至安装位置下方，再将屋架吊升至柱顶上方约 300mm 后，缓缓放至柱顶进行对位。

屋架对位应以建筑物的定位轴线为准；屋架对位后立即进行临时固定。

4）屋架的校正及最后固定

屋架垂直度的检查与校正方法是在屋架上弦安装三个卡尺，一个安装在屋架上弦中点附近，另两个安装在屋架两端。

屋架垂直度的校正通过转动工具式支撑的螺栓加以纠正，并垫入斜垫铁。

屋架的临时固定与校正，屋架校正后应立即电焊固定。

（4）天窗架及屋面板的吊装

天窗架常采用单独吊装，也可与屋架拼装成整体同时吊装。

天窗架单独吊装时，应待两侧屋面板安装后进行，最后固定的方法是用电焊将天窗架底脚焊牢于屋架上弦的预埋件上。

屋面板的吊装一般采用一钩多块叠吊法或平吊法，吊装顺序应由两边檐口向屋脊对称进行。

6.4　结构安装（以单层装配式混凝土结构工业厂房安装为例）

单层工业厂房结构安装内容包括：结构安装方法，起重机的选择，起重机的开行路线以及构件的平面布置等。安装方案应根据厂房的结构型式、跨度、安装高度、构件重量和长度、吊装工期以及现有起重设备和现场环境等因素综合研究确定。确定单层工业厂房结构安装方案时，应着重解决起重机的选择、结构安装方法、起重机的开行路线和构件的平面布置等。

1. 结构安装方法

单层工业厂房结构安装方法有分件吊装法、节间吊装法和综合吊装法。

（1）分件吊装法

分件吊装法是在厂房结构吊装时，起重机每开行一次，仅吊装一种或两种构件。一般分三次开行吊装完全部构件，第一次开行吊装柱子，并进行校正和固定；第二次开行吊装吊车梁、连系梁及柱间支撑；第三次开行分节间吊装屋架、天窗架、屋面板及屋面支撑等。

分件吊装法，起重机每一次开行均吊装同类型构件，起重机可根据构件的重量及安装高度来选择，不同构件选用不同型号起重机，能充分发挥起重机的工作性能。吊装过程中索具更换次数少，吊装速度快，效率高，可给构件校正、焊接固定、混凝土浇筑养护提供充足时间。

（2）节间吊装法

节间吊装法是指起重机在吊装过程内的一次开行中，分节间吊装完各种类型的全部构件或大部分构件。其优点是起重机行走路线短，可及时按节间为下道工序创造工作面。但要求选用起重量较大的起重机，起重机的性能不能充分发挥，索具更换频繁，安装速度慢，构件供应和平面布置复杂，构件校正及最后固定时间紧迫。钢筋混凝土结构厂房吊装一般不采用此法，仅适用于钢结构厂房及门架式结构的安装。

（3）综合吊装法

综合吊装法是指建筑物内一部分构件（柱、柱间支撑、吊车梁等构件）采用分件吊装法吊装，一部分构件（屋盖的全部构件）采用节间吊装法吊装。综合吊装法吸取了分件吊装法和节间吊装法的优点，因此，结构吊装中多采用此法。

2. 起重机选择

起重机的选择包括起重机类型、型号和数量的选择。

（1）起重机类型的选择

起重机的类型主要根据厂房结构的特点，厂房的跨度，构件的重量、安装高度以及施工现场条件和现有起重设备、吊装方法确定。一般中小型厂房跨度不大，构件的重量与安装高度也不大，可采用自行式起重机，以履带式起重机应用最普遍，也可采用桅杆式起重机；重型厂房跨度大、构件重、安装高度大，根据结构特点，可选用大型自行式起重机、重型塔式起重机等。

（2）起重机型号的选择

起重机类型确定后，还要根据构件的尺寸、重量及安装高度，选择起重机的型号和验算起重量 Q、起重高度 H 和工作幅度（回转半径）R，三个工作参数必须满足结构吊装要求。

1）起重量 Q 计算。

所选起重机的起重高度，必须满足所吊装构件的安装高度要求。单机吊装起重量 Q，按公式（6-1）计算，双机抬吊起重量 Q，按公式（6-2）计算。

$$Q \geqslant Q_1 + Q_2 \tag{6-1}$$

$$K(Q_{主} + Q_{副}) \geqslant Q_1 + Q_2 \tag{6-2}$$

式中　Q——起重机的起重量，kN；

　　Q_1——构件的质量，kN；

　　Q_2——索具的质量，kN；

　　$Q_{主}$——主机起重量，kN；

　　$Q_{副}$——副机起重量，kN；

　　K——起重量降低系数，一般取 0.8。

2）起重高度 H 计算。

所选起重机的起重高度，必须满足所吊装构件的安装高度要求（图6-30）。起重机的起重高度按下式计算：

$$H \geqslant H_1 + H_2 + H_3 + H_4 \tag{6-3}$$

式中　H——起重机起重高度，m，从停机面算起至吊钩中心；

　　　H_1——安装支座表面高度，m，从停机面算起；

　　　H_2——安装间隙，视具体情况定，一般取0.2～0.3m；

　　　H_3——绑扎点至构件吊起后底面的距离，m；

　　　H_4——索具高度，m，绑扎点至吊钩中心的距离，视具体情况定。

　　3）起重臂长度计算。

　　①起重臂不跨越其他构件的长度计算（图6-31）。

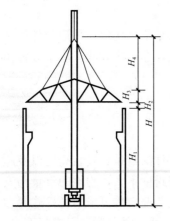

图6-30　起重高度计算简图

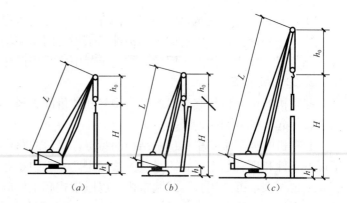

图6-31　不跨越其他构件吊装时起重臂长度计算
(a)垂直吊法吊柱；(b)斜吊法吊柱；(c)屋架吊柱

　　起重机吊装单层厂房的柱子和屋架时，起重臂一般不跨越其他构件，此时，起重臂长度按下式计算：

$$L \geqslant \frac{H + h_0 - h}{\sin\alpha} \tag{6-4}$$

式中　L——起重臂长度，m；

　　　H——起重高度，m；

　　　h_0——起重臂顶至吊钩底面的距离，m；

　　　h——起重臂底铰至停机面距离，m；

　　　α——起重臂仰角，一般取70°～77°。

　　②起重臂跨越其他构件的长度计算。

　　当起重机安装屋面板、屋面支撑等节间构件时，起重臂需要跨越已安装好的屋架或天窗架时，起重臂的长度计算分两种情况：对于吊装有天窗架的屋面时，按跨越天窗架吊装跨中屋面板计算；吊装平屋面时，按跨越屋架吊装跨中屋面板和吊装跨边屋面板两种情况计算。取两者中较大值，计算方法有数解法和图表法。

　　数解法：

数解法求起重臂长度按下式计算（图 6-32）：

$$L = L_1 + L_2 = \frac{h}{\sin\alpha} + \frac{a+g}{\cos\alpha} \tag{6-5}$$

式中　L——起重臂长度，m；

　　　　a——起重吊钩需跨过已安装构件的水平距离，m；

　　　　g——起重臂轴线与已吊装屋架轴间的水平距离（至少取 1m）；

　　　　α——起重臂仰角，可按下式计算：

$$\alpha = \arctan\sqrt[3]{\frac{h}{a+g}} \tag{6-6}$$

式中　h——起重臂底铰至构件吊装支座的高度，$h = h_1 + h_2 - h_3$，m。

　　　　h_1——构件安装高度（起重机停机点地面至安装构件的顶面距离），m；

　　　　h_3——起重臂下铰点离地面高度，m；

　　　　h_2——起重臂中心线至安装构件顶面的垂直距离，m（图 6-33），可按下式计算：

$$h_2 = \frac{\frac{b}{2}+e}{\cos\alpha} \tag{6-7}$$

式中　b——起重臂厚度，一般为 0.6～1m。

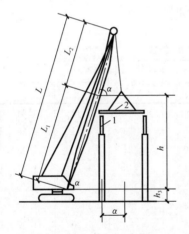

图 6-32　数解法求起重臂长度

1—已安装的构件；2—正安装的构件

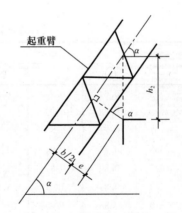

图 6-33　求起重臂中心线至安装
构件顶面的垂直距离

求 h_2 时，起重臂仰角 α 可近似取

$$\alpha \approx \arctan\sqrt[3]{\frac{h_1}{a+g}} \tag{6-8}$$

$$h_2 \approx \frac{\frac{b}{2}+e}{\cos\left(\arctan\sqrt[3]{\frac{h_1}{a+g}}\right)} \tag{6-9}$$

图表法：

将公式 6-4 和公式 6-5 进行数学推导得出：

$$\sqrt[3]{L^2} = \sqrt[3]{h^2} + \sqrt[3]{a^2} \tag{6-10}$$

式中各符号含义同公式 6-4。由公式 6-10 可作出 Lha 曲线，如图 6-34 所示，图中纵坐标 h 值按 $h = h_1 + h_2 - h_3$ 计算；其中 h_2 由表 6-2 查得。

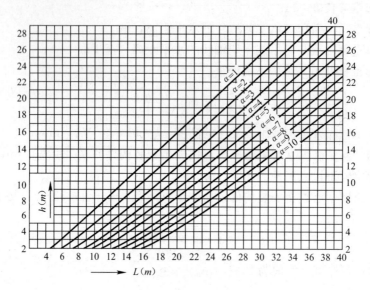

图 6-34　Lha 曲线

计算起重臂长度的 h_2 数值　　　　　　　　　　　　　　　　表 6-2

$h_1 : a$	$\cos\alpha$	b			$h_1 : a$	$\cos\alpha$	b		
		0.6	0.8	1.0			0.6	0.8	1.0
0.5	0.783	0.64	0.77	0.89	8	0.447	1.12	1.34	1.57
0.8	0.733	0.68	0.82	0.96	9	0.433	1.15	1.38	1.62
1.0	0.707	0.71	0.85	0.99	10	0.421	1.19	1.43	1.66
1.5	0.658	0.76	0.91	1.06	11	0.410	1.22	1.46	1.71
2.0	0.622	0.80	0.97	1.12	12	0.400	1.25	1.50	1.75
2.5	0.593	0.84	1.01	1.18	13	0.361	1.28	1.53	1.79
3.0	0.570	0.88	1.05	1.23	14	0.383	1.30	1.57	1.83
3.5	0.550	0.91	1.09	1.27	15	0.376	1.33	1.60	1.86
4.0	0.533	0.94	1.13	1.31	16	0.369	1.36	1.63	1.90
4.5	0.518	0.97	1.16	1.35	17	0.362	1.38	1.66	1.93
5.0	0.505	0.99	1.19	1.39	18	0.357	1.40	1.68	1.96
5.5	0.493	1.01	1.22	1.42	19	0.351	1.43	1.71	2.00
6.0	0.482	1.04	1.24	1.45	20	0.346	1.45	1.74	2.03
6.5	0.472	1.06	1.27	1.48	25	0.324	1.55	1.85	2.16
7.0	0.463	1.08	1.30	1.51	30	0.306	1.63	1.96	2.28

注：本表按公式：$h_2 = \dfrac{\frac{b}{2} + e}{\cos\left(\operatorname{arctg}\sqrt[3]{\frac{h_1}{a}}\right)}$ 求得，其中 e 取 0.2。

综上所述，用图表法求起重臂长度的步骤分以下三步。

第一步：由表 6-2 查得 h_2 值。

第二步：由 h_2 值求出 h 值。

第三步：由图 6-31 查得 L 值。

4）工作幅度（回转半径）R 计算。

起重机工作幅度（回转半径），按下式计算：

$$R = F + L\cos\alpha \tag{6-11}$$

式中　R——起重机的工作幅度（回转半径）；

　　　F——起重臂下铰点中心至起重机回转中心的水平距离，其数值由起重机技术参数表查得；

　　　α——起重臂仰角。

5）检查 Q、H，最后确定起重机型号。

通过上述计算求出 R 后，按 R 及起重臂长度，查起重机的起重性能表或曲线，检查起重量 Q 及起重高度 H，如果能满足结构构件的吊装要求，则起重机起重臂长度的确定即可完成，初选的起重机型号即可确定。

3. 起重机的开行路线

起重机的开行路线与起重机的性能、构件的尺寸与重量、构件的平面布置及安装方法等有关。

吊装柱时，根据厂房跨度大小、柱的尺寸和质量、起重机性能、构件平面布置，起重机的开行路线，一般分跨中开行和跨边开行两种。

（1）跨中开行

当 $R \geqslant L/2$（L 为厂房跨度）时，起重机跨中开行，每个停机点吊两根柱子（图 6-35（a））：停机点在以基础中心为圆心，R 为半径的圆弧与跨中开行路线的交点处；特别地，当 $R \geqslant \sqrt{\left(\dfrac{L}{2}\right)^2 + \left(\dfrac{b}{2}\right)^2}$（$b$ 为厂房柱距）时，一个停机点可吊四根柱子，停机点在该柱网对角线交点处（图 6-35（b））。

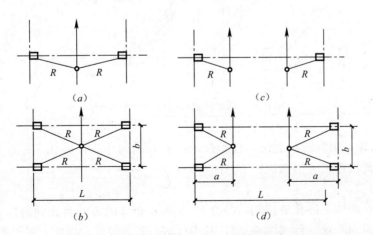

图 6-35　吊装柱时起重机开行路线及停机点位置

（a）跨中开行；（b）跨中开行；（c）跨边平行；（d）跨边平行

147

（2）跨边开行

当吊柱时的起重半径 $R < \dfrac{L}{2}$ 时，起重机沿跨边开行，每次开行可吊装一根柱子（图 6-35

(c)）；特别地，当 $R \geqslant \sqrt{a^2 + \left(\dfrac{b}{2}\right)^2}$ 时，一次可吊装两根柱子，起重机停机点在以杯口为圆心，以 R 为半径的圆弧与跨边开行路线的交点处（图 6-35 (d)）。

4. 构件平面布置

（1）构件平面布置的原则

1）每跨构件宜布置在本跨内，如场地狭窄，也可布置在跨外便于吊装的地方。

2）应满足安装工艺的要求，尽可能布置在起重机的回转半径内，以减少起重机负荷行驶。

3）构件布置应"重近轻远"，即将重构件布置在距起重机停机点较近的地方，轻构件布置在距停机点较远的地方。

4）要注意构件布置的朝向，特别是屋架，避免安装时在空中调头，影响进度及安全。

5）构件布置应便于支模与浇灌混凝土，当为预应力混凝土构件时要考虑抽芯穿筋张拉等。

6）构件布置力求占地最少，以保证起重机的行驶路线畅通和安全回转。

（2）预制阶段构件的平面布置

1）柱的布置。

柱的布置方式一般有斜向布置和纵向布置两种。

① 斜向布置。柱子如采用旋转法起吊，可按三点共弧斜向布置（图 6-36）。

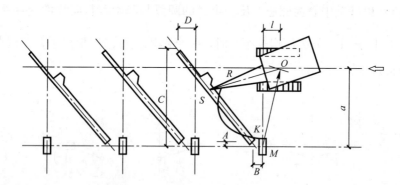

图 6-36　柱子的斜向布置（三点共弧）

② 纵向布置。用旋转法起吊，柱子按两点共弧纵向布置，绑扎点靠近杯口，柱子可以两根叠浇，每次停机可吊两根柱子（图 6-37）。

2）屋架布置。

屋架一般在跨内平卧叠浇预制，每叠 3—4 榀，布置的方式有正面斜向布置、正反斜向布置和正反纵向布置三种（图 6-38），其中以斜向布置较多，以便于屋架的扶直与排放。对于预应力屋架，应在屋架的一端或两端留出抽芯与穿筋的工作场地（图中虚线表示预留的距离）。

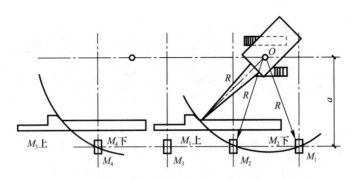

图 6-37 柱子的纵向平面布置

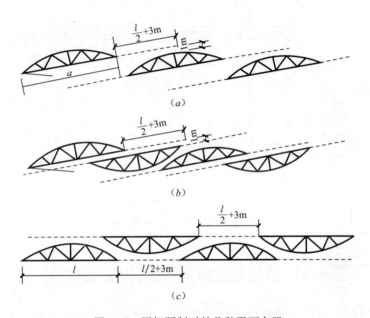

图 6-38 屋架预制时的几种平面布置

(a) 斜向布置；(b) 正反斜向布置；(c) 正反纵向布置

3）吊车梁布置。

吊车梁可布置在柱子与屋架间的空地处，一般可靠近柱子基础，平行于纵轴线或略倾斜，亦可插在柱子间混合布置。

（3）安装阶段构件的就位与堆放

安装阶段构件的就位布置，是指柱子已安装完毕其他构件的就位布置，包括屋架的扶直、就位，吊车梁、屋面板的运输就位等。

1）屋架的扶直就位。（图 6-39）

2）屋面板的就位、堆放。

单层工业厂房除了柱、屋架、吊车梁在施工现场预制外，其他构件如连系梁、屋面板均在场外制作，然后运至工地堆放。

屋面板的堆放位置，跨内跨外均可，根据起重机吊装屋面板时的起重半径确定，一般布置在跨内，6～8块叠放，若车间跨度在 18m 以内时，采用纵向堆放，若跨度大于 24m 时，可采用横向堆放。

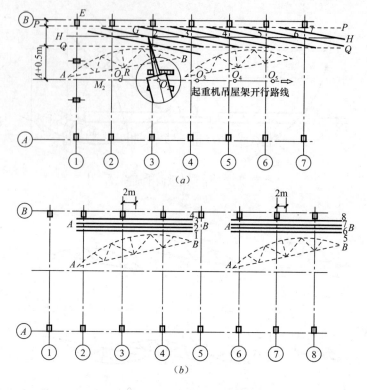

图 6-39　屋架的就位布置

(a) 斜向就位；(b) 成组纵向就位

6.5　多层装配式框架结构安装简介

施工前要根据建筑物的结构型式，构件的安装高度、构件的重量、吊装工程量、工期、机械设备条件及现场环境等因素，制定合理方案。

1. 起重机械的选择

主要根据装配式框架结构的高度、结构类型、构件重量及工程量等来确定。起重机的起重能力用重力矩 M（kN·m）来表示的。

2. 结构安装方法

分件安装法和综合安装法两种。

分件吊装法根据流水方式，分为分层分段流水安装法和分大流水安装法两种。分层分段流水安装法是以一个楼层（或一个柱节）为一个施工层，每一个施工层再划分为若干个施工段，进行构件起吊、校正、定位、焊接、接头灌浆等工序的流水作业。分层大流水安装是按照一个楼层组织各工序的流水作业。

3. 柱吊装

柱的吊装可分为绑扎、吊升、就位、柱的临时固定、校正、最后固定、柱接头施工等几个程序。

柱子接头有榫式接头、插入式接头和浆锚接头三种。

4. 构件接头施工

构件的接头主要是梁柱之间的接头，常用的有明牛腿刚性接头、齿槽式接头、浇注整体式接头等，见图6-40、图6-41、图6-42。

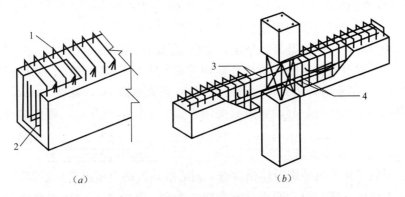

（a） （b）

图 6-40 键槽式梁柱节点连接

（a）梁端键槽；（b）梁柱连接

1—梁箍筋；2—梁底主筋；3—梁负弯矩筋；4—U形连接钢筋

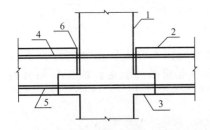

图 6-41 牛腿形预应力预压型节点连接

1—预制柱；2—预制梁；3—柱上
牛腿；4—上部预应力筋；5—下部
预应力筋；6—接合面涂胶

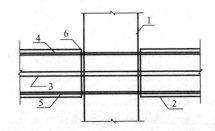

图 6-42 平接口预应力预压型节点连接

1—预制柱；2—预制梁；3—中部预
应力筋；4—上部非预应力筋；5—下
部非预应力筋；6—接合面涂胶

6.6 结构安装工程质量与安全要求

1. 钢筋混凝土结构安装质量要求

预应力构件安装时，混凝土强度必须要达到设计强度的要求的75%以上，有的甚至要达到100%的强度。

安装构件，必须要按照绑扎、吊升、就位、柱的临时固定、校正、最后固定、柱接头施工的顺序，保证构件安装的质量。

2. 结构安装工程的安全技术

（1）使用机械的安全要求

1）吊装所用的钢丝绳，事先必须认真检查表面磨损，若腐蚀达钢丝绳直径10%时，不准使用。

2）起重机负重开行时，应缓慢行驶，且构件离地不得超过 500mm。起重机在接近满荷时，不得同时进行两种操作动作。

3）起重机工作时，严禁碰触高压电线。起重臂、钢丝绳、重物等与架空电线要按规定保持一定的安全距离。

4）发现吊钩、卡环出现变形或裂纹时，不得再使用。

5）起吊构件时，吊钩的升降要平稳，避免紧急制动和冲击。

6）对新到、修复或改装的起重机在使用前必须进行检查、试吊；要进行静、动负荷试验。试验时，所吊重物为最大起重量的 125%，且离地面 1m，悬空 10min。

7）起重机停止工作时，起动装置要关闭上锁。吊钩必须升高，防止摆动伤人，并不得悬挂物件。

（2）操作人员的安全要求

1）从事安装工作人员要进行体格检查，对心脏病或高血压患者，不得进行高空作业。

2）操作人员进入现场时，必须戴安全帽，手套，高空作业时还要系好安全带，所带的工具，要用绳子扎牢或放人工具包内。

3）在高空进行电焊焊接，要系安全带，着防护罩；潮湿地点作业，要穿绝缘胶鞋。

4）进行结构安装时，要统一用哨声、红绿旗、手势等指挥，所有作业人员，均应熟悉各种信号。

（3）现场设施安全要求

1）吊装现场的周围，应设置临时栏杆，禁止非工作人员人内。地面操作人员，应尽量避免在高空作业面的正下方停留或通过，也不得在起重机的起重臂或正在吊装的构件下停留或通过。

2）配备悬挂或斜靠的轻便爬梯，供人上下。

3）如需在悬空的屋架上弦行走时，应在其上设置安全栏杆。

4）在雨期或冬期里，必须采取防滑措施。如扫除构件上的冰雪、在屋架上捆绑麻袋、在屋面板上铺垫草袋等。

第 7 章　防 水 工 程

防水工程是建筑工程的一个重要组成部分，直接关系到建筑物和构筑物的使用寿命、使用环境及卫生条件，影响到人们的生产活动、工作秩序及生活质量，也关系到整个城市的市容。它在建筑工程施工中属关键项目和隐蔽工程，对保证工程质量具有非常的重要地位。按其部位的不同分为地下防水、屋面防水、厕浴间和地面防水以及贮水池和贮液池等构筑物防水；按构造做法又分为结构构件的刚性自防水和用卷材、涂料等作为防水层的柔性防水。近年来，新型防水材料及其应用技术发展迅速，并朝着由多层向单层、由热施工向冷施工、由适用范围单一向适用范围广泛、刚柔并举的方向发展。

地下防水设计和施工的原则："防、排、截、堵相结合，刚柔相济、因地制宜、综合治理"。中、高层建筑为了满足使用功能方面要求和减轻结构自重，±0.000 以下设计有多层地下室。地下防水工程属隐蔽工程，经常要受到地下水的渗透作用。

屋面防水工程设计和施工应从选择防水材料、施工方法等方面着眼，应考虑对建筑物节能效果着手，遵循"材料是基础、设计是前提、施工是关键、管理是保证"的综合治理原则。

7.1　防 水 材 料

防水材料是防水工程的重要物质基础，是保证建筑物与构筑物防止雨水侵入、地下水等水分渗透的主要屏障，防水材料质量的优劣直接关系到防水层的耐久年限。由于建筑防水工程质量涉及选材、设计、施工、使用维护和管理等诸多环节，必须实施"防、排、截、堵相结合，刚柔相济，因地制宜，综合治理"的原则，才能得到可靠的保证。而在上述一系列环节中，做到恰当选材、精心设计、规范施工、定期维护、重视管理，则是提高防水工程质量、延长防水工程使用寿命的关键所在。

1. 刚性防水材料

刚性防水的主要防水材料包括防水混凝土和防水砂浆，其防水机理是通过在混凝土或水泥砂浆中加入膨胀剂、减水剂、防水剂等方式，合理调整混凝土、水泥砂浆的配合比，改善孔隙结构特征，增强材料的密实性、憎水性和抗渗性，阻止水分子渗透，从而达到结构自防水的目的。这种防水方法成本低、施工较为简单，当出现渗漏时，只需修补渗漏裂缝即可，无需重新更换整个防水层。由于刚性防水的防水层易受结构层的变形而开裂，所以，一般工程的防水层采用刚柔互补的复合防水技术。

（1）防水混凝土

防水混凝土兼有结构层和防水层的双重功效。其防水机理是依靠结构构件（如梁、板、柱、墙体等）混凝土自身的密实性，再加上一些构造措施（如设置坡度、变形缝或者使用嵌缝膏、止水环等），达到结构自防水的目的。

防水混凝土一般包括普通防水混凝土、外加剂防水混凝土（引气剂防水混凝土、减水剂防水混凝土、三乙醇胺防水混凝土、氯化铁防水混凝土等）和膨胀剂防水混凝土（补偿收缩混凝土）三大类。其最大抗渗压力、技术要求和适用范围见表7-1。

防水混凝土的技术要求和适用范围 表7-1

种 类		最大抗渗压力（MP_a）	技术要求	适用范围
普通防水混凝土		>3.0	水灰比0.5~0.6； 坍落度30~50mm（掺外加剂或采用泵送时不受此限）； 水泥用量≥320kg/m³； 灰砂比1:2~1:2.5； 含砂率≥35%； 粗骨料粒径≤40mm； 细骨料为中砂或细砂	一般工业、民用及公共建筑的地下防水工程
外加剂防水混凝土	引气剂防水混凝土	>2.2	含气量为3%~6%； 水泥用量250~300kg/m³； 水灰比0.5~0.6； 含砂率28%~35%； 砂石级配、坍落度与普通混凝土相同	适用于北方高寒地区对抗冻要求较高的地下防水工程及一般的地下防水工程，不适用于抗压强度>20MP_a或耐磨性要求较高的地下防水工程
	减水剂防水混凝土	>2.2	选用加气型减水剂。根据施工需要分别选用缓凝型、促凝型、普通型的减水剂	钢筋密集或薄壁型防水构筑物，对混凝土凝结时间和流动性有特殊要求的地下防水工程（如泵送混凝土）
	三乙醇胺防水混凝土	>3.8	可单独掺用（1号），也可与氯化钠复合掺用（2号），也能与氯化钠、亚硝酸钠三种材料复合使用（3号），对重要的地下防水工程以1号和3号配方为宜	工期紧迫、要求早强及抗渗性较高的地下防水工程
	氯化铁防水混凝土	>3.8	液体密度大于1.4g/cm³； （$FeCl_2$+$FeCl_3$）含量≥0.4kg/L； $FeCl_2$:$FeCl_3$为（1:1）~（1:3）； PH值为1~2； 硫酸铝含量为氯化铁的5%； 氯化铁掺量一般为水泥的3%	水中结构、无筋少筋、厚大防水混凝土工程及一般地下防水工程，砂浆修补抹面工程。薄壁结构不宜使用
明矾石膨胀剂防水混凝土		>3.8	必须掺入国产32.5MPa以上的普通矿渣、火山灰和粉煤灰水泥共同使用，不得单独代替水泥。一般外掺量占水泥用量的20%。掺入国外水泥时，其掺量应经试验后确定	地下工程及其后浇缝

（2）防水砂浆

水泥砂浆防水层是通过严格的操作技术或掺入适量的防水剂、高分子聚合物等材料，提高砂浆的密实性，达到抗渗防水的目的。

154

水泥砂浆防水层按其材料成分的不同，分为刚性多层普通水泥砂浆防水、聚合物水泥砂浆防水和掺外加剂水泥砂浆防水三大类，其做法及特点见表7-2。

水泥砂浆防水层常用做法及特点   表7-2

分　类	常用做法或名称	特　点
刚性多层普通水泥砂浆防水	五层或四层抹面做法	价廉、施工简单、工期短，抗裂、抗震性较差
聚合物水泥砂浆防水	氯丁胶乳水泥砂浆	施工方便，抗折、抗压、抗震、抗冲击性能较好，收缩性大
掺外加剂水泥砂浆防水	明矾石膨胀剂水泥砂浆	抗裂、抗渗性好、后期强度稳定
	氯化铁水泥砂浆	抗渗性能好、有增强、早强作用，抗油浸性能好

水泥砂浆防水仅适用于结构刚度大、建筑物变形小、基础埋深小、抗渗要求不高的工程，不适用于有剧烈振动、处于侵蚀性介质及环境温度高于100℃的工程。

2. 柔性防水材料

防水卷材是建筑柔性防水材料的主要品种之一，它应用广泛，其数量占我国整个防水材料的90%。防水卷材按材料的组成不同，分为普通沥青防水卷材、高聚物改性沥青防水卷材和合成高分子防水卷材三个系列，几十个品种规格。

（1）沥青防水卷材

沥青防水卷材是用原纸、纤维织物、纤维毡等胎体材料浸涂沥青，表面撒布粉状、粒状或片状材料制成的可卷曲的片状防水材料。按胎体材料的不同分为三类，即纸胎油毡、纤维胎油毡和特殊胎油毡。纤维胎油毡包括织物类（玻璃布、玻璃席等）和纤维毡类（玻纤、化纤、黄麻等）等；特殊胎油毡包括金属箔胎、合成膜胎、复合胎等。但由于其容易老化，使用寿命不长，因而目前使用不多。

（2）高聚物改性沥青防水卷材

由于沥青防水卷材含蜡量高，延伸率低，温度的敏感性强，在高温下易流淌，低温下易脆裂和龟裂，因此只有对沥青进行改性处理，提高沥青防水卷材的拉伸强度、延伸率、在温度变化下的稳定性以及抗老化等性能，才能适应建筑防水材料的要求。

沥青改性以后制成的卷材，叫做改性沥青防水卷材。目前，对沥青的改性方法主要有：采用合成高分子聚合物进行改性、沥青催化氧化、沥青的乳化等。

合成高分子聚合物（简称高聚物）改性沥青防水卷材包括：SBS改性沥青防水卷材、APP改性沥青防水卷材、PVC改性焦油沥青防水卷材、再生胶改性沥青防水卷材、废橡胶粉改性沥青防水卷材和其他改性沥青防水卷材等种类。

（3）合成高分子防水卷材

合成高分子防水卷材是用合成橡胶、合成树脂或塑料与橡胶共混材料为主要原料，掺入适量的稳定剂、促进剂、硫化物和改进剂等化学助剂及填料，经混炼、压延或挤出等工序加工而成的可卷曲片状防水材料。

合成高分子防水卷材有多个品种，包括三元乙丙橡胶防水卷材、丁基橡胶防水卷材、再生橡胶防水卷材、氯化聚乙烯防水卷材、聚氯乙烯防水卷材、聚乙烯防水卷材、氯磺化聚乙烯防水卷材、氯化聚乙烯-橡胶共混防水卷材、三元乙丙橡胶-聚乙烯共混防水卷材等。

这些卷材的性能差异较大，堆放时，要按不同品种的标号、规格、等级分别放置，避免因混乱而造成错用。

3. 涂膜防水材料

防水涂料是一种在常温下呈粘稠状液体的高分子合成材料。涂刷在基层表面后，经过溶剂的挥发或水分的蒸发或各组分间的化学反应，形成坚韧的防水膜，起到防水、防潮的作用。

涂膜防水层完整、无接缝，自重轻，施工简单、方便、工效高，易于修补，使用寿命长。若防水涂料配合密封灌缝材料使用，可增强防水性能，有效防止渗漏水，延长防水层的耐用期限。

防水涂料按液态的组分不同，分为单组分防水涂料和双组分防水涂料两类。其中单组分防水涂料按液态类型不同，分为溶剂型和水乳型两种；双组分防水涂料属于反应型。

防水涂料按基材组成材料的不同，分为沥青基防水涂料、高聚物改性沥青防水涂料和合成高分子防水涂料三大类。

4. 密封防水材料

建筑密封材料是为了填堵建筑物的施工缝、结构缝、板缝、门窗缝及各类节点处的接缝，达到防水、防尘、保温、隔热、隔音等目的。

建筑密封材料应具备良好的弹塑性、粘结性、挤注性、施工性、耐候性、延伸性、水密性、气密性、贮存性、化学稳定性，并能长期抵御外力的影响，如拉伸、压缩、收缩、膨胀、振动等。

建筑密封材料品种繁多，它们的不同点主要表现在材质和形态两个方面。

建筑密封材料按形态不同，分为不定型密封材料和定型密封材料两大类。不定型密封材料是呈粘稠状的密封膏或嵌缝膏，将其嵌入缝中，具有良好的水密性、气密性、弹性、粘结性、耐老化性等特点，是建筑常用的密封材料。定型密封材料是将密封材料加工成特定的形状，如密封条、密封带、密封垫等，供工程中特殊的密封部位使用。

建筑密封材料按材质的不同，分为改性沥青密封材料和合成高分子密封材料两大类。

7.2 地下结构防水施工

地下工程全埋或半埋于地下或水下，常年受到潮湿和地下水的有害影响，所以，对地下工程防水的处理比屋面防水工程的要求更高，防水技术难度更大。

地下防水工程施工期间，首先应做好排除地面水和降低地下水位的工作，以保持基坑内土体干燥，创造良好的施工条件。否则，不但影响施工质量，而且还会引起基坑塌方事故。尤其要注意整个工程施工期间，必须连续的降低地下水位，使地下水位保持在地下工程底部最低标高以下不小于 300mm，保证施工期间地下防水结构或防水层的垫层基本干燥和不承受地下水的压力，直至地下工程施工全部完成为止。

1. 地下结构的防水方案与施工排水

（1）地下结构的防水方案

地下工程防水等级分为 4 级，各级标准见表 7-3。

防水等级	标　准
1 级	不允许渗水，结构表面无湿渍
2 级	不允许渗水，结构表面可有少量湿渍： 工业与民用建筑：湿渍总面积不大于总防水面积的 1‰，单个湿渍面积不大于 0.1m²，任意 100m² 防水面积不超过 1 处； 其他地下工程：湿渍总面积不大于防水面积的 6‰，单个湿渍面积不大于 0.2m²，任意 100m² 防水面积不超过 4 处
3 级	有少量漏水点，不得有线流和漏泥砂； 单个湿渍面积不大于 0.3m²，单个漏水点的漏水量不大于 2.5L/d，任意 100m² 防水面积不超过 7 处
4 级	有渗漏点，不得有线流和漏泥砂； 整个工程平均漏水量不大于 2L/(m²·d)，任意 100m² 防水面积的平均漏水量不大于 4L/(m²·d)

当建造的地下结构超过地下正常水位时，必须选择合理的防水方案。目前，常用的有以下几种方案：

1）结构自防水：它是以地下结构本身的密实性（即防水混凝土）实现防水功能，使结构承重和防水合为一体。

2）防水层防水：它是在地下结构外表面加设防水层防水，常用的有砂浆防水层、卷材防水层、涂膜防水层等。

3）"防排结合"防水：即采用防水加排水措施，排水方案可采用盲沟排水、渗排水、内排法排水等。

（2）地下防水工程施工期间的排水与降水

地下防水工程施工期间，应保护基坑内土体干燥，严禁带水或带泥浆进行防水施工，因此，地下水位应降至防水工程底部最低标高以下至少 300mm，并防止地表水流入基坑内。基坑内的地面水应及时排出，不得破坏基底受力范围内的土层构造，防止基土流失。

2. 防水混凝土结构施工

（1）防水混凝土适用于一般工业与民用建筑物的地下室、地下水泵房、水池、水塔、大型设备基础、沉箱、地下连续墙等防水建筑。防水混凝土不适用于裂缝开展宽度大于 0.2mm，并有贯通的裂缝混凝土结构；防水混凝土不适用于遭受剧烈振动或冲击的结构，振动和冲击使得结构内部产生拉应力，当拉应力大于混凝土自身抗拉强度时，就会出现结构裂缝，产生渗漏现象；防水混凝土的环境温度不得高于 80℃，一般应控制在 50～60℃ 以下，最好接近常温，这主要是因为防水混凝土抗渗性随着温度提高而降低，温度越高降低越明显。

（2）地下防水混凝土结构的施工要点

1）模板：模板应表面平整，拼缝严密不漏浆，吸水性小，有足够的承载力和刚度。一般情况下模板固定仍采用对拉螺栓，为防止在混凝土内造成引水通路，应在对拉螺栓或套管中部加焊（满焊）直径 70～80mm 的止水环或方形止水片。如模板上钉有预埋小方木，则拆模后将螺栓贴底割去，再抹膨胀水泥砂浆封堵，效果更好。

2）混凝土浇筑：混凝土应严格按配料单进行配料，为了增强均匀性，应采用机械搅拌，搅拌时间至少 2min，运输时防止漏浆和离析。混凝土浇筑时应分层连续浇筑，其自由倾落高度不得大于 2m，必要时采用溜槽或串筒浇筑，并采用机械振捣，不得漏振、欠振。

3）养护：防水混凝土的养护条件对其抗渗性影响很大，终凝后 4～6h 即应覆盖草袋，12h 后浇水养护，3 天内浇水 4～6 次/天，3 天后 2～3 次/天，养护时间不少于 14 天。

4）拆模：防水混凝土不能过早拆模，一般在混凝土浇筑 3 天后，将侧模板松开，在其上口浇水养护 14 天后方可拆除。拆模时混凝土必须达到 70％的设计强度，应控制混凝土表面温度与环境温度之差不应超过 15～20℃。

5）施工缝处理：施工缝是防水混凝土的薄弱环节，施工时应尽量不留或少留，底板混凝土必须连续浇筑，不得留施工缝；墙体一般不应留垂直施工缝，如必须留应留在变形缝处，水平施工缝应留在距底板面不小于 300mm 的墙身上。施工缝常用防水构造形式（图 7-1）。在继续浇筑混凝土前，应将施工缝外松散的混凝土凿去，清理浮浆和杂物，用水冲净并保持湿润，先铺一层 20～25mm 厚与混凝土中砂浆相同的水泥砂浆或涂刷混凝土界面处理剂后再浇混凝土。

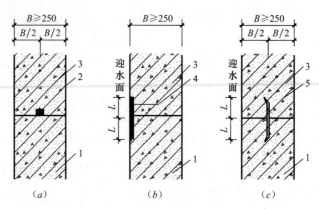

图 7-1　施工缝防水构造
（a）设置膨胀止水条；（b）外贴止水带；（c）预埋钢板止水带
1—先浇混凝土；2—遇水膨胀止水带；3—后浇混凝土；4—外贴止水带；5—钢板止水带

（3）质量要求

防水混凝土的施工质量要求包括以下内容。

1）防水混凝土的原材料、配合比及坍落度必须符合设计要求。施工中要检查出厂合格证、质量检验报告、计量措施和现场抽样试验报告。

2）防水混凝土的抗压强度和抗渗压力必须符合设计要求。施工中要检查混凝土的抗压、抗渗试验报告。

3）防水混凝土的变形缝、施工缝、后浇带、穿墙管道、埋设件等设置和构造，均须符合设计要求，严禁有渗漏。

4）防水混凝土结构表面应坚实、平整，不得有露筋、蜂窝等缺陷；埋件位置正确。

5）防水混凝土结构表面的裂缝宽度不应大于 0.2mm，并不得贯通。

6）防水混凝土结构厚度不应小于 250mm，其允许偏差为＋15mm、-10mm；迎水面钢筋保护层厚度不应小于 50mm，其允许偏差为±10mm。

3. 水泥砂浆防水层施工

水泥砂浆防水层是一种刚性防水层，主要依靠特定的施工工艺要求或掺加防水剂来提高水泥砂浆的密实性或改善其抗裂性，从而达到防水抗渗的目的。

（1）分类及适用范围

1）刚性多层抹面的水泥砂浆防水层

它是利用不同配合比的水泥浆（素灰）和水泥砂浆分层交叉抹压密实而成的具有多层防线的整体防水层，本身具有较高的抗渗能力。

2）含无机盐防水剂的水泥砂浆防水层

在水泥砂浆中掺入占水泥质量 3％～5％的防水剂（如氯化铁等），其抗渗性较低（≤0.4N/mm²）。

3）聚合物水泥砂浆防水层

掺入各种树脂乳液（如有机硅、氯丁胶乳、丙烯酸酯乳液等）的防水砂浆，其抗渗能力较强，可单独用于防水工程。

水泥砂浆防水层适用于埋深不大，环境不受侵蚀，不会因结构沉降，温度和湿度变化及持续受震动等产生有害裂缝的地下防水工程。

（2）刚性多层抹面水泥砂浆防水层施工

五层抹面做法（图 7-2）主要用于防水工程的迎水面，背水面用四层抹面做法（少一道水泥浆）。

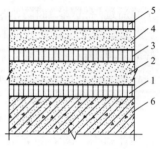

图 7-2　五层抹面做法构造
1、3—素灰层 2mm；
2、4—砂浆层 4～5mm；
5—水泥浆层 1mm；6—结构层

施工应连续进行，尽可能不留施工缝。一般顺序为先平面后立面。分层做法如下：第一层，在浇水湿润的基层上先抹 1mm 厚素灰（用铁板用力刮抹 5～6 遍），再抹 1mm 找平；第二层，在素灰层初凝后终凝前进行，使砂浆压入素灰层 0.5mm 并扫出横纹；第三层，在第二层凝固后进行，做法同第一层；第四层，同第二层做法，抹平后在表面用铁板抹压 5～6 遍，最后压光；第五层，在第四层抹压二遍后刷水泥浆一遍，随第四层压光。养护可防止防水层开裂并提高不透水性，一般在终凝后约 8～12h 盖湿草包浇水养护，养护温度不宜低于 5℃，并保持湿润，养护 14 天。

（3）质量要求

水泥砂浆防水层的施工质量要求包括以下内容：

1）水泥砂浆防水层的原材料及配合比必须符合设计要求。施工中要检查出厂合格证、质量检验报告、计量措施和现场抽样试验报告。

2）水泥砂浆防水层各层之间必须结合牢固，无空鼓现象。

3）水泥砂浆防水层表面应密实、平整，不得有裂纹、起砂、麻面等缺陷；阴阳角处应做成圆弧形。

4）水泥砂浆防水层施工缝留槎位置应正确，接槎按层次顺序操作，层层搭接紧密。

5）水泥砂浆防水层的平均厚度应符合设计要求，最小厚度不得小于设计值的 85％。

4. 卷材防水层施工

卷材防水层属柔性防水层，具有较好的韧性和延伸性，防水效果较好。其基本要求与屋面卷材防水层相同。

将卷材防水层铺贴在地下结构的外侧（迎水面）称为外防水，外防水卷材防水层的铺贴方法，按其与地下结构施工的先后顺序分为外防外贴法（简称外贴法）和外防内贴法（简称内贴法）两种。

（1）外防外贴法

外防外贴法是在地下构筑物墙体做好以后，把卷材防水层直接铺贴在墙面上，然后砌筑保护墙（图 7-3），其施工顺序如下：

待底板垫层上的水泥砂浆找平层干燥后，铺贴底板卷材防水层并伸出与立面卷材搭接的接头。在此之前，为避免伸出的卷材接头受损，先在垫层周围砌保护墙，其下部为永久性的（高度≥B+（200～500）mm，B 为底板厚），上部为临时性的（高度为 360mm），在墙上抹石灰砂浆或细石混凝土，在立面卷材上抹 M5 砂浆保护层。然后进行底板和墙身施工，在做墙身防水层前，拆临时保护墙，在墙面上抹找平层、刷基层处理剂，将接头清理干净后逐层铺贴墙面防水层，最后砌永久性保护墙。

外防外贴法的优点是构筑物与保护墙有不均匀沉陷时，对防水层影响较小，防水层做好后即可进行漏水试验，修补亦方便。缺点是工期较长，占地面积大；底板与墙身接头处卷材易受损。在施工现场条件允许时一般均采用此法施工。

（2）外防内贴法

外防内贴法是墙体未做前，先砌筑保护墙，然后将卷材防水层铺贴在保护墙上，再进行墙体施工（图 7-4）。施工顺序如下：

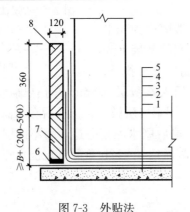

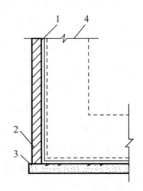

图 7-3　外贴法
1—垫层；2—找平层；3—卷材防水层；4—保护层；
5—构筑物；6—卷材；7—永久性保护墙；8—临时性保护墙

图 7-4　内贴法
1—卷材防水层；2—保护墙；
3—垫层；4—构筑物（未施工）

1）先做底板垫层，砌永久性保护墙，然后在垫层和保护墙上抹 1：3 水泥砂浆找平层，干燥后涂刷基层处理剂，再铺贴卷材防水层。

2）先贴立面，后贴水平面；先贴转角，后贴大面，铺贴完毕后做保护层（砂或散麻丝加 10～20mm 厚 1：3 水泥砂浆），最后进行构筑物底板和墙体施工。

内贴法的优点是防水层的施工比较方便，不必留接头；施工占地面积小。缺点是构筑物与保护墙发生不均匀沉降时，对防水层影响较大；保护墙稳定性差；竣工后如发现漏水较难修补。这种方法只有当施工场地受限制，无法采用外贴法时才不得不用之。

（3）质量要求

卷材防水层的施工质量要求包括以下内容。

1）卷材防水层所用卷材及主要配件材料必须符合设计要求。施工中要检查出厂合格证、质量检验报告和现场抽样试验报告。

2）卷材防水层及其转角处、变形缝、穿墙管道等细部做法均须符合设计要求。

3）卷材防水层的基层应牢固，基面应洁净、平整，不得有空鼓、松动、起砂和脱皮现象；基层阴阳角处应做成圆弧形。

4）卷材防水层的搭接缝应粘（焊）结牢固，密封严密，不得有皱折、翘边和鼓泡等缺陷。

5）侧墙卷材防水层的保护层与防水层应粘结牢固、结合紧密、厚度均匀一致。

6）卷材搭接宽度的允许偏差为-10mm。

5. 涂料防水层施工

（1）涂料防水层包括无机防水涂料和有机防水涂料。无机防水涂料通常采用水泥基防水涂料和水泥基渗透结晶型涂料，有机防水涂料通常选用反应型、水乳型、聚合物水泥防水涂料。当采用有机防水涂料时，应在阴阳角及底板增加一层胎体增强材料并增涂2～4遍防水涂料。

地下工程涂料防水层适用于混凝土结构或砌体结构迎水面或背水面涂刷。防水涂料也有外防外涂、内防内涂两种做法。

防水涂料厚度选用符合表7-4规定。

防水涂料厚度（mm）   表7-4

防水等级	设防道数	有机涂料			无机涂料	
		反应型	水乳型	聚合物水泥	水泥基	水泥基渗透结晶型
1级	三道或三道以上设防	1.2～2.0	1.2～1.5	1.5～2.0	1.5～2.0	≥0.8
2级	二道设防	1.2～2.0	1.2～1.5	1.5～2.0	1.5～2.0	≥0.8
3级	一道设防	—	—	≥2.0	≥2.0	—
	复合设防	—	—	≥1.5	≥1.5	—

（2）涂料防水层的施工顺序与前述卷材防水层施工顺序相似，其涂刷施工时应注意以下几点：

1）基层表面应洁净、平整，基层阴阳角应做成圆弧形；

2）涂料涂刷前应先在基层表面涂刷一层与涂料相容的基层处理剂；

3）涂膜应多遍完成，涂刷或喷涂应待前遍涂层干燥成膜后进行，每遍涂刷时应交替改变涂层的涂刷方向，同层涂膜的先后搭压宽度宜为30～50mm；

4）涂料防水层的施工缝（甩槎）应注意保护。搭接缝宽度应大于100mm，接涂前应将其甩在表面处理干净；

5）防水涂料施工完后应及时做好保护层。顶板的细石混凝土保护层厚度应大于70mm，且与防水层之间宜设置隔离层。底板细石混凝土保护层厚度应大于50mm，侧墙宜采用聚苯乙烯泡沫塑料保护层。

（3）质量要求

涂料防水层的施工质量要求包括以下内容：

1）涂料防水层所用材料及配合比必须符合设计要求。施工中要检查出厂合格证、质量检验报告、计量措施和现场抽样试验报告。

2）涂料防水层及其转角处、变形缝、穿墙管道等细部做法均须符合设计要求。

3）涂料防水层的基层应牢固，基面应洁净、平整，不得有空鼓、松动、起砂和脱皮现象；基层阴阳角应做成圆弧形。

4）涂料防水层应与基层粘结牢固，表面平整、涂刷均匀，不得有流淌、皱折、鼓泡、露胎体和翘边等缺陷。

5）涂料防水层的平均厚度应符合设计要求，最小厚度不得小于设计厚度的80%。

6）侧墙涂料防水层的保护层与防水层粘结牢固，结合紧密，厚度均匀一致。

7.3 屋面防水施工

屋面防水工程，是指为防止雨水或人为因素产生的水从屋面渗入建筑物所采取的一系列结构、构造和建筑措施。按屋面防水工程的做法可分为：卷材防水屋面、涂膜防水屋面、刚性防水屋面、块材防水屋面、金属防水屋面、防水混凝土自防水结构、整体屋面防水等。按屋面防水材料可分为：自防水结构材料和附加防水层材料两大类。补偿收缩混凝土、防水混凝土、高效预应力混凝土、防水块材属于自防水结构材料；附加防水层材料则包括卷材、涂料、防水砂浆、沥青砂浆、接缝密封材料、金属板材、胶结材料、止水材料、堵漏材料和各类瓦材等。本节仅就目前常用的屋面防水做法进行介绍。

屋面工程的设计与施工应符合国家现行规范《屋面工程技术规范》（GB 50345—2012）和《屋面工程质量验收规范》（GB 50207—2012）。屋面工程应根据建筑物的性能、重要程度、使用功能要求，按不同的屋面防水等级进行防水设防。屋面防水等级及设防要求，见表7-5。

屋面防水等级和设防要求 表7-5

防水等级	建筑类别	设防要求
Ⅰ级	重要建筑与高层建筑	两道防水设防
Ⅱ级	一般建筑	一道防水设防

本表摘自《屋面工程技术规范》（GB 50345—2012）

1. 屋面找平层施工

屋面找平层按所用材料不同，可分为水泥砂浆找平层、细石混凝土找平层和沥青砂浆找平层，其厚度的技术要求应符合表7-6规定。

找平层的厚度和技术要求 表7-6

类　别	基层种类	厚度（mm）	技术要求
水泥砂浆找平层	整体混凝土	15～20	1∶1.5～1∶3（水泥∶砂）体积比，水泥强度等级不低于32.5级
	整体或板状材料保温层	20～25	
	装配式混凝土板，松散材料保温层	20～30	

类　别	基层种类	厚度（mm）	技术要求
细石混凝土找平层	松散材料保温层	30～35	混凝土强度等级不低于C20
沥青砂浆找平层	整体混凝土	15～20	1：8（沥青：砂），质量比
	装配式混凝土板，整体或板状材料保温层	20～25	

找平层表面应压实平整，排水坡度应符合设计要求。找平层宜留20mm宽的分格缝并嵌填密封材料，其最大间距不宜大于6m（水泥砂浆或细石混凝土）或4m（沥青砂浆）。

（1）水泥砂浆和细石混凝土找平层的施工

找平层施工前应对基层洒水湿润，并在铺浆前1h刷素水泥浆一度。找平层铺设按由远到近、由高到低的程序进行。在铺设时、初凝时和终凝前，均应抹平、压实，并检查平整度。

（2）沥青砂浆找平层的施工

冷底子油应均匀喷涂于洁净、干燥的基层上（1～2遍），沥青砂浆的虚铺厚度一般为压实厚度的3倍，刮平后用火漆滚压（局部用热熔铁烫压）至平整、密实、表面无蜂窝压痕为止。

2. 保温层及隔热层施工

保温隔热屋面适用于具有保温隔热要求的屋面工程。保温层可采用松散材料保温层、板状保温层和整体现浇（喷）保温层；隔热层可采用架空隔热层、蓄水隔热层、种植隔热层等。

（1）屋面保温层施工

保温层设在防水层上面时应做保护层，设在防水层下面时应做找平层；屋面坡度较大时，保温层应采取防滑措施。保温层的基层应平整、干燥和干净。

在铺设保温时，应根据标准铺筑，准确控制保温层的设计厚度。松散保温材料应分层铺设，并压实，每层虚铺厚度不宜大于150mm，压实的程度与厚度应根据设计和试验确定。干铺的板状保温层应铺平垫稳，分层铺设的板块上下层接缝应相互错开，板间缝隙应采用同类材料嵌填密实。粘贴的板状保温层、板块应与基层贴紧、铺平，上下层接缝错开，用水泥砂浆粘贴时，板缝应用体积比1：1：10（水泥：石灰膏：同类保温材料碎粒）的保温灰浆填实并勾缝；聚苯板材料应用沥青胶结料粘贴。整体保温层应分层（虚铺厚度一般为设计厚度的1.3倍）铺设，经压实后达到设计要求。压实后的保温层表面应及时铺抹1：（2.5～3）的水泥砂浆找平层。

（2）倒置式屋面保温层施工

保温层设在防水层上面时称倒置式保温屋面（图7-5）。其基层应采用结构找坡（≥3%），必须使用憎水性保温材料，保温层可干铺，亦可粘贴。

保温层上面应做保护层，保护层分整体、板块和洁净卵石等，前两种均应分格。整体保护层为厚35～40mm厚C20以上的细石混凝土或25～35mm厚的1：2水泥砂浆，板块保护层可采用C20细石混凝土预制块。

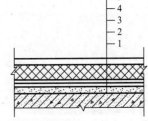

图7-5　倒置式保温屋面构造

1—结构基层；2—找平层；

3—防水层；4—保温层；5—保护层

卵石保护层与保温层之间应铺一层无纺聚酯纤维布做隔离层，卵石应覆盖均匀，不留空隙。

3. 隔热层施工

（1）架空隔热层施工

架空隔热层高度按屋面宽度和坡度大小确定，一般以 100～300mm 左右为宜，当屋面宽度大于 10m 时，应设置通风屋脊。施工时先将屋面清扫干净，弹出支座中线，再砌筑支座，砖墩支座宜用 M5 砂浆砌筑，也可用空心砖或 C10 混凝土。当在卷材或涂膜防水层上砌筑支墩时，应先干铺略大于支座的卷材块。架空板应坐浆刮平、垫稳，板缝整齐一致，随时清除落地灰，保证架空层气流幅通。架空板与山墙及女儿墙间距离应大于等于 250mm。

（2）蓄水屋面与种植屋面施工

蓄水屋面应划分为若干边长不大于 10m 的蓄水区，屋面泛水的防水层高度应高出溢水口 100mm，蓄水区的分仓墙宜用 M10 砂浆砌筑，墙顶应设钢筋混凝土压顶或钢筋砖（2ϕ6 或 2ϕ8）压顶。蓄水屋面的所有孔洞均应预留，不得后凿，每个蓄水区的防水混凝土应一次浇筑完不留施工缝。立面与平面的防水层应同时做好，所有给、排水管和溢水管等，应在防水层施工前安装完毕。蓄水屋面应设置人行通道。

种植屋面四周应设围护墙及泄水管、排水管，当屋面为柔性防水层时，上部应设刚性保护层。种植覆盖层施工时不得损坏防水层并不得堵塞泄水孔。

4. 卷材防水层施工

卷材防水屋面适用于防水等级为 Ⅰ～Ⅱ 级的屋面防水。卷材的防水屋面是用胶结材料粘贴卷材进行防水的屋面，其构造见图 7-6。这种屋面具有重量轻、防水性能好的优点，其防水层（卷材）的柔韧性好，能适应一定程度的结构震动和胀缩变形。卷材防水层应采用高聚物改性沥青防水卷材、合成高分子防水卷材或沥青防水卷材。

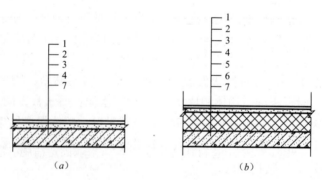

图 7-6　卷材屋面构造

(a) 不保温屋面；(b) 保温屋面

1—保护层；2—防水层（卷材＋胶粘剂）；3—基层处理剂；
4—找平层；5—保温层；6—隔气层；7—结构层

（1）材料要求

1）基层处理剂

基层处理剂的选择应与所用卷材的材性相容。常用的基层处理剂有用于沥青卷材防水屋面的冷底子油，用于高聚物改性沥青防水卷材屋面的氯丁胶沥青乳胶、橡胶改性沥青溶液、沥青溶液（即冷底子油）和用于合成高分子防水卷材屋面的聚氨酯煤焦油系的二甲苯溶液、氯丁胶乳溶液、氯丁胶沥青乳胶等。施工前应查明产品的使用要求，合理选用。

2）胶粘剂

沥青卷材可选用玛蹄脂或纯沥青（不得用于保护层）作为胶粘剂；高聚物改性沥青卷材可选用橡胶或再生橡胶改性沥青的汽油溶液或水乳液作胶粘剂，其粘结剪切强度应大于0.05MPa，粘结剥离强度应大于8N/10mm；合成高分子防水卷材可选用以氯丁橡胶和丁基酚醛树脂为主要成分的胶粘剂（如404胶等）或以氯丁橡胶乳液制成的胶粘剂，其粘结剥离强度不应小于15N/10mm，用量为0.4～0.5kg/m²。施工前亦应查明产品的使用要求，与相应的卷材配套使用。

3）卷材

主要防水卷材的分类参见表7-7。

主要防水卷材分类表   表7-7

类　别		防水卷材名称
沥青基防水卷材		纸胎、玻璃胎、玻璃布、黄麻、铝箔沥青卷材
高聚物改性沥青防水卷材		SBS、APP、SBS—APP、丁苯橡胶改性沥青卷材；胶粉改性沥青卷材、再生胶卷材、PVC改性煤焦油沥青卷材等
合成高分子防水卷材	硫化型橡胶或橡塑共混卷材	三元乙丙橡胶卷材、氯磺化聚乙烯卷材、丁基橡胶卷材、氯丁橡胶卷材、氯化聚乙烯—橡胶共混卷材等
	非硫化型橡胶或橡塑共混卷材	丁基橡胶卷材、氯丁橡胶卷材、氯化聚乙烯—橡胶共混卷材等
	合成枝脂系防水卷材	氯化聚乙烯卷材、PVC卷材等
特种卷材		热熔卷材、冷自粘卷材、带孔卷材、热反射卷材、沥青瓦等

各种防水材料及制品均应符合设计要求，具有质量合格证明，进场前应按规范要求进行抽样复检，严禁使用不合格产品。

（2）施工的一般要求

基层处理剂可采用喷涂法或涂刷法施工。待前一遍喷、涂干燥后方可进行后一遍喷、涂或铺贴卷材。喷、涂基层处理剂前，应用毛刷对屋面节点、周边、拐角等处先行涂刷。

在坡度大于25%的屋面上采用卷材作防水层时，应采取固定措施。卷材铺设方向应符合下列规定，当屋面坡度小于3%时，卷材宜平行于屋脊铺贴；屋面坡度在3%～15%时，卷材可平行或垂直屋脊铺贴；当屋面坡度大于15%或屋面受震动时，沥青防水卷材应垂直屋脊铺贴，高聚物改性沥青防水卷材和合成高分子防水卷材可平行或垂直屋脊铺贴。上下层卷材不得相互垂直铺贴。

屋面防水层施工时，应先做好节点、附加层和屋面排水比较集中部位的处理，然后由屋面最低标高处向上施工。

铺贴卷材采用搭接法时，上下层及相邻两幅卷材搭接缝应错开。平行于屋脊的搭接缝应顺水流方向搭接；垂直于屋脊的搭接缝应顺最大频率风向搭接。各种卷材的搭接宽度应符合表7-8的要求。

卷材搭接宽度

表 7-8

搭接方向			短边搭接宽度（mm）		长边搭接宽度（mm）	
铺贴方法			满粘法	空铺法 点粘法 条粘法	满粘法	空铺法 点粘法 条粘法
卷材种类	沥青防水卷材		100	150	70	100
	高聚物改性沥青防水卷材		80	100	80	100
	合成高分子 防水卷材	胶粘剂	80	100	80	100
		胶粘带	50	60	50	60
		单缝焊	60，有效焊接宽度不小于 25			
		双缝焊	80，有效焊接宽度 10×2＋空腔宽			

（3）沥青卷材防水层的施工

1）普通沥青卷材防水层的施工

主要工艺流程是铺贴卷材前，应根据屋面特征及面积大小，合理划分施工流水段并在屋面基层上放出每幅卷材的铺贴位置，弹上标记。卷材在铺贴前应保持干燥，表面的撒布料应预先清扫干净。粘贴沥青防水卷材的玛瑞脂的每层厚度：对热玛蹄脂宜为 1～1.5mm，对冷玛碲脂宜为 0.5～1mm；面层厚度：热玛碲脂宜为 2～3mm，冷玛碲脂宜为 1～1.5mm。玛蹄脂应涂刮均匀，不得过厚或堆积。

沥青卷材的铺贴方法有浇油法或刷油法，宜采用刷油法。在干燥的基层上满涂玛蹄脂，应随刷涂随铺油毡。铺贴时，油毡要展平压实，使之与下层紧密粘结，卷材的接缝应用玛蹄脂赶平封严，对容易渗漏水的薄弱部位（如天沟、檐口、泛水、水落口处等），均应加铺 1～2 层卷材附加层。

2）排汽屋面的施工

所谓排汽屋面，就是在铺贴第一层卷材（各种卷材）时，采用空铺、条粘、点粘等方法使卷材与基层之间留有纵横相互贯通的空隙作排汽道（图 7-7）。对于有保温层的屋面，也可在保温层上的找平层上留槽作排汽道，并在屋面或屋脊上设置一定的排汽孔（每 36m² 左右一个）与大气相通，这样就能使潮湿基层中的水分蒸发排出，防止了油毡起鼓。排汽屋面适用于气候潮湿，雨量充沛，夏季阵雨多，保温层或找平层含水率较大，且干燥有困难地区。

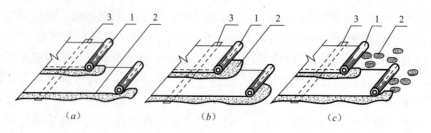

图 7-7 排汽屋面卷材铺法

（a）空铺法；（b）条贴法；（c）点粘法

1—卷材；2—玛蹄脂；3—附加卷材条

由于排汽屋面的底层卷材有一部分不与基层粘贴，可避免卷材拉裂，但其防水能力有所降低，且在使用时要考虑整个屋面抵抗风吸力的能力。

在铺贴第一层卷材时，为了保证足够的粘结力，在檐口、屋脊和屋面的转角处及突出屋面的连接处，至少应有800mm宽的卷材涂满胶粘剂。

3）保护层施工

用绿豆砂作保护层时，其粒径宜为3~5mm且清洁干燥，铺设时随刮热玛碲脂（2~3mm厚），随均匀铺撒热绿豆砂（预热至100℃）并滚压使其嵌入玛碲脂内1/3~1/2粒径。

用水泥砂浆、块体材料或细石混凝土作保护层时，应设置隔离层与防水层分开，保护层宜留设分格缝，分格面积对于水泥砂浆保护层宜为1m²，块体材料保护层宜小于100m²，细石混凝土保护层不宜大于36m²。

（4）高聚物改性沥青防水卷材施工

施工工艺流程与普通沥青卷材防水层相同。

立面或大坡面铺贴高聚物改性沥青防水卷材时，应采用满粘法，并宜减少短边搭接。

1）冷粘法铺贴卷材施工

胶粘剂涂刷应均匀、不漏底、不堆积。空铺法、条粘法、点粘法应按规定的位置与面积涂刷胶粘剂。铺贴卷材时应平整顺直，搭接尺寸准确，接缝应满涂胶粘剂，辊压粘结牢固，溢出的胶粘剂随即刮平封口；也可采用热熔法接缝。接缝口应用密封材料封严，宽度不小于10mm。

2）热熔法铺贴卷材施工

卷材表面热熔后（以卷材表面熔融至光亮黑色为度）应立即滚铺卷材，使之平展，并辊压粘结牢固。搭接缝处必须溢出热熔的改性沥青为度，并应随即刮封接口。

3）自粘高聚物改性沥青防水卷材施工

待基层处理剂干燥后及时铺贴。先将自粘胶底面隔离纸完全撕净。铺贴时应排尽卷材下面的空气，并辊压粘结牢固，搭接部位宜采用热风焊枪加热后随即粘贴牢固，溢出的自粘胶随即刮平封口，接缝口用不小于10mm宽的密封材料封严。

4）保护层施工

采用浅色涂料作保护层时，涂层应与卷材粘结实牢固、厚薄均匀，不得漏涂。采用刚性材料保护层时施工方法同前。

（5）合成高分子防水卷材施工

施工工艺流程与前相同，可采用冷粘法、自粘卷材、热风焊接法施工。

冷粘法、自粘卷材施工与高聚物改性沥青防水卷材施工相同，但冷粘法施工时搭接部位应采用与卷材配套的接缝专用胶粘剂，在搭接缝粘合面上涂刷均匀，并控制涂刷与粘合的间隔时间，排除空气、辊压粘结牢固。

热风焊接法施工时焊接缝的结合面应清扫干净，先焊长边搭接缝，后焊短边搭接缝。保护层施工同前。

（6）质量要求

卷材防水屋面的施工质量要求包括以下内容。

1）卷材防水层所用卷材及其配套材料，必须符合设计要求。施工中要检查材料的出厂合格证、质量检验报告和现场抽样复验报告。

2）卷材防水层不得有渗漏或积水现象。施工完成后要进行雨后或淋水、蓄水检验。

3）卷材防水层在天沟、檐沟、檐口、水落口、泛水、变形缝和伸出屋面管道的防水构造，必须符合设计要求。

4）卷材防水层的搭接应粘（焊）结牢固，密封严密，不得有皱折、翘边和鼓泡缺陷；防水层的收头应与基层粘结并固定牢固，缝口封严，不得翘边。

5）卷材防水层的撒布材料和浅色涂料保护层应铺撒或涂刷均匀，粘结牢固；水泥砂浆、块体或细石混凝土保护层与卷材防水层间应设置隔离层；刚性保护层的分格缝留置应符合设计要求。

6）屋面的排汽道应纵横贯通，不得睹塞。排汽管应安装牢固，位置正确，封闭严密。

7）卷材的铺贴方向应正确，卷材搭接宽度的允许偏差为−10mm。

5. 涂膜防水屋面施工

涂膜防水屋面适用于防水等级为Ⅱ级的屋面防水，也可作为Ⅰ级屋面多道防水设防中的一道防水层。防水涂料应采用高聚物改性沥青防水涂料、合成高分子防水涂料。

（1）屋面密封防水施工

当屋面结构层为装配式钢筋混凝土板时，板缝内应浇灌细石混凝土（≥C20），并应掺微膨胀剂。板缝常用构造形式如图 7-8，上口留有 20～30mm 深凹槽，嵌填密封材料，表面增设 250～350mm 宽的带胎体增强材料的加固保护层。

（2）涂膜防水层施工

防水层构造见图 7-9。

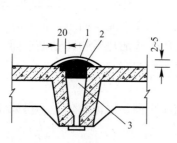

图 7-8 密封防水示意图

1—保护层；2—油膏；3—背衬材料

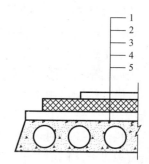

图 7-9 涂膜防水层构造

1—保护层；2—防水上涂层；3—加筋涂层；
4—防水下涂层；5—基层处理剂

基层处理剂常用涂膜防水材料稀释后使用，其配合比应根据不同防水材料按要求配置。

涂膜防水必须由两层以上涂层组成，每层应刷 2～3 遍，其总厚度必须达到设计要求。在满足厚度的前提下，涂刷遍数越多对成膜的密实度越好，因此，不论是厚质涂料还是薄质涂料均不得一次成膜。

涂料的涂布顺序为：先高跨后低跨，先远后近，先立面后平面。涂层应厚薄均匀，表面平整，待前遍涂层干燥后，再涂刷后遍。

涂膜防水屋面应设置保护层，保护层材料可采用细砂、云母、蛭石、浅色涂料、水泥砂浆或块材等。当采用细砂、云母、蛭石时，应在最后一遍涂料涂刷后随即撒上，并用扫帚轻扫均匀、轻拍粘牢。浅色涂料施工与涂膜防水相同。

涂料防水屋面的施工质量要求包括以下内容：

1）防水涂料和胎体增强材料必须符合设计要求。施工中要检查材料的出厂合格证、质量检验报告和现场抽样复验报告。

2）涂膜防水层不得有渗漏或积水现象。施工完成后要进行雨后或淋水、蓄水检验。

3）涂料防水层在天沟、檐沟、檐口、水落口、泛水、变形缝和伸出屋面管道的防水构造，必须符合设计要求。

4）涂膜防水层的平均厚度应符合设计要求，最小厚度不应小于设计厚度的80%。

5）涂膜防水层与基层应粘结牢固，表面平整，涂刷均匀，无流淌、皱折、鼓泡、露胎体和翘边等缺陷。

6）涂料防水层上的撒布材料或浅色涂料保护层应铺撒或涂刷均匀，粘结牢固；水泥砂浆、块体或细石混凝土保护层与涂料防水层间应设置隔离层；刚性保护层的分格缝留置应符合设计要求。

6. 刚性防水屋面施工

刚性防水屋面适用于防水等级为Ⅰ-Ⅱ级的屋面防水，但不适用于设有松散材料保温层的屋面，不适用于受较大冲击或震动的以及坡度大于15%的建筑屋面。刚性防水层一般是在屋面上现浇一层厚度不少于40mm的细石混凝土，作为屋面防水层，内配直径4~6mm的双向钢筋网片（在分格缝处应断开），间距为100~200mm，保护层厚度不小于10mm，其构造如图7-10所示。

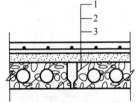

图7-10 刚性防水层构造
1—预制板；2—隔离层；
3—细石混凝土防水层

刚性防水屋面的防水层与基层间宜设置隔离层。细石混凝土内宜掺膨胀剂、减少剂、防水剂并设纵横间距均不大于6m的分格缝，分格缝内应嵌填密封材料。当采用补偿收缩防水层时，可不做隔离层。

混凝土浇筑应按先远后近、先高后低的原则进行，一个分格缝内的混凝土必须一次浇筑完毕．不得留施工缝。钢筋网片应放置在混凝土中的上部，混凝土虚铺厚度为1.2倍压实厚度，先用平板振动器振实。然后用滚筒滚压至表面平整、泛浆，由专人抹光，在混凝土初凝时进行第二次压光。混凝土终凝后养护7~14d。

刚性防水屋面的施工质量要求包括以下内容：

1）原材料及配合比必须符合设计要求。施工中要检查材料的出厂合格证、质量检验报告、计量措施和现场抽样复验报告。

2）防水层不得有渗漏或积水现象。施工完成后要进行雨后或淋水、蓄水检验。

3）防水层在天沟、檐沟、檐口、水落口、泛水、变形缝和伸出屋面管道的防水构造，必须符合设计要求。

4）防水层表面平整、压实抹光，不得有裂缝、起壳、起砂等缺陷。

5）防水层的厚度和钢筋位置应符合设计要求。

6）分格缝的位置和间距应符合设计要求。

7）细石混凝土防水层表面平整度的允许偏差为 5mm，施工中采用 2m 靠尺和楔形塞尺进行检查。

7.4 室内其他部位防水施工

1. 卫生间、楼地面聚氨酯防水施工

聚氨酯涂膜防水材料是双组分化学反应固化型的高弹性防水涂料，多以甲、乙双组份形式使用。主要材料有聚氨酯涂膜防水材料甲组分、聚氨酯涂膜防水材料乙组份和无机铝盐防水剂等。施工用辅助材料应备有二甲苯、醋酸乙酯、磷酸等。

（1）基层处理

卫生间的防水基层必须用 1∶3 的水泥砂浆找平。要求抹平压光无空鼓，表面要坚实，不应有起砂、掉灰现象。在抹找平层时，在管道根部的周围，应使其略高于地面，在地漏的周围，应做成略低于地面的洼坑。找平层的坡度以 1‰～2‰ 为宜，坡向地漏。凡遇到阴、阳角处，要抹成半径不小于 10mm 的小圆弧。与找平层相连接的管件、卫生洁具、排水口等（图 7-11），必须安装牢同，收头圆滑，按设计要求用密封膏嵌固。基层必须基本干燥。一般在基层表面均匀泛白无明显水印时，才能进行涂膜防水层施工。施工前要把基层表面的尘土杂物彻底清扫干净。

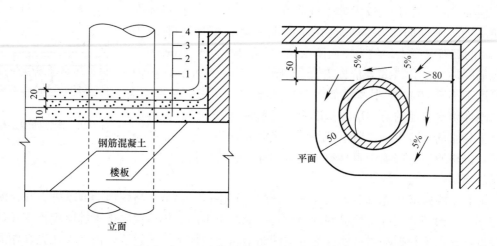

图 7-11 卫生间下水管转角墙立面及平面图
1—垫层；2—找平层；3—防水层；4—抹面层

（2）施工工艺

1）清理基层

需作防水处理的基层表面，必须彻底清扫干净。

2）涂布底胶

将聚氨酯甲、乙两组分和二甲苯按 1∶1.5∶2 的比例（重量比。以产品说明为准）配合搅拌均匀，再用小滚刷或油漆刷均匀涂布在基层表面上。涂刷量约 0.15～0.2kg/m²，涂刷后应干燥固化 4h 以上，才能进行下道工序施工。

3）配制聚氨酯涂膜防水涂料

将聚氨酯甲、乙组分和二甲苯按1:1.5:0.3的比例配合，用电动搅拌器强力搅拌均匀备用。应随配随用，一般在2h内用完。

4）涂膜防水层施工

用小滚刷或油漆刷将已配好的防水涂料均匀涂布在底胶已干涸的基层表面上。涂完第一度涂膜后，一般需固化5h以上，在基本不粘手时，再按上述方法涂布第二、三、四度涂膜，并使后一度与前一度的涂布方向相垂直。对管子根部、地漏周围以及墙转角部位，必须认真涂刷，涂刷厚度不小于2mm。在涂刷最后一度涂膜固化前及时稀撒少许干净的粒径为2～3mm的小豆石。使其与涂膜防水层粘结牢固，作为与水泥砂浆保护层粘结的过渡层。

5）作好保护层

当聚氨酯涂膜防水层完全固化和通过蓄水试验合格后，即可铺设一层厚度为15～25mm的水泥砂浆保护层，然后按设计要求铺设饰面层。

（3）质量要求

聚氨酯涂膜防水材料应符合设计要求或材料标准规定，并应附有质量证明文件和现场取样进行检测的试验报告以及其他有关质量的证明文件。聚氨酯的甲、乙料必须密封存放，甲料开盖后，吸收空气中的水分会起反应而固化，如在施工中混有水分，则聚氨酯固化后内部会有水泡，影响防水能力。涂膜厚度应均匀一致，总厚度不应小于1.5mm。涂膜防水层必须均匀固化，不应有明显的凹坑、气泡和渗漏水的现象。

2. 卫生间楼地面氯丁胶乳沥青防水涂料施工

氯丁胶乳沥青防水涂料是以氯丁橡胶和沥青为基料，经加工合成的一种水乳型防水涂料。它兼有橡胶和沥青的双重优点，具有防水、抗渗、耐老化、不易燃、无毒、抗基层变形能力强等优点，冷作业施工，操作方便。

（1）基层处理

与聚氨酯涂膜防水施工要求相同。

（2）施工工艺及要点

二布六油防水层的工艺流程：基层找平处理→满刮→遍氯丁胶沥青水泥腻子→满刮第一遍涂料→做细部构造加强层→铺贴玻璃布，同时刷第二遍涂料→刷第三遍涂料→铺贴玻纤网格布，同时刷第四遍涂料→涂刷第五遍涂料→涂刷第六遍涂料并及时撒砂粒→蓄水试验→按设计要求做保护层和面层→防水层二次试水，验收。

在清理干净的基层上满刮一遍氯丁胶乳沥青水泥腻子，管根和转角处要厚刮并抹平整，腻子的配制方法是将氯丁胶乳沥青防水涂料倒入水泥中，边倒边搅拌至稠浆状即可刮涂于基层，腻子厚度为2～3mm，待腻子干燥后，满刷一遍防水涂料，但涂刷不能过厚，不得漏刷，表面均匀不流淌，不堆积，立面刷至设计标高。在细部构造部位，如阴阳角、管道根部、地漏、大便器蹲坑等分别附加一布二涂附加层。附加层干燥后，大面铺贴玻纤网格布同时涂刷第二遍防水涂料，使防水涂料浸透布纹渗入下层，玻纤网格布搭接宽度不小于100mm，立面贴到设计高度，顺水接槎，收口处贴牢。

上述涂料实干后（约24h），满刷第三遍涂料，表干后（约4h）铺贴第二层玻纤网格布同时满刷第四遍防水涂料。第二层玻纤布与第一层玻纤布接槎要错开，涂刷防水涂料时，应均匀，将布展平无折皱。上述涂层实干后，满刷第五遍、第六遍防水涂料，整个防水层实干后，可进行第一次蓄水试验，蓄水时间不少于 24h，无渗漏才合格，然后做保护层和饰面层。工程交付使用前应进行第二次蓄水试验。

（3）质量要求

水泥砂浆找平层做完后，应对其平整度、强度、坡度和干燥度进行预检验收。防水涂料应有产品质量证明书以及现场取样的复检报告。施工完成的氯丁胶乳沥青涂膜防水层，不得有起鼓、裂纹、孔洞缺陷。末端收头部位应粘贴牢固，封闭严密，成为一个整体的防水层。做完防水层的卫生间，经 24h 以上的蓄水检验，无渗漏水现象方为合格。要提供检查验收记录，连同材料质量证明文件等技术资料一并归档备查。

3. 卫生间涂膜防水施工注意事项

施工用材料有毒性，存放材料的仓库和施工现场必须通风良好，无通风条件的地方必须安装机械通风设备。

施工材料多属易燃物质，存放、配料以及施工现场必须严禁烟火，现场要配备足够的消防器材。在施工过程中，严禁上人踩踏未完全干燥的涂膜防水层。操作人员应穿平底胶布鞋，以免损坏涂膜防水层。

凡需做附加补强层的部位应先施工，然后再进行大面防水层施工。

已完工的涂膜防水层，必须经蓄水试验无渗漏现象后，方可进行刚性保护层的施工。进行刚性保护层施工时，切勿损坏防水层，以免留下渗漏隐患。

7.5 外墙面防水施工

1. 砌体外墙面防水施工

外墙面防水除了应在设计上采取措施外，还应对施工提出以下要求。

（1）砖砌外墙应做到灰缝饱满，不得有空隙，梁与墙交接处应用斜砖和塞满灰浆。

（2）各类砌块外墙应采用专门配制、稠度适宜、粘结强度高的混合砂浆或防水砂浆砌筑，并保证主缝砂浆饱满、严密，不得有空缝。且外墙面宜做饰面层。

（3）采用空心砖、轻质砖和多孔砖等的外墙面，其找平层和饰面层应做防水处理或加做防水层。根据当地环境气候条件和建筑物对防水设防标准的要求，外墙的找平层应选用不掺黏土类的混合砂浆、掺纤维的水泥砂浆和掺防水剂或减水剂的水泥砂浆（厚度 10～20mm）。防水层应选用聚合物水泥砂浆（厚度 5～7mm）、聚合物水泥基复合防水涂料（厚度 2～3mm）或其他防水砂浆。饰面砖的胶结料也应选用以上防水材料。外墙面的不平整度超过 20mm 时，应做找平层，其表面的孔洞、缺口应先行堵塞。外墙面较平整时，找平层可与防水层合二为一，一次施工。

（4）找平层施工前，应先安装门窗框的预埋铁件，填补、堵塞墙面孔洞和门窗框、窗顶、窗台与墙体间的缝隙，并修整凸出部分。

（5）找平层和防水层的基面在施工前应充分湿润，但不得有明水。找平层和防水层应分层抹压，防水砂浆的每层厚度不应大于 10mm。聚合物水泥砂浆宜采用压力喷涂施工，每遍厚度宜为 3mm，采用抹压法的每层厚度不应大于 5mm，待前一层抹面凝结后方可抹后一层。聚合物水泥基复合防水涂料的厚度不应小于 2mm，应分 2～3 遍涂刷。找平层和防水层应坚实、毛糙，施工完成后应及时淋水养护，养护时间不应少于 3d。

（6）找平层和防水层抹面时，门窗边角、挑出板、檐和线条交角处不得留接缝。

（7）防水层和饰面层宜设分格缝，上下对齐。分格缝的纵横间距不应大于 3m，缝宽宜为 8～10mm，并嵌填高弹性合成高分子密封材料。分格缝施工时基面应干燥、干净，并刷基层处理剂。嵌填的密封材料表面应平整、光滑。

（8）在防水层上施工饰面砖时，应先扫一遍聚合物水泥浆。基面要求干净、平直，并在贴砖前一天浇水湿透，饰面砖在铺贴前要浸水 30min 以上。粘贴饰面砖时，胶结材料要均匀、饱满，并控制好稠度。饰面面砖勾缝时，应先清理缝内疙瘩并湿润，勾缝应用专用工具，使缝面达到平整、光滑、无砂眼与裂缝。勾缝后应及时淋水养护。

（9）屋面女儿墙壁泛水和外墙雨水斗、水落口等部位要做增强防水处理，并与屋面防水层相连。

2. 外墙板防水施工

外墙板的品种主要有：普通混凝土墙板、保温夹心混凝土墙板、加气混凝土墙板以及金属压型墙板等。其中混凝土类外墙板的板面均需做找平层（或防水层）。在做找平层前，应对板面的外观质量进行检查，当有裂缝、蜂窝和空洞等缺陷时，需先进行补强。混凝土外墙板抹找平层（或防水层）时，应在基面上扫一遍聚合物水泥浆做粘结层，厚度宜为 1mm。其他施工方法和施工要求与砌体外墙面防水施工相同。

采用墙板的外墙体还必须重点解决好板缝、接缝和构造节点部位的防水处理。以普通混凝土墙板接缝防水为例，早期主要采用空腔构造防水，但由于设计与施工质量都不够可靠，在使用了 3～5 年后大多出现局部渗漏或大面积渗漏现象，因此最近已不多采用，而主要采取构造措施和柔性材料密封相结合的防水方法。

（1）作业准备

普通混凝土墙板一般带有外饰面，其接缝边缘宜采取斜面或留边做法，宽度宜为 10mm，以防止墙板在运输堆放过程中遭受破坏，确保板缝密封质量。安装后墙板间的板缝宽度以 15～30mm 为宜。若接缝过窄，应在安装时适当调整；如接缝过宽或有蜂窝、麻面等缺陷，应将疙瘩等清扫干净。

（2）填塞聚乙烯泡沫塑料衬垫棒料

选用直径比板缝宽度大 4～6mm 的棒材，填塞至缝内，并在外部预留出嵌填密封膏的缝隙深度等于或大于缝隙宽度的 1/2。

（3）粘贴防污护面胶粘带

为防止嵌缝密封膏污染墙板，需在板缝正面两侧边缘部位各粘贴宽度约为 15～25mm 的防污护面胶粘带。

（4）涂刷基层处理剂

应先使用高压吹风机把缝内残存的灰尘、杂质等喷吹干净，然后用油漆刷蘸取基层处理剂均匀涂刷缝隙两侧的混凝土表面。

（5）嵌填密封膏

待基层处理剂干后，即可嵌填密封膏，采用高弹性合成高分子材料类的筒装产品，操作时应按板缝宽度大小，剪开筒装密封膏的塑料锥体口，灌填预留的缝隙。

（6）修整密封膏表面

墙板缝隙填满密封膏后，应立即用蘸过二甲苯等有机溶剂的开刀，把密封膏表面压实、刮平与修整，并将防污护面胶粘带撕去。

7.6　防水工程施工质量通病与防治措施

1. 卷材屋面防水质量通病及防治措施

（1）开裂

开裂即卷材防水层沿预制板支座、变形缝和挑檐处出现规律性或不规律性裂缝。

1）产生原因

①屋面板板端或屋架变形，找平层开裂；②基层因温度变化收缩变形；③吊车振动和建筑物不均匀沉陷；④卷材质量低劣，老化脆裂；⑤沥青胶韧性差，发脆，熬制温度过高，老化变脆等。

2）防治措施

在预制板接缝处铺一层卷材做缓冲层。做好砂浆找平层，必要时在找平层上设置分格缝。严格控制原材料和铺设质量，改善沥青胶配合比，控制沥青胶的耐热度，提高柔韧性，防止过早老化。

处理方法：在开裂处补贴卷材。

（2）流淌

沥青胶因软化流淌，使卷材移动形成皱褶或被拉空。

1）产生原因

①沥青胶的耐热度过低，天热软化；②沥青胶涂刷过厚，产生蠕动；③未做绿豆砂保护层，或绿豆砂保护层脱落，辐射温度过高，引起软化；④屋面坡度过陡而采用平行于屋脊的方向铺贴卷材。

2）防治措施

根据实际最高辐射温度、厂房内热源和屋面坡度合理选择沥青胶的耐热度，控制熬制质量和涂刷厚度（不超过 2mm），做好屋面保护层，降低辐射温度。当屋面坡度较陡或屋面受到振动时，卷材应垂直于屋脊的方向铺贴。

处理方法：可采取局部切割、重铺卷材的做法。

（3）卷材鼓泡

指防水层表面出现大量大小不等的鼓泡、气泡，局部卷材与基层或下层卷材脱空。

1）产生原因

①屋面基层潮湿，未干就刷冷底子油或铺卷材，基层含有水分或卷材受潮，在受到太阳辐射后，水分蒸发，体积膨胀，造成鼓泡；②基层不平整，粘贴不实，空气没有排净；③卷材铺贴扭歪，皱褶不平，或刮压不紧，雨水潮气侵入。

2）防治措施

严格控制基层含水率在 9% 以内，避免雨、雾天施工，干燥程度的简易检验方法，是将 1m² 卷材平坦地干铺在找平层上，静置 3～4h 后掀开检查，找平层覆盖部位与卷材上未见水印即可铺设。防止卷材受潮，加强操作程序的控制，保证基层平整、涂油均匀、封边严格，各层卷材粘贴必须严实，把卷材内的空气赶净。潮湿层上铺设卷材，采取排气屋面做法。

处理方法：将鼓泡处卷材割开，采取补丁办法，重新加贴小块卷材护盖。

（4）沥青发脆、龟裂等情况

1）产生原因

①沥青胶的选用标号过低；②沥青胶配制时，熬制温度过高，时间过长而使沥青碳化；③沥青胶涂刷过厚；④未做绿豆砂保护层或绿豆砂撒铺不匀。

2）防治措施

根据屋面坡度、极端最高温度合理选择沥青胶的标号，逐锅检验软化点。严格控制沥青胶的熬制和使用温度，熬制时间不要过长。做好绿豆砂保护层，免受大气作用。减缓老化，做好定期围护修理。

处理方法：清除脱落绿豆砂，表面加做保护层。

（5）绿豆砂保护层脱落

指卷材表面绿豆砂保护层流失。

1）产生原因

①绿豆砂未经筛洗干净；②撒铺绿豆砂时沥青温度过低；③绿豆砂未压实粘牢。

2）防治措施

绿豆砂使用前应过筛、洗净并干燥。铺设时沥青胶厚度控制在2～4mm厚，并趁热把绿豆砂铺撒上，适当滚压，嵌入沥青中1/2粒径。

（6）变形缝漏水

指变形缝处出现脱开、拉裂、反水和渗水等情况。

1）产生原因

①屋面变形缝，如伸缩缝、沉降缝等没有按规定附加干铺卷材，或薄钢板凸棱安反，薄钢板向中间泛水，造成变形缝漏水；②变形缝、缝隙塞灰不严，薄钢板没有泛水；③薄钢板未顺水流方向搭接，或未安装牢固，被风掀起；④变形缝在屋檐部位未打开，卷材直铺过去，变形缝变形时，将卷材拉裂、漏雨。

2）防治措施

变形缝应严格按设计要求和规范施工，薄钢板安装注意按水流方向搭接，做好泛水并钉装牢固，缝隙应填塞严密。变形缝在屋檐部分应断开，卷材在断开处应有弯曲，以适应变形伸缩缝需要。

处理方法：变形缝薄钢板高低不平，可将薄钢板掀开，将基层修理平整，再铺好卷材，安好薄钢板顶罩（或泛水），卷材脱开、拉裂按"开裂"处理。

（7）渗漏

指女儿墙、山墙、檐口、天窗和烟囱根等处渗水漏雨。

1）产生原因

① 女儿墙、山墙、檐口、天窗和烟囱根等处细部处理不当，卷材与立面未固定牢或未做薄钢板泛水；

② 女儿墙或山墙与屋面板未牢固拉接，温度变形将卷材拉裂。转角处未做成钝角。垂直面卷材与屋面卷材未分层搭接，或未做加强层，或卷材卷起高度过小或过高，粘贴不

牢，或未用木条压紧；

③ 出檐抹灰未做滴水线或鹰嘴，或卷材出檐太少；

④ 天沟未找坡，雨水口的短管未紧贴基层，水斗四周卷材粘贴不严实或卷材层数不够，缺乏维护，雨水管积灰堵塞，天沟积水；

⑤ 转角墙面未做找平层，卷材直接贴在墙上，粘结不牢，或施工粗糙，基层不平，造成卷材翘边、翘角和漏雨。

2）防治措施

女儿墙、山墙、檐口和天沟以及屋面伸出管道等细部处理，做到构造合理、严密。女儿墙、山墙与屋面板应拉接牢固，防止开裂，转角处做成钝角。垂直面与屋面之间的卷材应设加强层并分层接槎，卷材收口处，用木压条钉牢固并做好泛水。出檐抹灰做滴水线或鹰嘴。天沟要严格按设计要求找坡。雨水口要比周围低20mm，短管要紧贴在基层上，雨水口及水斗周围卷材应贴实，层数（包括加强层）应符合要求。转角墙面做好找平层，使其平整。对防水层定期维护。

处理方法：将开裂或脱开卷材割开，重铺卷材，其他可针对原因进行处理。

2. 水泥砂浆、细石混凝土防水屋面质量通病及防治措施

（1）开裂

砂浆、混凝土防水层出现各种不同程度的裂缝，造成屋面渗漏。

1）产生原因

① 防水层较薄，受基层沉降、温差等因素的影响，而引起防水层开裂；

② 温度分格缝未按规定设置或设置不当；

③ 砂浆、混凝土配合比设计不合理，水泥用量或水灰比过大。施工压抹或振捣不密实，养护不良，早期脱水。

2）防治措施

在混凝土防水层下设置纸筋灰、麻刀灰或卷材隔离层，以减少收缩变形对防水层的影响。防水层进行分格，分格缝设在装配式结构端头、现浇混凝土整体结构的支座处和屋面转折处，间距控制不大于6m。严格控制水泥用量和水灰比，加强抹灰与捣实，混凝土养护不少于14d，以减少收缩，提高抗拉强度。

处理方法：将裂缝凿槽，清理干净，刷冷底子油，再嵌补防水油膏，上面再铺条状防水材料一层，盖缝。

（2）渗漏

山墙、女儿墙、檐口和天沟等处出现渗漏水现象。

1）产生原因

① 山墙、女儿墙、檐口和天沟等节点处理不当，造成与屋面板变形不一致，在焊缝处被拉裂而造成漏雨；

② 屋面分格缝未与板端缝对齐，在荷载作用下板端上翘，使防水层开裂；

③ 分格缝嵌油膏时，未将缝中杂物清理干净，冷底子油漏涂，使油膏粘结不实而渗漏；

④ 嵌缝材料的粘结性、柔韧性和抗老化性能差，失去嵌缝作用；

⑤ 屋面板缝浇筑不密实，整体抗渗性差；

⑥ 混凝土本身质量差，出现蜂窝、麻面渗水；

⑦ 烟囱或雨水管穿过防水层，未用砂浆填实和做防水处理；

⑧ 屋面未按设计要求找坡或找坡不正确，造成局部积水而引起渗漏。

2) 防治措施

认真做好山墙、女儿墙等与屋面板缝处的细部处理，除填灌砂浆或混凝土外，还应在上部作油膏嵌缝防水，再按常规做法做好泛水。分格缝应和板缝对齐，板缝应设吊模用细石混凝土填灌密实。嵌缝时应将基缝清理干净，干燥后刷冷底子油，采用优质油膏填塞密实。选用优质嵌缝材料，混凝土振捣密实。烟囱、雨水管穿过防水层处，用砂浆填实、压光，严格按设计做防水处理。屋面按设计挂线、找坡，避免积水。

处理方法：开裂渗漏同"开裂"处理方法。分格缝中的油膏和嵌填不实或已变质，应刮除干净，按操作规程重新嵌填油膏。

（3）起壳、起砂

砂浆、混凝土防水层与基层脱离，造成脱壳，或表面出现一层松动的水泥砂浆。

1) 产生原因

① 基层未清理干净，施工前未洒水湿润，与防水层粘结不良；

② 防水层施工质量差，未很好压光和养护；

③ 防水层表面发生碳化现象。

2) 防治措施

认真清理基层，施工前洒水湿润，以保证良好粘结。防水层施工要切实做好摊铺、压抹（或碾压）、收光、抹平和养护等工作。为防表面碳化，可以在表面加做防水涂料一层。

处理方法：对轻微起壳、起砂，把表面扫净、湿润，加抹 10mm 厚掺入少量 108 胶的1：2 水泥砂浆，压光。

3. 涂膜防水屋面质量通病及防治措施

（1）开裂

屋面板板面出现各类形状大小不一的裂缝。

1) 产生原因

① 普通屋面板，多由于制作、起模、堆放、运输和吊装过程中操作不善、养护不良、受力不匀等引起裂缝；

② 混凝土水灰比过大，密实性差，受温度、干缩影响而造成裂缝；

③ 预应力板由于放张、卡模和反拱等原因，引起板面出现横向或四角斜向裂缝；

④ 基层刚度不够，抗变形能力差，未按规定留设分格缝，都会引起防水层开裂。

2) 防治措施

屋面板制作、起模、堆放、运输和吊装过程中，采取防裂措施，防止粘模、卡模。堆放时避免斜放或支座不在同一垂线上。运输、吊装应避免碰撞，防止吊点位置不正确，板受力不匀或扭转。加强板的养护，保证吊装强度。板制作要严格控制，加强捣实，控制温度，避免约束，以减轻温度收缩应力，防止开裂。预应力板控制张拉应力不要过大等。

处理方法：裂缝用环氧胶泥或加贴玻璃丝布封闭。

（2）渗漏

防水屋面在接缝或板面出现渗漏现象。

1）产生原因

① 槽瓦没有挂住檩条，受振动下滑；

② 因防水屋面板上下搭接长度不够，搭接缝口过大，横缝处屋脊盖板坐灰不当，出现爬水、飘雨等现象而导致渗漏；

③ 基层处理不当，灌缝不满，粘结不牢；

④ 防水涂料质量差，涂层过早老化、脱裂和起皮，不能起到保护板面、防渗的作用；

⑤ 板缝油膏脱开，失去嵌缝防水作用。

2）防治措施

板的安装接缝要严格按设计要求和规范规定进行，接缝必须洁净、干燥和涂刷冷底子油，干后及时冷嵌或热灌油膏，使其粘结牢靠。选用质量、稳定性能优良的嵌缝材料和防水材料。

处理方法：槽瓦下滑或搭接长度不够、缝口过大、坐灰不当，可根据原因固定，加挡水条，用油膏嵌填或砂浆做实后加贴油毡覆盖等措施。板面涂料质量不好，应铲除重刷防水涂料。板缝油膏脱开，应清理干净，预热基层，重新浇筑油膏。

（3）脱开

板面防水涂料或毡片粘结不牢，产生脱落现象。

1）产生原因

① 基层表面不平整、不清洁，涂料成膜厚度不够；

② 基层上过早涂刷涂料或铺贴玻璃丝毡片（或布），使涂料与砂浆之间粘结力降低；

③ 基层过分潮湿，水分蒸发缓慢，不利于成膜；

④ 涂料变质或施工时遇雨淋；

⑤ 采用连续作业施工，工序之间未经必要的间歇。

2）防治措施

基层做到平整、密实、清洁。涂料一次成膜厚度不宜小于 0.3mm，亦不大于 0.5mm。砂浆达到 0.5MPa 以上强度才允许涂刷涂料，或贴玻璃丝毡片（布）。基层表面不得有水珠，同时避免雾天、雨期施工。避免使用变质失效的涂料。防水层每道工序之间保持有 12～14h 的间歇。防水层施工完后应自然干燥 7d 以上。

处理方法：将玻璃丝毡片（布）掀开，并埋设一部分木砖，清扫干净，重新粘贴，并用镀锌铁皮条与防水层钉牢。

（4）起泡

板面防水层涂层出现大小不一的鼓泡、气泡，造成局部涂层与基层脱离或脱空。

1）产生原因

① 基层过分潮湿（有水珠）或在阴天施工；

② 基层不平，玻璃丝毡片（布）未拉紧贴实；

③ 涂料施工时温度过高或涂刷过厚，表面结膜过快，内层的水分难以逸出而形成气泡。

2）防治措施

基层应平整，表面不要过分潮湿，选择在晴朗和干燥的天气施工，避免在炎热天气中午操作，涂料涂刷厚度要适度，一次成膜的厚度应小于 1mm。铺贴玻璃丝毡片（布），要做到边倒涂料边摊铺，边压实平整。

处理方法：将气泡部位割开，重新贴实，表面加贴玻璃丝毡片（布）一层，予以覆盖补牢。

7.7 防水施工的安全要求

1. 屋面防水工程施工安全要求

屋面防水属高空作业，油毡屋面防水层施工又为高温作业，防水材料多含有一定有毒成分和易燃物质，因此施工时，应防止火灾、中毒、烫伤和坠落等工伤事故，要采取必要的安全措施。

1）屋面四周的脚手架，均应高出屋檐1m以上，并应有遮挡围护，这是必须做到的一点。

2）在使用垂直运输的机械、井架时，均应遵守使用该类机具的规定，不准违反。

3）上高施工人员应符合高空作业的条件，不得穿打滑的鞋，应戴好安全帽，系好安全带。

4）附近有架空电线时，应搭设防护架，挡开电线，安全施工。

5）不准夜间施工。大风（五级以上）、大雨和大雪天气不准施工。遇雪后天气，应先清扫架子、屋面，然后才能施工。

6）对沥青材料等施工，应遵守国家《关于防止沥青中毒的办法》以及其他有关安全、防火的专门规定。现场使用明火要有许可证，并应有防火措施。施工运输操作中应防止烫伤。

7）所用材料应有专人保管、领发，尤其应杜绝有毒的涂料、易燃材料的无人管理状况。

2. 地下防水工程施工安全要求

地下防水工程施工，首先应检查护坡和支护是否可靠。材料堆放应距坑边沿1m以外，重物应距土坡在安全距离以外。操作人员应穿戴工作服、安全帽、口罩和手套等劳动保护用品。熬制沥青、铺贴油毡等安全操作的要求同屋面防水工程。

第8章　钢结构工程

钢结构建筑被称为 21 世纪的绿色工程，具有自重轻、安装容易、施工周期短、抗震性能好、投资回收快、环境污染少、建筑造型美观等综合优势。随着我国钢铁工业的发展，国家建筑技术政策由以往限制使用钢结构转变为积极合理推广应用钢结构，从而推动了建筑钢结构的快速发展。

钢结构工程一般由专业厂家或承包单位负责详图设计、构件加工制作及安装任务。其工作程序如下：

工程承包→详图设计→技术设计单位审批→材料订货→材料运输→钢结构构件加工→成品运输→现场安装。

钢结构工程的施工，应符合《钢结构工程施工质量验收规范》（GB 50205—2001）及其他相关规范、规程的规定。

8.1　钢结构材料

在钢结构中，常用的钢材只是普通碳素钢和普通低合金钢两种，如 Q235 钢、16 锰钢（16Mn）、15 锰钒钢（15MnV）、16 锰桥钢（16Mnq）、15 锰钒桥钢（15MnVq）等。

承重结构的钢材，应根据结构的重要性、荷载特征、结构形式、应力状态、连接方法、钢材厚度和工作环境等进行选择。钢结构规范规定：

（1）承重结构的钢材，宜采用 Q235 钢、Q345 钢、Q390 钢、和 Q420 等牌号钢，其质量应符合现行标准《碳素结构钢》（GB/T 700—2006）和《低合金高强度钢》（GB/T 1591—2008）的规定。

（2）下列情况的承重结构不应采用 Q235 钢。

焊接结构：直接承受动力荷载或振动荷载且需要进行疲劳验算的结构；工作温度低于 −20℃时的直接承受动力荷载或振动荷载，但可不进行疲劳验算的结构；承受静力荷载的受弯及受拉的重要结构；以及工作温度等于或低于 −30℃的所有承重结构。

非焊接结构：工作温度等于或低于 −20℃的直接承受动力荷载且需要进行疲劳验算的结构。

（3）承重结构的钢材应具有抗拉强度、伸长率、屈服强度和硫、磷含量的合格保证，对焊接结构尚应有碳含量的合格保证。

焊接承重结构以及重要的非焊接结构的钢材，还应具有冷弯试验的合格保证。

对于需要进行疲劳验算的焊接结构，应具有常温冲击韧性的合格保证。当结构工作温度不高于 0℃但高于 −20℃时，对于 Q235，Q345 钢应具有 0℃冲击韧性的合格保证；对 Q390 和 Q420 钢应具有 −20℃冲击韧性的合格保证。当结构工作温度不高于 −20℃时，对于 Q235，Q345 钢应具有 −20℃冲击韧性的合格保证；对 Q390 和 Q420 钢应具有

－40℃冲击韧性的合格保证。

对于需要进行疲劳验算的非焊接结构的钢材，必要时也应具有常温冲击韧性的合格保证。

《江苏省建筑安装工程施工技术操作规程》（DGJ 32/J31—2006）对钢材要求如下：

钢材、钢铸件的品种、规格、性能等应符合现行国家产品标准和设计要求。进口钢材产品的质量应符合设计和合同规定标准的要求。

在选用钢铸件材质时，除保证其力学性能符合设计要求外，还应注意对其碳含量与焊接裂纹敏感性指数的控制，以保证其有良好的可焊性。

钢材表面质量应符合国家标准的规定，当表面有锈蚀、麻点或划痕等缺陷时，其深度不得大于该钢材厚度负偏差允许值的1/2。低合金钢板和钢带的厚度还应保证不低于允许最小厚度。

钢材表面的锈蚀等级应符合现行国家标准《涂装前钢材表面锈蚀等级和除锈等级》（GB 8923—2011）规定的C级和C级以上。

钢板表面缺陷不允许采用焊补和堵塞处理，应用凿子或砂轮清理。

如发现钢材表面、端边、断口处有分层、夹灰、裂纹、气孔等缺陷时，应及时通知有关部门，划分缺陷等级，按有关规定处理。

8.2 钢结构构件的储存

1. 钢材储存的场地条件

钢材可堆放在有顶棚的仓库里，不宜露天堆放。必须露天堆放时，时间不应超过6个月；且场地要平整，并应高于周围地面，四周留有排水沟。堆放时要尽量使钢材截面的背面向上或向外，以免积雪、积水，两端应有高差，以利排水。堆放在有顶棚的仓库内时，可直接堆放在地坪上，下垫楞木。

2. 钢材堆放要求

经检验或复验合格的钢材应按品种、牌号、规格分类存放，并有明显标记，不得混杂。

钢材的堆放要尽量减少钢材的变形和锈蚀，在最底层垫上道木或木块，防止底部进水造成钢材锈蚀。钢材堆放时每隔5～6层放置楞木，其间距以不引起钢材明显的弯曲变形为宜，楞木要上下对齐，在同一垂直面内。材料堆放之间应考虑留有一定宽度的通道以便运输。

3. 钢材的标识

钢材端部应树立标牌，标牌要标明钢材的规格、钢号、数量和材质验收证编号。钢材端部根据其钢号涂以不同颜色的油漆。钢材的标牌应定期检查。

4. 钢材的检验

钢材在正式入库前必须严格执行检验制度，经检验合格的钢材方可办理入库手续。钢材检验的主要内容有：钢材的数量、品种与订货合同相符；钢材的质量保证书与钢材上的记号符合；核对钢材的规格尺寸；钢材表面质量检验。

5. 钢材领用时应该核对牌号、规格、型号、数量等，办理相关手续

8.3 钢结构构件的加工制作

1. 加工制作前的准备工作

（1）详图设计和图纸审查

一般设计院提供的设计图，不能直接用来加工制作钢结构，而是要考虑加工工艺。如公差配合、加工余量、焊接控制等因素，在原设计图的基础上绘制加工制作图（又称施工详图）。详图设计一般由加工单位负责进行，应根据建设单位的技术设计图纸以及发包文件中所规定的规范、标准和要求进行。加工制作图是最后沟通设计人员及施工人员意图的详图，是实际尺寸、画线、剪切、坡口加工、制孔、弯制、拼装、焊接、涂装、产品检查、堆放和发送等各项作业的指示书。

图纸审查的目的，一方面是检查图纸设计的深度能否满足施工的要求，核对图纸上构件的数量和安装尺寸，检查构件之间有无矛盾等；另一方面也对图纸进行工艺审核，即审查在技术上是否合理，构造是否便于施工，图纸上的技术要求按加工单位的施工水平能否实现等。图纸审查的主要内容包括：

1）设计文件是否齐全。设计文件包括设计图、施工图、图纸说明和设计变更通知单等。

2）构件的几何尺寸是否标注齐全，相关构件的尺寸是否正确。

3）构件连接是否合理，是否符合国家标准。

4）加工符号、焊接符号是否齐全。

5）构件分段是否符合制作、运输、安装的要求。

6）标题栏内构件的数量是否符合工程的总数量。

7）结合本单位的设备和技术条件考虑能否满足图纸上的技术要求。

图纸审查后要做技术交底准备，其内容主要有：①根据构件尺寸考虑原材料对接方案和接头在构件中的位置；②考虑总体的加工工艺方案及重要的组装方案；③对构件的结构不合理处或施工有困难的地方，要与需方或者设计单位做好变更签证的手续；④列出图纸中的关键部位或者有特殊要求的地方，加以重点说明。

（2）备料和核对

根据设计图纸算出各种材质、规格的材料净用量，并根据构件的不同类型和供货条件，增加一定的损耗率（一般为实际所需量的10%）提出材料预算计划。

目前国际上采取根据构件规格尺寸增加加工余量的方法，不考虑损耗，国内也已开始实行由钢厂按构件表加余量直接供料。

（3）工艺装备和机具准备

1）根据设计图纸及国家标准定出成品的技术要求。

2）编制工艺流程，确定各工序的公差要求和技术标准。

3）根据用料要求和来料尺寸统筹安排、合理配料，确定拼装位置。

4）根据工艺和图纸要求，准备必要的工艺装备（胎、夹、模具）。

常用量具包括：木折尺、钢尺、钢卷尺、角尺、画线规及地规、游标卡尺等。

常用工具包括：锤类、样冲、凿子、划针、粉线圈、钳子、花砧子、调直器等。

在钢结构工程中，最好使工厂用卷尺和现场用卷尺属同一类产品，也就是各工种之间使用"同一把尺"。如果有困难，则10m之间的相互差值控制在0.5mm之内。

（4）编制工艺流程

编制工艺流程的原则是操作能以最快的速度、最少的劳动量和最低的费用，可靠地加工出符合图纸设计要求的产品。内容包括：①成品技术要求。②具体措施：关键零件的加工方法、精度要求、检查方法和检查工具；主要构件的工艺流程、工序质量标准、工艺措施（如组装次序、焊接方法等）；采用的加工设备和工艺设备。

编制工艺流程表（或工艺过程卡），基本内容包括零件名称、件号、材料牌号、规格、件数、工序名称和内容、所用设备和工艺装备名称及编号、工时定额等。关键零件还要标注加工尺寸公差，重要工序要画出工序图。

（5）组织安全技术交底

上岗操作人员应进行培训和考核，特殊工种应进行资格确认，充分做好各项工序的技术交底工作。技术交底按工程的实施阶段可分为两个层次。第一个层次是开工前的技术交底会，参加的人员主要有：工程图纸的设计单位，工程建设单位，工程监理单位及制作单位的有关部门和有关人员。技术交底主要内容有：①工程概况；②工程结构构件的类型和数量；③图纸中关键部位的说明和要求；④设计图纸的节点情况介绍；⑤对钢材、辅料的要求和原材料对接的质量要求；⑥工程验收的技术标准说明；⑦交货期限、交货方式的说明；⑧构件包装和运输要求；⑨涂层质量要求；⑩其他需要说明的技术要求。第二个层次是在投料加工前进行的本工厂施工人员交底会，参加的人员主要有：制作单位的技术、质量负责人，技术部门和质检部门的技术人员、质检人员，生产部门的负责人、施工员及相关工序的代表人员等。此类技术交底主要内容除上述10点外，还应增加工艺方案、工艺规程、施工要点、主要工序的控制方法和检查方法等与实际施工相关的内容。

钢结构生产效率很高，工件在空间大量、频繁地移动，各个工序中大量采用的机械设备都须作必要的防护和保护。因此，生产过程中的安全措施极为重要，特别是在制作大型、超大型钢结构时，更必须十分重视安全事故的防范。要求做到以下安全事项：

1）进入施工现场的操作者和生产管理人员均应穿戴好劳动防护用品，按规程要求操作。

2）对操作人员进行安全学习和安全教育，特殊工种必须持证上岗。

3）为了便于钢结构的制作和操作者的操作活动，构件宜在一定高度上测量。装配组装胎架、焊接胎架、各种搁置架等，均应与地面保持0.4～1.2m。

4）构件的堆放、搁置应十分稳固，必要时应设置支撑或定位。构件堆垛不得超过二层。

5）索具、吊具要定时检查，不得超过额定荷载。正常磨损的钢丝绳应按规定更换。

6）所有钢结构制作中，各种胎具的制造和安装，均应进行强度计算，不能仅凭经验估算。

7）生产过程中所使用的氧气、乙炔、丙烷、电源等必须有安全防护措施，并定期检测泄漏和接地情况。

8）对施工现场的危险源应做出相应的标志、信号、警戒等，操作人员必须严格遵守各岗位的安全操作规程，以避免意外伤害。

9）构件起吊应听从一个人的指挥。构件移动时，移动区域内不得有人滞留和通过。

10）所有制作场地的安全通道必须畅通。

2. 零件加工

（1）放样

在钢结构制作中，放样是指把零（构）件的加工边线、坡口尺寸、孔径和弯折、滚圆半径等以1∶1的比例从图纸上准确地放制到样板和样杆上，并注明图号、零件号、数量等。样板和样杆是下料、制弯、铣边、制孔等加工的依据。

（2）划线

划线亦称号料，即根据放样提供的零件的材料、尺寸、数量，在钢材上画出切割、铣、刨边、弯曲、钻孔等加工位置，并标出零件的工艺编号。

（3）切割下料

钢材切割下料方法有气割、机械剪切和锯切等。

（4）边缘加工

边缘加工分刨边、铣边和铲边三种。

（5）矫正平直

钢材由于运输和对接焊接等原因产生翘曲时，在划线切割前需矫正平直。矫平可以采用冷矫和热矫的方法。

1）冷矫：一般用辊式型钢矫正机、机械顶直矫正机直接矫正。

2）热矫：热矫是利用局部火焰加热方法矫正。

（6）滚圆与煨弯

滚圆是用滚圆机把钢板或型钢变成设计要求的曲线形状或卷成螺旋管。

煨弯是钢材热加工的方式之一，即把钢材加热到900～1000℃（黄赤色），立即进行煨弯，在700～800℃（樱红色）前结束。

（7）零件的制孔

零件制孔方法有冲孔、钻孔两种。

3. 构件组装

组装亦称装配、组拼，是把加工好的零件按照施工图的要求拼装成单个构件。钢构件的大小应根据运输道路、现场条件、运输和安装单位的机械设备能力与结构受力的允许条件等来确定。

（1）一般要求

1）钢构件组装应在平台上进行，平台应测平。用于装配的组装架及胎模要牢固的固定在平台上。

2）组装工作开始前要编制组装顺序表，组拼时严格按照顺序表所规定的顺序进行组拼。

3）组装时，要根据零件加工编号，严格检验核对其材质、外形尺寸，毛刺飞边要清除干净，对称零件要注意方向，避免错装。

4）对于尺寸较大、形状较复杂的构件，应先分成几个部分组装成简单组件，再逐渐拼成整个构件，并注意先组装内部组件，再组装外部组件。

5）组装好的构件或结构单元，应按图纸的规定对构件进行编号，并标注构件的重量、重心位置、定位中心线、标高基准线等。构件编号位置要在明显易查处，大构件要在三个面上都编号。

（2）焊接连接的构件组装

1）根据图纸尺寸，在平台上画出构件的位置线，焊上组装架及胎模夹具。组装架离平台面不小于50mm，并用卡兰、左右螺旋丝杠或梯形螺纹，作为夹紧调整零件的工具。

2）每个构件的主要零件位置调整好并检查合格后，把全部零件组装上并进行点焊，使之定形。在零件定位前，要留出焊缝收缩量及变形量。高层建筑钢结构的柱子，两端除增加焊接收缩量的长度之外，还必须增加构件安装后荷载压缩变形量，并留好构件端头和支承点铣平的加工余量。

3）为了减少焊接变形，应该选择合理的焊接顺序。如对称法、分段逆向焊接法、跳焊法等。在保证焊缝质量的前提下，采用适量的电流，快速施焊，以减小热影响区和温度差，减小焊接变形和焊接应力。

4. 构件成品的表面处理

（1）高强度螺栓摩擦面的处理

采用高强度螺栓连接时，应对构件摩擦面进行加工处理。摩擦面处理后的抗滑移系数必须符合设计文件的要求。

摩擦面的处理方法一般有喷砂、酸洗、砂轮打磨等几种，其中喷砂处理过的摩擦面的抗滑移系数值较高，离散率较小。处理好的摩擦面严禁有飞边、毛刺、焊疤和污损等，不得涂油漆，在运输过程中防止摩擦面损伤。

构件出厂前应按批做试件检验抗滑移系数，试件的处理方法应与构件相同，检验的最小数值应符合设计要求，并附三组试件供安装时复验抗滑移系数。

（2）构件成品的防腐涂装

钢结构构件在加工验收合格后，应进行防腐涂料涂装。但构件焊缝连接处、高强度螺栓摩擦面处不能作防腐涂装，应在现场安装完后，再补刷防腐涂料。

5. 构件成品验收

钢结构构件制作完成后，应根据《钢结构工程施工质量验收规范》（GB 50205—2001）及其他相关规范、规程的规定进行成品验收。钢结构构件加工制作质量验收，可按相应的钢结构制作工程或钢结构安装工程检验批的划分原则划分为一个或若干个检验批进行。

构件出厂时，应提交产品质量证明（构件合格证）和下列技术文件：

（1）钢结构施工详图，设计更改文件，制作过程中的技术协商文件。

（2）钢材、焊接材料及高强度螺栓的质量证明书及必要的实验报告。

（3）钢零件及钢部件加工质量检验记录。

（4）高强度螺栓连接质量检验记录，包括构件摩擦面处抗滑移系数的试验报告。

（5）焊接质量检验记录。

（6）构件组装质量检验记录。

8.4 钢结构连接施工

1. 焊接施工

（1）焊接方法选择

焊接是钢结构使用最主要的连接方法之一。在钢结构制作和安装领域中，广泛使用的是电弧焊。在电弧焊中又以药皮焊条手工焊条、自动埋弧焊、半自动与自动 CO_2 气体保护焊为主。在某些特殊场合，则必须使用电渣焊。焊接的类型、特点和适用范围见表 8-1。

钢结构焊接方法选择　　　　　　　　　　　　　表 8-1

焊接的类型			特　点	适用范围
电弧焊	手工焊	交流焊机	利用焊条与焊件之间产生的电弧热焊接，设备简单，操作灵活，可进行各种位置的焊接，是建筑工地应用最广泛的焊接方法	焊接普通钢结构
		直流焊机	焊接技术与交流焊机相同，成本比交流焊机高，但焊接时电弧稳定	焊接要求较高的钢结构
	埋弧自动焊		利用埋在焊剂层下的电弧热焊接，效率高，质量好，操作技术要求低，劳动条件好，是大型构件制作中应用最广的高效焊接方法	焊接长度较大的对接、贴角焊缝，一般是有规律的直焊缝
	半自动焊		与埋弧自动焊基本相同，操作灵活，但使用不够方便	焊接较短的或弯曲的对接、贴角焊缝
	CO_2 气体保护焊		用 CO_2 或惰性气体保护的实芯焊丝或药芯焊接，设备简单，操作简便，焊接效率高，质量好	用于构件长焊缝的自动焊
电渣焊			利用电流通过液态熔渣所产生的电阻热焊接，能焊大厚度焊缝	用于箱型梁及柱隔板与面板全焊透连接

（2）焊接工艺要点

1）焊接工艺设计　确定焊接方式、焊接参数及焊条、焊丝、焊剂的规格型号等。

2）焊条烘烤　焊条和粉芯焊丝使用前必须按质量要求进行烘焙，低氢型焊条经过烘焙后，应放在保温箱内随用随取。

3）定位点焊　焊接结构在拼接、组装时要确定零件的准确位置，要先进行定位点焊。定位点焊的长度、厚度应由计算确定。电流要比正式焊接提高 10%～15%，定位点焊的位置应尽量避开构件的端部、边角等应力集中的地方。

4）焊前预热　预热可降低热影响区冷却速度，防止焊接延迟裂纹的产生。预热区在焊缝两侧，每侧宽度均应大于焊件厚度的 1.5 倍以上，且不应小于 100mm。

5）焊接顺序确定　一般从焊件的中心开始向四周扩展；先焊收缩量大的焊缝，后焊收缩小的焊缝；尽量对称施焊；焊缝相交时，先焊纵向焊缝，待冷却至常温后，再焊横向焊缝；钢板较厚时分层施焊。

6）焊后热处理　焊后热处理主要是对焊缝进行脱氢处理，以防止冷裂纹的产生。后热处理应在焊后立即进行，保温时间应根据板厚按每 25mm 板厚 1h 确定。预热及后热均可采用散发式火焰枪进行。

2. 普通螺栓连接施工

钢结构普通螺栓连接即将螺栓、螺母、垫圈机械地和连接件连接在一起形成的一种连接方式。普通螺栓的紧固检验采用锤击法。用 3kg 小锤，一手扶螺栓（或螺母）头，另一手用锤敲，要求螺栓（或螺母）不偏移、不颤动、不松动，锤声干脆，否则说明螺栓紧固质量不合格，需重新紧固施工。一般受力较大的结构或承受动荷载的结构，当采用普通螺栓连接时，螺栓应采用精制螺栓以减小接头的变形量。精制螺栓连接是一种紧配合连接，即螺栓孔径和螺栓直径差一般在 0.2～0.5mm，有的要求螺栓孔径和螺栓直径相等，施工时需要强行打入。精制螺栓连接加工费用高、施工难度大，工程上已极少使用，逐渐被高强度螺栓连接所替代。

3. 高强度螺栓连接施工

高强度螺栓连接是目前与焊接并举的钢结构主要连接方法之一。其特点是施工方便、可拆可换、传力均匀、接头刚性好，承载能力大，疲劳强度高，螺母不易松动，结构安全可靠。高强度螺栓从外形上可分为大六角头高强度螺栓（即扭矩形高强度螺栓）和扭剪型高强度螺栓两种。高强度螺栓和与之配套的螺母、垫圈总称为高强度螺栓连接副。

（1）一般要求

1）高强度螺栓使用前，应按有关规定对高强度螺栓的各项性能进行检验。运输过程中应轻装轻卸，防止损坏。当包装破损，螺栓有污染等异常现象时，应用煤油清洗，并按高强度螺栓验收规程进行复验，经复验扭矩系数合格后方能使用。

2）工地储存高强度螺栓时，应放在干燥、通风、防雨、防潮的仓库内，并不得沾染脏物。

3）安装时，应按当天需用量领取，当天没有用完的螺栓，必须装回容器内，妥善保管，不得乱扔、乱放。

4）安装高强度螺栓时接头摩擦面上不允许有毛刺、铁屑、油污、焊接飞溅物。摩擦面应干燥，没有结露、积霜、积雪。并不得在雨天进行安装。

5）使用定扭矩扳子紧固高强度螺栓时，每天上班前应对定扭矩扳子进行校核，合格后方能使用。

（2）安装工艺

1）一个接头上的高强度螺栓连接，应从螺栓群中部开始安装，向四周扩展，逐个拧紧。扭矩型高强度螺栓的初拧、复拧、终拧，每完成一次应涂上相应的颜色或标记，以防漏拧。

2）接头如有高强度螺栓连接又有焊接连接时，宜按先栓后焊的方式施工，先终拧完高强度螺栓再焊接焊缝。

3）高强度螺栓应自由穿入螺栓孔内，当板层发生错孔时，允许用铰刀扩孔。扩孔时，铁屑不得掉入板层间。扩孔数量不得超过一个接头螺栓的 1/3，扩孔后的孔径不应大于 1.2d（d 为螺栓直径）。严禁使用气割进行高强度螺栓孔的扩孔。

4）一个接头多个高强度螺栓穿入方向应一致。垫圈有倒角的一侧应朝向螺栓头和螺母，螺母有圆台的一面应朝向垫圈，螺母和垫圈不应装反。

5）高强度螺栓连接副在终拧以后，螺栓丝扣外露应为 2～3 扣，其中允许有 10% 的螺栓丝扣外露 1 扣或 4 扣。

（3）紧固方法

1）大六角头高强度螺栓连接副紧固

大六角头高强度螺栓连接副一般采用扭矩法和转角法紧固。

① 扭矩法：使用可直接显示扭矩值的专用扳手，分初拧和终拧二次拧紧。初拧扭矩为终拧扭矩的 60%～80%，其目的是通过初拧，使接头各层钢板达到充分密贴，终拧扭矩把螺栓拧紧。

② 转角法：根据构件紧密接触后，螺母的旋转角度与螺栓的预拉力成正比的关系确定的一种方法。操作时分初拧和终拧两次施拧。初拧可用短扳手将螺母拧至使构件靠拢，并作标记。终拧用长扳手将螺母从标记位置拧至规定的终拧位置。转动角度的大小在施工前由试验确定。

2）扭剪型高强度螺栓紧固

扭剪型高强度螺栓有一特制尾部，采用带有两个套筒的专用电动扳手紧固。紧固时用专用扳手的两个套筒分别套住螺母和螺栓尾部的梅花头，接通电源后，两个套筒按反向旋转，拧断尾部后即达相应的扭矩值。一般用定扭矩扳手初拧，用专用电动扳手终拧。

8.5 单层钢结构房屋安装工程

1. 钢结构构件安装前的准备工作

（1）钢结构安装前，应按构件明细表核对进场的构件，核查质量证明书、设计变更文件、加工制作图、设计文件和构件交工时所提交的技术资料。

（2）进一步落实和深化施工组织设计，对起吊设备、安装工艺作出明确规定，对稳定性较差的物件，起吊前应进行稳定性验算，必要时应进行临时加固。大型构件和细长构件的吊点位置和吊环构造应符合设计或施工组织设计的要求。对大型或特殊的构件，吊装前应进行试吊，确认无误后方可正式起吊。确定现场焊接的保护措施。

（3）应掌握安装前后外界环境，如风力、温度、风雪和日照等资料，做到胸中有数。

（4）钢结构安装前，应对下列图纸进行自审和会审。

1）钢结构设计图。

2）钢结构加工制作图。

3）基础图。

4）钢结构施工详图。

5）其他必要的图纸和技术文件。

应使项目管理组的主要成员、质保体系的主要人员和监理公司的主要人员，都熟悉图纸，掌握设计内容，发现和解决设计文件中影响构件安装的问题，同时提出与土建和其他专业工程的配合要求。要有把握地确认土建基础轴线，预埋件位置标高、檐口标高和钢结构施工图中的轴线、标高、檐高要一致。一般情况下，钢结构柱与基础的预埋件是由钢结构安装单位来制作、安装、监督和浇筑混凝土的。因此，一方面要吃透图纸，制作好预埋件，同时委派将来进行构件安装的技术负责人到现场指挥安放预埋件，至少做到两点：一是安装的埋件在浇筑混凝土时不会由于碰撞而跑动；二是外锚栓外露部分，用设计要求的钢夹板夹固。

（5）基础验收。

1）基础混凝土强度应达到设计强度的 75% 以上。

2）基础周围回填完毕，要有较好的密实性，吊车行走不会塌陷。

3）基础的轴线、标高、编号等都要根据设计图标注在基础面上。

4）基础顶面应平整，如不平，要事先修补，预留孔应清洁，地脚螺栓应完好，二次浇筑处的基础表面应凿毛。基础顶面标高应低于柱底面安装标高 40~60mm。

5）支承面、地脚螺栓（锚栓）预留孔的允许偏差应符合规范要求。

（6）垫板的设置原则

1）垫板要进行加工，有一定的精度。

2）垫板应设置在靠近地脚螺栓（锚栓）的柱脚底板加劲板或柱肢下，每根地脚螺栓（锚栓）侧应设1～2组垫板。

3）垫板与基础面接触应平整、紧密。二次浇筑混凝土前垫板组间应点焊固定。

4）每组垫板板叠不宜超过5块，同时宜外露出柱底板10～30mm。

5）垫板与基础面应紧贴、平稳，其面积大小应根据基础抗压强度和柱脚底板二次浇筑前柱底承受的荷载及地脚螺栓（锚栓）的紧固手拉力计算确定。

6）每块垫板间应贴合紧密，每组垫板都应承受压力，使用成对斜垫板时，两块垫板斜度应相同，且重合长度不应少于垫板长度的2/3。

7）采用座浆垫板时，其允许偏差应符合如下要求。

顶面标高：0.0～－3.0mm；水平度：1/1000mm；位置：20.0mm。灌注的砂浆应采用无收缩的微膨胀砂浆，一定要做砂浆试块，强度应高于基础混凝土强度一个等级。

8）采用杯口基础时，杯口尺寸的允许偏差应符合如下规定。

底面标高：0.0～－5.0mm；杯口深度：H±5.0mm；杯口垂直度：H/100，且不应大于10.0mm；位置：10.0mm。

2. 钢柱子安装

（1）柱子安装前应设置标高观测点和中心线标志，并且与土建工程相一致。标高观测点的设置应以牛腿（肩梁）支承面为基准，设在柱的便于观测处。无牛腿（肩梁）柱时，应以柱顶端与桁架连接的最后一个安装孔中心为基准。

（2）中心线标志的设置应符合下列规定。

1）在柱底板的上表面各方向设中心标志。

2）在柱身表面的各方向设一个中心线，每条中心线在柱底部、中部（牛腿或肩梁部）和顶部各设一处中心标志。

3）双牛腿（肩梁）柱在行线方向两个柱身表面分别设中心标志。

（3）多节柱安装时，宜将柱组装后再整体吊装。

（4）钢柱安装就位后需要调整，校正应符合下列规定。

1）应排除阳光侧面照射所引起的偏差。

2）应根据气温（季节）控制柱垂直度偏差。当气温接近当地年平均气温时（春、秋季），柱垂直偏差应控制在"0"附近。当气温高于或低于当地平均气温时，应以每个伸缩段（两伸缩缝间）设柱间支撑的柱子为基准，垂直度校正至接近"0"，行线方向连跨应以与屋架刚性连接的两柱为基准。此时，当气温高于平均气温（夏季）时，其他柱应倾向基准点相反方向；当气温低于平均气温（冬季）时，其他柱应倾向基准点方向。柱的倾斜值应根据施工时气温和构件跨度与基准点的距离而定。

（5）柱子安装的允许偏差应符合《钢结构工程施工质量验收规范》（GB 50205—2001）有关要求。

（6）屋架、吊车梁安装后，应进行总体调整，然后固定连接。固定连接后尚应进行复测，超差的应进行调整。

（7）对长细比较大的柱子，吊装后应增加临时固定措施。

（8）柱子支撑的安装应在柱子找正后进行，只有在确保柱子垂直度的情况下，才可安装柱间支撑，支撑不得弯曲。

3. 吊车梁安装

（1）吊车梁的安装应在柱子第一次校正和柱间支撑安装后进行。安装顺序应从有柱间支撑的跨间开始，吊装后的吊车梁应进行临时固定。

（2）吊车梁的校正应在屋面系统构件安装并永久连接后进行，其允许偏差应符合《钢结构工程施工质量验收规范》（GB 50205—2001）的有关要求。

（3）吊车梁面标高的校正可通过调整柱底板下垫板厚度，调整吊车梁与柱牛腿支承面间的垫板厚度，调整后垫板应焊接牢固。

（4）吊车梁下翼缘与柱牛腿连接应符合要求。吊车梁是靠制动桁架传给柱子制动力的简支梁（梁的两端留有空隙，下翼缘的一端为长螺栓连接孔），连接螺栓不应拧紧，所留间隙应符合设计要求，并应将螺母与螺栓焊牢固。纵向制动由吊车梁和辅助桁架共同传给柱的吊车梁，连接螺栓应拧紧后将螺母焊牢固。

（5）吊车梁与辅助桁架安装宜采用拼装后整体吊装。其侧向弯曲、扭曲和垂直度应符合《钢结构工程施工质量验收规范》（GB 50205—2001）的有关要求。

拼装吊车梁结构其他尺寸的允许偏差应符合《钢结构工程施工质量验收规范》（GB 50205—2001）的有关要求。

（6）当制动板与吊车梁为高强螺栓连接、与辅助桁架为焊接连接时，按以下顺序安装。

① 安装制动板与吊车梁应用冲钉和临时安装螺栓，制动板与辅助桁架用点焊临时固定。

② 经检查各部尺寸并确认符合有关规程后，焊接制动板之间的拼接缝。

③ 安装并紧固制动板与吊车梁连接的高强度螺栓。

（7）焊接制动板与辅助桁架的连接焊缝，安装吊车梁时，中部宜弯向辅助桁架，并应采取防止产生变形的焊接工艺施焊。

4. 吊车轨道安装

（1）吊车轨道的安装应在吊车梁安装符合规定后进行。

（2）吊车轨道的规格和技术条件应符合设计要求和国家现行有关标准的规定，如有变形应经矫正后方可安装。

（3）在吊车梁顶面上弹放墨线和安装基准线，也可在吊车梁顶面上拉设钢线，作为轨道安装基准线。

（4）轨道接头采用鱼尾板连接时，要做到：

1）轨道接头应顶紧，间隙不应大于 3mm。接头错位不应大于 1mm。

2）伸缩缝应符合设计要求，其允许偏差为±3mm。

轨道采用压轨器与吊车梁连接时，要做到：

1）压轨器与吊车梁上翼应密贴，其间隙不得大于 0.5mm，有间隙的长度不得大于压轨器长度的 1/2。

2）压轨器固定螺栓紧固后，螺纹露长不应少于 2 倍螺距。

3）当设计要求压轨器底座焊接在吊车梁上翼缘时，应采取适当焊接工艺，以减少吊车梁的焊接变形。

当设计要求压轨器由螺栓连接在吊车梁上翼缘时，特别是垫圈安装应符合设计要求。

（5）轨道端头与车挡之间的间隙应符合设计要求。当设计无要求时，应根据温度留出轨道自由膨胀的间隙。两车挡应与起重机缓冲器同时接触。

（6）轨道安装的允许偏差见《钢结构工程施工质量验收规范》（GB 50205—2001）的有关要求。

5. 屋面系统结构安装

（1）屋架的安装应在柱子校正符合规定后进行。

（2）对分段出厂的大型桁架，现场组装时应符合下列要求。

1）现场组装的平台，支点间距为 L，支点的高度差不应大于 L/1000，且不超过 10mm。

2）构件组装应按制作单位的编号和顺序进行，不得随意调换。

3）桁架组装，应先用临时螺栓和冲钉固定，腹杆应同时连接，经检查达到规定后，方可进行节点的永久连接。

（3）屋面系统结构可采用扩大组合拼装后吊装，扩大组合拼装单元宜成为具有一定刚度的空间结构，也可进行局部加固达到此目的。扩大拼装后结构的允许偏差见《钢结构工程施工质量验收规范》（GB 50205—2001）的有关规定。

（4）每跨第一、第二榀屋架及构件形成的结构单元，是其他结构安装的基准。安全网、脚手架和临时栏杆等可在吊装前装设在构件上。垂直支撑、水平支撑、檩条和屋架角撑的安装应在屋架找正后进行，角撑安装应在屋架两侧对称进行，并应自由对位。

（5）有托架且上部为重屋盖的屋面结构，应将一个柱间的全部屋面结构构件安装完，并且连接固定后再吊装其他部分。

（6）天窗架可组装在屋架上一起起吊。

（7）安装屋面天沟应保证排水坡度，当天沟侧壁是屋面板的支承点时，则侧壁板顶面标高应与屋面板其他支承点的标高相匹配。

（8）屋面系统结构安装允许偏差见《钢结构工程施工质量验收规范》（GB 50205—2001）的有关规定。

6. 围护结构安装

墙面檩条等构件安装应在主体结构调整定位后进行。可用拉杆螺栓调整墙面檩条的平直度，其允许偏差应符合《钢结构工程施工质量验收规范》（GB 50205—2001）的有关规定。

7. 平台、梯子及栏杆的安装

（1）钢平台、梯子和栏杆的安装应符合国家标准《固定式钢平台》、《固定式钢直梯》和《固定式防护栏杆》的规定。

（2）平台钢板应铺设平整，与支承梁密贴，表面有防滑措施。栏杆安装要牢固可靠，扶手转角应光滑。安装允许偏差应符合《钢结构工程施工质量验收规范》（GB 50205—2001）的有关规定。

8.6　多层及高层钢结构安装工程

1. 流水段划分原则及安装顺序

多高层建筑钢结构的安装，必须按照建筑物的平面形状、结构型式、安装机械的数量和位置等,合理划分安装施工流水区段,确定安装顺序。

(1) 平面流水段的划分应考虑钢结构在安装过程中的对称性和整体稳定性。其安装顺序一般应由中央向四周扩展,以利焊接误差的减少和消除。筒体结构的安装顺序为先内筒后外筒;对称结构采用全方位对称方案安装。

(2) 立面流水段的划分以一节钢柱(各节所含层数不一)为单元。每个单元安装顺序以主梁或钢支撑、带状桁架安装成框架为原则。其次是安装次梁、楼板及非结构构件。塔式起重机的提升、顶升与锚固,均应满足组成框架的需要。

一般钢结构标准单元施工顺序如图 8-1 所示。

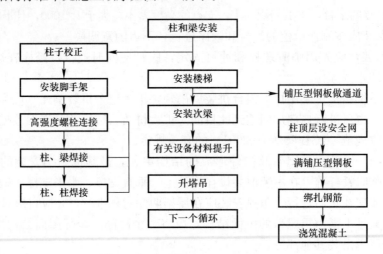

图 8-1　钢结构标准单元施工顺序

多高层建筑钢结构安装前,应根据安装流水段和构件安装顺序,编制构件安装顺序表。表中应注明每一构件的节点型号、连接件的规格数量、高强度螺栓规格数量、栓焊数量及焊接量、焊接形式等。构件从成品检验、运输、现场核对、安装、校正到安装后的质量检查,应统一使用该安装顺序表。

2. 构件吊点设置与起吊

(1) 钢柱　平运 2 点起吊,安装 1 点立吊。立吊时,需在柱子根部垫上垫木,以回转法起吊,严禁根部拖地。吊装 H 型钢柱、箱形柱时,可利用其接头耳板作吊环,配以相应的吊索、吊架和销钉。钢柱起吊如图 8-2 所示。

(2) 钢梁　距梁端 500mm 处开孔,用特制卡具 2 点平吊,次梁可三层串吊,如图 8-3 所示。

(3) 组合件　因组合件形状、尺寸不同,可计算重心确定吊点,采用 2 点吊、3 点吊或 4 点吊。凡不易计算者,可加设倒链协助找重心,构件平衡后起吊。

(4) 零件及附件　钢构件的零件及附件应随构件一并起吊。尺寸较大、重量较重的节点板,钢柱上的爬梯、大梁上的轻便走道等,应牢固固定在构件上。

3. 构件安装与校正

(1) 钢柱安装与校正

1) 首节钢柱的安装与校正

安装前,应对建筑物的定位轴线、首节柱的安装位置、基础的标高和基础混凝土强度

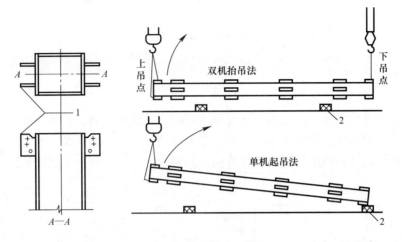

图 8-2　钢柱起吊示意图

1—吊耳；2—垫木

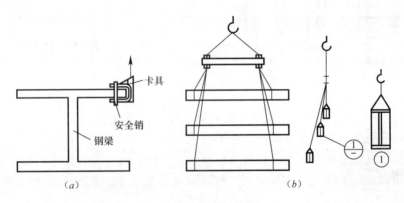

图 8-3　钢梁吊装示意图

（a）卡具设置示意；（b）钢梁吊装

进行复检，合格后才能进行安装。

① 柱顶标高调整　根据钢柱实际长度、柱底平整度，利用柱子底板下地脚螺栓上的调整螺母调整柱底标高，以精确控制柱顶标高（图 8-4）。

② 纵横十字线对正　首节钢柱在起重机吊钩不脱钩的情况下，利用制作时在钢柱上划出的中心线与基础顶面十字线对正就位。

③ 垂直度调整　用两台呈 90°的经纬仪投点，采用缆风法校正。在校正过程中不断调整柱底板下螺母，校毕将柱底板上面的 2 个螺母拧上，缆风松开，使柱身呈自由状态，再用经纬仪复核。如有小偏差，微调下螺母，无误后将上螺母拧紧。柱底板与基础面间预留的空隙，用无收缩砂浆以捻浆法垫实。

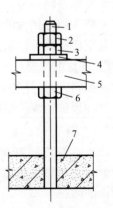

图 8-4　采用调整螺母控制标高

1—地脚螺栓；2—止退螺母；3—紧固螺母；4—螺母垫圈；5—柱子底板；6—调整螺母；7—钢筋混凝土基础

2）上节钢柱安装与校正

上节钢柱安装时，利用柱身中心线就位，为使上下柱不出现错口，尽量做到上、下柱定位轴线重合。上节钢柱就位后，按照先调整标高，再调整位移，最后调整垂直度的顺序校正。

校正时，可采用缆风法校正法或无缆风校正法。目前多采用无缆风校正法（图8-5），即利用塔吊、钢楔、垫板、撬棍以及千斤顶等工具，在钢柱呈自由状态下进行校正。此法施工简单、校正速度快、易于吊装就位和确保安装精度。为适应无缆风校正法，应特别注意钢柱节点临时连接耳板的构造。上下耳板的间隙宜为15～20mm，以便于插入钢楔。

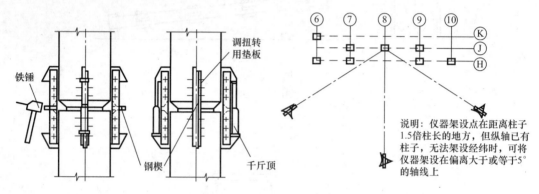

图 8-5　无缆风校正法示意图

① 标高调整　钢柱一般采用相对标高安装，设计标高复核的方法。钢柱吊装就位后，合上连接板，穿入大六角高强度螺栓，但不夹紧，通过吊钩起落与撬棍拨动调节上下柱之间间隙。量取上柱柱根标高线与下柱柱头标高线之间的距离，符合要求后在上下耳板间隙中打入钢楔限制钢柱下落。正常情况下，标高偏差调整至零。若钢柱制造误差超过5mm，则应分次调整。

② 位移调整　钢柱定位轴线应从地面控制轴线直接引上，不得从下层柱的轴线引上。钢柱轴线偏移时，可在上柱和下柱耳板的不同侧面夹入一定厚度的垫板加以调整，然后微微夹紧柱头临时接头的连接板。钢柱的位移每次只能调整3mm，若偏差过大只能分次调整。起重机至此可松吊钩。校正位移时应注意防止钢柱扭转。

③ 垂直度调整　用两台经纬仪在相互垂直的位置投点，进行垂直度观测。调整时，在钢柱偏斜方向的同侧锤击钢楔或微微顶升千斤顶，在保证单节柱垂直度符合要求的前提下，将柱顶偏轴线位移校正至零，然后拧紧上下柱临时接头的大六角高强度螺栓至额定扭矩。

注意：为达到调整标高和垂直度的目的，临时接头上的螺栓孔应比螺栓直径大4.0mm。由于钢柱制造允许误差一般为-1～+5mm，螺栓孔扩大后能有足够的余量将钢柱校正准确。

（2）钢梁的安装与校正

1）钢梁安装时，同一列柱，应先从中间跨开始对称地向两端扩展；同一跨钢梁，应先安上层梁再安中下层梁。

2）在安装和校正柱与柱之间的主梁时，可先把柱子撑开，跟踪测量、校正，预留接头焊接收缩量，这时柱产生的内力，在焊接完毕焊缝收缩后也就消失了。

3）一节柱的各层梁安装好后，应先焊上层主梁后焊下层主梁，以使框架稳固，便于施工。一节柱（三层）的竖向焊接顺序是：上层主梁→下层主梁→中层主梁→上柱与下柱焊接。

每天安装的构件，应形成空间稳定体系，确保安装质量和结构安全。

4. 楼层压型钢板安装

多高层钢结构楼板，一般多采用压型钢板与混凝土叠合层组合而成（图8-6）。一节柱的各层梁安装校正后，应立即安装本节柱范围内的各层楼梯，并铺好各层楼面的压型钢板，进行叠合楼板施工。

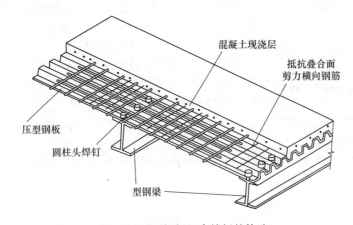

图 8-6　压型钢板组合楼板的构造

楼层压型钢板安装工艺流程是：弹线→清板→吊运→布板→切割→压合→侧焊→端焊→封堵→验收→栓钉焊接。

（1）压型钢板安装铺设

1）在铺板区弹出钢梁的中心线。主梁的中心线是铺设压型钢板固定位置的控制线，并决定压型钢板与钢梁熔透焊接的焊点位置；次梁的中心线决定熔透焊栓钉的焊接位置。因压型钢板铺设后难以观察次梁翼缘的具体位置，故将次梁的中心线及次梁翼缘反弹在主梁的中心线上，固定栓钉时再将其反弹在压型钢板上。

2）将压型钢板分层分区按料单清理、编号，并运至施工指定部位。

3）用专用软吊索吊运。吊运时，应保证压型钢板板材整体不变形、局部不卷边。

4）按设计要求铺设。压型钢板铺设应平整、顺直、波纹对正，设置位置正确；压型钢板与钢梁的锚固支承长度应符合设计要求，且不应小于50mm。

5）采用等离子切割机或剪板钳裁剪边角。裁减放线时，富余量应控制在5mm范围内。

6）压型钢板固定。压型钢板与压型钢板侧板间连接采用咬口钳压合，使单片压型钢板间连成整板；然后用点焊将整板侧边及两端头与钢梁固定，最后采用栓钉固定。为了浇筑混凝土时不漏浆，端部肋作封端处理。

（2）栓钉焊接

为使组合楼板与钢梁有效地共同工作，抵抗叠合面间的水平剪力作用，通常采用栓钉穿过压型钢板焊于钢梁上。栓钉焊接的材料与设备有栓钉、焊接瓷环和栓钉焊机。

焊接时，先将焊接用的电源及制动器接上，把栓钉插入焊枪的长口，焊钉下端置入母材上面的瓷环内。按焊枪电钮，栓钉被提升，在瓷环内产生电弧，在电弧发生后规定的时间内，用适当的速度将栓钉插入母材的融池内。焊完后，立即除去瓷环，并在焊缝的周围去掉卷边，检查焊钉焊接部位。栓钉焊接工序如图 8-7 所示。

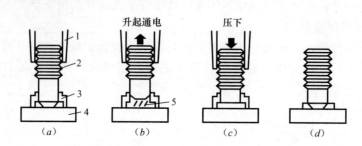

图 8-7　栓钉焊接工序
（a）焊接准备；（b）引弧；（c）焊接；（d）焊后清理
1—焊枪；2—栓钉；3—瓷环；4—母材；5—电弧

栓钉焊接质量检查：

1）外观检查：栓钉根部焊脚应均匀，焊脚立面的局部未熔合或不足 360°的焊脚应进行修补。

2）弯曲试验检查：栓钉焊接后应进行弯曲试验检查，可用锤击使栓钉从原来轴线弯曲 30°或采用特制的导管将栓钉弯成 30°，若焊缝及热影响区没有肉眼可见的裂纹，即为合格。

压型钢板及栓钉安装完毕后，即可绑扎钢筋，浇筑混凝土。

5. 多层及高层钢结构工程质量验收

多层及高层钢结构工程施工，应符合《钢结构工程施工质量验收规范》（GB 50205—2001）和《高层民用建筑钢结构技术规程》（JGJ99－1998）的规定。一般来说，钢结构作为主体结构，属于分部工程，其工程施工质量验收应在施工单位自检基础上，按照检验批、分项工程、分部工程（子分部）工程进行。

多层及高层钢结构安装工程，可按楼层或施工段等划分为一个或若干个检验批。每个检验批应在进场验收和焊接连接、高强度螺栓连接、制作等分项工程验收合格的基础上进行验收。柱子安装的允许偏差应符合表 8-2 的规定；多层及高层钢结构中构件安装的允许偏差应符合表 8-3 的规定。

柱子安装的允许偏差　　　　　　　　　　　　　　　　　表 8-2

项　目	允许偏差（mm）	检验方法
底层柱柱底轴线对定位轴线偏移	3.0	用全站仪或激光经纬仪和钢尺实测
柱子定位轴线	1.0	
单节柱的垂直度	h/1000，且不应大于 10.0	

注：h 为单节柱高。

196

项　目	允许偏差（mm）	检验方法
上下柱连接处的错口	3.0	用钢尺检查
同一层柱的各柱顶高度差	5.0	用水准仪检查
同一根钢梁两端顶面的高差	$l/1000$，且不应大于 10.0	用水准仪检查
主梁与次梁表面的高差	±2.0	用直尺和钢尺检查
压型金属板在钢梁上相邻列的错位	15.0	用直尺和钢尺检查

注：l 为邻列两节柱的净距。

8.7　轻型门式刚架结构工程

门式刚架结构是大跨建筑常用的结构形式之一。轻型门式刚架结构是指主要承重结构采用实腹门式刚架，具有轻型屋盖和轻型外墙的单层房屋钢结构。近几年来，随着彩色压型钢板、H 型钢、冷弯薄壁型钢的引进和发展，我国轻型门式刚架结构发展迅速，广泛用于大型工业厂房、仓库、飞机库，以及现代商业、文化娱乐设施和体育馆等大度跨建筑。

1. 门式刚架结构的安装

轻型门式刚架结构的主刚架，一般采用变截面或等截面实腹式焊接 H 型钢或轧制 H 型钢。门式刚架结构的安装宜先立柱子，然后将在地面组装好的斜梁吊起就位，并与柱连接。安装工艺流程为：钢柱安装→钢柱校正→斜梁地面拼装→斜梁安装、临时固定→钢柱重校→高强度螺栓紧固→复校→安装檩条、拉杆→钢结构验收。

（1）起重机选择

轻型门式刚架结构构件重量较轻，且一般单层建筑安装标高为 10m 左右，所以起重机选择以大跨度斜梁起重高度（包括索具高度）为原则，可采用履带式起重机、汽车式起重机，多跨可采用轻便式小型塔式起重机。

根据现场条件和构件大小，可采用单机起吊或双机抬吊；根据工期要求也可采用多机流水作业。

（2）刚架柱的安装

轻型门式刚架钢柱的安装顺序是：吊装单根钢柱→柱标高调整→纵横十字线位移→垂直度校正。

刚架柱一般采用一点起吊，吊耳放在柱顶处。为防止钢柱变形，也可两点或三点起吊。对于大跨轻型门式刚架变截面 H 型钢柱，由于柱根小、柱顶大，头重脚轻，且重心是偏心的，因此安装固定后，为防止倾倒必要时需加临时支撑。

（3）刚架斜梁的拼接与安装

轻型门式刚架斜梁的特点是跨度大（即构件长）、侧向刚度小，为确保安装质量和安全施工，提高生产效率，减小劳动强度，应根据场地和起重设备条件，最大限度地将扩大拼装工作在地面完成。

刚架斜梁一般采用立放拼接，拼装程序是：将要拼接的单元放在拼装平台上→找平→拉通线→安装普通螺栓定位→安装高强度螺栓→复核尺寸（图 8-8）。

斜梁的安装顺序是：先从靠近山墙的有柱间支撑的两榀刚架开始，刚架安装完毕后将其间的檩条、支撑、隔撑等全部装好，并检查其垂直度；然后以这两榀刚架为起点，向建

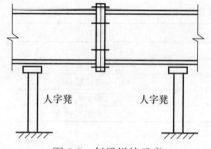

图 8-8 斜梁拼接示意

筑物另一端顺序安装。除最初安装的两榀刚架外，所有其余刚架间的檩条、墙梁和檐檩的螺栓均应在校准后再拧紧。

斜梁的起吊应选好吊点，大跨度斜梁的吊点须经计算确定。斜梁可选用单机两点或三点、四点起吊，或用铁扁担以减小索具对斜梁产生的压力。对于侧向刚度小、腹板宽厚比大的斜梁，为防止构件扭曲和损坏，应采取多点起吊及双机抬升。

图 8-9 所示为北京西郊机场波音机库 72m 长刚架主梁的吊装示意图。刚架梁采用了如下吊装方案：在有支撑的跨间，将两榀梁都在地面拼装成 36m 长的半跨刚性单元（两半榀梁立放拼装，所有高强度螺栓终拧，除吊点处檩条外所有檩条和跨间支撑均安装到位），由 2 台汽车吊通过铁扁担吊起两个左半榀梁与各自轴线柱连接后，2 号吊机使两个左半榀梁空中定位，1 号吊机摘钩后与 3 号吊机吊起两个右半榀梁与各自轴线柱对接，最后对接中间节点，形成整体刚架。

（4）檩条和墙梁的安装

轻型门式刚架结构的檩条和墙梁，一般采用卷边槽形、Z 型冷弯薄壁型钢或高频焊接轻型 H 型钢。檩条和墙梁通常与焊于刚架斜梁和柱上的角钢支托连接。檩条和墙梁端部与支托的连接螺栓不应少于两个。

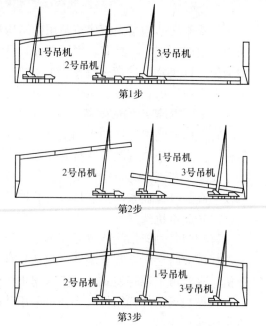

图 8-9 刚架梁吊装示意图

2. 彩板围护结构安装

轻型门式刚架结构中，目前主要采用彩色钢板夹芯板（亦称彩钢保温板）作围护结构。彩板夹芯板按功能不同分为屋面夹芯板和墙面夹芯板。屋面板和墙面板的边缘部位，要设置彩板配件用来防风雨和装饰建筑外形。屋面配件有屋脊件、封檐件、山墙封边件、高低跨泛水件、天窗泛水件、屋面洞口泛水件等；墙面配件有转角件、板底泛水件、板顶封边件、门窗洞口包边件等。

彩板连接件常用的有自攻螺丝、拉铆钉和开花螺栓（分为大开花螺栓和小开花螺栓）。板材与承重构件的连接，采用自攻螺丝、大开花螺丝等；板与板、板与配件、配件与配件连接，采用铝合金拉铆钉、自攻螺丝和小开花螺丝等。

屋面工程的施工工序如图 8-10 所示。墙面板的施工工序与此相似。

（1）施工工具

板材施工安装多为手提工具，常用的有电钻、自攻枪、拉铆枪、手提圆盘锯、螺丝刀、铁剪、钳子等。手提式电动工具应合理配置电源接入线，这对大型工程施工是非常必要的。

（2）放线

由于彩板屋面板和墙面板是预制装配结构，故安装前的放线工作对后期安装质量起到

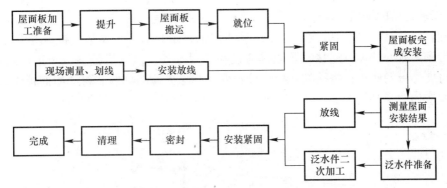

图 8-10　钢结构屋面工程的施工工序

保证作用。

1）安装放线前先对安装面上的已有建筑成品进行测量，对达不到安装要求的部分提出修改。

2）根据排板设计确定排板起始线的位置。屋面施工中，先在檩条上标定出起点，即沿跨度方向在每个檩条上标出排板起点，各个点的连线应与建筑物的纵轴线相垂直，然后在板的宽度方向每隔几块板继续标注一次，以限制和检查板的宽度安装偏差积累（图 8-11）。

墙板安装也应用类似的方法放线，除此之外还应标定其支承面的垂直度，以保证形成墙面的垂直平面。

3）屋面板及墙面板安装完毕后，对配件的安装作二次放线，以保证檐口线、屋脊线、门窗口和转角线等的水平度和垂直度。

（3）板材安装

1）实测安装板材的长度，按实测长度核对对应板号的板材长度，必要时对该板材进行剪裁。

2）将提升到屋面的板材按排板起始线放置，并使板材的宽度标志线对准起始线；在板长方向两端排出设计要求的构造长度（图 8-12）。

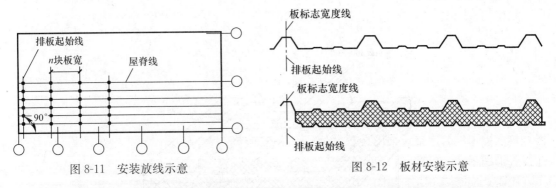

图 8-11　安装放线示意　　　　　图 8-12　板材安装示意

3）用紧固件紧固板材两端，然后安装第二块板。其安装顺序为先自左（右）至右（左），后自上而下。

4）安装到下一放线标志点处时，复查本标志段内板材安装的偏差，满足要求后进行全面紧固。紧固自攻螺丝时应掌握紧固的程度，过度会使密封垫圈上翻，甚至将板面压的下凹而积水；紧固不够会使密封不到位而出现漏雨。

5）安装完后的屋面应及时检查有无遗漏紧固点。

6）屋面板的纵、横向搭接，应按设计要求铺设密封条和密封胶，并在搭接处用自攻螺丝或带密封胶的拉铆钉连接，紧固件应设在密封条处。纵向搭接（板短边之间的搭接）时，可将夹芯板的底板在搭接处切掉搭接长度，并除去盖部分的芯材。屋面板纵、横向连接节点构造如图 8-13、图 8-14 所示。

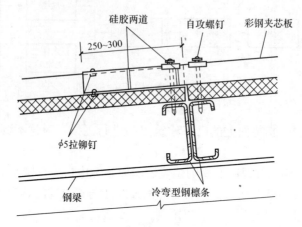

图 8-13 屋面板纵向连接接点

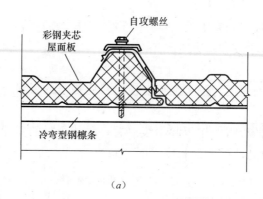

（a）

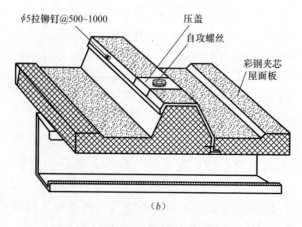

（b）

图 8-14 屋面板横向搭接接点

（a）屋面板横向连接节点构造；（b）屋面板横向连接节点透视图

200

7）墙面板安装。夹芯板用于墙面时多为平板，一般采用横向布置，节点构造如图 8-15 所示。墙面板底部表面应低于室内地坪 30～50mm，且应在底表面抹灰找平后安装，如图 8-16 所示。

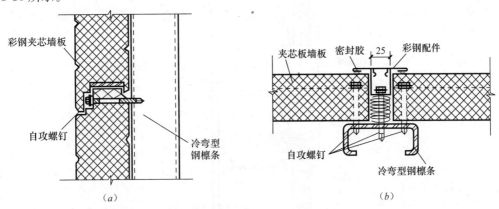

图 8-15 横向布置墙板水平缝与竖缝节点

（a）横向布置墙板水平缝节点；（b）横向布置墙板竖缝节点

（4）门窗安装

1）门窗一般安装在钢墙梁上，如图 8-17 所示。安装时，应先安装门窗四角的包边件，并使泛水边压在门窗的外边沿处；然后安装门窗。由于门窗的外廓尺寸与洞口尺寸为紧密配合，一般应控制门窗尺寸比洞口尺寸小 5mm 左右。

2）门窗就位并做临时固定后，应对门窗的垂直度和水平度进行检查，无误后再做固定。

3）门窗安装完毕应用密封胶对门窗周边密封。

（5）配件安装

1）在彩板配件安装前应在配件的安装处二次放线，如屋脊线、檐口线、窗上下口线等。

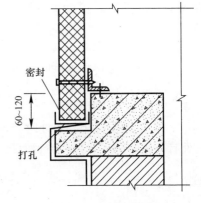

图 8-16 墙面基底构造

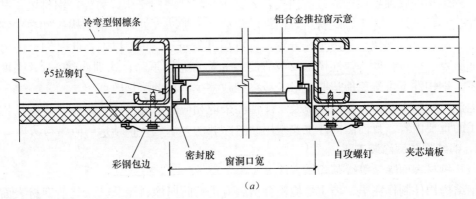

（a）

图 8-17 窗口节点示意图（一）

（a）窗口水平节点；

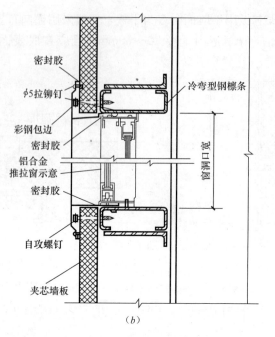

图 8-17　窗口节点示意图（二）

(b) 窗口上下节点

2）安装前检查配件的端头尺寸，挑选搭接口处的合适搭接头。

3）安装配件的搭接口时，应在被搭接处涂上密封胶或设置双面胶条，搭接后立即紧固，如图 8-227 所示。

4）安装配件至拐角处时，应按交接处配件断面形状加工拐折处的接头，以保证拐点处有良好的防水效果和外观效果。

8.8　钢结构涂装工程

钢结构在常温大气环境中安装、使用，易受大气中水分、氧和其他污染物的作用而被腐蚀。钢结构的腐蚀不仅造成经济损失，还直接影响到结构安全。另外，钢材由于其导热快，比热小，虽是一种不燃烧材料，但极不耐火。未加防火处理的钢结构构件在火灾温度作用下，温度上升很快，只需十几分钟，自身温度就可达 540℃ 以上，此时钢材的力学性能如屈服点、抗拉强度、弹性模量及载荷能力等都将急剧下降；达到 600℃ 时，强度则几乎为零，钢构件不可避免地扭曲变形，最终导致整个结构的垮塌毁坏。

因此，根据钢结构所处的环境及工作性能采取相应的防腐与防火措施，是钢结构设计与施工的重要内容。目前国内外主要采用涂料涂装的方法进行钢结构的防腐与防火。

1. 钢结构防腐涂装工程

（1）钢材表面除锈等级与除锈方法

钢结构构件制作完毕，经质量检验合格后应进行防腐涂料涂装。涂装前钢材表面应进行除锈处理，以提高底漆的附着力，保证涂层质量。除锈处理后，钢材表面不应有焊渣、焊疤、灰尘、油污、水和毛刺等。

国家标准《涂装前钢材表面锈蚀等级和除锈等级》（GB/T 8923—2008）将除锈等级分成喷射或抛射除锈、手工和动力工具除锈、火焰除锈三种类型。

1）喷射或抛射除锈　用字母"Sa"表示，分四个等级：

① Sa1：轻度的喷射或抛射除锈。钢材表面无可见的油脂或污垢，没有附着不牢的氧化皮、铁锈和油漆涂层等附着物。

② Sa2：彻底地喷射或抛射除锈。钢材表面无可见的油脂和污垢，氧化皮、铁锈等附着物已基本消除，其残留物应是牢固附着的。

③ $Sa2\frac{1}{2}$：非常彻底地喷射或抛射除锈。钢材表面无可见的油脂、污垢、氧化皮、铁锈和油漆涂层等附着物，任何残留的痕迹应仅是点状或条状的轻微色斑。

④ Sa3：使钢材表观洁净的喷射或抛射除锈。钢材表面无可见的油脂、污垢、氧化皮、铁锈和油漆涂层等附着物，该表面应显示均匀的金属光泽。

2）手工和动力工具除锈　用字母"St"表示，分两个等级：

① St2：彻底手工和动力工具除锈。钢材表面无可见的油脂和污垢，没有附着不牢的氧化皮、铁锈和油漆涂层等附着物。

② St3：非常彻底手工和动力工具除锈。钢材表面应无可见的油脂和污垢，并且没有附着不牢的氧化皮、铁锈和油漆涂层等附着物。除锈应比St2更为彻底，底材显露部分的表面应具有金属光泽。

3）火焰除锈　以字母"F1"表示，它包括在火焰加热作业后，以动力钢丝刷清除加热后附着在钢材表面的产物。只有一个等级：

F1：钢材表面应无氧化皮、铁锈和油漆涂层等附着物，任何残留的痕迹应仅为表面变色（不同颜色的暗影）。

喷射或抛射除锈采用的设备有空气压缩机、喷射或抛射机、油水分离器等，该方法能控制除锈质量、获得不同要求的表面粗糙度，但设备复杂、费用高、污染环境。手工和动力工具除锈采用的工具有砂布、钢丝刷、铲刀、尖锤、平面砂轮机、动力钢丝刷等，该方法工具简单、操作方便、费用低，但劳动强度大、效率低、质量差。

《钢结构工程施工质量验收规范》（50205—2001）规定，钢材表面的除锈方法和除锈等级应与设计文件采用的涂料相适应。当设计无要求时，钢材表面除锈等级应符合表8-4的规定。

各种底漆或防锈漆要求最低的除锈等级　　　　　　　　表8-4

涂料品种	除锈等级
油性酚醛、醇酸等底漆或防锈漆	St2
高氯化聚乙烯、氯化橡胶、氯磺化聚乙烯、环氧树脂、聚氨酯等底漆或防锈漆	Sa2
无机富锌、有机硅、过氧乙烯等底漆	$Sa2\frac{1}{2}$

目前国内各大、中型钢结构加工企业一般都具备喷、抛射除锈的能力，所以应将喷、抛射除锈作为首选的除锈方法，而手工和电动工具除锈仅作为喷射除锈的补充手段。随着科学技术的不断发展，不少喷、抛射除锈设备已采用微机控制，具有较高的自动化水平，并配有效除尘器，消除粉尘污染。

（2）钢结构防腐涂料

钢结构防腐涂料是一种含油或不含油的胶体溶液，涂敷在钢材表面，结成一层薄膜，使钢材与外界腐蚀介质隔绝。涂料分底漆和面漆两种。

底漆是直接涂在钢材表面上的漆。含粉料多，基料少，成膜粗糙，与钢材表面粘结力强，与面漆结合性好。

面漆是涂在底漆上的漆。含粉料少，基料多，成膜后有光泽，主要功能是保护下层底漆。面漆对大气和湿气有高度的不渗透性，并能抵抗有腐蚀介质、阳光紫外线所引起风化分解。

钢结构的防腐涂层，可由几层不同的涂料组合而成。涂料的层数和总厚度是根据使用条件来确定的，一般室内钢结构要求涂层总厚度为 $125\mu m$，即底漆和面漆各二道。高层建筑钢结构一般处在室内环境中，而且要喷涂防火涂层，所以通常只刷二道防锈底漆。

（3）防腐涂装方法

钢结构防腐涂装，常用的施工方法有刷涂法和喷涂法两种。

1）刷涂法　应用较广泛，适宜于油性基料刷涂。因为油性基料虽干燥得慢，但渗透性大，流平性好，不论面积大小，刷起来都会平滑流畅。一些形状复杂的构件，使用刷涂法也比较方便。

2）喷涂法　施工工效高，适合于大面积施工，对于快干和挥发性强的涂料尤为适合。喷涂的漆膜较薄，为了达到设计要求的厚度，有时需要增加喷涂的次数。喷涂施工比刷涂施工涂料损耗大，一般要增加 20%左右。

（4）防腐涂装质量要求

1）涂料、涂装遍数、涂层厚应均应符合设计要求。当设计对涂层厚度无要求时，涂层干漆膜总厚度：室外应为 $150\mu m$，室内应为 $125\mu m$，其允许偏差为 $-25\mu m$。每遍涂层干漆膜厚度的允许偏差为 $-5\mu m$。

2）配制好的涂料不宜存放过久，涂料应在使用的当天配制。稀释剂的使用应按说明书的规定执行，不得随意添加。

3）涂装时的环境温度和相对湿度应符合涂料产品说明书的要求，当产品说明书无要求时，环境温度宜在 $5\sim38℃$ 之间，相对湿度不应大于 85%。涂装时构件表面不应有结露；涂装后 4h 内应保护免受雨淋。

4）施工图中注明不涂装的部位不得涂装。焊缝处、高强度螺栓摩擦面处，暂不涂装，待现场安装完后，再对焊缝及高强度螺栓接头处补刷防腐涂料。

5）涂装应均匀，无明显起皱、流挂、针眼和气泡等，附着应良好。

6）涂装完毕后，应在构件上标注构件的编号。大型构件应标明其重量、构件重心位置和定位标记。

2. 钢结构防火涂装工程

钢结构防火涂料能够起到防火作用，主要有三个方面的原因：一是涂层对钢材起屏蔽作用，隔离了火焰，使钢构件不至于直接暴露在火焰或高温之中；二是涂层吸热后，部分物质分解出水蒸气或其他不燃气体，起到消耗热量，降低火焰温度和燃烧速度，稀释氧气的作用；三是涂层本身多孔轻质或受热膨胀后形成炭化泡沫层，热导率均在 $0.233W/(m \cdot K)$ 以下，阻止了热量迅速向钢材传递，推迟了钢材受热温升到极限温度的时间，从而提高了钢结构的耐火极限。

（1）钢结构防火涂料

1）防火涂料分类

钢结构防火涂料按涂层的厚度分为两类：

① B类，即薄涂型钢结构防火涂料，涂层厚度一般为2～7mm，有一定装饰效果，高温时涂层膨胀增厚，耐火极限一般为0.5～2h，故又称为钢结构膨胀防火涂料。

② H类，厚涂型钢结构防火涂料，涂层厚度一般为8～50mm，粒状表面，密度较小，热导率低，耐火极限可达0.5～3h，又称为钢结构防火隔热涂料。

2）防火涂料选用

① 室内裸露钢结构、轻型屋盖钢结构及有装饰要求的钢结构，当规定其耐火极限在1.5及以下时，宜选用薄涂型钢结构防火涂料。

② 室内隐蔽钢结构、多层及高层全钢结构、多层厂房钢结构，当规定其耐火极限在2.0及以上时，宜选用厚涂型钢结构防火涂料。

③ 露天钢结构，如石油化工企业、油（汽）罐支撑、石油钻井平台等钢结构，应选用符合室外钢结构防火涂料产品规定的厚涂型或薄涂型钢结构防火涂料。

选用防火涂料时，应注意不应把薄涂型钢结构防火涂料用于保护2h以上的钢结构；不得将室内钢结构防火涂料，未加改进和采取有效的防火措施，直接用于喷涂保护室外的钢结构。

（2）防火涂料涂装的一般规定

1）防火涂料的涂装，应在钢结构安装就位，并经验收合格后进行。

2）钢结构防火涂料涂装前钢材表面应除锈，并根据设计要求涂装防腐底漆。防腐底漆与防火涂料不应发生化学反应。

3）防火涂料涂装基层不应有油污、灰尘和泥砂等污垢。钢构件连接处4～12mm宽的缝隙应采用防火涂料或其他防火材料，如硅酸铝纤维棉，防火堵料等填补堵平。

4）对大多数防火涂料而言，施工过程中和涂层干燥固化前，环境温度应宜保持在5～38℃之间，相对湿度不应大于85%，空气应流动。涂装时构件表面不应有结露；涂装后4h内应保护免受雨淋。

（3）厚涂型防火涂料涂装

1）施工方法与机具

厚涂型防火涂料一般采用喷涂施工。机具可为压送式喷涂机或挤压泵，配能自动调压的0.6～0.9m³/min的空压机，喷枪口径为6～12mm，空气压力为0.4～0.6MPa。局部修补可采用抹灰刀等工具手工抹涂。

2）涂料的搅拌与配置

① 由工厂制造好的单组份湿涂料，现场应采用便携式搅拌器搅拌均匀。

② 由工厂提供的干粉料，现场加水或用其他稀释剂调配，应按涂料说明书规定配比混合搅拌，边配边用。

③ 由工厂提供的双组分涂料，按配制涂料说明规定的配比混合搅拌，边配边用。特别是化学固化干燥的涂料，配制的涂料必须在规定的时间内用完。

④ 搅拌和调配涂料，使稠度适宜，即能在输送管道中畅通流动，喷涂后不会流淌和下坠。

3) 施工操作

① 喷涂应分 2～5 次完成,第一次喷涂以基本盖住钢材表面即可,以后每次喷涂厚度为 5～10mm,一般以 7mm 左右为宜。通常情况下,每天喷涂一遍即可。

② 喷涂时,应注意移动速度,不能在同一位置久留,以免造成涂料堆积流淌;配料及往挤压泵加料应连续进行,不得停顿。

③ 施工工程中,应采用测厚针检测涂层厚度,直到符合设计规定的厚度,方可停止喷涂。

④ 喷涂后的涂层要适当维修,对明显的乳突,应采用抹灰刀等工具剔除,以确保涂层表面均匀。

(4) 薄涂型防火涂料涂装

1) 施工方法与机具

① 喷涂底层、主涂层涂料,宜采用重力(或喷斗)式喷枪,配能自动调压的 0.6～0.9m³/min 的空压机。喷嘴直径为 4～6mm,空气压力为 0.4～0.6MPa。

② 面层装饰涂料,一般采用喷吐施工,也可以采用刷涂或滚涂的方法。喷涂时,应将喷涂底层的喷嘴直径换为 1～2mm,空气压力调为 0.4MPa。

③ 局部修补或小面积施工,可采用抹灰刀等工具手工抹涂。

2) 施工操作

① 底层及主涂层一般应喷 2～3 遍,每遍间隔 4～24h,待前遍基本干燥后再喷后一遍。头遍喷涂以盖住基底面 70% 即可,二、三遍喷涂每遍厚度不超过 2.5mm 为宜。施工工程中应采用测厚针检测涂层厚度,确保各部位涂层达到设计规定的厚度。

② 面层涂料一般涂饰 1～2 遍。若头遍从左至右喷涂,二遍则应从右至左喷涂,以确保全部覆盖住下部主涂层。

(5) 防火涂装质量要求

1) 薄涂型防火涂料的涂层厚度应符合有关耐火极限的设计要求。厚涂型防火涂料涂层的厚度,80% 及以上面积应符合有关耐火极限的设计要求,且最薄处厚度不应低于设计要求的 85%。

2) 薄涂型防火涂料涂层表面裂纹宽度不应大于 0.5mm;厚涂型防火涂料涂层表面裂纹宽度不应大于 1mm。

3) 防火涂料不应有误涂、漏涂,涂层应闭合无脱层、空鼓、明显凹陷、粉化松散和浮浆等外观缺陷。

8.9 钢结构工程施工安全要求

1. 钢结构安装工程安全要求

钢结构安装工程,绝大部分工作都是高空作业,除此之外还有临边、洞口、攀登、悬空、立体交叉作业等;施工中还使用有起重机、电焊机、切割机等用电设备和氧气瓶、乙炔瓶等化学危险品,以及吊装作业、电弧焊与气切割明火作业等,因此,施工中必须贯彻"安全第一、预防为主"的方针,确保人身安全和设备安全。此外由于钢结构耐火性能差,任何消防隐患都可能造成重大经济损失,还必须加强施工现场的消防安全工作。

（1）施工安全要求

1）高空安装作业时，应戴好安全带，并应对使用的脚手架或吊架等进行检查，确认安全后方可施工。操作人员需要在水平钢梁上行走时，安全带要挂在钢梁上设置的安全绳上，安全绳的立杆钢管必须与钢梁连接牢固。

2）高空操作人员携带的手动工具、螺栓、焊条等小件物品，必须放在工具袋内，互相传递要用绳子，不准扔掷。

3）凡是附在柱、梁上的爬梯、走道、操作平台、高空作业吊篮、临时脚手架等，要与钢构件连接牢固。

4）构件安装后，必须检查连接质量，无误后才能摘钩或拆除临时固定。

5）风力大于 5 级，雨、雪天和构件有积雪、结冰、积水时，应停止高空钢结构的安装作业。

6）高层建筑钢结构安装时，应按规定在建筑物外侧搭设水平和垂直安全网。第一层水平安全网离地面 5～10m，挑出网宽 6m；第二层水平安全网设在钢结构安装工作面下，挑出 3m。第一、二层水平安全网应随钢结构安装进度往上转移，两者相差一节柱距离。网下已安装好的钢结构外侧，应安设垂直安全网，并沿建筑物外侧封闭严密。建筑物内部的楼梯、电梯井口、各种预留孔洞等处，均要设置水平防护网、防护挡板或防护栏杆。

7）构件吊装时，要采取必要措施防止起重机倾翻。起重机行驶道路，必须坚实可靠；尽量避免满负荷行驶；严禁超载吊装；双机抬吊时，要根据起重机的起重能力进行合理的负荷分配，并统一指挥操作；绑扎构件的吊索须经过计算，所有起重机具应定期检查。

8）使用塔式起重机或长吊杆的其他类型起重机时，应有避雷防触电设施。

9）各种用电设备要有接地装置，地线和电力用具的电阻不得大于 4Ω。各种用电设备和电缆（特别是焊机电缆），要经常进行检查，保证绝缘良好。

（2）施工现场消防安全要求

1）钢结构安装前，必须根据工程规模、结构特点、技术复杂程度和现场具体条件等，拟定具体的安全消防措施，建立安全消防管理制度，并强化进行管理。

2）应对参加安装施工的全体人员进行安全消防技术交底，加强教育和培训工作。各专业工程应严格执行本工种安全操作规程和本工程指定的各项安全消防措施。

3）施工现场应设置消防车道，配备消防器材，安排足够的消防水源。

4）施工材料的堆放、保管，应符合防火安全要求，易燃材料必须专库堆放。

5）进行电弧焊、栓钉焊、气切割等明火作业时，要有专职人员值班防火。氧、乙炔瓶不应放在太阳光下暴晒，更不可接近火源（要求与火源距离不小于 10m）；冬季氧、乙炔瓶阀门发生冻结时，应用干净的热布把阀门烫热，不可用火烤。

6）安装使用的电气设备，应安使用性质的不同，设置专用电缆供电。其中塔式起重机、电焊机、栓钉焊机三类用电量大的设备，应分成三路电源供电。

7）多层与高层钢结构安装施工时，各类消防设施（灭火器、水桶、砂袋等）应随安装高度的增加及时上移，一般不得超过二个楼层。

2. 钢结构涂装工程安全要求

（1）防腐涂装安全要求

钢结构防腐涂料的溶剂和稀释剂大多为易燃品，大部分有不同程度的毒性，且当防腐涂料中的溶剂与空气混合达到一定比例时，一遇火源（往往不是明火）即发生爆炸。为此应重视钢结构防腐涂装施工中的防火、防暴、防毒工作。

1）防火措施

① 防腐涂装施工现场或车间不允许堆放易燃物品，并应远离易燃物品仓库。

② 防腐涂装施工现场或车间严禁烟火，并应有明显的禁止烟火标志。

③ 防腐涂装施工现场或车间必须备有消防水源和消防器材。

④ 擦过溶剂和涂料的棉纱应存放在带盖的铁桶内，并定期处理掉。

⑤ 严禁向下水道倾倒涂料和溶剂。

2）防暴措施

① 防明火。防腐涂装施工现场或车间禁止使用明火，必须加热时，要采用热载体、电感加热，并远离现场。

② 防摩擦和撞击产生的火花。施工中应禁止使用铁棒等物体敲击金属物体和漆桶；如需敲击时，应使用木质工具。

③ 防电火花。涂料仓库和施工现场使用的照明灯应有防爆装置，电器设备应使用防爆型的，并要定期检查电路及设备的绝缘情况。在使用溶剂的场所，应严禁使用闸刀开关，要用三线插销的插头。

④ 防静电。所使用的设备和电器导线应接地良好，防止静电聚集。

3）防毒措施

① 施工现场应有良好的通风排气装置，使有害气体和粉尘的含量不超过规定浓度。

② 施工人员应戴防毒口罩或防毒面具；对接触性的侵害，施工人员应穿工作服、戴手套和防护眼镜等，尽量不与溶剂接触。

（2）防火涂装安全要求

1）防火涂装施工中，应注意溶剂型涂料施工的防火安全，现场必须配备消防器材，严禁现场明火、吸烟。

2）施工中应注意操作人员的安全保护。施工人员应戴安全帽、口罩、手套和防尘眼镜，并严格执行机械设备安全操作规程。

3）防火涂料应储存在阴凉的仓库内，仓库温度不宜高于 35℃，不应低于 5℃，严禁露天存放、日晒雨淋。

第9章 建筑节能施工

房屋建筑节能是指从房屋建筑的规划开始、在设计、施工和使用的各个过程中，严格执行房屋建筑节能标准，采用节能型的建筑技术、工艺、设备、材料和产品，并提高建筑围护结构的保温隔热性能和建筑物用能系统的效率，在保证建筑物室内热工环境质量的前提下，减少供热采暖、空调制冷、照明、热水供应等方面的能耗，充分利用可再生能源、保护生态平衡和改善人居环境，为达到节约能源和提高能源利用效率的目的而采取的一系列措施。

众所周知，我国是一个能耗大国，其中建筑能耗约占全国总能耗的 1/4，高居我国能耗之首。并随着我国城市化建设的飞速发展，逐年呈现大幅上升之势。目前，建筑能耗占全社会能耗量的 32% 以上，再加上每年建筑材料的生产能耗约为 13%，建筑的总能耗已达全国能源总消耗量的 45%。我国现有的房屋建筑绝大部分为高能耗型建筑，新建的房屋建筑中，大多数仍然是高能耗建筑。房屋建筑节能对我国来讲是一件十分重要的事情，房屋建筑节能措施的实施，对改善我国房屋建筑的高能耗有着重要的意义。

在建筑中外围护结构的热损耗较大，其中墙体又占了很大份额，所以建筑墙体改革与墙体节能技术的发展是建筑节能技术的一个最重要的环节，发展外墙保温技术及节能材料则是建筑节能的主要方式之一。

9.1 外墙保温系统的构造及要求

外墙外保温工程是一种新型、先进、节约能源的方法。外墙外保温系统是由保温层、保护层与固定材料构成的非承重保温构造总称。外墙外保温工程是将外墙外保温系统通过组合、组装、固定技术手段在外墙外表面上所形成的建筑物实体。

1. 外墙外保温工程适用范围及作用

外墙外保温工程适用于严寒和寒冷地区、夏热冬冷地区新建居住建筑物或旧建筑物的墙体改造工程，起保温、隔热的作用；是庞大的建筑物节能的一项重要技术措施；是一种新型建材和先进的施工方法。

我国城市化进程加快，建筑业持续快速发展；传统的实心黏土砖的年产量达 5400 多亿块，绝大部分工艺技术落后。浪费能源和污染环境的小型企业生产，每年因此毁田烧砖达 95 万亩。据有关材料估计：2005 年全国城乡累计房屋竣工面积 57 亿万平方米，众所周知房屋建筑具有投资大、使用寿命长的特点，假如这些新建房屋不按建筑物的节能标准进行设计，则将造成更大的浪费，并成为以后节能改造的重大负担。国家有关行政管理部门已发禁令：城市新建建筑，全面禁止使用毁田生产的实心或空心黏土制品。积极发展钢结构建筑、钢筋混凝土框架结构、钢筋混凝土剪力墙结构等其他各种新型复合结构。但这些房屋外墙围护通常采用混凝土小型空心砌块，墙体厚度 200mm 左右，满足不了房屋的热工计算要求和外墙的保温隔热作用。如不进行外墙保温，热能耗量大，所以用新型先进节能的外墙外保温方法势在必行。

2. 新型外墙外保温饰面特点

新型外墙外保温材料（EPS）集节能、保温、防水和装饰功能为一体，采用阻燃、自熄型聚苯乙烯泡沫塑料板材，外用专用抹面胶浆铺贴抗碱玻璃纤维网格布，形成浑然一体的坚固保护层，表面可涂美观耐污染的高弹性装饰涂料和贴各种面砖。新型（EPS）外墙外保温饰面，经德国、法国、美国、加拿大等欧美国家实践，已普遍沿用了 30 年，最高层建筑物达 40 多层；积累了大量的工程资料和丰富的实践经验。最近几年开始引进国内，它是一种简便易行的外保温材料技术，其施工方法简捷，具有新建筑物在建筑设计、结构设计、施工设计、节能设计等方面设计简便、设计周期短、出图量小的特点。从设计标准及有关法规依据上，完全符合《民用建筑节能设计标准》和《民用建筑施工设计规范》。

新型聚苯板外墙外保温有如下的特点

① 节能：由于采用导热系数较低的聚苯板，整体将建筑物外墙面包起来，消除了冷桥，减少了外界自然环境对建筑的冷热冲击，可达到较好的保温节能效果。

② 牢固：由于该墙体采用了高弹力强力粘合基料或与混凝土一起现浇，使聚苯板与墙面的垂直拉伸粘结强度符合《规范》规定的技术指标，具有可靠的附载效果，耐候性、耐久性更好更强。

③ 防水：该墙体具有高弹性和整体性，解决了墙面开裂，表面渗水的通病，特别对陈旧墙面局部裂纹有整体覆盖作用。

④ 体轻：采用该材料可将建筑房屋外墙厚度减小，不但减小了砌筑工程量、缩短工期，而且减轻了建筑物自重。

⑤ 阻燃：聚苯板为阻燃型，具有隔热、无毒、自熄、防火功能。

⑥ 易施工：该墙体饰面施工，对建筑物基层混凝土、红砖、砌块、石材、石膏板等有广泛的适用性。施工简单的工具，具有一般抹灰水平的技术工人，经短期培训，即可进行现场操作施工。

3. 外墙保温系统的基本构造及特点

外墙保温系统的基本构造做法见图 9-1。外墙保温系统按保温层的位置分为外墙内保温系统和外墙外保温系统两大类。我们重点介绍外墙外保温系统。

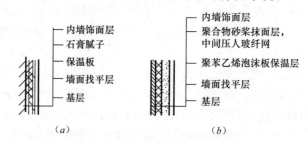

图 9-1 外墙保温系统的基本构造

(a) 复合聚苯保温板外墙内保温；(b) 聚苯乙烯泡沫板（简称 EPS）外墙外保温

（1）外墙内保温系统的构造及特点

外墙内保温系统主要由基层、保温层和饰面层构成，其构造见图 9-1 (a)。

外墙内保温是在外墙结构的内部加做保温层。目前，使用较多的内保温材料和技术有：增强石膏复合聚苯保温板、聚合物砂浆、复合聚苯保温板、增强水泥复合聚苯保温板、内墙贴聚苯板、粉刷石膏抹面及聚苯颗粒保温料浆加抗裂砂浆压入网格布抹面等施工方法。

但内保温要占用房屋使用面积，热桥问题不易解决，容易引起开裂，还会影响施工速度，影响居民的二次装修，且内墙悬挂和固定物件也容易破坏内保温结构。内保温在技术上的不合理性决定了其必然要被外保温所替代。

（2）外墙外保温系统的构造及特点

外墙外保温主要由基层、保温层、抹面层、饰面层构成，其构造如图 9-1（b）所示。

基层：是指外保温系统所依附的外墙。

保温层：由保温材料组成，在外保温系统中起保温作用的构造层。

抹面层：抹在保温层外面，中间夹有增强网，保护保温层，并起防裂、防水和抗冲击作用的构造。抹面层可分为薄抹面层和厚抹面层。对于具有薄抹面层的系统，保护层厚度应不小于 3mm 并且不宜大于 6mm。对于具有厚抹面层的系统，厚抹面层厚度应为 25～30mm。

饰面层：外保温系统的外装饰层。

把抹面层和饰面层总称保护层。

外墙外保温适用范围广，技术含量较高；外保温层包在主体结构的外侧能够保护主体结构，可起到延长建筑物的寿命，有效减少了建筑结构的热桥，增加建筑的有效空间，同时消除了冷凝，提高了居住的舒适度的作用。

目前比较成熟的外墙外保温技术主要有：聚苯乙烯泡沫板薄抹灰外墙外保温系统、胶粉 EPS 颗粒保温浆料外墙外保温系统、EPS 板现浇混凝土外墙外保温系统、EPS 钢丝网架板现浇混凝土外墙外保温系统等。

4. 外墙外保温系统的基本要求

（1）外墙外保温工程的基本规定

外墙外保温应能适应基层的正常变形而不产生裂缝或空鼓；不产生有害的变形；在遇地震发生时不应从基层上脱落；保温、隔热和防潮性能应符合国家现行标准。应能承受风荷载的作用而不产生破坏；应能耐受室外气候的长期反复作用而不产生破坏；高层建筑外墙外保温工程应采取防火构造措施；应具有防水渗透性能；各组成部分应具有物理、化学稳定性。所有组成材料应彼此相容并应具有防腐性。在可能受到生物侵害（鼠害、虫害等）时，还应具有防生物侵害性能；在正确使用和正常维护的条件下，使用年限不应少于 25 年。

（2）外墙外保温工程的性能要求

外墙外保温系统应按规定进行耐候性检验，不得出现饰面层起泡或剥落、保护层空鼓或脱落等破坏，不得产生渗水裂缝。具有薄抹面层的外保温系统，抹面层与保温层的拉伸粘结强度不得小于 0.1MPa，并且破坏部位应位于保温层内。

外墙外保温系统应按规定对胶粘剂进行拉伸粘结强度检验；对玻纤网进行耐碱拉伸断裂强力检验。外墙外保温系统其他性能要求及实验方法应符合规定。

5. 外墙保温系统施工的一般规定

除采用现浇混凝土外墙外保温系统外，外保温工程的施工应在基层施工质量验收合格后进行；外门窗洞口应通过验收，洞口尺寸、位置应符合设计要求和质量要求，门窗框或辅框应安装完毕。伸出墙面的消防梯、水落管、各种进户管线和空调器等的预埋件、连接件应安装完毕，并按外保温系统厚度留出间隙。

保温层施工前，应进行基层处理，基层应坚实、平整。

外保温工程的施工应具备施工方案，施工人员应经过培训并经考核合格。

9.2 增强石膏复合聚苯保温板外墙内保温施工

1. 增强石膏复合聚苯保温板外墙内保温的构造

增强石膏复合聚苯保温板外墙内保温的构造见图 9-1（a）。

2. 施工准备

（1）材料的准备及要求

增强石膏聚苯复合板，胶粘剂，建筑石膏粉及石膏腻子，玻纤网格布条。材料必须符合设计及规范要求

（2）施工主要机具

主要机具有木工手锯、钢丝刷、2m 靠尺、开刀、2m 托线板、钢尺、橡皮锤、钻、扁铲、笤帚等。

3. 作业条件

结构已验收，屋面防水层已施工完毕。墙面弹出 500mm 标高线；内隔墙、外墙、门窗框、窗台板安装完毕；门、窗抹灰完毕；水暖及装饰工程分别需用的管卡、炉钩、窗帘杆等埋件留出位置或埋设完毕；电气工程的暗管线、接线盒等必须埋设完毕，并应完成暗管线的穿带线工作；操作地点环境温度不低于 5℃。

正式安装前，先试安装样板墙一道，经鉴定合格后再正式安装。

4. 施工工艺

（1）施工工艺流程为：

墙面清理→排板、弹线→配板、修补→标出管卡、炉钩等埋件位置→墙面贴饼→稳接线盒、安管卡、埋件等→安装防水保温踢脚板复合板→安装复合板→板缝及阴、阳角处理→板面装修。

（2）施工要点：

1）墙面清理　凡凸出墙面 20mm 的砂浆块、混凝土块必须剔除，并扫净墙面。

2）排板、弹线　以门窗洞口边为基准，向两边按板宽 600mm 排板；按保温层的厚度在墙、顶上弹出保温墙面的边线；按防水保温踢脚层的厚度在地面上弹出防水保温踢脚面的边线，并在墙面上弹出踢脚的上口线。

3）配板、修补　按排板进行配板。复合保温板的长度应略小于顶板到踢脚上口的净高尺寸；计算并量测门窗洞口上部及窗口下部的保温板尺寸，并按此尺寸配板；当保温板与墙的长度不相适应时，应将部分保温板预先拼接加宽（或锯窄）成合适的宽度，并放置在阴角处。有缺陷的板应修补。

4）墙面贴饼　在墙面贴饼位置，用钢丝刷出直径不少于 100mm 的洁净面并浇水润湿，刷一道 801 胶水泥素浆；检查墙面的平整、垂直，找规矩贴饼，并在需设置埋件四周

做出 200mm×200mm 的灰饼；贴饼材料为 1∶3 水泥砂浆，灰饼大小为直径 100mm 左右，厚度以 20mm 左右为准。

5）按接线盒、管卡、埋件　安装电气接线盒时，接线盒高出冲筋面不得大于复合板的厚度，且要稳定牢固。

6）粘贴防水保温踢脚板　粘贴时要保证踢脚板上口平顺，板面垂直，保证踢脚板与结构墙间的空气层为 10mm 左右。

7）安装复合板　将接线盒、管卡、埋件的位置准确地翻样到板面，并开出洞口；复合板安装顺序宜从左至右依次顺序安装；按弹线位置立即安装就位。每块保温板除粘贴在灰饼上外，板中间需有＞10％板面面积的 SG791 胶粘剂呈梅花状布点直接与墙体粘牢。复合板的上端，如未挤严留有缝隙时，可用木楔适当楔紧，并用 SG791 胶粘剂将上口填塞密实。按以上操作办法依次安装复合板。安装过程中随时用 2m 靠尺及塞尺测量墙面的平整度，用 2m 托线板检查板的垂直度。复合板在门窗洞口处、接线盒、管卡、埋件与复合板开口处的缝隙，用 SG791 胶粘剂嵌塞密实。

8）板缝及阴阳角处理　复合板安装 10d 后，检查所有缝隙合格。已粘结良好的所有板缝、阴角缝，先清理浮灰，刮一层接缝腻子，粘贴 50mm 宽玻纤网格带一层，压实、粘牢，表面再用接缝腻子刮平。所有阳角粘贴 200mm 宽（每边各 100mm）玻纤布，其方法同板缝。

9）胶粘剂配制　胶粘剂要随配随用，配制的胶粘剂应在 30min 内用完。

10）板面装修　板面打磨平整后，满刮石膏腻子一道，干后均需打磨平整，最后按设计规定做内饰面层。

（3）应注意的质量问题

1）增强石膏聚苯复合保温板未经烘干的湿板不得使用，以防止板裂缝和变形。

2）注意增强石膏聚苯复合板的运输和保管。

3）板缝开裂是目前的质量通病。防止板缝开裂的办法，一是板缝的粘结和板缝处理要严格按操作工艺认真操作。二是使用的胶粘剂必须按设计规定。胶粘剂的质量必须合格。三是宜采用接缝腻子处理板缝。

9.3　EPS 板薄抹灰外墙外保温系统施工

1. EPS 板薄抹灰外墙外保温系统的构造

EPS 板薄抹灰外墙外保温系统（简称 EPS 板薄抹灰系统）由 EPS 板保温层、薄抹面层和饰面涂层构成，EPS 板用胶粘剂固定在基层上，薄抹面层中满铺玻纤网，当建筑物高度在 20m 以上时，在受负风压作用较大的部位宜使用锚栓辅助固定。其构造见图 9-2。

2. 施工准备

（1）材料的准备及要求

聚苯乙烯板、水泥、粘结剂、玻纤布等进入工地的原材料必须有出厂合格证或化验单。

（2）施工工具的准备

锯条或刀锯、打磨 EPS 板的粗砂纸挫子或专用工具、小压子或铁勺、铝合金靠尺、

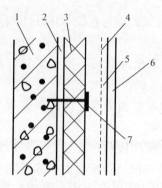

图 9-2　EPS板薄抹灰系统
1—基层；2—胶粘剂；3—EPS板；
4—玻纤网；5—薄抹面层；
6—饰面涂层；7—锚栓

钢卷尺、线绳、线坠、墨斗、铁灰槽、小铁平锹、提漏（1kg/个或5kg/个）、塑料桶。

3. 基层的要求

基层表面应光滑、坚固、干燥、无污染或其他有害的材料；墙外设施、预埋件、进口管线或其他预留洞口，应按设计图纸或施工验收规范要求提前施工并验收；墙面抹灰找平，墙面平整度用2m靠尺检测，其平整度≤3mm，局部不平整超限度部位用1∶2水泥砂浆找平；阴、阳角方正。

4. 施工工艺

（1）EPS板薄抹灰外墙外保温系统施工工艺流程：基面检查或处理→工具准备→阴阳角、门窗膀挂线→基层墙体湿润→配制聚合物砂浆，挑选EPS板→粘贴EPS板→EPS板塞缝，打磨、找平墙面→配制聚合物砂浆→EPS板面抹聚合物砂浆，门窗洞口处理，粘贴玻纤网，面层抹聚合物砂浆→找平修补，嵌密封膏→外饰面施工。

（2）粘贴聚苯乙烯板（EPS板）施工要点：

1）配制聚合物砂浆必须有专人负责，以确保搅拌质量；按配合比进行搅拌，搅拌必须均匀，避免出现离析。根据和易性可适当加水，加水量为粘结剂的5％。应随用随配，配好的砂浆最好在1小时之内用光。应在阴凉处放置，避免阳光暴晒。

2）EPS板薄抹灰系统的基层表面应清洁，无油污、脱模剂等妨碍粘结的附着物。凸起、空鼓和疏松部位应剔除并找平。找平层应与墙体粘结牢固，不得有脱层、空鼓、裂缝，面层不得有粉化、起皮、爆灰等现象。

3）粘贴EPS板时，应将胶粘剂涂在EPS板背面，涂胶粘剂面积不得小于EPS板面积的40％。板应按顺砌方式粘贴，竖缝应逐行错缝。粘贴牢固，不得有松动和空鼓。墙角处应交错互锁，见图9-3（a）。

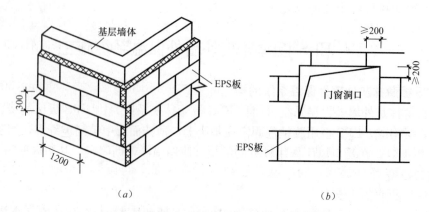

图 9-3　EPS板排板图
（a）墙角处EPS板应交错互锁；（b）门窗洞口EPS板排列

4）门窗洞口四角处EPS板不得拼接，应采用整块EPS板切割成形，EPS板接缝应离开角部至少 200mm，见图 9-3（b）。

　　5）应做好檐口、勒脚处的包边处理。装饰缝、门窗四角和阴阳角等处应做好局部加强网施工。变形缝处应做好防水和保温构造处理。

　　6）EPS 板安装的允许偏差及检验方法符合规定。

　　7）聚苯板粘贴 24h 后方可进行打磨，作轻柔圆周运动将不平处磨平，墙面打磨后，应将聚苯板碎屑清理干净，随磨随用 2m 靠尺检查平整度。

　　8）网布必须在聚苯板粘贴 24 小时以后进行施工，应先安排朝阳面贴布工序；女儿墙压顶或凸出物下部，应预留 5mm 缝隙，便于网格布嵌入。

　　9）EPS 板板边除有翻包网格布的可以在 EPS 板侧面涂抹聚合物砂浆，其他情况均不得在 EPS 板侧面涂抹聚合物砂浆。

　　10）装饰分格条须在 EPS 板粘贴 24h 后用分隔线开槽器挖槽。

　　（3）粘贴玻纤网格布的施工方法和要点：

　　1）配制聚合物砂浆必须专人负责，以确保搅拌质量；按配合比进行搅拌，搅拌必须均匀，避免出现离析。

　　2）聚合物砂浆应随用随配，配好的砂浆最好在 1h 之内用光。砂浆应于阴凉处放置，避免阳光暴晒。

　　3）在干净平整的地方按预先需要长度、宽度从整卷玻纤网布上剪下网片，留出必要的搭接长度，下料必须准确，剪好的网布必须卷起来，不允许折叠、踩踏。

　　4）在建筑物阳角处做加强层，加强层应贴在最内侧，每边 150mm。

　　5）涂抹第一遍聚合物砂浆时，应保持 EPS 板面干燥，并去除板面有害物质或杂质。

　　6）在聚苯板表面刮上一层聚合物砂浆，所刮面积应略大于网布的长或宽厚度应一致（约 2mm），除有包边要求者外，聚合物砂浆不允许涂在聚苯板侧边。

　　7）刮完聚合物砂浆后，应将网布置于其上，网布的弯曲面朝向墙，从中央向四周抹压平整，使网布嵌入聚合物砂浆中，网布不应皱折，不得外露，待表面干后，再在其上施抹一层聚合物砂浆。网布周边搭接长度不得小于 70mm，在被切断的部位，应采用补网搭接，搭接长度不得小于 70mm。

　　8）门窗周边应做加强层，加强层网格布贴在最内侧。若门窗框外皮与基层墙体表面大于 50mm，网格布与基层墙体粘贴。若小于 50mm 需做翻包处理。大墙面铺设的网格布应嵌入门窗框外侧粘牢。

　　9）门窗口四角处，在标准网施抹完后，再在门窗口四角加盖一块 200mm×300mm 标准网，与窗角平分线成 90°角放置，贴在最外侧，用以加强；在阴角处加盖一块 200mm 长，与窗户同宽的标准网片，贴在最外侧。一层窗台以下，为了防止撞击带来的伤害，应先安置加强型网布，再安置标准型网布，加强网格布应对接。

　　10）网布自上而下施抹，同步施工先施抹加强型网布，再做标准型网布。墙面粘贴的网格布应覆盖在翻包的网格布上。

　　11）网布粘完后应防止雨水冲刷或撞击，容易碰撞的阳角，门窗应采取保护措施，上料口应采取防污染措施，发生表面损坏或污染必须立即处理。

　　12）施工后保护层 4h 内不能被雨淋，保护层终凝后应及时喷水养护。养护时间：昼夜平均气温高于 15℃时不得少于 48h；低于 15℃时不得少于 72h。

9.4 胶粉 EPS 颗粒保温浆料外墙外保温系统施工

1. 胶粉 EPS 颗粒保温浆料外墙外保温系统的构造

胶粉 EPS 颗粒保温浆料外墙外保温系统（以下简称保温浆料系统）应由界面层、胶粉 EPS 颗粒保温浆料保温层、抗裂砂浆薄抹面层和饰面层组成（图 9-4）。胶粉 EPS 颗粒保温浆料经现场拌合后喷涂或抹存基层上形成保温层。薄抹面层中应满铺玻纤网；胶粉 EPS 颗粒保温浆料保温层设计厚度不宜超过 100mm，必要时应设置抗裂分隔缝。

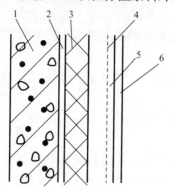

图 9-4 保温浆料系统

1—基层；2—界面砂浆；3—胶粉 EPS 颗粒保温浆料；4—抗裂砂浆薄抹面层；5—玻纤网；6—饰面层

2. 施工注意事项

胶粉 EPS 颗粒保温浆料保温层抹面的施工要点与前述抹灰要求相近，在此只阐述不同点。

（1）胶粉 EPS 颗粒保温浆料保温层的基层表面应清洁，无油污和脱模剂等妨碍连接的附着物，空鼓、疏松部位应剔除。

（2）胶粉 EPS 颗粒保温浆料宜分遍抹灰，每遍间隔时间应在 24h 以上，每遍厚度不宜超过 20mm。第一遍抹灰应压实，最后一遍应找平，并用大杠搓平。

（3）保温层硬化后，应现场检验保温层厚度并现场取样检验胶粉 EPS 颗粒保温浆料干密度。现场检验保温层厚度应符合设计要求，不得有负偏差。

9.5 EPS 板与现浇混凝土外墙外保温系统一次浇筑成型施工

1. EPS 板现浇混凝土外墙外保温系统的构造

EPS 板现浇混凝土外墙外保温系统（简称无网现浇系统）以现浇混凝土外墙作为基层，EPS 板为保温层。板内表面（与现浇混凝土接触的表面）沿水平方向开有矩形齿槽，内、外表面均满涂界面砂浆。在施工时将板置于外模板内侧，并安装锚栓作为辅助固定件。浇灌混凝土后，墙体与板以及锚栓结合为一体。板表面抹抗裂砂浆薄抹面层，外表以涂料为饰面层，其构造见图 9-5。

2. EPS 板现浇混凝土外墙外保温系统施工注意事项

（1）安装前，无网现浇系统 EPS 板两面必须预喷刷界面砂浆，要求喷涂应均匀，不得漏涂。

（2）EPS 板宽度宜为 1.2m，高度宜为建筑物层高。薄抹面层中满铺玻纤网。

（3）锚栓每平方米宜设 2～3 个。

（4）水平抗裂分格缝宜按楼层设置。垂直抗裂分格缝宜按墙面面积设置，在板式建筑中不宜大于 30m²，

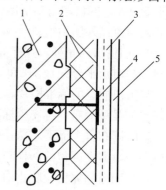

图 9-5 保温浆料系统

1—现浇混凝土外墙；2—EPS 板；3—抗裂砂浆薄抹面；4—锚栓；5—饰面层

在塔式建筑中可视具体情况而定，宜留在阴角部位。

（5）应采用钢制大模板施工。

（6）混凝土一次浇筑高度不宜大于1m，混凝土需振捣密实均匀，墙面及接槎处应光滑、平整。

（7）混凝土浇筑后，EPS板表面局部不平整处宜抹胶粉 EPS 颗粒保温浆料修补和找平，修补和找平处厚度不得大于10mm。

表面抹灰要求与前相同。

第二篇

高层建筑施工技术

第1章 深基坑施工

1.1 支护结构选型

1.1.1 基坑支护类型

支护结构可根据基坑周边环境、开挖深度、工程地质与水文地质、施工作业设备和施工季节等条件，按表1-1选用排桩、地下连续墙、水泥土墙、逆作拱墙、土钉墙、原状土放坡或采用上述型式的组合。

1.1.2 支护结构适用条件

支护结构选型表   表 1-1

结构型式	适用条件
排桩或地下连续墙	1. 适于基坑侧壁安全等级一、二、三级 2. 悬臂式结构在软土场地中不宜大于5m 3. 当地下水位高于基坑底面时，宜采用降水、排桩加截水帷幕或地下连续墙
水泥土墙	1. 基坑侧壁安全等级宜为二、三级 2. 水泥土桩施工范围内地基土承载力不宜大于150kPa 3. 基坑深度不宜大于6m
土钉墙	1. 基坑侧壁安全等级宜为二、三级的非软土场地 2. 基坑深度不宜大于12m 3. 当地下水位高于基坑底面时，应采取降水或截水措施
逆作拱墙	1. 基坑侧壁安全等级宜为二、三级 2. 淤泥和淤泥质土场地不宜采用 3. 拱墙轴线的矢跨比不宜小于1/8 4. 基坑深度不宜大于12m 5. 地下水位高于基坑底面时，应采取降水或截水措施
放坡	1. 基坑侧壁安全等级宜为三级 2. 施工场地应满足放坡条件 3. 可独立或与上述其他结构结合使用 4. 当地下水位高于坡脚时，应采取降水措施

支护结构选型应考虑结构的空间效应和受力特点，采用有利支护结构材料受力性状的形式。软土场地可采用深层搅拌、注浆、间隔或全部加固等方法对局部或整个基坑底土进行加固，或采用降水措施提高基坑内侧被动抗力。

1.2 基坑开挖

基坑开挖应根据支护结构设计、降排水要求，确定开挖方案。基坑边界周围地面应设排水沟，且应避免漏水、渗水进入坑内；放坡开挖时，应对坡顶、坡面、坡脚采取降排水措施。基坑周边严禁超堆荷载。软土基坑必须分层均衡开挖，层高不宜超过 1m。基坑开挖过程中，应采取措施防止碰撞支护结构、工程桩或扰动基地原状土。发生异常情况时，应立即停止挖土，并应立即查清原因和采取措施，方能继续挖土。开挖至坑底标高后坑底应及时满封闭并进行基础工程施工。地下结构工程施工过程中应及时进行夯实回填土施工。

1.3 开挖监控

1.3.1 基坑监测项目

基坑开挖前应作出系统的开挖监控方案，监控方案应包括监控目的、监测项目、监控报警值、监测方法及精度要求、监测点的布置、监测周期、工序管理和记录制度以及信息反馈系统等。监测点的布置应满足监控要求，从基坑边缘以外 1～2 倍开挖深度范围内的需要保护物体均应作为监控对象。基坑工程监测项目可按表 1-2 选择。

基坑监测项目表　　　　　　　　　　　　　　　　　　　　表 1-2

监测项目＼基坑侧壁安全等级	一级	二级	三级
支护结构水平位移	应测	应测	应测
周围建筑物、地下线管变形	应测	应测	宜测
地下水位	应测	应测	宜测
桩、墙内力	应测	宜测	可测
锚杆拉力	应测	宜测	可测
支撑轴力	应测	宜测	可测
立柱变形	应测	宜测	可测
土体分层竖向位移	应测	宜测	可测
支护结构界面上侧向压力	宜测	可测	可测

位移观测基准点数量不应少于两点，且应设在影响范围以外。监测项目在基坑开挖前应测得初始值，且不应少于两次。基坑监测项目的监控报警值应根据监测对象的有关规范及支护结构设计要求确定。各项监测的时间间隔可根据施工进程确定。当变形超过有关标准或监测结果变化速率较大时，应加密观测次数。当有事故征兆时，应连续监测。

1.3.2 监测报告内容

基坑开挖监测过程中，应根据设计要求提交阶段性监测结果报告。工程结束时应提交完整的监测报告，报告内容应包括：

（1）工程概况；

（2）监测项目和各测点的平面和立面布置图；

（3）采用仪器设备和监测方法；

（4）监测数据处理方法和监测结果过程曲线；

（5）监测结果评价。

1.4　排桩地下连续墙施工

1.4.1　排桩施工

1. 排桩构造要求

悬臂式排桩结构桩径不宜小于 600mm，桩间距应根据排桩受力及桩间土稳定条件确定。排桩顶部应设钢筋混凝土冠梁连接，冠梁宽度（水平方向）不宜小于桩径，冠梁高度（竖直方向）不宜小于 400mm。排桩与桩顶冠梁的混凝土等级宜大于 C20；当冠梁作为连系梁时可按构造配筋。基坑开挖后，排桩的桩间土防护可采用钢丝网混凝土护面、砖砌等处理方法，当桩间渗水时，应在护面设泄水孔。当基坑在实际地下水位以上且土质较好，暴露时间较短时，可不对桩间土进行防护处理。悬臂式现浇钢筋混凝土地下连续墙厚度不宜小于 600mm，地下连续墙顶部应设置钢筋混凝土冠梁，冠梁宽度不宜小于地下连续墙厚度，高度不宜小于 400mm。

2. 排桩施工要求

排桩施工应符合下列要求：

（1）桩位偏差，轴线和垂直轴线方向不宜超过 50mm。垂直度偏差不宜大于 0.5%；

（2）钻孔灌注桩桩底沉渣不宜超过 200mm；当用作承重结构时，桩底沉渣按《建筑桩基技术规范》（JGJ 94—2008）要求执行；

（3）排桩宜采取隔桩施工，并应在灌注混凝土 24h 后进行邻桩成孔施工；

（4）非均匀配筋排桩的钢筋笼在绑扎、吊装和埋设时，应保证钢筋笼的安放方向与设计方向一致；

（5）冠梁施工前，应将支护桩桩顶浮浆凿除清理干净，桩顶以上出露的钢筋长度应达到设计要求。

1.4.2　地下连续墙施工

1. 工艺

地下连续墙施工工艺过程：修筑导墙→挖槽→吊放接头管（箱）、吊放钢筋笼→浇筑混凝土。导墙的作用：护槽口，为槽定位（标高、水平位置、垂直），支撑（机械、钢筋笼等），存放泥浆（可保持泥浆面高度）。

2. 泥浆

（1）泥浆的作用：护壁，携碴，冷却润滑。

（2）泥浆的成分：膨润土（特殊黏土，有售）。聚合物、分散剂（抑制泥水分离）、加重剂（常用重晶石）、增粘剂（常用羟甲基纤维素，化学糊糊）、防漏剂（堵住砂土槽壁大孔，如锯末、稻草末等）。

（3）泥浆质量的控制指标：密度（比重计）、黏度（黏度计）、含沙量（泥浆含沙量测定仪）、PH值（一般为8~9时泥浆不分层）、失水量和泥皮厚度（泥浆渗透失水，同时在槽壁形成泥皮，薄而密实的泥皮有利于槽壁稳定，用过滤试验测定）、稳定性（静置前后密度差）、精切力（外力使静止泥浆开始流动后阻止其流动的阻力，精切力大时泥浆质量好）、胶体率（静置后泥浆部分体积与总体积之比）。

（4）泥浆的护理：土渣的分离处理—沉淀池（考虑泥浆循环、再生、舍弃等工艺要求）、振动筛与旋流器（离心作用分离）。

3. 单元槽接头

目前，在地下连续墙施工中，国内外常用的挖槽机构按工作机理分为挖斗式、冲击式和回转式三大类，而每一类中又分为多种。钢筋笼吊放采取在钢筋笼内放桁架的方法避免钢筋笼起吊式变形。单元墙段的街头常用的施工接头有以下几种。

（1）接头管接头

接头管（也称锁口管）接头，应用最多。一个单元槽段土方挖好后，在槽段端部用吊车放入接头管，然后吊放钢筋笼并浇筑混凝土，待浇筑的混凝土强度达到0.05~0.20MPa时（一般在混凝土浇筑后3~5h，视气温而定），开始用吊车或液压顶升架提拔接头管，上拔速度应与混凝土浇筑速度、混凝土强度增长速度相适应，一般为2~4m/h，应在混凝土浇筑结束后8h以内将接头管全部拔出。接头管直径一般比墙厚小50mm，可根据需要分段、接长、端部半圆形可以增强整体性和防水能力。

（2）接头箱接头

一个单元槽段挖土结束后，吊放接头箱，再吊放钢筋笼。钢筋笼端部的水平钢筋可插入接头箱内。接头箱的开口面被焊在钢筋笼端部的钢板封住，因此浇筑的混凝土不能进入接头箱。混凝土初凝后，与接头管一样，逐步吊出接头箱。

（3）钢板接头

用U形接头管与滑板式接头箱施工的钢板接头，是另一种整体式接头的做法。这种整体式钢板接头是在两相邻单元槽段的交界处，利用U形接头管放入开有方孔且焊有封头钢板的接头钢板，以增强接头的整体性。接头钢板上开有大量方孔，其目的是增强接头钢板与混凝土之间的黏结。滑板式接头箱的端部设有充气的锦纶塑料管，用来密封止浆，避免新浇筑混凝土浸透。为了便于抽拔接头箱，在接头箱与封头钢板和U形接头管接触处均设有聚四氟乙烯滑板。

（4）隔板式接头

隔板式接头按隔板的形状分为平隔板、榫形隔板和V形隔板，由于隔板与槽壁之间难免有缝隙，为避免新浇筑的混凝土渗入，要在钢筋笼的两边铺贴维尼龙化纤布。化纤布可把单元槽段钢筋笼全部罩住，也可以只有2~3m宽。要注意吊入钢筋笼时不要损坏化纤布。

带有接头钢筋的榫形隔板式接头，能使各单元墙段形成一个整体，是一种较好的接头方式。但插入钢筋笼较困难，且接头处混凝土的流动也受到阻碍，施工时要特别加以注意。

4. 地下连续墙与内部结构的结构接头

常用的有以下几种：

（1）预埋连接钢筋法

此法应用最多，连接钢筋弯折后预埋在地下连续墙内，待内部土体开挖后露出墙体时，凿开预埋连接钢筋弯成设计形状、连接。考虑到连接处往往是结构的薄弱处，设计时一般使连接筋有 20％ 的强度富余。

（2）预埋连接钢板法

这是一种钢筋间接连接的接头方式，预埋连接钢板放入并与钢筋笼固定，浇筑混凝土后凿开墙面使预埋连接钢板外露，用焊接方式将后浇结构中的受力钢筋与预埋连接钢板焊接。

（3）预埋剪力连接件法

剪力连接件的形式有多种，剪力连接件先预埋在地下连续墙内，然后弯折出来与后浇结构连接。

水下灌注混凝土地下连续墙混凝土强度等级宜大于 C20，地下连续墙作为地下室外墙时还应满足抗渗要求。地下连续墙的受力钢筋应采用Ⅰ级或Ⅱ级钢筋，直径不小于Φ16。净保护层不宜小于 70mm，构造筋间距宜为 200～300mm。地下连续墙墙段之间的连接接头形式，在墙段间对整体刚度或防渗有特殊要求时，应采用刚性、半刚性连接接头。地下连续墙与地下室结构的钢筋连接可采用在地下连续墙内预埋钢筋、接驳器、钢板等，预埋钢筋宜采用Ⅰ级钢筋，连接钢筋直径大于 20mm 时，宜采用接驳器连接。

5. 地下连续墙施工质量要求

（1）地下连续墙单元槽段长度可根据槽壁稳定性及钢筋笼起吊能力划分，宜为 4～8m；

（2）施工前宜进行墙槽成槽试验，确定施工工艺流程，选择操作技术参数；

（3）槽段的长度、厚度、深度、倾斜度应符合下列要求：

① 槽段长度（沿轴线方面）允许偏差±50mm；

② 槽段厚度允许偏差±10mm；

③ 槽段倾斜度≤1/150。

1.4.3 锚杆施工

1. 锚杆构造和布置要求

（1）锚杆自由段长度不宜小于 5m 并应超过潜在滑裂面 1.5m；

（2）土层锚杆锚固段长度不宜小于 4m；

（3）锚杆杆体下料长度应为锚杆自由段、锚固段及外露长度之和，外露长度须满足台座、腰梁尺寸及张拉作业要求。

（4）锚杆上下排垂直间距不宜小于 2.0m，水平间距不宜小于 1.5m；

（5）锚杆锚固体上覆土层厚度不宜小于 4.0m；

（6）锚杆倾角宜为 15°～25°，且不应大于 45°。

沿锚杆轴线方向每隔 1.5～2.0m 宜设置一个定位支架。锚杆锚固体宜采用水泥浆或水泥砂浆，其强度等级不宜低于 M10。

2. 锚杆施工质量要求

锚杆施工应符合下列要求：锚杆钻孔水平方向孔距在垂直方向误差不宜大于100mm，倾斜度不应大于3‰；注浆管宜与锚杆杆体绑扎在一起，一次注浆管距孔底宜为100～200mm，二次注浆管的出浆孔应进行可灌密封处理；浆体应按设计配制，一次灌浆宜选用灰砂比1∶1～1∶2，水灰比0.38～0.45的水泥砂浆，或水灰比0.45～0.5的水泥浆，二次高压注浆宜使用水灰比0.45～0.55的水泥浆；二次高压注浆压力宜控制在2.5～5.0MPa之间，注浆时间可根据注浆工艺试验确定或一次注浆锚固体强度达到5MPa后进行；锚杆的张拉与施加预应力（锁定）应符合下列要求：锚固段强度大于15MPa并达到设计强度等级的75%后方可进行拉张；锚杆拉张顺序应考虑对邻近锚杆的影响；锚杆宜张拉至设计载荷的0.9～1.0倍后，再按设计要求锁定；锚杆张拉控制应力不应超过锚杆杆体强度标准值的0.75倍。

3. 深基坑干作业成孔锚杆支护施工

（1）工艺流程

确定孔位→钻机就位→调整角度→钻孔并清孔→安装锚索→一次灌浆→二次高压灌浆→安装钢腰梁及锚头→张拉→锚头锁定→下一层锚杆施工。

（2）确定孔位

钻孔位置直接影响到锚杆的安装质量和力学效果，因此，钻孔前应由技术人员按施工方案要求定出孔位，标注醒目的标志，不可由钻机机长目测定位。因此要随时注意调整好钻孔位置（上下左右及角度），防止高低参差不齐和相互交错。

（3）钻机就位

确定关系孔位后，将钻机移至作业平台，调试检查。

（4）调整角度

钻机就位后，由机长调整钻杆钻进角度，并经现场技术人员用量角仪检查合格后，方可正式开始。要特别注意检查钻杆左右倾斜度。

（5）钻孔并清孔

应先检查钻杆顶部的标高、锚杆的间距是否符合设计要求。就位后必须调整钻杆，符合设计的水平倾角，并保证钻杆的水平投影垂直于坑壁，经检查无误后方可钻进。钻进时应根据工程地质情况给，控制钻进深度，防止憋钻。遇到障碍物或异常情况应及时停钻，待情况清楚后再钻进或采取相应措施。钻进设计要求后，空钻慢慢出土，以减少拔钻时的阻力，然后拔出钻杆。清孔、锚杆组装和安放：安放锚杆前，干式钻机应采用洛阳铲等手工方法将附在孔壁上的土屑或松散土清除干净。

（6）安装锚索

每根钢绞线的下料长度＝锚杆设计长度＋腰梁的宽度＋锚索张拉时顶部最小长度（与选用的千斤顶有关）。钢绞线自由段部分应涂满黄油，并套入塑料管，两端绑牢，以保证自由段的绞线能收缩自由。捆扎钢绞线隔离架，沿锚杆长度方向每隔1.5m设置一个。锚索加工完成，经检查合格后，小心运至孔口。入孔前将15mm镀锌管（做注浆管）平行并入一起，然后将锚索按插入孔内，知道孔口外端剩余最小张拉长度为止。如发现锚索按插入孔内困难，说明钻孔内有黏土堵塞，不要再继续用力插入，使钢绞线与隔离架脱离，拔出并清除孔内的黏土，重新安插到位。

（7）一次灌浆

宜选用灰沙比 1:1～1:2、水灰比为 0.38～0.45 的水泥砂浆或水灰比为 0.45～0.50 的纯水泥浆，必要时可加入一定的外加剂或掺合料。在灌浆前将管口封闭，接上压浆管，即可进行注浆，浇筑锚固体，灌浆是土层锚杆施工中的一道关键工序，必须认真执行，并做好记录。一次灌浆法只用一根灌浆管，利用泥浆泵进行灌浆，灌浆管端距孔底 300～500mm 处，待浆液流出孔口时，用水泥袋、纸等捣塞入孔口，并用湿黏土封堵孔口，严密捣实，再以 2～4MPa 的压力进行补灌，要稳压数分钟灌浆才告结束。第一次灌浆，其压力为 0.3～0.5MPa，流量为 100L/min。水泥砂浆在上述压力作用下流向钻孔。第一次灌浆量根据孔径和锚固段的长度而定。第一次灌浆后可将灌浆管拔出，以重复使用。

（8）二次高压灌浆

宜选用水灰比 0.45～0.55 的纯水泥浆。待第一次灌注的浆液初凝后，进行第二次灌浆，控制压力为 2.5～5MPa 左右，并稳压 2min，浆液冲破第一次灌浆体，向锚固体与土的接触面之间扩散，使锚固体直径扩大，增加径向压应力。由于压力注浆使锚固体周围的土受到压缩，孔隙比减小，含水量减少，也提高了土的内摩擦角，因此，二次灌浆法可以显著提高土层锚杆的承载能力。

二次灌浆法要用两根灌浆管。第一次灌浆用灌浆管的管端距离锚杆末端 50cm 左右，管底出口处用黑胶布灯光封住，以防沉降室土进入管口。第二次灌浆用灌浆管的管端距离末端 100cm 左右，管底出口处亦用黑胶布封住，且从管端 50cm 处管，花管的孔眼为 Φ8mm，花管段数视锚固段长度而定。注浆前用水引路，润湿，检查输浆管道。注浆后及时用水清洗搅浆、压浆设备和灌浆等，在灌浆体硬化之前，不能承受外力或由外力引起的锚杆位移。

（9）安装钢腰梁及锚头

根据现场测量挡土结构的偏差，加工异型支撑板，进行调整，使腰梁承压面在同一平面上，使腰梁受力均匀。将工字钢组装焊接成箱型腰梁，用吊装机械进行安装。安装时，根据锚杆角度，调整腰梁的受力面，保证与锚杆作用力方向垂直。

（10）张拉

张拉前要校核千斤顶，检查锚具硬度，清擦孔内油污、泥浆。还要处理好腰梁表面锚索孔口使其平整，避免张力拉应力集中，加垫钢板，然后用（0.1～0.2）N_t（轴向拉力设计值）对锚杆预张拉 1～2 次，使杆体完全平直，各部位接触紧密。

张拉力要根据实际所需的有效张拉力和张拉力的可能松弛程度而定，一般按设计轴向力的 75%～85% 进行控制。

当锚固段的强度大于 15MPa 并达到设计强度等级的 75% 后方可进行张拉。

张拉时宜先使横梁与托架紧贴，然后再用千斤顶进行整排锚杆的正式张拉。宜采用跳拉法或复式张拉法，以保证钢筋或钢绞线与横梁受力均匀。

张拉过程中，按照设计要求张拉荷载分级及观测时间进行，每级加荷等级观测时间内，测读锚头位移不应少于 3 次。当张拉等级达到设计拉力时，保证 10min（砂土）～15min（黏性土）3 次，每次测读位移值不大于 1mm 才算变位趋于稳定，否则继续观察其变位，直至趋于稳定方可。

（11）锚头稳定

考虑到设计要求张拉荷载要达到设计拉力，而锁定荷载为设计拉力的70%，因此张拉时的锚头处不放锁片，张拉荷载达到设计拉力后，卸荷到0，然后在锚头安插锁片，再张拉到锁定荷载。

张拉到锁定荷载后，锚片锁紧或拧紧螺母，完成锁定工作。

（12）分层开挖并做支护，进入下一层锚杆施工

4. 深基坑湿作业成孔锚杆支护施工

（1）工艺流程

钻机就位→校正孔位，调整角度→打开水源→钻孔→反复提内钻杆冲洗→接内套管钻杆及外套管→继续钻进至设计孔深→清孔→停水，拔内钻杆→插放钢绞线束及注浆管→压注水泥浆→用力拔管机拔外套管并二次灌浆→养护→安装钢腰梁及锚头→预应力张拉→锁定下一层锚杆施工。

（2）钻机就位

确定孔位后，将钻机移至作业平台，调试检查。

（3）校正孔位，调整角度

钻孔位置直接影响到锚杆的安装质量和力学效果，因此，钻孔前应由技术人员按施工方案要求定出孔位，标注醒目的标志，不可由钻机机长目测定位。要随时注意调整好锚孔位置（上下左右及角度），防止高低参差不齐和相互交错。

钻机就位后，由机长调整钻杆钻进角度，并经现场技术人员用量角仪检查合格后，方可正式开钻。另外，要特别注意检查钻杆左右倾斜度。

（4）打开水源、钻孔

先启动水泵注水钻进。钻孔采用带有护壁套管的钻孔工艺，套管外径为150mm。严格掌握钻孔的方位，调整钻杆符合设计的水平倾角，并保证钻杆的水平投影垂直于坑壁，经检查无误后方可钻进。钻进时，应根据工程地质情况控制钻进速度。遇到障碍物或异常情况应及时停钻，待情况清楚后再钻进或采取相应措施。钻孔深度大于锚杆设计长度200mm。钻孔达到设计要求深度后，应用清水冲洗套管内壁，不得有泥砂残留。护壁套管应在钻孔灌浆后方可拔出。

（5）反复提内钻杆冲洗

每节钻杆在接杆前，一定要反复冲洗外套管泥水，直到清水溢出。

（6）接内套管钻杆及外套管

接装内套管。安外套管时要停止供水，把丝扣处泥砂清除干净，抹上少量黄油，要保证接的套管与原有套管在同一轴线上。

（7）继续钻进至设计孔深

（8）清孔

湿式钻机应采用清水将孔内泥土冲洗干净。

（9）停水，拔内钻杆

待冲洗干净后停水，然后退出内钻杆，逐节拔出后，用测量工具测深并作记录。

（10）插放钢绞线束及注浆管

每根钢绞线的下料长度＝锚杆设计长度＋腰梁的宽度＋锚索张拉时端部最小长度（与

选用的千斤顶有关）。

钢绞线自由段部分应涂满黄油，并套入塑料管，两端绑牢，以保证自由段的钢绞线能自由伸缩。

捆扎钢绞线隔离架，沿锚杆长度方向按设计间距设置。

锚索加工完成，经检验合格后，小心运至孔口。入孔前将 Φ15mm 镀锌管（做注浆管）平行并入一起，然后将锚索与注浆管同步送入孔内，直到孔口外端剩余最小张拉长度为止。如发现锚索安插入管内困难，说明钻管内有黏土堵管，不要再继续用力插入，使钢绞线与隔离架脱离，随后把钻管拔出，清除出孔内的黏土，重新在原位钻孔到位。

（11）压注水泥浆

宜选用灰砂比 1：1～1：2、水灰比为 0.38～0.45 的水泥砂浆或水灰比 0.45～0.50 的纯水泥浆，必要时可加入一定的外加剂或掺合料。

在灌浆前将管口封闭，接上压浆管即可进行注浆，浇筑锚固体。灌浆是土层锚杆施工中的一道关键工序，必须认真执行，并作好记录。

一次灌浆法只用一根灌浆管，利用泥浆泵进行灌浆，灌浆管端距孔底 20cm 左右，待浆液流出孔口时，用水泥袋、纸等捣塞入孔口，并用湿黏土封堵孔口，严密捣实，再以 2～4MPa 的压力进行补灌，要稳压数分钟灌浆才告结束。

第一次灌浆是灌注水泥砂浆，其压力为 0.3～0.5MPa，流量为 100L/min。水泥砂浆在上述压力作用下流向钻孔。第一次灌浆量根据孔径和锚固段的长度而定。第一次灌浆后把灌浆管拔出，可以重复使用。

（12）二次灌浆

宜采用水灰比 0.45～0.55 的纯水泥浆。

待第一次灌注的浆液初凝后，进行第二次灌浆，控制压力为 2.0～5MPa 左右，并稳压 2min，浆液冲破第一次灌浆体，向锚固体与土的接触面之间扩散，使锚固体直径扩大，增加径向压应力。由于挤压作用，使锚固体周围的土受到压缩，孔隙比减小，含水量减少，也提高了土的内摩擦角。因此，二次灌浆法可以显著提高土层锚杆的承载能力。

二次灌浆法要用两根灌浆管。第一次灌浆用灌浆管的管端距离锚杆末端 50cm 左右，管底出口处用黑胶布等封口，以防沉放时土进入管口。第二次灌浆用灌浆管的管端距离锚杆末端 100cm 左右，管底出口处亦用黑胶布封口，且从管端 50cm 处开始向上每隔 2m 左右做出 1m 长的花管，花管的孔眼为 Φ8mm，花管段数视锚固段长度而定。

注浆前用水引路，润湿，检查输浆管道。注浆后及时用水清洗搅浆、压浆设备和灌浆管等，在灌浆体硬化之前，不能承受外力或由外力引起的锚杆位移。

（13）养护

注浆完毕后进行养护。

（14）安装钢腰梁及锚头

根据现场测量桩的偏差，加工异型支撑板，进行调整，使腰梁承压面在同一平面上，使腰梁受力均匀。

将工字钢组装焊接成箱型腰梁，用吊装机械进行安装。

安装时，根据锚杆角度，调整药量的受力面，保证与锚杆作用力方向垂直。

（15）预应力张拉

张拉前要校核千斤顶，检查锚具硬度，清擦孔内油污、泥浆，还要处理好腰梁表面锚索孔使其平整，避免张拉应力集中，加垫钢板，然后用（0.1~0.2）Nt（轴向拉力设计值）对锚杆预张拉 1~2 次，使杆体完全平直，各部位接触紧密。

张拉力要根据实际所需的有效张拉力和张拉力的可能松弛程度而定，一般按设计轴向力的 75%~85% 进行控制。

当锚固段的强度大于 15MPa 并达到设计强度的 75% 后方可张拉。张拉时宜先使横梁与托梁紧贴，然后再进行整排锚杆的正式张拉。张拉过程中，按照设计要求张拉荷载分级及观测时间进行，每级加荷等级观测时间内，测读锚头位移不应少于 3 次。当张拉等级都达到设计要求时，保持 10min（砂土）~15min（黏性土）3 次，每次测读位移值不大于 1mm 才算变位趋于稳定，否则继续观察其变位，直至趋于稳定方可。

（16）锁定

考虑到设计要求张拉荷载要达到设计要求，而锁定荷载为设计拉力的 85%，因此张拉时的锚头处不放锁片，张拉荷载达到设计拉力后，卸荷到 0，然后再矛头安插锁片，再张拉到锁定荷载。张拉到锁定何在后，锁片锁紧或拧紧螺母，完成锁定工作。

（17）分层开挖并作支护，进入下一层锚杆施工

1.4.4 水平支撑施工

1. 钢筋混凝土支撑

钢筋混凝土支撑应符合下列要求：钢筋混凝土支撑构件的混凝土强度等级不应低于 C20；钢筋混凝土支撑体系在同一平面内应整体浇注，基坑平面转角处的腰梁连接点应按刚节点设计。

2. 钢结构支撑

钢结构支撑应符合相爱列要求：钢结构支撑构件的连接可采用焊接或高强度螺栓连接；

腰梁连接节点一设置在支撑点的附近，且不应超过支撑间距的 1/3；钢腰梁与排桩、地下连续墙之间宜采用不低于 C20 细石混凝土填充；钢腰梁与钢支撑的连接节点应设加劲板。

3. 支撑拆除

支撑拆除前应在主体结构与支护结构之间设置可靠的换撑传力或回填夯实。

4. 支撑系统施工

支撑系统施工应符合下列要求：支撑结构的安装与拆除顺序，应同基坑防护结构的设计计算工况相一致。必须严格遵守先支撑后开挖额原则；立柱穿过主体结构底板以及支撑结构穿越主体结构地下室外墙的部位，应采用止水构造措施。

钢支撑的端头与冠梁或腰梁的连接应符合下列规定：支撑端头应设置厚度不小于 10mm 的钢板作封头端板，端板与支撑杆件满焊，焊缝厚度及长度能承受全部支撑力或支撑等强度，必要时，增设加劲肋板；肋板数量、尺寸应满足支撑端头局部稳定要求和传递支撑力的要求；支撑端面与支撑轴线不垂直时，可在冠梁或腰梁上设置预埋软件或采取其他构造措施以承受支撑与冠梁或腰梁间的剪力。

钢支撑预加压力的施工应符合下列要求：支撑安装完毕后，应及时检查各节点的连接状况，经确认符合要求后可施加预应力，预应力的施加应在支撑的两端同步对称进行；预应力应分级施加，重复进行，加至设计值时，应再次检查各连接点的情况，必要时应对节点进行加固，待额定压力稳定后锁定。

1.4.5 施工质量控制

混凝土灌注桩质量检测宜按下列规定进行：采用低应变动测法检测桩身完整性，检测数量不宜小于总桩数的 10%，且不得小于 5 根；当根据低应变动测试判定的桩身缺陷可能影响桩的水平承载力时，应采用钻芯法补充测试，检测数量不宜少于总桩数的 2%，且不得少于 3 根。

地下连续墙宜采用声波透射法检测墙身结构质量，检测槽数应不少于总槽段数的 20%，且不应少于 3 个槽段。

当对钢筋混凝土支撑机构或对钢支撑焊缝施工质量有怀疑时，宜采用超声探伤等非破损方法检测，检测数量根据现场情况确定。

1.5 水泥土墙施工

1.5.1 水泥搅拌桩

水泥土搅拌法是利用水泥为固化剂，涌过特制的机械（型号有多种），SJB 系列深层搅拌机，另配套灰浆泵、桩架等，在地基深处就地将原位土和固化剂（浆液或液体）强制搅拌，形成水泥土桩。水泥土搅拌桩施工分为湿法（喷浆）和干法（喷粉）两种。

水泥土搅拌桩施工步骤由于湿法和干法的施工设备不同而略有差异。其主要步骤如下：搅拌机械就位、调平；预搅下沉至设计加固深度；边喷浆（粉）、边搅拌提升，直至预定的停浆（灰）面；重复搅拌下沉至设计加固深度；根据设计要求，喷浆（粉）或只搅拌提升，直至规定的停浆（灰）面。

1.5.2 高压喷射注浆柱

高压水泥浆（或其他硬化剂）的通常压力为 15MPa 以上，通过喷射头上一或两个直径约 2mm 的横向喷嘴向土中喷射，使水泥浆与土搅拌混合，形成桩体。喷射头借助喷射管喷射或震动贯入，或随普通或专用钻孔下沉。使用特殊喷射管的二重管法（同时喷射高压浆液和压缩空气）、三重管法（同时喷射高压清水、压缩空气、低压浆液），影响范围更大，直径分别可达 1000mm、2000mm。施工工艺流程有单管法、二重管法的喷射管。

1.5.3 施工质量要求

水泥墙采用格栅布置时，水泥土的置换率对于淤泥不宜小于 0.8，淤泥质土不宜小于 0.7，一般黏性土及砂土不宜小于 0.6；格栅长宽比不宜大于 2。水泥土桩与桩之间的搭接宽度应根据挡土及截水要求确定，考虑截水作用时，桩的有效搭接宽度不宜小于 150mm；当不考虑截水作用时，搭接宽度不宜小于 100mm。当变形不能满足要求时，宜采用基坑内侧土体加固或水泥土墙插筋加混凝土面板及加大嵌固深度等措施。

水泥土墙应采取切割搭接法施工。应在前桩水泥土尚未固化时进行后序搭接桩施工。施工开始和结束的头尾搭接处，应采取加强措施（如重复喷浆搅拌），消除搭接勾缝。

深层搅拌水泥土墙施工前，应进行成桩工艺及水泥掺入量或水泥浆的配合比试验，以确定相应的水泥掺入比或水泥浆水灰比。浆喷深层搅拌的水泥掺入量宜为被加固土重度的15%～18%；粉喷深层搅拌的水泥掺入量宜为被加固土重度的13%～16%。

高压喷射注浆施工前，应通过试喷试验确定不同土层旋喷固结体的最小直径、高压喷射施工技术参数等。高压喷射水泥水灰比宜为1.0～1.5。

深层搅拌桩和高压喷射桩水泥土墙的桩位偏差不应大于50mm，垂直度偏差不宜大于0.5%。

当设置插筋时，桩身插筋应在桩顶搅拌完成后及时进行。插筋材料、插入长度和露出长度等均应按计算和构造要求确定。

高压喷射注浆应按试喷确定的技术参数施工，切割搭设宽度应符合以下规定：旋喷固结体不宜小于150mm；摆喷固结体不宜小于150mm；定喷固结体不宜小于200mm。

水泥土桩应在施工后一周内进行开挖检查或采用钻孔取芯等手段检查成桩质量，如果不符合设计要求，应及时调整施工工艺。水泥土墙应在设计开挖龄期采用钻芯法侧墙身完整性，钻芯数量不宜少于总桩数的2%，且不少于5根，并应根据设计要求取样进行单轴抗压强度试验。水泥土墙采用格栅布置时，水泥土的置换率对于淤泥不宜小于0.8，淤泥质土不宜小于0.7，一般黏性土及砂土不宜小于0.6；格栅长宽比不宜大于2。水泥土桩与桩之间的搭接宽度应根据挡土及截水要求确定，考虑截水作用时，桩的有效搭接宽度不宜小于150mm；当不考虑截水作用时，搭接宽度不宜小于100mm。当变形不能满足要求时，宜采用基坑内侧土体加固或水泥土墙查筋加混凝土面板及加大嵌固深度等措施。

水泥土墙应采取切割搭接法施工。应在前桩水泥土尚未固化时进行后序搭接桩施工。施工开始和结束的头尾搭接处，应采取加强措施，消除搭接勾缝。深层搅拌水泥土墙施工前，应进行成桩工艺及水泥渗入量或水泥浆的配合比试验，以确定相应的水泥渗入比或水泥浆水灰比，浆喷深层搅拌的水泥渗入量宜为被加固土重度的15%～18%；粉喷深层搅拌的水泥渗入量宜为被加固土重度的13%～16%。高压喷射注浆施工前，应通过试喷试验，确定不同土层旋喷固结体的最小直径、高压喷射施工技术参数等。高压喷射水泥水灰比宜为1.0～1.5。

深层搅拌桩和高压喷射桩水泥土墙的桩位偏差不应大于50mm，垂直度偏差不宜大于0.5%。

当设置插筋时桩身插筋应在桩顶搅拌完成后及时进行。插筋材料、插入长度和出露长度等均应按计算和构造要求确定。高压喷射注浆应按试喷确定的技术参数施工，切割搭接宽度应符合下列规定：旋喷固结体不宜小于150mm；摆喷固结体不宜小于150mm；定喷固结体不宜小于200mm。

水泥土桩应在施工后一周内进行开挖检查或采用钻孔取芯等手段检查成桩质量，若不符合设计要求应及时调整施工工艺。水泥土墙应在设计开挖龄期采用钻芯法检测墙身完整性，钻芯数量不宜少于总桩数的2%，且不应少于5根；并应根据设计要求取样进行单轴抗压强度试验。

1.6 土钉墙施工

1.6.1 土钉墙施工工艺

1. 工艺流程

排水设施的设置→基坑开挖→边坡处理→钻孔→插入土钉→钢筋→注浆→铺钢筋网→喷射面层混凝土→土钉现场测试→施工监测。

2. 排水设施的设置

水是土钉支护结构最为敏感的问题，不但要在施工前做好降排水工作，还要充分考虑土钉支护结构工作期间地表水及地下水的处理，设置排水构造措施。

基坑四周地表应加以修整并构筑明沟排水和水泥砂浆或混凝土地面，严防地表向下渗流。

基坑边壁有透水层或渗水土层时，混凝土面层上杆要做泄水孔，按间距 1.5～2.0m 均布插设长 0.4～0.6m，直径 40mm 的塑料排水管，外管口略向下倾斜。

为了排除积聚在基坑内的渗水和雨水，应在坑底设置排水沟和集水井。排水沟应离开坡脚 0.5～1.0m，严防冲刷坡脚。排水沟和集水井宜采用砖砌并用砂浆抹面以防止渗漏。坑内积水应及时排除。

3. 基坑开挖

基坑要按设计要求严格分层分段开挖。在完成上一层作业面土钉与喷射混凝土面层达到设计强度的 70% 以前，不得进行下一层土层的开挖。每层开挖最大深度取决于在支护投入工作前土壁可以自稳而不产生滑移破坏的能力，实际工程中常取基坑每层挖深与土钉竖向间距相等。每层开挖的水平分段也取决于土壁自稳能力，且与支护施工流程相互衔接，一般多为 10～20m 长。当基坑面积较大时，允许在距离基坑四周边坡 8～10m 的基坑中部自由开挖，但应注意与分层作业区的开挖相协调。

挖土要选用对坡面土体扰动晓得挖土设备和方法，严禁边壁出现超挖或造成边壁土体松动。坡面经机械开挖后，要采用小型机械或人工进行切削清坡，以使坡度与坡面平整度达到设计要求。

4. 边坡处理

为防止基坑内的裸露土体塌陷，对于易塌的土体可采取下列措施：对修整后的边坡，立即喷上一层薄的混凝土，强度等级不宜低于 C20，凝结后再进行钻孔；在作业面上先构筑钢筋网喷射混凝土面层，钢筋保护层厚度不宜小于 20mm，面层厚度不宜小于 80mm，而后进行钻孔和设置土钉；在水平方向上分小段间隔开挖；先将作业深度上的边壁做成斜坡，待钻孔并设置土钉后再清坡；在开挖前，沿开挖面垂直击入钢筋或钢管，或注浆加固土体。

5. 设置土钉

若土层地质条件较差时，在每步开挖后应尽快做好面层，即对修整后的边壁立即喷上一层薄混凝土或砂浆；若土质较好的话，可省去该道面层。

土钉设置通常做法是先在土体上成孔，然后置入土钉钢筋并沿全长注浆，也可以是采用专门设备将土钉钢筋击入土体。

6. 钻孔

钻孔前应根据设计要求定出孔位并做出标记和编号，钻孔时要保证位置正确（上下左右及角度），防止高低参差不齐和相互交错。

钻进时要比设计深度多钻进 100～200mm，以防止孔深不够。采用的机具应符合土层的特点，满足设计要求，在进钻和抽铁杆过程中不得引起土体坍孔。在易坍孔的土体中钻孔时宜采用套筒成孔或挤压成孔。

7. 插进土钉钢筋

插进土钉钢筋前要进行清孔检查，若孔中出现局部渗水、塌孔或掉落松土，应立即处理。土钉钢筋置入孔中前，要先在钢筋上安装对中定位支架，以保证钢筋处于孔位中心且注浆后其保护层厚度不小于 25mm。支架沿钉长的间距可为 2～3m 左右，支架可为金属或塑料件，以不妨碍浆体自由流动为宜。

8. 注浆

（1）注浆材料

注浆材料宜选用水泥浆、水泥砂浆。注浆用水泥砂浆的水灰比不宜超过 0.4～0.45，当用水泥静浆时水灰比不宜超过 0.45～0.5，并宜加入适量的速凝剂等外加剂以促进早凝和控制泌水。

（2）注浆方法

注浆前要验收土钉钢筋安设质量是否达到设计要求。一般可采用重力、低压（0.4～0.6MPa）或高压（1～2MPa）注浆，水平孔应采用低压或高压注浆。

压力注浆时应在孔口或规定位置设置止浆塞，注满后保持压力 3～5min。重力注浆以满孔为止，但在浆体初凝前需补浆 1～2 次。对于向下倾角的土钉，注浆采用重力或低压注浆时宜采用底部注浆方式，注浆导管底端应插至距孔底 250～500mm 处，在注浆同时将导管匀速缓慢地撤出。

注浆过程中，注浆导管口应始终埋在浆体表面以下，以保证孔中气体能全部溢出。注浆时采取必要的排气措施。对于水平土钉的钻孔，应用孔口部压力注浆或分段压力注浆，此时需配排气管并与土钉钢筋绑捆牢固，在注浆前与土钉钢筋同时送入孔中。

向孔内注入浆体的充盈系数必须大于 1 每次向孔内注浆时，宜预先计算所需的浆体体积并根据注浆泵的冲程数计算出实际向孔内注入的浆体体积，以确认实际注浆量超过孔内容积。注浆材料应搅合均匀，随伴随用，一次搅合的水泥浆、水泥砂浆应在初凝前用完。

注浆前应将孔内残留或松动的杂土清除干净。注浆开始或中途停止超过 30min 时，应用水或稀水泥浆润滑注浆泵及管路。为提高土钉抗拔能力，还可采用二次注浆工艺。

9. 铺钢筋网

在喷混凝土之前，先按设计要求绑捆、固定钢筋网。面层内钢筋网片应牢固固定在边壁上并符合设计规定的保护层厚度要求。钢筋网片可用插入土中的钢筋固定，但在喷混凝土时不应出现振动。钢筋网片可焊成或绑捆而成，网格允许偏差为正负 10mm。铺设钢筋网时每边的搭设长度应不小于一个网格边长或 300mm，如为搭接焊则单面焊接长度不小于网片钢筋直径的 10 倍。网片与坡面间隙不小于 20mm。土钉与面层钢筋网的连接可通过垫片、螺帽及土钉端部螺纹杆固定。垫片钢板厚 8～10mm，尺寸为 200mm×200mm～

300mm×300mm。垫板下空隙需先用高强水泥砂浆填实，待砂浆达到一定强度后方可旋紧螺帽以固定土钉。土钉钢筋也可通过井字加强钢筋直接焊接在钢筋网上。当面层厚度大于120mm时，宜采用双层钢筋网，第二层钢筋网应在第一层钢筋网被混凝土覆盖后铺设。

10. 喷射面层

（1）喷射混凝土配合比

喷射混凝土的配合比应通过试验确定，粗骨料最大粒径不宜大于12mm，水灰比不宜大于0.45，并应通过外加剂来调节所需工作度和早强时间。

当采用干法施工时，应事先对操作人员进行技术考核，以保证喷射混凝土的水灰比和质量达到设计要求。

（2）混凝土喷射作业

喷射混凝土前，应对机械设备、风、水管路和电路进行全面检查和试运转。为保证喷射混凝土厚度达到均匀的设计值，可在边壁上隔一定距离打入垂直短钢筋段作为厚度标志。

喷射混凝土的射距宜保持在0.6～1.0m范围内，并使射流垂直于壁面。在有钢筋的部位可先喷钢筋的后方以防止钢筋背面出现空隙。

喷射混凝土的路线可从壁面开挖层底部逐渐向上进行，但底部钢筋网搭设接长度范围以内先不喷混凝土，待与下层钢筋网搭设接绑捆后再与下层壁面同时喷射混凝土。混凝土面层接缝部分做成45°角斜面搭设。

当设计面层厚度超过100mm时，混凝土应分两层喷射，一次喷射厚度不宜小于40mm，且接缝错开。混凝土接缝在继续喷射混凝土之前应清除浮浆碎屑，并喷少量水湿润。

（3）混凝土养护

面层喷射混凝土终凝后2h应喷水养护，养护时间宜在3～7d，养护视当地环境条件可采用喷水、覆盖浇水或喷涂养护剂等方法。

喷射混凝土强度可用边长为100mm的立方体试块进行测定。制作试块时，将试模底面紧贴边壁，从侧向喷入混凝土，每批至少取3组（每组3块）试件。

1.6.2 土钉墙施工监测

土钉的施工监测应包括下列内容：支护位移、沉降的观测；地表开裂状态（位置、裂宽）的观察；附近建筑物和重要管线等设施的变形测量和裂缝宽度观测；基坑渗、漏水和基坑内外地下水位的变化。

在支护施工阶段，每天监测不少于1～2次；在支护施工完成后，变形趋于稳定的情况下，每天一次。监测过程应持续至整个基坑回填结束为止。

观测点的设置：每个基坑观测点的总数不宜少于3个，间距不宜大于30m；其位置应选在变形量最大或局部条件最为不利的地段；观测仪器宜用精密水准仪和精密经纬仪。

当基坑附近有重要建筑物等设施时，也应在相应位置设置观测点，在可能的情况下，宜同时测定基坑边壁不同深度位置处的水平位移，以及地表距基坑边壁不同深度位置处的水平位移，以及地表距基坑边壁不同距离处的沉降。

应特别加强雨天和雨后的监测，以及对各种可能危及支护安全的水害来源（如场地周围生产、生活用水，上下水管、储水池罐、化粪池漏水。人工井点降水的排水，因开挖后土体变形造成管道漏水等）进行观察。

在施工开挖过程中，基坑顶部的侧向位移与当时的开挖深度之比超过 3%（砂土中）和 4%（一般黏性土）时应密切加强观察，分析原因并及时对支护采取加固措施，必要时增用其他支护方法。

1.6.3　土钉墙施工质量要求

1. 土钉墙设计及构造要求

土钉墙设计及构造应符合下列规定：土钉墙墙面坡度不宜大于 1∶0.1；土钉必须和面层有效连接，应设置承压板或加强钢筋等构造措施，承压板或加强钢筋应与土钉螺栓连接或钢筋焊接连接；土钉的长度宜为开挖深度的 0.5～1.2 倍，间距宜为 1～2m，与水平面夹角宜为 5°～20°；土钉钢筋宜采用 Ⅱ、Ⅲ 级钢筋，钢筋直径宜为 16～32mm，钻孔直径宜为 70～120mm；注浆材料宜采用水泥浆或水泥砂浆，其强度等级不宜低于 M10；喷射混凝土面层宜配置钢筋网，钢筋直径宜为 6～10mm，间距宜为 150～300mm；喷射混凝土强度等级不宜低于 C20，面层厚度不宜小于 80mm；坡面上下段钢筋网搭接长度应大于300mm。

2. 土钉墙施工要求

（1）降水要求

当地下水位高于基坑底面时，应采取降水或截水措施；土钉墙墙顶应采用砂浆或混凝土护面，坡顶和坡脚应设排水措施，坡面上可根据具体情况设置泄水孔。

（2）分层开挖要求

基坑开挖和土钉墙施工应按设计要求自上而下分段分层进行。在机械开挖后，应辅以人工修整坡面，坡面平整度的允许偏差宜为 ±20mm，在坡面喷射混凝土支护前，应清除坡面虚土。

上层土钉注浆体及喷射混凝土面层达到设计强度的 70% 后方可开挖下层土方及下层土钉施工。

（3）施工顺序要求

土钉墙施工可按下列顺序进行：应按设计要求开挖工作面，修整边坡，埋设喷射混凝土厚度控制标志；喷射第一层混凝土；钻孔安设土钉、注浆，安设连接件；绑扎钢筋网，喷射第二层混凝土；设置坡顶、坡面和坡脚的排水系统。

（4）成孔施工要求

土钉成孔施工宜符合下列规定：

孔深允许偏差　　　±50mm；

孔径允许偏差　　　±5mm；

孔距允许偏差　　　±100mm；

成孔倾角偏差　　　±5%。

喷射混凝土作业要求

喷射混凝土作业应符合下列规定：喷射作业应分段进行，同一分段内喷射顺序应自上而下，一次喷射厚度不宜小于 40mm；喷射混凝土时，喷头与受喷面应保持垂直，距离宜为 0.6～1.0m；喷射混凝土终凝 2h 后，应喷水养护，养护时间根据气温确定，宜为 3～7h。

（6）钢筋网铺设要求

喷射混凝土面层张的钢筋网铺设应符合下列规定：钢筋网应在喷射一层混凝土后铺设，钢筋保护层厚度不宜小于 20mm；采用双层钢筋网时，第二层钢筋网应在第一层钢筋网被混凝土覆盖后铺设；钢筋网与土钉应连接牢固。

（7）土钉注浆材料要求

土钉注浆材料应符合下列规定：注浆材料宜选用水泥浆或水泥砂浆；水泥浆的水灰比宜为 0.5，水泥砂浆配合比宜为 1∶1～1∶2（重量比），水灰比宜为 0.38～0.45；水泥浆、水泥砂浆应拌合均与，随拌随用，一次拌合的水泥浆、水泥砂浆应在初凝前用完。

（8）注浆作业要求

注浆作业应符合以下规定：注浆前应将孔内残留或松动的杂土清除干净；注浆开始或中途停止超过 30min 时，应用水或稀水泥浆润滑注浆泵及其管路；注浆时，注浆管应插至距孔底 250～500mm 处，孔口部位宜设置止浆塞及排气管；土钉钢筋应设定位支架。

3. 土钉墙质量检测

土钉墙应按下列规定进行质量检测：土钉采用抗拉试验检测承载力，同一条件下，试验数量不宜少于土钉总数的 1%，且不应少于 3 根；墙面喷射混凝土厚度应采用钻孔检测，钻孔数宜每 100m² 墙面积一组，每组不应少于 3 点。

1.7 逆作拱墙施工

1.7.1 逆作法工艺原理及优点

1. 原理

传统的施工多层地下室的方法是开敞式施工，即大开口放坡开挖，或用支护结构围护后垂直开挖，挖至设计标高后浇筑钢筋混凝土底板，再由下而上逐层施工各层地下室结构，待地下结构完成后再进行地上结构施工。

逆作法的工艺原理如，先沿建筑物地下室轴线（地下连续墙也是地下室结构承重墙）或周围（地下连续墙等只用作支护结构）施工地下连续墙或其他支护结构，同时在建筑物内部的有关位置（柱子或隔壁相交处等，根据需要计算确定）浇筑或打下中间支撑柱，作为施工期间在底板封底之前承受上部结构自重和施工荷载的支撑。然后施工地面一层的梁板楼面结构，作为地下连续墙刚度很大的支撑，随后逐层向下开挖土方和浇筑各层地下结构，直至底板封底。与此同时，由于地面一层的楼面结构已完成，为上部结构施工创造了条件，因此可以同时向上逐层进行地上结构的施工，如此，地面上、下同时进行施工，直至工程结束。但是在地下室浇筑钢筋混凝土底板之前，地面上的上部结构允许施工的层数要经计算确定。

逆作法施工还可以使地面一层楼面结构敞开，上部结构不与地下结构同时进行施工，只是地下结构自上而下逐层施工。

2. 优点

与传统施工方法比较，用逆作法施工多层地下室有以下优点：缩短工程施工的总工期，带多层地下室的高层建筑，如果采用传统方法施工，其总工期为地下结构工期加地上结构工期，再加装修等所占的工期。而用逆作法施工，一般情况下只有－1层占绝对工期，其他各层地下室可与地上结构同时施工，不占绝对工期，因此，可以缩短工期的总工期，地下结构层数愈多，用逆作法施工则工期缩短愈显著。基坑变形小，相邻建筑物等沉降少。采用逆作法施工，是利用逐层浇筑的地下室结构作为周围支护结构地下连续墙的内部支撑。由于地下室结构与临时支撑相比刚度大得多，因此地下连续墙在侧压力作用下的变形就小得多。使底板设计趋向合理。钢筋混凝土底板要满足抗浮要求。用传统方法施工时，底板浇筑后支点少，跨度大，上浮力产生的弯矩值大，有时为了满足施工时抗浮要求而需加大底板的厚度，或增强底板的配筋。而当地下河地上结构施工结束，上部荷载传下后，为满足抗浮要求而加厚的混凝土，反过来又作为自重荷载作用于底板上，因此使底板设计不尽合理。用逆作法施工，在施工时底板的支点增多，跨度减小，较易满足抗浮要求，甚至可减少底板钢筋，使底板的结构设计趋向合理。可节省支护结构的支撑。深度较大的多层地下室，如用传统方法施工，为减少支护结构的变形须设置强大的内部支撑或外部拉锚，不但需要消耗大量钢材，施工费用也相当可观。而用逆作法施工，土方开挖后是利用地下室结构本身来支撑作为支护结构的地下连续墙，可省去支护结构的临时支撑。逆作法是自上而下施工，上面已覆盖，施工条件较差，且须采用一些特殊施工技术，保证施工质量的要求更加严格。半逆作法由上而下施工地下室各层梁，形成水平框架支撑，地下室封底后再向上逐层浇筑楼板。中心岛半逆作法先远离支护结构挖槽，正常施工基坑中部地下结构，然后逆作法施工基坑边部地下结构。

1.7.2 逆作法的特殊施工技术

1. 中间支撑柱施工

中间支撑柱的作用，是在逆作法施工期间，在地下室底板未浇筑之前与地下连续墙一起承受地下和地上各层的结构自重和施工荷载；在地下室底板规定的最高层浇筑后，与底板连接成整体，做为地下室结构的一部分，将上部结构及承受的荷载传递给地基。

中间支撑住的位置和数量，要根据地下室的结构布置和制定的施工方案详细考虑后经计算确定，一般布置在柱子位置或纵、横墙相交处。中间支撑柱所承受的最大荷载，是地下室已修筑至最下一层，而地面上已修筑至规定的最高层数时的荷载。由于底板以下的中间支撑柱要与底板的受力与设计的计算假定不一致。也有的采用预制柱（钢管桩等）作为中间支撑柱。采用灌注桩时，底板以上的中间支撑柱的柱身多为钢筋混凝土柱或H型钢柱，断面小而承载能力大，而且也便于与地下室的梁、柱、墙、板等连接。

在泥浆护壁下用反循环或正循环潜水电钻钻孔施工中间支撑柱。钻孔后吊放钢管，钢管的位置要十分准确，否则与上部柱子不在同一垂线上对受力不利，因此钢管吊放后要用定位装置调整其位置。钢管的薄壁按其承受的荷载计算确定。利用导管浇筑混凝土，钢管的内径要比导管接头处的直径大 $50\sim100$mm。而用钢管内的导管浇筑混凝土时，超压力不可能将混凝土压上很高，因此导管底部埋入混凝土不可能很深，一般为1m左右，为便于钢管下部与现浇混凝土能较好地结合，可在钢管下端加焊竖向分布的钢筋。混凝土柱的顶端一般高出底板面 30mm，高出部分在浇筑底板时将其凿除，以保证底板与中间支撑柱连成一体。混凝土浇筑完毕吊出导管。由于钢管外面不浇筑混凝土，钻孔上段中的泥浆需进行固化处理，以便于在清除开挖的土方时，防止泥浆到处流淌，恶化施工环境。泥浆的固化处理方法，是在泥浆中掺入水泥形成自凝泥浆，使其自凝固化。水泥掺量约 10%，可直接投入钻孔内，用空气压缩机通过软管进行压缩空气搅合。

中间支撑柱用套管式灌注桩成孔方法施工。它是边下套边用抓斗挖孔。由于有钢管管护壁，既可用串筒浇筑混凝土，也可用导管法浇筑，要边浇筑混凝土边上拔钢套管。混凝土柱浇至底板标高处，导管与 H 型钢间的空隙用沙或土填满，以增加上部钢柱的稳定性。

中间支撑柱还有用挖孔桩施工方法进行施工的。

在施工期间要注意观察中间支撑柱的沉降和升抬的数值。由于上部结构的不断加荷，引起中间支撑柱的沉降；而基础土方的开挖，其卸载作用又会引起坑底土体的回弹，使中间支撑柱升抬。要求事先精确地计算中间支撑柱最终是沉降还是升抬以及沉降或升抬的数值，目前还有一定的困难。

2. 地下室结构浇筑

地下室结构是由上而下分层浇筑的。地下室结构的浇筑方法有下列两种：利用土模浇筑梁板。对于地面梁板或地下各层梁板，挖至其设计标高后，将土面整平夯实，浇筑一层厚约 50mm 的素混凝土（土质好抹一层砂浆亦好），然后刷一层隔离层，即成楼板模板。对于梁模板，如果土质好可用土胎模，按梁断面挖开槽穴即可，如果土质较差可用模板搭设梁模板。

柱头模板施工时先把柱头处的土挖出至梁底以下约 500mm 处，设置柱子的施工缝模板为使下部柱子易于浇筑，该模板宜呈斜面安装，柱子钢筋通穿模板向下伸出接头长度，在施工缝模板上面组立柱头模板与梁模板相连接。如果土质好，柱头可用土胎模，否则就用模板搭设。下部柱子挖出后搭设模板进行浇筑。

施工缝处的浇筑方法，国内外常用的方法有直接法、充填法和注浆法三种。直接法即在施工缝下部继续浇筑混凝土时，仍然浇筑相同的混凝土，有时添加一些铝粉以减少收缩。为浇筑密实可做出一假牛腿，混凝土硬化后凿去。充填法即在施工缝处留出充填接缝，待混凝土面处理后，再在接缝处充填膨胀混凝土或无浮浆混凝土。注浆法即在施工缝处留出缝隙，待后浇混凝土硬化后用压力压入水泥浆充填。在上述三种方法中，直接法施工最简单，成本最低，施工时可对接缝处混凝土进行二次振捣，以进一步排除混凝土中的气泡，保证混凝土密实和减少收缩。

利用支模方式浇筑梁板施工时，先挖去地下结构一层高的土层，然后按常规方法搭设梁、板模板，浇筑梁板混凝土，再向下延伸竖向结构（柱或墙板）。为此，需解决两个问题：其一是设法减少梁板支撑的沉降和结构的变形；其二是解决竖向构件的上、下连接和混凝土浇筑。

为了减少楼板支撑的沉降和结构变形，施工时需对土层采取措施进行临时加固。加固的方法是浇筑一层素混凝土，以提高土层的承载能力和减少沉降，待墙、梁浇筑完毕，开挖下层土方时随土一同挖去，这就要额外耗费一些混凝土。另一个加固方法时铺设砂垫层，上铺枕木以扩大支撑面积。这样，上层柱子或墙板钢筋可插入砂垫层，以便于与下层后浇筑结构的钢筋连接。有时还可用吊模板的措施来解决模板的支撑问题。

由于逆作法混凝土是从顶部的侧面入仓，为便于浇筑和保证连接出的密实性，除对竖向钢筋间距适当调整外，构件顶部的模板需做成喇叭形。由于上、下层构件的结合面在上层构件的底部，再加上地面土的沉降和刚浇筑混凝土的收缩，在结合面处易出现缝隙。为此，宜在结合面处的模板上预留若干压浆孔，以便于用压力灌浆消除缝隙，保证构件连接处的密实性。

3. 垂直运输空洞的留设

逆作法施工是在顶部楼盖封闭条件下进行，在进行各层地下室结构施工时，需进行施工设备、土方、模板、钢筋、混凝土等的上下运输，所以需预留一个或几个上下贯通的垂直运输通道。为此，在设计时就要在适当部位预留一些从地面直通地下室底层的施工孔洞。也可利用楼梯间或无楼板处做为垂直运输孔洞。

此外，还应保证逆作法施工期间的通风、照明、安全等满足施工要求。

1.8　地下水控制施工

1.8.1　地下水控制方法类型

地下水控制的设计和施工应满足支护结构设计要求，应根据场地及周边工程地质条件、水文地质条件和环境条件并结合基坑支护和基础施工方案综合分析、确定。地下水控制方法可分为集水明排、降水、截水和回灌等形式单独或组合使用，可按表 1-3 选用。

地下水控制方法　　　　　　　　　　　　　　　　　　　　表 1-3

方法名称	土　类	渗透系数（m/d）	降水深度（m）	水文地质特征
集水明排	填土、粉土、黏性土、砂土	<20.0	<5	上层滞水或水量不大的潜水
		0.1~20.0	单级<6 多级<20	
真空井点降水 喷射井点降水		0.1~20.0	<20	
管井降水	粉土、砂土、碎石土、可溶岩、破碎带	1.0~200.0	>5	含水丰富的潜水、承压水、裂隙水
截水	黏性土、粉土、砂土、碎石土、岩溶土	不限	不限	
回灌	填土、粉土、砂石、碎石土	0.1~200	不限	

1.8.2　集水明排

排水沟和集水井可按下列规定布置：排水沟和集水井宜布置在拟建建筑基础边净距 0.4m 以外，排水沟边缘离开边坡脚不应小于 0.3m；在基坑四角或每隔 30~40m 应设一个集水井；排水沟底面应比挖土面低于 0.3~0.4m，集水井底面应比沟面低 0.5m 以上。

当基坑侧壁出现分层渗水时，可按不同高程设置导水管、导水沟等构成明排系统；当基坑侧壁渗水量较大或不能分层明排时，宜采用导水降水方法。基坑明排尚应重视环境排水，当地表水对基坑侧壁产生冲刷时，宜在基坑外采取截水、封堵、导流等措施。

当因降水而危及基坑及周边环境安全时，宜采用截水或回灌方法。截水后，基坑中的水量或水压较大时，宜采用基坑内降水。当基坑底为隔水层且层底作用有承压水时，应进行坑底突涌验算，必要时可采用水平封底隔渗或钻孔减压措施保证坑底土层稳定。

1.8.3　截水和回灌

1. 截水

截水帷幕的厚度应满足基坑防渗要求，截水帷幕的渗透系数宜小于 1.0×10^{-6} cm/s。当地下含水层渗透性较强，厚度较大时，可采用悬挂式竖向截水与坑内井点降水相结合或采用悬挂式竖向截水与水平封底相结合的方案。截水帷幕施工方法、工艺和机具的选择应根据场地工程地质、水文地质及施工条件等综合确定。施工质量应满足《建筑地基处理规范》JGJ 79—91 的有关规定。

2. 回灌

回灌可采用井点、砂井、砂沟等。回灌井与降水井的距离不宜小于 6m。回灌井的间距应根据降水井的间距和被保护物的平面位置确定。回灌井宜进入稳定水面下 1m，且位于渗透性较好的土层中，过滤器的长度应大于降水井过滤器的长度。回灌量可通过水位观测孔中水位变化进行控制和调节，不宜超过原水位标高。回灌水箱高度可根据灌水量配置。回灌砂井的灌砂量应取井孔体积的 95%，填料宜采用含泥量不大于 3%，不均匀系数在 3～5 之间的纯净中粗砂。回灌井与降水井应协调控制。回灌水宜采用清水。

第 2 章　大体积混凝土施工

2.1　概　　述

大体积混凝土施工应编制施工组织设计或施工技术方案。大体积混凝土工程施工除应满足设计规范及生产工艺的要求外，尚应符合下列要求：大体积混凝土的设计强度要求等级宜为 C25～C40，并可采用混凝土 60d 或 90d 的强度作为混凝土混合比设计，混凝土强度评定及工程验收的依据；大体积混凝土的结构配筋除应满足结构强度和构造要求外，还应满足大体积混凝土的施工方法配置控制温度和收缩的构造钢筋；大体积混凝土置于岩石类地基上时，宜在混凝土垫层上设置滑动层；设计中应采取减少大体积混凝土外部约束的技术设施；设计中宜根据工程情况提出温度场和应变的相关测试要求。大体积混凝土工程施工前，宜对施工阶段大体积混凝土浇筑物的温度、温度应力及收缩应力进行测试，并确定施工阶段大体积混凝土浇筑体的温升峰值、里表温差及降温速率的控制指标，制定相应的温控技术措施。

大体积混凝土施工前，应做好各项施工前准备工作，并与当地气象台、站联系，掌握近期气象情况。必要时，应增添相应的技术措施，在冬期施工时，尚应符合国家现行有关混凝土冬期施工的标准。

2.2　原材料、配合比、制作及运输

2.2.1　配合比、制作及运输

大体积混凝土配合比的设计除应符合工程设计所规定的强度等级、耐久性、抗渗性、体积稳定性等要求外，尚应符合大体积混凝土施工工艺特性的要求，并应符合合理使用材料、降低混凝土绝热温升值的要求。

大体积混凝土的制备和运输，除应符合设计混凝土强度等级的要求外，尚应根据预拌混凝土供应运输距离、运输设备、供应能力、材料批次、环境温度等调整预拌混凝土的有关参数。

2.2.2　原材料

1. 水泥

配置大体积混凝土所用水泥的选择及其质量，应符合下列规定：

（1）所用水泥应符合现行国家标准《通用硅酸盐水泥》GB 175 的有关规定，当采用其他品种时，其性能指标必须符合国家现行有关标准的规定；

（2）应选用中、低热硅酸盐水泥或低热矿渣硅酸盐水泥，大体积混凝土施工所用水泥其 3d 水化热不宜大于 240kJ/kg，7d 的水化热不宜大于 270kJ/kg；

（3）当混凝土有抗渗指标要求时，所用水泥的铝酸三钙含量不宜大于 8%；

（4）所用水泥在搅拌站的入机温度不宜大于 60℃。

水泥进场时应对水泥品种、强度等级、包装或散装仓号、出厂日期等进行检查，并应对其强度、安定性、凝结时间、水化热等性能指标及其他必要的性能指标进行复检。

2. 骨料

骨料的选择，除应符合国家现行标准《普通混凝土用砂、石质量及检测标准》GJ 52 的有关规定外，尚应符合下列规定：

（1）细骨料宜采用中砂，其细度模数应大于 2.3，含泥量不应大于 3%；

（2）粗骨料宜采用粒径 5～31.5mm，并应连续级配，含泥量不应大于 1%；

（3）应选用非碱活性的粗骨料；

（4）当采用非泵送施工时，粗骨料的粒径可适当增大。

3. 掺和料、外加剂和水

粉煤灰和粒化高炉矿渣粉，其质量应符合现行国家标准《用于水泥和混凝土中的粉煤灰》GB 1596 和《用于水泥和混凝土中的粒化高炉矿渣粉》GB/T 18046 的有关规定。

所用外加剂的质量及应用技术，应符合国家现行标准《混凝土外加剂》GB 8076、《混凝土外加剂应用技术规范》GB 50119 和有关环境保护标准的规定。

外加剂的选择除应满足本规范的规定外，尚应符合下列要求：外加剂的品种、掺量应根据工程所用胶凝材料经试验确定；应提供外加剂对硬化混凝土收缩等性能的影响；耐久性要求较高或寒冷地区的大体积混凝土，应采用引气剂或引气减水剂。

拌合用水的质量应符合国家现行标准《混凝土用水标准》JGJ 63 的有关规定。

2.3 混凝土施工

2.3.1 一般规定

1. 大体积混凝土施工组织设计主要内容

（1）大体积混凝土浇筑体温度应力和收缩应力的计算；

（2）施工阶段主要抗裂构造措施和温控指标的确定；

（3）原材料优选、配合比设计、制备与运输计划；

（4）混凝土主要施工设备和现场总平面图设计；

（5）温控检测设备和测试布置图；

（6）混凝土浇筑顺序和施工进度计划；

（7）混凝土保温和保湿养护方法，其中保温覆盖层的厚度可根据温控指标的要求按规范计算；

（8）主要应急保障措施；

（9）特殊部位和特殊气候条件下的施工措施。

2. 大体积混凝土浇筑方法

大体积混凝土的施工宜采用整体分层连续浇筑施工或推移式连续浇筑施工。大体积混凝土施工设置水平施工缝时，除应符合设计要求外，尚应根据混凝土浇筑过程中温度裂缝控制的要求、混凝土的供应能力、钢筋工程的施工、预埋管件的安装等因素确定其位置及间歇时间。超长大体积混凝土施工，应选用下列方法控制结构不出现有害裂缝：留置变形缝：变形缝的设置和施工应符合国家现行有关标准的规定；后浇带施工：后浇带的设置和施工应符合国家现行有关标准的规定；跳仓法施工：跳仓的最大分块尺寸不宜大于40m，跳仓间隔施工的时间不宜小于7d，跳仓接缝处应按施工缝的要求设置和处理。

大体积混凝土的施工宜规定合理的工期，在不利气候条件下应采取确保工程质量的措施。

3. 大体积混凝土施工准备

大体积混凝土施工前应进行图纸会审，提出施工阶段的综合抗裂措施，制定关键部位的施工作业指导书。大体积混凝土施工应在混凝土的模板和支架、钢筋工程、预埋管件等工作完成并验收合格的基础上进行。施工现场设施应按施工总平面布置图的要求按时完成，场区内道路应坚实平坦，必要时，应与市政、交管等部门协调，制定场外交通临时疏导方案。施工现场的供水、供电应满足混凝土连续施工的需要，当有断电可能时，应有双回路供电或自备电源等措施。大体积混凝土的供应能力应满足混凝土连续施工的需要，不宜低于单位时间所需量的1.2倍。用于大体积混凝土施工的设备，在浇筑混凝土前应进行全面的检修和试运转，其性能和数量应满足大体积混凝土连续浇筑的需要。混凝土的测温监控设备宜按本规范的有关规定配置和布设，标定调试应正常，保温用材料应齐备，并应派专人负责测温作业管理。大体积混凝土施工前，应对工人进行专业培训，并应逐级进行技术交底，同时应建立严格的岗位责任制和交接班制度。

4. 大体积混凝土的模板和支架

大体积混凝土的模板和支架系统应按国家现行有关标准的规定进行强度、刚度和稳定性验算，同时还应结合大体积混凝土的养护方法进行保温构造设计。

模板和支架系统在安装、使用和拆除过程中，必须采取防倾覆的临时固定措施。

后浇带或跳仓法留置的竖向施工缝，宜用钢板网、铁丝网或小板条拼接支模，也可用快易收口网进行支挡；后浇带的垂直支架系统宜与其他部位分开。

大体积混凝土的拆模时间，应满足国家现行有关标准对混凝土的强度要求，混凝土浇筑体表面与大气温差不应大于20℃；当模板作为保温养护措施的一部分时，其拆模时间应根据本规范规定的温控要求确定。

大体积混凝土宜适当延迟拆模时间，拆模后，应采取预防寒流袭击、突然降温和剧烈干燥等措施。

5. 大体积混凝土的施工

（1）混凝土浇筑层厚度应根据所用振捣器的作用深度及混凝土的和易性确定，整体连续浇筑时宜为300～500mm。

（2）整体分层连续浇筑或推移式连续浇筑，应缩短间歇时间，并应在前层混凝土初凝之间将次层混凝土浇筑完毕。层间最长的间歇时间不应大于混凝土的初凝时间。混凝土的初凝时间应通过试验确定。当层间间歇时间超过混凝土的初凝时间时，层面应按施工缝处理。

（3）混凝土浇筑宜从低处开始，沿长边方向自一端向另一端进行。当混凝土供应量有保证时，亦可多点同时浇筑。

（4）混凝土浇筑宜采用二次振捣工艺。

6. 水平施工缝的处理

大体积混凝土施工采取分层间歇浇筑混凝土时，水平施工缝的处理应符合下列规定：

（1）在已硬化的混凝土表面，应清除表面的浮浆、松动的石子及软弱混凝土层；

（2）在上层混凝土浇筑前，应用清水冲洗混凝土表面的污物，应当充分润湿，但不得有积水；

（3）混凝土应振捣密实，并应使新旧混凝土紧密结合。

大体积混凝土底板与侧壁相连接的施工缝，当有防水要求时，应采取钢板止水带处理措施。在大体积混凝土浇筑过程中，应采取防水受力钢筋、定位筋、预埋件等移位和变形的措施，并应及时清除混凝土表面的泌水。大体积混凝土浇筑面应及时进行二次抹压处理。

7. 大体积混凝土养护

（1）一般规定

大体积混凝土应进行保温保湿养护，在每次混凝土浇筑完毕后，除应按普通混凝土进行常规养护外，尚应及时按温控技术措施的要求进行保温养护，并应符合下列规定：

① 应专人负责保温养护工作，并应按本规范的有关规定操作，同时应做好测试记录；

② 保温养护的持续时间不得少于 14d，并应经常检查塑料薄膜或养护剂涂层的完整情况，保持混凝土表面湿润；

③ 保温覆盖层的拆除应分层逐步进行，当混凝土的表面温度与环境最大温差小于 20℃时，可全部拆除。

在混凝土浇筑完毕初凝前，宜立即进行喷雾养护工作。塑料薄膜、麻袋、阻燃保温被等，可作为保温材料覆盖混凝土和模板，必要时，可搭设挡风保温棚或遮阳降温棚。在保温养护中，应对混凝土浇筑体的里表温差和降温速率进行现场监测，当实测结果不满足温控指标的要求时，应及时调整保温养护措施。高层建筑转换层的大体积混凝土施工，应加强养护，其侧模、底模的保温构造应在支模设计时确定。大体积混凝土拆模后，地下结构应及时回填土；地上结构应尽早进行装饰，不宜长期暴露在自然环境中。

（2）季节性措施

大体积混凝土的施工遇炎热、冬期、大风或雨雪天气时，必须采用保证混凝土浇筑质量的技术措施。炎热天气浇筑混凝土时，宜采用遮盖、洒水、拌冰屑等降低混凝土原材料温度的措施混凝土入模温度宜控制在 30℃以下。混凝土浇筑后，应及时进行保湿保温养护；条件许可时，应避开高温时段浇筑混凝土。

冬期浇筑混凝土时，宜采用热水拌合、加热骨料等提高混凝土原材料温度的措施，混凝土入模温度不宜低于 5℃。混凝土浇筑后，应及时进行保温保湿养护。大风天气浇筑混凝土时，在作业面应采取挡风措施，并应增加混凝土表面的抹压次数，应及时覆盖塑料薄膜和保温材料。

雨雪天不宜露天浇筑混凝土，当需施工时，应采取确保混凝土质量的措施。浇筑过程中突遇大雨或大雪天气时，应及时在结构合理部位留置施工缝，并应尽快终止混凝土浇筑；对已浇筑还未硬化的混凝土应立即进行覆盖，严禁雨水进行直接冲刷新浇筑的混凝土。

2.3.2 筏形基础混凝土浇筑

1. 后浇带

（1）后浇带设置

后浇带是为在现浇混凝土结构施工过程中，克服由于温度、收缩可能产生的有害裂缝而设置的临时施工缝。该缝需根据设计要求保留一段时间后再浇筑，将整个结构连成整体。

当筏形与箱型基础的长度超过40m时，应设置永久性的沉降缝和温度收缩缝。当不设置永久性的沉降缝和温度收缩缝时，应采取设置沉降后浇带、温度后浇带、诱导缝或用微膨胀混凝土、纤维混凝土浇筑基础等措施。

后浇带的宽度不宜小于800mm，在后浇带处，钢筋应贯通。

（2）后浇带施工

后浇带两侧应采用钢筋支架和钢丝网隔断，保持带内的清洁，防止钢筋锈蚀或被压弯、踩弯，并应保证后浇带两侧混凝土的浇筑质量。

后浇带浇筑混凝土前，应将缝内的杂物清理干净，做好钢筋的除锈工作，并将两侧混凝土凿毛，涂刷界面剂。后浇带混凝土应采用微膨胀混凝土，且强度等级应比原结构混凝土强度等级增大一级。

后浇带的保留时间应根据设计确定，如果设计无要求时，一般至少保留28d以上。

2. 混凝土浇筑方案

大体积混凝土结构的浇筑方案应根据整体性要求、结构大小、钢筋疏密、混凝土供应等具体情况，选用下列三种方式：

（1）全面分层。在第一层全面浇筑完毕回来浇筑第二层时，第一层浇筑的混凝土还未初凝，如此逐层进行，直至浇筑好。这种方案适用于结构和平面尺寸大的场合，施工时从短边开始、沿长边进行较适宜。必要时也可分两段，从中间向两端或从两端向中间同时进行。

（2）分段分层，此法适用于厚度不太大而面积或长度较长的结构。混凝土从底层开始浇筑，进行一定距离后回来浇筑第二层，如此依次向前浇筑以上各分层。

（3）斜面分层，此法适用于结构的长度超过厚度的3倍。振捣工作应从浇筑层的下端开始，逐渐上移，以保证混凝土施工质量。分层的厚度决定于振捣器的棒长和振动力的大小，也要考虑混凝土的供应量大小和可能浇筑量的多少，一般为200～300mm。

3. 混凝土振捣

（1）振捣方法

混凝土的振捣工作是伴随浇筑过程而进行的。根据常采用的下面分层浇筑方法，振捣时应从坡脚处开始，以确保混凝土的质量。根据泵送混凝土的特点，浇筑后会自然流淌形成平缓的坡度，也可布设前、后两道振捣器振捣。第一道振捣器布置在混凝土坡脚处，保证下部混凝土的密实；第二道振捣器布置在混凝土卸料点，解决上部混凝土的密实。随着混凝土浇筑工作的向前推进表，振捣器也相应跟进，保证不漏振并保证整个高度混凝土的质量。

（2）二次振捣

考虑提高混凝土的极限拉伸值，提高混凝土的抗裂性，二次振捣方法是防止混凝土裂缝的一项技术措施。大量现场试验证明，对浇筑后的混凝土进行二次振捣，能排除混凝土由于泌水在骨料、水平钢筋下部生成的水分和空隙，提高混凝土与钢筋的握裹力，避免由于混凝土沉落而出现的裂缝，减小混凝土内部微裂，增加混凝土的密实度，使混凝土的抗压强度提高 10%～20%，从而可提高混凝土的抗裂性。

混凝土二次振捣的恰当时间是二次振捣的关键。振动界限时间是指混凝土振捣后尚能恢复到塑性状态的时间。掌握二次振捣恰当的时间的方法一般为：将运转着的振捣棒以其自身的重力逐渐插入混凝土中进行振捣，混凝土在振捣棒慢慢拔出时能自行闭合，不会在混凝土中留下孔穴，则可认为此时施工二次振捣是适宜的。国外一般采用测定贯入阻力值的方法进行判定，当标准贯入阻力值在未达到 $350N/cm^2$ 之前，进行二次振捣是有效的，不会损伤已成型的混凝土。

由于采用二次振捣的最佳时间与水泥品种、水灰比，坍落度、气温和振捣条件等有关，因此，在实际工程正式采用前必须经试验确定。同时，在最后确定二次振捣时间时，既要考虑技术上的合理性，又要满足分层浇筑与循环周期的安排，在操作时间上要留有余地。

4. 混凝土的泌水处理和表面处理

（1）泌水处理

混凝土的泌水处理。大体积混凝土施工，由于采用大流动性混凝土分层浇筑，上下层施工的间隔时间较长（一般为 1.5～3h），经过振捣后上涌的泌水和浮浆易顺混凝土坡面滑到坡底。当采用泵送混凝土时，泌水现象特别严重。解决的办法是在混凝土垫层施工时，预先在横向上做出 2cm 的坡度；在结构四周侧模的底部开设排水孔，使泌水从孔中自然流出；少量来不及排出的泌水，随着混凝土浇筑向前推进被赶至基坑顶部，由该处模板下部的预留孔排出坑外。

当混凝土大坡面的坡脚接近顶端模板时，应改变混凝土的浇筑方向，即从顶端往回浇筑，与原斜坡相交成一个集水坑。另外，有意识地加强两侧混凝土浇筑强度，这样集水坑逐步在中间缩成小水潭，然后用软轴泵及时将泌水排除。采用这种方法适用于排除最后阶段的所有泌水。

（2）表面处理

混凝土的表面处理。大体积混凝土，特别是泵送混凝土，其表面水泥浆较厚，不仅会引起混凝土的表面收缩干裂，而且会影响混凝土的表面强度，因此，在混凝土浇筑 4～5h 左右，先初步按设计标高用长刮尺刮平，在初凝前（由于混凝土中外加剂作用，初凝时间延长 6～8h）用铁滚筒碾压数遍，再用木楔打磨压实，以闭合收水裂缝。

5. 混凝土养护

大体积混凝土浇筑后，加强表面的保湿、保温养护，是控制混凝土温差裂缝的一项工艺技术措施，对避免混凝土产生裂缝具有重大作用。

通过对混凝土表面的保湿、保温工作，可减小混凝土的内外温差，避免出现表面裂缝；另外，也可防止混凝土过冷，避免产生贯穿裂缝。一般应在完成浇筑混凝土后的 12～18h 内洒水，如果在炎热、干燥的气候条件下，应提前养护，并且应延长养护时间。混凝土的养护时间，主要根据水泥品种而定，一般规定养护时间为 14~21d。大体积混凝土应采用蓄热养护法养护，其内外温差不宜大于 25℃。

6. 混凝土温度监测工作

（1）混凝土温度监测范围

大体积混凝土的凝结硬化过程中，随时掌握混凝土不同深度温度场升降的变化规律，及时监测混凝土内部的温度情况，对于有的放矢地采取相应的几乎措施，保证混凝土不产生过大的温度应力，具有非常重要的作用。

为了控制裂缝的产生，不仅要对混凝土成型之后的内部温度进行监测，而且应在一开始，就对原材料、混凝土的拌合，入模和浇筑温度系统进行实测。

（2）混凝土内部温度监测

监测混凝土内部的温度，可采用在混凝土内不同部位埋设铜热传感器，用混凝土温度测定记录仪进行施工全过程的跟踪和监测。

测温点的布置应便于绘制温度变化梯度图，可布置在基础平面的对称轴和对角线上。测温点应设在混凝土结构厚度的 1/2、1/4 和表面处，离钢筋的间距应大于 30mm。

铜热传感器也可用绝缘胶布绑扎在预订测点位置处的钢筋上。如果预订位置处无钢筋，可另外设置钢筋，由于钢筋的热导率大，传感器直接接触钢筋会使该部位的温度值失真，因此要用绝缘胶布绑扎。待各铜热传感器绑扎完毕后，应将馈线收成一束，固定在钢筋上并引出，以免在浇筑混凝土时馈线受到损伤。

待馈线与温度测定记录仪接好后，必须再次对传感器进行测试检查，试测完全合格后，混凝土测试的准备工作即告结束。

混凝土温度测定记录仪，不仅可显示读数，而且还可自动记录各测点的温度，能及时绘制出混凝土内部温度变化曲线，随时对照理论计算值，这样在施工过程中，可以做到对大体积混凝土内部的温度变化进行跟踪监测，实现信息化施工，保证工程质量。

2.3.3 箱型基础混凝土浇筑

1. 施工缝的预设

箱型基础底板，内、外墙和顶板施工缝的预设。外墙水平施工缝应在底板面上部 300~500mm 范围内和无梁顶板下部 30~50mm 处，并应做成企口式，有严格防水要求时，应在企口中部设镀锌钢板（或塑料）止水带，外墙的垂直施工缝多采用平缝，内墙与外墙之间可留垂直缝。在继续浇筑混凝土前必须清除杂物，将表面冲洗干净，注意接浆质量，然后浇筑混凝土。

2. 后浇缝带

当箱型基础长度超过 40m 时，为防止出现温度收缩缝或降低浇筑强度，宜在中部设置贯通后浇缝带，缝带宽度不宜小于 800mm，并从两侧混凝土内伸出贯通主筋，主筋按原设计连续安装而不切断，经 2~4 周，再在预留的中间缝带用高一强度等级的半干硬性混凝土或微膨胀混凝土（掺水泥用量 12% 的 U 型膨胀剂，简称 U.E.A）浇筑密实，使其连成整体并加强养护，但后浇缝带必须是在底板、墙壁和顶板的同一位置上部留设，使其形成环形，以便于释放早期、中期温度应力。如果只在底板和墙壁上留后浇缝带，而不在顶板上留设，将会在顶板上产生应力集中而出现裂缝，且会传递到墙壁后浇缝带，也会引起裂缝。底板后浇缝带处的垫层应加厚，局部加厚范围可采用 la＋800mm（la 为钢筋最小锚固长度），垫层顶面做二毡三油或沥青麻布两层等防水层，外墙外侧在上述范围应做二毡三油防水层，并强度等级为 M5 的砂浆砌半砖墙保护。后浇缝带适用于变形稳定较快、沉降量较小的地基，对变形量大、变形延续时间长的地基不宜采用，当有管道穿过箱型基础外墙时，应加焊止水片防渗漏。

3. 浇筑方案

混凝土浇筑要合理选择浇筑方案，根据每次浇筑量，确定搅拌、运输、振捣能力，配备机械人员，保证混凝土浇筑均匀、连续，防止出现过多的施工缝和薄弱层面。

（1）底板

底板混凝土浇筑，可沿长度方向分 2～3 个区，由一端向另一端分层推进，分层均匀下料。当底面积大或底板呈正方向，宜分段分组浇筑，当底板厚度小于 50cm。可不分层，采用斜面赶浇法浇筑，表面及时平整，当底板厚度不小于 50cm 时，宜水平分层或斜面分层浇筑，每层厚 25～30cm，分层用插入式或平板式振捣器捣固密实，同时应注意各区、组搭连接处的振捣，避免漏振，每层应在水泥初凝时间内浇筑完成，以确保混凝土的整体性和强度，提高抗裂性。

（2）墙

一般先浇外墙，后浇内墙，或内、外墙同时浇筑。分支流向轴线前进，各组兼顾横墙左右宽度各半范围。

外墙浇筑可采取分层分段循环浇筑法，即将外墙沿周边分成若干段，分段的长度应由混凝土的搅拌运输能力、浇筑强度、分层厚度和水泥初凝时间而定。一般分 3～4 个小组，绕周长循环转圈进行，周而复始，直至外墙体浇筑完成。

当周长较长、工程量较大时，也可采取分层分段一次浇筑法，即由 2～6 个浇筑小组从一点开始，混凝土分层浇筑。每两组相对应向后延伸浇筑，直至同时闭合。

（3）顶板

箱型基础顶板（带梁）混凝土浇筑方法与基础底板浇筑基本相同。

（4）养护

箱型基础混凝土浇筑完后，要加强覆盖，浇水养护；冬期要保温，避免温差过大出现裂缝，以确保结构使用和防水性能。

2.4 大体积混凝土结构温差裂缝

2.4.1 大体积混凝土结构温度裂缝的产生

建筑工程中的大体积混凝土结构，由于其截面大，水泥用量多，水泥水化所释放的水化热会产生较大的温度变化和收缩作用，由此形成的温度收缩应力是导致混凝土结构产生裂缝的主要原因。这种裂缝有表面裂缝和贯通裂缝两种。表面裂缝是由于混凝土表面和内部的散热条件不同，温度外低内高，形成了温度梯度，使混凝土内部产生压应力，表面产生拉应力，表面的拉应力超过混凝土抗拉强度而引起裂缝。贯通裂缝是由于大体积混凝土在强度发展到一定程度，混凝土逐渐降温，这个降温差引起的变形加上混凝土失水造成的体积收缩变形，受到地基和其他结构边界条件的约束时引起的拉应力，超过混凝土抗拉强度时所产生的贯通整个界面的裂缝。这两种裂缝在不同程度上都属于有害裂缝。

2.4.2 防治大体积混凝土结构温度裂缝的技术措施

为了有效的控制有害裂缝的出现和发展，可采用下列几个方面的技术措施。

1. 降低水泥水化热

（1）选用低水化热水泥；

（2）减少水泥用量；

（3）选用粒径较大，级配良好的粗骨料；

（4）掺加粉灰等掺合料或掺和减水剂；

（5）在大体积混凝土结构内部通入循环冷却水，强制降低混凝土水化热温度；

（6）在大体积混凝土中掺加总量不超过 20％的大石块等。

2. 降低混凝土入模温度

（1）选择适宜的气温浇筑；

（2）用低温水搅拌混凝土；

（3）对骨料预冷或避免骨料日晒；

（4）掺加缓凝型减水剂；

（5）加强模内通风等。

3. 加强施工中的温度控制

（1）做好混凝土的保温保湿养护，缓慢降温，夏季避免暴晒，冬季保温覆盖；

（2）加强温度监测与管理；

（3）合理安排施工工序，控制浇筑均匀上升，及时回填等。

4. 改善约束条件、削减温度应力

（1）采取分层或分块浇筑，合理设置水平或垂直施工缝，或在适当的位置设置施工后浇带；

（2）在大体积混凝土结构基层设置滑动层，在垂直面设置缓冲层，以释放约束应力。

5. 提高混凝土极限抗拉强度

大体积混凝土基础可按现浇结构工程检验批施工质量验收。

2.5 温控施工的现场监测

2.5.1 一般规定

大体积混凝土浇筑体里表温差、降温速率及环境温度的测试，在混凝土浇筑后，每昼夜不宜少于 4 次；入模温度的测量，每台班不宜少于 2 次。

大体积混凝土浇筑体内监测点的布置，应真实地反映出混凝土浇筑体内最高温升、里表温差、降温速率及环境温度，可按下列方式布置：监测点的布置范围应以所选混凝土浇筑体平面图对称轴线的半条轴线为测试区，在测试区内监测点按平面分层布置；在测试区内，监测点的位置与数量可根据混凝土浇筑体内温度场的分布情况及温控的要求确定；在每条测试轴线上，监测点位不宜少于 4 处，应根据结构的几何尺寸布置；沿混凝土浇筑体厚度方向，必须布置外表、底面和中心温度测点，其余测点宜按测点间距不大于 600mm 布置；保温养护效果及环境温度监测点数量应根据具体需要确定；混凝土浇筑体的外表温度，宜为混凝土外表以内 50mm 处的温度；混凝土浇筑体底面的温度，宜为混凝土浇筑体底面上 50mm 处的温度。

温测元件的选择应符合下列规定：温测元件的测温误差不应大于 0.3℃（25℃环境下）；测试范围应为−30℃～150℃；绝缘电阻应大于 500MΩ；温度测试元件的安装及保护，应符合下列规定：测试元件安装前，必须在水下 1m 处浸泡 24h 不损坏；测试元件接头安装位置应准确，固定应牢固，并应与结构钢筋及固定架金属体绝热；测试元件的引出线宜集中布置，并应加以保护；测试元件周围应进行保护，混凝土浇筑过程中，下料时不得直接冲击测试测温元件及其引出线；振捣时，振捣器不得触及测温元件及引出线。测试过程中宜及时描绘出各点的温度变化曲线和断面的温度分布曲线。发现温控数值异常应及时报警，并应采取相应的措施。

大体积混凝土宜采用后期强度作为配合比设计、强度评定及验收的依据。基础混凝土，确定混凝土强度时的龄期可取为 60d（56d）或 90d；柱、墙混凝土强度等级不低于 C80 时，确定混凝土强度时的龄期可取为 60d（56d）。确定混凝土强度时采用大于 28d 的龄期时，龄期应经设计单位确认。

大体积混凝土施工配合比设计应符合规范的规定，并应加强混凝土养护。

2.5.2 温度控制

1. 温度控制标准

大体积混凝土施工时，应对混凝土进行温度控制，并应符合下列规定：

（1）混凝土入模温度不宜大于 30℃；混凝土浇筑体最大温升值不宜大于 50℃。

（2）在覆盖养护或带模养护阶段，混凝土浇筑体表面以内 40mm～100mm 位置处的温度与混凝土浇筑体表面温度差值不应大于 25℃；结束覆盖养护或拆模后，混凝土浇筑体表面以内 40mm～100mm 位置处的温度与环境温度差值不应大于 25℃。

（3）混凝土浇筑体内部相邻两侧温点的温度差值不应大于 25℃。

（4）混凝土降温速率不宜大于 2.0℃/d；当有可靠经验时，降温速率要求可适当放宽。

2. 基础大体积混凝土测温点设置

基础大体积混凝土测温点设置应符合下列规定：

（1）宜选择具有代表性的两个交叉竖向剖面进行测温，竖向剖面交叉位置宜通过基础中部区域。

（2）每个竖向剖面的周边及内部位应设置测温点，两个竖向剖面交叉处应设置测温点；混凝土浇筑体表面测温点应设置在保温覆盖层底部或模板内侧表面，并应与两个剖面上的周边测温点位置及数量对应；环境测温点不应少于 2 处。

（3）每个剖面的周边测温点应设置在混凝土浇筑体表面以内 40mm～100mm 位置处；每个剖面的测温点宜竖向、横向对齐；每个剖面竖向设置的测温点不应少于 3 处，间距不应小于 0.4m 且不宜大于 1.0m；每个剖面横向设置的测温点不应少于 4 处，间距不应小于 0.4m 且不应大于 10m。

（4）对基础厚度不大于 1.6m，裂缝控制技术措施完善的工程，可不进行测温。

3. 柱、墙、梁大体积混凝土测温点设置

柱、墙、梁大体积混凝土测温点设置应符合下列规定：

（1）柱、墙、梁结构实体最小尺寸大于 2m，且混凝土强度等级不低于 C60 时，应进行测温。

（2）宜选择沿构件纵向的两个横向剖面进行测温，每个横向剖面的周边及中部区域应设置测温点；混凝土浇筑体表面测温点应设置在模板内侧表面，并应与两个剖面上的周边测温点位置及数量对应；环境测温点不应少于 1 处。

（3）每个横向剖面的周边测温点应设置在混凝土浇筑体表面以内 40mm～100mm 位置处；每个横向剖面的测温点宜对齐；每个剖面的测温点不应少于 2 处，间距不应小于 0.4m 且不宜大于 1.0m。

（4）可根据第一次测温结果，完善温差控制技术措施，后续施工可不进行测温。

4. 大体积混凝土测温规定

（1）一般规定：

① 宜根据每个测温点被混凝土初次覆盖时的温度确定各测点部位混凝土的入摸温度；

② 浇筑体周边表面以内测温点、浇筑体表面测温点、环境测温点的测温，应与混凝土浇筑、养护过程同步进行；

③ 应按测温频率要求及时提供测温报告，测温报告应包含各测温点的温度数据、温差数据、代表点位的温度变化曲线、温度变化趋势分析等内容；

④ 混凝土浇筑体表面以内 40mm～100mm 位置的温度与环境温度的差值小于 20℃时，可停止测温。

（2）大体积混凝土测温频率规定

大体积混凝土测温频率应符合下列规定：

① 第一天至第四天，每 4h 不应少于一次；

② 第五天至第七天，每 8h 不应少于一次；

③ 第七天至测温结束，每 12h 不应少于一次。

第3章　高层建筑垂直运输

3.1　塔式起重机

塔式起重机简称塔吊，其主要特点是吊臂长，工作幅度大，吊钩高度高，起重能力强，效率高。由于上述的特点，塔式起重机成为高层建筑吊装施工和垂直运输的主要机械设备。

3.1.1　塔式起重机的分类

1. 按行走机构划分

（1）分为自行式塔式起重机

自行式塔式起重机能够在固定的轨道上、地面上开行。其具有能靠近工作点、转移方便、机动性强等特点。常见的有轨道行走式、轮胎行走式、履带行走式等。

（2）固定式塔式起重机。

固定式塔式起重机没有行走机构，但它能够附着在固定的建筑物或构筑物的基础上，随着建筑物或构筑物的上升不断地上升。

2. 按起重臂变幅方法划分

（1）起重臂变幅式塔式起重机

起重臂变幅式塔式起重机的起重臂与塔身铰接，变幅时可调整起重臂的仰角，常见的变幅结构有电动和手动两种。

（2）起重小车变幅式塔式起重机

起重小车变幅式塔式起重机的起重臂是不变（或可变）横梁，下弦装有起重小车，变幅简单，操作方便，并能负载变幅。

3. 按回转方式划分

（1）上塔回转塔式起重机

上塔回转塔式起重机的塔尖回转，塔身不懂，回转机构在顶部，结构简单，但起重机重心偏高，塔身下部要加配重，操作室位置较低，不利于高层建筑施工；

（2）下塔回转塔式起重机

下塔回转塔式起重机的塔身与起重臂同时回转，回转机构在塔身下部，便于维修，操作室位置较高，便于施工观测，但回转机构较复杂。

4. 按起重能力划分

分为轻型塔式起重机、中型塔式起重机和重型塔式起重机。

通常情况下，起重量 0.5～3t 的为轻型塔式起重机，3.0～15t 的为中型塔式起重机，起重量 15～40t 的为重型塔式起重机。

5. 按塔式起重机使用架设的要求划分

（1）固定式塔式起重机

固定式塔式起重机将塔身基础固定在地基基础或结构物上，塔身不能行走。

（2）轨道式塔式起重机

轨道式塔式起重机又称轨道式行走式塔式起重机，简称为轨行式塔式起重机，在轨道上可以符合行驶。

（3）附着式塔式起重机

附着式塔式起重机每隔一定距离通过支撑将塔身锚固在构筑物上。

（4）内爬式塔式起重机

内爬式塔式起重机设置在建筑物内部（如电梯井、楼梯间等），利用支撑在结构物上的爬升装置，使整机随着建筑物的升高而升高。

3.1.2 塔式起重机的特点

起重量、工作幅度和提升高度较大。360°全回转，并能同时进行垂直、水平运输作业。工作速度高。塔式起重机的操作速度快，可以大大提高生产效率。国产塔式起重机的提升速度最快为120m/min，变幅小车的运行速度最快可以达到45m/min；某些进口塔式起重机的起升速度已超过200m/min，变幅小车的运行速度可达90m/min。现代塔式起重机具有良好的调速性和安装微动性，可以满足构件安装就位的需要。一机多用。为了充分发挥起重机的性能，在装置方面，配备有抓斗、拉铲等装置，能够做到一机多用。起重高度能随安装高度的升高而增加。机动性能好，不需要其他辅助稳定设施（如缆风绳），可以自行或自升。驾驶室（操纵室）位置较高，操纵人员能直接（或间接）看到作业全过程，有利于安全生产。

3.1.3 塔式起重机的主要参数

1. 幅度

幅度又称为回转半径或工作半径，即塔吊回转中心线至吊钩中心线的水平距离。幅度包含最大幅度与最小幅度两个参数。高层建筑施工选择塔式起重机时，应考查该塔吊的最大幅度能否满足施工需要。

2. 起重量

起重量是指塔式起重机在各种工况下安全作业所允许的起吊重物的最大重量。起重量包括所吊重物和吊具的重量。起重量是随着工作半径的加大而减少的。

3. 起重力矩

初步确定起重量和幅度参数后，还必须按照塔吊技术说明书中给出的资料，核查是否超过额定起重力矩。所谓起重力矩（单位 kN·m）值得是塔式起重机的幅度同与其相应的幅度下的起重量的乘积，能比较全面和确切地反映塔式起重机的工作能力。

4. 起升高度

起升高度是指自轨面或混凝土基础顶面至吊钩中心的垂直距离。起升高度的大小与塔身高度及臂架构造形式有关。通常应根据构筑物的总高度、预制构件或部件的最大高度、脚手架构造尺寸及施工方法等综合确定起升高度。

3.1.4　附着式自升塔式起重机

附着式自升塔式起重机是高层建筑施工中常用的塔式起重机。它能较好地适应建筑体型和层高变化的需要，不影响建筑物内部施工安排，安装拆卸比较方便，不妨碍司机视线，便于司机操作和塔式起重机生产率的提高

1. 附着式自升塔式起重机的构造及顶升过程

（1）构造

附着式自升塔式起重机是由塔身、套架、转塔、起重杆、平衡臂、起重小车及起升、变幅、回转、配重、移位、液压顶升等机构组成。

（2）顶升过程

这种起重机在顶升前，首先要确定顶升高度，将所需数量的标准节吊到塔吊悬臂引进小车一侧起重臂的下方（每次接高一个标准节，即 2.5m），使起重臂就位，并朝向与引进小车方向相同的位置，予以锁定，再将一个标准节吊到引进小车上。

为使液压顶升时上部旋转机构的重心接近塔吊中心，即油压中心，以确保在顶升时的不平衡弯矩最小，应将平衡重移到规定位置上然后进行顶升。将标准节吊到摆渡小车上，并将过渡节与塔身标准节相连的螺栓松开。

顶升塔顶。开动液压千斤顶，将塔吊上部结构包括顶升套架向上顶升到超过一个标准节的高度，然后用定位销将套架固定，于是塔吊上部结构的重量就通过定位销传递到塔身。推入塔身标准节。液压千斤顶回缩，形成引进空间，此时将装有标准节的摆渡小车开到引进空间内。安装塔身标准节。利用液压千斤顶稍微提起标准节，退出摆渡小车，然后将标准节平稳地落在下面的塔身上，并用螺栓加以连接。塔顶与塔身连成整体。拔出定位销，下降过渡节，使之与接高的塔身连成整体。如一次要接高若干节塔身标准节，则可重复以上工序。

2. 附着式自升塔式起重机混凝土基础的构筑

附着式自升塔式起重机的底部所设钢筋混凝土基础形式可分为分离式和整体式两种。附着式自升压式起重机混凝土基础应符合使用说明书或有关技术文件的规定。混凝土基础采用二级螺纹钢筋骨架，混凝土强度为 C30 或 C50。施工时，先将基底夯实，有事需打桩再做垫层，然后安设钢筋骨架、模板和预埋件，再浇筑混凝土。

对于体型复杂的高层建筑综合体，当塔式起重机常需要直接安装在基坑的情况下，塔式起重机的混凝土基础可单独构筑或采用墩柱式结构与在施工建筑结构练成一体。也可在基坑底板浇筑之前，现在混凝土垫层上构筑混凝土基础安装塔吊，随后再结合施工进程使这种基础与底板连成一体。如塔式起重机必须固定于裙房顶板结构上时，则该处顶板应妥善加固，并设置必要的临时支撑。在深基础基坑旁安装塔式起重机时，必须慎重确定塔式起重机基础的位置，一定要留出够的边坡。应根据土质情况和地基承载能力、塔式起重机结构自重及负荷大小确定基础构造尺寸。一般来说，在基坑旁架立塔式起重机，采用灌注桩承台式基础较好。在回填砂卵石基坑中构筑塔吊混凝土基础时，必须对基底进行分层压实，以确保不致有不均匀沉降。

3. 附着式自升塔式起重机的附着

（1）自由高度

附着式自升塔式起重机的自由高度超过一定限度时，就需与建筑结构拉结附着，自由

高度的限值与塔式起重机的额定起重能力和塔身结构强度有关，一般中型自升塔吊的起始附着高度为 25～30m，而重型的自升塔式起重机的起始附着高度一般为 40～50m。第一道附着与第二道附着之间的距离，轻、中型附着式自升压式起重机为 16～20m，而重型附着式自升塔式起重机则为 20～35m。

施工时，可根据高层建筑结构特点、塔式起重机安装基础高程以及塔身结构特点进行适当调整。一般情况下，附着式塔式起重机设 2～3 道附着已可满足需要。

（2）附着装置

附着式自升塔式起重机的附着装置由锚固环、附着杆以及柱箍、固定耳板（墙箍）、紧固件、连接销轴和连固螺栓等部件组成。锚固环套装在塔身标准节的水平腹杆处或塔身标准节对接处，是由钢板或型钢组焊成的箱形断面空腹结构。锚固环通过卡板、楔紧件、连接螺栓和顶丝等部件同塔身结构主弦杆连固。柱箍一般都固定于柱的根部，固定耳板则通过预埋件和连接螺栓装设在混凝土板墙的下部。附着杆可用无缝钢管制成，也可采用槽钢拼焊而成，或用型钢焊接成空间桁架结构。附着杆的一段与套装在塔身机构的锚固环相连接，另一端通过销轴固定在柱箍上，或与固定耳板连固。附着杆有多种布置方式，可根据工程对象结构特点和塔式起重机的具体安装位置选用一种比较合适的布置。

（3）附着距离

塔身中心到建筑外墙皮的水平距离称为附着距离。一般塔吊的附着距离多规定为 4～6.5m，有时大至 10～15m，两锚固点的水平距离为 5～8m。附着杆在建筑结构上的锚固点应尽可能设在柱的根部或混凝土墙板的下部，以距离混凝土楼板 300mm 左右为宜。附着杆锚固点区段（上、下各 1m 左右）应加设配筋并将混凝土强度等级提高一级。

3.1.5 内爬式塔式起重机

内爬式塔式起重机是一种安装在建筑物内部（电梯井或特设空间）结构上，依靠爬升机随建筑物向上建造而向上爬升的起重机，一般每隔两个楼层爬升一次。对于高度 100m以上的超高层建筑，可优先考虑内爬式塔式起重机，这类起重机的外形。

1. 爬升过程

内爬式塔式起重机的爬升过程。

（1）准备状态

将起重机小车收到最小幅度处，下降吊钩，吊住套架并松开固定套架的地脚螺栓，收回活动支腿，做好爬升准备。

（2）提升套架

首先，开动起升机构将套架提升至两层楼高度时停止；然后，摇出套架四角活动支腿并用地脚螺栓固定；最后，松开吊钩升高至适当高度并开动起重小车到最大幅度处。

（3）提升起重机

首先，松开底座地脚螺栓，收回底座活动支脚；然后，开动爬升机构将起重机提升至二层楼高度停止；最后，摇出底座四角的活动支腿，并用预埋在建筑结构上的地脚螺栓固定。至此，爬升过程即告结束。

2. 爬升作业注意事项

风速超过六级时禁止进行爬升作业；夜间禁止爬升作业；在爬升过程中，禁止转动起重臂，禁止开动小车；整个爬升过程必须设专人负责指挥。遇有异常情况，应立即停机检查，只有在排除故障后方可继续爬升；爬升结束后，应立即锚固塔机底座，切断爬升系统电源，并对相应两层楼板进行支撑加固，对下部结构的爬升孔洞进行封闭处理

3. 内爬式塔式起重机的拆除

（1）拆除作业

内爬式塔式起重机的拆除工序复杂且是高空作业，困难较多，必须周密布置和细致安排。拆除所采用的设备主要有附着式重型压式起重机，或屋吊面，或人字扒杆，视具体情况选用。

内爬式塔式起重机的拆卸顺序如下：

① 开动液压顶升机组，降落塔吊，使起重臂落至屋顶层；

② 拆卸平衡重并逐块下放到地面运走；

③ 拆卸起重臂，将臂架解体并分节下放到地面运走；

④ 拆卸平衡臂，解体并分节下放到地面运走；

⑤ 拆卸塔帽并下放到地面运走；

⑥ 拆卸转台、司机室并下放到地面；

⑦ 拆卸支撑回转装置及承座并下放到地面运走；

⑧ 逐节顶升塔身标准节，拆卸、下放到地面并运走，直至完成全部拆卸作业。

（2）拆除安全措施

建筑物外檐要有可靠地防护措施，以免拆塔时碰坏建筑物外檐饰面。拆卸作业范围四周要设置防护栏杆，禁止闲人入内，以免发生意外。尽可能做到随拆随运，以节省二次搬运费用。要有统一之魂和统一检查，以利拆卸作业的安全顺利进行。

3.1.6 塔式起重机的操作要点

塔式起重机应有专职司机操作，司机必须受过专业训练。塔式起重机一般准许工作的气温为－20～40℃，风速小于六级。风速大于六级及雷雨天，禁止操作。塔式起重机在作业现场安装后，必须遵照《塔式起重机》（GB/T 5031—2008）的规定进行实验和试运转。起重机必须有可靠接地，所有设备外壳都应与机体妥善连接。起重机安装好后，应重新调节各种安装保护装置和限位开关。如夜间工作，必须有充足的照明。起重机行驶轨道不得有障碍物或下沉现象。轨道面应水平，轨距公差不得超过 3mm。直轨要平直，弯轨应符合弯道要求，轨道末端 1m 处必须设有止档装置和限位器撞杆。工作前应检查各控制器的转动装置、制动器闸瓦、传动部分润滑油量、钢丝绳磨损情况及电源电压等，如不符合要求，应及时休整。

起重机工作时必须严格按照额定起重量起吊，不得超载，也不准吊拉人员、斜拉重物或拔除地下埋物。司机必须得到指挥信号后，方可进行操作。操作前司机必须按电铃、发信号。吊物上升时，吊钩距起重臂端不得小于 1m。工作休息或下班时，不得将重物悬挂在空中。

12 起重机的变幅指示器、力矩限制器以及各种行程限位开关灯安全装置，均必须齐全完整、灵敏可靠。

作业后，尚需做到下列几点：

（1）起重臂杆转到顺风方向，并放松回转制动器，小车及平衡重应移到非工作状态位置，吊钩提升到离臂杆顶端2～3m处。

（2）将每个控制开关拨至零位，依次断开各路开关，切断电源总开关，打开高空指示灯。

（3）锁紧夹轨器，如有八级以上大风警报，应另拉揽风绳与地面或建筑物固定。

3.2 泵送混凝土施工机械

3.2.1 混凝土搅拌运输车

混凝土搅拌运输车简称搅拌车，是一种长距离运送混凝土的专用车辆。在汽车底盘上安置一个可以自行转动的搅拌筒，搅拌车在行驶的过程中混凝土仍能进行搅拌，因此它是具有运输与搅拌双重功能的专用车辆。

1. 混凝土搅拌运输车的形式

搅拌车可按汽车底盘、搅拌筒的驱动力及其传动形式进行分类。按汽车底盘的结构形式可分为普通汽车底盘和专用挂式底盘两类；按搅拌筒的驱动力可分为从汽车发动机引出动力与单独设发动机供给动力两类；按搅拌车的传动形式可分为液压式与机械式。

随着搅拌车生产的规格化，目前市场上的搅拌车底盘基本上为专用汽车底盘，半挂式的汽车底盘已被淘汰。搅拌筒不再采用独立发动机带动，基本上采用汽车发动机通过变速器分动轴驱动油泵，再通过液压进行动力传递。机械式传动方式也已被淘汰。采用液压传动的优点是工作平稳，可无级变速，容易实现正转进料搅拌、反转出料的要求。

目前，市场上常见的搅拌输送车的搅拌筒容积为 8.9～10.5m³。8.9m³ 的搅拌筒可装拌合料 6m³，10.5m³ 的搅拌筒可装拌合料 7m³。

在特殊情况下，搅拌车也可作为混凝土搅拌机使用，这类搅拌车称为干式搅拌车。此时配好的生料从料斗灌入，搅拌筒正转，安装在搅拌车上的供水装置根据要求定量供水。这样一边运输，一边对干料进行加水搅拌，既代替了一台搅拌机，又可以进行输送。但由于干料是松散的，因此进行干料搅拌时，搅拌筒的工作容积应进行折减，一般为正常拌合料的三分之二。另一方面，进行干料混合搅拌对搅拌筒的磨损较为严重，会大幅度地折减使用寿命，所以除极特殊情况外一般不采用干料搅拌。

2. 混凝土搅拌运输车使用注意事项

在运输行驶的过程中，搅拌筒的转速不要超过 3r/min，一般在 1.5～2r/min 即可。在灌注前的强迫搅拌过程中，搅拌桶的转速不要超过 10r/min，一般可在 7～8r/min 进行强迫搅拌。注意，宁可时间长一点也不要在过高的转速下进行强迫搅拌，避免可能造成汽车的其他部件损坏。

作为商品混凝土输送，一般要求输送距离不要超过 20km 年时间不超过 40min。过长的运输时间会引起坍落度较大的损失。

如果在灌注之前发现坍落度损失过大，在没有值班工程师批准之前，严禁擅自加水进行搅拌。如果需加水搅拌，至少应强迫搅拌 30r。

干拌混凝土时，搅拌速度可控制在 6～8r/min，但最大不得超过 10r/min，从加水时间记起，总的搅拌转数可控制在100r内。

应经常注意检查分动箱输出轴、万向节搅拌筒支撑、滚轮，注意加油保养。

搅拌车使用完毕应及时清洗，除去各部分贴上的混凝土，特别是搅拌筒内靠近近球面底部的混凝土。经常发生的故障是由于长期清洗不干净，在球壳外形成一层硬结的混凝土层，它们的存在不但减少了容积，而且容易损坏底部刮板，结果底部越积越厚。

在超长距离输送时，往往采取两次添加附加剂的办法以保持坍落度不受较大的损失。采用这种做法时应严格按照工艺实施。

3.2.2　混凝土泵

混凝土泵经过半个世纪的发展，从立式泵、机械式挤压泵、水压隔膜泵、气压泵发展到今天的卧式全液压泵。目前，世界各地生产与使用的全是液压泵。按照混凝土泵的移动方式不同，液压泵分为固定泵、拖式泵和混凝土泵车。

卧式双缸混凝土泵，两个混凝土缸并列布置，由两个油缸驱动，通过阀的转换，交替吸入或输出混凝土，使混凝土平稳而连续地输送出去。

液压缸的活塞向前推进，将混凝土通过中心管向外排出，同时混凝土缸中的活塞向回收缩，将料斗中的混凝土吸入。当液压缸（或混凝土缸）的活塞到达行程终点时，摆动缸动作，将摆动阀切换，使左混凝土缸吸入，右混凝土排除。在混凝土泵中，分配阀是核心机构，也是最容易损坏的部分。泵的工作好坏与分配阀的质量与形式有着密切的关系。泵阀大致可分为闸板阀三大类。

3.2.3　混凝土泵车

混凝土泵车是将混凝土泵安装在汽车地盘上，利用柴油发动机的动力，通过动力分动箱将动力传给液压泵，然后带动混凝土泵进行工作。混凝土通过布料杆，可送到一定高程和距离。对于一般的建筑物施工，这种泵车有独特的优越性。它移动方便，输送幅度与高度适中，可省一台起重机，在施工中很受欢迎。

3.2.4　混凝土泵送机械的安全操作

机械操作和喷射操作人员应密切联系，送风、加料、停机、停风以及发生堵塞等应相互协调配合。在喷嘴前方或左右5m范围内不站人，工作停歇时，喷嘴不应对向有人方向。作业中，暂停时间超过1h，一定要将仓内及输料管内的干混合料（不加水）全部喷出。如输料软管发生堵塞时，可用木棍轻轻敲打外壁，如敲打无效，可将软管拆卸用压缩空气吹通。转移作业面时，供风、供水系统也应随之移动，输料软管不应随地拖拉和折弯。

作业后，一定要将仓内和输料软管内的干混合料（不含水）全部喷出，再将喷嘴拆下来清洗干净，并清除喷射机外部黏附的混凝土。支腿应全部伸出并支固，未支固前不应启动布料杆。布料杆升离支架后方可以回转。布料杆伸出时应按顺序进行。严禁用布料杆起吊或拖拉物件。当布料杆处于全伸状态时，严禁移动车身。作业中需要移动时，应将上段布料杆折叠固定，移动速度不超过10km/h。布料杆不应使用超过规定直径的配管，装接的软管应系防脱安全绳带。应随时监视各种仪表和指示灯，发现不正常应及时调整或处理。如出现输送管道堵塞时，应进行逆向运转使混凝土返回料斗，必要时应拆管排出堵塞。

泵送工作应连续作业，必须暂停时应每隔 5~10min（冬季 3~5min）泵送一次。如果停止较长时间后泵送时，应逆向运转 1~2 个行程，然后顺向泵送。泵送时料斗内应保持一定的量的混凝土，不应吸空。应保持水箱内储满清水，如果发现水质浑浊并有较多沙粒时应及时检查处理。泵送系统受压力时，不应开启任何输送管道和液压管道，液压系统的安全阀不应任意调整，蓄能器只能充入氮气。作业后，必须先将料斗内和管道内的混凝土全部输出，然后对泵机、料斗、管道进行冲洗。用压缩空气冲洗管道时，管道出口端前方 10m 内不应站人，并应用金属网篮等收集冲出的泡沫橡胶及砂石粒。严禁用压缩空气冲洗布料杆配管。布料杆的折叠收缩应按顺序进行。将两侧活塞运转到清洗室，并涂上润滑油。各部位操纵开关、调整手柄、手轮、控制杆、旋塞等均应复位。液压系统卸荷。

3.2.5 混凝土泵的故障及处理

混凝土泵最容易引起施工停顿，造成事故的问题大致有下面几类。堵管，压系统故障，摆阀（或闸板阀）间隙过大，或引起切割环与眼镜板密封不严，或导致摆阀无法摆动到位，混凝土缸或活塞头磨损严重。下面分别就这四类问题做详细说明。

1. 堵管

最容易发生堵管的是 S 形阀。闸板阀发生堵管的概率不大。混凝土堵管一般都是组建形成的。如果前一次使用后，未能对工作缸及 S 形阀进行彻底清洗，第二次工作时，如果泵道作业不十分连续，中间停顿时间过长，或天气较热，混凝土质量不好，则在 S 形阀有残留磨凝土处混凝土可能逐渐干结、加厚以致最终造成堵管。此刻能解决问题的较为可靠地办法是在判断正确的基础上，先将料斗内的混凝土从底阀下排出，同时解开向外输送的管卡，用手锤在 S 形阀下方与两侧用力敲击，再用铁钎通捣。在多数情况下，后来凝结的混凝土会被敲击破碎或被捣碎。早先硬结的混凝土虽然不一定被击碎，但由于 S 管内通径加大，混凝土泵仍可继续工作。对于单泵单独工作的施工点，应及时排除故障继续施工。如果用上述方法仍然不能将堵管打通，唯一的途径就是将 S 管拆开，破碎堵管混凝土。

2. 液压系统故障

混凝土泵在正常工作时，液压泵始终在高压大流量状态下工作，双缸切换频繁。在这种状态下，除去液压件本身的损坏可能引起故障外，造成液压系统无法正常工作的一个主要因素是油温过高。造成油温过高的原因是多方面的，例如：液压箱油量不足；冷却器风扇停转；冷热器散热片积尘过多，散热性能不好；冷却器内部回路阻塞；液压回路中某些辅助系统的中低压溢流阀设定压力过高或损坏；液压系统内泄漏过大。

解决的具体办法，是用外循环水降低油温。这种降低油温的办法非常有效，只是施工现场要具备水源充足、排水方便的条件。此外，液压油要保持一定的清洁度。油液中所含细金属颗粒如果夹在滑阀芯中滑动，会很快引起阀芯的磨损。为有效防止这种情况的发生，可将回油过滤器的过滤精度提高（相应滤芯面积要加大），这样成本加大且更容易堵塞；或者按使用说明书更换滤芯。液压油的滤芯就好比人体的肾脏，对整个机器的正常是极其重要的。至今，许多使用者扔未重视这种问题。结果油的污染大大缩短了机器的寿命。

3. 摆阀的故障

摆阀的故障有两类：一类故障是料斗与摆动杆的支撑密封由于缺油慢慢磨损，最后料斗中的水泥砂浆渗漏到轴颈中，大大增加了阻力，最后使 S 形阀不能转动或转动不到位，S 形阀没有到位，进（出）料口不能密封，无法建立泵送压力，或是直接咬死，根本无法转动。

在泵送混凝土施工中，一旦出现这类故障，处理是相当困难的。这就要求施工人员在工作前认真检查，在工作中勤加润滑脂，始终保持轴颈转动副腔内充满润滑脂，使料斗中的水泥砂浆无法渗入。

另一类摆阀故障为切割环与眼睛板磨损导致的故障。目前国外生产混凝土泵的眼睛板是由硬质合金制成的。这类眼睛板硬度大，抗磨性能好，同时还有一定的韧性，不易在切割环的运动中崩坏。由于这些良好的特性，这种眼睛板特别适用于高层楼房的施工。国内大部分混凝土泵的眼睛板为堆焊制成，硬度与抗磨性能远不及国外同类产品，使用周期要短得多。

切割环与 S 管之间有一个弹性橡胶环起压力补偿作用。切割环磨损 3mm 左右，摆阀仍可以正常工作。如果磨损过大，则密封性能大大下降，泵送压力降低，因此使用一段时间后应及时更换切割环与眼睛板，更换时不要采用自行制造的代用品，以免得不偿失。

4. 混凝土缸与活塞头磨损

一般混凝土缸的材料是相当硬且耐磨的，活塞头的橡胶唇边要比缸径大 3～4mm。安装时，先将唇边内压通过缸端部的斜口滑入缸内。这种尺寸的配合可以确保活塞头与缸的密封性。随着工作时间加长，活塞头的唇边逐渐磨损，当唇边磨损到一定程度后，活塞向前推进时，部分混凝土砂浆液就会留在混凝土缸中，造成混凝土缸与活塞头磨损。

通常采用的方法是由液压缸与混凝土缸之间的封水腔中的水冲，洗去混凝土砂浆液，以防止这种含有很细固体微粒的浆液渗透到液压缸的油液中。因此，使用者应经常注意封水的浑浊程度，通常一个台班更换 2～3 次封水。如果发现封水在短时间内迅速变浑，这表明活塞已磨到极限，应在下次使用前将活塞更换。根据使用工况的不同，在排送 3 万～5 万立方米混凝土后，混凝土缸的磨损将达到极限，此时应更换混凝土缸。

3.3 施工电梯

3.3.1 施工电梯的分类

施工电梯又称人货两用电梯，是高层建筑施工设备中唯一可运送人员上下的垂直运输工具。如若不采用施工电梯，高层建筑中的净工作时间会损失 30％左右，所以施工电梯是高层建筑提高生产率的关键设备之一。

施工电梯按动力装置可分为电动与电动—液压两种，电动—液压驱动电梯工作速度比电动驱动电梯速度快，可达 96m/min。

施工电梯按用途可划分为载货电梯、载人电梯和人货两用电梯。载货电梯一般起重能力较大，起升速度快，而载人电梯或人货两用电梯对安全装置要求高一些。目前，在实际工程中用的比较多的是人货两用电梯。

施工电梯按驱动形式分为钢索曳引、齿轮齿条曳引和星轮滚到曳引三种形式。钢索曳引是早期产品；星轮滚道曳引的传动形式较新颖，但载重能力较小；目前用得比较多的是齿轮齿条曳引这种结构形式。施工电梯按吊厢数量可分为单吊笼式和双吊笼式。

施工电梯按承载能力可分为两级：一级能载重物 1t 或人员 11～12 人，另一级载重量为 2t 或载乘员 24 人。我国施工电梯用得比较多的是前者。

施工电梯按塔架多少分为单塔架式和双塔架式。目前，双塔架桥式施工电梯很少用。

3.3.2 施工电梯的选择和使用

1. 选择

现场施工经验表明，为减少施工成本，20 层以下的高层建筑采用绳轮驱动施工电梯，25～30 层以上的选用齿轮齿条驱动施工电梯。高层建筑施工施工电梯的机型选择，应根据建筑体型、建筑面积、运输总量、工期要求以及施工电梯的造价与供货条件等确定。

2. 使用

确定施工电梯位置。施工电梯安装的位置应尽可能满足一下要求：有利于人员和物料的集散；各种运输距离最短；方便附墙装置安装和设置；接近电源，有良好的夜间照明，便于司机观察。加强施工电梯的管理。施工电梯全部运转时间中，输送物料时间只占运送时间的 30％～40％，在高峰期，特别在上下班时刻，人流集中，施工电梯运量达到高峰。如何解决好施工电梯人货矛盾，是一个关键问题。

3.3.3 齿轮齿条驱动电梯

主要部件为吊笼、带有底笼的平面主框架结构、立柱导轨架、驱动装置、电控系统提升系统、安全装置等。

1. 立柱导轨架

一般立柱有无缝钢管焊接成桁架结构和带有齿条的标准节组成，标准节长为 1.5m，标准节之间采用套柱螺栓连接，并在立柱杆内装有导向楔。

2. 带底笼的安全栅

电梯的底部有一个便于安装立柱段的平面主框架，在主框架上立有带镀锌铁网状护围的底笼。底笼的高度约为 2m，其作用是在地面把电梯整个围起来，以防止电梯升降时闲人进出而发生事故。底笼入门口的一端有一个带机械和电气的连锁装置，当吊笼在上方运行时即锁住，安全栅上的门无法打开，直至吊笼降至地面后，连锁装置才能解脱，以确保安全。

3. 吊笼

吊笼又称为吊厢，不仅是乘人载物的容器，而且又是安装驱动装置和架设或拆卸支柱的场所。吊笼内的尺寸一般为长×宽×高＝3m×1.3m×2.7m 左右。吊笼底部由浸过桐油的硬木或钢板铺成，结构主要由型钢焊接骨架、顶部和周壁方眼编织网围护结构组成。

一般国产电梯在吊笼的外沿都装有司机专用的驾驶室，内有电气操纵开关和控制仪表盘，或在吊笼一侧设有电梯司机专座，负责操纵电梯。

4. 驱动装置

是使吊笼上下运行的一组动力装置，其齿轮齿条驱动机构可为单驱动、双驱动，甚至三驱动。

5. 安全装置

（1）限速制动器

国产的施工外用载人电梯大多配用两套制动装置，其中一套就是限速制动器。它能在紧急的情况下如电磁制动器失灵、机械损坏或严重过载和吊笼在超过规定的速度约15%时，使电梯马上停止工作。

常见的限速器是锥鼓式限速器，根据功能不同，分为单作用和双作用两种形式。所谓单作用限速器，只能沿工作吊厢下降方向起制动作用。锥鼓式限速器的结构，主要由锥形制动器部分和离心限速部分组成。制动器部分由制动毂、锥面制动轮、碟形弹簧组、轴承、螺母、端翼和导板组成。离心限速器部分由心块支架、传动轴、从动齿轮、离心块和拉伸弹簧组成。锥鼓式限速器有以下三种工作状态。电梯运行时，小齿轮与齿条啮合驱动，离心块在弹簧的作用下，随齿轮轴一起转动；当电梯运行超过一定速度时，离心块克服弹簧力向外飞出与制动鼓内壁的齿啮合，使制动鼓旋转而被拧入壳体；随着内外锥体的压紧，制动力矩逐步增大，使吊笼能平缓制动。锥鼓式限速器的优点在于减少可中间传力路线，在齿条上实现柔性直接制动，安全可靠性大，冲击力小。制动行程可以预调。在限速制动的同时，电器主传动部分自动切断，在预调行程内实现制动，可有效地防止上升时"冒顶"和下降时出现"自由落体"坠落现象。由于限速器是独立工作，因此不会对驱动机构和电梯结构产生破坏。

（2）限位装置

设立在立柱顶部的为最高限位装置，可防止冒顶，主要是由限位碰铁和限位开关构成。设在楼层的为分层停车限位装置，可实现准确停层。设在立柱下部的限位器可不使吊笼超越下部极限位置。电机制动器有内抱制动器和外抱电磁制动器等。紧急制动气有手动楔块制动器和脚踏液压紧急刹车等，在紧急的情况下，如限速和传动机构都发生故障时，可实现安全制动。缓冲弹簧。底笼的地盘上装有缓冲弹簧，在下限位装置失灵时，可以减小吊笼落地震动。

（3）平衡重

平衡重的重量约等于吊笼自重加1/2的额定载重量，用来平衡吊笼的一部分重量。平衡重通过绕过主柱顶部天轮的钢丝绳，与吊笼连接，并装有松绳限位开关。每个吊笼可配用平衡重，也可不配平衡重。和平衡重的吊笼相比，配平衡重的优点是保持荷载的平衡和立柱的稳定，并且在电动机功率不变的情况下，提高了承载能力，从而达到了节能目的。

6. 电气控制与操纵系统

电梯的电气装置（接触器、过载保护、电磁制动器或晶闸管等电器组件）装在吊笼内壁的箱内，为了确保电梯运行安全，所用电气装置都重复接地。

一般在地面、楼层和吊笼内的三处设置了上升、下降和停止的按钮开关箱，以防万一。在楼层上，开关箱放在靠近平台栏栅或入口处。在吊笼内的传动机械座板上，除了有上升或下降的限位开关外，在中间装有一个主限位开关，当吊笼超速运行，该开关可切断所有的三相电源，下次在电梯重新运行之前，应将限位开关手动复位。利用电缆可使控制信号和电动机的电力传送到电梯吊笼内，电缆卷绕在底部的电缆筒上，高度很大时，为了避免电缆易受风的作用而绕在主柱导轨上，为此应设立专用的电缆导向装置。吊笼上升时，电缆随之被提起，吊笼下降时，电缆经由导向装置落入电缆筒。

3.3.4 轮绳驱动施工电梯

轮绳驱动施工电梯时卷扬机、滑轮组，通过钢丝绳悬吊吊厢升降，这种电梯时近年来我国的一些科研单位和生产厂家合作研制的。轮绳驱动施工电梯常称为施工升降机。有的人货两用，可载货 1t 或乘员 8～10 人，有的只用以运货，载重亦达 1t。绳轮驱动施工电梯主要特点是：采用三角断面钢管焊接隔桁结构立柱，单吊笼，无平衡重，设有限速和机电联锁安全装置，附着装置比较简单；其结构比较轻巧，能自升接高，构造较简单，用钢量少，造价仅为齿轮齿条施工电梯的 2/5，附着装置费用也比较省，适用于建造 20 层以下的高层建筑。

3.3.5 施工电梯的安全操作

电梯在每班首次载重运行时，一定要从最低层上升。严禁自上而下。当梯笼升离地面 1～2m 时要停车试验制动器的可靠性，如果发现制动器不正常，在修复后方可运行。

梯笼内乘人或载物时，应使载荷均匀分布，防止偏重，严禁超载荷运行。

操作人员应与指挥人员密切配合，按照指挥信号操作，作业前必须鸣声示意。在电梯未切断总电源开关前，操作人员不应离开操作岗位。

电梯运行中如发现机械有异常情况，应立即停机检查，排除故障后方可继续运行。

电梯在大雨、大雾和六级及以上大风时，应停止运行，并将梯笼降到底层，切断电源。暴风雨后，应对电梯各有关安全装置进行一次检查。

电梯运行到最上层和最下层时，一定不能以行程限位开关自动停车来代替正常操纵按钮的使用。

作业后，将梯笼降至底层，各控制开关拨到零位，切断电源，锁好电闸箱，闭锁梯笼门和围护门。

3.4 塔基基础

3.4.1 板式和十字形基础

1. 受力计算要求

混凝土基础的形式构造应根据塔机制造商提供的《塔机使用说明书》及现场工程地质等要求，选用板式基础或十字形基础。确定基础底面尺寸和计算基础承载力时，基底压力应符合《塔式起重机混凝土基础工程技术规程》JGJ/T 187—2009 地基计算的规定；基础配筋应按受弯构件计算确定。基础埋置深度的确定应综合考虑工程地质、塔机的荷载大小和相邻环境条件及地基土冻胀影响等因素。基础顶面标高不宜超出现场自然地面。在冻土地区的基础应采取构造措施避免基底及基础侧面的土受冻胀作用。

2. 构造要求

基础高度应满足塔机预埋件的抗拔要求，且不宜小于 1000mm，不宜采用坡行或台阶行截面的基础。基础的混凝土强度等级不应低于 C25，垫层混凝土强度等级不应低于 C10，混凝土垫层厚度不宜小于 100mm。板式基础在基础表层和底层配置直径不应小于 12mm、间距不应大于 200mm 的钢筋，且上、下层主筋应用间距不大于 500mm 的竖向构造钢筋连接；十字形基础主筋应按梁式配筋，主筋直径不应小于 12mm，箍筋直径不应小于 8mm 且间距不应大于 200mm，侧向构造纵筋的直径不应小于 10mm 且间距不应大于 200mm。板式和十字形基础架立筋的截面积不宜小于受力筋截面积的一半。预埋于基础中的塔机基础节锚栓或预埋节，应符合塔机制造商提供的《塔机使用说明书》规定的构造要求，并应有支盘式锚固措施。矩形基础的长边与短边长度之比不宜大于 2，宜采用方形基础，十字形基础的节点处应采用加腋构造。

3.4.2 桩基础

1. 桩基类型与构造

当地基土为软弱土层，采用浅基础不能满足塔机对地基承载力和变形的要求时，可采用桩基础。基桩可采用预制混凝土桩、预应力混凝土管桩、混凝土灌注桩或钢管桩等，在软土中采用挤土桩时，应考虑挤土效应的影响。桩端持力层宜选择中低压缩性的黏性土、中密或密实的砂土或粉土等承载力较高的土层。桩端全断面进入持力层的深度，对于黏性土、粉土不宜小于 2d，对于砂土不宜小于 1.5d，碎石类土不宜小于 1d；当存在软弱下卧层时，桩端以下硬持力土层厚度不宜小于 3d，并应验算下卧层的承载力。桩基计算应包括桩顶作用效应计算、桩基竖向抗压及抗拔承载力计算、桩身承载力计算、桩承台计算等，可不计算桩基的沉降变形。桩基础设计应符合现行行业标准《建筑桩基技术规范》JGJ 94 的规定。当塔机基础位于岩石地基时，必要时可采用岩石锚杆基础。

桩基构造应符合现行行业标准《建筑桩基技术规范》JGJ 94 的规定。预埋件应按《塔机使用说明书》布置。桩身和承台的混凝土强度等级不应小于 C25，混凝土预制桩强度等级不应小于 C30，预应力混凝土实心桩的混凝土强度等级不应小于 C40。

承台宜采用截面高度不变的矩形板式或十字形梁式，截面高度不宜小于 1000mm，且应满足塔机使用说明书的要求。基桩宜均匀对称布置，且不宜少于 4 根，边桩中心至承台边缘的距离不应小于桩的直径或截面边长，且桩的外边缘至承台边缘的距离不应小于 200mm。十字形梁式承台的节点处应采用加腋构造。

2. 配筋要求

基桩应按计算和构造要求配置钢筋。纵向钢筋的最小配筋率，对于灌注桩不宜小于 0.20%～0.65%（小直径桩取高值）；对于预制桩不宜小于 0.8%；对于预应力混凝土管桩不宜小于 0.45%。纵向钢筋应沿桩周边均匀布置，其净距不应小于 60mm，非预应力混凝土桩的纵向钢筋不应小于 6Φ12。箍筋应采用螺旋式，直径不应小于 6mm，间距宜为 200mm～300mm。桩顶以下 5 倍基桩直径范围内的箍筋间距应加密，间距不应大于 100mm。当基桩属抗拔桩或端承桩时，应等截面或变截面通常配筋。灌注桩和预制桩主筋的混凝土保护层厚度不应小于 35mm，水下灌注桩主筋的混凝土保护层厚度不应小于 50mm。

板式承台基础上、下面均应根据计算或构造要求配筋，钢筋直径不应小于12mm，间距不应大于200mm，上、下层钢筋之间应设置竖向架立筋，宜沿对角线配置暗梁。十字形承台应按两个方向的梁分别配筋，承受正、负弯矩的主筋应按计算配置，箍筋不宜小于8，间距不宜大于200mm。

当桩径（d）小于800mm时，基桩嵌入承台的长度不宜小于50mm；当桩径（d）不小于800mm时，基桩嵌入承台的长度不宜小于100mm。

基桩主筋伸入承台基础的锚固长度不应小于35d（主筋直径），对于抗拔桩，桩顶主筋的锚固长度应按现行国家标准《混凝土结构设计规范》GB 50010确定。对预应力混凝土管桩和钢管桩，宜采用植于桩芯混凝土不少于620的主筋锚入承台基础。预应力混凝土管桩和钢管桩中的桩芯混凝土长度不应小于2倍桩径，且不应小于1000mm，其强度等级宜比承台提高一级。

3.4.3 组合式基础

1. 组合式基础构成

当塔机安装于地下室基坑中，根据地下室结构设计、围护结构的布置和工程地质条件及施工方便的原则，塔机基础可设置于地下室底板下、顶板上或底板至顶板之间。

组合式基础可由混凝土承台或型钢平台、格构式钢柱或钢管柱及灌注桩或钢管柱等组成。

2. 一般要求

混凝土承台、基桩应按规程桩基础的相关规定进行设计。

混凝土承台构造应符合现行行业标准《建筑桩基技术规范》JGJ 94和《塔机使用说明书》及本规程规定。

型钢平台的设计应符合现行国家标准《钢结构设计规定》GB 50017的有关规定，由厚钢板和型钢主次梁焊接或螺栓连接而成，型钢主梁应连接于格构式钢柱，宜采用焊接连接。

塔机在地下室中的基桩宜避开底板的基础梁、承台及后浇带或加强带。

3. 型钢支撑

随着基坑土方的分层开挖，应在格构式钢柱外侧四周及时设置型钢支撑，将各格构式钢柱连接为整体。型钢支撑的截面积不宜小于格构式钢柱分肢的截面积，与钢柱分肢及缀件的连接焊缝厚度不宜小于6mm，绕角焊缝长度不宜小于200mm。当格构式钢柱的计算长度（H_0）超过8m时，宜设置水平型钢剪刀撑，剪刀撑的竖向间距不宜超过6m，其构造要求同竖向型钢支撑。

4. 格构式钢柱

格构式钢柱的布置应与下端的基桩轴线重合且宜采用焊接四肢组合式对称构件，截面轮廓尺寸不宜小于400mm×400mm，分肢宜采用等边角钢，且不宜小于L90mm×8mm；缀件宜采用缀板式，也可采用缀条（角钢）式。格构式钢柱伸入承台长度不宜低于承台厚度的中心。格构式钢柱的构造应符合现行国家标准《钢结构设计规范》GB 50017规定，其中缀件的构造应符合本规程附录B的规定。

5. 灌注桩

灌注桩的构造应符合现行行业标准《建筑桩基技术规范》JGJ 94 的规定，其截面尺寸应满足格构式钢柱插入基桩钢筋笼的要求。灌注桩在格构式钢柱插入部位的箍筋应加密，间距不应大于 100mm。格构式钢柱上端伸入混凝土承台的锚固长度应满足抗拔要求，宜在邻接承台底面处焊接承托角钢（规格同分肢），下端伸入灌注桩的锚固长度不宜小于 2.0m，且应与基桩的纵筋焊接。

3.4.4 塔机基础施工

基础的钢筋绑扎和预埋件安装后，应按设计要求检查验收，合格后方可浇捣混凝土，浇捣中不得碰撞、移位钢筋或预埋件，混凝土浇筑后应及时保湿养护。

基础四周应回填土方并夯实。安装塔机时基础混凝土应达到 80％以上设计强度，塔机运行使用时基础混凝土应达到 100％设计强度。

基础混凝土施工中，在基础顶面四角应作好沉降及位移观测点，并作好原始记录，塔机安装后应定期观测并记录，沉降量和倾斜率不应超过规程规定。

吊装组合式基础的格构式钢柱时，垂直度和上端偏位值不应大于规程表规定的允许值。格构式钢柱分肢应位于灌注桩的钢筋笼内且应与灌注桩的主筋焊接牢固。对组合式基础，随着基坑土方的分层开挖，应按规程规定采用逆作法设置格构式钢柱的型钢支撑。基坑开挖中应保护好组合式基础的格构式钢柱。开挖到设计标高后，应立即浇筑工程混凝土基础的垫层，宜在组合式基础的混凝土承台或型钢平台投影范围加厚垫层（不宜小于200mm）并掺入早强剂。格构式钢柱在底板厚度的中央位置，应在分肢型钢上焊接止水钢板。基础的防雷接地应按现行行业标准《建筑机械使用安全技术规程》（JGJ 33）的规定执行。

第4章 高层建筑外用脚手架

4.1 扣件式钢管脚手架

4.1.1 基本架构

1. 纵向水平杆

纵向水平杆的规定应符合下列规定。纵向水平杆应设置在立杆内侧,单根杆长度不应小于3跨。

纵向水平杆接长应采用对接扣件连接或搭接,并应符合下列规定:

(1) 两根相邻纵向水平杆的接头不应设置在同步或同跨内;

(2) 不同步或不同跨两个相邻接头在水平方向错开的距离不应小于500mm;

(3) 各接头中心至最近主节点的距离不应大于纵距的1/3。搭接长度不应小于1m,应等间距设置3个旋转扣件固定;

(4) 端部扣件盖板边缘至搭接纵向水平杆杆端的距离不应小于100mm。当使用冲压钢脚手板、木脚手板、竹串片脚手板时,纵向水平杆应作为横向水平杆的支座,用直角扣件固定在立杆上;

(5) 当使用竹笆脚手架时,纵向水平杆应采用直角扣件固定在横向水平杆上,并应等间距设置,间距不应大于400mm。

2. 横向水平杆

横向水平杆的构造应符合下列规定:

(1) 作业层上非主节点处的横向水平杆,宜根据支撑脚手板的需要等间距设置,最大间距不应大于纵距的1/2;

(2) 当使用冲压钢脚手架、木脚手架、竹串片脚手架时,双排脚手架的横向水平杆两端均应采用直角扣件固定在纵向水平杆上;

(3) 单排脚手架的横向水平杆的一端应用直角扣件固定在纵向水平杆上,另一端应插入墙内,插入长度不应小于180mm。当使用竹笆脚手架时,双排脚手架的横向水平杆的两端,应用直角扣件固定在立杆上。

3. 脚手板

脚手板的设置应符合下列规定:

作业层脚手板应铺满、铺稳、铺实。冲压钢脚手板、木脚手板、竹串片脚手板等,应设置在三根横向水平杆上。

当脚手板长度小于2m时,可采用两根横向水平杆支撑,但应将脚手板两端与横向水平杆可靠固定,严防倾翻。脚手板的铺设应采用对接平铺或搭接铺设。

脚手板对接平铺时，接头处应设两根横向水平杆，脚手板外伸长度应取 130～150mm，两块脚手板外伸长度的和不应大于 300mm；

脚手板搭接铺设时，接头应支在横向水平杆上，搭接长度不应小于 200mm，其伸出横向水平杆的长度不应小于 100mm。

竹笆脚手板应按其主竹筋垂直于纵向水平杆方向铺设，且应对接平铺，四个角应用直径不小于 1.2mm 的镀锌钢丝固定在纵向水平杆上。作业层端部脚手板探头长度应取 150mm，其板的两端均应固定于支撑杆件上。

4. 立杆

每根立杆底部宜设置底座或垫板。

脚手架立杆基础不在同一高度上时，必须将高处的纵向扫地杆向地处延长两跨与立杆固定，高低差不应大于 1m。靠上方的立杆轴线到边坡的距离不应小于 500mm。单、双排脚手架底层步距均不应大于 2m。单、双排与满堂脚手架立杆接长除顶层顶部外，其余各层各步接头必须采用对接扣件连接。

脚手架立杆的对接、搭接应符合下列规定：

当立杆采用对接接长时，立杆的对接扣件应交错布置，两根相邻立杆的接头不应设置在同步内，同步内隔一根立杆的两个相隔接头在高度方向错开的距离不宜小于 500mm；各接头中心至主节点的距离不宜大于步距的 1/3。

当立杆采用搭接接长时，搭接长度不应小于 1m，并应采用不小于 2 个旋转扣件固定。端部扣件盖板的边缘至杆端距离不应小于 100mm。

脚手架立杆顶端栏杆宜高出女儿墙上端 1m，宜高出檐口上端 1.5m。

5. 脚手架必须设置纵、横向扫地杆

纵向扫地杆应采用直角扣件固定在距钢管底端不大于 200mm 处的立杆上。横向扫地杆应采用直角扣件固定在紧靠纵向扫地杆下方的立杆上。

6. 连墙件

脚手架连墙件设置的位置、数量应按专项施工方案确定。脚手架连墙件数量的设置除应满足《建筑施工扣件式钢管脚手架安全技术规范》（JGJ 130—2011）的计算要求外，还应符合规定。

连墙件的布置应符合下列规定：

应靠近主节点设置，偏离主节点的距离不应大于 300mm。应从底层第一步纵向水平杆处开始设置，当该处设置有困难，应采用其他可靠措施固定。

应优先采用菱形布置，或采用方形、矩形布置。

开口型脚手架的两端必须设置连墙件，连墙件的垂直间距不应大于建筑物的层高，并且不应大于 4m。

连墙件中的连墙杆应呈水平设置，当不能水平设置时，应向脚手架一端下斜连接。

连墙件必须采用可承受拉力和压力的构造。对高度 24m 以上的双排脚手架，应采用刚性连墙件墙体与建筑物连接。

当脚手架下部暂不能设连墙件时，应采取防倾覆措施。当搭设抛撑时，抛撑应采用通长杆件，并用旋转扣件固定在脚手架上，与地面的倾角应在 45°～60°之间；连接点中心与主节点的距离不应大于 300mm。抛撑应在连墙体搭设后方可拆除。架高超过 40m 且有风

涡流作用时，应采取抗上升翻流作用的连墙措施。

7. 门洞

单、双排脚手架门洞宜采用上升斜杆、平行弦杆桁架结构形式，斜杆与地面的倾角 α 应在 45°～60°之间。

门洞桁架的形式宜按下列要求确定：

当步距(h)小于纵距(la)时，应采用 A 型。当步距(h)小于纵距(la)时，应采用 B 型，并应符合下列规定：h＝1.8m 时，纵距不应小于 1.5m；h＝2.0m 时，纵距不应大于 1.2m。

单、双排脚手架门洞桁架的构造应符合下列规定：

单排脚手架门洞处，应在平面桁架的每一节间设置一根斜腹杆；双排脚手架门洞处的空间桁架，除下弦平面处，应在其余 5 个平面内的图示节间设置一根斜腹杆。斜腹杆宜采用旋转扣件固定在与之相交的横向水平杆的伸出端上，旋转扣件中心线至主节点的距离不宜大于 150mm。当斜腹杆在 1 跨内跨越 2 个步距时，宜在相交的纵向水平杆处增设一根横向水平杆，将斜腹杆固定在其伸出端上。斜腹杆宜采用通长杆件，当必须接长使用时，宜采用对接扣件连接，也可采用搭接，搭接构造应符合 JGJ130—2011 的规定。单排脚手架过窗洞时应增设立杆或增设一根纵向水平杆。门洞桁架下的两侧立杆应为双管立杆，副立杆高度应高于门洞口 1～2 步。门洞桁架中伸出上下弦杆的杆件端头，均应增设一个防滑扣件，该扣件宜紧靠主节点处的扣件。

8. 剪刀撑与横向斜撑

双排脚手架应设置剪刀撑与横向斜撑，单排脚手架应设置剪刀撑。单、双排脚手架剪刀撑的设置应符合下列规定。每道剪刀撑跨度立杆的根数应按规定确定。每道剪刀撑宽度不应小于 4 跨，且不应小于 6m，斜杆与地面的倾角应在 45°～60°之间。剪刀撑斜杆的接长应采用搭接或对接，搭接应符合 JGJ 130—2011 的规定。剪刀撑斜杆应用旋转扣件固定在与之相交的横向水平杆的伸出端或立杆上，旋转扣件中心线至主节点的距离不应大于 150mm。高度在 24m 及以上的双排脚手架应在外侧全立面连续设置剪刀撑；高度在 24m 以下的单、双排脚手架，均必须在外侧两端、转角及中间间隔不超过 15m 的立面上各设置一道剪刀撑，并应由底至顶连续设置。双排脚手架横向斜撑的设置应符合下列规定。横向斜撑应在同一节间，由底至顶层呈之字形连续布置，斜撑的固定应符合 JGJ 130—2011 的规定。

高度在 24m 以下的封闭型双排脚手架可不设横向斜撑，高度在 24m 以上的封闭型脚手架，除拐角应设置横向斜撑外，中间应每隔 6 跨距设置一道。开口型双排脚手架的两端均必须设置横向斜撑。

9. 斜道

人行并兼作材料运输的斜道的形式宜按下列要求规定。高度不大于 6m 的脚手架，宜采用"一"字行斜道。高度大于 6m 的脚手架，宜采用"之"字形斜道。斜道的构造应符合下列规定。斜道应附着外脚手架或建筑物设置。运料斜道宽度不应小于 1.5m，坡度不应大于 1：6；人行斜道宽度不应小于 1m，坡度不应大于 1：3。拐弯处应设置平台，其宽度不应小于斜道宽度。斜道两侧及平台外围均应设置栏杆及挡脚板；栏杆高度应为 1.2m，挡脚板高度不应小于 180mm。运料斜道两端、平台外围和端部均应按 JGJ 130—2011 的规定设置连墙件；每两步应加设水平斜杆；应按 JGJ 130—2011 的规定设置剪刀撑和横向斜撑。

斜道脚手板构造应符合下列规定。脚手板横铺时，应在横向水平杆下增设纵向支托杆，纵向支托杆间距不应大于 500mm。脚手板顺铺时，接头应采用搭接，下面的板头应压住上面的板头，板头的凸棱处应采用三角木填顺。人行斜道和运料斜道的脚手板上应每隔 250～300mm 设置一根防滑木条，木条厚度应为 20～30mm。

4.1.2 满堂脚手架

1. 满堂脚手架

搭设高度不宜超过 36m；满堂脚手架施工层不得超过 1 层。满堂脚手架立杆的构造应符合 JGJ 130—2011 的规定；立杆接长接头必须采用对接扣件连接。立杆对接扣件布置应符合 JGJ 130—2011 的规定。水平杆的连接应符合 JGJ 130—2011 的有关规定，水平杆长度不宜小于 3 跨。满堂脚手架应在架体外侧四周及内部纵、横向每 6～8m 由低至顶连续竖向剪刀撑；当架体搭设高度在 8m 及以上时，应在架体底部、顶部及竖向间隔不超过 8m 分别设置连续水平剪刀撑。水平剪刀撑宜在竖向剪刀撑斜杆相交平面设置。剪刀撑宽度应为 6～8m。剪刀撑应用旋转扣件固定在与之相交的水平杆或立杆上，旋转扣件中心线至主节点的距离不宜大于 150mm。满堂脚手架的高度比不宜大于 3。当高度比大于 2 时，应在架体的外侧四周和内部水平间隔 6～9m、竖向间隔 4～6m 设置连墙件与建筑结构拉结，当无法设置连墙件时，应采用设置钢丝绳张拉固定等措施。最少跨度为 2、3 跨的满堂脚手架，宜按 JGJ 130—2011 的规定设置连墙件。当满堂脚手架局部承受集中荷载时，应按实际荷载计算并应局部加固。满堂脚手架应设爬梯，爬梯踏步间距不得大于 300mm。满堂脚手架操作层支撑脚手板的水平杆间距不应大于 1/2 跨距；脚手板的铺设应符合 JGJ 130—2011 的规定。

2. 满堂支撑架

满堂支撑架步距与立杆间距不宜超过规定的上限值，立杆伸出顶层水平杆中心线至支撑点的长度 a 不应超过 0.5m。满堂支撑架搭设高度不宜超过 30m。满堂支撑架立杆、水平杆的构造要求应符合 JGJ 130—2011 的规定。满堂支撑架应根据架体的类型设置剪刀撑，并应符合下列规定。

普通型。在架体外侧周边及内部纵、横向每 5～8m，应由底至顶设置连续竖向剪刀撑，剪刀撑宽度应为 5～8m。在竖向剪刀撑顶部交点平面应设置连续水平剪刀撑。当支撑高度超过 8m，或施工总荷载大于 15kN/m² ，或集中线荷载大于 20kN/m 的支撑架，扫地杆的设置层应设置水平剪刀撑。水平剪刀撑至架体底平面与水平剪刀撑间距不应超过 8m。

加强型。当立杆纵、横间距为 0.9m×0.9m～1.2m×1.2m 时，在架体外侧周边及内部纵、横向每 4 跨（且不大于 5m），应由底至顶设置连续竖向剪刀撑，剪刀撑宽度应为 4 跨。当立杆纵、横向距为 0.6m×0.6m～0.9m×0.9m（含 0.6m×0.6m，0.9m×0.9m）时，在架体外侧周边及内部纵、横向每 5 跨（且不小于 3m），应由底至顶设置连续竖向剪刀撑，剪刀撑宽度应为 5 跨。当立杆纵、横间距为 0.4m×0.4m～0.6m×0.6m（含 0.4m×0.4m）时，在架体外侧周边及内部纵、横向每 3～3.2m 应由底至顶设置连续竖向剪刀撑，剪刀撑宽度应为 3～3.2m。在竖向剪刀撑顶部交点平面应设置水平剪刀撑，扫地杆的设置层水平剪刀撑的设置应符合 JGJ 130—2011 的规定，水平剪刀撑至架体底平面距离与水平剪刀撑间距不宜超过 6m，剪刀撑宽度应为 3～5m。

竖向剪刀撑斜杆与地面的倾角应为 45°～60°，水平剪刀撑与支架纵（或横）向夹角应为 45°～60°，剪刀撑斜杆的接长应符合 JGJ130—2011 的规定。剪刀撑的固定应符合 JGJ130—2011 的规定。满堂支撑架的可调底座、可调托撑螺杆伸出长度不宜超过 300mm，插入立杆内的长度不得小于 150mm。

当满堂支撑架高度比不满规定（高度比大于 2 或 2.5）时，满堂支撑架应在支架的四周和中部与结构柱进行刚性连接，连墙件水平间距应为 6～9m，竖向间距应为 2～3m。在无结构柱部位应采取预埋钢管等措施与建筑结构进行刚性连接，在有空间部位，满堂支撑架宜超出顶部加载区投影范围向外延伸布置 2～3 跨。支撑架高宽比不应大于 3。

4.1.3 型钢悬挑脚手架

一次悬挑脚手架高度不宜超过 20m。型钢悬挑梁宜采用双轴对称截面的型钢。悬挑钢梁型号及锚固件应按设计确定，钢梁截面高度不应小于 160mm。悬挑梁尾端应在两处及以上固定于钢筋混凝土梁板结构上。锚固型钢悬挑梁的 U 形钢筋拉环或锚固螺栓直径不宜小于 16mm。用于锚固的 U 形钢筋拉环或螺栓应采用冷弯成型。U 形钢筋拉环、锚固螺栓与型钢间隙应用钢楔或硬木楔楔紧。每个型钢悬挑梁外端宜设置钢丝绳或钢拉杆与上一层建筑结构斜拉结。钢丝绳、钢拉杆不参与悬挑钢梁受力计算；钢丝绳与建筑结构拉环的吊环应使用 HPB235 级钢筋，其直径不宜小于 20mm，吊环预埋锚固长度应符合现行国家标准《混凝土结构设计规范》（GB 50010—2010）中钢筋锚固的规定。悬挑钢梁悬挑长度应按设计确定，固定段长度不应小于悬挑段长度的 1.25 倍。型钢悬挑梁固定端应采用 2 个（对）及以上 U 形钢筋拉环或锚固螺栓与建筑结构梁板固定，U 形钢筋拉环或锚固螺栓应预埋至混凝土梁、板底层钢筋位置，并应与混凝土梁、板底层钢筋焊接或绑扎牢固，其锚固长度应符合 GB 50010—2010 中钢筋锚固的规定。当型钢悬挑梁与建筑结构采用螺栓钢压板连接固定时，钢压板尺寸不应小于 100mm×10mm（宽×厚）；当采用螺栓角钢压板连接时，角钢的规格不应小于 63mm×63mm×6mm。型钢悬挑梁挑端应设置能使脚手架立杆与钢梁可靠固定的定位点，定位点离悬挑梁端部不应小于 100mm。锚固位置设置在楼板上时，楼板的厚度不宜小于 120mm。如果楼板的厚度小于 120mm 应采取加固措施。悬挑梁间距应按悬挑架架体立杆纵距设置，每一纵距设置一根。悬挑架的外立面剪刀撑应自下而上连续设置。剪刀撑设置应符合 JGJ 130—2011 的规定，横向斜撑设置应符合 JGJ 130—2011 的规定。连墙件设置应符合 JGJ 130—2011 的规定。锚固型钢的主体结构混凝土强度等级不得低于 C20。

4.2 碗扣式钢管脚手架

4.2.1 双排脚手架

双排脚手架碗扣节点构成：由上碗扣、下碗扣、立杆、横杆接头和上碗扣限位销构成。双排脚手架应按《建筑施工碗扣式钢管脚手架安全技术规范》（JGJ 166—2008）构造要求搭设；当连墙件按 2 步 3 跨设置，2 层装修作业层、外挂密目安全网封闭，且符合下列基本风压值时，其允许搭设高度宜符合规定。当曲线布置双排脚手架组架时，应按曲率要求使用不同长度的内外横杆组架，曲率半径应大于 2.4m。当双排脚手架拐角为直角时，宜采用横杆直接组架；当双排脚手架拐角为非直角时，可采用钢管扣件组架。双排脚手架首层立杆应采用不同的长度交错布置，底层纵、横向横杆作为扫地杆距地面高度应小于或等于 350mm，严禁施工中拆除扫地杆，立杆应配置可调底座或固定底座。

双排脚手架专用外斜杆设置应符合下列规定。斜杆应设置在有纵、横向横杆的碗扣节点上。在封圈的脚手架拐角处及"一"字形脚手架端部应设置竖向通高斜杆。当脚手架高度小于或等于 24m 时，每隔 5 跨应设置一组竖向通高斜杆；当脚手架高度大于 24m 时，每隔 3 跨应设置一组竖向通高斜杆；斜杆应对称设置。当斜杆临时拆除时，拆除前应在相邻立杆间设置相同数量的斜杆。

当采用钢管扣件作斜杆时应符合下列规定：斜杆应每步与立杆扣接，扣接点距碗扣节点的距离不应大于 150mm；当出现不能与立杆扣接时，应与横杆扣接，扣件扭紧力矩应为 40～65N. m。纵向斜杆应在全高方向设置成"八"字形且内外对称，斜杆间距不应大于 2 跨。

连墙件的设置应符合下列规定：连墙件应呈水平设置，当不能呈水平设置，与脚手架连接的一端应下斜连接。每层连墙件应在同一平面，其位置应由建筑结构和风荷载计算确定，且水平间距不应大于 4.5m。连墙件应设置在有横向横杆的碗扣节点处，当采用钢管扣件做连墙件时，连墙件应与立杆连接，连接点距碗扣节点距离不应大于 150mm。连墙件应采用可承受拉、压荷载的刚性结构，连接应牢固可靠。

当脚手架高度大于 24m 时，顶部 24m 以下所有的连墙件层必须设置水平斜杆，水平斜杆应设置在纵向横杆之下。

脚手架设置应符合下列规定：

工具式钢脚手架必须有挂钩，并带有自锁装置与廊道横杆锁紧，严禁浮放。冲压钢脚手板、木脚手架、竹串片脚手架，两端应与横杆绑牢，作业层相邻两根廊道横杆间应加设间横杆，脚手架探出长度应小于或等于 150mm。人行通道坡度小于或等于 1∶3，并与在通道脚手板下增设横杆，通道可折线上升。脚手架内立杆与建筑物距离应小于或等于 150mm；当脚手架内立杆与建筑物距离大于 150mm，应按需要分别选用窄挑梁或宽挑梁设置作业平台；挑梁应单层挑出，严禁增加层数。

4.2.2　模板支撑架

模板支撑架应根据所承受的荷载选择立杆的间距和步伐，底层纵、横向水平杆作为扫地杆，距地面高度应小于或等于 350mm，立杆底部应设置可调螺杆伸出顶层水平杆的长度不得大于 0.7m。模板支撑架斜杆设置应符合下列要求：

当立杆间距大于 1.5m 时，应在拐角处设置通高专用斜杆，中间每排每列应设置通高"八"字形斜杆或剪刀撑。

当立杆间距小于或等于 1.5m 时，模板支撑架四周从底到顶部连接设置竖向剪刀撑；中间纵、横向由底至顶连续设置竖向剪刀撑，其间距应小于或等于 4.5m。

剪刀撑的斜杆与地面夹角应在 45°～60°之间，斜杆应每步与立杆扣接。

当模板支撑架高度大于4.8m时，顶端和底部必须设置水平剪刀撑，中间水平剪刀撑设置间距应小于或等于4.8m。当模板支撑架周围有主体结构时，应设置连墙件。

模板支撑架高度比应小于或等于2；当高度比大于2时可采取扩大下部架体尺寸或采取其他构件措施。模板下方应设置次楞（梁）与主楞（梁），次楞（梁）应按受弯杆件设计计算。支架立杆上端应采用u形托撑，支撑应在主楞（梁）底部。

4.2.3 门洞设置要求

当双排脚手架设置门洞时，应在门洞上部架设专用梁，门洞两侧立杆应加设斜杆。模板支撑架设置人行通道时，应符合下列规定。通道上部应架设专用衡量过，横梁结构应经过设计计算确定。横梁下的立杆应加密，并应与架体连接牢固。通道宽度应小于或等于4.8m。门洞及通道顶部必须采用木板或其他硬质材料全封闭，量测应设置安全网。通行机动车的洞口，必须设置防锤击设施。

4.3 门式钢管脚手架

4.3.1 基本构造

1. 门架

门架是门式脚手架的主体构件，其受力杆件为焊接钢管，由立杆、横杆及加强杆等相互焊接组成。门架应能配套使用，在不同组成情况下，均可保证连接方便、可靠，且应具有良好的互换性。不同型号的门架与配件严禁混合使用。上下榀门架立杆应在同一轴线位置上，门架立杆轴线的对接偏差不应大于2mm。门式脚手架的内侧立杆离墙面净距不宜大于150mm；当大于150mm时，应采取内设挑梁板或其他隔离防护的安全措施。门式脚手架顶端栏杆宜高出女儿墙上端或檐口上端1.5m。

2. 配件

配件应与门架配套，并应与门架连接可靠。门架的两侧应设置交叉支撑，并应与门架立杆上的锁销锁牢。上下榀门架的组装必须设置连接棒，连接棒与门架立杆配合间隙不应大于2mm。门式脚手架或模板支架上下榀门架间应设置所臂，应采用插销式或弹销式连接棒时，可不设锁臂。门式脚手架作业层了应连接满铺与门架配套的挂扣式脚手板，并应有防止脚手板松动或脱落的措施。当脚手板上有孔洞时，孔洞的内切圆直径不应大于25mm。底部门架的立杆下端宜设置固定底座或可调底座。可调底座和可调托座的调节螺栓直径不应小于35mm，可调底座的调节螺栓伸出长度不应大于200mm。

3. 加固杆

门式脚手架剪刀撑的设置必须符合下列规定。当门式脚手架搭设高度在24m及以下时，在脚手架的转角处、两端及中间间隔不超过15m的外侧立面必须各设置一道剪刀撑，并应由底至顶连续设置。当脚手架搭设高度超过24m时，在脚手架全外侧立面上必须设置连续剪刀撑。对于悬挑脚手架，在脚手架全外侧必须设置连续剪刀撑。剪刀撑的构造应符合下列规定。剪刀撑斜杆与地面的倾角45°～60°。剪刀撑应采用旋转扣件与门架立杆扣紧。剪刀撑应采用搭接接长，搭接长度不宜小于1000mm，搭接处应采用3个及以上旋转扣件扣紧。每个剪刀撑的宽度不应大于 6 个跨距,且不应大于 10m;也不应小于 4 个跨距,企业不应小于 6m。设置剪刀撑的斜杆水平间距宜为 6~8m。门式脚手架应在门架两侧的立杆上设置纵向水平加固杆,并应采用扣件与门架立杆扣紧。水平加固杆设置应符合下列要求。在顶层、连墙件设置层必须设置。当脚手架每步铺设挂扣式脚手板时,至少每 4 步应设置一道,并宜在有连墙件的水平层设置。当脚手架搭设高度小于或等于 40m 时,至少每 2 步门架应设置一道;当脚手架搭设高度大于 40m 时,每步门架应设置一道。当脚手架的转角处、开口型脚手架端部的两个跨距内,每步门架应设置一道。悬挑脚手架每步门架应设置一道。在纵向水平加固杆设置层面上应连续设置。门式脚手架的底层门架下端应设置纵、横向通长的扫地杆。纵向扫地杆应固定在距门架立杆底端不大于 200mm 处的门架立杆上,横向扫地杆宜固定在紧靠纵向扫地杆下方的门架立杆上。

4. 转角处门架连接

在建筑物的转角处,门式脚手架内、外两侧立杆上应按步设置水平连接杆、斜撑杆,将转角处的两榀门架连成一体。连接杆、斜撑杆应采用钢管,其规格应与水平加固杆相同。

5. 连墙件

连墙件设置的位置、数量应按专项施工方案确定,并应按确定的位置设置预埋件。.连墙件的设置除应满足《建筑施工门式钢管脚手架安全技术规范》JGJ 128—2010 的计算要求外,尚应满足连墙件间距要求。在门式脚手架的转角处或开口型脚手架端部,必须增设连墙件,连墙件的垂直间距不应大于建筑物的层高且不应大于 4m。连墙件应靠近门架的横杆设置,距门架横杆不宜大于 200mm,连墙件应固定在门架的立杆上。连墙件宜水平设置,当不能水平设置时,与脚手架连接的一端,应低于与建筑结构连接的一端,连墙件的坡度宜小于 1:3。

6. 通道口

门式脚手架通道口高度不宜大于 2 个门架高度,宽度不宜大于 1 个门架。门式脚手架通道口应采取加固措施,并应符合下列规定。当通道口宽度为一个门架跨距时,在通道口上方的内外侧应设置水平加固杆,水平加固杆应延伸至通道口两侧各一个门架跨距,并应在两个上角内外侧设斜撑杆;当通道口宽为两个及以上跨距时,在通道口上方应设置经专门设计和制作的托架梁,并应加强两侧的门架立杆。

7. 斜梯

作业人员上下脚手架的斜梯应采用挂扣式钢梯,并宜采用"之"字形设置,一个梯段宜跨越 2 步或 3 步门架再行转折。钢梯规格应与门架规格配套,并应与门架挂扣牢固。

钢梯应设栏杆、扶手、挡脚板。

8. 地基

门式脚手架与模板支架的地基承载力应根据《建筑施工门式钢管脚手架安全技术规范》(JGJ 128—2010) 第 5.6 节的规定经计算确定,在搭设时,根据不同地基和搭设高度条件,应符合 2-11 的规定。门式脚手架与模板支架的搭设场地必须平整坚实,并应符合下列规定:

回填土应分层回填,逐层夯实。场地排水应顺畅,不应有积水。搭设门式脚手架的地面标高宜高于自然地坪高 50~100mm。当门式脚手架与模板支架搭设在楼面等建筑结构上时，门架立杆下宜铺设垫板。

9. 悬挑脚手架

悬挑脚手架的悬挑支撑结构应根据施工方案布设，其位置应与门架立杆位置对应，每一跨距宜设置一根型钢悬挑梁，并应按确定的位置设置预埋件。型钢悬挑梁锚固段长度不应小于悬挑段长度的 1.25 倍，悬挑支撑点应设置在建筑结构的梁板上，不得设置在外伸阳台或悬挑楼板上（有加固措施的除外）。型钢悬挑梁宜采用双轴对称截面的型钢。

型钢悬挑梁的锚固段压点应采用不少于 2 个（对）预埋 u 形钢筋拉环或螺栓固定；锚固位置的楼板厚度不应小于 100mm，混凝土强度不应低于 20MPa。U 形钢筋拉环或螺栓应埋设在梁板下排钢筋的上边，并与结构钢筋焊接绑扎牢固，锚固长度应符合现行国家标准《混凝土结构设计规范》（GB50010-2010）中钢筋锚固的规定。用于锚固的 U 形钢筋拉环或螺栓应采用冷弯成型，钢筋直径不应小于 16mm。当型钢悬挑梁与建筑物结构采用螺栓钢压板连接固定时，钢压板尺寸不应小于 100mm×10mm（宽×厚）；当采用螺栓角钢压板连接固定时，角钢的规格不应小于 63mm×63mm×6mm。型钢悬挑梁与 u 型钢筋拉环或螺栓连接应紧固。当采用钢筋拉环连接时，应采用钢楔或硬木楔塞紧；当采用螺栓钢压板连接时，应采用双螺母拧紧，严禁型钢悬挑梁晃动。悬挑脚手架底层门架立杆与型钢悬挑梁应可靠连接，不得滑动或窜动，型钢梁上应设置固定连接棒与门架立杆连接，连接棒的直径不应小于 25mm，长度不应小于 100mm，应与型钢梁焊接牢固。悬挑脚手架的底层门架两侧立杆应设置纵向扫地杆，并与在脚手架的转角处、两端和中间间隔不超过 15m 的底层门架上各设置一道单跨距的水平剪刀撑，剪刀撑斜杆应与门架立杆底部扣紧。在建筑平面转角处，型钢悬挑梁应经单独计算设置；架体应按步设置水平连接杆，应与门架立杆或水平加固杆扣紧。每隔型钢悬挑梁外端宜设置钢丝绳或钢拉杆与上一层建筑结构斜拉结钢丝绳，钢丝杆不得作为悬挑支撑结构的受力构件。悬挑脚手架在底层应满铺脚手板，并应将脚手板与梁连接牢固。

10. 满堂脚手架

满堂脚手架的门架跨距和间距应根据实际荷载计算确定，门架净间距不宜超过 1.2m。满堂脚手架的高度比不应大于 4，搭设高度不宜超过 30m。满堂脚手架的构造设计，在门架立杆上宜设置托座和托梁，使门架立杆直接传递荷载。门架立杆上设置的托梁应具有足够的抗弯强度和刚度。满堂脚手架在每步门架两侧立杆上应设置纵向、横向水平加固杆，并应采用扣件与门架拉杆扣紧。满堂脚手架的剪刀撑设置除应符合《建筑施工门式钢管脚手架安全技术规范》（JGJ 128—2010）的规定外。尚应符合下列要求：搭设高度 12m 及以下时，在脚手架的周边应设置连续竖向剪刀撑；在脚手架的内部纵向、横向间隔不超过 8m 应设置一道竖向剪刀撑；在顶层应设置连续的水平剪刀撑。搭设高度超过 12m 时，在脚手架的周边和内部纵向、横向间隔不超过 8m 应设置连续竖向剪刀撑；在顶层和竖向每隔 4 步应设置连续的水平剪刀撑。竖向剪刀撑应由底至顶连续设置。在满堂脚手架的底层门架立杆上应分别设置纵向、横向扫地杆，并应采用扣件与门架立杆扣紧。满堂脚手架顶部作业区应铺满脚手架，并应采用可靠的连接方式与门架横杆固定，操作平台上的孔洞应按现行行业标准《建筑施工高处作业安全技术规范》（JGJ 80—91）的规定防护。操作平台周边应设置栏杆和挡脚板。对高度比大于 2 的满堂脚手架，宜设置缆风绳或连墙件等有效措施防止架体倾覆，缆风绳或连墙件设置宜符合下列规定：在架体端部及外侧周边水平间距不宜超过 10m 设置；宜与竖向剪刀撑位置对应设置；竖向间距不宜超过 4 步设置。满堂脚手架中间设置通道口时，通道口底层可不设垂直通道方向的水平加固杆和扫地杆，通道口上部两侧应设置斜撑杆，并应按现行行业标准（JGJ 80—91）的规定在通道口上部设置防护层。

11. 模板支架

门架的跨距与间距应根据支架的高度、荷载由计算和构造要求确定，门架的跨距不宜超过 1.5m，门架的净间距不宜超过 24m。模板支架的高度比不应大于 4，搭设高度不宜超过 24m。模板支架宜按 JGJ 128—2010 的规定设置托座和托梁，宜采用调节架、可调托座调整高度，可调托座与门架立杆轴线的偏差不应大于 2mm。用于支撑梁模板的门架，可采用平行或垂直于梁轴线的布置方式。当梁的模板支架高度较高或荷载较大时，门架可采用复式（重叠）的布置方式。梁板类结构的模板支架，应分别设置。板支架跨距（或间距）宜是梁支架跨距（或间距）的倍数，梁下横向水平加固杆应伸入板支架内不少于 2 根门架立杆，并应与板下门架立杆扣紧。当模板支架的高度比大于 2 时，宜按 JGJ 128—2010 的规定设置缆风绳或连墙件。模板支架在支架的四周和内部纵横向应按现行行业标准《建筑施工高处作业安全技术规范》（JGJ 128—2008）的规定与建筑结构柱、墙进行刚性连接，连接点应设在水平剪刀撑或水平加固杆设置层，并应与水平杆连接。模板支架应按 JGJ 128—2010 的规定设置纵向、横向扫地杆。模板支架在每步门架两侧立杆上应设置纵向、横向水平加固杆，并应采用扣件与门架立杆扣紧。

模板支架应设置剪刀撑对架体进行加固，剪刀撑的设置除应符合 JGJ 128—2010 的规定外，尚应符合下列要求。

在支架的外侧周边及内部纵横向每隔 6～8m，应由底至顶设置连续竖向剪刀撑。

搭设高度 8m 及以下时，在顶层应设置连续的水平剪刀撑；搭设高度超过 8m 时，在顶层和竖向每隔 4 步及以下应设置连续的水平剪刀撑。

水平剪刀撑宜在竖向剪刀撑斜杆交叉层设置。

4.3.2 悬挑式脚手架

悬挑式脚手架是从建筑物外缘悬挑出承力构件，并且在其上搭设脚手架，是高层建筑常用的一种脚手架。这种脚手架可以减轻钢管扣件脚手架底部荷载，较好地适应钢管脚手架稳定性和强度要求，并且可以节约钢管材料的用量。悬挑式脚手架主要由支撑架、钢底梁、脚手架支座、脚手架这几部分组成。

支撑架大致有以下四种不同的做法。

① 以重型工字钢或槽钢作为挑梁。

② 以轻型型钢为托梁和以钢丝绳为吊杆组成的上挂式支撑架。

③ 以型钢为托梁和以钢管或角钢为斜撑组成的下撑式支撑架。

④ 三角形桁架结构支撑架

支撑架的布置视柱网而定，最大间距不宜超过 6m。支撑架通过预埋件固定在楼层结构上，或利用杆件和连接螺栓与建筑物构住连固。支撑架的上弦杆可选用 ⌷ 12mm 或 ⌷ 14mm，斜撑可用 89mm×3mm、95mm×3.5mm 钢管或 2L75mm×5mm 型钢制作，吊杆可选用 6×37－14mm 钢丝绳。在支撑架上用螺栓固定两根 20mm 或 24mm 做成的底梁，工字钢上焊有插装脚手架立杆的钢管底座，其间距为 1.5～2m。

悬挑式脚手架为双排外脚手架，并且分段搭设，每段搭设高度一般约 12 步架，每步脚手架间距按 1.8m 计，总高不宜超过 21.6m。脚手架与建筑物外皮的距离为 20cm，每三步脚手架设置一道附着，与建筑物拉结。悬挑式脚手架底层应满铺厚木脚手板，其上各层脚手架可满铺薄钢板冲压成型穿孔轻型脚手板。各层脚手架均应备齐护栏、扶手、踢脚板和扶梯马道。

脚手架上严禁堆放重物，脚手架外侧要用小眼安全网封闭，避免施工人员及物料坠落，从而造成意外伤害。

另外，随着高层建筑施工技术的发展，悬挑式脚手架还有移置式和插装式，在工程中均得到应用。

移置式脚手架是将脚手架部分预先在地面上搭设好，脚手架在带短钢管立柱插座的型钢纵梁上牢靠地固定，用塔式起重机将其安装在从楼层结构上挑出的支撑架上。待脚手架就位妥当之后，每隔 4～6m 另用钢管和钢丝绳顶拉杆件与建筑物拉结稳固。随着施工作业面向上转移，移置式脚手架可以借助塔式起重机一组组地逐渐逐层向上转移。

插装式外脚手架也称插口架，适用于外墙预制墙板或无外墙板的框架结构高层建筑。它能充分满足安全防护和施工人员交通的需要。插口架按在建筑物上固定方式的不同分为：甲型插口架、乙型插口架、丙型插口架。甲型插口架适用于外墙板有窗口部分，利用悬臂杆件插入窗口内，用双扣件与室内立柱连接，借助别杠与建筑物固定。乙型插口架适用于外墙板无窗口的部位。插口架上部通过穿墙钩环与螺栓固定在建筑物上，下部则通过横向水平杆顶在外墙上。丙型插口架可用于无外墙板的钢筋混凝土框架结构高层建筑。插口架底部的上部则用钢丝绳和花篮螺栓与楼板拉结。钢丝绳花篮拉杆的间距应不大于 2m。

4.4 附着式升降脚手架

附着式升降脚手架是一种用于高层和超高层建筑物用的工具式外脚手架。这种脚手架采用各种形式的架体结构和附着支撑结构，依靠设置于架体上或工程结构上的专用升降设备实现脚手架本身的升降。目前使用的附着升降脚手架，适用于高度小于 150m 的高层和超高层建筑或高耸构筑物，而且不携带施工用外模板。如果使用高度超过 150m 或携带施工用外模板时，则需要在设计时对风荷载取值、架体结构等进行专门研究。

4.4.1 套筒（管）式附着升降脚手架

套筒（管）式附着升降脚手架是由提升机具、操作平台、爬杆、套管（套筒或套架）、横梁、吊环和附着支座等部件组成。

提升机具采用起重量为 1.5～2t 的手拉葫芦（倒链）。

操作平台式脚手架的主体，又分为上操作平台（也称小爬架）和下操作平台（也称大爬架）。下操作平台焊装有细而长的立杆，起着爬杆的作用。上操作平台与套管过套筒连接成一体，可沿爬杆爬升或下降，套管或套筒在爬架升降过程中起着导向作用。在爬杆顶部横梁上、下操作平台顶部横梁以及上操作平台底部横梁上均焊装有安装手拉葫芦用的吊环。另外，各操作平台向混凝土墙体的一侧均焊装有 4 个附墙支座，其中 2 个在上，2 个在下，通过穿墙螺栓连接作用使爬杆牢固地附着在混凝墙体上。

在这种爬升脚手架的上操作平台上，工人可进行钢筋绑扎、大模板安装与校正、在预留孔处安装穿墙钢管、浇灌混凝土以及拆除大模板等作业。

套筒式附着升降脚手架的爬升过程如下：首先拔出爬架上操作平台的 4 个穿墙螺栓。将手拉葫芦挂在爬杆顶端横梁吊环上。启动手拉葫芦，提升上操作平台。使上操作平台向上爬升到预留孔位置，插好穿墙螺栓，拧紧螺母，将上操作平台固定牢靠。将手拉葫芦挂在上操作平台底横梁吊环上。松动下操作平台附墙支座的穿墙螺栓。启动手拉葫芦，将下操作平台提升到上操作平台原来所在的预留孔位置处。安装穿墙螺栓并加以紧固，使下操作平台牢固地附着在混凝土墙体上，爬升脚手架至此完成向上爬升一个楼层的全过程，如此反复进行，爬升到顶层完成混凝土浇筑作业。

套筒式附着升降脚手架的下降过程是爬升的逆过程。工人可登上操作平台进行外墙粉刷及其他装饰作业。

4.4.2　整体式附着式升降手架

整体式附着升降脚手架或称整体提升脚手架，是一种省工、省料，结构简单，提升时间短，能满足高层建筑结构、装修阶段施工要求的脚手架，主要用于框架结构。

整体式附着式升降脚手架由承力架、承重桁架、悬挑钢架、吊架、电控升降系统、脚手架、防外倾装置、导向轮、附墙临时拉结、安全挡板、安全拉杆、安全网、兜底网、防雷装置、脚手板、抗风浮力拉杆及手拉葫芦等组成。

整体式附着升降脚手架的提升步骤如下：

检查电动葫芦是否挂妥，挑梁安装是否牢固。撤出架体所有人员及杂物（包括材料、施工机具等）。试开动电动葫芦，使电动葫芦与吊架（承力托）之间的吊链拉紧，且处于初始受力状态。拆除（松开）与建筑物的拉结，检查是否有阻碍脚手架向上升的物件。松解承力托与建筑物相连的螺栓和斜拉杆，观察架体稳定状态。开动电动葫芦开始爬升，爬升过程中指定专人负责观察机具运行以及架体同步情况，如发现有异常或不同步情况，应立即暂停停机进行检查和调整，整体式附着升降脚手架的提升速度一般为 80～100mm/min，每爬升一个层高平均约需 1～2h。架体爬升到位后，立即安装承力托与混凝土边梁的紧固螺栓，将承力托的斜拉杆固定于上层混凝土的边梁，然后再安装架体上部与建筑物的各拉结点。检查脚手架及相应的安全措施，切断电动葫芦电源，即可开始使用，进行上一层结构施工。将电动葫芦及悬挑钢梁摘下，用电动葫芦及滑轮组将其倒至上一层相应部分重新安装好，准备下一层爬升。

4.4.3　附着式升降脚手架的构造

附着式升降脚手架架体的尺寸。架体高度不应大于 5 倍楼层层高。架体宽度不应大于 1.2m。直线布置的架体支撑跨度不应大于 8m。折线或曲线布置的架体支撑跨度不应大于 5.4m。整体式附着升降脚手架架体的悬挑长度不应大于 1/2 水平支撑跨度和 3m。单片式附着升降脚手架架体的悬挑长度不应大于 1/4 水平支撑跨度。升降和使用工况下，架体悬臂高度均不应大于 6.0m 和 2/5 架体高度，架体全高与支撑跨度的乘积不应大于 110m²。

1. 附着式升降脚手架架体的结构

架体必须在附着支撑部分沿全高设置定型加强的竖向主框架，竖向主框架应采用焊接或螺栓连接的片式框架或格构式结构，并能与水平梁架和架体构架整体作用，且不得使用钢管扣件或碗扣等脚手架杆件组装。竖向主框架与附着支撑结构之间的导向构件不得采用钢管扣件、碗扣架或其他普通脚手架连接方式。

架体水平梁架应满足承载和其余架体整体作用的要求，采用焊接或螺栓连接的定型桁架梁式结构。当用定型桁架构件不能连续设置时，局部可采用脚手架杆件进行连接，但其长度不得大于2m，并且必须加强措施，确保其连接刚度和强度不低于桁架梁式结构。主框架、水平梁架的各节点中，各杆件的轴线应汇交于一点。

架体外立面必须沿全高设置剪刀撑，剪刀撑跨度不得大于6.0m；其水平夹角为45°～60°，并应将竖向主框架、架体水平梁架和构架连成一体。

悬挑端应以竖向主框架为中心成对设置对称斜拉杆，其水平夹角应不小于45°。

单片式附着升降脚手架必须采用直线形架体。

2. 附着支撑结构的构造

附着支撑结构采用普通穿墙螺栓与工程结构连接时，应采用双螺母固定，螺杆露出螺母应不小于3扣、垫板尺寸应按设计确定，且不得小于80mm×80mm×8mm。

当附着点采用单根穿墙螺栓铆固时，应具有防止扭转的措施。

附着构造应具有对施工误差的调整功能，以避免出现过大的安装盈利和变形。位于建筑物凸出或凹进结构处的附着支撑结构应单独进行设计，确保相应工程机构和附着支撑结构的安全。对附着支撑结构与工程结构连接处混凝土的强度要求应按计算确定，并不小于C10.

在升降和使用工况下，确保每一架体竖向主框架能够单独承受该跨全部设计荷载和倾覆作用的附着支撑构造，均不得少于两套。

3. 附着式升降脚手架的装置

（1）附着式升降脚手架的防倾装置

防倾装置应用螺栓同竖向主框架或附着支撑结构连接，不得采用钢管扣件或碗扣方式。在升降和使用两种工况下，位于在同一竖向平面的防倾装置不得少于两处，并且其最上和最下一个防倾覆支撑点之间的最小间距不得小于架体全高的1/3. 防倾装置的导向间隙应小于5mm。

（2）附着式升降脚手架的防坠落装置

防坠落装置应设置在竖向主框架部位，且每一竖向主框架提升设备处必须设置一个。防坠装置应有专门详细的检查方法和管理措施，以确保其工作可靠、有效。防坠装置与提升设备必须分别设置在两套附着支撑结构上，如果有一套失败，另一套必须能独立承担全部坠落荷载。

4. 附着式升降脚手架的安全防护

架体外侧必须用密目安全网（≥800目/100cm²）围挡；密目安全网必须可靠固定在架体上；架体底层的脚手架必须铺设严密，且用密目安全网兜底。应设置架体升降时底层脚手板可折起的翻板构造，保持架体底层脚手板与建筑物表面在升降和正常使用中的间隙，防止物料坠落。在每一作业层架体外侧必须设置上、下两道防护栏杆（上杆高度

1.2m，下杆高度 0.6m）和挡脚板（高度 180mm）。单片式和中间的整体式附着升降脚手架，在使用工况下，其断开处必须封闭并加设栏杆；升降工况下，架体开口处必须有可靠地防止人员及物料坠落的措施。

附着式升降脚手架在升降过程中，必须确保升降平稳。升降吊点超过两点时，不得使用手拉葫芦。同步及荷载控制系统应通过控制各提升设备间的升降差和控制各提升设备的同步性，且应具备超载报警停机、欠载报警等功能。

遇五级（含五级）以上大风和大雨、大雪、浓雾和雷雨等恶劣天气时，禁止进行升降和拆卸作业，并应预先对架体采取加固措施。夜间禁止进行升降作业。当附着升降脚手架预计停用超过一个月时，停用前采取加固措施。当附着式升降脚手架停用超过一个月或六级以上大风后复工时，必须进行安全检查。

4.5 升降平台

4.5.1 分类

在高层建筑施工中，升降平台是旅游宾馆门厅、多功能厅和四季厅等室内装饰和机电设备安装用的一种重要机具。

按工作原理，升降平台可分为伸缩性和折叠式两种。按职称结构的构造特点，升降平台可分为立柱式和交叉式两种。安逸动方式来，升降平台又分为牵引式和移动式两种。牵引式升降平台的底部装有行走轮胎和牵引杆，借助人力推动转移施工部位。移动式升降平台则以轻型卡车为基础改装而成，主要供裙房外檐装饰工程和庭院机电设备安装工程使用。

目前，应用较广的是叉式升降平台，这种设备又称剪刀撑升降台或叉架剪式升降台。

叉式升降平台的工作平台用型钢各钢板焊成。剪刀式升降架用轻量型钢制成，铰点销轴具有良好的润滑，转动极为灵活。升降架采用双作用液压油缸进行升降，液压升降机组安置在底座上，液压升降系统回路设有液压锁并配以机械限位装置，因此工作平稳，无坠落危险。施工时，可根据作业性质选用参数合适的型号。

叉式升降平台可单个使用，也可多台组合使用，能适应不同工作面的需要。叉式升降平台的特点如下：升降平稳，高度可随意调节。转移迅速，功效高。可分别在平台上和地面上操纵升降，使用方便，保养简单。工作面和升降高度均可自由安排，能代替局部满堂架子，机动灵活。

4.5.2 吊篮脚手

吊篮脚手（简称吊篮）是一种新型的建筑机械，其设备简单、操作方便、工效高、经济效益好，因此在高层和超高层建筑外檐装修施工中，得到日益广泛的应用，此外它还能进行建筑设备的安装、维修和外墙清洁工作。

吊篮脚手分为手动吊篮和电动吊篮两大类。按其作业面又分为单层式吊篮、双层式吊篮。从吊篮的构造来说，都是由悬挑钢架（挑梁）、吊篮结构（包括操作平台、护身栏和吊环）、吊索、安全装置、电动卷扬机或手拉葫芦组成。

手动吊篮结构采用薄壁型钢或铝合金型材制成，可整体拆卸和快速组拼；采用两台手动提升机进行升降；设有安全锁和独立的安全钢丝绳，当吊篮发生意外超速下降时，安全锁便会自动地将吊篮锁定在安全钢丝绳上，因此能确保施工人员安全；吊篮的屋面机构为移动式悬挂臂或女儿墙夹紧悬挂机构，移动方便，架设迅速，适应性强。

电动吊篮的提升机构由电动机、制动器、减速器、压绳和绕绳机构组成。

电动吊篮装有可靠的安全装置，通常称为安全锁或减速器。当吊篮下降速度超过 1.6～2.5 倍额定提升速度时，该安全装置便会自动地刹住吊篮，不使吊篮继续下降，从而确保施工人员的安全。

电动吊篮的屋面挑梁系统可分为简单固定式挑梁系统、移动式挑梁系统和装配式桁架台车挑梁系统三类。在构造上，各种屋面挑梁系统基本上均由挑梁、支柱、配重架、配重块、加强臂附加支杆以及脚轮或行走台车组成。挑梁系统采用型钢焊接结构，其悬挑长度、前后支腿距离、挑梁支柱高度均是可调的，因此能灵活地适应不同屋顶结构以及不同立面造型的需要。

使用吊篮时要严格遵守操作规程；严禁超载运行；风速超过 5 级时，不得登吊篮操作；不准在吊篮内进行焊接作业；吊篮停于某处施工时，必须锁紧安全锁，当要继续升降至某施工点时，再打开安全锁；安全锁必须按规定日期进行检查和试验。

无论使用手动吊篮或电动吊篮均必须严格遵循以下几点：每天作业前，需先使吊篮上升、下降数次，经确认无故障后，才能投入作业。安全锁在所规定的安全期限使用。每天工作开始前，应用手向上抽动安全锁数次，当确认其灵敏有效后，才可使用过吊篮。安全钢丝绳下端应用坠绳器坠紧，使其绷直，否则容易使安全锁连续锁绳。一旦锁绳，可将吊篮提升，使安全锁自动开锁，切不可硬性敲击。钢丝绳上不得有油、结冰、霜。发现有断丝、松股或扭伤必须换新时，应选用规格符合要求的钢丝绳。在吊篮操作平台上必须存放手提电动工具或建筑材料时，应注意保持吊篮平稳斜现象。如在吊篮升降过程中发现有倾斜现象时，必须立即停机，调整到水平位置后，再继续升降。

第5章　主体工程施工

5.1　钢筋连接技术

5.1.1　闪光对焊

1. 基本规定

当钢筋直径较小，钢筋强度级别较低，可采用连续闪光焊。采用连续闪光焊的最大钢筋直径应符合规定。当钢筋直径较大，端面较平整，宜采用预热闪光焊；当端面不平整。则应采用闪光-预热闪光焊。

HRB500 钢筋焊接时，无论直径大小，均应采用预热闪光焊或闪光-预热闪光焊工艺。当接头拉伸实验结果发生脆性断裂或弯曲试验不能达到规定要求时，尚应在焊机上进行焊后热处理。

闪光对焊时，应选择合适的调伸长度、烧化留量，顶锻留量以及变压器级数等焊接参数。

调伸长度的选择，应随着钢筋牌号的提高和钢筋直径的加大而增长，主要是减缓接头的温度梯度。防止在热影响区产生淬硬组织。当焊接 HRB400、HRB500 等级别钢筋时，调伸长度宜在 40~60mm 内选用。烧化留量的选择，应根据焊接工艺方法确定。当连续闪光焊时，闪光过程应较长，烧化留量应等于两根钢筋在断料时切断机道口严重压伤部分（包括端面的不平整）再加 8mm. 闪光-预热闪光焊时，应区分一次烧化留量和二次烧化留量。一次烧化留量应不小于 10mm，预热闪光焊时的烧化留量应不小于 10mm。需要预热宜采用电阻预热法。预热留量应为 1~2mm，预热次数应为 1~4 次，每次预热时间应为 1.5~2s，间歇时间应为 3~4s. 顶锻留量应为 4~10mm，并应随钢筋直径的增大和钢筋牌号的提高而增加。其中，有顶锻留量约占 1/3，无顶锻留量约占 2/3，焊接时必须控制得当。

焊接 HRB500 钢筋时，顶锻留量应稍微增大，以确保焊接质量。

生产中，如果有 RRB400 钢筋需要进行闪光对焊时，与热轧钢筋比较，应减少调伸长度，提高焊接变压器级数，缩短加热时间，形成快热快冷条件。使热影响区长度控制在钢筋直径的 0.6 倍范围之内。

在正式焊接前，参加该项施焊的焊工应进行现场条件下的焊接工艺试验，经试验合格后，方可按确定的焊接参数成批生产，实验结果应符合质量检验与验收时的要求。

焊接前和施焊过程中，应检查和调整电极位置，拧紧夹具丝杆。钢筋在电极内必须加紧。电极钳口变形应立即调整和修理。钢筋端头如有起弯或呈马蹄形时不得进行焊接，必须调直或切除。钢筋端头 120mm 范围内的铁锈、油污，必须清除干净。焊接过程中粘附在电极上的氧化铁要随时清除干净。

2. 工艺流程

（1）连续闪光点焊工艺流程

通电后，应借助操作杆使两钢筋端面轻微接触，使其产生电阻热，并使钢筋端面的突出部分互相融化，并将融化的金属微粒向外喷射形成火光闪光，再徐徐不断地移动钢筋形成连续闪光，待预定的烧化留量消失后，以适当的压力迅速进行顶锻，即完成整个连续闪光焊接。

（2）预热闪光对焊工艺流程

预热闪光焊。通电后应使两根钢筋端面交替接触分开，使钢筋端面之间产生断续闪光，形成烧化预热过程。当预热过程完成，应立即转入连续闪光和顶锻。

（3）闪光-预热闪光焊工艺流程

闪光-预热闪光焊。通电后，应首先进行闪光，当钢筋端面已平整时，应立即进行预热、闪光及顶锻过程。

接近焊接接头区段应有适当均匀的镦粗塑性变形，端面不应氧化。

焊接后须经稍微冷却后才能松开电极钳口，取出钢筋时必须平稳，以免接头弯折。

Ⅳ级钢筋焊接时，应采用预热闪光焊或闪光-预热闪光焊工艺，余热处理Ⅳ级钢筋，闪光对焊时，与普通热轧钢筋比较，应减小调伸长度，提高焊接变压器级数，缩短加热时间，快速顶锻形成快热快冷条件，使热影响区长度控制在钢筋直径 0.6 倍范围之内。

3. 质量检查

在钢筋对焊过程中，焊工应认真进行自检，若发现接头处轴线偏移较大、弯折、烧伤、裂缝等缺陷，应切除接头重焊，并查找原因，及时消除。

5.1.2 手工电弧焊

1. 一般规定

根据钢筋级别、直径、接头形式和焊接位置，选择适宜的焊条直径、焊接层数和焊接电流，保证焊缝和钢筋融合良好。

在没每批钢筋正式焊接前，应焊接 3 个模拟试件做拉力试验，经试验合格后，方可确定的焊接参数成批生产。

带有垫板或帮条的接头，引弧应在钢板或帮条上进行。无钢筋垫板或无帮条接头，引弧应在形成焊缝的部位，防止烧伤主筋。

2. 焊接注意事项

（1）定位

焊接时应先焊定位点再施焊。

（2）运条

运条时的直线前进、横向摆动和送进焊条三个动作要协调平稳。

（3）收弧

收弧时，应将熔池填满，拉灭电弧1时，应将熔池填满，注意不要在工作表面造成电弧擦伤。

（4）多层焊

如钢筋直径较大，需要进行多层施焊时，应分层间断施焊，每焊一层后，应清渣在焊下一层。应保证焊缝的高度和长度。

（5）熔合

焊接过程中应有足够的熔深。主焊缝与定位焊缝应结合良好避免气孔、夹渣和烧伤缺陷，并防止产生裂缝。

（6）平焊

平焊时要注意熔渣和铁水混合不清的现象，防止熔渣流到铁水前面。熔池也应控制成椭圆形，一般采用右焊法，焊条与工作表面成70°。

（7）立焊

立焊时，铁水与熔渣易分离。要阻止熔池温度过高，铁水下坠形成焊瘤，操作时焊条与垂直面形成60°～80°角使电弧略向上，吹向熔池中心。焊第一道时，应压住电弧向上运条，也同时做较小的横向摆动，其余各层用半圆形横向摆动加挑弧法向上焊接。

（8）横焊

焊条倾斜70°～80°，防止铁水受自重作用坠到下坡口上。运条到上坡口处不做运弧停顿，迅速带到下坡口根部，作微小横拉稳弧动作，依次匀速进行焊接。

（9）仰焊

仰焊时宜用小电流短弧焊接，熔池宜薄，且应确保与母材融合良好。第一层焊缝用短电弧作前后拖拉动作，焊条与焊接方向成80°～90°。其余各层焊条横摆，并在坡口侧略停顿稳弧，保证俩侧熔合。

3. 钢筋帮条焊

钢筋帮条焊适宜于HPB300、HRB335、HRBF335、HRB400、HRBF400、HRB500、HRBF500、RRB400钢筋。钢筋帮条焊宜采用双面焊，当不能进行双面焊时，方可以采用单面焊。帮条长度应符合规定。当帮条牌号与主筋相同时，帮条直径可与主筋相同或小一个规格；当帮条直径与主筋相同时，帮条牌号可与主筋相同或低一个牌号。

钢筋帮条焊接头的焊缝厚度s不应小于主筋直径的0.3倍；焊缝宽度b不应小于主筋直径的0.8倍。

钢筋帮条焊时，钢筋的装配和焊接应符合下列要求。两主筋端面的间隙应为2～5mm。帮条与主筋之间应用四点定位焊固定，定位焊缝与帮条端部的距离宜大于或等于20mm。焊接时，应在帮条焊形成焊缝中引弧；在端头收弧前应填满弧坑，并应使主焊缝与定位焊缝的始端与终端熔合。

4. 钢筋搭接焊

焊接时，宜采用双面焊。当不能进行双面焊时，方可采用单面焊。搭接长度可与帮条长度相同。

搭接焊缝接头的焊缝厚度s不应小于主筋直径的0.3倍；焊缝宽度b不应小于主筋直径的0.8倍。

搭接焊时，钢筋的装配和焊接应符合下列要求。搭接焊时，焊接端钢筋应预弯，并应使两钢筋的轴线在同一直线上。在现场预制构件安装条件下，节点处钢筋进行搭接焊时，如钢筋预弯却有困难，可适当预弯。搭接焊时，应用两点固定，定位焊缝与搭接端部的距离宜大于或等于20mm。焊接时，应在搭接焊形成焊缝中引弧；在端头收弧前应填满弧坑，并应使主焊缝与定位焊缝的始端与终端熔合。

5. 预埋件 T 形接头电弧焊

预埋件 T 形接头电弧焊的接头形式分角焊和穿孔塞焊两种。焊接时，应符合下列要求。钢板厚度不小于 0.6d，并不宜小于 6mm。当采用 HPB300 钢筋时，角焊缝焊脚尺寸 k 不得小于钢筋直径的 0.5 倍；采用其他牌号钢筋时，焊脚尺寸 k 不得小于钢筋直径的 0.6 倍施焊中，不得使钢筋咬边和烧伤。

6. 钢筋与钢板搭接焊

钢筋与钢板搭接焊时。HPB300 钢筋的搭接长度 l 不得小于 4 倍钢筋直径，其他牌号钢筋搭接长度 l 不得小于 5 倍钢筋直径，焊缝宽度 b 不得小于钢筋直径的 0.6 倍，焊缝厚度 s 不得小于钢筋直径的 0.35 倍。

7. 装配式框架结构

在装配式框架结构的安装中，钢筋焊接应符合下列要求。两钢筋轴线偏移较大时，宜采用冷弯矫正，但不得用锤敲击。如冷弯矫正有困难，可采用氧气乙炔焰加热后矫正，加热温度不得超过 800℃，以免烧伤钢筋。焊接时，应选择合理的焊接顺序，对于柱间节点，应用对称焊接，以减少结构的变形。

钢筋低温焊接。在环境温度低于 −5℃ 的条件下进行焊接时，为钢筋低温焊接。低温焊接时，除遵守常温焊接的有关规定外，应调整焊接工艺参数，使焊缝和热影响区缓慢冷却。当环境温度低于 −20℃ 时，不宜施焊。风力超过 4 级时，焊接应有挡风措施。焊后未冷却的接头应避免碰到冰雪。

8. 钢筋低温电弧焊时

焊接工艺应符合下列要求。

进行帮条平焊或搭接平焊时，第一层焊缝，先从中间引弧，再向两端运弧；立焊时，先从中间向上方运弧，再从下端向中间运弧，以使接头端部的钢筋达到一定的预热效果。在以后各层焊缝的焊接时，采取分层控温施焊。热轧钢筋焊接的层间温度控制在 150℃ ～ 350℃ 之间，余热处理 3 级钢筋焊缝的层间温度应适当降低，以起到缓冷的作用。

HRB335 和 HRB400 钢筋电弧焊接头进行多层焊接时，采用"回火焊道施焊法"，即最后回火焊道的长度比前层焊道在两端各缩短 4～6mm，以消除或减少前层焊道及过热区的淬硬组织，改善接头的性能。

5.1.3 电渣压力焊

1. 原理

钢筋焊接分熔焊和压焊两种形式，电渣压力焊属于熔焊。进行电渣压力焊时，利用电流通过渣池产生的电阻热量将钢筋端部熔化，然后施加压力使上、下两段钢筋焊接为一体。开始焊接时，先在上、下面钢筋端面之间引燃电弧，使电弧周围焊剂熔化形成渣池；随后进行"电弧过程"，一方面使电弧周围的焊剂不断熔化，使渣池形成必要的深度，另一方面将钢筋端部烧平，为获得优良接头创造条件；接着将上钢筋端部埋入渣池中，电弧熄灭进行"电渣过程"，利用电阻热使钢筋全断面熔化；最后，在断电同时迅速挤压，排除熔渣和熔化金属形成的焊接接头。

2. 适用

电渣压力焊适用于国产 HPR300、HRB335、HRB400 级直径 14～40mm 的竖向或斜向（倾斜度在 4∶1 范围内）钢筋的连接，采取措施后也可用于国产 RRB400 级直径 16～40mm 钢筋的连接。

不同直径钢筋焊接时，钢筋直径相差宜不超过 7mm，上下两钢筋轴线应在同一直线上，焊接接头上下钢筋轴线偏差不得超过 2mm。

3. 设备与材料

进行电渣压力焊使用的主要设备和材料为焊机、焊接机头和焊剂。

竖向钢筋电渣压力焊的电源有弧焊机和焊接电源。弧焊机可采用一般的 BX-500、BX600、BX700、BX1000 型交流弧焊机。焊接电源可采用 JSD-600 型和 JSD-1000 型专用电源，前者用来焊接直径 14～32mm 的钢筋，后者可焊接直径 22～40mm 的钢筋。

焊接机头常用的有 LDZ 型杠杆式单柱焊接机头、YJ 型焊接机头和 MH 型丝杆传动式双柱焊接机头。这些机头都可采用手控与自控相结合的半自动化操作方式。

焊剂采用高锰、高硅、低氟型 HJ431 焊剂。其作用是使熔渣形成渣池，保护熔化的高温金属，防止发生氧化、氮化作用，形成良好的钢筋接头。使用前必须经 250℃烘烤 2h。

电渣压力焊焊接参数应包括焊接电流、焊接电压和通电时间，采用 HJ431 焊剂时，宜符合规定。采用专用焊剂或自动电渣压力焊机时，应根据焊剂或焊机使用说明书中推荐数据，通过试验确定。

4. 焊接作业

施焊前，先用夹具夹紧钢筋，使上、下钢筋同轴。对螺纹钢筋，使钢筋两棱对齐，轴心偏差不得大于 2mm；在两根钢筋接头处安放 10mm 左右用 12～14 号钢丝做的钢丝圈，作为引弧材料；将烘烤合格的焊药装满焊剂盒，并防止其泄露；然后引弧施焊。施焊时要求网络电压不低于 400v。

5. 质量检查

对钢筋电渣压力焊接头应进行外观检查和强度检验。外观检查应逐根进行，并符合以下要求。接头焊包均匀，不得有裂纹，四周焊包凸出钢筋表面高度，当钢筋直径为 25mm 及以下时不得小于 4mm；当钢筋直径为 28mm 及以上时不得小于 6mm。钢筋与电极接触处，应无烧伤缺陷。接头处钢筋轴线偏移不得超过 0.1 倍钢筋直径，同时也不得大于 2mm。接头处轴线弯折不得大于 4mm。

进行强度检验时，对于现浇混凝土结构，每一楼层或施工区段中以 300 个同类型接头（同钢筋级别、同钢筋直径）为一批。不足 300 个仍作为一批。切取其中 3 个试件进行拉伸试验，3 个试件的抗拉强度均不得低于该级别钢筋抗拉强度标准值，如有 1 个试件低于上述数值，应取双倍试件进行复验，复验中如仍有 1 个试件不符合要求，则该批接头为不合格。

5.1.4 气压焊

1. 原理

钢筋气压焊是采用一定比例的氧气、乙炔焰对两连接钢筋端部接缝处进行加热，待其达到热塑状态时对钢筋施加 30～40N/mm 的轴向压力，使钢筋顶锻在一起。

气压焊的机理是钢筋在还原性气体的保护下，产生塑性流变后紧密接触，促使端面金属晶体相互扩散渗透，再结晶和再排列，形成牢固的对焊接头。这种焊接工艺既适用于竖向钢筋的连接，也适用于各种方向钢筋的连接，宜用于焊接直径 16～40mm 的 HPB235、HRB335 级钢筋。

2. 设备和材料

气压焊所用的设备，主要包括氧气和乙炔瓶、加压器、加热器及钢筋卡具等。加压器由液压泵、液压表、顶压油缸、胶管组成，它通过夹具能对钢筋进行轴心顶锻。加热器由混合气管与多火口烤钳组成，称多嘴环管焊炬，设计成环状钳形，使多束火焰燃烧均匀，调整方便，火口数与钢筋直径有关。钢筋卡具包括固定卡子与可动卡子，用于卡紧和压接钢筋。

气压焊之所以用氧气，应符合国家有关标准中 1 类或 2 类一级技术要求，纯度要求在 99.5％以上，作业压力在 0.5～0.7N/mm 以下。所用的乙炔，宜采用瓶装溶解乙炔，其质量要符合国家有关标准中的规定，纯度按体积比应达到 98％，其作业压力在 0.05～0.07/mm 以下。氧气与乙炔气的混合比例为 1：1.27。

3. 工艺

气压焊的工艺过程是：用砂轮锯切平钢筋端面，使断面与钢筋轴线垂直，去掉断面周边毛刺，用磨光机打磨钢筋压接面和端头（50～100mm），去除锈和污物，使其露出金属光泽，安装夹具夹紧钢筋，使两钢筋轴线对正，缝隙不大于 3mm，对钢筋轴心施加初压力（5～10N/mm），用碳化焰（乙炔过剩焰）加热钢筋，待钢筋接缝处呈红黄色，压力表针大幅度下降时，对钢筋施加初期压力，使缝隙闭合，用中性焰继续加热钢筋端部，使其达到合适的压接温度，当钢筋表面变成炽白色时，边加热边加压，达到 30～40N/mm，形成接头，拆卸夹具，进行质量检验。

进行气压焊时掌握好火焰功率（取决于氧、乙炔流量）很重要，过大易引起过烧现象，过小易导致接面"夹生"现象，延长压接时间。在合理选用火焰基础上。

4. 质量检查

气压焊的全部焊接接头均需进行外观检查，检查项目及标准为：压接区两钢筋轴线的相对偏心量不得大于钢筋直径的 0.15 倍和 4mm；两钢筋轴线的弯折角度不得大于 4°；镦粗区最大直径不小于钢筋直径的 1.4 倍，长度为钢筋直径的 1.2 倍；镦粗区最大直径处应为焊接面，否则最大偏移量不得大于钢筋直径的 0.2 倍；压焊面不得有裂缝和严重烧伤。

气压焊接接头外观检查合格后进行机械性能检验。以每层楼的 300 个接头为一批，不足 300 个者亦作为一批。试验时从每批中随机切取 3 个接头作拉伸试验，要求全部试件的抗拉强度均不得低于该级别钢筋的抗拉强度，均断于焊缝之处。如果有 1 个试件不符合要求，切取双倍试件复验，如仍有 1 个试件不合格则该批接头判为不合格。如无条件进行拉伸试验，亦可以弯曲试验代替。进行弯曲试验时，将试件受压一侧的凸出部分除去，与钢筋外表齐平，弯至 90°试件外侧均不出现裂缝或发生断裂才算合格。

5.2 大模板施工

5.2.1 大模板的构造

大模板的构造由于面板材料的不同亦不完全相同，通常由面板、骨架、支撑系统、操作平台和附件等组成。

面板的作用是使混凝土成型，具有设计要求的外观。骨架的作用是支撑面板，保证所需的刚度，将荷载传给穿墙螺栓等，通常由薄壁型钢、槽钢等做成的横肋、竖肋组成。支撑系统包括支撑架和地脚螺丝，一块大模板至少设两个，用于调整模板的垂直度和水平标高、支撑模板使其自立。操作平台用于两人操作，附件有穿墙螺栓、上口卡板和爬梯等。对于外承式大模板，还包括外承架。

面板的种类较多，现在常用的有以下几种。

（1）整块钢板

一般用 4～6mm 钢板拼焊而成，刚度好，混凝土墙面平整光洁，重复利用次数多。但用钢量大，损坏后不易修复。

（2）组合钢模板组拼

由普遍用的定型组合钢模板组拼而成、刚度可满足要求，用完拆零后可用他用。但拼缝多，整体性稍差。

（3）钢框胶合板模板组拼

面板由钢框胶合板模板组拼而成，于横向再以薄壁方钢横向骨架加固即组成大模板。自重轻，整体刚度较好，木质板面修补容易。

（4）如多层胶合板、酚醛薄膜胶合板、硬质夹心纤维板等。可用螺栓与骨架连接，表面平整，重量轻，有一定保温性能，表面经树脂处理后防水耐磨，是较好的面板材料。

（5）高分子材料板

如由玻璃钢、硬质塑料板组成。这类面板自重轻、光滑平整、组装方便。但刚度小、易变形、价格较贵。

5.2.2　大模板的类型

常用的大模板有以下几种类型。

1. 平模

平模尺寸相当于房间一面墙的大小，是应用最多的一种大模板。平模有以下三种。

整体式平模。面板多用整块钢板，且面板、骨架、支撑系统和操作平台等都焊接成整体。模板的整体性好、周转次数多，但通用性差，只用于大规模的标准住宅。

组合式平模。以常用的开间、进深作为板面的基本尺寸，再辅以少量 20cm、30cm 或 60cm 拼接窄版与基本模板端部用螺栓连接即可组合成不同尺寸的大模板，以适应不同开间和进深尺寸的需要。它灵活通用，有较大的优越性，应用最广泛，且板面（包括面板和骨架）、支撑系统和操作平台三部分用螺栓连接，以便于解体。

装拆式平模。这种模板的面板多用多层胶合板、组合钢模板或钢框胶合板模板，面板与横、竖肋用螺栓连接，用后可完全拆散，灵活性较大

2. 大角模

一个房间的模板由四块大角模组成，模板接缝在每面墙的中部。大角模本身稳定，但装、拆较麻烦，且墙面中间有缝较难处理，已很少使用。

3. 小角模

小角模与平模配套使用，作为墙角模板。小角模与平模间应有一定的伸缩量，用作调

节不同墙厚和安装偏差，也便于装拆。

第一种是在角钢内面焊上扁钢，拆模后会在墙面留有扁钢的凹槽，清理后用腻子刮平；第二种是在角钢外面焊上扁钢，拆模后会出现突出墙面的一条棱，要及时处理。扁钢一端固定在角钢上，另一端应与平模板面自由滑动。

4. 筒模

将一个房间四面墙的大模板连接成一个空间的整体模板即为筒模。它稳定性好，可整间吊装而减少吊次，但自重大，不够灵活，多用于电梯井、管道井等尺寸较小的筒形构件，在标准间施工中也有应用，但应用较少。

电梯井、管道井等尺寸较小筒形构件用筒模施工有较大优势。最早使用的是模架式筒模，其通用性差，目前已淘汰。后来使用组合式铰接筒模，它在筒模四角处用铰接式角模与模板相连，利用脱模器开启，进行筒模组装就位和脱模较为方便，但脱模后需用起重机调运。今年发展的自升式筒模，它是将模板与提升机结合为一体，拆模后利用提升机可自己上升至新的施工标高处，无需另用起重机吊运。

5.2.3 大模板的施工工艺

1. 内墙现浇外墙预制的大模板建筑施工

这种大模板建筑的施工有预制承重外墙板、现浇外墙，预制非承重外墙板、现浇内墙、预制承重外墙板和非承重内纵墙板、现浇内横墙三类做法。

抄平放线。抄平放线包含有弹轴线，墙身线，模板就位线，门口、隔墙、阳台位置线和抄平水准线等工作。

敷设钢筋。墙体钢筋应尽量预先在加工厂按图纸点焊成网片，运至现场。在运输、堆放和吊装过程中，应采取措施避免钢筋产生弯折变形或焊点脱开。

安装模板。大模板进场后要核对型号，清点数量，清除表面锈蚀，用醒目的字体在模板背面注明标号。模板就位前还应认真涂刷脱模剂，把安装处楼面清理干净，检查墙体中心线及边线，精确后方可安装模板。

安装模板时，应按照顺序吊装，按墙身线就位，并通过调整地脚螺栓，用"双十字"靠尺反复检查校正模板的垂直度。模板合模前，还要检查墙体钢筋、水暖电器管线、预埋件、门窗洞口模板和穿墙螺栓套管是否遗漏，位置是否正确，安装是否牢固，是否影响墙体强度，并且清除在模板内的杂物。模板校正合格后，在模板顶部安放上口卡子，而且紧固穿墙螺栓或销子。

门口模板的安装方法有两种：先立门洞模板（俗称"假口"），后安门框；直接立门框。

先立门洞模板的做法。如果门洞的设计位置固定，则可以在模板上打眼，用螺栓固定门洞模板比较简单。如门洞设计位置不固定，则可以在钢筋网片绑完后，按设计位置将门洞模板钉上钉子，与钢筋网片焊在一起固定。模板框中部均需加三道支撑，前后两面（或一面）各钉一木框，使模框侧边与墙厚相同。拆模时，拆掉木方和木框。浇筑混凝土时，要注意两侧混凝土的浇筑高度要大致相等，高度不超过 50cm，振捣时，要避免挤动模框。先立门洞模板的缺点是拆模困难，门洞周围后抹的灰浆易开裂空鼓。另外，采用先立门洞模板工艺时，最好多准备一个流水段的门洞模板，采取隔天拆模板，以确保洞口棱角整齐。

直接立门框的作法，是用木材或小角钢做成带 1～2mm 坡度的工具式门框套模，夹在门框两侧，使其总厚度比墙宽出 3～5mm。门框内设临时的或工具式支撑加固。立好门框后，两边由大模板夹紧。在模板上对应门框的位置预留好孔眼，用钉子穿过孔眼，将门框套模紧固于模板上。为了避免门框移动，还可以在门框两侧钉若干钉子，将钉子与墙体钢筋焊住。这种作法既省工又牢固。但要注意施工中如果定位不牢的话，易造成门口歪斜或移动。

墙体混凝土浇筑。为便于振捣密实，使墙面平整光滑，混凝土的坍落度通常采用 7～8cm。用 50mm 的软轴插入式振捣棒连续分层振捣，每层的间隔时间不得超过 2～3h，或按照水泥的初凝时间确定。混凝土的每层浇筑高度控制在 500mm 左右，确保混凝土振捣密实。

浇筑门窗洞位置的混凝土时，应注意从门窗洞口正上方下斜，使两侧能同时均匀浇筑，避免发生偏移。

墙体的施工缝通常宜设在门槛洞口上，次梁跨中 1/3 区段。当使用组合平模时，可留在内纵墙与内横墙的交接处。接槎处混凝土应加强振捣，确保接槎严密。

拆模与养护。在常温下，墙体混凝土强度达到 1.2MPa 时方准拆模。拆模的顺序是：先拆除全部穿墙螺栓、拉杆及花篮卡具，再拆除补缝钢管或木方，卸掉埋设件的定位螺栓和其他附件，之后将每块模板的底脚螺栓稍稍升起，使模板在脱离墙面之前应有少许的平行下滑量，再升起后面的两个底脚螺栓，使模板自动倾斜脱离墙面，最后将模板吊起。在任何情况下，不得在墙上口晃动、撬动或敲砸模板。模板拆除后，应及时清理干净。

2. 内外墙全现浇大模板建筑施工

内外墙均为现浇混凝土的大模板体系，以现浇外墙代替预制外墙板，提高了整体刚度。因为减少了外墙的加工环节，造价较便宜，但是增加了现场工作量。要解决好现浇外墙材料的保温隔热、支模及混凝土的收缩等问题。

外墙支模。外墙的内侧模板与内墙模板一样，支撑在楼板上，外侧模板则有悬挑式外模板和外承式外模板两种施工方法。当使用悬挑式外模板施工方法时，支模顺序为：先安装内墙模板，然后安装外墙内模板，然后将外墙外模板通过内墙模板上端的悬臂梁直接悬挂在内墙模板上。悬臂梁可以采用一根 8 号槽钢焊在外墙外模板的上口横肋上，内外墙模板之间用两道对销螺栓拉紧，下部靠在下层外墙混凝土壁上。

当使用外承式外模板施工方法时，可以先将外墙外模板安装在下层混凝土外墙面上挑出的支撑架上。支撑架可做成三脚架，用 L 形螺栓通过下一层外墙预留孔挂在外墙上。为确保安全，要设防护栏杆和安全网。外墙外模板安装好后，再安装内墙模板和外墙内模板。

门窗洞口支撑。全现浇结构的外墙门窗洞口模板，最好采用固定在内模板上活动折叠模板。门窗洞口模板与外墙钢模板用合页连接，可转动 60°。洞口支好后，用固定在模板上的钢支撑顶牢。

3. 内浇外砌大模板建筑施工

为增强砖砌体与现浇内墙的整体性，外墙转角及内外墙的节点，以及沿砖高度方向，都应设钢筋拉结。墙体砖筑技术要求与通常砖筑工程相同。

支模。内墙支模不同部分模板的安装顺序为：在纵横墙相交十字节点处，先立横墙正号模板，依次立门洞模板，安设水电预埋件及预留孔洞，进行隐蔽工程验收，立横墙反号模板，立纵墙正号模板，让纵墙板端头角钢紧贴横墙模端头挑出的钢板翼缘，立纵墙的门洞模板，并且安设预埋件，立纵墙反号模板。外墙与内墙模板交接处的小角模，必须固定牢固，保证不变形。

混凝土浇筑。内浇外砌结构四大角构造柱的混凝土应分层浇筑，每层厚度不得超过300mm；内外墙交接处的构造柱和混凝土墙应同时浇筑，振捣要密实。

5.2.4 大模板的维修保养

大模板一次性的消耗比较大，用钢量较多，所以周转次数越多越能节约成本。一般大模板周转次数在400次以上，因此大模板的日常管理和维修保养很重要。

1. 日常保养

大模板在使用过程中应尽可能避免碰撞，拆模时不得任意撬砸，堆放时要避免倾覆。每次拆模后要及时清理，涂刷脱模剂。对模板零件要妥善保管，以免丢失和锈蚀。零件要入库保存，残缺件一次补齐。易损件要准备充足的备件。

2. 大模板的现场临时修理

大模板在使用过程中，出现板面翘曲、焊缝开焊、凹凸不齐、地脚螺栓折断以及护身栏杆弯折等情况是常有的。简单的情况现场可以进行修理。如果是板面翘曲，将两块翘曲的模板板面相对放置，四周用卡具卡紧，在不平整的部位打入钢楔，达到调平的目的。板面凸出部分可用大锤砸平或用气焊烘烤后砸平；板面凹陷时，可在板面与纵向龙骨间放上花篮丝杠，拧转螺母，把板面顶回原来的位置。焊缝开裂后，先将焊缝中的砂浆清理干净，整平后再在横肋上多加几个焊点即可。模板角部变形是由于施工中的碰撞和撬动导致骨架变形而成的。修理时，先用气焊烘烤，边烤边砸，使其恢复原状。地脚螺栓损坏应及时更换。护身栏撞弯应及时调直，断裂部位要焊牢。胶合板面局部破损可用扁铲将破损处剔凿整齐，然后刷胶，补上一块同样大小的胶合板，再涂以覆面剂。如果损坏严重，需在工厂进行大修。

5.2.5 大模板的安全技术

大模板堆放时应满足自稳角的要求，并面对面地存放。没有支架或自稳角不足的大模板，要存放在专用的插放架上或平卧堆放。在楼层内堆放大模板时，要采取可靠的防倾倒措施。六级以上大风停止施工。

构件堆放应按品种规格分开，以免弄错。构件堆放的支架要牢固，应经常检查。

大模板必须有操作平台、上人梯道、防护栏杆等附属设施，要保证其完好，如果有损坏马上维修。三层以上设安全网，沿房屋外满设，并配合施工上移。电梯间和楼梯洞也要设安全网。

起重机具、其吊索具、吊钩、构件支架等重要设施及关键部位，要认真检查。起重机必须专机专人，每班操作前要试机，尤其注意刹车。

大模板安装就位后，应及时用穿墙螺栓、花篮螺栓等固定成整体，以免倾倒。

全现浇模板在安装外墙外模板前，必须保证三角挂架或支撑平台安装牢固，操作人员施工时要系安全带。

模板拆除时，要保证混凝土的强度不得小于 1.2N/mm。模板拆除起吊时，要确认所有穿墙螺栓已经拆除，模板和混凝土已脱离。起吊高度超过障碍物后，方可行车转弯。

大模板拆除后，要采取临时固定，以便于清理。

5.3 滑模施工

5.3.1 液压滑升模板组成

滑模装置由模板系统、操作平台系统和液压提升系统以及施工精度控制系统等组成。

1. 模板系统

模板系统由模板、围圈、提升架及其附属配件组成。其作用是根据滑模工程的结构特点组成成型结构，使混凝土能按照设计的几何形状及尺寸准确成型，并保证表面质量符合要求。其在滑升施工工程中，主要承受浇筑混凝土时的侧压力，以及滑动时的摩擦阻力和模板滑空、纠偏等情况下的外加荷载。

（1）模板

模板又称围板，可用钢板、木材或钢木混合以及其他材料制成，目前使用钢模板居多。常用钢模板制作有薄钢板冷弯成型和用薄钢板加焊角钢、扁钢组合成型两种。如采用定型组合钢模板时，则需在边框增加与围圈固定相适应的连接孔。模板之间的连接，可采用螺栓（M8）或 U 形卡。

为了避免混凝土在浇筑时的外溅，在采取滑空方法来处理建筑物水平结构施工时，外模板上端应比内模板高出 100～200mm，下端应比内模板长 300mm 左右。模板的高度与混凝土达到出模强度所需的时间和模板滑升速度有关。如果模板高度不够，混凝土脱模过早，则会导致混凝土坍塌。如果模板高度过高，则会增加摩擦阻力，影响滑升。一般来说，模板高度当用于墙模时为 1m，用于柱模时为 1.2m，用于筒模时为 1.2～1.6m。模板的宽度以考虑组装及拆卸方便为宜，通常为 300～500mm。

为了减少滑动时模板与混凝土的摩擦阻力，以便于滑升脱模，模板的上、下口应形成一定的倾斜度（锥度），其单面倾斜度宜取为模板高度的 2/1000～5/1000。锥度过大，在模板滑升中易导致漏浆或使混凝土出现厚薄不均的现象；锥度过小或出现倒锥度时，会增大模板滑升时的摩擦阻力，甚至将混凝土拉裂。模板的锥度可以通过改变围圈的间距或模板厚度的方法来形成。在安装工程中，应随时用倾斜度样板检查模板的锥度是否符合要求。模板支撑在围圈上的方法有挂在围圈上和搁在围圈上，也可采用 U 形螺栓（模板背面有横楞）和钩头螺栓（模板背面没有横楞）连接。

（2）围圈

围圈又称围枋，用于固定模板，保证模板所构成的几何形状以及尺寸，承受模板传来的水平与垂直荷载，因此要具有足够的强度和刚度。围圈横向布置在模板外侧，一般上下各布置一道，分别支撑在提升架的立柱上，并把模板与提升架联系成整体。

为了减少模板的支撑跨度，围圈一般不设在模板的上下两端，其合理位置应使模板受力时产生的变形最小。上下围圈的间距由模板的高度确定，如果模板高 1～1.2m，上下围圈间距宜在 600～700mm；围圈距模板上口不宜大于 250mm，以确保模板上口的刚度；距模板下口不宜大于 150mm。围圈接头处的刚度不得小于围圈本身的刚度，上下圈的接头不应设置在同一截面。

围圈可使用角钢、槽钢或工字钢，一般采用 8～10 号的槽钢或工字钢；围圈的连接宜采用等刚度的型钢连接，连接螺栓每边不少于两个，并形成刚性节点；围圈放置在提升架立柱的支托上，用 U 型螺栓固定。在高层建筑施工中，大多数把围圈设计成架形式，称架围圈。

（3）提升架

提升架又称千斤顶或门架，其作用是约束固定围圈的位置，避免模板的侧向变形，并将模板系统和操作平台系统连成一体，将其全部荷载传递给千斤顶和支撑杆。提升架承受的荷载有围圈传来的垂直、水平荷载和操作平台、内外挑挂架子传来的荷载等。在使用荷载下，其立柱侧向变形不大于 2mm。

目前常见的是钢提升架，其常用形式有采用单横梁架和双横梁架。提升架一般用 12 号槽钢制作横梁，立柱可用 12～16 号槽钢做成单肢式、格构式或架式。横梁与立柱的拼装连接，可采用焊接连接，也可采用螺栓拼装。提升架立柱的高度，应使模板上口到提升架横梁下皮间的净空能满足施工要求。

2. 操作平台系统

操作平台系统主要包括操作平台、外挑脚手架和内、外吊脚手架，如果施工需要，还可设置辅助平台，以供材料、设备、工具的堆放。

（1）操作平台

操作平台又称工作平台，既是绑扎钢筋、浇筑混凝土的操作场所，也是油路、控制系统的安置台，有时还利用操作平台架设起重设备。操作平台所受的荷载比较大，必须有足够的强度和刚度。

操作平台一般用钢架或梁及铺板构成。架可以支撑在提升架的立柱上，也可以通过托架支撑在上下围圈上。架之间应设水平和垂直支撑，保证平台的强度和刚度。

操作平台的设计应根据施工对象采用的滑模工艺和现场实际情况而定。在采用逐层空滑模板（也称"滑一浇一"）施工工艺时，要求操作平台板采用活动式的，以便于楼板施工时支模材料、混凝土的运输和混凝土的浇灌。活动式平台板宜用型钢作框架，上铺多层胶合板或木板，再铺设铁板增加耐磨性和减少吸水率。常用的操作平台形式有整体式、分块式和活动式。

（2）外挑脚手架、吊脚手架

外挑脚手架一般由三角挑架、楞木和铺板等组成，其外挑宽度为 0.8～1.0m，外侧一般需设安全护栏。三角挑架可支撑在立柱或挂在围圈上。

吊脚手架是供绑扎钢筋、混凝土脱模后检查墙（柱）体混凝土质量并进行修饰、拆除模板（包括洞口模板），引设轴线、高程以及支设梁底模板等操作之用。吊脚手架要求装卸灵活、安全可靠。内吊脚手架悬挂在提升架内侧立柱和操作平台的架上，外吊脚手架悬挂在提升架外侧立柱和三角挑架上。

3. 液压提升系统

液压提升系统包括支撑杆、液压千斤顶、液压控制系统和油路等，是液压滑模系统的重要组成部分，也是整套滑模施工装置中的提升动力和荷载传递系统。提升系统的工作原理是由电动机带动高压油泵，将高压油液通过电磁换向阀、分油器、截止阀及管路输送到液压千斤顶，液压千斤顶在油压作用下带动滑升模板合操作平台沿着支撑杆向上爬升；当控制台使电磁换向阀换向回油时，油液由千斤顶排出并回入到油泵的油箱内；在不断供油、回流的过程中，使千斤顶活塞不断地压缩、复位，将全部滑升模板装置向上提升到需要的高度。

（1）千斤顶

液压滑动模板施工所有的千斤顶为专用穿心式千斤顶，按其卡头形式的不同可分为两种，即钢珠式和楔块式。

（2）支撑杆

支撑杆又称爬杆，它既是千斤顶向上爬升的轨道，又是滑动模板装置的承重支柱，承受着施工工程中的全部载荷。支撑杆一般宜采用直径为 25mm 的圆钢筋，其连接方法有丝扣连接、焊接和螺栓连接三种，也可以用 25～28mm 的螺纹钢筋。用作支撑杆的钢筋，在下料加工前要进行冷拉调直，冷拉时的延伸率控制在 2%～3%。支撑杆的长度一般为 3～5m，当支撑杆接长时，其相邻的接头要互相错开，使同一断面上的接头根数不超过总根数的 25%。

（3）液压控制系统

液压控制系统是提升系统的心脏，主要由能量转换装置（电动机、高压齿轮泵等）、能量控制和调节装置（如电磁转换阀、针形阀、调压阀、分油器等）以及辅助装置（压力表、滤油器、油箱、油管、管接头等）三部分组成。

4. 施工精度控制系统

滑模施工的精度控制系统由水平度、垂直度观测与控制装置以及通讯联络设施组成，主要起到控制滑模施工的水平度和垂直度的作用。

5.3.2　滑模施工水平度控制

1. 滑板滑升过程

由于千斤顶的不同步，数值的累积就会使模板系统产生很大的升差，如果不及时加以控制，不仅建筑物的垂直度难以保证，也会使模板结构产生变形，影响工程质量。水平度的观测，可采用水准仪、自动安平激光测量仪等设备，精度不应低于 1/10000。对千斤顶升差的控制，可以根据不同的控制方法选择不同的水平度控制系统。常用的方法有用激光控制仪控制的自动调平控制法、截止阀控制法、用限位仪控制的限位调平法、限位阀控制法等。

在滑模施工中，影响建筑物的垂直度因素很多，如千斤顶的升差、操作平台荷载、滑模装置变形、混凝土的浇筑方向以及风力、日照的影响等。为了解决以上问题，除采取一些有针对性的预防措施外，在施工中还应经常加强观测，并及时采取纠偏、纠扭措施，以使建筑物的垂直度始终得到控制。

垂直度的观测主要采用经纬仪、激光铅直仪和导电线锤等设备来进行。垂直度调整控制方法主要有平台倾斜法、顶轮纠偏控制法、变位纠偏器纠正法、双千斤顶法，常用于垂直度控制系统的有顶轮纠偏装置、变位纠偏器。

2. 液压滑升模板施工准备工作

由于滑模施工有连续施工的特点，为了充分发挥施工效率，材料、设备和劳动力在施工前都要做好充分的准备。

（1）技术设备

由于滑模施工的特点，要求设计中必须有与之相适用的措施，因此施工前要认真组织对施工图的审查。重点审查结构平面布置是否使各层构件沿模板滑动方向投影重合，竖向结构断面是否上下一致，立面线条的处理等。

根据需要采用滑模施工的工程范围和工程对象，划分施工区段，确定施工顺序，应尽量使每一个区段的面积相等、形状规则，区段的分界线一般设在变形缝处为宜；制定施工方案，确定材料垂直和水平运输的方法和人员上下方法，确定楼板的施工方法。

绘制建筑物多层结构平面的投影叠合图。确定模板、围圈、提升架及操作平台的布置，并进行各类部件的设计与计算，提出规格和数量。制定施工精度控制措施，提出设备仪器的规格和数量。绘制滑模装置组装图，提出材料、设备和构件一览表。确定不宜采用滑模施工的部位的处理措施。

（2）现场准备

施工用水、用电必须接好，施工临时道路和排水系统必须畅通。所需要的钢筋、构件、预埋件、混凝土用沙、石、水泥和外加剂，应按计划到场并保持供应。滑升模板系统需要的模板、爬杆、吊脚手设备和安全网应准备充足。垂直运输设备在滑模系统进场前就位。

滑模施工是一项多工种协作的施工工艺，因此劳动力组织宜采用工种混合编制的专业队伍，提倡一专多能，工种间的协调配合，充分发挥劳动效率。

5.3.3 墙体滑膜

滑升模板的施工由滑模设备的组装、钢筋绑扎、混凝土浇捣、楼面施工、模板滑升和怒办设备的拆除等几个部分组成。

1. 模板的安装

滑升模板的安装是个重要环节，直接影响到施工进度和质量，因此要合理组织、严格施工。在组装前，要做好拼装场地的平整工作，检查起滑线以下已经施工好的基础或结构的标高和平面尺寸，并标出建筑物的结构轴线、墙体边线和提架的位置线等。滑模组装完毕后，应按规范要求的质量标准进行检查。

2. 钢筋绑扎和预埋件埋设

钢筋绑扎应与混凝土浇筑速度、模板的滑升速度相配合。各层浇筑的间隔时间不应大于混凝土的凝结时间，当间隔时间超过凝结时间时，对接槎处应按施工缝的要求处理。每个浇筑区段中混凝土的布料，一般从中间部分开始，各层浇筑方向要交错进行，并经常交换方向，尽可能使布料均匀。混凝土浇筑宜用人工均匀倒入，不得用料斗直接向模板倾倒，以免对模板造成过大的侧压力。预留孔洞、门窗口等两侧的混凝土，应对称均衡浇筑，以免门窗模移位。

3. 滑升工艺

模板的滑升可分为初滑、正常滑升和末滑三个主要阶段。

(1) 初滑。

初滑阶段是指工程开始时进行的初次提升模板阶段,主要对滑模装置和混凝土凝结状态进行检查。初滑的基本操作是当混凝土分层浇筑到模板高度的 2/3,且第一层混凝土的强度达到出模强度时,进行试探性的提升,即将模板提升 1~2 个千斤顶行程,观察混凝土的出模情况。滑升过程要求缓慢平稳,用手按混凝土表面,如果出现轻微指印,砂浆又不沾手,说明时间恰到好处。全面检查液压系统和模板系统的工作情况,可进入正常滑升阶段。

(2) 正常滑升。

正常滑升阶段可以连续一次提升一个浇筑层高度,等混凝土浇筑至模板顶面时再提升一个浇筑层高度,也可以随升随浇。模板的滑升速度,取决于混凝土的凝结时间、垂直运输的能力、劳动力的配备、浇筑混凝土的速度以及气温等因素。在正常气候条件下,滑升速度一般控制在 150~300mm/h 范围内,两次滑升的间隔停歇时间,一般不宜超过 1.5h,在气温较高的情况下,应增加 1~2 次中间提升。中间提升的高度为 1~2 个千斤顶行程,主要是避免混凝土与模板粘结。

在滑升中必须严格按计划的滑升速度执行,并随时检查模板、支撑杆、液压泵和千斤顶等各部分的情况,如果有异常,应及时加以调整、修理或加固。

为确保结构的垂直度,在滑升过程中,操作平台应保持水平。各千斤顶的相对高差不得大于 40mm,相邻两个千斤顶的升差不得大于 2mm。在滑升过程中,应检查和记录结构垂直度、扭转及结构截面

尺寸等偏差数值,同时采取调平措施及时纠正出现的水平升差,以保持操作平台的水平度。

(3) 末滑。

末滑阶段是指当模板升至距建筑物顶部标高 1m 左右时,此时应放慢滑升速度,进行准确的抄平和找正工作。整个找平和找正工作应在模板滑升至距离顶部标高 20mm 之前做好,以便使最后一层混凝土能均匀交圈。混凝土末浇结束后,模板仍应继续滑升,直至与混凝土脱离为止。

(4) 停滑。

如由于气候、施工需要或其他原因而不能连续滑升时,应采取可靠的停滑措施:停滑前,混凝土应浇筑到同一水平面上;停滑过程中,模板应每隔 0.5~1h 提升一个千斤顶行程,保证模板与混凝土不粘结;当支撑杆的套管不带锥度时,应于次日将千斤顶顶升一个行程;对于由于停滑导致的水平施工缝,应认真处理混凝土表面,保证后浇混凝土与已硬化的混凝土之间良好的粘结;继续施工前,应对液压系统进行全面检查。

4. 门窗及孔洞的留设

门、窗洞及其他孔洞的留设,可采用下列几种方法。

(1) 框模法。事先按照设计要求的尺寸制成孔洞框模,框模可用钢材、木材或钢筋混凝土预制件制作。其尺寸宜比设计尺寸大 20~30mm,厚度应比内外模板的上口尺寸小 5~10mm。框模应按设计要求位置与标高留设,安装时,同墙体中的钢筋或支撑杆连接固

定。也可利用门、窗框直接作为框模使用，在滑升的同时埋在设计要求的位置上。但需在两侧边框上加设挡条。挡条可以用钢材和木材制成工具式，以螺钉和门、窗框连接。加设挡条后，门、窗口的总厚度应比内外模板上口尺寸小 10～20mm。当模板滑升后，工具式挡条可拆下周转使用。

（2）堵头模板法。当预留孔洞尺寸较大或孔洞处不设门框时，在孔洞两侧的内外模板之间设置堵头模板，并通过活动角钢与内外模板连接，与模板一起滑升。

（3）孔洞胎模法。对于较小的预留孔洞及接线盒等，可事先按孔洞具体形状制作空心或实心的孔洞胎模，尺寸应比设计要求大 50～100mm，厚度应比内外模上口小 10～20mm，四边应稍有倾斜，以便于模板滑过后取出胎模。其材料可以用钢材、木材及聚苯乙烯泡沫塑料制成。

滑模装置拆除应制定可靠的措施，拆除前要进行技术交底，保证操作安全。提升系统的拆除可在操作平台上进行，千斤顶留待与模板系统同时拆除。滑模系统的拆除顺序如下。

拆除油路系统及控制台→拆除操作平台→拆除内模板→拆除安全网和脚手架→用木块垫死内圈模板桁架

高空解体过程中，必须保证模板系统的局部稳定和总体稳定，避免模板系统局部或整体倾倒坍落。拆除过程要严格按照拆除方案进行，建立可靠的指挥通讯系统，配置专业安全员，注意操作安全。

滑模拆除后，应对各部件进行检查、维修，并妥善存放保管，以备使用。

5.3.4 滑框倒模

滑框倒模施工工艺是在滑模施工工艺的基础上发展而成的一种施工方法。这种方法兼有滑模和倒模的优点，因此，易于保证工程质量。但由于操作上多了模板拆除上运的过程，人工消耗大，速度略低于滑模。

滑框倒模装置的提升设备和模板系统与一般滑模基本相同，也由液压控制台、油路、千斤顶及支撑杆和操作平台、围圈、模板、提升架等组成。

滑框倒模的模板不与围圈直接挂钩，模板与围圈之间增设竖向滑道，模板与围圈之间通过竖向滑道连接，滑道固定在围圈内侧，可随围圈滑升。滑道的作用相当于模板的支撑系统，既能抵抗混凝土的侧压力，又可约束模板位移，并且便于模板的安装。滑道的间距按模板的材质和厚度决定，一般为 300～400mm，长度为 1～1.5m，可采用外径 30mm 左右的钢管。

模板应选用活动轻便的复合面层胶合板或双面加涂玻璃钢树脂面层的中密度纤维板，以便于向滑道内插放和拆模、倒模。模板的高度与混凝土的浇筑层厚度相同，一般为500mm 左右，可配置 3～4 层。模板的宽度，在插放方便的前提下，应尽量加大，以减少竖向接缝。

模板在施工时与混凝土之间不产生滑动，而与滑道之间相对滑动，即只滑框、不滑模。当滑道随围圈滑升时，模板附着于新浇筑的混凝土表面留在原位，待滑道滑升一层模板高度后，即可拆除最下一层模板，清理后，倒至上层使用。

采用滑框倒模工艺施工高层建筑时，其楼板等横向结构的施工以及水平、垂直度的控制，与滑模工程基本相同。

滑模倒模工艺与滑模工艺的根本区别在于将滑模时模板与混凝土之间滑动变为滑道与模板之间滑动，而模板附着在新浇筑的混凝土表面无滑动。因此，模板由滑动脱模变为拆倒脱模。与之相应，滑升阻力也由滑模施工时模板与混凝土之间的摩擦阻力变为滑框倒模与滑道之间的摩擦阻力。由于该摩擦阻力远小于滑模工艺的摩擦阻力，相应地可减少提升设备。与滑模相比可节省 1/6 的千斤顶和 15％的平台用钢量。另外，滑框倒模工艺只需控制滑道脱离模板时的混凝土强度下限值大于 0.05MPa，不致引起混凝土坍塌和支撑杆失稳，保证滑升平台安全即可，而无需考虑混凝土硬化时导致的混凝土粘膜、拉裂等现象，给施工创造很多便利条件。滑框倒模工艺施工方便可靠，当发生意外情况时，可在任何部位停滑，而无需考虑滑模工艺所采取的停滑措施，同时也有利于插入梁板施工。拆下的模板可以离开浇筑区域清理模板和涂刷隔离剂，以免污染钢筋和混凝土。

滑模施工中支撑杆钢材消耗比较多，如果不采取滑后抽出的措施，则施工后全部埋入混凝土，如果能代替部分受力钢筋使用，尚可降低消耗，否则成本过高。另外，用钢筋作为支撑杆，承载能力有限，也不能发挥大吨位的千斤顶的作用。体外滑模打破了过去的常规做法，其方法是不把滑模支撑杆布置在墙体内，而是布置在墙体外。体外滑模施工直接地降低了施工成本，也能更好适应更大规模滑模工程的需求，是现代滑模技术发展的新趋势、新成果。

为适应体外滑模施工的需要，支撑杆不是采用小直径的 ϕ25mm 光圆钢筋，而是采用大直径 ϕ48mm×3.5mm 的钢管。钢管本身就具有较大的强度和刚度，能有效提高滑模平台的稳定性。体外滑模可以配合大吨位千斤顶使用。体外滑模的支撑杆采用 ϕ48mm×3.5mm 的钢管，以便于取材，还可以简化支撑杆加工和就位过程。施工时支撑杆几乎可以全部回收，减少了施工用钢量，具有较好的经济效益。

5.3.5 楼板施工

1. 逐层空滑楼板并进法

逐层空滑楼板并进施工工艺就是墙体用滑模施工、楼板用支模现浇，在滑模浇筑一层墙体后，模板滑空，紧跟着支模现浇一层楼板混凝土的施工方法。因此，逐层空滑楼板并进又称"逐层封闭"或"滑一浇一"。

一般滑模施工，墙体由滑模连续施工，楼板采用在墙体上留孔或留槽，插筋后浇楼板（或安装预制楼板），由于混凝土两次浇筑，结合处不易密实，削弱了节点的整体性。而逐层空滑楼板并进法工艺特点是每一层的墙体和楼板是连续施工，因此墙体与楼板连接可靠，结构整体性好，同时每个楼层逐层封闭，保证了施工阶段的墙体稳定。楼板施工的完成也为立体施工创造了条件，装饰工程可以提前插入施工。该工艺是近年来高层建筑采用滑模施工时，楼板结构施工应用较多的一种方法。

逐层空滑楼板并进施工做法是：当每层墙体模板滑升至上一层楼板底标高位置时，停止墙体混凝土浇筑，待混凝土达到脱模强度后，将模板连续提升，直至墙体混凝土脱模，再向上空滑至模板下口与墙体上皮脱空一段高度为止（脱空高度根据楼板的厚度确定），然后将操作平台的活动平台板吊开，进行现浇楼板支模、绑扎钢筋和浇筑混凝土的施工。如此逐层进行，直至封顶。

逐层空滑楼板并进施工工艺将滑模连续施工改变为分层间断周期性施工。因此，每层墙体混凝土都有初滑、正常滑升和末滑三个阶段。

模板空滑进程中，提升速度应尽可能缓慢、均匀地进行。开始空滑时，由于混凝土强度较低，提升高度不宜过大，使模板与墙体保持一定的间隙，不致黏结即可。待墙体混凝土达到脱模强度后，才能将模板陆续提升至要求的空滑高度。另外，支撑杆的接头应躲开模板的空滑自由高度。模板脱空后，应趁模板面上水泥浆未硬结时，立即用长把钢丝刷等工具将模板面清除干净，并涂刷隔离剂一道。在涂刷隔离剂时，应尽可能避免污染钢筋，以免影响钢筋的握裹力。

模板与墙体的脱空范围，主要取决于楼板结构情况。为了避免模板全部脱空后产生平移或扭转变形，当楼板为单向板，且横墙承重时，只需将横墙模板脱空，非承重纵墙可比横墙多浇筑 50cm 左右，使纵墙模板与纵墙不脱空，以保持模板的稳定；当楼板为双向板时，则内外墙模板全部需脱空，因此应将外墙外模板适当加长。这样滑空后增长部分仍与外墙面接触，增强滑空时滑模装置的稳定性。

在内墙转角处设置与外模板长度一致的异形角模，使在模板滑空时异形角模和外模板同时夹住墙体，增强滑模装置的稳定性。

逐层空滑楼板并进施工是在吊开活动平台板后进行扎筋、支模、安预埋件、浇混凝土的，因此操作平台必须设计成活动可卸形式。与一般楼板施工相同，可采用传统的支模方法，即模板采用组合钢模板或钢框木（竹）胶合板模板等，下设桁架梁，通过钢管或木柱支撑在下一层已施工的楼板上。为了加快模板的周转，也可采用早拆模板体系。

2. 先滑墙体楼板跟进法

先滑墙体楼板跟进法是指当墙体连续滑动数层后，即可自下而上地进行逐层楼板的施工。即在楼板施工时，先将操作平台的活动平台板揭开，由活动平台的洞口吊入楼板的模板、钢筋和混凝土等材料或安装预制楼板。对于现浇楼板施工，也可由设置在外墙窗口处的受料挑台将所需材料吊入房间，再用手推车运至施工地点。

该工艺在墙体滑升阶段即可间隔数层进行楼板施工，墙体滑升速度快，楼板施工与墙体施工互不影响，但需要解决好墙体与楼板连接及墙体在施工阶段的稳定性问题。现浇楼板与墙体的连接方式主要有两种，即钢筋混凝土键连接和钢筋销凹槽连接。

钢筋混凝土键连接大多用于楼板主要受力方向的支座节点。当墙体滑升至每层楼板标高时，沿墙体间隔一定的间距（大于 500mm）预留孔洞，孔洞的尺寸按设计要求确定。一般情况下，预留孔洞的宽度可取 200～400mm，孔洞的高度为楼板的厚度或按板厚上下各加大 50mm，以便于操作。相邻两间楼板的主筋，可由孔洞穿过并与楼板的钢筋连成一体。在端头一间，楼板钢筋应在端墙预留孔洞处与墙板钢筋加以连接，然后同楼板一起浇筑混凝土，孔洞处即构成钢筋混凝土键。

钢筋销凹槽连接，楼板的配筋可均匀分布，整体性较好，但预留插筋及凹槽都比较麻烦，扳直钢筋时，容易损坏墙体混凝土，因此一般只用于一侧有楼板的墙体工程。当墙体滑升至每层楼板标高时，可沿墙体间隔一定的距离，预埋插筋及留设通长的水平嵌固凹槽。待预留插筋及凹槽脱模后，扳直钢筋，修整凹槽，并与楼板钢筋连成一体，再浇筑楼板混凝土。预留插筋的直径不宜过大，一般应小于 10mm，否则不易扳直。预埋钢筋的间距取决于楼板的配筋。

现浇楼板的模板除可采用支柱定型钢模等一般支模方法外，还可以利用在梁、柱及墙体预留的孔洞或设置一些临时牛腿、插销及挂钩，作为支设模板的支撑点。

3. 楼板降模法

先滑墙体楼板降模施工，是针对现浇楼板结构而采用的一种施工工艺。其具体做法是：当墙体连续滑升到顶或滑升至8～10层高度后，将事先在底层按每个房间组装好的模板，用卷扬机或其他提升机具提升到要求的高度，再用吊杆悬吊在墙体预留的孔洞中，然后进行该层楼板的施工；当该层楼板的混凝土达到拆模强度要求时（不得低于15MPa），可将模板降到下一层楼板的位置，进行下一层楼板的施工，此时，悬吊模板的吊杆也随之接长；这样，施工完一层楼板，模板降下一层，直到完成全部楼板的施工，降到底层为止。

对于建筑物高度不大或层数不多（12层左右）的工程，只需配置一套降模或以滑模本身的操作平台作降模使用，即当竖向结构的滑模滑升到顶后，将滑模的操作平台改制为楼板降模模板，自顶层依次逐层降下。为保证楼板与竖向结构的稳定性，墙体滑模施工时就在楼板高度事先预留孔（数量与尺寸通过计算确定），在降模施工楼板时，再预留孔内配置一定数量的直筋与弯筋，并与楼板钢筋连成一体再浇筑楼板混凝土。

对于楼层较多的超高层建筑，一般应以10层高度为一个降模段，可以采用分段降模法按高度分段配置模板进行降模的施工。例如一幢20层的高层建筑，可以一次性把墙体滑升到10层后暂停滑升；在滑模操作平台下另外悬吊降模平台，待降模施工向下进行后，墙体再继续向上滑升；一段时间后，楼板降模施工降到底层，墙体滑模滑升到了顶层，此时将滑模平台改装成降模平台，向下降模施工楼板至11层。这种方法需两套或两套以上降模完成。

采用降模法施工时，现浇楼板与墙体的连接方式，基本与采用先滑墙体楼板跟进法的做法相同，其梁板的主要受力支座部位可采用钢筋销凹槽等连接方式。如果采用"井"字形密肋双向板结构时，则四面支座均须采用钢筋混凝土键连接方式。

5.4 爬 模 施 工

5.4.1 爬升模板构造

爬升模板的构造，由模板、爬架和爬升装置三部分组成。

1. 模板

模板与大模板相似，构造也相同，其高度一般为层高加100～300mm，新增加部分为模板与下层已浇筑墙体的搭接高度，用作模板下端定位和固定。为使模板与墙体搭接处相贴严密，在模板上需增设软橡皮衬垫，以免浇筑混凝土时漏浆。模板的高度应以标准层的层高来确定。如果用于层高较高的非标准层时，可用两次爬模两次浇筑、一次爬架的方法解决。

模板的宽度在条件允许时愈宽愈好，以减少模板间的拼接和提高墙面平整度。模板宽度一般取决于爬升设备的能力，可以是一个开间、一片墙甚至是一个施工段的宽度。

模板爬升以爬架为支撑，模板上需有模板爬升装置；爬架爬升以模板为支撑，模板上又需有爬架爬升装置。这两个装置取决于爬升设备的种类。如果用单作用液压千斤顶，模板爬升装置为千斤顶座，爬架爬升装置为爬杆支座。如果用环链手拉葫芦，模板爬升装置为向上的吊环，爬架爬升装置为向下的吊环。

由于模板的拆模、爬升、安装就位和校正固定，模板的螺栓安装和拆除、墙面清理和嵌塞穿墙螺栓洞等工作人员均在模板外侧工作，因此模板外侧须设悬挂脚手架。在模板竖向大肋上焊角钢三脚架，悬挂角钢焊成的悬挂脚手架，宽度为600~900mm，4~5步，每步高1800mm，有2~3步悬挂在模板之下，每步均满铺脚手板，外侧设栏杆和挂安全网。为使脚手能在爬架外连通，可将脚手在爬架处折转。

2. 爬架

爬架的作用是悬挂模板和爬升模板。爬架由附墙架、支撑架、挑横梁、爬升爬架的千斤顶架（或吊环）等组成。

附墙架紧贴墙面，至少用四只附墙螺栓与墙体连接，作为爬架的支撑体。螺栓的位置尽量与模板的穿墙螺栓孔相符，以便于用该孔作为附墙架的螺栓孔。附墙架的位置如果在窗洞口处，也可利用窗台作支撑。附墙架底部应满铺脚手板，以免工具、螺栓等物坠落。

支撑架为由四根角钢组成的格构柱，一般做成两个标准节，使用时拼接起来。支撑架的尺寸除取决于强度、刚度和稳定性验算外，尚需满足操作要求。由于操作人员到附墙架内操作，只允许在支撑架内上下，因此支撑架的尺寸不应小于650mm×650mm。

爬架顶端一般要超出上一层楼层0.8~1.0m，爬架下端附墙架应在拆模层的下一层，因此，爬架的总高度一般为3~3.5个楼层高度。对于层高2.8m的住宅，爬架总高度为9.3~10.0m。由于模板紧贴墙面，爬架的支撑架要离开墙面0.4~0.5m，以便于模板在拆除、爬升和安装时有一定的活动余地。

挑横梁、千斤顶架（或吊环）的位置，要与模板上相应装置处于同一竖线上，以便于千斤顶爬杆或环链呈竖直，使模板或爬架能竖直爬升，提高安装精度，减少爬升和校正的困难。

3. 爬升装置

爬升装置有环链手拉葫芦、单作用液压千斤顶、双作用液压千斤顶和专用爬模千斤顶。

环链手拉葫芦是用人力拉动环链使起重钩上升，它简便、廉价、适应性强，虽操作人员较多，但仍是应用最多的爬升装置。每个爬架处设两个环链手拉葫芦。

单作用液压千斤顶即滑模施工用的滚珠式或卡块式穿心液压千斤顶。它能同步爬升，动作平稳，操作人员少，但爬升模板和爬升爬架各需一套液压千斤顶，数量多，成本较高，且每爬升一个楼层后需抽、插一次爬杆。

双作用液压千斤顶中各有一套向上和向下动作的卡具，既能沿爬杆向上爬升，又能使爬杆向上提升。因此用一套双作用液压千斤顶，在其爬杆上下端分别固定模板和爬架，在油路控制下就能分别完成爬升模板和爬升爬架。但目前这种千斤顶笨重，油路控制系统复杂，较少应用。

专用爬模千斤顶是一种长冲程千斤顶，活塞端连接模板，缸体端连接附墙架，不用爬杆和支撑架，进油时活塞将模板举高一个楼层高度，待墙体混凝土达到一定强度，模板作为支撑，拆去附墙架的螺栓，千斤顶回油，活塞回程将缸体连同附墙架爬升一个楼层高度。它效率高，省去支撑架，操作简便，但目前成本高，较少应用。

5.4.2 模板与爬架互爬

模板与爬架互爬工艺流程如下：

弹线找平→安装爬架→安装爬升设备→安装外模板→绑扎钢筋→安装内模板→浇筑混凝土→拆除内模板→施工楼板→爬升外模板→绑扎上一层钢筋并安装内模板→浇筑上一层墙体→爬升爬架……

如此，模板与爬架互爬直至完成整幢建筑的施工。

1. 爬升模板安装

配置爬升模板时，要根据制作、运输和吊装的条件，尽可能做到内、外墙均做成每间一整块大模板，以便于一次安装、脱模和爬升。内墙大模板可按流水施工段配置一个施工段的用量，外墙内、外侧模板应配足一层的全部用量。外墙外侧模板的穿墙螺栓孔和爬升支架的附墙连接螺栓孔，应与外墙内侧模板的螺栓孔对齐。各分块模板间的拼接要牢固，防止多次施工后变形。

进入现场的爬模装置（包括大模板、爬升设备、爬升支架、脚手架及附件等），应按施工组织设计及有关图样验收，合格后才能使用。

爬升模板安装前，应检验工程结构上预埋螺栓孔的直径和位置是否符合图样要求，如果有偏差应及时纠正。

爬升模板的安装顺序如下。

组装爬架→爬架固定在墙上→安装爬升设备→吊装模板块→拼接分块模板并校正固定。

爬架上墙时，先临时固定部分穿墙螺栓，待校正标高后，再固定全部穿墙螺栓。立柱宜采取先在地面组装成整体，然后安装的方法。立柱安装时，先校正垂直度，再固定与底座相连接的螺栓。模板安装时，先加以临时固定，待就位校正后，再正式固定。所有穿墙螺栓均应由外向内穿入，在内侧紧固。

模板安装完毕后，应对所有连接螺栓和穿墙螺栓进行紧固检查，并经试爬升验收合格后，才能投入使用。

2. 爬架爬升

当墙体的混凝土已经浇筑并具有一定强度后，才能进行爬升。爬架爬升时，爬架的支撑点是模板，此时模板需与现浇的钢筋混凝土墙确保良好的连接。爬升前，首先要仔细检查爬升设备的位置、牢固程度、吊钩及连接杆件等，在确认符合要求后才能正式爬升。

正式爬升时，应先安装好爬升爬架的爬升设备，拆除爬架上爬升模板用的爬升设备，拆除校正和固定模板的支撑，然后收紧千斤顶钢丝绳，拆除穿墙螺栓。同时检查卡环和安全钩，调整好爬升支架重心，使其保持垂直，以免晃动和扭转。

每只爬架用两套爬升设备爬升，爬升过程中两套爬升设备要同步。应先试爬50～100mm，确认正常后再快速爬升。爬升时要稳起、稳落，平稳就位，避免大幅度摆动和碰撞。要注意不要使爬升模板被其他构件卡住，如果发生此现象，应立即停止爬升，待故障排除后，才能继续爬升。爬升过程中有关人员不得站在爬架内，应站在模板外附脚手上操作。

爬升接近就位标高时，应切断自动线路，改用手动方式将爬架升到规定标高。完毕应逐个插进附墙螺栓，先插好相对的墙孔和附墙架孔，其余的逐步调节爬架对齐插入螺栓。检查爬架的垂直度并用千斤顶调整，然后及时固定。遇六级以上大风，一般应停止作业。

3. 模板爬升

当混凝土强度达到脱模强度（1.2～3.0N/mm²），爬架已经爬升并安装在上层墙上，爬升爬架的爬升设备已经拆除，爬架附墙处的混凝土强度已经达到10N/mm²，就可以进行模板爬升。

模板爬升的施工顺序如下。

在楼面上进行弹线找平→安装模板爬升设备→拆除模板对拉螺栓、固定支撑、与其他相邻模板的连接件→起模→开始爬升先试爬升50～100mm，检查爬升情况，确认正常后再快速爬升。爬升过程中随时检查，如果有异常应停下来检查，解决问题后再继续爬升。

爬升接近就位标高时，应暂停爬升，以便于进入就位的准备。利用校正螺栓严格按弹线位置将模板就位，检查模板平面位置、垂直度、水平度，如果误差符合要求，将模板固定。组合并安装好爬升模板。每爬升一次，要将模板金属件涂刷防锈漆，板面要涂刷脱模剂，并要检查下端避免漏浆的橡胶压条是否完好。

4. 爬架拆除

拆除爬升模板的设备，可利用施工用的起重机，也可在屋面上装设"人"字形拔杆或台灵架进行拆除。拆除前要先清除脚手架上的垃圾杂物，拆除连接杆件，经检查安全可靠后，才能大面积拆除。

拆除爬架的施工顺序如下。

拆除悬挂脚手、大模板→拆除爬升设备→拆除附墙螺栓→拆除爬升支架

5. 模板拆除

拆除模板的施工顺序如下。

自下而上拆除悬挂脚手、安全设施→拆除分块模板间的连接件→起重机吊住模板并收紧绳索→拆除模板爬升设备，脱开模板和爬架→将模板吊至地面

5.4.3 模板与模板互爬

在地面将模板、三角爬架、千斤顶等组装好，组装好的模板用2m靠尺检查，其板面平整度不得超过2mm，对角线偏差不得超过3mm，要求各部位的螺栓连接紧固。采用大模板常规施工方法完成首层结构后再安装爬升模板，以便于乙型模板支设在"生根"背楞和连接板上。

甲、乙型模板按要求交替布置。先安设乙型模板下部的"生根"背楞和连接板。"生根"背楞用 Ø22mm 穿墙螺栓与首层已浇筑墙体拉结，再安装中间一道平台挑架，加设支撑，铺好平台板，然后吊运乙型模板，置于连接板上，并用螺栓连接，同时利用中间一道平台挑梁设临时支撑，校正稳固模板。

首次安装甲型模板时，由于模板下端无"生根"背楞和连接板，可用临时支撑校正稳固，随即涂刷脱模剂和绑扎钢筋，安装门、窗口模板。

外墙内侧模板吊运就位后，即用穿墙螺栓将内、外侧模板紧固，并校正其垂直度。最后安装上、下两道平台挑架、铺放平台板，挂好安全网。

模板安装就位校正后，装设穿墙螺栓，浇筑混凝土。待混凝土达到拆模强度，即可开

始准备爬升甲型模板。爬升前，先松开穿墙螺栓，拆除内模板，并使外墙外侧甲、乙型模板与混凝土墙体脱离。然后将乙型模板上口的穿墙螺栓重新装入并紧固。调整乙型模板三角爬架的角度，装上爬杆，用卡座卡紧。爬杆的下端穿入甲型模板中部的千斤顶中。拆除甲型模板底部的穿墙螺栓，利用乙型模板作支撑，将甲型模板爬至预定高度，随即用穿墙螺栓与墙体固定。甲型模板爬升后，再将甲型模板作为支撑爬升乙型模板至预定高度并加以固定。校正甲、乙型两种模板，安装内模板，装好穿墙螺栓并紧固即可浇筑混凝土。如此反复，交替爬升，直至完成工程为止。

施工时，应使每个流水段内的乙型模板同时爬升，不得单块模板爬升。模板的爬升，可以安排在楼板支模、绑钢筋的同时进行，因此这种爬升方法不占用施工工期，有利于加快工程进度。

5.5 钢结构高层建筑施工

5.5.1 钢柱安装

第一节钢柱是安装在柱基临时标高支撑块上的，钢柱安装前应将登高扶梯和挂篮等临时固定好。钢柱起吊后对准中心轴线就位，固定地脚螺栓，校正垂直度。其他各节钢柱都安装在下节钢柱的柱顶（采用对接焊），钢柱两侧装有临时固定用的连接板，上节钢柱对准下节钢柱柱顶中心线后，即用螺栓固定连接板进行临时固定。

钢柱起吊有以下两种方法。

双机抬吊法，特点是两台起重机悬高起吊，柱根部不着地摩擦。

单机吊装法，特点是钢柱根部必须用垫木垫实，以回转法起吊，严禁柱根拖地。

钢柱就位后，先对钢柱的垂直度、轴线、牛腿面标高进行初校，然后安装临时固定螺栓，再拆除吊索。钢柱起吊回转过程中应注意防止同其他已吊好构件相碰撞，吊索应具有一定的有效高度。

5.5.2 框架钢梁安装

钢筋在吊装前，应于柱子牛腿处检查标高和柱子间距。主梁吊装前，应在梁上装好扶手杆和扶手绳，待主梁吊装就位后，将扶手绳与钢柱系牢，以确保施工人员的安全。

钢梁采用两点吊，通常在钢梁上翼缘处开孔，作为吊点。吊点位置取决于钢梁的跨度。为加快吊装速度，对质量较小的次梁和其他小梁，多利用多头吊索一次吊装数根。

水平桁架的安装基本同框架梁，但吊点位置选择应按照桁架的形状而定，需确保起吊后平直，便于安装连接。安装连接螺栓时严禁在情况不明时任意扩孔，连接板必须平整。

钢主梁、次梁及受压杆件的垂直度和侧向弯曲矢高的允许偏差应符合有关钢屋（托）架允许偏差的规定。

5.5.3 剪力墙板安装

装配式剪力墙板安装在钢柱和楼层框架梁之间，剪力墙板有钢制墙板和钢筋混凝土墙板两种。安装方法多采用以下两种。

先安装好框架，然后再装墙板。进行墙板安装时，选用索具吊到就位部位附近临时搁置，之后调换索具，在分离器两侧同时下放对称索具绑扎墙板，然后起吊安装到位。这种方法安装效率不高，临时搁置尚需采取一定的措施。

先同上部框架梁组合，再安装。剪力墙板是四周与钢柱和框架梁用螺栓连接再用焊接固定的，安装前在地面先将墙板与上部框架梁组合，之后一并安装，定位后再连接其他部位，组合安装效率高，是个较合理的安装方法。

剪力墙支撑安装部位与剪力墙板吻合，安装时也应采用剪力墙板的安装方法，尽可能组合后再进行安装。

5.5.4 钢扶梯安装

钢扶梯通常以平台部分为界限分段制作，构件是空间体，与框架同时进行安装，再进行位置和标高调整。在安装施工中常作为操作人员在楼层之间的工作通道，安装工艺简便，定位固定较复杂。

5.5.5 标准节框架安装方法

高层钢结构中，因为楼层使用要求不同和框架结构受力因素，其钢构件的布置和规格也相应不同。如底层用于公共设施，则楼层较高；受力关键部位则设置水平加强结构的楼层；管道布置集中区则增设技术楼层；为便于宴会、集体活动和娱乐等需设置大空间宴会厅和旋转厅等。以上楼层的钢构件的布置都是不同的，这是钢结构安装施工的特点之一。但是大多数楼层的使用要求是一样的，钢结构的布置也基本一致，叫做钢结构框架的标准节框架。

1. 节间综合安装法

此法是在标准节框架中，先选择一个节间作为标准间，在安装 4 根钢柱后立即安装框架梁、次梁和支撑等，由下而上逐间构成空间标准间，并且进行校正和固定。然后以此标准间为依靠，按照规定方向进行安装，逐步扩大框架，每立两根钢柱，就安装一个节间，直至该施工层完成。国外大多采用节间综合安装法，随吊随运，现场不设堆场，每天提出供货清单，每天安装完毕。这种安装方法对现场管理要求严格，供货交通必须保证畅通，在构件运输确保的条件下能获得最佳的效果。

2. 按构件分类大流水安装法

此法是在标准节框架中先安装钢柱，再安装框架梁，之后安装其他构件，按层进行，从下到上，最终完成框架。国内目前大多采用此法，主要原因如下。影响钢构件供应的因素多，不能按综合安装供应钢构件。在构件不能按计划供应时，还可继续进行安装，有机动的余地。管理和生产工人容易适应。

两种不同的安装方法各有利弊，但只要构件供应能保证，构件质量又合格，其生产工效的差异不大，可按照实际情况进行选择。

在标准节框架安装中，要进一步划分主要流水区和次要流水区，划分原则是框架可进行整体校正。塔式起重机爬升部位为主要流水区，其余为次要流水区，安装施工工期的长短取决于主要流水区。通常主要流水区内构件由钢柱和框架梁组成，其间的次要构件可后安装，主要流水区构件一经安装完成，即开始框架整体校正。

5.5.6　高层钢框架的校正

1. 基本原理

高层钢框架整体校正是在主要流水区安装完成后进行的。校正时的允许偏差。我国目前在高层钢结构工程安装中尚无明显的规范可循，现有的建筑钢结构施工规范只适用于普通钢结构工程，所以目前只能针对具体工程由设计单位参照有关规定提出校正的质量标准和允许偏差，供高层钢结构安装实施。

标准柱和基准点选择。标准柱是能控制框架平面轮廓的少数柱子，用它来控制框架结构安装的质量。通常选取平面转角柱为标准值。如正方形框架取 4 根转角柱；长方形框架当长边与短边之比大于 2 时取 6 根柱；多边形框架取转角柱为标准柱。

基准点的选择以标准柱的柱基中心线为依据，从 x 轴和 y 轴分别引出距离为 e 的补偿线，其交点作为标准柱的测量基准点。对基准点应加以保护，避免损坏，e 值大小由工程情况确定。

进行框架校正时，可采用激光经纬仪的基准点为依据对框架标准柱进行垂直度观测，对钢柱顶部进行垂直度校正，使其在允许范围内。

框架其他柱子的校正不用激光经纬仪，一般采用丈量测定法。具体做法是以标准柱为依据，用钢丝绳组成平面方格封闭状，用钢尺丈量距离，如超过允许偏差者则需调整偏差，在允许范围内者一律只记录不调整。

框架校正完毕要调整数据列表，进行中间验收鉴定，之后才能开始高强度螺栓紧固工作。

2. 校正方法

轴线位移校正。任何一节框架钢柱的校正，均以下节钢柱顶部的实际柱中心线为准，安装钢柱的底部对准下节钢柱的中心线方可。控制柱节点时须要注意四周外形，尽可能平整以利焊接。实测位移按有关规定做记录。校正位移时尤其应注意钢柱的扭矩，钢柱扭转对框架安装很不利，应引起重视。

柱子标高调整。每安装一节钢柱后，应对柱顶进行一次标高实测，按照实测标高的偏差值来确定调整与否（以设计±0.000m 为统一基准标高）。标高偏差值小于或等于 6mm，只记录不调整，超过 6mm 需进行调整。调整标高用低碳钢板垫到规定要求。钢柱标高调整应注意以下事项。

偏差过大（大于 20mm）不宜一次调整，可先调整一部分，待下一步再调整。原因是一次调整过大会影响支撑的安装和钢梁表面的标高。

中间框架柱的标高宜稍高些。通过实际工程的观察证明，中间列柱的标高通常均低于边柱标高，这主要是因为钢框架安装工期长，结构自重不断增大，中间列柱承受的结构荷载较大，所以中间列柱的基础沉降值也大。

垂直度校正。用一般的经纬仪难以满足要求，应采用激光经纬仪来测定标准柱的垂直度。测定方法是将激光经纬仪中心放在预定的基准点上，使激光经纬仪光束射到事先固定在钢柱上的靶标上，光束中心同靶标中心重合，表明钢柱垂直度无偏差。激光经纬仪必须经常检验，以确保仪器本身的精度。当光束中心与靶标中心不重合时，表明有偏差。偏差超过允许值应校正钢柱。

测量时，为了减少仪器误差的影响，可以采用四点投射光束法来测定钢柱的垂直度，就是在激光经纬仪定位后，旋转经纬仪水平度盘，向靶标投射四次光束（按 $0°→90°→180°→270°$ 位置），将靶标上四次光束的中心用对角线连接，其对角线交点即为正确位置。以此为准检验钢柱垂直度与否，决定钢柱是否需要校正。

框架梁面标高校正。用水准仪、标尺进行实测，测定框架梁两端标高误差情况。超过规定时应进行校正。方法是扩大端部安装连接孔。

第三篇

项 目 管 理

第1章　施工项目管理概论

1.1　概　　述

建设工程项目施工管理涵盖了与建设项目施工管理有关的多方面的综合知识，从学科分类角度来看，它涉及了项目管理、组织论、风险管理、建设工程监理和施工企业管理。学习工程项目管理就有必要了解与之相关的基本概念及理论。

1.1.1　建设工程项目的概念

1. 项目

所谓项目是指作为管理的对象，按时间、造价和质量标准完成的一次性任务。项目的主要特征如下：

（1）一次性（单件性）；

（2）目标的明确性（成果性和约束性）。成果性指项目的功能性要求；约束性指期限、预算、质量；

（3）作为管理对象的整体性。一个项目是指一个整体管理对象，在按其需要配置生产要素时，必须以总体效益的提高为标准。由于内外环境是不断变化的，所以管理和生产要素的配置是动态的；

（4）项目类型多样性。项目按最终成果划分，有建设项目、科研开发项目、航天项目及维修项目等。

2. 建设项目

所谓建设项目是指需要一定量的投资，经过决策和实施（设计、施工）的一系列程序，在一定约束条件下形成以固定资产为明确目标的一次性任务。

3. 施工项目

所谓施工项目是指建筑施工企业对一个建筑产品的施工过程及成果，即生产对象。其主要特征如下：

（1）是建设项目或其中的单项工程或单位工程的施工任务；

（2）作为一个管理整体，以建筑施工企业为管理主体的；

（3）该任务范围是由工程承包合同界定的。

1.1.2　施工项目管理概念

1. 管理

管理，简单地讲就是管理人员所从事的工作；管理的目的就是管理者个人或是团体为了完成某一特定目标而获取一套行之有效的方法和措施。

2. 管理职能

在 20 世纪早期，法国工业家亨利法约尔就曾提出了管理者从事五种职能即计划、组织、指挥、协调和控制。后期经过学术专家的总结和发展，逐渐形成了比较一致的管理职能认识：计划、组织、领导和控制四个职能。

（1）计划

计划是管理的首要职能，计划职能的根本任务是确定目标。

计划就是根据环境的需要和自身的特点，确定在一定时期内的目标，并通过计划的编制，协调各类资源以期顺利达到预期目标的过程。

（2）组织

组织是为了实现某一特定目标，经由分工与合作及不同层次的权力和责任制度而构成的人群集合系统，是依据管理目标和管理要求，把各要素、各环节、各方面，从劳动分工和协作上，从纵横的相互关系上，从时间过程和组织结构上，合理地组织成为一个协调一致的整体，最大限度地发挥人和物的作用。

目标是组织存在的前提和基础。分工与协作关系是由组织目标决定的。权力与责任是达成组织目标的保证。

（3）领导

领导的含义：促使其他人完成他们的工作；维持组织成员的士气；激励下属。

领导的目的在于使大家为实现组织或群体的目标而努力。领导的作用主要体现在两个方面，即实现确定的目标的同时尽可能地满足组织成员的需要。

（4）控制

所谓控制，就是监督各项活动，以保证它们按计划进行并纠正各种重要偏差的过程，是根据政策、目标、计划、标准以及经济原则对管理活动进行监督、控制和检查。

3. 管理技能

人的管理技能分为三个部分，分别为概念技能、人际技能、技术技能，不同的管理岗位（高、中、低）所需的三种技能不尽相同（图 1-1）。

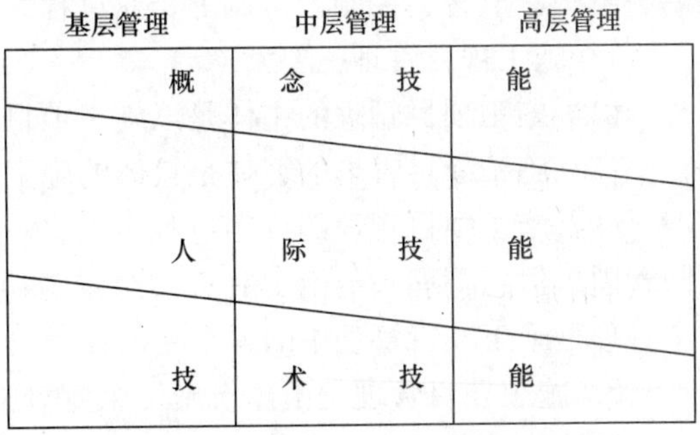

（1）技术技能：指使用某一专业领域内有关的工作程序、技术和知识完成组织任务的能力。

（2）人际技能：指与处理人事关系有关的技能，即理解、激励他人并与他人共事的能力。

（3）概念技能：指综观全局、认清为什么要做某事的能力，也就是洞察企业与环境相互影响之间复杂性的能力。

基层管理	中层管理	高层管理
概	念　技	能
人	际　技	能
技	术　技	能

图 1-1　管理层次与管理技能要求

4. 建设工程项目管理

建设工程项目管理的内涵是：自项目开始至项目完成，通过项目策划和项目控制，以使项目的费用目标、进度目标和质量目标得以实现。

由于项目管理的核心任务是项目的目标控制，因此，没有明确目标的建设工程不是项目管理的对象。

"自项目开始至项目完成"指的是项目的实施期；"项目策划"指的是目标控制前的一系列筹划和准备工作；"费用目标"对业主而言是投资目标，对施工方而言是成本目标。项目决策期管理工作的主要任务是确定项目的定义，而项目实施期管理的主要任务是通过管理使项目的目标得以实现。

按建设工程生产组织的特点，一个项目往往由许多参与单位承担不同的建设任务，而各参与单位的工作性质、工作任务和利益不同，因此就形成了不同类型的项目管理。由于业主方是建设工程项目生产过程的总集成者——人力资源、物质资源和知识的集成，业主方也是建设工程项目生产过程的总组织者，因此对于一个建设工程项目而言，虽然有代表不同利益方的项目管理，但是，业主方的项目管理是管理的核心。

按建设工程项目不同参与方的工作性质和组织特征划分，项目管理有如下类型：

- 业主方的项目管理；
- 设计方的项目管理；
- 施工方的项目管理；
- 供货方的项目管理；
- 建设项目总承包方的项目管理。

投资方、开发方和由咨询公司提供的代表业主方利益的项目管理服务都属于业主方的项目管理。施工总承包方和分包方的项目管理都属于施工方的项目管理，材料和设备供应方的项目管理都属于供货方的项目管理。建设项目总承包有多种形式，如设计和施工任务综合的承包，设计、采购和施工任务综合的承包（简称EPC承包）等，它们的项目管理都属于建设项目总承包方的项目管理。

5. 施工（方）项目管理

所谓施工项目管理是指企业运用系统的观点、理论和科学技术对施工项目进行的计划、组织、监督、控制、协调等企业过程管理，由建筑施工企业对施工项目进行管理。

1）施工项目管理三要素

（1）施工项目管理的主体是以施工项目经理为首的项目经理部，即作业管理层。

（2）施工项目管理的客体是具体的施工对象、施工活动及相关生产要素。

（3）施工项目管理的内容（任务）：安全管理、成本控制、进度控制、质量控制、合同管理、信息管理、与施工有关的组织与协调，即"三控制、三管理、一协调"。其中安全管理是施工项目管理中的最重要的任务。

2）施工项目管理是由建筑施工企业对施工项目进行的管理。其主要特点如下：

（1）施工项目的管理者是建筑施工企业。由业主或监理单位进行工程项目管理中涉及到的施工阶段管理的仍属建设项目管理范畴，不能算施工项目管理。

（2）施工项目管理的对象是施工项目，其主要的特殊性是生产活动和市场交易同时进行；施工项目周期包括工程投标、签订工程项目承包合同、施工准备、施工以及交工验收等。

（3）施工项目管理过程是动态的。施工项目管理的内容在一个长时间进行的有序过程之中按阶段变化。管理者必须做出策划、设计、提出措施和进行有针对性的动态管理，并使资源优化组合，以提高施工效率和效益。

（4）施工项目管理要求强化组织协调工作。施工活动中往往涉及到复杂的经济关系、技术关系、法律关系、行政关系和人际关系等。施工项目管理中协调工作最为艰难、复杂、多变，因此必须强化组织协调才能保证施工顺利进行。

1.1.3 施工项目管理的目标

施工方作为项目建设的一个重要参与方，其项目管理不仅应服务于施工方本身的利益，也必须服务于项目的整体利益。项目的整体利益和施工方本身的利益是对立统一的关系，两者有其统一的一面，也有其矛盾的一面。

施工方的项目管理工作主要在施工阶段进行，但它也涉及设计准备阶段、设计阶段、动工前准备阶段和保修期。在工程实践中，设计阶段和施工阶段往往是交叉的，因此施工方的项目管理工作也涉及设计阶段。

施工方项目管理的目标应符合合同的要求，包括：施工的安全管理目标、施工的成本目标；施工的进度目标；施工的质量目标。

施工方是承担施工任务的单位的总称谓，它可能是施工总承包方、施工总承包管理方、分包施工方、建设项目总承包的施工任务执行方或仅仅提供施工劳务的参与方。如果采用工程施工总承包或工程施工总承包管理模式，施工总承包方或施工总承包管理方必须按工程合同规定的工期目标和质量目标完成建设任务。而施工总承包方或施工总承包管理方的成本目标是由施工单位根据其生产和经营的情况自行确定的。分包方则必须按工程分包合同规定的工期目标和质量目标完成建设任务，分包方的成本目标是该分包企业内部自行确定的。

1.1.4 施工项目管理的任务

1. 施工项目管理的任务

① 施工安全管理；

② 施工成本控制；

③ 施工进度控制；

④ 施工质量控制；

⑤ 施工合同管理；

⑥ 施工信息管理；

⑦ 与施工有关的组织与协调。

2. 施工总承包方的管理任务

① 负责整个工程的施工安全、施工总进度控制、施工质量控制和施工的组织等。

② 控制施工的成本（施工总承包方内部的管理任务）。

③ 施工总承包方是工程施工的总执行者和总组织者，它除了完成自己承担的施工任务以外，还负责组织和指挥其自行分包的分包施工单位和业主指定的分包施工单位的施工，并为分包施工单位提供和创造必要的施工条件。

④ 负责施工资源的供应组织。

⑤ 代表施工方与业主方、设计方、工程监理方等外部单位进行必要的联系和协调等。

3. 施工总承包管理方的主要特征

施工总承包管理方（MC，ManagingContractor）对所承包的建设工程承担施工任务组织的总的责任，它的主要特征如下：

（1）一般情况下，施工总承包管理方不承担施工任务，它主要进行施工的总体管理和协调。如果施工总承包管理方通过投标（在平等条件下竞标），获得一部分施工任务，则它也可参与施工。

（2）一般情况下，施工总承包管理方不与分包方和供货方直接签订施工合同，这些合同都由业主方直接签订。但若施工总承包管理方应业主方的要求，协助业主参与施工的招标和发包工作，其参与的工作深度由业主方决定；业主方也可能要求施工总承包管理方负责整个施工的招标和发包工作。

（3）不论是业主方选定的分包方，或经业主方授权由施工总承包管理方选定的分包方，施工总承包管理方都承担对其的组织和管理责任。

（4）施工总承包管理方和施工总承包方承担相同的管理任务和责任，即负责整个工程的施工安全控制、施工总进度控制、施工质量控制和施工的组织等。因此，由业主方选定的分包方应经施工总承包管理方的认可，否则施工总承包管理方难以承担对工程管理的总的责任。

（5）负责组织和指挥分包施工单位的施工，并为分包施工单位提供和创造必要的施工条件。

（6）与业主方、设计方、工程监理方等外部单位进行必要的联系和协调等。

4. 分包施工方的管理任务

分包施工方承担合同所规定的分包施工任务，以及相应的项目管理任务。若采用施工总承包或施工总承包管理模式，分包方（包括一般的分包方和由业主指定的分包方）必须接受施工总承包方或施工总承包管理方的工作指令，服从其总体的项目管理。

1.2 施工项目的组织

1.2.1 组织和组织论

1. 组织的概念

"组织"一般有两个含义。第一种含义是指组织机构。组织机构是按一定领导体制、部门设置、层次划分、职责分工、规章制度和信息系统等构成的有机整体，是社会人的结合形式，可以完成一定的任务，并为此而处理人和人、人和事、人和物的关系。如项目经理部、工程建设指挥部等。第二种含义是指组织行为（活动），即通过一定的权力和影响力，为达到一定目标对所需资源进行合理配置，处理人和人、人和事、人和物关系的行为（活动）。

2. 组织的职能

项目管理的组织职能包括 5 个方面。

（1）组织设计。包括选定一个合理的组织系统，划分各部门的权限和职责，确立各种基本的规章制度。

（2）组织联系。就是规定组织机构中各部门的相互关系，明确信息流通和信息反馈的渠道以及它们之间的协调原则和方法。

（3）组织运行。就是按分担的责任完成各自的工作，规定各组织体的工作顺序和业务管理活动的运行过程。组织运行要抓好三个关键性问题：一是人员配置；二是业务交往；三是信息反馈。

（4）组织行为。指应用行为科学、社会学及社会心理学原理来研究、理解和影响组织中人们的行为、言语、组织过程、管理风格以及组织变更等。

（5）组织调整。指根据工作的需要，环境的变化，分析原有的项目组织系统的缺陷、适应性和效率性，对原组织系统进行调整和重新组合，包括组织形式的变化、人员的变动、规章制度的修订或废止、责任系统的调整以及信息流通系统的调整等。

3. 组织工具

组织论是一门学科，它主要研究系统的组织结构模式、组织分工，以及工作流程组织。组织工具是组织论的应用手段，用图或表等形式表示各种组织关系，主要包括项目结构图、组织结构图、合同结构图、工作任务分工表、管理职能分工表、工作流程图等。其中三个重要的组织工具——项目结构图、组织结构图和合同结构图，如图1-2～图1-4所示：

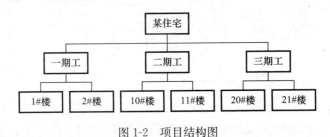

图1-2 项目结构图

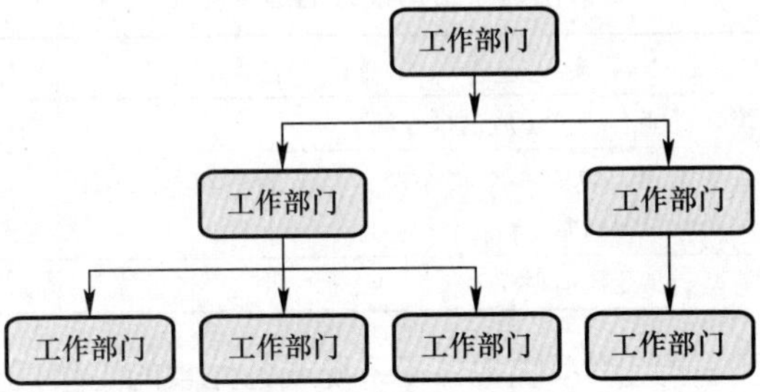

图1-3 组织结构图

（1）组织结构模式反映了一个组织系统中各子系统之间或各元素（各工作部门或各管理人员）之间的指令关系。常用的组织结构模式包括职能组织结构、线性组织结构和矩阵组织结构等。

职能组织结构（如图1-5）是一种传统的组织结构模式。在职能组织结构中，每一个工作部门可能有多个矛盾的指令源。

线性组织结构（如图1-6）来自于军事组织系统。在线性组织结构中，每一个工作部门只有一个指令源，避免了由于矛盾的指令而影响组织系统的运行。在一个大的组织系统中，由于线性组织系统的指令路径过长，会造成组织系统运行的困难。

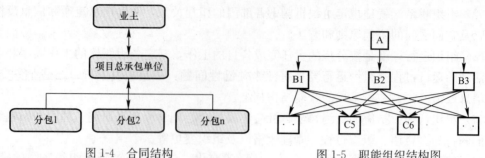

图 1-4　合同结构　　　　　　　　图 1-5　职能组织结构图

矩阵组织结构（如图 1-7）是一种较新型的组织结构模式。这种组织结构设纵向和横向两种不同类型的工作部门。在矩阵组织结构中，指令来自于纵向和横向工作部门，因此其指令源有两个。矩阵组织结构适宜用于大的组织系统。

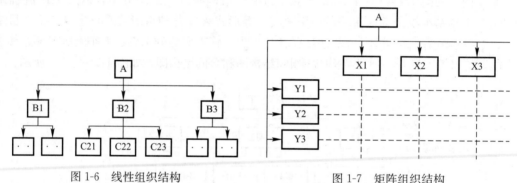

图 1-6　线性组织结构　　　　　　　图 1-7　矩阵组织结构

这几种常用的组织结构模式都可以在企业管理和项目管理中运用，见表 1-1。

常用组织结构模式的适用范围　　　　　　　　　　　　　　表 1-1

结构模式	特　点	适　用
职能组织结构	传统，可能有多个矛盾的指令源	小型的组织系统
线性组织结构	来自于军事，只有一个指令源，在大的组织系统中，指令路径有时过长	中型的组织系统
矩阵组织结构	较新型，指令源有两个	大型的组织系统

（2）组织分工反映了一个组织系统中各子系统或各元素的工作任务分工和管理职能分工。

（3）组织结构模式和组织分工都是一种相对静态的组织关系。而工作流程组织则可反映一个组织系统中各项工作之间的逻辑关系，是一种动态关系。在一个建设工程项目实施过程中，其管理工作的流程、信息处理的流程以及设计工作、物资采购和施工的流程组织都属于工作流程组织的范畴。

1.2.2　项目的组织结构分析

1. 项目的结构分解

项目结构图描述的是工作对象之间的关系。对一个稍大一些的项目的组织结构应该进行编码，它不同于项目结构编码，但两者之间也会有一定的联系。

一些居住建筑开发项目，可根据建设的时间对项目的结构进行逐层分解，如一期工程、二期工程、三期工程等（如图 1-1）。而一些工业建设项目往往按其生产子系统的构成对项目的结构进行逐层分解。

同一个建设工程项目可有不同的项目结构分解方法，项目结构的分解应和整个工程实施的部署相结合，并和将采用的合同结构相结合。

综上所述，项目结构的分解并没有统一的模式，但应结合项目的特点并参考以下原则进行：

a. 考虑项目进展的总体部署；

b. 考虑项目的组成；

c. 有利于项目实施任务（设计、施工和物资采购）的发包和有利于项目实施任务的进行，并结合合同结构；

d. 有利于项目目标的控制；

e. 结合项目管理的组织结构等。

以上所列举的都是群体工程的项目结构分解，单体工程如有必要（如投资、进度和质量控制的需要）也应进行项目结构分解。如一栋高层办公大楼可分解为：

a. 地下工程；

b. 裙房结构工程；

c. 主体结构工程；

d. 建筑装饰工程；

e. 幕墙工程；

f. 建筑设备工程（不含弱电工程）；

g. 弱电工程；

h. 室外总体工程等。

2. 项目组织结构图

（1）所谓项目组织结构图是指对一个项目的组织结构进行分解，并以图的方式来表示，或称项目管理组织结构图。项目组织结构图反映一个组织系统（如项目管理班子）中各子系统之间和各元素（如各工作部门）之间的组织关系，反映的是各工作单位、各工作部门和各工作人员之间的组织关系。

（2）一个建设工程项目的实施除了业主方外，还有许多单位参加，如设计单位、施工单位、供货单位和监理单位以及有关的政府行政管理部门等，项目组织结构图应表达业主方以及项目的参与单位各工作部门之间的组织关系。

（3）业主方、设计方、施工方、供货方和工程管理咨询方的项目管理的组织结构都可用各自的项目组织结构图予以描述。

（4）项目组织结构图应反映项目经理及费用（投资或成本）控制、进度控制、质量控制、合同管理、信息管理和组织与协调等主管工作部门或主管人员之间的组织关系。

1.2.3 施工项目管理组织结构

1. 施工项目管理组织的概念

施工项目管理组织，也称为项目经理部，是指为进行施工项目管理、实现组织职能而进行组织系统的设计与建立、组织运行和组织调整等三个方面工作的总工程。它由项目经理在企业的支持下组建并领导、进行项目管理的组织机构。组织机构的设计与建立，是指经过筹划、设计，建成一个可以完成施工项目管理任务的组织机构，建立必要的规章制度，划分并明确岗位、层次、部门的责任和权力，建立和形成管理信息系统及责任分担系统，并通过一定岗位和部门内人员规范化的活动和信息流通实现组织目标。组织运行是指在组织系统形成后，按照组织要求，由各岗位和部门实施组织行为的过程。组织调整是指在组织运行过程中，对照组织目标，检验组织系统的各个环节，并对不适应组织运行和发展的方面进行改进和完善。

施工项目管理组织机构与企业管理组织机构是局部与整体的关系。企业在推行项目管理中合理设置项目管理组织机构是一个非常重要的问题。高效率的组织体系和组织机构的建立是施工项目管理成功的组织保证。

2. 施工项目管理组织主要形式

组织形式亦称组织结构的类型，是指一个组织以什么样的结构方式去处理层次、跨度、部门设置和上下级关系。

通常施工项目的组织形式有以下几种。

（1）工作队式项目组织

1）特征

① 按照特邀对象原则，由企业各职能部门抽调人员组成项目管理机构（工作队），由项目经理指挥，独立性大。

② 在工程施工期间，项目管理班子成员与原所在部门断绝领导与被领导关系。原单位负责人员负责业务指导及考察，但不能随意干预其工作或调回人员。

③ 项目管理组织与项目施工同寿命。项目结束后机构撤销，所有人员仍回原所在部门和岗位。

2）适用范围

① 大型施工项目。

② 工期要求紧迫的施工项目。

③ 要求多部门密切配合的施工项目。

3）优点

① 项目经理从职能部门抽调或招聘的是一批专家，他们在项目管理中互相配合，协同工作，可以取长补短，有利于培养一专多能的人才并充分发挥其作用。

② 各专业人才集中在现场办公，减少了扯皮和等待时间，工作效率高，解决问题快。

③ 项目经理权力集中，行政干扰少，决策及时，指挥得力。

④ 由于减少了项目与职能部门的结合部，项目与企业的结合部关系简化，故易于协调关系，减少了行政干预，使项目经理的工作易于开展。

⑤ 不打乱企业的原建制，传统的直线职能制组织仍可保留。

4）缺点

① 组建之初各类人员来自不同部门，具有不同的专业背景，互相不熟悉，难免配合不力。

② 各类人员在同一时期内所担负的管理工作任务可能有很大差别，因此很容易产生忙闲不均，可能导致人员浪费。特别是对稀缺专业人才，不能在更大范围内调剂余缺。

③ 职工长期离开原单位，即离开了自己熟悉的环境和工作配合对象，容易影响其积极性的发挥。而且由于环境变化，容易产生临时观念和不满情绪。

④ 职能部门的优势无法发挥作用。由于同一部门人员分散，交流困难，也难以进行有效的培养、指导，削弱了职能部门的工作。当人才紧缺而同时又有多个项目需要按这一形式组织时，或者对管理效率有很高要求时，不宜采用这种项目组织类型。

（2）部门控制式项目组织

1）特征

这是按职能原则建立的项目组织。不打乱企业现行的建制，即由企业将项目委托给其下属某一专业部门或委托给某一施工队，由被委托的部门（施工队）领导，在本单位选人组合负责实施项目组织，项目终止后恢复原职。

2）适用范围

这种形式的项目组织一般适用于小型的、专业性较强、不涉及众多部门的施工项目。

3）优点

①人才作用发挥较充分，工作效益高。这是因为由熟人组合办熟悉的事，人事关系容易协调。

②从接受任务到组织运转启动，时间短。

③职责明确，职能专一，关系简单。

④项目经理无需专门训练便容易进入状态。

4）缺点

①不能适应大型项目管理的需要。

②不利于对计划体系下的组织体制（固定建制）进行调整。

③不利于精简机构。

（3）矩阵制项目组织

1）特征

① 项目组织机构与职能部门的结合部同职能部门数相同。多个项目与职能部门的结合部呈矩阵状。

② 把职能原则和对象原则结合起来，既能发挥职能部门的纵向优势，又能发挥项目组织的横向优势，多个项目组织的横向系统与职能部门的纵向系统形成矩阵结构。

③ 专业职能部门是永久性的，项目组织是临时性的。职能部门负责人对参与项目组织的人员实行组织调配、业务指导和管理考察。项目经理将参与项目组织的职能人员在横向上有效地组织在一起，为实现项目目标协同工作。

④ 矩阵中的每个成员或部门，接受原部门负责人和项目经理的双重领导，但部门的控制力大于项目的控制力。部门负责人有权根据不同项目的需要和忙闲程度，在项目之间调配本部门人员。一个专业人员可能同时为几个项目服务，特殊人才可充分发挥作用，大大提高人才利用率。

⑤ 项目经理对"借"到本项目经理部来的成员，有权控制和使用。当感到人力不足或某些成员不得力时，他可以向职能部门求援或要求调换，或辞退回原部门。

⑥ 项目经理部的工作有多个职能部门支持，项目经理没有人员包袱。但是，要求在水平方向和垂直方向有良好的信息沟通及良好的协调配合，对整个企业组织和项目组织的

管理水平和组织渠道畅通提出了较高的要求。

2）适用范围

① 适用于同时承担多个需要进行工程项目管理的企业。在这种情况下，各项目对专业技术人才和管理人员都有需求。采用矩阵制组织可以充分利用有限的人才对多个项目进行管理，特别有利于发挥稀有人才的作用。

② 适用于大型、复杂的施工项目。因大型复杂的施工项目需要多部门、多技术、多工种配合实施，在不同阶段，对不同人员有不同数量和搭配需求。显然，部门控制式机构难以满足这种项目要求；混合工作队式组织又因人员固定而难以调配。人员使用固定化，不能满足多个项目管理的人才需求。

3）优点

① 兼有部门控制式和工作队式两种组织的优点，将职能原则与对象原则融为一体，而实现企业长期例行性管理和项目一次性管理的一致性。

② 能以尽可能少的人力，实现多个项目管理的高效率。通过职能部门的协调，一些项目上的闲置人才可以及时转移到需要这些人才的项目上去，防止人才短缺，项目组织因此具有弹性和应变能力。

③ 有利于人才的全面培养。可以便于不同知识背景的人在合作中相互取长补短，在实践中拓宽知识面。可以发挥纵向的专业优势，使人才成长有深厚的专业训练基础。

4）缺点

① 由于人员来自职能部门，且仍受职能部门控制，故凝聚在项目上的力量减弱，往往使项目组织的作用发挥受到影响。

② 管理人员如果身兼多职，管理多个项目，便往往难以确定管理项目的优先顺序，有时难免顾此失彼。

③ 项目组织中的成员既要接受项目经理的领导，又要接受企业中原职能部门的领导。在这种情况下，如果领导双方意见和目标不一致乃至有矛盾时，当事人便无所适从。

④ 矩阵制组织对企业管理水平、项目管理水平、领导者的素质、组织机构的办事效率和信息沟通渠道的畅通均有较高要求，因此要精干组织，分层授权，疏通渠道，理顺关系。由于矩阵制组织的复杂性和结合部多，易造成信息沟通量膨胀和沟通渠道复杂化，致使信息梗阻和失真。

（4）事业部制项目组织

1）特征

① 企业下设事业部，事业部对企业来说是职能部门，对企业外来说享有相对独立的经营权，可以是一个独立单位。事业部可以按地区设置，也可以按工程类型或经营内容设置。事业部能较迅速适应环境变化，提高企业的应变能力，调动部门的积极性。当企业向大型化、智能化发展并实行作业层和经营管理层分离时，事业部制是一种很受欢迎的选择，既可以加强经营战略管理，又可以加强项目管理。

②在事业部（一般为其中的工程部或开发部，对外工程公司设海外部）下设项目经理部。项目经理由事业部选派，一般对事业部负责，经特殊授权时，也可直接对业主负责。

2）适用范围

适用大型经营型企业的工程承包，特别是适用于远离公司本部的施工项目。需要注意的是，一个地区只有一个项目，没有后续工程时，不宜设立地区事业部，也即它适用于在一个地区内有长期市场或一个企业有多种专业化施工力量时采用。在此情况下，事业部与地区市场同寿命。地区没有项目时，该事业部应予以撤销。

3）优点

事业部制项目组织有利于延伸企业的经营职能，扩大企业的经营业务，便于开拓企业的业务领域。同时，还有利于迅速适应环境变化，提高公司的应变能力。既可以加强公司的经营战略管理，又可以加强项目管理。

4）缺点

按事业部制建立项目组织，企业对项目经理部的约束力减弱，协调指导的机会减少，以致会造成企业结构松散。必须加强制度约束和规范化管理，加大企业的综合协调能力。

1.2.4 施工项目管理其他组织工具

1. 施工管理的工作任务分工表

（1）工作任务分工

每一个建设项目都应编制项目管理任务分工表，这是一个项目的组织设计文件的一部分。在编制项目管理任务分工表前，应结合项目的特点，对项目实施各阶段的费用控制、进度控制、质量控制、合同管理、信息管理和组织与协调等管理任务进行详细分解。在项目管理任务分解的基础上，明确项目经理和上述管理任务主管工作部门或主管人员的工作任务，从而编制工作任务分工表（表1-2）。

（2）工作任务分工表

在工作任务分工表中，应明确各项工作任务由哪个工作部门（或个人）负责，由哪些工作部门（或个人）配合或参与。无疑，在项目的进展过程中，应视必要性对工作任务分工表进行调整。

工作任务分工表 表 1-2

工作部门 工作任务	项目 经理部	投资 控制部	进度 控制部	质量 控制部	合同 控制部	信息 管理部

2. 施工管理的管理职能分工表

（1）管理是由多个环节组成的过程，即：

提出问题；

筹划——提出解决问题的可能的方案，并对多个可能的方案进行分析（Plan）；

决策（Do）；

执行（Execute）；

检查（Check）。

这些组成管理的环节就是管理的职能。

（2）业主方和项目各参与方，如设计单位、施工单位、供货单位和工程管理咨询单位等都有各自的项目管理的任务和其管理职能分工，上述各方都应该编制各自的项目管理职能分工表。

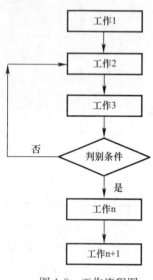

图1-8　工作流程图

（3）项目管理职能分工表是用表的形式反映项目管理班子内部项目经理、各工作部门和各工作岗位对各项工作任务的项目管理职能分工。

3. 工作流程图

（1）工作流程图服务于工作流程组织，它用图的形式反映一个组织系统中各项工作之间的逻辑关系（如图1-8）。

（2）在项目管理中，可运用工作流程图来描述各项项目管理工作的流程，如投资控制工作流程图、进度控制工作流程图、质量控制工作流程图、合同管理工作流程图、信息管理工作流程图、设计的工作流程图、施工的工作流程图和物资采购的工作流程图等。

（3）工作流程图可视需要逐层细化，如初步设计阶段投资控制工作流程图、施工图阶段投资控制工作流程图、施工阶段投资控制工作流程图等。

1.2.5　项目经理部及施工员

1. 项目经理部的作用

项目经理部是由项目经理在企业的支持下组建并领导、进行项目管理的组织机构。项目经理部，也就是一个项目经理，一支队伍的组合体。是一次性的具有弹性的现场生产组织机构。项目经理部是施工项目管理工作班子，置于项目经理的领导之下。为了充分发挥项目经理部在项目管理中的主体作用，必须对项目经理部的机构设置加以特别重视，设计好，组建好，运转好，从而发挥其应有功能。

（1）项目经理部在项目经理领导下，作为项目管理的组织机构，负责施工项目从开工到竣工的全过程施工生产经营的管理，是企业在某一工程项目上的管理层，同时对作业层负有管理与服务双重职能。作业层工作的质量取决于项目经理部的工作质量。

（2）项目经理部是项目经理的办事机构，为项目经理决策提供信息依据，当好参谋，同时又要执行项目经理的决策意图，向项目经理全面负责。

（3）项目经理部是一个组织体，其作用包括：完成企业所赋予的基本任务项目管理和专业管理任务等；凝聚管理人员的力量，调动其积极性，促进管理人员的合作，建立为事业的献身精神；协调部门之间，管理人员之间的关系，发挥每个人的岗位作用，为共同目标进行工作；影响和改变管理人员的观念和行为，使个人的思想、行为变为组织文化的积极因素；贯彻组织责任制，搞好管理；沟通部门之间、项目经理部与作业队之间、与公司之间、与环境之间的信息。

（4）项目经理部是代表企业履行工程承包合同的主体，也是对最终建筑产品和业主全面、全过程负责的管理主体；通过履行主体与管理主体地位的体现，使每个工程项目经理部成为企业进行市场竞争的主体成员。

2. 施工员的地位及职责

（1）施工员的地位

施工员是建筑施工企业各项组织管理工作在基层的具体实践者，是完成建筑安装施工任务的最基层的技术和组织管理人员。

1）施工员是单位工程施工现场的管理中心，是施工现场动态管理的体现者，是单位工程生产要素合理投入和优化组合的组织者，对单位工程项目的施工负有直接责任。负责按工期计划要求向项目经理或劳务管理部门申请劳务人员调整；对劳务进行技术、安全交底并组织分管工序或施工段的质量、安全、文明施工等检查。

2）施工员是协调施工现场基层专业管理人员、劳务人员等各方面关系的纽带，需要指挥和协调好预算员、质量检查员、安全员、材料员等基层专业管理人员相互之间的关系。

3）施工员是其分管工程施工现场对外联系的枢纽。施工员应积极配合现场监理人员在施工安全控制、施工质量控制、施工进度控制、工程投资控制等方面所做的各种工作和检查，全面履行工程承包合同。

4）施工员对分管工程的施工生产和进度等进行控制，是单位施工现场的信息集散中心。

（2）施工员职责

1）施工员在项目经理或项目生产经理的领导下，对主管的施工区域或分项工程的生产、技术、管理等负有全部责任。

2）在项目经理的直接领导下开展工作，贯彻"安全第一、预防为主"的方针，按规定搞好安全防范措施，把安全工作落到实处，做到讲效益必须讲安全，抓生产首先抓安全。

3）认真熟悉施工图纸，参与编制并熟悉施工组织设计和各项施工安全、质量、技术方案，根据总控计划编制各自负责内容的进度计划及人力、物力计划和机具、用具、设备计划（一般按照月度、周、天安排）。并对施工班组进行施工技术、工程质量、安全生产、操作方法、各项计划交底，做到参与施工成员人人心中有数。

4）在工程开工前以及施工过程中认真学习施工图纸、技术规范、工艺标准，进行图纸审查，对设计图存在的问题提出改进性意见和建议。对设计要求、质量要求、具体作法要有清楚的了解和熟记。

5）认真贯彻项目施工组织设计所规定的各项施工要求和组织实现施工平面布置规划。负责工程施工项目的施工现场勘察、测量、施工组织和现场交通安全防护设置等具体工作，对施工中的有关问题及时解决，向上报告并保证施工进度。抓好抓细施工准备工作，为班组创造好的施工条件，搞好与分包单位的协调配合，避免等工、窝工。

6）严守施工操作规程，严抓安全，确保质量，负责对新工人进行岗前培训，教育督促工人不违章作业。对施工现场设置的交通安全设施和机械设备等安全防护装置经组织验收合格后方可进行工程项目的施工。

7）根据施工部位、进度，组织并参与施工过程中的预检、隐检、分项工程检查。督促抓好班组的自检、交接检等工作。及时解决施工中出现的问题。把质量问题消灭在施工过程中。参加分部分项工程的验收、工程竣工交验，负责工程成品保护。提出各部位混凝土浇筑申请，提出各项施工试验委托申请。对于顶板等重要部位拆模必须做好申请手续，经项目总工批准后方可拆模。对于悬挑结构拆模建议施工员旁站监督。

8）坚持上班前、下班后对施工现场进行巡视检查。对危险部位做到跟踪检查，参加班组每日班前安全检查，制止违章操作，并做到不违章指挥，发现问题及时解决。

9）认真做好场容管理，要经常检查、督促各生产班组做好文明生产，做到活完脚下清，工完场地清。

10）坚持填写施工日志，将施工的进展情况，发生的技术、质量、安全消防等问题的处理结果逐一记录下来，做到一日一记、一事一记，不得间断。

11）认真积累和汇集有关技术资料，包括技术、经济洽商，隐蔽工程及预检工程资料，各项交底资料以及其他各项经济技术资料。

12）督促施工材料、设备按时进场，对原材料、设备、成品或半成品、安全防护用品等质量低劣或不符合施工规范规定和设计要求的，有权禁止使用。严格执行限额领料。

13）配合项目合约人员搞好分项工程的成本核算（按单项和分部分项），以便及时改进施工计划及方案，争创更高效益。

1.2.6 施工组织设计

1. 施工组织设计的基本内容

施工组织设计的内容要结合工程对象的实际特点、施工条件和技术水平进行综合考虑，一般包括以下基本内容。

（1）工程概况

1）本项目的性质、规模、建设地点、结构特点、建设期限、分批交付使用的条件和合同条件。

2）本地区地形、地质、水文和气象情况。

3）施工力量，劳动力、机具、材料和构件等资源供应情况。

4）施工环境及施工条件等。

（2）施工部署及施工方案

1）根据工程情况，结合人力、材料、机械设备、资金和施工方法等条件，全面部署施工任务，合理安排施工顺序，确定主要工程的施工方案。

2）对拟建工程可能采用的几个施工方案进行定性、定量的分析，通过技术经济评价，选择最佳方案。

（3）施工进度计划

1）施工进度计划反映了最佳施工方案在时间上的安排，采用计划的形式，使工期、成本、资源等方面通过计算和调整表达式达到优化配置，符合项目目标的要求。

2）使工序有序的进行，使工期、成本和资源等通过优化调整达到既定目标。在此基础上，编制相应的人力和时间安排计划、资源需求计划和施工准备计划。

（4）施工平面图

施工平面图是施工方案及施工进度计划在空间上的全面安排。它把投入的各种资源、材料、构件、机械、道路、水电供应网络、生产、生活活动场地及各种临时工程设施合理地布置在施工现场，使整个现场能有组织地进行文明施工。

（5）主要技术经济指标

技术经济指标用以衡量组织施工水平，它是对施工组织设计文件的技术经济效益进行全面评价。

2. 施工组织设计的分类及其内容

根据施工组织设计编制的广度、深度和作用的不同，可分为：施工组织总设计；单位工程施工组织设计；分部（分项）工程施工组织设计［或称分部（分项）工程作业设计］。

（1）施工组织总设计的内容

施工组织总设计是以整个建设工程项目为对象（如一个工厂、一个机场、一个道路工程、一个居住小区等）而编制的。它是整个建设工程项目施工的战略部署，是指导全局性施工的技术和经济纲要。施工组织总设计的主要内容如下：

① 建设项目的工程概况。

② 施工部署及主要建筑物或构筑物的施工方案。

③ 全场性施工准备工作计划。

④ 施工总进度计划。

⑤ 各项资源需要量计划。

⑥ 全场性施工总平面图设计。

⑦ 主要技术经济指标（项目施工工期、劳动生产率、项目施工质量、项目施工成本、项目施工安全、机械化程度、预制化程度和暂设工程等）。

（2）单位工程施工组织设计的内容

单位工程施工组织设计是以单位工程（如一栋楼房、一个烟囱、一段道路或一座桥等）为对象编制的，在施工组织总设计的指导下，由直接组织施工的单位根据施工图设计进行编制，用以直接指导单位工程的施工活动，是施工单位编制分部（分项）工程施工组织设计和季、月、旬施工计划的依据。单位工程施工组织设计根据工程规模和技术复杂程度不同，其编制内容的深度和广度也有所不同。对于简单的工程，一般只编制施工方案，并附以施工进度计划和施工平面图。单位工程施工组织设计的主要内容如下：

① 工程概况及其施工特点的分析。

② 施工方案的选择。

③ 单位工程施工准备工作计划。

④ 单位工程施工进度计划。

⑤ 各项资源需要量计划。

⑥ 单位工程施工平面图设计。

⑦ 质量、安全、节约及冬雨期施工的技术组织保证措施。

⑧ 主要技术经济指标（工期、资源消耗的均衡性和机械设备的利用程度等）。

（3）分部（分项）工程施工组织设计的内容

分部（分项）工程施工组织设计［或称分部（分项）工程作业设计、或称分部（分项）工程施工设计］是针对某些特别重要的、技术复杂的或采用新工艺、新技术施工的分部（分项）工程，如深基础、无粘结预应力混凝土、特大构件的吊装、大量土石方工程和定向爆破工程等为对象编制的，内容具体、详细，可操作性强，是直接指导分部（分项）工程施工的依据。分部（分项）工程施工组织设计的主要内容如下：

1）工程概况及其施工特点的分析及施工方法的确定。

2）分部（分项）工程施工准备工作计划。

3）分部（分项）工程施工进度计划。

4）劳动力、材料和机具等需要量计划。

5）质量、安全和节约等技术组织保证措施。

6）作业区施工平面布置图设计。

3. 施工组织设计的编制原则

在编制施工组织设计时，宜考虑以下原则。

（1）重视工程的组织对施工的作用。

（2）提高施工的工业化程度。

（3）重视管理创新和技术创新。

（4）重视工程施工的目标创新。

（5）积极采用国内外先进的施工技术。

（6）充分利用时间和空间，合理安排施工顺序，提高施工的连续性和均衡性。

（7）合理部署施工现场，实现文明施工。

4. 施工组织总设计和单位工程施工组织设计的编制依据

（1）施工组织总设计的编制依据

1）计划文件。

2）设计文件。

3）合同文件。

4）建设地区基础资料。

5）有关的标准、规范和法律。

6）类似建设工程项目的资料和经验。

（2）单位工程施工组织设计的编制依据

1）建设单位的意图和要求，如工期、质量和预算要求等。

2）工程的施工图纸及标准图。

3）施工组织总设计对本单位工程的工期、质量和成本的控制要求。

4）资源配置情况。

5）建筑环境、场地条件及地质、气象资料，如工程地质勘测报告、地形图和测量控制等。

6）有关的标准、规范和法律。

7）有关技术新成果和类似建设工程项目的资料和经验。

5. 施工组织总设计的编制程序

施工组织总设计的编制通常采用如下程序。

（1）收集和熟悉编制施工组织总设计所需的有关资料和图纸，进行项目特点和施工条件的调查研究。

（2）计算主要工种工程的工程量。

（3）确定施工的总体部署。

（4）拟定施工方案。

（5）编制施工总进度计划。

（6）编制资源需求量计划。

（7）编制施工准备工作计划。

（8）施工总平面图设计。

（9）计算主要技术经济指标。

应该指出，以上顺序中有些顺序必须这样，不可逆转，如：

① 拟定施工方案后才可编制施工总进度计划（因为进度的安排取决于施工的方案）。

② 编制施工总进度计划后才可编制资源需求量计划（因为资源需求量计划要反映各种资源在时间上的需求）。

但是，在以上顺序中也有些顺序应该根据具体项目而定，如确定施工的总体部署和拟定施工方案，两者有紧密的联系，往往可以交叉进行。

单位工程施工组织设计的编制程序与施工组织总设计的编制程序非常类似，此不赘述。

1.3 施工项目目标动态控制

1.3.1 施工项目目标动态控制原理

在项目实施过程中，必须随着情况的变化进行项目目标的动态控制。项目目标的动态控制是项目管理最基本的方法论。

项目目标动态控制的工作程序：第一步，项目目标动态控制的准备工作：将项目的目标进行分解，以确定用于目标控制的计划值。第二步，在项目实施过程中项目目标的动态控制：收集项目目标的实际值，如实际投资、实际进度等；定期（如每两周或每月）进行项目目标的计划值和实际值的比较；通过项目目标的计划值和实际值的比较，如有偏差，则采取纠偏措施进行纠偏。第三步，如有必要，则进行项目目标的调整，目标调整后再回复到第一步。

由于在项目目标动态控制时要进行大量数据的处理，当项目的规模比较大时，数据处理的量就相当可观，采用计算机辅助的手段有助于项目目标动态控制的数据处理（图 1-9）。

1.3.2 项目目标动态控制的纠偏措施

项目目标动态控制的纠偏措施主要有以下几种。

1. 组织措施

分析由于组织的原因而影响项目目标实现的问题，并采取相应的措施，如调整项目组织结构、任务分工、管理职能分工、工作流程组织和项目管理班子人员等。

2. 管理措施（包括合同措施）

分析由于管理的原因而影响项目目标实现的问题，并采取相应的措施，如调整进度管

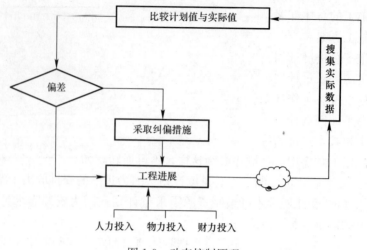

图 1-9　动态控制原理

理的方法和手段，改变施工管理和强化合同管理等。

3. 经济措施

分析由于经济的原因而影响项目目标实现的问题，并采取相应的措施，如落实加快工程施工进度所需的资金等。

4. 技术措施

分析由于技术（包括设计和施工的技术）的原因而影响项目目标实现的问题，并采取相应的措施，如调整设计、改进施工方法和改变施工机具等。

当项目目标失控时，人们往往首先思考的是采取什么技术措施，而忽略可能或应当采取的组织措施和管理措施。组织论的一个重要结论是：组织是目标能否实现的决定性因素。应充分重视组织措施对项目目标控制的作用。

1.3.3　项目目标的事前控制

项目目标动态控制的核心是，在项目实施的过程中，要定期地进行项目目标的计划值和实际值的比较，当发现项目目标偏离时应采取纠偏措施。为避免项目目标偏离的发生，还应重视事前的主动控制，即事前分析可能导致项目目标偏离的各种影响因素，并针对这些影响因素采取有效的预防措施（图 1-10）。

1.3.4　动态控制方法在施工管理中的应用

1. 运用动态控制原理控制施工进度

运用动态控制原理控制施工进度的步骤如下：

（1）施工进度目标的逐层分解

施工进度目标的逐层分解是从施工开始前和在施工过程中，逐步地由宏观到微观、由粗到细编制深度不同的进度计划的过程。对于大型建设工程项目，应通过编制施工总进度规划、施工进度计划、项目各子系统和各子项目施工进度计划等进行项目施工进度目标的逐层分解。

（2）在施工过程中，对施工进度目标进行动态跟踪和控制

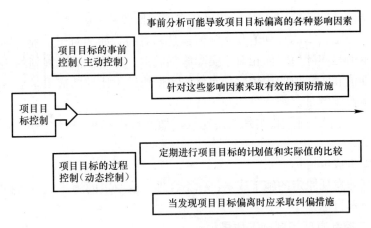

图 1-10 项目的目标控制

1）按照进度控制的要求，收集施工进度实际值。

2）定期对施工进度的计划值和实际值进行比较。

进度的控制周期应视项目的规模和特点而定，一般的项目控制周期为一个月，对于重要的项目，控制周期可定为一旬或一周等。比较施工进度的计划值和实际值时应注意，其对应的工程内容应一致，如以里程碑事件的进度目标值或再细化的进度目标值作为进度的计划值，则进度的实际值是相对于里程碑事件或再细化的分项工作的实际进度。进度的计划值和实际值的比较应是定量的数据比较，比较的成果是进度跟踪和控制报告，如编制进度控制的旬、月、季、半年和年度报告等。

3）通过施工进度计划值和实际值的比较，如发现进度有偏差，则必须采取相应的纠偏措施进行纠偏。

（3）调整施工进度目标

如有必要（即发现原定的施工进度目标不合理，或原定的施工进度目标无法实现等），则应调整施工进度目标。

2. 运用动态控制原理控制施工成本

运用动态控制原理控制施工成本的步骤如下：

（1）施工成本目标的逐层分解

施工成本目标的分解指的是通过编制施工成本规划，分析和论证施工成本目标实现的可能性，并对施工成本目标进行分解。

（2）在施工过程中，对施工成本目标进行动态跟踪和控制

1）按照成本控制的要求，收集施工成本的实际值。

2）定期对施工成本的计划值和实际值进行比较。

成本的控制周期应视项目的规模和特点而定，一般的项目控制周期为一个月。

施工成本的计划值和实际值的比较包括：

① 工程合同价与投标价中的相应成本项的比较。

② 工程合同价与施工成本规划中的相应成本项的比较。

③ 施工成本规划与实际施工成本中的相应成本项的比较。

④ 工程合同价与实际施工成本中的相应成本项的比较。

⑤ 工程合同价与工程款支付中的相应成本项的比较等。

由上可知，施工成本的计划值和实际值也是相对的，如相对于工程合同价而言，施工成本规划的成本值是实际值；而相对于实际施工成本，则施工成本规划的成本值是计划值等。成本的计划值和实际值的比较应是定量的数据比较，比较的成果是成本跟踪和控制报告，如编制成本控制的月、季、半年和年度报告等。

3）通过施工成本计划值和实际值的比较，如发现成本有偏差，则必须采取相应的纠偏措施进行纠偏。

（3）调整施工成本目标

如有必要（即发现原定的施工成本目标不合理，或原定的施工成本目标无法实现等），则应调整施工成本目标。

3. 运用动态控制原理控制施工质量

运用动态控制原理控制施工质量的工作步骤与进度控制和成本控制的工作步骤相类似。质量目标不仅是各分部分项工程的施工质量，还包括材料、半成品、成品和有关设备等的质量。在施工活动开展前，首先应对质量目标进行分解，也即对上述组成工程质量的各元素的质量目标作出明确的定义，它就是质量的计划值。在施工进展过程中，则应收集上述组成工程质量的各元素质量的实际值，并定期地对施工质量的计划值和实际值进行跟踪和控制，编制质量控制的月、季、半年和年度报告。通过施工质量计划值和实际值的比较，如发现质量有偏差，则必须采取相应的纠偏措施进行纠偏。

1.4 项目施工监理

1.4.1 建设工程监理的概念

建设工程监理是指工程监理单位受建设单位的委托，根据法律法规、工程建设标准、勘察设计文件及合同，在施工阶段对建设工程质量、进度、造价进行控制，对合同、信息进行管理，对工程建设相关方的关系进行协调，并履行建设工程安全生产管理法定职责的服务。

1. 我国推行建设工程监理制度的目的：

（1）确保工程建设质量。

（2）提高工程建设水平。

（3）充分发挥投资效益。

2. 必须实行工程项目监理的范围：

《建设工程监理范围和规模标准规定》对实行强执性监理的工程范围作了具体规定，下列工程必须实行工程监理：

（1）国家重点建设工程。依据《国家重点建设项目管理办法》所确定的对国民经济和社会发展有重大影响的骨干项目。

（2）项目总投资额在 3000 万元以上的大中型公用事业工程。包括供水、供电、供气、供热等市政工程项目；科技、教育、文化等项目；体育、旅游、商业等项目；卫生、社会福利等项目；其他公用事业的项目。

（3）成片开发建设的住宅小区工程。建筑面积在 5 万平方米以上的住宅建设工程。

（4）利用外国政府或者国际组织贷款、援助资金的工程。包括使用世界银行、亚洲开发银行等国际组织贷款资金的项目；使用国外政府及其机构贷款资金的项目；使用国际组织或者国外政府援助资金的项目。

（5）国家规定必须实行监理的其他项目。包括项目总投资额在 3000 万元以上，关系社会公共利益、公众安全的交通运输、水利建设、城市基础设施、生态环境保护、信息产业、能源等基础设施项目，以及学校、影剧院、体育场馆项目。

3. 监理单位与建设单位之间是委托与被委托的合同关系，与被监理单位是监理与被监理关系。

4. 工程管理单位应公平、独立、诚信、科学地开展建设工程管理与相关服务活动。

5. 实施建设工程监理应遵循以下依据：

（1）法律法规及工程建设标准；

（2）建设工程勘察设计文件；

（3）建设工程监理合同及其他合同文件。

6. 我国的建设工程监理属于国际上业主方项目管理的范畴。

1.4.2 建设工程监理的工作性质

监理单位是建筑市场的主体之一，建设监理是一种高智能的有偿技术服务，在国际上把这类服务归为工程咨询（工程顾问）服务。

工程监理单位不按照委托监理合同的约定履行监理义务，对应当监督检查的项目不检查或者不按照规定检查，给建设单位造成损失的，应当承担相应的赔偿责任。工程监理单位与承包单位串通，为承包单位牟取非法利益，给建设单位造成损失的，应当与承包单位承担连带赔偿责任。

1.4.3 建设工程监理的工作任务

工程建设监理的主要内容是控制工程建设的投资、建设工期和工程质量，进行工程建设合同管理，协调有关单位间的工作关系，并履行建设工程安全生产管理的服务。

建筑工程监理应当依照法律、行政法规及有关的技术标准、设计文件和建筑工程承包合同，对承包单位在施工质量、建设工期和建设资金使用等方面，代表建设单位实施监督。

1. 《建设工程质量管理条例》中的有关规定

（1）"工程监理单位应当依照法律、法规以及有关技术标准、设计文件和建设工程承包合同，代表建设单位对施工质量实施监理，并对施工质量承担监理责任"（引自第三十六条）。

（2）"工程监理单位应当选派具备相应资格的总监理工程师和监理工程师进驻施工现场。未经监理工程师签字，建筑材料、建筑构配件和设备不得在工程上使用或者安装，施工单位不得进行下一道工序的施工。未经总监理工程师签字，建设单位不拨付工程款，不进行竣工验收"（引自第三十七条）。

（3）"监理工程师应当按照工程监理规范的要求，采取旁站、巡视和平行检验等形式，对建设工程实施监理"（引自第三十八条）。

2. 《建设工程安全生产管理条例》中的有关规定

（1）"工程监理单位应当审查施工组织设计中的安全技术措施或者专项施工方案是否

符合工程建设强制性标准。工程监理单位在实施监理过程中，发现存在安全事故隐患的，应当要求施工单位整改；情况严重的，应当要求施工单位暂时停止施工，并及时报告建设单位。施工单位拒不整改或者不停止施工的，工程监理单位应当及时向有关主管部门报告。工程监理单位和监理工程师应当按照法律、法规和工程建设强制性标准实施监理，并对建设工程安全生产承担监理责任"（引自第十四条）。

（2）违反本条例的规定，工程监理单位有下列行为之一的，责令限期改正；逾期未改正的，责令停业整顿，并处 10 万元以上 30 万元以下的罚款；情节严重的，降低资质等级，直至吊销资质证书；造成重大安全事故，构成犯罪的，对直接责任人员，依照刑法有关规定追究刑事责任；造成损失的，依法承担赔偿责任：

1）未对施工组织设计中的安全技术措施或者专项施工方案进行审查的；

2）发现安全事故隐患未及时要求施工单位整改或者暂时停止施工的；

3）施工单位拒不整改或者不停止施工，未及时向有关主管部门报告的；

4）未依照法律、法规和工程建设强制性标准实施监理的（引自第五十七条）。

3. 在建设工程项目实施的几个主要阶段建设监理工作的主要任务

（1）设计阶段建设监理工作的主要任务

以下工作内容视业主的需求而定，国家并没有作出统一的规定：

1）编写设计要求文件；

2）组织建设工程设计方案竞赛或设计招标，协助业主选择勘察设计单位；

3）拟订和商谈设计委托合同；

4）配合设计单位开展技术经济分析，参与设计方案的比选；

5）参与设计协调工作；

6）参与主要材料和设备的选型（视业主的需求而定）；

7）审核或参与审核工程估算、概算和施工图预算；

8）审核或参与审核主要材料和设备的清单；

9）参与检查设计文件是否满足施工的需求；

10）设计进度控制；

11）参与组织设计文件的报批。

（2）施工招标阶段建设监理工作的主要任务

以下工作内容视业主的需求而定，国家并没有作出统一的规定：

1）拟订或参与拟订建设工程施工招标方案；

2）准备建设工程施工招标条件；

3）协助业主办理招标申请；

4）参与或协助编写施工招标文件；

5）参与建设工程施工招标的组织工作；

6）参与施工合同的商签。

（3）材料和设备采购供应的建设监理工作的主要任务

对于由业主负责采购的材料和设备物资，监理工程师应负责制定计划，监督合同的执行。具体内容包括：

1）制定（或参与制定）材料和设备供应计划和相应的资金需求计划；

2）通过材料和设备的质量、价格、供货期和售后服务等条件的分析和比选，协助业主确定材料和设备等物资的供应单位；

3）起草并参与材料和设备的订货合同；

4）监督合同的实施。

（4）施工准备阶段建设监理工作的主要任务

1）审查施工单位提交的施工组织设计中的质量安全技术措施、专项施工方案与工程建设强制性标准的符合性；

2）参与设计单位向施工单位的设计交底；

3）检查施工单位工程质量、安全生产管理制度及组织机构和人员资格；

4）检查施工单位专职安全生产管理人员的配备情况；

5）审核分包单位资质条件；

6）检查施工单位的试验室；

7）查验施工单位的施工测量放线成果；

8）审查工程开工条件，签发开工令。

（5）工程施工阶段建设监理工作的主要任务

1）施工阶段的质量控制

① 核验施工测量放线，验收隐蔽工程、分部分项工程，签署分项、分部工程和单位工程质量评定表；

② 进行巡视、旁站和平行检验，对发现的质量问题应及时通知施工单位整改，并做监理记录；

③ 审查施工单位报送的工程材料、构配件、设备的质量证明资料，抽检进场的工程材料、构配件的质量；

④ 审查施工单位提交的采用新材料、新工艺、新技术、新设备的论证材料及相关验收标准；

⑤ 检查施工单位的测量、检测仪器设备、度量衡定期检验的证明文件；

⑥ 监督施工单位对各类土木和混凝土试件按规定进行检查和抽查；

⑦ 监督施工单位认真处理施工中发生的一般质量事故，并认真做好记录；

⑧ 对大和重大质量事故以及其他紧急情况报告业主。

2）施工阶段的进度控制

① 监督施工单位严格按照施工合同规定的工期组织施工；

② 审查施工单位提交的施工进度计划，核查施工单位对施工进度计划的调整；

③ 建立工程进度台账，核对工程形象进度，按月、季和年度向业主报告工程执行情况、工程进度以及存在的问题。

3）施工阶段的投资控制

① 审核施工单位提交的工程款支付申请，签发或出具工程款支付证书，并报业主审核、批准；

② 建立计量支付签证台账，定期与施工单位核对清算；

③ 审查施工单位提交的工程变更申请，协调处理施工费用索赔、合同争议等事项；

④ 审查施工单位提交的竣工结算申请。

4）施工阶段的安全生产管理

① 依照法律法规和工程建设强制性标准，对施工单位安全生产管理进行监督；

② 编制安全生产事故的监理应急预案，并参加业主组织的应急预案的演练；

③ 审查施工单位的工程项目安全生产规章制度、组织机构的建立及专职安全生产管理人员配备。

④ 督促施工单位进行安全自查工作，巡视检查施工现场安全生产情况，对实施监理过程中，发现存在安全事故隐患的，应签发监理工程师通知单，要求施工单位整改；情况严重的，总监理工程师应及时下达工程暂停指令，要求施工单位暂时停止施工，并及时报告业主。施工单位拒不整改或者不停止施工的，应通过业主及时向有关主管部门报告。

（6）竣工验收阶段建设监理工作的主要任务

1）督促和检查施工单位及时整理竣工文件和验收资料，并提出意见；

2）审查施工单位提交的竣工验收申请，编写工程质量评估报告；

3）组织工程预验收，参加业主组织的竣工验收，并签署竣工验收意见；

4）编制、整理工程监理归档文件并提交给业主。

（7）施工合同管理方面的工作

1）拟订合同结构和合同管理制度，包括合同草案的拟订、会签、协商、修改、审批、签署和保管等工作制度及流程；

2）协助业主拟订工程的各类合同条款，并参与各类合同的商谈；

3）合同执行情况的分析和跟踪管理；

4）协助业主处理与工程有关的索赔事宜及合同争议事宜。

1.4.4　建设工程监理的工作方法

1. 工程建设监理一般应按下列程序进行。

"实施建筑工程监理前，建设单位应当将委托的工程监理单位、监理的内容及监理权限，书面通知被监理的建筑施工企业"（引自《中华人民共和国建筑法》）。

① 确定项目总监，成立项目监理机构。

② 编制工程建设监理规划。

③ 按工程建设进度，分专业编制工程建设监理细则。

④ 按照建设监理细则进行建设监理。

⑤ 参与工程竣工预验收，签署建设监理意见。

⑥ 建设监理业务完成后，向项目法人提交工程建设监理档案资料。

⑦ 监理工作总结。

"工程监理人员认为工程施工不符合工程设计要求、施工技术标准和合同约定的，有权要求建筑施工企业改正。工程监理人员发现工程设计不符合建筑工程质量标准或者合同约定的质量要求的，应当报告建设单位要求设计单位改正"（引自《中华人民共和国建筑法》）。

2. 旁站监理

（1）旁站监理的概念

旁站监理是指项目监理机构对工程的关键部位或关键工序的施工质量进行的监督

活动。

旁站监理是监理人员控制工程质量、保证质量目标实现必不可少的重要手段。在施工阶段中，旁站监理对关键部位、关键工序实施全过程质量监督活动是质量目标实现的基本保证。

项目监理机构按工程要求给监理组配备各专业监理人员，督促施工单位落实质保体系。监理人员将巡视、平行检验相结合，并记录旁站监理全过程，发现违反强制性条文时，应及时制止并督促整改。

（2）旁站监理工作范围

旁站监理规定的房屋建筑工程的关键部位、关键工序，在基础工程方面包括：土方回填，混凝土灌注桩浇筑，地下连续墙、土钉墙、后浇带及其他结构混凝土、防水混凝土浇筑，卷材防水层细部构造处理，钢结构安装。在主体结构工程方面包括：梁柱节点钢筋隐蔽过程，混凝土浇筑、预应力张拉、装配式结构安装、钢结构安装、网架结构安装和索膜安装。

（3）旁站监理的主要职责

1）检查施工企业现场管理人员、质检人员的到岗情况，特殊工种人员应持证上岗，检查施工机械、建筑材料的准备情况。

2）检查施工方案中关键部位、关键工序的执行情况，有无违反强制性标准规定。

3）核查进场建筑材料、建筑构配件、商品混凝土质量检验报告等，并在现场监督施工方进行检验或委托具有资格的第三方进行复验。

4）做好旁站监理记录和监理日记，保存旁站监理原始资料。

（4）旁站监理的程序

1）制定旁站监理方案：监理范围、监理内容、监理程序和监理人员职责。

2）现场施工时跟班监督检查现场管理人员、质检人员的到岗，特种工种持证上岗及施工机械、建筑材料的准备情况。

3）检查施工方对施工方案中关键部位、关键工序的执行情况，有无违反强制性标准规定。

4）检查进场建筑材料、构配件、商品混凝土质量检验报告、许可证和复试报告。

5）做好旁站监理记录和监理日记，保存旁站监理原始记录。

（5）旁站监理的记录内容

1）记录旁站日期、天气情况和气温。

2）记录旁站起止时间。

3）记录旁站部位、关键部位和关键工序的施工方法和工艺，检查发现存在的问题、处理意见和复查结果。

4）原材料、构配件进场规格、数量，生产厂家。

（6）旁站监理的工作要求

1）旁站监理人员应当认真履行职责，对需要实施旁站监理的关键部位、关键工序在施工现场跟班监督，及时发现和处理旁站监理过程中出现的质量问题，如实准确地做好旁站监理记录，凡旁站监理人员和施工企业现场质检人员未在旁站监理记录上签字的，不得进行下一道工序施工。

2）旁站监理人员实施旁站监理时，发现施工企业有违反工程建设强制性标准行为的，有权责令施工企业立即整改，发现其施工活动已经或者危及工程质量的，应当及时向监理工程师或总监理工程师报告，由总监理工程师下达局部暂停施工令或者采取其他应急措施。

3）旁站监理记录是监理工程师或者总监理工程师依法行使有关签字的重要依据。对于需要旁站监理的关键部位、关键工序施工，凡没有实施旁站监理或没有旁站监理记录的，监理工程师或者总监理工程师不得在相应文件上签字。

4）工程竣工验收后，监理单位应当将旁站监理记录存档备查。

第 2 章　施工项目质量管理

2.1　施工项目质量管理的概念和原理

2.1.1　质量与施工质量的概念

1. 质量

我国国家标准 GB/T 19000—2008 中关于质量的定义是：一组固有特性满足要求的程度。该定义包括以下含义：

（1）质量的主体是产品、体系、项目或过程，质量的客体是顾客和其他相关方。

（2）质量的关注点是一组固有的特性。固有特性通常包括使用功能、寿命以及可靠性、安全性、经济性等特性，这些特性满足要求的程度越高，质量就越好。

（3）质量是满足要求的程度。要求包括明示的、隐含的和必须履行的要求和期望。

（4）质量的动态性。质量要求不是一成不变的，随着技术的发展和生活水平的提高，人们对产品、项目、过程或体系会提出新的质量要求。因此，应定期评定质量要求，修订规范，不断开发新产品，改进老产品，以满足已变化的质量要求。

（5）质量的相对性。不同国家、不同地区的不同项目，由于自然环境条件、技术发达程度、消费水平和风俗习惯的不同，会对产品提出不同的要求，产品应具有这种环境适应性。

2. 施工质量

施工质量是指建设工程项目施工活动及其产品的质量，即通过施工使工程满足业主（顾客）需要并符合国家法律、法规、技术规范标准、设计文件及合同规定的要求，包括在安全、使用功能、耐久性、环境保护等方面所有明示和隐含需要的能力的特性综合。其质量特性主要体现在由施工形成的建筑工程的适用性、安全性、耐久性、可靠性、经济性及与环境的协调性等六个方面。

2.1.2　质量管理与施工质量管理的概念

我国国家标准 GB/T 19000—2008 中对质量管理的定义是：在质量方面指挥和控制组织的协调的活动。这些活动通常包括制定质量方针和质量目标，以及质量策划、质量控制、质量保证和质量改进等一系列工作。

质量管理的首要任务是确定质量方针、明确质量目标和岗位职责。质量管理的核心是建立有效的质量管理体系，通过质量策划、质量控制、质量保证和质量改进这四项具体活动，确保质量方针、目标的切实实施和具体实现。

施工质量管理是指工程项目在施工安装和施工验收阶段，指挥和控制工程施工组织关于质量的相互协调的活动，使工程项目施工围绕着使产品质量满足不断更新的质量要求，而开展的策划、组织、计划、实施、检查、监督和审核等所有管理活动的总和。施工项目质量管理应由参加项目的全体员工参与，并由项目经理作为项目质量的第一责任人，通过全员共同努力，才能有效地实现预期的方针和目标。

2.1.3　施工项目质量的特点

由于项目施工是一个极其复杂的综合过程，项目具有单件性、固定性、一次性的特征，再加上结构类型多，质量要求、施工方法各不相同，体型大、整体性强、建设周期长和受自然条件影响大，因此，施工项目的质量比一般工业产品的质量更难以控制，主要表现在以下几个方面。

1. 影响质量的因素多

设计、材料、机械、地形、地质、水文、气象以及施工工艺、操作方法、技术措施的选择都将对施工项目的质量产生不同程度的影响。

2. 容易产生质量变异

由于项目没有固定的生产流水线，也没有规范化的生产工艺、成套的生产设备和稳定的生产环境；在施工中要严防出现系统性因素的质量变异，要把质量变异控制在偶然性因素范围内。

3. 质量隐蔽性

工序交接多，中间产品多，隐蔽工程多是建设工程项目的主要特点，应重视隐蔽工程的质量控制；尽量避免隐蔽工程质量事件的发生。

4. 质量检查不能解体、拆卸

施工项目产品建成后，不可能像某些工业产品那样，再拆卸或解体检查内在的质量，或者重新更换零件。

5. 质量要受投资、进度的制约

施工项目的质量，受投资、进度的制约较大，因此，项目在施工中，还必须正确处理质量、投资、进度三者之间的关系，使其达到对立的统一。

6. 评价方法的特殊性

工程质量的检查评定及验收是按检验批、分项工程、分部工程和单位工程进行的。工程质量是在施工单位按合格质量标准自行检查评定的基础上，由监理工程师（或建设单位项目负责人）组织有关单位、人员进行检验确认验收。

2.1.4　施工项目质量的影响因素及控制措施

施工质量的影响因素主要有：人、材料、机械、方法和环境等五大方面，即 4M1E。

1. 人

人是质量活动的主体，这里泛指与工程有关的单位、组织及个人，包括建设、勘察设计、施工、监理及咨询服务单位，也包括政府主管及工程质量监督、检测单位，单位组织的施工项目的决策者、管理者和作业者等。人员的素质，即人的文化水平、技术水平、决策能力、管理能力、组织能力、作业能力、控制能力、身体素质及职业道德等，都将直接或间接地对施工项目的质量产生影响。我国实行建筑业企业经营资质管理制度、市场准入制度、执业资格注册制度、作业及管理人员持证上岗制度等，从本质上说，都是对从事建设工程活动的人的素质和能力进行必要的控制。

2. 材料

工程材料泛指构成工程实体的各类建筑材料、构配件、半成品等，它是工程建设的物质条件，是工程质量的基础。工程材料选用是否合理、产品是否合格、材质是否经过检验、保管使用是否得当等，都将直接影响建设工程的质量。因此正确合理选择材料，控制材料、构配件及工程用品的质量规格、性能特性是否符合设计规定标准，直接关系到工程项目的质量形成。

（1）材料质量控制的要点

1）获取最新材料信息，选择最合适的供货厂家

2）合理组织材料供应，确保施工正常进行

3）合理地组织材料使用，最大限度减少材料的损失

4）加强材料检查验收，严把进场材料质量关

① 对用于工程的主要材料，进场时必须提供正式的出厂合格证和材质化验单。如不具备或对检验证明有怀疑时，应重新检验。

② 工程中所有各种构件，必须具有厂家批号和出厂合格证。钢筋混凝土和预应力钢筋混凝土构件，应严格按照相关检验要求进行抽样检验。由于运输、安装等原因出现的构件质量问题，应分析研究，经处理鉴定后方能使用。

③ 对于以下情况应重新抽检：凡标志不清或认为质量有问题的材料；对质量保证资料有怀疑或与合同规定不符的一般材料；由工程重要程度决定应进行一定比例试验的材料；需要进行追踪检验，以控制和保证其质量的材料等。而对于进口的材料设备和重要工程或关键施工部位所用的材料，则应进行全部检验。

④ 材料质量抽样和检验的方法，应符合有关的"建筑材料质量标准与管理规程"，对于重要构件或非匀质的材料，还应酌情增加采样的数量。

⑤ 在现场配制的材料，如混凝土、砂浆、防水保温材料等的配合比，应先提出试配要求，经试配检验合格后才能使用。

⑥ 对进口材料、设备应会同商检局检验，如核对凭证中发现问题，应取得供方和商检人员签署的商务记录，在规定的期限内，收集相关证据资料提出索赔。

⑦ 高压电缆、电压绝缘材料，要进行耐压试验。

5）要重视材料的使用认证，以防错用或使用不合格的材料

① 对主要装饰材料及建筑配件，应看样订货。主要设备订货前，应再次审核设备清单，确保设备符合设计要求。

② 对材料性能、质量标准、适用范围以及本工程的施工要求必须充分了解，以便慎重选择和使用材料。

③ 凡是用于重要结构和关键部位的材料，使用时必须仔细地核对，确保材料的品种、规格、型号和性能无错误，确保材料符合工程特点，满足设计要求。

④ 新材料应用，必须通过试验和鉴定。代用材料必须通过计算和充分的论证，并要符合结构构造的要求方能投入使用。

⑤ 材料认证不合格时，不许用于工程中。有些不合格的材料，如过期、受潮的水泥

是否降级使用，亦需结合材料本身变质情况以及实际工程的特点予以论证，但决不允许用于重要的工程或部位。

6）现场材料应按以下要求管理

① 入库材料要分型号、品种，分区堆放，予以标识，分别编号。

② 对易燃易爆的物资，要专门存放，有专人负责，并有严格的消防保护措施。

③ 对有防湿、防潮要求的材料，要有防湿、防潮措施，并且做好标识以便区分。

④ 对有保质期的材料要定期检查，防止过期，并做好标识。

⑤ 对易损坏的材料、设备，要有相应的保护措施保护好外包装，防止损坏。

（2）材料质量控制的内容

材料质量控制的内容：主要有材料的质量标准，材料的性能，材料的取样、试验方法，材料的适用范围和施工要求等。

1）材料质量标准

材料质量标准是用以衡量材料质量的尺度，也是材料检验验收的依据。不同材料有不同的质量标准。掌握材料的质量标准，就便于可靠地控制材料质量。

2）材料质量的检（试）验

材料质量检验一般有书面检验、外观检验、理化检验和无损检验等4种方法。

根据材料信息和保证资料的具体情况，材料的质量检验程度分免检、抽检和全部检查3种。

3. 机械设备

机械设备包括工程设备、施工机械和各类施工工器具。工程设备直接构成工程实体，是工程项目的重要组成部分，其质量的优劣直接影响到工程使用功能的发挥。施工机械设备是指施工过程中使用的各类机具设备，它是所有施工方案和工法得以实施的物质基础，合理选择和正确使用施工机械设备是保证施工质量的重要措施。

施工机械设备的选用，必须除了需要考虑施工现场的条件、建筑结构类型、机械设备性能等方面的因素外，还应结合施工工艺和方法、施工组织与管理和建筑技术经济等各种影响因素，进行多方案论证比较，力求获得较好的综合经济效益。

机械设备的选用，应着重从机械设备的选型、机械设备的主要性能参数和机械设备的使用操作要求等三方面予以控制。

要健全"人机固定"制度、"操作证"制度、岗位责任制度、交接班制度、"技术保养"制度、"安全使用"制度和机械设备检查制度等，确保机械设备处于最佳使用状态。

4. 工艺方法

施工项目建设期内所采取的技术方案、工艺流程、组织实施、检测手段和施工组织设计等都属于工艺方法的范畴。从某种意义上说，技术工艺水平的高低，决定了施工质量的优劣。大力推广采用新技术、新工艺、新方法，不断提高工艺技术水平，是保证工程质量稳步提高的重要因素。

对工艺方法的控制，尤其是施工方案的正确合理选择，是直接影响施工项目的进度控制、质量控制和投资控制三大目标能否顺利实现的关键。

工程项目的施工方案包括施工技术方案和施工组织方案。前者指施工的技术、工艺、方法和机械、设备、模具等施工手段的配置，显然，如果施工技术落后，方法不当，机具有缺陷，都将对工程质量的形成产生影响。后者是指施工程序、工艺顺序、施工流向、劳动组织方面的决定和安排。通常的施工程序是先准备后施工，先场外后场内，先地下后地上，先深后浅，先主体后装修，先土建后安装等等，都应在施工方案中明确，并编制相应的施工组织设计。

5. 环境

影响施工项目质量的环境因素较多，主要有：工程技术环境、工程管理环境、劳动环境。

① 工程技术环境：工程技术环境包括工程地质、水文地质、气象等状况。施工时需要对工程技术环境进行调查研究。工程地质方面要摸清建设地区的钻孔布置图、工程地质剖面图及土壤试验报告；在水文地质方面，则需要掌握建设地区全年不同季节的地下水位变化、流向及水的化学成分，以及附近河流和洪水情况等；对于气象要查询建设地区历年同期的气温、风速、风向、降雨量和雨季月份等相关资料。

② 工程管理环境：工程管理环境包括质量管理体系、环境管理体系、安全管理体系和财务管理体系等。只有各管理体系的及时建立与正常运行，才能确保项目各项活动的正常、有序进行，它是搞好工程质量的必要条件之一。

③ 劳动环境：劳动环境包括劳动组织、劳动工具、劳动保护与安全施工等方面的内容。劳动组织的基础是分工和协作，分工得当既有利于提高工人的熟练程度，也有利于劳动力的组织与运用。协作最基本的问题是配套，即各工种和不同等级工人之间互相匹配，从而避免停工窝工，获得最高的劳动生产率。劳动工具的数量、质量、种类应便于操作、使用，有利于提高劳动生产率。劳动保护与安全施工，是指在施工过程中，为改善劳动条件、保证员工的生产安全和保护劳动者的健康而采取的一些管理活动，这些活动有利于发挥员工的积极性和提高劳动生产率。

环境因素对工程质量的影响一般难以避免，它具有复杂多变的特点，往往前一工序就是最后一工序的环境，前一分项、分部工程也就是最后一分项、分部工程的环境。因此，要消除其对施工质量的不利影响，应根据工程特点和具体条件，主要采取预测预防的控制方法。

（1）对地质水文等方面影响因素的控制，应根据设计要求，分析工程岩土地质资料，预测不利因素，并会同设计等方面采取相应的措施，如：基坑降水、排水、加固维护等技术控制。

（2）对气象变化方面的不利条件，温度、湿度、大风、暴雨、酷暑、严寒都直接影响工程质量，应在施工方案中制定专项施工方案，如：拟定季节性施工保证质量和安全的有效措施，以免工程质量受到冻害。干裂、冲刷、坍塌的危害。明确施工措施，落实人员、器材等方面各项准备工作以紧急应对从而控制其对施工质量的不利影响。

（3）环境因素造成的施工中断，必须通过加强管理、调整计划等措施来加以控制。要不断改善施工现场的环境和作业环境；要加强对自然环境和文物的保护；要尽可能减少施工所产生的危害对环境的污染；要健全施工现场管理制度，合理地布置。即保持材料工件堆放有序，道路畅通，工作场所清洁整齐，施工程序井井有条；对施工组织设计、安全技术交底、重大危险点源的安全技术措施、做到施工现场秩序化、标准化、规范化，最终实现安全、文明施工。

2.1.5 施工项目质量管理的基本原理

1. PDCA 循环原理

PDCA 循环是人们在管理实践中形成的基本理论方法，这个循环工作原理是美国的戴明发明的，故又称"戴明循环"。

PDCA 分为四个阶段：即计划 P（Plan）、执行 D（Do）、检查 C（Check）和处置 A（Action）。

（1）计划 P

质量计划阶段，是明确质量目标并制订实现质量目标的行动方案。具体是确定质量控制的组织制度、工作程序、技术方法、业务流程、资源配置、检验试验要求、管理措施等具体内容和做法。此阶段还包括对其实现预期目标的可行性、有效性、经济合理性进行分析论证。

（2）实施 D

此阶段是按照计划要求及制定的质量目标去组织实施。具体包含两个环节：即计划行动方案的交底和工程作业技术活动的开展。计划交底目的在于使具体的作业者和管理者，明确计划的意图和要求，为下一步作业活动的开展奠定基础，步调一致地去实现预期的质量目标。

（3）检查 C

检查可分为自检、互检和专检。各类检查都包含两大方面：一是检查是否严格执行了计划行动方案，不执行计划的原因。二是检查计划执行的结果，即产品的质量是否达到标准的要求，并对此进行确认和评价。

（4）处置 A

此阶段是总结经验，纠正偏差，并将遗留问题转入下一轮循环。对于遇到的质量问题，应及时分析原因，采取必要的纠偏措施，使质量保持受控状态。

2. 三阶段质量控制

就是通常所说的事前控制、事中控制和事后控制。这三阶段控制构成了质量控制的系统过程。

（1）事前控制：要求预先进行周密的质量计划。尤其是工程项目施工阶段，制订质量、计划或编制施工组织设计或施工项目管理实施规划，都必须建立在切实可行，有效实现预期质量目标的基础上，作为一种行动方案进行施工部署。目前有些施工企业，尤其是一些资质较低的企业在承建中小型的一般工程项目时，往往把施工项目经理责任制曲解成"以包代管"的模式，忽略了技术质量管理的系统控制，失去企业整体技术和管理经验对项目施工计划的指导和支撑作用，这将造成质量预控的先天性缺陷。

分析可能导致质量目标偏离的各种因素，并对这些因素制定有效的预防措施，防患于未然属于事前质量控制的控制重点。

（2）事中控制：首先是对质量活动的行为约束，即对质量产生过程各项技术作业活动操作者在相关制度的管理下的自我行为约束的同时，充分发挥其技术能力，去完成预定质量目标的作业任务；其次是对质量活动过程和结果，来自他人的监督控制，这里包括来自企业内部管理者的检查检验和来自企业外部的工程监理和政府质量监督部门等的监控。

事中控制的关键是坚持质量标准，控制的重点是工序质量、工作质量和质量控制点的控制。

（3）事后控制：包括对质量活动结果的评价认定和对质量偏差的纠正。从理论上分析，如果计划预控过程所制订的行动方案考虑得越是周密，事中约束监控的能力越强越严格，实现质量预期目标的可能性就越大，理想的状况就是希望做到各项作业活动，"一次成功"、"一次交验合格率100％"。但客观上相当部分的工程不可能达到，因为在过程中不可避免地会存在一些计划时难以预料的影响因素，包括系统因素和偶然因素。因此当出现质量实际值与目标值之间超出允许偏差时，必须分析原因，采取措施纠正偏差，保持质量受控状态。

事后控制的重点是发现施工质量的缺陷，通过分析提出改进措施，保证质量处于受控状态。

以上三大环节，不是孤立和截然分开的，它们之间构成有机的系统过程，实质上也就是PDCA循环具体化，并在每一次滚动循环中不断提高，达到质量管理或质量控制的持续改进。

3. 三全控制管理

三全管理是来自于全面质量管理TQC（Totol quality control）的思想，同时包容在质量体系标准（GB/T19000-ISO9000）中，它指生产企业的质量管理应该是全面、全过程和全员参与的。这一原理对建设工程项目的质量控制，同样有理论和实践的指导意义。

（1）全面质量控制是指工程（产品）质量和工作质量的全面控制，工作质量是产品质量的保证，工作质量直接影响产品质量的形成。对于建设工程项目而言，全面质量控制还应该包括建设工程各参与主体的工程质量与工作质量的全面控制。如业主，监理，勘察，设计，施工总包，施工分包，材料设备供应商等，任何一方任何环节的怠慢疏忽或质量责任不到位都会造成对建设工程质量的影响。

（2）全过程质量控制是指根据工程质量的形成规律，从源头抓起，全过程推进。GB/T 19000强调质量管理的"过程方法"管理原则，按照建设程序，建设工程从项目建议书或建设构想提出，历经项目鉴别，选择，策划，可研，决策，立项，勘察，设计，发包，施工，验收，使用等各个有机联系的环节，构成了建设项目的总过程。其中每个环节又由诸多相互关联的活动构成相应的具体过程，因此，必须掌握识别过程和应用"过程方法"进行全过程质量控制。主要的过程有：项目策划与决策过程；勘察设计过程；施工采购过程；施工组织与准备过程；检测设备控制与计量过程；施工生产的检验试验过程；工程质量的评定过程；工程竣工验收与交付过程；工程回访维修服务过程。

（3）全员参与控制从全面质量管理的观点看，无论组织内部的管理者还是作业者，每个岗位都承担着相应的质量职能，一旦确定了质量方针目标，就应组织和动员全体员工参与到实施质量方针的系统活动中去，发挥自己的角色作用。全员参与质量控制作为全面质量所不可或缺的重要手段就是目标管理。目标管理理论认为，总目标必须逐级分解，直到最基层岗位，从而形成自下到上，自岗位个体到部门团队的层层控制和保证关系，使质量总目标分解落实到每个部门和岗位。就企业而言，如果存在哪个岗位没有自己的工作目标和质量目标，说明这个岗位就是多余的，应予调整。

2.2 施工项目施工质量控制和验收的方法

2.2.1 施工质量控制过程

施工质量控制的过程包括施工准备质量控制（事前控制）、施工过程质量控制（事中控制）和施工验收质量控制（事后控制）。

1. 施工准备阶段的质量控制

施工准备阶段的质量控制是指项目正式施工活动开始前，对项目施工各项准备工作及影响项目质量的各因素和有关方面进行的质量控制。

（1）技术资料、文件准备的质量控制

1）施工项目所在地的自然条件及技术经济条件调查资料

具体收集的资料包括：地形与环境条件、地质条件、地震级别、工程水文地质情况、气象条件以及当地水、电、能源供应条件、交通运输条件和材料供应条件等。

2）施工组织设计

对施工组织设计要进行两方面的控制：一是在选定施工方案后，在制定施工进度时，必须考虑施工顺序、施工流向以及主要是分部分项工程的施工方法、特殊项目的施工方法和技术措施；二是在制定施工方案时，必须进行技术经济比较，使施工项目满足符合性、有效性和可靠性要求，不仅使得施工工期短、成本低，还要达到安全生产、效益提高的经济质量效益。

3）质量控制的依据

国家及政府有关部门颁布的有关质量管理方面的法律、法规性文件及质量验收标准质量管理方面的法律、法规。

4）工程测量控制资料

施工现场的原始基准点、基准线、参考标高及施工控制网等数据资料，是施工之前进行质量控制的基础，这些数据资料是进行工程测量控制的重要内容。

（2）设计交底和图纸审核的质量控制

1）设计交底

工程施工前，由设计单位向施工单位有关技术人员进行设计交底，其主要内容包括：

① 地形、地貌、水文气象、工程地质及水文地质等自然条件。

② 施工图设计依据：初步设计文件，规划、环境等要求，设计规范。

③ 设计意图：设计思想、设计方案比较、基础处理方案、结构设计意图、设备安装和调试要求、施工进度安排等。

④ 施工注意事项：对基础处理的要求，对建筑材料的要求，采用新结构、新工艺的要求，施工组织和技术保证措施等。

交底后，由施工单位提出图纸中的问题和疑点，并结合工程特点提出要解决的技术难题。经双方协商研究，拟定出解决办法。

2）图纸审核

图纸审核是设计单位和施工单位进行质量控制的重要手段，也是使施工单位通过审查熟悉了解设计图纸，明确设计意图和关键部位的工程质量要求，发现和减少设计差错，保证工程质量。图纸审核的主要内容包括：

① 对设计者的资质进行认定。

② 设计是否满足抗震、防火、环境卫生等要求。

③ 图纸与说明是否齐全。

④ 图纸中有无遗漏、差错或相互矛盾之处，图纸表示方法是否清楚，是否符合标准要求。

⑤ 地质及水文地质等资料是否充分、可靠。

⑥ 所需材料来源有无保证，能否替代。

⑦ 施工工艺、方法是否合理，是否切合实际，是否便于施工，能否保证质量要求。

⑧ 施工图及说明书中涉及的各种标准、图册、规范和规程等，施工单位是否具备。

（3）材料、构配件的采购质量控制

采购质量控制主要包括对采购产品及其供货方的质量控制。

采购物资应符合设计文件、标准、规范、相关法规及承包合同要求，如果项目部另有附加的质量要求，也应予以满足。

1）采购要求包括：

① 有关产品的质量要求或外包服务要求。

② 有关产品提供的程序性要求。

③ 对供方人员资格的要求。

④ 对供方质量管理体系的要求。

2）采购产品验证：

① 对采购产品的验证有多种方式，如在供方现场检验、进货检验，查验供方提供的合格证据等。组织应根据不同产品或服务的验证要求，规定验证的主管部门及验证方式，并严格执行。

② 当组织或其顾客拟在供方现场实施验证时，组织应在采购要求中事先作出规定。

（4）质量教育与培训

通过教育培训和其他措施提高员工的能力，增强质量和顾客意识，使员工满足所从事的质量工作对员工能力的要求。

项目领导班子应着重以下几方面的培训。

① 质量意识教育。

② 充分理解和掌握质量方针和目标。

③ 质量管理体系有关方面的内容。

④ 质量保持和持续改进意识。

可以通过面试、笔试、实际操作等方式检查培训的有效性。应保留员工的教育、培训及技能认可的记录。

2. 施工阶段的质量控制

（1）技术交底

按照工程重要程度，单位工程开工前，应由企业或项目技术负责人向承担施工的负责人或分包人进行全面技术交底。各分项工程施工前，应由项目技术负责人向参加该项目施工的所有班组和配合工种进行交底。

技术交底的主要内容包括图纸交底、施工组织设计交底、分项工程技术交底和安全交底等。交底的形式有书面、口头、会议、挂牌、样板、示范操作等。

（2）测量控制

1）对于有关部门提供的原始基准点、基准线和参考标高等的测量控制点应做好复核工作，经审核批准后，才能进行后续相关工序的施工。

2）施工测量控制网的复测。及时保护好已测定的场地平面控制网和主轴线的桩位，它是待建项目定位的主要依据，是保证整个施工测量精度、保证工程质量及工程项目顺利进行的基础。因此，在复测施工测量控制网时，应抽检建筑方格网、控制高程的水准网点以及标桩埋设位置等。

3）民用建筑的测量复核。

① 建筑定位测量复核：建筑定位就是把房屋外廓的轴线交点标定在地面上，然后根据这些交点测设房屋的细部。

② 基础施工测量复核：基础施工测量的复核除了包括基础开挖前对所放灰线的复核，还包括当基槽挖到一定深度后，在槽壁上所设的水平桩的复核。

③ 皮数杆检测：当基础与墙体用砖砌筑时，为控制基础及墙体标高，要设置墙体皮数杆。

④ 楼层轴线检测：在多层建筑墙体砌筑过程中，为保证建筑物轴线位置不偏移，在每层楼板中心线均测设长线 1～2 条，短线 2～3 条。只有轴线经校核合格后，方可进行下道工序的施工。

4）楼层间标高传递检测：多层建筑施工中，标高应由下层楼板向上层逐层传递，以便使楼板、门窗、室内装修等工程的标高符合设计要求。标高经校核合格后，方可施工。

5）工业建筑的测量复核。

① 工业厂房控制网测量：工业厂房规模大，设备复杂，对厂房内部各柱列轴线及设备基础轴线之间的相互位置有较高的精度要求。有些厂房在现场还要进行预制构件安装，为保证各构件之间的相互位置符合设计要求，对厂房主轴线、矩形控制网、柱列轴线进行复核是必不可少的工序。

② 柱基施工测量：柱基施工测量包括基础定位、基坑放线与抄平、基础模板定位等。

③ 柱子安装测量：应按照柱子的平面位置和高程安装要求，对柱子安装的杯口中心投点和杯底标高进行全面彻底检查，发现偏差及时调整。柱子插入杯口后，要进行进一步的竖直校正。

④ 吊车梁安装测量：为保证吊车梁中心位置和梁面标高满足设计要求，在吊车梁安装前应检查吊车梁中心线位置、梁面标高及牛腿面标高，确保准确无误才能进行施工。

⑤ 设备基础与预埋螺栓检测：设备基础施工程序有两种：一种是在厂房、柱基和厂房部分建成后才进行设备基础施工；另一种是厂房柱基与设备基础同时施工。

对于大型设备基础中心线较多时，为防止产生错误，应在定位前绘制中心线测设图，并将全部中心线及地脚螺栓组中心线统一编号标注于图上。

为使地脚螺栓的位置及标高符合设计要求，必须绘制地脚螺栓图，并附地脚螺栓标高表，注明螺栓号码、数量、螺栓标高和混凝土地面标高。

以上工序在施工前必须进行复检。

6）高层建筑测量复核。高层建筑的场地控制测量、基础以上的平面与高程控制与一般民用建筑大体相同，对于建筑物垂直度及施工过程中沉降变形的检测是控制的重点，不得超过规定的要求。在高层建筑施工中，需要定期进行沉降变形观测，发现问题及时采取措施，确保建筑物的安全。

（3）材料控制

1）对供货方质量保证能力进行评定

对供货方质量保证能力评定原则包括：

① 材料供应的表现状况，如材料质量、交货期等。

② 供货方质量管理体系对于满足如期交货的能力。

③ 供货方的顾客满意程度。

④ 供货方交付材料之后的服务和支持能力。

⑤ 其他因素，如价格、履约能力等方面的条件。

2）建立材料管理制度，减少材料损失、变质

对材料的采购、加工、运输、贮存通过建立管理制度，优化材料的周转，减少不必要的材料损耗，最大限度降低工程成本。

3）对原材料、半成品和构配件进行标识

进入施工现场的原材料、半成品、构配件应按型号、品种分区堆放，予以标识；对有防湿、防潮要求的材料，要有防雨防潮措施，并有标识；对容易损坏的材料、设备，要采取必要的保护措施做好防护；对有保质期要求的材料，要定期检查，以防过期，并做好标识。

4）加强材料检查验收

对于工程的主要材料，进场时必须备配正确的出厂合格证和材质化验单。凡标志不清或认为质量有问题的材料，要进行重新检验，确保质量。未经检验和检验不合格的原材料、半成品、构配件以及工程设备不能投入使用。

5）发包人提供的原材料、半成品、构配件和设备

6）材料质量抽样和检验方法

材料质量抽样应按规定的部位、数量及采选的操作要求进行。材料质量的检验项目分为一般试验项目和其他试验项目。材料质量检验方法有书面检验、外观检验、理化检验和无损检验等。

（4）机械设备控制

1）机械设备的使用形式

机械设备的使用形式包括自行采购、租赁、承包和调配等。

2）注意机械配套

机械配套有两层含义：其一，是一个工种的全部过程和作业环节的配套；其二，是主导机械与辅助机械在规格、数量和生产能力上的配套。

3）机械设备的合理使用

合理使用机械设备，按照要求正确操作，是保证项目施工质量的重要环节。应贯彻人机固定原则，实行定机、定人、定岗位责任的"三定"制度。

4）机械设备的保养与维修

保养分为例行保养和强制保养。例行保养的主要内容：有保持机械的清洁、检查运转情况、防止机械腐蚀和按技术要求润滑等。强制保养是按照一定周期和内容分级进行保养。

（5）环境控制

1）建立环境管理体系，实施环境监控

随着经济的高速增长，环境问题严重地威胁着人类的健康生存和社会的可持续发展，项目组织也要重视自己的环境表现和环境形象，用系统化的方法规范其环境管理活动，社会可持续发展对企业提出的要求。

环境管理体系是整个管理体系的一个组成部分，包括为制定、实施、实现、评审和保持环境方针所需的组织结构、计划活动、职责、惯例、程序、过程和资源。

环境管理体系是一个系统，通过不断地监测和定期评审，发现适应不断变化的内外部因素，有效地引导项目组织的环境活动。环境改进是项目组织内的每一个成员义不容辞的职责。

实施环境监控时，应确定环境因素，并对环境做出评价。

① 项目的活动、产品和服务中包含环境因素。

② 项目的活动、产品和服务对环境产生的影响。

③ 项目组织评价新项目环境影响的程序。

④ 项目所在地的环境要求。

⑤ 对项目的活动、产品和服务所作出的更改或补充。

⑥ 如果一个过程失效，其产生的环境影响。

⑦ 可能造成环境影响的事件。

⑧ 在影响、可能性、严重性和频率方面的重要的环境影响因素。

⑨ 这些重大环境影响因素的影响范围。

在环境管理体系运行中，应根据项目的环境目标和指标，建立对实际环境表现进行测量和监测的系统，其中包括对遵循环境法律和法规的情况进行评价。还应对测量的结果做出分析，必要时进行纠正和改进。管理者应确保这些纠正和预防措施的贯彻，并采取系统的后续措施来确保它们的有效性。

2）对影响施工项目质量的环境因素的控制

① 工程技术环境：工程技术环境包括工程地质、水文地质、气象等状况。施工时需要对工程技术环境进行调查研究。

② 工程管理环境：工程管理环境包括质量管理体系、环境管理体系、安全管理体系和财务管理体系等。

③ 劳动环境：劳动环境包括劳动组织、劳动工具、劳动保护与安全施工等方面的内容。

（6）计量控制

施工中的计量工作，包括施工生产时的投料计量、施工测算监测计量以及对项目、产品或过程的测试、检验和分析计量等。

计量控制的主要任务是统一计量单位制度，组织量值传递，保证量值的统一。这些工作有利于控制施工生产工艺过程，完善施工生产技术水平，提高施工项目的整体效益。因此，计量不仅是保证施工项目质量的重要手段和方法，同时也是施工项目开展质量管理的一项重要基础工作。

为做好计量控制工作，应抓好以下几项工作。

① 建立计量管理部门和配备计量人员。

② 建立健全和完善计量管理的规章制度。

③ 积极开展计量意识教育，完善监督机制。

④ 严格按照有效计算器具使用、保管和检验。

（7）工序控制

工序亦称"作业"。工序是工程项目建设过程基本环节，也是组织生产过程的基本单位。一道工序，是指一个（或一组）工人在一个工作地对一个（或几个）劳动对象（工程、产品、构配件）所完成的一切连续活动的总和。

工序质量是指工序过程的质量。对于现场工人来说，工作质量通常表现为工序质量。一般来说，工序质量是指工序的成果符合设计、工艺（技术标准）要求符合规定的程序。人、材料、机械、方法和环境等五种因素对工序质量有不同程度的直接影响。

在施工过程中，测得的工序特性数据是有波动的，产生波动的原因有两种，因此，波动也分为两类。一类是操作人员在相同的技术条件下，按照工艺标准去做，可是不同的产品却存在着波动。这种波动在目前的技术条件下还不能控制，在科学上是由无数类似的原因引起的，所以称为偶然因素。另一类是在施工过程中发生了异常现象。这类因素经有关人员共同努力，在技术上是可以避免的。工序管理就是去分析和发现影响施工中每道工序质量的这两类因素中影响质量的异常因素，并采取相应的技术和管理措施，使这些因素被控制在允许的范围内，从而保证每道工序的质量。工序管理的实质是工序质量控制，即使工序处于稳定受控状态。

工序质量控制是为把工序质量的波动限制在要求的界限内所进行的质量控制活动。工序质量控制的最终目的是要保证稳定地生产合格产品。

工序管理的实质是工序质量控制，即使工序处于稳定受控状态。

（8）特殊过程控制

特殊过程是指该施工过程或工序施工质量不易或不能通过其后的检验和试验而得到充分的验证，或者万一发生质量事故则难以挽救的施工过程。

特殊过程是施工质量控制的重点，设置质量控制点就是要根据施工项目的特点，抓住影响工序施工质量的主要因素进行强化控制。

1）施工质量控制点的设置种类

① 以质量特性值为对象来设置。

② 以工序为对象来设置。

③ 以设备为对象来设置。

④ 以管理工作为对象来设置。

2）施工质量控制点的设置步骤

在设置质量控制点时，首先应对工程项目施工对象进行全面分析、比较，以明确特殊过程质量控制点，然后进一步分析该控制点在施工中可能出现的质量问题，查明问题原因并相应地提出对策措施予以预防。由此可见,设置质量控制点,是对工程质量进行预控的有力措施。

质量控制点的设置是保证施工过程质量的有力措施,也是进行质量控制的重要手段,其设置示例详见表2-1。

质量控制点的设置示例

表 2-1

分项工程	质量控制点
工程测量定位	标准轴线桩、水平桩、龙门板、定位轴线、标高
地基、基础 (含设备基础)	基坑(槽)尺寸、标高、土质、地基承载力,基础垫层标高,基础位置、尺寸、标高,预留洞孔、预埋件的位置、规格、数量,基础标高,杆底弹线
砌体	砌体轴线、皮杆数、砂浆混合比、预留洞孔、预埋件位置、数量,砌块排列
模板	位置、尺寸、标高,预埋件位置,预留洞孔尺寸、位置,模板强度及稳定性,模板内部清理及润湿情况
钢筋混凝土	水泥品种、强度等级、沙石质量,混凝土配合比,外加剂比例,混凝土振捣,钢筋品种、规格、尺寸、搭接长度,钢筋焊接,预留洞、孔及预埋规格、数量、尺寸、位置,预留构件吊装或出场(脱模)强度,吊装位置、标高、支承长度、焊缝长度
吊装	吊装设备起重能力、吊具、索具、地锚
钢结构	翻样图、放大样
焊接	焊接条件、焊接工艺
装修	视具体情况而定

(9) 工程变更控制

1) 工程变更的含义

对于施工项目任何形式上、质量上、数量上的实质性变动,都称为工程变更,它既包括了工程具体项目的改动,也包括了合同文件内容的某种改动。

2) 工程变更的范围

① 设计变更:设计变更的原因主要是投资者对投资规模的改变导致变更,是对已交付的设计图纸提出新的设计要求,需要对原设计进行修改。

② 工程量的变动:工程量清单中数量上的工程在增加或减少。

③ 施工时间的变更:对已批准的承包商施工进度计划中安排的施工时间或工期的变动。

④ 施工合同文件变更。

⑤ 施工图的变更。

⑥ 承包方提出修改设计的合理化建议,节约价值而引起的变更分配。

⑦ 由于不可抗力或双方事先未能预料而无法防止的事件发生,允许进行合同变更。

3) 工程变更控制

工程变更可能导致项目工期、成本以及质量的改变。对于工程变更必须进行严格的管理和控制。

在工程变更控制中,应考虑以下几个方面:

① 注意控制和管理那些能够引起工程变更的因素和条件。

② 分析论证各方面提出的工程变更要求的合理性和可行性。

③ 当工程变更发生时，应对其进行严格的跟踪管理和控制。

④ 分析工程变更而引起的风险并采取必要的防范措施。

（10）成品保护

加强成品保护，要从两个方面着手，首先需要加强教育，提高全体员工的成品保护意识。同时要合理安排施工顺序，采取有效的保护措施。

成品保护的措施：

1）护

护就是提前保护，防止对成品的污染及损伤。如外檐水刷石大角或柱子要立板固定保护。为了防止清水墙面污染，应在相应部位提前钉上塑料布或纸板。

2）包

包就是进行包裹，防止对成品的污染及损伤。如在喷浆前对电气开关、插座和灯具等设备进行包裹。铝合金门窗应用塑料布包扎。

3）盖

盖就是表面覆盖，防止堵塞、损伤。如高级水磨石地面或大理石地面完成后，应用苫布覆盖。落水口、排水管安好后应加覆盖，以防堵塞。

4）封

封就是局部封闭。如室内塑料墙纸、木地板油漆完成后，应立即锁门封闭。屋面防水完成后，应封闭上屋面的楼梯门或出入口。

3. 竣工验收阶段的质量控制

验收标准将建筑工程质量验收划分为单位工程、分部工程、分项工程和检验批几个部分。

单位工程质量验收也称质量竣工验收，是建筑工程投入使用前的最后一次验收，也是最重要的一次验收。验收合格的条件有 5 个：除了构成单位工程的各分部工程应该验收合格，质量控制资料应完整以外，还须进行以下 3 方面的验收。

其一，所含分部工程中有关安全、节能、环境保护和主要使用功能的检验资料应查验。

其二，主要使用功能的抽查结果和符合相关专业验收规范的规定。

其三，观感质量应符合要求。

（1）技术资料的整理

技术资料，特别是永久性技术资料，是施工项目进行竣工验收的主要依据，也是项目施工情况的重要记录。因此，技术资料的整理必须符合国家有关规定及规范的要求，做到准确、齐全，能够满足建设工程进行维修、改造、扩建时的需要，其主要内容如下：

① 施工项目开工报告。

② 施工项目竣工报告。

③ 图纸会审和设计交底记录。

④ 设计变更通知单。

⑤ 技术变更核定单。

⑥ 工程质量事故发生后调查和处理资料。

⑦ 水准点位置、定位测量记录、沉降及位移观测记录。

⑧ 材料、设备、构件的质量合格证明资料。

⑨ 试验、检验报告。

⑩ 隐蔽工程验收记录及施工日志。

⑪ 竣工图。

⑫ 质量验收评定资料。

⑬ 工程竣工验收资料。

监理工程师应对上述技术资料进行严格审查，并请建设单位及有关人员对技术资料进行检查验证。

（2）施工质量缺陷的处理

对于工程质量缺陷，可采用以下处理方案。

1）修补处理

当工程的某些部分的质量虽未达到规定的规范、标准或设计要求，存在一定的缺陷，但经过修补后还可达到标准的要求，在不影响使用功能或外观要求的情况下，可以做出进行修补处理的决定。

2）返工处理

当工程质量未达到规定的标准或要求，有十分严重的质量问题，对结构的使用和安全都将产生重大影响，而又无法通过修补办法给予纠正时，可以做出返工处理的决定。

3）限制使用

当工程质量缺陷按修补方式处理不能达到规定的使用要求和安全，而又无法返工处理的情况下，不得已时可以做出结构卸荷、减荷以及限制使用的决定。

4）不做处理

某些工程质量缺陷虽不符合规定的要求或标准，但其情况不严重。经过分析、论证和慎重考虑后，可以做出不做处理的决定。具体分为以下几种情况：不影响结构安全和正常使用要求；经过后续工序可以弥补的不严重的质量缺陷；经复核验算，仍能满足设计要求的质量缺陷。

（3）工程竣工文件的编制和移交准备

① 项目可行性研究报告，项目立项批准书，土地、规划批准文件，设计任务书，初步（或扩大初步）设计，工程概算等。

② 竣工资料整理，绘制竣工图，编制竣工决算。

③ 竣工验收报告；建设项目总说明；技术档案建立情况；建设情况；效益情况；存在和遗留问题等。

④ 竣工验收报告书的主要附件：竣工项目概况一览表；已完单位工程一览表；已完设备一览表；应完未完设备一览表；竣工项目财务决算综合表；概算调整与执行情况一览表；交付使用（生产）单位财产总表及交付使用（生产）财产一览表；单位工程质量汇总项目（工程）总体质量评价表。

施工项目交接是在工程质量验收之后，由承包单位向业主进行移交项目所有权的过程。施工项目移交前，施工单位要负责编制竣工结算书，并将成套工程技术资料进行分类整理，编目建档。

（4）产品防护

竣工验收期要定人定岗，采取有效防护措施，保护已完工程，发生损坏时应及时补救。设备、设施未经允许不得擅自启用，保证设备设施符合项目使用要求。

（5）撤场计划

工程交工后，项目经理部应编制完整的撤场计划，其内容主要包括：施工机具、暂设工程、建筑土和剩余构件的撤离计划，场清地平；有绿化要求的，达到树活草青。

2.2.2　施工作业过程的质量控制

施工作业过程的质量控制，即是对各道工序的施工质量控制。

1. 施工工序质量控制的程序

（1）作业技术交底：施工方法、作业技术要领、质量要求、验收标准和施工过程中需注意的问题。

（2）检查施工工序、程序的合理性、科学性：施工总体流程、施工作业的先后顺序，应坚持先准备后施工、先地下后地上、先深后浅、先土建后安装和先验收后交工等。

（3）检查工序施工条件：水、电动力供应，施工照明，安全防护设备，施工场地空间条件和通道，使用的工具、器具，使用的材料和构配件等。

（4）检查工序施工中人员操作程序、操作方法和操作质量是否符合质量规程要求。

（5）对工序和隐蔽工程进行验收。

（6）经验收合格的工序方可准予进入下一道工序的施工。反之，不得进入下一道工序施工。

2. 施工工序质量控制的要求

（1）坚持预防为主。事先分析并找出影响工序质量的主导因素，提前采取措施加以重点控制，使质量问题消灭在发生之前或萌芽状态。

（2）进行工序质量检查。利用一定的方法和手段，对工序操作及其完成的可交付成果的质量进行检查、测定，并将实测结果与操作规程、技术标准进行比较，从而掌握施工质量状况。具体的检查方法为工序操作、质量巡查、抽查及重要部位的跟踪检查。

（3）按目测、实测及抽样试验程序，对工序产品、分项工程作出合格与否的判断。

（4）对合格工序产品应及时提交监理，经确认合格后予以签认验收。

（5）完善质量记录资料。质量记录资料主要包括各项检查记录、检测资料及验收资料。质量记录资料应真实、齐全、完整，它既可作为工程质量验收的依据，也可为工程质量分析提供可追溯的依据。

3. 施工工序质量检验

（1）质量检验的内容

① 开工前检查。主要检查工程项目是否具备开工条件，开工后能否连续正常施工，能否保证工程质量。

② 工序交接检查。对于重要的工序或对工程质量有重大影响的工序，在自检、互检的基础上，还要组织专职人员对工序进行交接检查。

③ 隐蔽工程检查。凡是隐蔽工程均应检查认证后方能掩盖。

④ 停工后复工前的检查。因处理工程项目质量问题或由于某种原因停工后需复工时，亦应经检查认可后方能复工。

⑤ 分项、分部工程完工后，需经过检查认可，签署验收记录后，才能进行下一阶段施工项目施工。

⑥ 成品保护检查。检查成品有无保护措施，或保护措施是否可靠。

此外，还应经常深入现场，对施工操作质量进行巡视检查。必要时，还应进行跟班或追踪检查，以确保工序质量满足工程需要。

（2）质量检查的方法

现场进行质量检查的方法主要有目测法、实测法和试验法3种。

① 目测法。其手段可归纳为看、摸、敲、照4个字。

看，就是根据质量标准进行外观目测。

摸，就是通过触摸手感检查，主要用于装饰工程的某些检查项目。

敲，是运用工具进行声感检查。对地面工程、装饰工程中的水磨石、面砖、锦砖和大理石贴面等，均应进行敲击检查，通过声音的虚实确定有无空鼓，还可根据声音的清脆和沉闷，判定属于面层空鼓或底层空鼓。

照，对于难以看到或光线较暗的部位，则可采用人工光源或反射光照射的方法进行检查。

② 实测法。就是通过实测数据与施工规范及质量标准所规定的允许偏差对照，以此判别工程质量是否合格。实测检查法的手段，可归纳为靠、吊、量、套4个字。

靠，是用直尺、塞尺检查墙面、地面、屋面等的平整度。

吊，是用托线板以线坠吊线检查垂直度。

量，是用测量工具和计量仪表等检查断面尺寸、轴线、标高、湿度和温度等的偏差。

套，是以方尺套方，辅以塞尺检查。

③ 试验检查。指必须通过试验手段，才能对质量进行判断的检查方法。

2.2.3 建筑工程质量控制常用的统计方法

建筑工程质量控制应用较多的是分层法、因果分析法、排列图法、直方图法等。

1. 分层法

分层法又叫分类法，是将调查搜集的原始数据，根据不同的目的和要求，按某一性质进行分组、整理的分析方法。

由于工程质量形成的影响因素多，因此，对工程质量状况的调查和质量问题的分析，必须分门别类地进行，以便准确有效地找出问题及其原因，这就是分层法的基本思想。

例如一个焊工班组有A、B、C三位工人实施焊接作业，共抽检60个焊接点，发现有18点不合格占30%。究竟问题在哪里？根据分层调查的统计数据表可知，主要是作业工人C的焊接质量影响了总体的质量水平（表2-2）。

分层调查统计数据表 表 2-2

作业工人	抽检点数	不合格点数	个体不合格率（%）	占不合格点总数百分率（%）
A	20	2	10	11
B	20	4	20	22
C	20	12	60	67
合计	60	18	—	30

调查分析的层次划分，根据管理需要和统计目的，通常可按照以下分层方法取得原始数据。

按时间分：月、日、上午、下午、白天、晚间、季节。

按地点分：地域、城市、乡村、楼层、外墙、内墙。

按材料分：产地、厂商、规格、品种。

按测定分：方法、仪器、测定人、取样方式。

按作业分：工法、班组、工长、工人、分包商。

按工程分：住宅、办公楼、道路、桥梁、隧道。

按合同分：总承包、专业分包、劳务分包。

2. 因果分析图法

因果分析图法，也称为质量特性要因分析法，又因其形状常被称为树枝图或鱼刺图。其基本原理是对每一个质量特性或问题，采用因果分析图的方法，逐层深入排查可能原因。然后确定其中最主要原因，进行有的放矢的处置和管理。

例如图 2-1 中表示混凝土强度不合格的原因分析，其中，第一层面从人、机械、材料、施工方法和施工环境进行分析；第二层面、第三层面，依此类推。

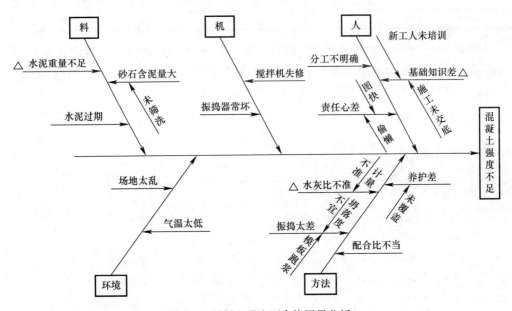

图 2-1　混凝土强度不合格因果分析

3. 排列图法

排列图法又称主次因素分析图或称巴列特图，它由两个纵坐标、一个横坐标、几个直方图和一条曲线组成，利用排列图寻找质量主次因素的方法。

例如在质量管理过程，通过抽样检查或检验试验所得到的质量问题、偏差、缺陷、不合格等统计数据，以及造成质量问题的原因分析统计数据，均可采用排列图方法进行状况描述，它具有直观、主次分明的特点。如表 2-3 表示对某项模板施工精度进行抽样检查，得到 150 个不合格点数的统计数据。然后按照质量特性不合格点数（频数）大到小的顺序，重新整理为表 2-4，并分别计算出累计频数和累计频率。

构件尺寸抽样检查统计表　　　　　表 2-3

序 号	检查项目	不合格点数	序 号	检查项目	不合格点数
1	轴线位置	1	5	平面水平度	15
2	垂直度	8	6	表面平整度	75
3	标高	4	7	预埋设施中心位置	1
4	截面尺寸	45	8	预留孔洞中心位置	1

构件尺寸不合格点顺序排列表　　　　　表 2-4

序 号	项目	频数	频率（%）	累计频率（%）
1	表面平整度	75	50.0	50.0
2	截面尺寸	45	30.0	80.0
3	平面水平度	15	10.0	90.0
4	垂直度	8	5.3	95.3
5	标高	4	2.7	98.0
6	其他	3	2.0	100.0
合计		150	100	

根据表 1Z3.5063—2 的统计数据画排列图（见图 2-2），并将其中累计频率 0～80%定为 A 类问题，即主要问题，进行重点管理；将累计频率在 80%～90%区间的问题定为 B 类问题，即次要问题，作为次重点管理；将其余累计频率在 90%～100%区间的问题定为 C 类问题，即一般问题，按照常规适当加强管理。以上方法称为 ABC 分类管理法。

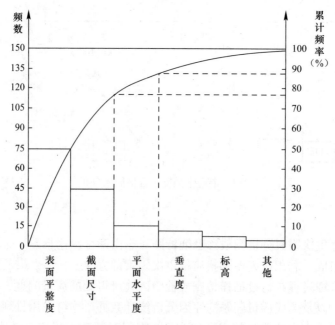

图 2-2　构件尺寸不合格点排列图

4. 直方图法

直方图法是将搜集到的质量数据进行分组整理，绘制成频数分布直方图，用以描述质量分布状态的一种分析方法。根据直方图可以掌握产品质量的波动情况，了解质量特征的分布规律，以便对质量状况进行分析判断。

直方图法的应用，首先是收集当前生产过程质量特性抽检的数据，然后制作直方图进行观察分析，判断生产过程的质量状况和能力。如表 2-5 为某工程 10 组试块的抗压强度数据 150 个，但很难直接判断其质量状况是否正常、稳定和受控情况，如将其数据整理后绘制成直方图，就可以根据正态分布的特点进行分析判断。如图 2-3 所示。

数据整理表（N/mm²）   表 2-5

序 号	抗压强度数据					最大值	最小值
1	39.8	37.7	33.8	31.5	36.1	39.8	31.5
2	37.2	38.0	33.1	39.0	36.0	39.0	33.1
3	35.8	35.2	31.8	37.1	34.0	37.1	31.8
4	39.9	34.3	33.2	40.4	41.2	41.2	33.2
5	39.2	35.4	34.4	38.1	40.3	40.3	34.4
6	42.3	37.5	35.5	39.3	37.3	42.3	35.5
7	35.9	42.4	41.8	36.3	36.2	42.4	35.9
8	46.2	37.6	38.3	39.7	38.0	46.2	37.6
9	36.4	38.3	43.4	38.2	38.0	43.4	36.4
10	44.4	42.0	37.9	38.4	39.5	44.4	37.9

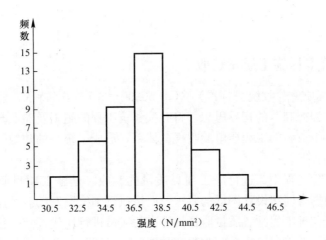

图 2-3 混凝土强度分布直方图

将直方图的分布位置与质量控制标准的上下限范围进行比较分析，如图 2-4 所示。

生产过程的质量正常、稳定和受控，还必须在公差标准上、下界限范围内达到质量合格的要求。只有这样的正常、稳定和受控才是经济合理的受控状态，如图 2-4（a）所示。

图 2-4（b）中质量特性数据分布偏下限，易出现不合格，在管理上必须提高总体能力。

图 2-4（c）中质量特性数据的分布充满上下限，质量能力处于临界状态，易出现不合格，必须分析原因，采取措施。

图 2-4（d）中质量特性数据的分布居中且边界与上下限有较大的距离，说明质量能力

偏大不经济。

图 2-4 (e)、(f) 中均已出现超出上下限的数据，说明生产过程存在质量不合格，需要分析原因，采取措施进行纠偏。

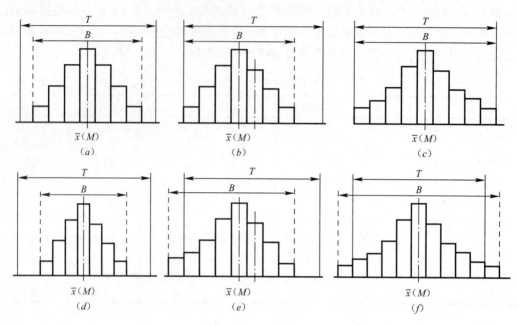

图 2-4　直方图与质量标准上下限

2.2.4　建筑工程施工质量验收

《建筑工程施工质量验收统一标准》（GB 50300—2013）坚持了"验评分离、强化验收、完善手段、过程控制"的指导思想，将有关建筑工程的施工及验收规范和工程质量检验评定标准合并，组成新的工程质量验收规范体系，形成了统一的建筑工程施工质量验收方法、质量标准和程序。

在施工项目管理过程中，进行施工项目质量的验收，是施工项目质量管理的重要内容。项目经理应根据合同和设计图纸的要求，严格执行国家颁发的有关施工项目质量验收标准，及时地配合监理工程师、质量监督站等有关人员进行质量评定，按照操作规程办理竣工验收交接手续。施工项目质量验收程序是按分项工程、分部工程、单位工程依次进行的，施工项目质量等级只有"合格"，不合格的项目一律不予验收。

1. 基本规定

（1）建立质量责任制

施工单位应建立质量责任制，确定施工项目的项目经理、技术负责人和施工管理负责人的岗位职责，将质量责任逐级落实到人，施工单位对所有建设工程的施工质量负责。

施工现场质量管理检查记录应由施工单位填写，然后由总监理工程师（建设单位项目负责人）检查并作出检查结论。

施工单位应具有健全的质量管理体系，其可以将影响质量的技术、管理、组织、人员和资源等因素综合在一起，在质量方针的指引下，为达到质量目标而互相配合。

（2）施工质量控制的主要方面

① 建筑工程采用的主要材料、半成品、成品、建筑构配件、器具和设备应进行现场验收。凡涉及安全、功能的有关产品，应按各专业工程质量验收规范规定进行复验，并应经监理工程师（建设单位技术负责人）检查认可。

② 各工序应按施工技术标准进行质量控制，每道工序完成后，应进行检查。

③ 相关各专业工种之间，应进行交接检验，并形成记录。未经监理工程师（建设单位技术负责人）检查认可，不得进行下道工序施工。

（3）建筑工程质量验收的基本要求

① 建筑工程施工质量应符合《建筑工程施工质量验收统一标准》和相关专业验收规范的规定。

② 建筑工程施工应符合工程勘察、设计文件的要求。

③ 参加工程施工质量验收的各方人员应具备规定的资格。

④ 工程质量的验收均应在施工单位自行检查评定的基础上进行。

⑤ 隐蔽工程在隐蔽前应由施工单位通知有关单位进行验收，并应形成验收文件。

⑥ 涉及结构安全的试块、试件以及有关材料，应按规定进行见证取样检测。

⑦ 检验批的质量应按主控项目和一般项目验收。

⑧ 对涉及结构安全和使用功能的重要分部工程应进行抽样检测。

⑨ 承担见证取样检测及有关结构安全检测的单位应具有相应资质。

⑩ 工程的观感质量应由验收人员通过现场检查，并应共同确认。

（4）检验批质量检验抽样方案

① 计量、计数或计量—计数等抽样方案。

② 一次、二次或多次抽样方案。

③ 根据生产连续性和生产控制稳定性情况，尚可采用调整型抽样方案。

④ 对重要的检验项目，当可采用简易快速的检验方法时，可选用全数检验方案。

⑤ 经实践检验有效的抽样方案。

（5）对抽样检验风险控制的规定

合格质量水平的生产方风险 α，是指合格批被判为不合格的概率，即合格批被拒收的概率；使用方风险 β 为不合格批被判为合格批的概率，即不合格批被误收的概率。抽样检验必然存在这两类风险。

在制定检验批的抽样方案时，对生产方风险（或错判概率 α）和使用方风险（或漏判概率 β）可按下列规定采取。

① 主控项目：对应于合格质量水平的 α 和 β 均不宜超过 5%。

② 一般项目：对应于合格质量水平 α 不宜超过 5%，β 不宜超过 10%。

2. 工程质量验收的项目划分

对于工程质量的验收，一般划分为检验批、分项工程、分部工程和单位工程。现就建筑工程的质量验收项目的划分方法阐述于下。

（1）建筑工程质量验收应划分为单位（子单位）工程、分部（子分部）工程、分项工程和检验批。

（2）单位工程的划分应按下列原则确定。

① 具备独立施工条件、具有独立的设计义件并能形成独立使用功能的建筑物及构筑物为一个单位工程。

② 建筑规模较大的单位工程，可将其能形成独立使用功能的部分为一个子单位工程。

（3）分部工程的划分应按下列原则确定。

① 分部工程的划分应按专业性质、建筑部位确定。

② 当分部工程较大或较复杂时，可按材料种类、施工特点、施工程序、专业系统及类别等划分为若干子分部工程。

（4）分项工程应按主要工种、材料、施工工艺和设备类别等进行划分。

（5）分项工程可划分成一个或若干检验批进行验收，检验批可根据施工及质量控制和专业验收需要，按楼层、施工段和变形缝等进行划分。

（6）室外工程可根据专业类别和工程规模划分单位（子单位）工程。

3. 建筑工程质量验收合格标准

（1）检验批合格规定

检验批合格质量应符合下列规定。

① 主控项目和一般项目的质量经抽样检验合格。

② 具有完整的施工操作依据和质量检查记录。

检验批是工程验收的最小单位，是分项工程乃至整个建筑工程质量验收的基础。检验批是施工过程中条件相同并具有一定数量的材料、构配件或安装项目，由于其质量基本均匀一致，因此可以作为检验的基础单位，按批验收。

检验批质量合格的条件，包括两个方面：一是资料完整；二是主控项目和一般项目符合检验规定要求。

检验批的合格质量主要取决于对主控项目和一般项目的检验结果。主控项目是对检验批的基本质量起决定性影响的检验项目，因此必须全部符合有关专业工程验收规范的规定。

（2）分项工程合格规定

分项工程质量验收合格应符合下列规定：

① 分项工程所含的检验批均应符合合格质量的规定。

② 分项工程所含的检验批的质量验收记录应完整。

（3）分部工程合格规定

分部（子分部）工程质量验收合格应符合下列规定。

① 分部（子分部）工程所含分项工程的质量均验收合格。

② 质量控制资料完整。

③ 地基与基础、主体结构和设备安装等分部工程有关安全及使用功能的检验和抽样检测结果符合有关规定。

④ 观感质量验收应符合要求。

（4）单位工程合格规定

单位（子单位）工程质量验收合格应符合下列规定：

① 单位（子单位）工程所含分部（子分部）工程的质量均应验收合格。

② 质量控制资料应完整。

③ 单位（子单位）工程所含分部工程有关安全和功能的检测资料应完整。

④ 主要功能项目的抽查结果应符合相关专业质量验收规范的规定。

⑤ 观感质量验收应符合要求。

（5）建筑工程质量处理规定

当建筑工程质量不符合要求时，应按下列规定进行处理。

① 经返工重做或更换器具、设备的检验批，应重新进行验收。

② 经有资质的检测单位检测鉴定能够达到设计要求的检验批，应予以验收。

③ 经有资质的检测单位检测鉴定达不到设计要求、但经原设计单位核算认可能够满足结构安全和使用功能的检验批，可予以验收。

④ 经返修或加固处理的分项、分部工程，虽然改变外形尺寸，但仍能满足安全使用要求，可按技术处理方案和协商文件进行验收。

⑤ 通过返修或加固处理仍不能满足安全使用要求的分部工程、单位（子单位）工程，严禁验收。

4. 建筑工程质量验收程序和组织

（1）检验批及分项工程

检验批及分项工程应由监理工程师（建设单位项目技术负责人）组织施工单位项目专业质量（技术）负责人等进行验收。

检验批和分项工程是建筑工程质量的基础，因此，所有检验批和分项工程均应由监理工程师或建设单位项目技术负责人负责组织验收。验收前，施工单位先填好"检验批和分项工程的质量验收记录"（有关监理记录和结论不填），并由项目专业质量检验员和项目专业技术负责人分别在检验批和分项工程质量检验记录中相关栏目签字，然后由监理工程师组织，严格按规定程序进行验收。

（2）分部工程

分部工程应由总监理工程师（建设单位项目负责人）组织施工单位项目负责人和技术、质量负责人等进行验收。地基与基础、主体结构分部工程的勘察、设计单位施工项目负责人和施工单位技术、质量部门负责人也应共同参加相关分部工程验收。

工程监理实行总监理工程师负责制时，分部工程应由总监理工程师（建设单位项目负责人）组织施工单位的项目负责人和项目技术、质量负责人及有关人员共同进行验收。因为地基基础、主体结构的主要技术资料和质量问题归技术部门和质量部门掌握，所以规定施工单位的技术、质量部门负责人参加验收是正确合理的，也是符合实际的。

由于地基基础、主体结构技术性能要求严格，技术性强，关系到整个工程的安全，因此规范中规定这些分部工程的勘察、设计单位施工项目负责人也应参加相关分部的工程质量验收。

（3）单位工程

① 单位工程完工后，施工单位应自行组织有关人员进行检查评定，并向建设单位提交工程验收报告。

单位工程完成后，施工单位首先要根据质量标准、设计图纸等组织有关人员进行自检，并对检查结果进行评定，符合要求后向建设单位提交工程验收报告和完整的质量资料，向建设单位申请组织验收。

② 建设单位收到工程验收报告后，应由建设单位（项目）负责人组织施工（含分包单位）、设计、监理等单位（项目）负责人共同进行单位（子单位）工程验收。

单位工程质量验收应由建设单位负责人或项目负责人组织，设计、施工单位负责人或项目负责人及施工单位的技术、质量负责人和监理单位的总监理工程师共同参加验收。

对满足生产要求或具备使用条件，施工单位已经预验、监理工程师已初验并通过的子单位工程，建设单位可组织进行验收。由几个施工单位负责施工的单位工程，当其中的施工单位所负责的子单位工程已按设计完成，并经自行检验，也可按照规定的程序组织正式验收，办理交工手续。在整个单位工程进行全部验收时，已验收的子单位工程验收资料应作为单位工程验收的附件一起备案保存。

③ 单位工程有分包单位施工时，分包单位对所承包的施工项目应按标准规定的程序进行检查评定，总包单位应派相关人员参加检查评定。分包工程完成后，应将工程有关资料移交总包单位。

由于《建设工程承包合同》的双方主体是建设单位和总承包单位，总承包单位应按照承包合同的权利义务对建设单位负总责。分包单位对总承包单位负责，亦应对建设单位负责。因此，分包单位对承建的项目进行检验时，总包单位应参加，检验合格后，分包单位应将工程的有关资料移交总包单位，待建设单位组织单位工程质量竣工验收时，分包单位负责人也应参加验收。

④ 当参加验收各方对工程质量验收意见不一致时，可请当地建设行政主管部门或工程质量监督机构协调处理，也可以各方认可的咨询单位进行协调处理。

⑤ 单位工程质量验收合格后，建设单位应在规定时间内将工程竣工验收报告和有关文件，报建设行政管理部门备案。

2.3 施工项目质量的政府监督

2.3.1 施工项目质量政府监督的职能

为加强对建设工程质量的管理，我国《建筑法》及《建设工程质量管理条例》明确政府行政主管部门设立专门机构对建设工程质量行使监督职能，其目的是保证建设工程质量、保证建设工程的使用安全及环境质量。国务院建设行政主管部门对全国建设工程质量实行统一监督管理，国务院铁路、交通、水利等有关部门按照规定的职责分工，负责对全国有关专业建设工程质量的监督管理。

各级政府质量监督机构对建设工程质量监督的依据是国家、地方和各专业建设管理部门颁发的法律、法规及各类规范和强制性标准。

政府对建设工程质量监督的职能包括两大方面：

一是监督工程建设的各方主体（包括建设单位、施工单位、材料设备供应单位、设计勘察单位和监理单位等）的质量行为是否符合国家法律法规及各项制度的规定；

二是监督检查工程实体的施工质量，尤其是地基基础、土体结构、专业设备安装等涉及结构安全和使用功能的施工质量。

2.3.2　建设工程项目质量政府监督的内容

（1）建设工程的质量监督申报工作

在工程开工前，政府质量监督机构在受理建设工程质量监督的申报手续时，对建设单位提供的文件资料进行审查，审查合格后签发有关质量监督文件。

（2）开工前的质量监督

开工前召开项目参与各方参加的首次监督会议，并进行第一次监督检查。

（3）在施工期间的质量监督

在工程施工期间，按照监督方案对施工情况进行不定期的检查。

（4）竣工阶段的质量监督

做好竣工验收前的质量复查；参与竣工验收会议；编制单位工程质量监督报告；建立建设工程质量监督档案。

2.3.3　施工项目质量政府监督验收

鉴于建设工程施工规模较大，专业分工较多，技术安全要求高等特点，国家相关行政管理部门对各类工程项目的质量验收标准制订了相应的规范，以保证工程验收的质量，工程验收应严格执行规范的要求和标准。

工程质量验收分为过程验收和竣工验收，其程序及组织包括：

（1）施工过程中，隐蔽工程在隐蔽前通知建设单位（或工程监理）进行验收，并形成验收文件；

（2）分部分项工程完成后，应在施工单位自行验收合格后，通知建设单位（或工程监理）验收，重要的分部分项应请设计单位参加验收；

（3）单位工程完工后，施工单位应自行组织检查、评定，符合验收标准后，向建设单位提交验收申请；

（4）建设单位收到验收申请后，应组织施工、勘察、设计、监理单位等方面人员进行单位工程验收，明确验收结果，并形成验收报告；

（5）按国家现行管理制度，房屋建筑工程及市政基础设施工程验收合格后，尚需在规定时间内，将验收文件报政府管理部门备案。

建设工程施工质量验收应符合下列要求：

（1）工程质量验收均应在施工单位自行检查评定的基础上进行；

（2）参加工程施工质量验收的各方人员，应该具有规定的资格；

（3）建设项目的施工，应符合工程勘察、设计文件的要求；

（4）隐蔽工程应在隐蔽前由施工单位通知有关单位进行验收，并形成验收文件；

（5）单位工程施工质量应该符合相关验收规范的标准；

（6）涉及结构安全的材料及施工内容，应有按照规定对材料及施工内容进行见证取样的检测资料；

（7）对涉及结构安全和使用功能的重要部分工程，专业工程应进行功能性抽样检测；

（8）工程外观质量应由验收人员通过现场检查后共同确认。

2.4 质量管理体系

2.4.1 质量管理的八项原则

GB/T 19000—2008 质量管理体系标准是我国按等同原则、从 2008 版 ISO9000 族国际标准化而成的质量管理体系标准。

质量管理八项原则的具体内容如下：

1. 以顾客为关注焦点

组织贯彻实施以顾客为关注焦点的质量管理原则，有助于掌握市场动向，提高市场占有率，提高企业经营效益。

2. 领导作用

强调领导作用的原则，是因为质量管理体系是最高管理者推动的，质量方针和目标是领导组织策划的，组织机构和职能分配是领导确定的，资源配置和管理是领导决定安排的，顾客和相关方要求是领导确认的，企业环境和技术进步、质量管理体系改进和提高是领导决策的。所以，领导者应将本组织的宗旨、方向和内部环境统一起来，并创造使员工能够充分参与实现组织目标的环境。

3. 全员参与

质量管理是一个系统工程，关系到过程中的每一个岗位和每一个人。实施全员参与这一质量管理原则，将会调动全体员工的积极性和创造性，努力工作，勇于负责，持续改进，做出贡献，这对提高质量管理体系的有效性和效率，具有极其重要的作用。

4. 过程方法

过程方法是将活动和相关的资源作为过程进行管理，可以更高效地得到期望的结果。过程概念体现了用 PDCA 循环改进质量活动的思想。过程管理有利于适时进行测量，保证上下工序的质量。通过过程管理可以降低成本、缩短周期，从而可更高效地获得预期效果。

5. 管理的系统方法

管理的系统方法是将相互关联的过程作为系统加以识别、理解和管理，有助于组织提高实现目标的有效性和效率。

系统方法包括系统分析、系统工程和系统管理三大环节。系统分析是运用数据、资料或客观事实，确定要达到的优化目标。然后通过系统工程，设计或策划为达到目标而采取的措施和步骤，以及进行资源配置。最后在实施中通过系统管理而取得高效性和高效率。

6. 持续改进

持续改进是组织永恒的追求、永恒的目标、永恒的活动。为了满足顾客和其他相关方对质量更高期望的要求，为了赢得竞争的优势，必须不断地改进和提高产品及服务的质量。

7. 基于事实的决策方法

基于事实的决策方法，首先应明确规定收集信息的种类、渠道和职责，保证资料能够为使用者得到。通过对得到的资料和信息分析，保证其准确、可靠。通过对事实分析、判断，结合过去的经验做出决策并采取行动。

8. 与供方互利的关系

供方是产品和服务供应链上的第一环节，供方的过程是质量形成过程的组成部分。供方的质量影响产品和服务的质量，在组织的质量效益中包含有供方的贡献。供方应按组织的要求也建立质量管理体系。通过互利关系，可以增强组织及供方创造价值的能力，也有利于降低成本和优化资源配置，并增强对付风险的能力。

上述8项质量管理原则之间是相互联系和相互影响的。其中，以顾客为关注焦点是主要的，是满足顾客要求的核心。为了以顾客为关注焦点，必须持续改进，才能不断地满足顾客不断提高的要求。而持续改进又是依靠领导作用、全员参与和互利的供方关系来完成的。所采用的方法是过程方法（控制论）、管理的系统方法（系统论）和基于事实的决策方法（信息论）。

2.4.2 质量管理体系的建立和运行

1. 建立质量管理体系的基本工作

建立质量管理体系的基本工作主要有：确定质量管理体系过程，明确和完善体系结构，质量管理体系要文件化，要定期进行质量管理体系审核与质量管理体系复审。

2. 质量管理体系的建立和运行

（1）建立和完善质量管理体系的程序

按照国家标准 GB/T 19000—2008 建立一个新的质量管理体系或更新、完善现行的质量管理体系，一般有以下步骤。

① 企业领导决策

② 编制工作计划

③ 分层次教育培训

④ 分析企业特点

⑤ 落实各项要素

⑥ 编制质量管理体系文件

（2）质量管理体系的运行

保持质量管理体系的正常运行和持续实用有效，是企业质量管理的一项重要任务，是质量管理体系发挥实际效能、实现质量目标的主要阶段。

质量管理体系运行是执行质量体系文件、实现质量目标、保持质量管理体系持续有效和不断优化的过程。

质量管理体系的有效运行是依靠体系的组织机构进行组织协调、实施质量监督、开展信息反馈、进行质量管理体系审核和复审来实现的。

2.4.3 质量管理体系认证与监督

质量管理体系认证是指根据有关的质量保证模式标准，由第三方机构对供方（承包方）的质量管理体系进行评定和注册的活动。这里的第三方机构指的是经国家质量监督检验检疫总局质量管理体系认可委员会认可的质量管理体系认证机构。质量管理体系认证机构是个专职机构，各认证机构具有自己的认证章程、程序、注册证书和认证合格标志。国家质量监督检验检疫总局对质量认证工作实行统一管理。

2.5 施工项目质量事故的分析与处理

2.5.1 掌握工程质量事故概念

1. 工程质量事故概念

（1）质量不合格：根据我国 GB/T 19000 质量管理体系标准的规定，凡工程产品没有满足某个规定的要求，就称之为质量不合格；而没有满足某个预期使用要求或合理的期望要求，称为质量缺陷。

（2）质量问题：凡工程质量不合格，必须进行返修、加固或报废处理，由此造成直接经济损失低于规定限额的称为质量问题。

（3）质量事故：建设部关于《工程建设重大事故报告和调查程序规定》有关问题的说明文件指出：造成的经济损失在 5000 元（含 5000 元）以上的称为质量事故。

2. 工程质量事故的特点

工程质量事故具有复杂性、严重性、可变性和多发性的特点。

（1）复杂性

影响工程质量的因素繁多，即使是同一类质量事故，原因也可能截然不同。例如，就钢筋混凝土楼板开裂质量事故而言，其产生的原因就可能是：设计计算有误；结构构造不良；地基不均匀沉陷；温度应力、地震力、膨胀力、冻胀力的作用；施工质量低劣、偷工减料或材质不良等等。所以使得对质量事故进行分析，判断其性质、原因及发展，确定处理方案与措施等都增加了复杂性。

（2）严重性

工程项目一旦出现质量事故，其影响较大。例如，1999 年我国重庆市綦江县彩虹大桥突然整体垮塌，造成 40 人死亡，14 人受伤，直接经济损失 631 万元；2007 年 8 月 13 日下午，湖南湘西土家族苗族自治州凤凰县至贵州铜仁大兴机场二级公路的公路桥梁——堤溪段沱江大桥垮塌，共造成 64 人死亡。

（3）可变性

许多工程的质量问题出现后，其质量状态并非稳定于发现的初始状态，而是有可能随着时间而不断地发展、变化。例如，桥墩的超量沉降可能随上部荷载的不断增大而继续发展；混凝土结构出现的裂缝可能随环境温度的变化而变化，或随荷载的变化及负担荷载的时间而变化等。

（4）多发性

建设工程中的质量事故，往往在一些工程部位中经常发生。例如，悬挑梁板断裂、雨篷坍覆、钢屋架失稳等。因此，总结经验，吸取教训，采取有效预防措施十分必要。

2.5.2 工程质量事故的分类

（1）质量事故按照造成损失的严重程度可分为：一般事故、较大事故、重大事故、特别重大事故。

1）特别重大事故，是指造成 30 人以上死亡，或者 100 人以上重伤（包括急性工业中毒，下同），或者 1 亿元以上直接经济损失的事故；

2）重大事故，是指造成 10 人以上 30 人以下死亡，或者 50 人以上 100 人以下重伤，或者 5000 万元以上 1 亿元以下直接经济损失的事故；

3）较大事故，是指造成 3 人以上 10 人以下死亡，或者 10 人以上 50 人以下重伤，或者 1000 万元以上 5000 万元以下直接经济损失的事故；

4）一般事故，是指造成 3 人以下死亡，或者 10 人以下重伤，或者 100 万元以上 1000 万元以下直接经济损失的事故。

（2）质量事故按照事故责任可分为：指导责任事故和操作责任事故。

1）指导责任事故指由于在工程实施指导或领导失误而造成的质量事故。例如，由于工程负责人片面追求施工进度，放松或不按质量标准进行控制和检验，降低施工质量标准等。

2）操作责任事故指在施工过程中，由于实施操作者不按规程和标准实施操作，而造成的质量事故。例如，浇筑混凝土时随意加水；混凝土拌合物产生离析现象仍浇筑入模等。

（3）质量事故按产生的原因可分为：技术原因引发的质量事故、管理原因引发的质量事故以及社会经济原因引发的质量事故。

1）技术原因引发的质量事故是指在工程项目实施中由于设计、施工技术上的失误而造成的质量事故。例如，结构设计计算错误；地质情况估计错误；采用了不适宜的施工方法或施工工艺等。

2）管理原因引发的质量事故是指管理上的不完善或失误引发的质量事故。例如，施工单位或监理单位的质量体系不完善；检验制度不严密；质量控制不严格；质量管理措施落实不力；检测仪器设备管理不善而失准；进料检验不严等原因引起的质量问题。

3）社会、经济原因引发的质量事故是指由于经济因素及社会上存在的弊端和不正之风引起建设中的错误行为，而导致出现质量事故。例如，某些施工企业盲目追求利润而不顾工程质量，在投标报价中随意压低标价，中标后则依靠违法的手段或修改方案追加工程款，或偷工减料等等．这些因素往往会导致出现重大工程质量事故，必须予以重视。

2.5.3　施工项目质量问题原因

施工项目质量问题表现的形式多种多样，诸如建筑结构的错位、变形、倾斜、倒塌、破坏、开裂、渗水、漏水、刚度差、强度不足、断面尺寸不准等，究其原因，可归纳如下：

（1）违背建设程序：如，未搞清地质情况就仓促开工；边设计、边施工；无图施工；不经竣工验收就交付使用等。

（2）违反法规行为：如，无证设计；无证施工；越级设计；越级施工；工程招、投标中的不公平竞争；超常的低价中标；非法分包；转包、挂靠；擅自修改设计等行为。

（3）地质勘察失真：未认真进行地质勘察或勘探时钻孔深度、间距、范围不符合规定要求；地质勘察报告不详细、不准确、不能全面反映实际的地基情况等；对基岩起伏、土层分布误判；未查清地下软土层、墓穴、孔洞等。它们均会导致采用不恰当或错误的基础方案，造成地基不均匀沉降、失稳，使上部结构或墙体开裂、破坏，或引发建筑物倾斜、倒塌等质量问题。

（4）设计差错：如，盲目套用图纸；采用不正确的结构方案；计算简图与实际受力情况不符；荷载取值过小；内力分析有误；沉降缝或变形缝设置不当；悬挑结构未进行抗倾覆验算；计算错误等。

（5）施工与管理不到位：不按图施工或未经设计单位同意擅自修改设计。如，将铰接做成刚接，将简支梁做成连续梁，导致结构破坏；挡土墙不按图设滤水层、排水孔，导致压力增大，墙体破坏或倾覆；不按有关的施工规范和操作规程施工，浇筑混凝土时振捣不良，造成薄弱部位；砖砌体砌筑上下通缝，灰浆不饱满等均能导致砖墙或砖柱破坏；施工组织管理紊乱，不熟悉图纸，盲目施工；施工方案考虑不周，施工顺序颠倒；图纸未经会审，仓促施工；技术交底不清，违章作业；疏于检查、验收等，均可能导致质量问题。

（6）使用不合格的原材料、制品及设备。

① 建筑材料及制品不合格：如，钢筋物理力学性能不良（脆断）会导致钢筋混凝土结构产生裂缝；骨料中活性氧化硅会导致碱骨料反应（碱集反应）使混凝土产生裂缝；水泥安定性不合格会造成混凝土爆裂；水泥受潮、过期、结块、砂石含泥量及有害物含量超标、外加剂掺量等不符合要求时，会影响混凝土强度、和易性、密实性、抗渗性，从而导致混凝土结构强度不足，裂缝、渗漏等质量问题。此外，预制构件截面尺寸不足，支承锚固长度不足，未可靠地建立预应力值，漏放或少放钢筋，板面开裂等均可能出现断裂、坍塌。

② 建筑设备不合格：如，变配电设备质量缺陷导致自燃或火灾，电梯质量不合格危及人身安全，均可造成工程质量问题。

（7）自然环境因素：温度、湿度、暴雨、大风、洪水、雷电、日晒和浪潮等均可能成为质量问题的诱因。

（8）使用不当：对建筑物或设施使用不当也易造成质量问题。如，未经校核验算就任意对建筑物加层；任意拆除承重结构部位；任意在结构物上开槽、打洞，削弱承重结构截面等也会引起质量问题。

2.5.4　工程质量问题的处理方式

在各项工程的施工过程中或完工以后，现场质量管理人员如发现工程项目存在着不合格项或质量问题，应根据其性质和严重程度按如下方式处理：

（1）当施工而引起的质量问题在萌芽状态时，应及时制止，并根据具体情况分别作出要求更换不合格材料、设备或不称职人员，或要求改变不正确的施工方法和操作工艺。

（2）当因施工而引起的质量问题已出现时，应立即向施工队伍（班组）发出《工程质量整改通知》，要求其对质量问题进行补救处理，并采取足以保证施工质量的有效措施，对屡教不改或问题严重者必要时开《罚款单》（按奖惩制度执行）。

（3）当某道工序或分项工程完工以后，出现不合格项，应要求施工队伍及时采取措施予以整改。现场工程师应对其补救方案进行确认，质量员进行跟踪处理过程，对处理结果进行验收，否则不允许进行下一道工序或分项的施工，对拒不改正的有权要求停工整改。

2.5.5 工程质量事故处理的依据

工程质量事故处理的依据主要依据有 4 个方面：

1. 质量事故的实况资料

要搞清质量事故的原因和确定处理对策，首要的是要掌握质量事故的实际情况。有关质量事故实况的资料主要来自质量事故调查报告和质量事故处理报告。

质量事故发生后，施工单位有责任就所发生的质量事故进行周密调查，研究掌握情况，并在此基础上写出调查报告，提交监理工程师和业主。在调查报告中首先就与质量事故有关的实际情况做详尽的说明，其内容应包括：

① 事故发生的单位名称、工程（产品）名称、部位、时间、地点。

② 事故概况、质量事故状况的描述。例如，发生的事故类型（如混凝土裂缝、砖砌体裂缝）；发生的部位（如楼层、梁、柱，及其所在的具体位置）；分布状态及范围；严重程度（如裂缝长度、宽度、深度等）；初步估计的直接损失。

③ 质量事故发展变化的情况（其范围是否继续扩大，程度是否已经稳定等）；事故发生原因的初步分析。

④ 事故发生后采取的措施。

⑤ 相关各种资料（有关质量事故的观测记录、事故现场状态的照片或录像）。

工程质量事故处理报告主要内容：

① 工程质量事故情况、调查情况、原因分析。

② 质量事故处理的依据。

③ 质量事故技术处理方案。

④ 实施技术处理施工中有关问题和资料。

⑤ 对处理结果的检查鉴定和验收。

⑥ 质量事故处理结论。

2. 有关合同及合同文件

（1）工程承包合同；设计委托合同；设备与器材购销合同；监理合同等。

（2）有关合同和合同文件在处理质量事故中的作用是：确定在施工过程中有关各方是否按照合同有关条款实施其活动，借以探寻产生事故的可能原因。如，施工单位是否在规定时间内通知监理单位进行隐蔽工程验收；监理单位是否按规定时间实施了检查验收；施工单位在材料进场时是否按规定或约定进行了检验。此外，有关合同文件还是界定质量责任的重要依据。

3. 有关的技术文件和档案

（1）有关的设计文件

如施工图纸和技术说明等，它是施工的重要依据。在处理质量事故中，其作用一方面是可以对照设计文件，核查施工质量是否完全符合设计的规定和要求；另一方面是可以根据所发生的质量事故情况，核查设计中是否存在问题或缺陷，成为导致质量事故的一方面原因。

（2）与施工有关的技术文件、档案和资料

① 施工组织设计或施工方案、施工计划。

② 施工记录、施工日志等。根据它们可以查对发生质量事故的工程施工时的情况，如：施工时的气温、降雨、风、浪等有关的自然条件；施工人员的情况；施工工艺与操作过程的情况；使用的材料情况；施工场地、工作面、交通等情况；地质及水文地质情况等。借助这些资料可以追溯和探寻事故的可能原因。

③ 有关建筑材料的质量证明资料。例如，材料批次、出厂日期、出厂合格证或检验报告、施工单位抽检或试验报告等。

④ 现场制备材料的质量证明资料。例如，混凝土拌和料的级配、水灰比、坍落度记录；混凝土试块强度试验报告、沥青拌和料配比、出机温度和摊铺温度记录等。

⑤ 质量事故发生后，对事故状况的观测记录、试验记录或试验报告等。如，对地基沉降的观测记录；对建筑物倾斜或变形的观测记录；对地基钻探取样记录与试验报告；对混凝土结构物钻取试样的记录与试验报告等。

⑥ 其他有关资料。

上述各类技术资料对于分析质量事故原因，判断其发展变化趋势，推断事故影响及严重程度，考虑处理措施等都是不可缺少的，起着重要的作用。

4. 相关的建设法规

（1）勘察、设计、施工和监理等单位资质管理方面的法规

《中华人民共和国建筑法》、《建设工程勘察设计企业资质管理规定》、《建筑业企业资质管理规定》、《工程监理企业资质管理规定》等。

（2）从业者资格管理方面的法规

《中华人民共利国注册建筑师条例》、《注册结构工程师执业资格制度暂行规定》、《监理工程师考试和注册试行办法》等。

（3）建筑市场方面的法规

《中华人民共和国合同法》、《中华人民共和国招标投标法》、《工程建设项目招标范围和规模标准的规定》、《工程项目自行招标的试行办法》、《建筑工程设计招标投标管理办法》、《评标委员会和评标方法的暂行规定》、《建筑工程发包与承包价格计价管理办法》、《建设工程勘察合同》、《建筑工程设计合同》、《建设工程施工合同》和《建设工程监理合同》等示范文本。

（4）建筑施工方面的法规

《建筑工程勘察设计管理条例》、《建设工程质量管理条例》、《工程建设重大事故报告和调查程序的规定》、《建筑安全生产监督管理规定》、《建设工程施工现场管理规定》、《建筑装饰装修管理规定》、《房屋建筑工程质量保修办法》、《关于建设工程质量监督机构深化改革的指导意见》、《建设工程质量监督机构监督工作指南》和《建设工程监理规范》等法规和文件。

（5）关于标准化管理方面的法规

《工程建设标准强制性条文》和《实施工程建设强制性标准监督规定》。

2.5.6 工程质量事故处理的程序

施工质量事故处理的程序（图2-5）：

（1）事故调查。事故发生后，施工项目负责人应按规定的时间和程序，及时向企业报告事故的状况，积极对事故组织调查。事故调查应力求及时、客观、全面，以便为事故的分析与处理提供正确的依据。调查结果要整理撰写成事故调查报告。

（2）事故原因分析。要建立在事故情况调查的基础上，避免情况不明就主观分析推断事故的原因。特别是对涉及到勘察、设计、施工、材质、使用管理等方面的质量事故，往往事故的原因错综复杂，因此，必须对调查所得到的数据、资料进行仔细分析，去伪存真，找出事故的主要原因。

（3）制定事故处理的方案。事故的处理要建立在原因分析的基础上，并广泛听取专家及有关方面的意见，经科学论证，决定事故是否进行处理。在制定事故处理方案时，应做到安全可靠，技术可行，不留隐患，经济合理，具有可操作性，满足建筑功能和使用要求。

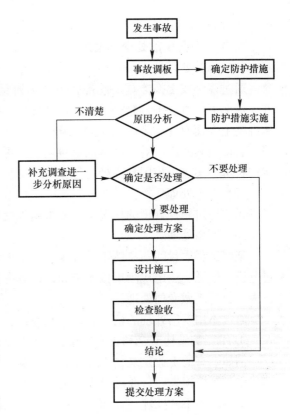

图 2-5　施工质量事故处理的一般程序

（4）事故处理。根据制定的质量事故处理方案，对质量事故进行仔细的处理，处理的内容包括：事故的技术处理，以解决施工质量不合格和缺陷问题；事故的责任处罚，根据事故的性质、损失大小、情节轻重对事故的责任单位和责任人作出相应的行政处分直至追究刑事责任。

（5）事故处理的鉴定验收。质量事故的处理是否达到预期的目的，是否依然存在隐患，应当通过检查鉴定和验收作出确认。事故处理的质量检查鉴定，应严格按施工验收规范和相关的质量标准的规定进行，必要时还应通过实际量测、试验和仪器检测等方法获取必要的数据，以便准确地对事故处理的结果做出鉴定。事故处理后，必须尽快提交完成的事故处理报告。

2.5.7　工程质量事故处理方案的确定及鉴定验收

工程质量事故处理方案是指技术处理方案，其目的是消除质量隐患，以达到建筑物的安全可靠和正常使用各项功能及寿命要求，并保证施工的正常进行。

其一般处理原则是：正确确定事故性质，是表面性还是实质性，是结构性还是一般性，是迫切性还是可缓性；正确确定处理范围，除直接发生部位，还应检查处理事故相邻影响作用范围的部位或构件。

其处理基本要求是：安全可靠，不留隐患；满足建筑物的功能和使用要求；技术上可行，经济合理原则。

1. 工程质量事故处理方案的类型

（1）修补处理

通过修补或更换器具、设备后还可达到要求的标准，又不影响使用功能和外观要求，在此情况下，可以进行修补处理。诸如封闭保护、复位纠偏、结构补强、表面处理等。结构混凝土表面裂缝，表面的蜂窝、麻面，经调查分析，可进行剔凿、抹灰等表面处理，一般不会影响其使用。对较严重的质量问题，可能影响结构的安全性和使用功能，必须按一定的技术方案进行加固补强处理等。

（2）返工处理

无法通过修补处理的情况下可要求返工处理。

（3）不做处理

某些工程质量问题显然不符合规定的要求和标准构成质量事故，但视其严重情况，经过分析、论证、法定检测单位鉴定和设计等有关单位认可，对工程或结构使用及安全影响不大，也可不做专门处理。

通常不用专门处理的情况有以下几种：

① 不影响结构安全和正常使用。

例如，有的工业建筑物出现放线定位偏差，一旦严重超过规范标准规定，若要纠正会造成重大经济损失，若经过分析、论证其偏差不影响生产工艺和正常使用，在外观上也无明显影响，可不做处理。又如，某些隐蔽部位结构混凝土表面裂缝，经检查分析，属于表面养护不够的干缩微裂，不影响使用及外观，也可不做处理。

② 有些质量问题经过后续工序可以弥补。如，混凝土墙表面轻微麻面，可通过后续的抹灰、喷涂或刷白等工序弥补，亦可不做专门处理。

③ 经法定检测单位鉴定合格。如，某检验批混凝土试块强度值不满足规范要求，在法定检测单位，对混凝土实体采用非破损检验（回弹）等方法测定其实际强度已达规范允许和设计要求值时，可不做处理。对经检测未达要求值，但相差不多，经分析论证经再次检测达设计强度，也可不做处理，但应严格控制施工荷载。

④ 出现的质量问题，经检测鉴定达不到设计要求，但经原设计单位核算，仍能满足结构安全和使用功能。例如，某一结构构件截面尺寸不足，或材料强度不足，影响结构承载力，但经按实际检测所得截面尺寸和材料强度复核验算，仍能满足设计的承载力，可不进行专门处理。这是因为一般情况下，规范标准给出了满足安全和功能的最低限度要求，而设计往往在此基础上留有一定余量，这种处理方式实际上是挖掘了设计潜力或降低了设计的安全系数。

2. 验收结论

对所有质量事故无论经过技术处理，通过检查鉴定验收还是不需专门处理的，均应有明确的书面结论。若对后续工程施工有特定要求，或对建筑物使用有一定限制条件，应在结论中提出。验收结论通常有：

① 事故已排除，可以继续施工。

② 隐患已消除，结构安全有保证。

③ 经修补处理后，完全能够满足使用要求。

④ 基本上满足使用要求，但使用时应有附加限制条件，例如限制荷载等。

⑤ 对耐久性的结论。

⑥ 对建筑物外观影响的结论。

⑦ 对短期内难以作出结论的，可提出进一步观测检验意见。

第3章 施工项目进度管理

3.1 概　　述

施工项目进度管理是施工项目建设中与施工项目质量管理、成本管理并列的三大目标之一。许许多多的工程项目，特别是大型重点建设项目，工期要求十分紧迫，施工方的工程进度压力非常大；现实中存在较多盲目赶工现象难免会导致施工质量问题和施工安全问题的出现，并且也会引起工程成本的增加。施工进度控制不仅关系到施工进度目标能否实现，还直接关系到工程的质量和成本。在工程施工实践中，必须树立一个最基本的管理原则，即在确保工程质量的前提下，控制工程的进度。

3.1.1 进度控制的概念

施工项目进度控制是指在既定的工期内，编制出最优的施工进度计划，在执行该计划的施工中，经常检查施工实际进度情况，并将其与计划进度相比较。如有偏差，则分析产生偏差的原因，采取补救措施或调整、修改原计划，直至工程竣工。进度控制的最终目的是确保项目施工目标的实现，施工进度控制的总目标是建设工期。

工程施工的进度，受许多因素的影响，需要事先对影响进度的各种因素进行调查分析，预测它们对进度可能产生的影响，编制科学合理的进度计划，指导建设工作按计划进行。然后根据动态控制原理，不断进行检查，将实际情况与计划安排进行对比，找出偏离计划的原因，采取相应的措施，对进度进行调整或修正，再按新的计划实施，这样不断地计划、执行、检查、分析和调整计划的动态循环过程，这就是进度控制。它由下列环节组成：

（1）进度目标的分析和论证，以论证进度目标是否合理，目标有否可能实现。如果经过科学的论证，目标不可能实现，则必须调整目标；

（2）在收集资料和调查研究的基础上编制进度计划；

（3）定期跟踪检查所编制的进度计划执行情况，若其执行有偏差，则采取纠偏措施，并视必要调整进度计划。

如只重视进度计划的编制，而不重视进度计划必要的调整，则进度无法得到控制。进度控制的过程是在确保进度目标的前提下，在项目进展的过程中不断调整进度计划的过程。

3.1.2 影响施工项目进度的因素

由于施工项目具有规模大、周期长、参与单位多等特点，因而影响进度的因素很多。

从产生的根源来看，主要来源于业主及上级机构、设计监理、施工及供货单位、政府、建设部门、有关协作单位和社会等。归纳起来，这些因素包括以下几方面：

（1）业主。业主提出的建设工期目标的合理性、在资金及材料等方面的供应进度、业主各项准备工作的进度和业主项目管理的有效性等，均影响着建设项目的进度。

（2）勘察设计单位。勘察设计目标的确定、可投入的力量及其工作效率、各专业设计的配合，以及业主和设计单位的配合等均影响着建设项目进度控制。

（3）承包人。施工进度目标的确定、施工组织设计编制、投入的人力及施工设备的规模，以及施工管理水平等均影响着建设项目进度控制。

（4）建设环境。建筑市场状况、国家财政经济形势、建设管理体制和当地施工条件（气象、水文、地形、地质、交通和建筑材料供应）等均影响着建设项目进度控制。

上述多方面的因素是客观存在的，但有许多是人为的，是可以预测和控制的，参与工程建设的各方要加强对各种影响因素的控制，确保进度管理目标的实现。

受以上因素影响，工程会产生延期和延误。工程延误是指由于承包商自身的原因造成工期延长，损失由承包商自己承担，同时业主还有权对承包商违约误期罚款。工程延期是指由于承包商以外的原因造成的工期延长，经监理工程师批准的工程延期。所延长的时间属于合同工期的一部分，承包商不仅有权要求延长工期，而且还有向业主提出赔偿的要求。

3.1.3 施工进度控制的任务

施工方进度控制的任务是依据施工任务委托合同对施工进度的要求控制施工工作进度，这是施工方履行合同的义务。在进度计划编制方面，施工方应视项目的特点和施工进度控制的需要，编制深度不同的控制性和直接指导项目施工的进度计划，以及按不同计划周期编制的计划，如年度、季度、月度和旬计划等。

3.1.4 工程进度计划的分类

1. 由不同深度的计划构成的进度计划系统包括：

（1）总进度规划（计划）；

（2）项目子系统进度规划（计划）；

（3）项目子系统中的单项工程进度计划等。

2. 由不同功能的计划构成的进度计划系统包括：

（1）控制性进度规划（计划）；

（2）指导性进度规划（计划）；

（3）实施性（操作性）进度计划等。

3. 由不同项目参与方的计划构成的进度计划系统包括：

（1）业主方编制的整个项目实施的进度计划；

（2）设计进度计划；

（3）施工和设备安装进度计划；

（4）采购和供货进度计划等。

4. 由不同周期的计划构成的进度计划系统包括：

（1）5 年建设进度计划；

（2）年度、季度、月度和旬计划等。

在建设工程项目进度计划系统中各进度计划或各子系统进度计划编制和调整时必须注意其相互间的联系和协调，如：

（1）总进度规划（计划）、项目子系统进度规划（计划）与项目子系统中的单项工程进度计划之间的联系和协调；

（2）控制性进度规划（计划）、指导性进度规划（计划）与实施性（操作性）进度计划之间的联系和协调；

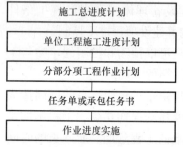

图 3-1　施工进度计划分解示意图

（3）业主方编制的整个项目实施的进度计划、设计方编制的进度计划、施工和设备安装方编制的进度计划与采购和供货方编制的进度计划之间的联系和协调等。

5. 施工进度计划的划分：

施工进度计划，可按实施阶段分解为年、季、月、旬等不同阶段的进度计划；也可按项目的结构分解为单位（项）工程、分部分项工程的进度计划等，如图 3-1 所示。

3.1.5　工程工期

所谓工程工期是指工程从开工至竣工所经历的时间。工程工期一般按日历月计算，有明确的起止年月。可以分为定额工期、计算工期与合同工期。

1. 定额工期

定额工期指在平均建设管理水平、施工工艺和机械装备水平及正常的建设条件（自然的、社会经济的）下，工程从开工到竣工所经历的时间。

2. 计算工期

计算工期指根据项目方案具体的工艺、组织和管理等方面情况，排定网络计划后，根据网络计划所计算出的工期。

3. 合同工期

合同工期指业主与承包商签定的合同中确定的承包商完成所承包项目的工期，也即业主对项目工期的期望。合同工期的确定可参考定额工期或计划工期，也可根据投产计划来确定。

3.2　施工组织与流水施工

在工程项目施工过程中，可以采用以下三种组织方式：依次施工、平行施工与流水施工。

3.2.1　依次施工

依次施工是将拟建工程项目的整个建造过程分解成若干个施工过程，然后按照一定的施工顺序，各施工过程或施工段依次开工、依次完成的一种施工组织方式。这种施工方式组织简单，但由于同一工种工人无法连续施工造成窝工，从而使得施工工期较长。

3.2.2 平行施工

平行施工是所有施工对象的各施工段同时开工、同时完工的一种施工组织方式。这种施工方式施工速度最快，但由于工作面拥挤，同时投入的人力、物力过多而造成组织困难和资源浪费。

3.2.3 流水施工

流水施工是把施工对象划分成若干施工段，每个施工过程的专业队（组）依次连续地在每个施工段上进行作业，当前一个专业队（组）完成一个施工段的作业之后，就为下一个施工过程提供了作业面，不同的施工过程，按照工程对象的施工工艺要求，先后相继投入施工，使各专业队（组）在不同的空间范围内可以互不干扰地同时进行不同的工作。流水施工能够充分、合理地利用工作面争取时间，减少或避免工人停工、窝工。而且，由于其连续性、均衡性好，有利于提高劳动生产率，缩短工期。同时，可以促进施工技术与管理水平的提高。

1. 流水施工组织及其横道图表示

在合理确定流水参数的基础上，流水施工组织可以通过图表的形式表示出来。

（1）流水施工参数及流水组织

流水参数是在组织流水施工时，用以表达流水施工在工艺流程、空间布置与时间排列等方面的特征和各种数量关系的参数。流水参数主要包括工艺参数、空间参数与时间参数三大类。

1）工艺参数

流水施工过程中的工艺参数主要指施工过程。

施工过程是指在组织流水施工时，根据建造工艺，将施工项目的整个建造过程进行分解后，对其组织流水施工的工艺对象。施工过程的单位可大可小，可以是分项工程，也可以是分部工程，甚至是单位工程。施工过程单位的确定需要考虑组织流水施工的建造对象的大小及流水施工组织的粗细程度。施工过程的数量一般以 n 表示。

2）空间参数

流水施工过程中的空间参数主要包括工作面、施工段与施工层。

① 工作面

某专业工种的工人在从事建筑产品施工生产过程中，所必须具备的活动空间，这个活动空间称为工作面。它的大小是根据相应工种单位时间内的产量定额、工程操作规程和安全规程等的要求确定的。可以参照有关国家定额执行。

② 施工段

划分施工段的目的是使各施工队（组）的劳动力能正常进行流水连续作业，不致于出现停歇现象。合理的流水段划分可以给施工管理带来很大的效益。施工段一般以 m 表示。

划分施工段的原则：

a. 同一施工过程在各流水段上的工作量（工程量）大致相等，其相差幅度不宜超过 10%～15%，以保证各施工班组连续、均衡地施工。

b. 为了充分发挥工人、主导机械的效率，每个施工段要有足够的工作面，使其所容纳的劳动力人数或机械台数能满足合理的劳动组织要求。

c. 结合建筑物的外形轮廓、变形缝的位置和单元尺寸划分流水段。

d. 当流水施工有空间关系（分段又分层）时，对同一施工层，应使最少流水段数大于或等于主要施工过程数。

③ 施工层

施工层是指为满足竖向流水施工的需要，在建筑物垂直方向上划分的施工区段，常用 j 表示。施工层的划分，要按施工项目的具体情况，根据建筑物的高度、楼层来确定。

3）时间参数

流水施工过程中的时间参数主要包括流水节拍、流水步距与间歇时间等。

① 流水节拍

流水节拍是指在组织流水施工时，施工过程的工作班组在一个流水段上的作业时间。流水节拍的大小，直接关系到投入劳动力、机械和材料量的多少，决定着施工速度和施工的节奏，因此必须正确、合理地确定各个施工过程的流水节拍。流水节拍一般用符号 t 表示。

流水节拍 t 一般可按以下公式确定，即

$$t_i = Q_i/S_iR_iN_i = P_i/R_iN_i \tag{3-1}$$

或

$$t_i = Q_iH_i/R_iN_i = P_i/R_iN_i \tag{3-2}$$

式中 t_i——施工过程 i 的流水节拍；

       P_i——施工过程 i 在一个施工段上所需完成的劳动量（工日数）或机械台班量（台班数）；

       R_i——施工过程 i 的施工班组人数或机械台数；

       N_i——每天专业队的工作班数；

       Q_i——施工过程 i 在某施工段上的工程量；

       S_i——施工过程 i 的每工日（或每台班）产量定额；

       H_i——施工过程 i 相应的时间定额。

式（3-1）与（3-2）是根据现有施工班组人数或机械台数以及能够达到的定额水平来确定流水节拍的。在工期规定的情况下，也可以根据工期要求先确定流水节拍，然后应用上式求出所需的施工班组人数或机械台数。可见，在一个施工段上的工程量不变的情况下，流水节拍越小，所需施工班组人数和机械设备台数就越多。

② 流水步距

流水步距是指组织流水施工时，前后两个相邻的施工过程（或专业工作队）先后开工的时间间隔。在流水施工段一定的条件下，流水步距越小，即相邻两施工过程平行搭接较多时，则工期短；流水步距越大，即相邻两施工过程平行搭接较少时，则工期长。施工过程 i 与施工过程 i+1 之间的流水步距一般用符号 $K_{i,i+1}$ 表示。

确定流水步距时应注意以下问题。

a. 施工工作面是否允许。

b. 施工顺序的合理性。

c. 技术间歇的合理性。

d. 合同工期的要求。

e. 施工劳动力、机械和材料使用的均衡性。

③ 间歇时间

间歇时间指两个相邻的施工过程之间，由于工艺或组织上的要求而形成的停歇时间，包括技术间歇时间、层间间歇时间和组织间歇时间。间歇时间一般以 Z 表示。

表示流水施工的图表主要有两大类：第一类是线条图，第二类是网络图。

（2）流水施工的横道图表示

工程施工的流水组织可以通过线条图来表示，线条图又分为两种类型：横道图表与垂直图表。其中，横道图表使用最为广泛。

横道图表的示意图如图 3-2 所示。横道图表的水平方向表示工程施工的持续时间，其时间单位可大可小（如季度、月、周或天），需要根据施工工期的长短加以确定；垂直方向表示工程施工的施工过程（专业队名称）。横道图中每一条横道的长度表示流水施工的流水节拍，横道上方的数字为施工段的编号。

流水施工工期计算的一般公式为

$$T = \Sigma K_{i,i+1} + m t_n \tag{3-3}$$

式中　　T——流水施工的工期；

　　$K_{i,i+1}$——施工过程 i 与施工过程 $i+1$ 之间的流水步距；

　　m——施工段；

　　t_n——最后一个施工过程的流水节拍。

流水施工的横道图表示及其工期构成示意图如图 3-2 所示。

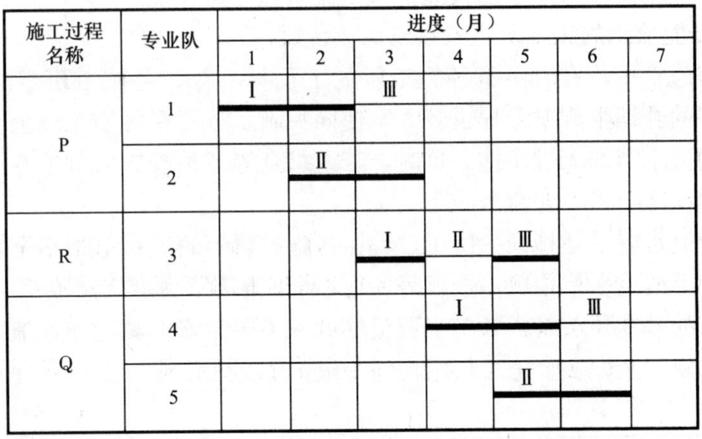

施工过程名称	专业队	进度（月）						
		1	2	3	4	5	6	7
P	1	I		III				
	2		II					
R	3			I	II	III		
Q	4				I		III	
	5					II		

图 3-2　流水施工的横道图表示及其工期构成示意图

2. 等节拍专业流水施工

等节拍专业流水施工是指所有的施工过程在各施工段上的流水节拍全部相等，并且等于流水步距的一种流水施工。

等节拍流水一般适用于工程规模较小、建筑结构比较简单和施工过程不多的建筑物。常用于组织一个分部工程的流水施工。组织等节拍流水施工的首先要分析施工过程，确定施工顺序，应将劳动量小的施工过程合并到相邻施工过程中去，以使各流水节拍相等；其次确定主要施工过程的施工班组人数及其组成。

等节拍专业流水又分为无间歇时间的等节拍专业流水与有间歇时间的等节拍专业流水两种。

（1）无间歇时间的等节拍专业流水

所谓无间歇时间的等节拍专业流水，是指各个施工过程之间没有技术间歇时间或组织间歇时间的等节拍专业流水。

（2）有间歇时间的等节拍专业流水

所谓有间歇时间的等节拍专业流水，指施工过程之间存在技术间歇时间或组织间歇时间的等节拍专业流水。

组织有间歇时间的等节拍专业流水时，当流水施工有空间关系（分段又分层）时，施工段数应当大于施工过程数，如式（3-4）所示，这样既能保证各个施工过程连续作业，同时施工段有空闲；当流水施工只分段不分层时，则施工段数与施工过程数之间无此规定。

$$m = n + \Sigma Z_1 + Z_2 K \qquad (3-4)$$

式中　ΣZ_1——一个楼层内的技术间歇时间与组织间歇时间之和；

　　　　Z_2——楼层间的技术间歇时间与组织间歇时间之和；

其余符号含义同式（3-3）。

3. 成倍节拍流水施工

成倍节拍流水施工指同一施工过程在各施工段上的流水节拍相等，而不同的施工过程在同一施工段上的流水节拍不全相等，而成倍数关系的施工组织方法。成倍节拍流水施工又分为一般成倍节拍流水施工与加快成倍节拍流水施工两种。

4. 无节奏专业流水施工

在实际工程施工中，有时由于各施工段的工程量不等，各施工班组的施工人数又不同，各专业班组的劳动生产率差异也较大，使同一施工过程在各施工段上或各施工过程在同一施工段上的流水节拍无规律性。这时，若组织全等节拍或成倍节拍专业流水施工均有困难，则只能组织无节奏专业流水施工。

无节奏专业流水施工是指同一施工过程在各施工段上的流水节拍不全相等，各施工过程在同一施工段上的流水节拍也不全相等、也不全成倍数关系的流水施工方式。组织无节奏专业流水施工的基本要求是：各施工班组尽可能依次在施工段上连续施工，允许有些施工段出现空闲，但不允许多个施工班组在同一施工段交叉作业，更不允许发生工艺顺序颠倒现象。

3.3　网络计划技术

与传统的横道图计划相比，网络计划的优点主要表现在以下几方面。

（1）网络计划能够表示施工过程中各个环节之间互相依赖、互相制约的关系。对于工程的组织者和指挥者来说，就能够统筹兼顾，从全局出发，进行科学管理。

（2）可以分辨出对全局具有决定性影响的工作，以便使在组织实施计划时，能够分清主次，把有限的人力、物力首先用来完成这些关键工作。

（3）可以从计划总工期的角度来计算各工序的时间参数。对于非关键的工作，可以计算其时差，从而为工期计划的调整优化提供科学的依据。

（4）能够在工程实施之前进行模拟计算，可以知道其中的任何一道工序在整个工程中的地位以及对整个工程项目和其他工序的影响，从而使组织者心里有数。

（5）网络计划可以使用计算机进行计算。一个规模庞大的工程，特别是进行计划优化时，必然要进行大量的计算，而这些计算往往是手工计算或使用一般的计算工具难以胜任的。使用网络计划，可以利用电子计算机进行准确快速的计算。

实际上，越是复杂多变的工程，越能体现出网络计划的优越性。这是因为网络计划的调整十分方便，一旦情况有了变化，通过网络计划的调整与计算，立即就能预计到会产生什么样的影响，从而及早采取措施。网络图中的双代号网络、单代号网络与时标网络是进度计划表示过程中使用最多的网络图。

3.3.1 双代号网络图

1. 概述

双代号网络图是用一对节点及之间的箭线表示一项工作的网络图。其中的节点（圆圈）表示工作间的连接（工作的开始、结束）。双代号网络图主要有三个基本要素。

（1）工作，又称工序或作业。在双代号网络图中一项工作用一条箭线和两个圆圈表示，如图 3-3 所示。工作名称写在箭线上面，工作的持续时间写在箭线下面。箭尾表示工作的开始，箭头

图 3-3　工作表示图

表示工作的结束。圆圈中的两代码也可用以代表工作的名称。在无时间坐标的网络图中，箭线的长度不代表时间的长短，与完成工作的持续时间无关。箭线一般画成直线，也可画成折线或斜线。

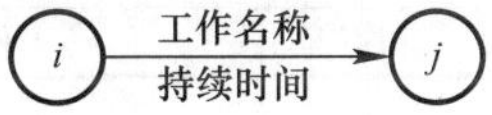

双代号网络图中的工作分为三类：第一类工作是既需消耗时间，又需消耗资源的工作，称为一般工作；第二类工作只消耗时间而不消耗资源（如混凝土的养护）；第三类工作，它既不消耗时间，也不需要消耗资源的工作，称为虚工作。虚工作是为了反映各工作间的逻辑关系而引入的，并用虚箭线表示。

工作之间的逻辑关系是指工作之间开始投入或完成的先后关系，工作之间的逻辑关系用紧前关系或紧后关系（一般用紧前关系）来表示。逻辑关系通常由工作的工艺关系和组织关系所决定。

① 工艺关系。指生产工艺上客观存在的先后顺序关系，在图 3-4 中，铺料 1→整平 1→压实 1 为工艺关系。

② 组织关系。指在不违反工艺关系的前提下，人为安排的工作的先后顺序关系。在图 3-4 中，铺料 1→铺料 2→铺料 3 等为组织关系。

（2）节点，又称事项或事件。它表示一项工作的开始或结束的瞬间，起承上启下的衔接作用，且不需要消耗时间或资源。节点在网络图中一般用圆圈表示，并赋以编号。箭线出发的节点称为开始节点，箭线进入的节点称为结束节点。在一个网络图中，除整个网络计划的起始节点和终止节点外，其余任何一个节点均有双重作用：既是前面工作的结束节点，又是后面工作的开始节点。

（3）线路，又称路线。网络图从起点节点开始，沿箭头方向顺序通过一系列箭线与节

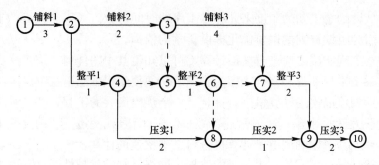

图 3-4　某工程关系

点，最后达到终点节点的通路称为线路。一个网络图中，从起点节点到终点节点，一般都存在着许多条线路，每条线路上含若干工作。网络图中线路持续时间最长的线路称为关键路线。关键路线的持续时间又称网络计划的计算工期。同时，位于关键线路上的工作称为关键工作。

　　绘制双代号网络图，对工作的逻辑关系必须正确表达，表 3-1 给出了表达工作逻辑关系的几个例子。

双代号网络图工作逻辑关系　　　　　　　　　　　　　　　　　　　表 3-1

序　号	工作间逻辑关系	表示方法
1	A，B，C 无紧前工作，即工作 A，B，C 均为计划的第一项工作，且平行进行	
2	A 完成后，B，C，D 才能开始	
3	A，B，C 均完成后，D 才能开始	
4	A，B 均完成后，C，D 才能开始	
5	A 完成后，D 才能开始；A，B 均完成后 E 才能开始；A，B，C 均完成后，E 才能开始	

2. 绘制规则

　　双代号网络图在绘制过程中，除正确表达逻辑关系外，还必须遵守以下绘图规则：

（1）网络图中严禁出现循环回路。

（2）在网络图中，不允许出现代号相同的箭线。

（3）双代号网络图中，只允许有一个起始节点和一个终止节点。

（4）网络图是有方向的，按习惯从第一个节点开始，宜保持从左向右顺序连接，不宜出现箭线箭头从右方向指向左方向。

（5）网络图中的节点编号不能出现重号，但允许跳跃顺序编号。用计算机计算网络时间参数时，要求一条箭线箭头节点编号应大于箭尾节点编号。

3. 时间参数的计算

双代号网络图中各个工作有 6 个时间参数，分别是：

最早开始时间 $ES_{i,j}$——表示工作 (i, j) 最早可能开始的时间；

最早结束时间 $EF_{i,j}$——表示工作 (i, j) 最早可能结束的时间；

最迟开始时间 $LS_{i,j}$——表示工作 (i, j) 最迟必须开始的时间；

最迟结束时间 $LF_{i,j}$——表示工作 (i, j) 最迟必须结束的时间；

总时差 $TF_{i,j}$——表示工作 (i, j) 在不影响总工期的条件下，可以延误的最长时间；

自由时差 $FF_{i,j}$——表示工作 (i, j) 在不影响紧后工作最早开始时间的条件下，允许延误的最长时间。

各个时间参数的计算公式如下：

若整个进度计划的开始时间为第 0 天，且节点编号有以下规律：$h < i < j < k < n$，则有：

（1）工作最早可能开始时间 $ES_{i,j}$ 与最早可能结束时间 $EF_{i,j}$

开始工作：
$$ES_{i,j} = 0；EF_{i,j} = 0 + d_{i,j} \tag{3-5}$$

其他工作：
$$ES_{i,j} = \text{Max}\{EF_{h,i}\}；EF_{i,j} = ES_{i,j} + d_{i,j} \tag{3-6}$$

式中　$EF_{h,i}$——工作 (i, j) 紧前工作的最早结束时间；

$d_{i,j}$——工作 (i, j) 的持续时间。

（2）计算工期 Tc

$$Tc = \text{Max}\{EF_{m,n}\} \tag{3-7}$$

式中　$EF_{m,n}$——网络结束工作的最早完成时间。

（3）工作最迟必须开始时间 $LS_{i,j}$ 与最迟必须结束时间 $LF_{i,j}$

结束工作：若有规定工期 Tp，$LF_{m,n} = Tp$ $\tag{3-8}$

若无规定工期 $LF_{m,n} = Tc$ $\tag{3-9}$

$$LS_{m,n} = LF_{m,n} - d_{m,n} \tag{3-10}$$

其他工作：
$$LF_{i,j} = \text{min}\{LS_{j,k}\} \tag{3-11}$$

$$LS_{i,j} = LF_{i,j} - d_{i,j} \tag{3-12}$$

式中　$LS_{j,k}$——工作 (i, j) 紧后工作的最迟开始时间。

（4）总时差 $TF_{i,j}$

总时差的计算公式为

$$TF_{i,j} = LS_{i,j} - ES_{i,j} \tag{3-13}$$

$$= LF_{i,j} - EF_{i,j} \tag{3-14}$$

（5）自由时差 $FF_{i,j}$

自由时差的计算公式为

$$FF_{i,j} = min\{ES_{j,k} - EF_{i,j}\} \tag{3-15}$$

双代号网络图中各个工作的时间参数的计算，最为便捷的方法是直接在双代号网络图上计算，称为图上作业法。其计算步骤如下：

① 最早时间。工作最早开始时间的计算从网络图的左边向右边逐项进行。先确定第一项工作的最早开始时间为 0，将其与第一项工作的持续时间相加，即为该项工作的最早结束时间。以此，逐项进行计算。当计算到某工作的紧前有两项以上工作时，需要比较他们最早完成时间的大小，取大者为该项工作的最早开始时间。最后一个节点前有多项工作时，取最大的最早完成时间为计算工期。

② 最迟时间。以该节点为完成节点的工作的最迟完成时间。工作最迟完成时间的计算从网络图的右边向左逐项进行。先确定计划工期，若无特殊要求，一般可取计算工期。与最后一个节点相接的工作的最迟完成时间为计划工期时间，将它与其持续时间相减，即为该工作的最迟开始时间。当计算到某工作的紧后有两项以上工作时，需要比较他们最迟开始时间的大小，取小者为该项工作的最迟完成时间。逆箭线方向逐项进行计算，一直算到第一个节点。

③ 总时差。该工作的完成节点的最迟时间减该工作开始节点的最早时间，再减去持续时间，即为该工作的总时差。

④ 自由时差。该工作的完成节点最早时间减该工作开始节点的最早时间，再减去持续时间。

⑤ 关键工作和关键线路。当计划工期和计算工期相等时，总时差为零的工作为关键工作。关键工作依次相连即得关键线路。当计划工期和计算工期之差为同一值时，则总时差为该值的工作为关键工作。

3.3.2 单代号网络

1. 概述

单代号绘图法用圆圈或方框表示工作，并在圆圈或方框内可以写上工作的编号、名称和持续时间，如图 3-5 所示。工作之间的逻辑关系用箭线表示。单代号绘图法将工作有机地连接，形成一个有方向的图形称为单代号网络图，如图 3-6 所示。

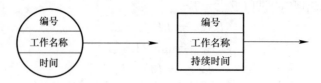

图 3-5 单代号绘图法工作的表示图

2. 绘制规则

单代号网络的绘制规则基本同双代号网络，但是单代号网络图中无虚工作。若开始或结束工作有多个而缺少必要的逻辑关系时，须在开始与结束处增加虚拟的起点节点与终点节点。

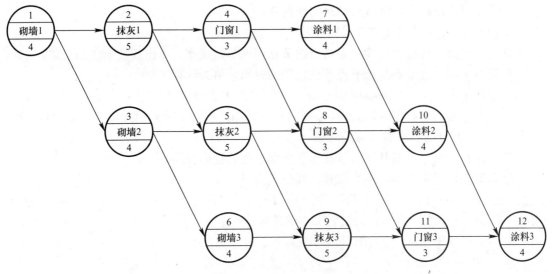

图 3-6 单代号网络示意图

3. 时间参数计算

单代号网络图时间参数计算的方法和双代号网络图相同，计算最早时间从第一个节点算到最后一个节点，计算最迟时间从最后一个节点算到第一个节点。计算出最早时间和最迟时间，即可计算时差和分析关键线路。

3.3.3 时标网络

所谓时标网络，是以时间坐标为尺度表示工作的进度网络，时间单位可大可小，如季度、月、旬、周或天等。双代号时标网络既可以表示工作的逻辑关系，又可以表示工作的持续时间。

1. 时标网络的表示

在时间坐标中，以实线表示工作，波形线表示自由时差，虚箭线表示虚工作。

2. 时标网络的绘图规则

绘制时标网络时，应遵循如下规定。

① 时间长度是以所有符号在时标表上的水平位置及其水平投影长度表示的，与其所代表的时间值所对应。

② 节点中心必须对准时标的刻度线。

③ 时标网络宜按最早时间编制。

3. 时标网络计划编制步骤

编制时标网络，一般应遵循如下步骤。

① 绘制具有工作时间参数的双代号网络图。

② 按最早开始时间确定每项工作的开始节点位置。

③ 按各工作持续时间长度绘制相应工作的实线部分，使其水平投影长度等于工作持续时间。

④ 用波形线（或者虚线）把实线部分与其紧后工作的开始节点连接起来。

4. 时标网络计划中关键线路和时间参数分析

时标网络计划中关键线路和时间参数分析方法如下：

① 关键线路。所谓关键线路是指自终节点到始节点观察，不出现波形线的通路。

② 计算工期。终节点与始节点所在位置的时间差值为计算工期。

③ 工作最早时间。每条箭尾中心所对应的时刻代表最早开始时间。没有自由时差的工作的最早完成时间是其箭头节点中心所对应的时刻。有自由时差的工作的最早完成时间是其箭头实线部分的右端所对应的时刻。

④ 工作自由时差。指其波形线在水平坐标轴上的投影长度。

⑤ 总时差。可从右到左逐个推算，其公式为

$$TF_{i,j} = \min\{TF_{j,k}\} + FF_{i,j} \tag{3-16}$$

式中　$TF_{j,k}$——工作（i，j）的紧后工作的总时差；

　　　$FF_{i,j}$——工作（i，j）的自由时差。

3.4　施工项目进度控制

3.4.1　施工项目进度控制的措施

进度控制的措施包括组织措施、技术措施、经济措施和合同措施等。

1. 组织措施

进度控制的组织措施主要包括：

① 建立进度控制小组，将进度控制任务落实到个人。

② 建立进度报告制度和进度信息沟通网络。

③ 建立进度协调会议制度。

④ 建立进度计划审核制度。

⑤ 建立进度控制检查制度和调整制度。

⑥ 建立进度控制分析制度。

⑦ 建立图纸审查、及时办理工程变更和设计变更手续的措施。

2. 技术措施

进度控制的技术措施主要包括：

① 采用多级网络计划技术和其他先进适用的计划技术。

② 组织流水作业，保证作业连续、均衡、有节奏。

③ 缩短作业时间，减少技术间歇。

④ 采用电子计算机控制进度的措施。

⑤ 采用先进高效的技术和设备。

3. 经济措施

进度控制的经济措施主要包括：

① 对工期缩短给予奖励。

② 对应急赶工给予优厚的赶工费。

③ 对拖延工期给予罚款、收赔偿金。

④ 提供资金、设备、材料和加工订货等供应保证措施。

⑤ 及时办理预付款及工程进度款支付手续。

⑥ 加强索赔管理。

4. 合同措施

进度控制的合同措施包括：

① 加强合同管理，加强组织、指挥和协调，以保证合同进度目标的实现。

② 严格控制合同变更，对各方提出的工程变更和设计变更，经监理工程师严格审查后补进合同文件。

③ 加强风险管理，在合同中要充分考虑风险因素及其对进度的影响和处理办法等。

3.4.2 施工项目进度控制的内容

1. 施工阶段进度控制目标的确定

施工项目进度控制系统是一个有机的大系统，从目标上来看，它是由进度控制总目标、分目标和阶段目标组成；从进度控制计划上来看，它由项目总进度控制计划、单位工程进度计划和相应的设计、资源供应、资金供应和投产动用等计划组成。

施工进度控制目标及其分解：

保证工程项目按期建成交付是施工阶段进度控制的最终目标。为了有效控制施工进度，完成进度控制总目标，首先要从不同角度对施工进度总目标进行层层分解，形成施工进度控制目标网络体系，并以此作为实施进度控制的依据，展开进度控制计划。

确定施工进度控制目标的主要因素有：工程建设总进度对工期的要求；工期定额；类似工程项目的进度；工程难易程度和工程条件。在进行施工进度分解目标时，还要考虑以下因素。

① 对于大型工程建设项目，应根据工期总目标对项目的要求集中力量分期分批建设，以便尽早投入使用，尽快发挥投资效益。

② 合理安排土建与设备的综合施工。应根据工程和施工特点，合理安排土建施工与设备基础、设备安装的先后顺序及搭接、交叉或平行作业，明确设备工程对土建工程的要求以及需要土建工程为设备工程提供施工条件的内容及时间。

③ 结合本工程的特点，参考同类工程建设的建设经验确定施工进度目标。避免片面按主观愿望盲目确定进度目标，造成项目实施过程中进度的失控。

④ 做好资金供应、施工力量配备、物资（材料、构配件和设备）供应与施工进度需要的平衡工作，确保工程进度目标的要求不落空。

⑤ 考虑外部协作条件的配合情况。了解施工过程中及项目竣工动用所需的水、电气、通讯、道路及其他社会服务项目的满足程序和满足时间。确保它们与有关项目的进度目标相协调。

⑥ 考虑工程项目所在地区地形、地质、水文和气象等方面的限制条件。

2. 施工阶段进度控制的内容

施工项目进度控制是一个不断变化的动态控制的过程，也是一个循环进行的过程。它是指在限定的工期内，编制出最佳的施工进度计划，在执行该计划的施工过程中，经常将实际进度与计划进度进行比较，分析偏差，并采取必要的补救措施和调整、修改原计划，如此不断循环，直至工程竣工验收为止。

施工项目的进度控制主要包括以下内容。

（1）根据合同工期目标，编制施工准备工作计划、施工方案、项目施工总进度计划和单位工程施工进度计划，以确定工作内容、工作顺序、起止时间和衔接关系，为实施进度控制提供相关依据。

（2）编制月（旬）作业计划和施工任务书，作好进度记录以掌握施工实际情况，加强调度工作以促成进度的动态平衡，从而使进度计划的实施取得显著成效。

（3）采用实际进度与计划进度相对比的方法，把定期检查与应急检查相结合，对进度实施跟踪控制。实行进度控制报告制度，在每次检查之后，写出进度控制报告，提供给建设单位、监理单位和企业领导作为进度纠偏提供依据，为日后更好地进行进度控制提供参考。

（4）监督并协助分包单位实施其承包范围内的进度控制。

（5）对项目及阶段进度控制目标的完成情况、进度控制中的经验和问题作出总结分析，积累进度控制信息，促进进度控制水平不断提高。

（6）接受监理单位的施工进度控制监理。

3.4.3　进度计划实施中的监测与分析

1. 施工进度的监测与分析程序

在工程项目的实施过程中，项目管理者必须经常地、定期地对进度的执行情况进行跟踪检查，发现问题，应及时采取有效措施加以解决。

施工进度的监测不仅是进度计划实施情况信息的主要来源，还是分析问题、采取措施、调整计划的依据。施工进度的监督是保证进度计划顺利实现的有效手段。因此，在施工进程中，应经常地、定期地跟踪监测施工实际进度情况，并切实做好监督工作。主要包括以下几方面的工作。

（1）进度计划执行中的跟踪检查

跟踪检查施工实际进度是分析施工进度、调整施工进度的前提。其目的是收集实际施工进度的有关数据。

（2）整理、统计和分析收集的数据

收集的数据要及时进行整理、统计和分析，形成与计划具有可比性的数据资料。例如根据本期检查实际完成量确定累计完成的量、本期完成的百分比和累计完成的百分比等数据资料。

（3）对比分析实际进度与计划进度

对比分析实际进度与计划进度主要是将实际的数据与计划的数据进行比较，如将实际累计完成量、实际累计完成百分比与计划累计完成量、计划累计完成百分比进行比较。通常可利用表格形成各种进度比较报表或直接绘制比较图形来直观地反映实际与计划的偏差。通过比较判断实际进度比计划进度拖后、超前还是与计划进度一致。

将收集的资料整理和统计成与计划进度具有可比性的数据后，用实际进度与计划进度的比较方法进行比较分析。可采用的比较通常有：横道图比较法、S型曲线比较法、"香蕉"型曲线比较法及前锋线比较法等。通过比较，得出实际进度与计划进度是一致、超前还是拖后，以便为决策提供依据。

（4）编制进度控制报告

进度控制报告是把监测比较的结果，以及有关施工进度现状和发展趋势的情况，以最简练的书面报告形式提供给项目经理及各级业务职能负责人。承包单位的进度控制报告应提交给监理工程师，作为其控制进度、核发进度款的依据。

（5）施工进度监测结果的处理

通过监测分析，如果进度偏差比较小，应在分析其产生原因的基础上采取有效控制和纠偏措施，解决矛盾，排除障碍，继续执行原进度计划。如果经过努力，确实不能按原计划实现时，再考虑对原计划进行必要的调整。如适当延长工期，或改变施工速度等。计划的调整一般是不可避免的，但应当慎重，尽量减少对计划的调整。

2. 施工进度计划实施分析方法

（1）横道图比较法

横道图比较法是指将在项目实施中检查实际进度收集的信息，经整理后直接用横道线并标于原计划的横道线处，进行直观比较的方法。通过这种简单而直观的比较，为进度控制者提供了实际进度与计划进度之间的偏差，为采取调整措施提供了明确的证据。

完成任务量可以用实物工程量、劳动消耗量和工作量三种量来表示，为了比较方便，一般用它们实际完成量的累计百分比与计划应完成量的累计百分比进行比较。

下面以匀速进展横道图比较法为例：

匀速进展是指工程项目中每项工作的实际进展进度都是均匀的，即在单位时间内完成的任务都是相等的。

其比较方法的步骤如下：

① 编制横道图进度计划。

② 在进度计划上标出检查日期。

③ 将检查收集的实际进度数据，按比例用涂黑的粗线标于计划进度线的下方，如图 3-7 所示。

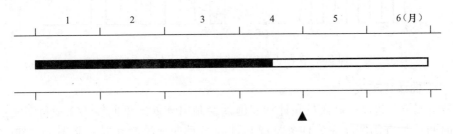

图 3-7 均匀施工横道图

④ 比较分析实际进度与计划进度。

a. 涂黑粗线右端与检查日期重合，表明实际进度与计划进度相一致。

b. 涂黑的粗线右端在检查日期左侧，表明实际进度比计划进度拖后。

c. 涂黑的粗线右端在检查日期右侧，表明实际进度比计划进度超前。

但是，横道图的使用是有局限性的。一是当工作内容划分较多时，进度计划的绘制比较复杂；二是各工作之间的逻辑关系不能明确表达，因而不便于抓住主要矛盾；三是当某项工作的时间发生变化时，难于借此对后续工作以及整个进度计划的影响进行预测。因此，横道图作为进度控制的工具，在某种程度上有一定的局限性。

（2）S 型曲线比较法

S 型曲线比较法是先以横坐标表示进度时间，纵坐标表示累计完成任务量，绘制出一条按计划时间累计完成任务量的 S 型曲线，然后将工程项目的各检查时间实际完成的任务量也绘制在 S 型曲线上，进行实际进度与计划进度比较的一种方法。在工程项目的进展全过程中，一般是开始和收尾时单位时间投入的资源量较少，中间阶段单位时间投入的资源量较多，所以与其相对应的单位时间完成的任务量也是呈相同趋势的变化。

1）S 型曲线绘制方法

① 确定工程进展速度曲线。

根据单位时间内完成的实物工程量、投入的劳动力或费用，计算出各单位时间计划完成的任务量 q_i，如图 3-8（a）所示。

② 计算规定时间 i 累计完成的任务量。

将各单位时间完成的任务量累加求和，即可求出 j 时间累计完成的任务量 Q_j，即

$$Q_j = \sum_{i=1}^{j} q_i \tag{3-17}$$

式中　Q_j——j 时刻时计划累计完成的任务量；

　　　　q_i——单位时间内计划完成的任务量。

③ 绘制 S 型曲线。

按各规定的时间 j 及其对应的累计完成任务量 Q_j 绘制 S 型曲线，如图 3-8（b）所示。

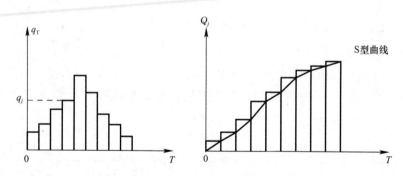

图 3-8　实际工程中时间与完成任务量关系曲线

2）S 型曲线比较法

一般情况下，进度控制人员在计划实施前绘制出计划 S 型曲线，在项目实施过程中，按规定时间将检查的实际完成任务情况与计划 S 型曲线绘制在同一张图上，如图 3-9 所示。比较两条 S 型曲线可以得到如下信息。

① 工程项目实际进度与计划进度比较情况。

实际进度点落在计划 S 型曲线左侧，表示此时实际进度比计划进度超前；若刚好落在其上，则表示二者一致；若落在其右侧，则表示实际进度比计划进度拖后。

② 工程项目实际进度比计划进度超前或拖后的时间。

如图 3-9 所示，ΔT_a 表示 T_a 时刻实际进度超前的时间；ΔT_b 表示 T_b 时刻实际进度拖后的时间。

③ 工程项目实际进度比计划进度超额或拖欠的任务量。

如图 3-9 所示，ΔQ_a 表示 T_a 时刻超额完成的任务量；ΔQ_b 表示在 T_b 时刻拖欠的任务量。

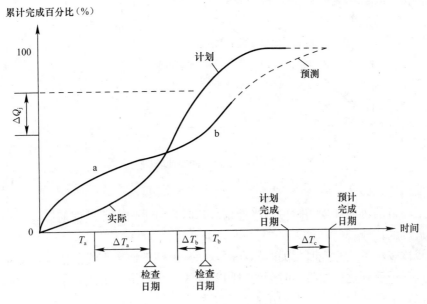

图 3-9 S 型曲线比较图

④ 预测工程进度。

后期工程按原计划速度进行，则工期拖延预测值为 ΔT_C。

（3）香蕉型曲线比较法

1）香蕉型曲线的绘制

香蕉型曲线是由两条 S 型曲线组合而成的闭合曲线。由 S 型曲线比较法可知，任一工程项目，其计划时间和累计完成任务量之间的关系，都可以用一条 S 型曲线表示。而在网络计划中，任一工程项目在理论上可以分为最早和最迟两种开始与完成时间。因此，任一工程项目的网络计划都可绘制出两条曲线：一条是以各项工作的计划最早开始时间安排进度绘制而成的 S 型曲线，称为 ES 曲线；另一条是以各项工作的计划最迟开始时间安排进度绘制而成的 S 型曲线，称为 LS 曲线。由于两条 S 型曲线都是从计划的开始时刻开始，在计划完成时刻结束，因此两条曲线是闭合的。一般情况下，ES 曲线上的其余时刻各点均应落在 LS 曲线相应点的左侧，形成一个形如香蕉的曲线，所以称为香蕉型曲线，如图 3-10 所示。

在项目的实施过程中，进度控制的理想状况是任一时刻按实际进度绘出的点应落在该香蕉型曲线的区域内，如图 3-10 中的实际进度线。

2）香蕉型曲线比较法的用途

① 对进度进行合理安排。

② 进行工程实际进度与计划进度的比较。

③ 确定在检查状态下后期工程的 ES 曲线与 LS 曲线的发展趋势。

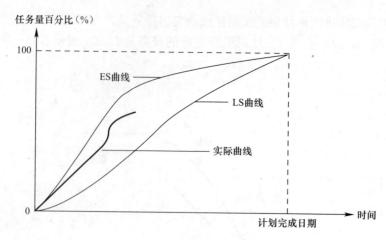

图 3-10 香蕉型曲线比较图

（4）前锋线比较法

当施工项目的进度计划用时标网络计划表达时，可采用实际进度前锋线法进行实际进度与计划进度的比较。

前锋线比较法是从检查时刻的时标点出发，自上而下地用直线段依次连接各项工作的实际进度点，最后到达计划检查时刻的时间刻度线为止，由此组成一条一般为折线的前锋线。通过比较前锋线与箭线交点的位置判定工程实际进度与计划进度的偏差。

用前锋线比较实际进度与计划进度，可反映出本检查日有关工作实际进度与计划进度的关系。其主要有以下三种情况。

① 工作实际进度点位置与检查日时间坐标相同，则该工作实际进度与计划进度一致；

② 工作实际进度点位置在检查日时间坐标右侧，则该工作实际进度比计划进度超前，超前天数为二者之差；

③ 工作实际进度点位置在检查日时间坐标左侧，则该工作实际进度比计划进度拖后，拖后天数为二者之差。

（5）列表比较法

当采用无时标网络图计划时，可以采用列表比较法，比较工程实际进度与计划进度的偏差。该方法是通过记录检查时应该进行的工作名称和已进行的天数，然后列表计算有关时间参数，根据原有总时差和尚有总时差判断实际进度与计划进度偏差的比较方法。

列表比较法步骤如下：

① 计算检查时应该进行的工作 i—j 尚需的作业时间 $T_{i-j}^{②}$，即

$$T_{i-j}^{②} = D_{i-j} - T_{i-j}^{①} \tag{3-18}$$

式中　D_{i-j}——工作 i—j 的计划持续时间；

　　　$T_{i-j}^{①}$——工作 i—j 检查时已经进行的时间。

② 计算工作 i—j 检查时至最迟完成时间的尚余时间 $T_{i-j}^{③}$，即

$$T_{i-j}^{③} = LF_{i-j} - T_2 \tag{3-19}$$

式中　LF_{i-j}——工作 i—j 的最迟完成时间；

　　　T_2——检查时间。

③ 计算检查工作 i—j 尚有总时差 $TF_{i-j}^{①}$，即

$$TF_{i-j}^{①} = T_{i-j}^{③} - T_{i-j}^{②} \qquad (3-20)$$

④ 填表分析工作实际进度与计划进度的偏差，可能有以下几种情况。

a. 若工作尚有时差与原有总时差相等，则说明该工作的实际进度与计划进度一致。

b. 若工作尚有总时差小于原有总时差，但仍为正值，则说明该工作的实际进度比计划进度拖后，产生的偏差值为二者之差，但不影响总工期。

c. 若尚有总时差为负值，则说明该工作的实际进度比计划进度拖后，且对总工期有影响。

3.4.4 施工进度计划的调整

1. 概述

在项目进度监测过程中，一旦发现实际进度与计划进度不符，即出现进度偏差时，必须认真寻找产生进度偏差的原因，分析进度偏差对后续工作产生的影响，并采取必要的调整措施，以确保施工进度总目标的实现。

通过检查分析，如果发现原有施工进度计划不能适用实际情况时，为确保施工进度控制目标的实现或确定新的施工进展计划目标，需要对原有计划进行调整，并以调整后的计划作为施工进度控制的新依据。具体的过程如图 3-11 所示。

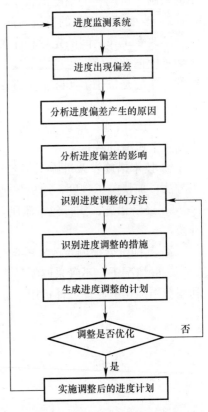

图 3-11　项目进度调整系统过程

2. 进度计划实施中的调整方法

（1）分析偏差对后续工作及总工期的影响

根据以上对实际进度与计划进度的比较，能显示出实际进度与计划进度之间的偏差。当这种偏差影响到工期时，应及时对施工进度进行调整，以实现通过对进度的检查达到对进度控制的目的，保证预定工期目标的实现。偏差的大小及其所处的位置，对后续工作和总工期的影响程度是不同的。用网络计划中总时差和自由时差的概念进行判断和分析，步骤如下：

1）分析出现进度偏差的工作是否为关键工作

根据工作所在线路的性质或时间参数的特点，判断其是否为关键工作。若出现偏差的工作为关键工作，则无论偏差大小，都必须采取相应的调整措施。若出现偏差的工作不是关键工作，则需要根据偏差值 Δ 与总时差 TF 和自由时差 FF 的大小关系，确定对后续工作和总工期的影响程度。

2）分析进度偏差是否大于总时差

若进度偏差大于总时差，说明此偏差必将影响后续工作和总工期，必须采取相应的调整措施。若进度偏差小于或等于总时差，说明此偏差对总工期无影响，但它对后续工作的影响程度，需要根据此偏差与自由时差的比较情况来确定。

3）分析进度偏差是否大于自由时差

若进度偏差大于自由时差，说明此偏差对后续工作产生影响，应根据后续工作允许的影响程度来确定如何调整。若进度偏差小于或等于自由时差，则说明此偏差对后续工作无影响。因此，原进度计划可以不做调整。

（2）进度计划的调整方法

在对实施进度计划分析的基础上，确定调整原计划的方法主要有以下两种。

1）改变某些工作的逻辑关系

通过以上分析比较，如果进度产生的偏差影响了总工期，并且有关工作之间的逻辑关系允许改变，可以改变关键线路和超过计划工期的非关键线路上的有关工作之间的逻辑关系，以达到缩短工期的目的。

这种方法不改变工作的持续时间，而只是改变某些工作的开始时间和完成时间。对于大中型建设项目，因其单位工程较多且相互制约比较少，可调整的幅度比较大，所以容易采用平行作业的方法来调整施工进度计划。而对于单位工程项目，由于受工作之间工艺关系的限制，可调整的幅度比较小，所以通常采用搭接作业的方法来调整施工进度计划。

2）改变某些工作的持续时间

不改变工作之间的先后顺序关系，只是通过改变某些工作的持续时间来解决所产生的工期进度偏差，使施工进度加快，从而保证实现计划工期。但应注意，这些被压缩持续时间的工作应是位于因实际施工进度的拖延而引起总工期延长的关键线路和某些非关键线路上的工作，且这些工作又是可压缩持续时间的工作。具体措施如下：

① 组织措施：增加工作面，组织更多的施工队伍。增加每天的施工时间。增加劳动力和施工机械的数量。

② 技术措施：改进施工工艺和施工技术，缩短工艺技术间歇时间。采用更先进的施工方法，加快施工进度；用更先进的施工机械。

③ 经济措施：实行包干激励，提高奖励金额。对所采取的技术措施给予相应的经济补偿。

④ 其他配套措施：改善外部配合条件，改善劳动条件，实施强有力的调度等。

一般情况下，不管采取哪种措施，都会增加费用。因此，在调整施工进度计划时，应利用费用优化的原理选择费用增加最少的关键工作作为压缩对象。

第4章 施工项目成本管理

施工成本是施工企业为完成施工项目的建筑安装工程施工任务所消耗的各项生产费用的总和。施工成本管理应从工程投标报价开始，直至项目竣工结算完成为止，贯穿于项目实施的全过程。成本作为项目管理的一个关键性目标，包括责任成本目标和计划成本目标，它们的性质和作用不同。前者反映组织对施工成本目标的要求，后者是前者的具体化，把施工成本在组织管理层和项目经理部的运行有机地连接起来。施工成本管理就是要在保证工期和质量满足要求的情况下，采取相应管理措施，包括组织措施、经济措施、技术措施、合同措施把成本控制在计划范围内，并进一步寻求最大程度的成本节约。

4.1 建筑安装工程费用的构成及计算

建筑安装工程费按照费用构成要素划分：由人工费、材料（包含工程设备，下同）费、施工机具使用费、企业管理费、利润、规费和税金组成。建筑安装工程费按照工程造价形成由分部分项工程费、措施项目费、其他项目费、规费、税金组成；分部分项工程费、措施项目费、其他项目费包含人工费、材料费、施工机具使用费、企业管理费和利润【住房城乡建设部　财政部关于印发《建筑安装工程费用项目组成》的通知（建标〔2013〕44号）】。如图4-1所示。

4.1.1 建筑安装工程费用构成要素划分（按费用构成要素划分）

（一）人工费：是指按工资总额构成规定，支付给从事建筑安装工程施工的生产工人和附属生产单位工人的各项费用。内容包括：

1. 计时工资或计件工资：是指按计时工资标准和工作时间或对已做工作按计件单价支付给个人的劳动报酬。

2. 奖金：是指对超额劳动和增收节支支付给个人的劳动报酬。如节约奖、劳动竞赛奖等。

3. 津贴补贴：是指为了补偿职工特殊或额外的劳动消耗和因其他特殊原因支付给个人的津贴，以及为了保证职工工资水平不受物价影响支付给个人的物价补贴。如流动施工津贴、特殊地区施工津贴、高温（寒）作业临时津贴、高空津贴等。

4. 加班加点工资：是指按规定支付的在法定节假日工作的加班工资和在法定日工作时间外延时工作的加点工资。

5. 特殊情况下支付的工资：是指根据国家法律、法规和政策规定，因病、工伤、产假、计划生育假、婚丧假、事假、探亲假、定期休假、停工学习、执行国家或社会义务等原因按计时工资标准或计时工资标准的一定比例支付的工资。

（二）材料费：是指施工过程中耗费的原材料、辅助材料、构配件、零件、半成品或成品、工程设备的费用。内容包括：

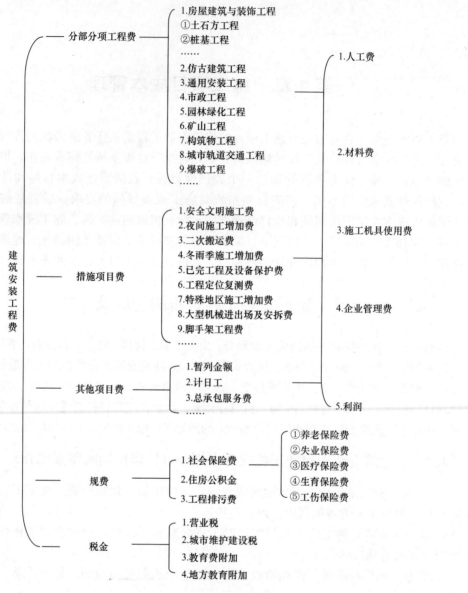

图 4-1　建筑安装工程费成

1. 材料原价：是指材料、工程设备的出厂价格或商家供应价格。

2. 运杂费：是指材料、工程设备自来源地运至工地仓库或指定堆放地点所发生的全部费用。

3. 运输损耗费：是指材料在运输装卸过程中不可避免的损耗。

4. 采购及保管费：是指为组织采购、供应和保管材料、工程设备的过程中所需要的各项费用。包括采购费、仓储费、工地保管费、仓储损耗。

工程设备是指构成或计划构成永久工程一部分的机电设备、金属结构设备、仪器装置及其他类似的设备和装置。

（三）施工机具使用费：是指施工作业所发生的施工机械、仪器仪表使用费或其租赁费。

1. 施工机械使用费：以施工机械台班耗用量乘以施工机械台班单价表示，施工机械台班单价应由下列七项费用组成：

（1）折旧费：指施工机械在规定的使用年限内，陆续收回其原值的费用。

（2）大修理费：指施工机械按规定的大修理间隔台班进行必要的大修理，以恢复其正常功能所需的费用。

（3）经常修理费：指施工机械除大修理以外的各级保养和临时故障排除所需的费用。包括为保障机械正常运转所需替换设备与随机配备工具附具的摊销和维护费用，机械运转中日常保养所需润滑与擦拭的材料费用及机械停滞期间的维护和保养费用等。

（4）安拆费及场外运费：安拆费指施工机械（大型机械除外）在现场进行安装与拆卸所需的人工、材料、机械和试运转费用以及机械辅助设施的折旧、搭设、拆除等费用；场外运费指施工机械整体或分体自停放地点运至施工现场或由一施工地点运至另一施工地点的运输、装卸、辅助材料及架线等费用。

（5）人工费：指机上司机（司炉）和其他操作人员的人工费。

（6）燃料动力费：指施工机械在运转作业中所消耗的各种燃料及水、电等。

（7）税费：指施工机械按照国家规定应缴纳的车船使用税、保险费及年检费等。

2. 仪器仪表使用费：是指工程施工所需使用的仪器仪表的摊销及维修费用。

（四）企业管理费：是指建筑安装企业组织施工生产和经营管理所需的费用。内容包括：

1. 管理人员工资：是指按规定支付给管理人员的计时工资、奖金、津贴补贴、加班加点工资及特殊情况下支付的工资等。

2. 办公费：是指企业管理办公用的文具、纸张、账表、印刷、邮电、书报、办公软件、现场监控、会议、水电、烧水和集体取暖降温（包括现场临时宿舍取暖降温）等费用。

3. 差旅交通费：是指职工因公出差、调动工作的差旅费、住勤补助费，市内交通费和误餐补助费，职工探亲路费，劳动力招募费，职工退休、退职一次性路费，工伤人员就医路费，工地转移费以及管理部门使用的交通工具的油料、燃料等费用。

4. 固定资产使用费：是指管理和试验部门及附属生产单位使用的属于固定资产的房屋、设备、仪器等的折旧、大修、维修或租赁费。

5. 工具用具使用费：是指企业施工生产和管理使用的不属于固定资产的工具、器具、家具、交通工具和检验、试验、测绘、消防用具等的购置、维修和摊销费。

6. 劳动保险和职工福利费：是指由企业支付的职工退职金、按规定支付给离休干部的经费，集体福利费、夏季防暑降温、冬季取暖补贴、上下班交通补贴等。

7. 劳动保护费：是企业按规定发放的劳动保护用品的支出。如工作服、手套、防暑降温饮料以及在有碍身体健康的环境中施工的保健费用等。

8. 检验试验费：是指施工企业按照有关标准规定，对建筑以及材料、构件和建筑安装物进行一般鉴定、检查所发生的费用，包括自设试验室进行试验所耗用的材料等费用。不包括新结构、新材料的试验费，对构件做破坏性试验及其他特殊要求检验试验的费用和建设单位委托检测机构进行检测的费用，对此类检测发生的费用，由建设单位在工程建设其他费用中列支。但对施工企业提供的具有合格证明的材料进行检测不合格的，该检测费用由施工企业支付。

9. 工会经费：是指企业按《工会法》规定的全部职工工资总额比例计提的工会经费。

10. 职工教育经费：是指按职工工资总额的规定比例计提，企业为职工进行专业技术和职业技能培训，专业技术人员继续教育、职工职业技能鉴定、职业资格认定以及根据需要对职工进行各类文化教育所发生的费用。

11. 财产保险费：是指施工管理用财产、车辆等的保险费用。

12. 财务费：是指企业为施工生产筹集资金或提供预付款担保、履约担保、职工工资支付担保等所发生的各种费用。

13. 税金：是指企业按规定缴纳的房产税、车船使用税、土地使用税、印花税等。

14. 其他：包括技术转让费、技术开发费、投标费、业务招待费、绿化费、广告费、公证费、法律顾问费、审计费、咨询费、保险费等。

（五）利润：是指施工企业完成所承包工程获得的盈利。

（六）规费：是指按国家法律、法规规定，由省级政府和省级有关权力部门规定必须缴纳或计取的费用。包括：

1. 社会保险费

（1）养老保险费：是指企业按照规定标准为职工缴纳的基本养老保险费。

（2）失业保险费：是指企业按照规定标准为职工缴纳的失业保险费。

（3）医疗保险费：是指企业按照规定标准为职工缴纳的基本医疗保险费。

（4）生育保险费：是指企业按照规定标准为职工缴纳的生育保险费。

（5）工伤保险费：是指企业按照规定标准为职工缴纳的工伤保险费。

2. 住房公积金：是指企业按规定标准为职工缴纳的住房公积金。

3. 工程排污费：是指按规定缴纳的施工现场工程排污费。

其他应列而未列入的规费，按实际发生计取。

（七）税金：是指国家税法规定的应计入建筑安装工程造价内的营业税、城市维护建设税、教育费附加以及地方教育附加。

4.1.2 建筑安装工程费用构成要素划分（按造价形成划分）

（一）分部分项工程费：是指各专业工程的分部分项工程应予列支的各项费用。

1. 专业工程：是指按现行国家计量规范划分的房屋建筑与装饰工程、仿古建筑工程、通用安装工程、市政工程、园林绿化工程、矿山工程、构筑物工程、城市轨道交通工程、爆破工程等各类工程。

2. 分部分项工程：指按现行国家计量规范对各专业工程划分的项目。如房屋建筑与装饰工程划分的土石方工程、地基处理与桩基工程、砌筑工程、钢筋及钢筋混凝土工程等。

各类专业工程的分部分项工程划分见现行国家或行业计量规范。

（二）措施项目费：是指为完成建设工程施工，发生于该工程施工前和施工过程中的技术、生活、安全、环境保护等方面的费用。内容包括：

1. 安全文明施工费

① 环境保护费：是指施工现场为达到环保部门要求所需要的各项费用。

② 文明施工费：是指施工现场文明施工所需要的各项费用。

③ 安全施工费：是指施工现场安全施工所需要的各项费用。

④ 临时设施费：是指施工企业为进行建设工程施工所必须搭设的生活和生产用的临时建筑物、构筑物和其他临时设施费用。包括临时设施的搭设、维修、拆除、清理费或摊销费等。

2. 夜间施工增加费：是指因夜间施工所发生的夜班补助费、夜间施工降效、夜间施工照明设备摊销及照明用电等费用。

3. 二次搬运费：是指因施工场地条件限制而发生的材料、构配件、半成品等一次运输不能到达堆放地点，必须进行二次或多次搬运所发生的费用。

4. 冬雨季施工增加费：是指在冬季或雨季施工需增加的临时设施、防滑、排除雨雪，人工及施工机械效率降低等费用。

5. 已完工程及设备保护费：是指竣工验收前，对已完工程及设备采取的必要保护措施所发生的费用。

6. 工程定位复测费：是指工程施工过程中进行全部施工测量放线和复测工作的费用。

7. 特殊地区施工增加费：是指工程在沙漠或其边缘地区、高海拔、高寒、原始森林等特殊地区施工增加的费用。

8. 大型机械设备进出场及安拆费：是指机械整体或分体自停放场地运至施工现场或由一个施工地点运至另一个施工地点，所发生的机械进出场运输及转移费用及机械在施工现场进行安装、拆卸所需的人工费、材料费、机械费、试运转费和安装所需的辅助设施的费用。

9. 脚手架工程费：是指施工需要的各种脚手架搭、拆、运输费用以及脚手架购置费的摊销（或租赁）费用。

措施项目及其包含的内容详见各类专业工程的现行国家或行业计量规范。

（三）其他项目费

1. 暂列金额：是指建设单位在工程量清单中暂定并包括在工程合同价款中的一笔款项。用于施工合同签订时尚未确定或者不可预见的所需材料、工程设备、服务的采购，施工中可能发生的工程变更、合同约定调整因素出现时的工程价款调整以及发生的索赔、现场签证确认等的费用。

2. 计日工：是指在施工过程中，施工企业完成建设单位提出的施工图纸以外的零星项目或工作所需的费用。

3. 总承包服务费：是指总承包人为配合、协调建设单位进行的专业工程发包，对建设单位自行采购的材料、工程设备等进行保管以及施工现场管理、竣工资料汇总整理等服务所需的费用。

4.1.3 建筑安装工程费用参考计算方法

一、各费用构成要素参考计算方法如下：

（一）人工费

公式 1：

$$人工费 = \Sigma(工日消耗量 \times 日工资单价)$$

$$日工资单价 =$$

$$\frac{生产工人平均月工资(计时、计件) + 平均月(奖金 + 津贴补贴 + 特殊情况下支付的工资)}{年平均每月法定工作日}$$

注：公式1主要适用于施工企业投标报价时自主确定人工费，也是工程造价管理机构编制计价定额确定定额人工单价或发布人工成本信息的参考依据。

公式2：

$$人工费 = \Sigma(工程工日消耗量 \times 日工资单价)$$

日工资单价是指施工企业平均技术熟练程度的生产工人在每工作日（国家法定工作时间内）按规定从事施工作业应得的日工资总额。

工程造价管理机构确定日工资单价应通过市场调查、根据工程项目的技术要求，参考实物工程量人工单价综合分析确定，最低日工资单价不得低于工程所在地人力资源和社会保障部门所发布的最低工资标准的：普工1.3倍、一般技工2倍、高级技工3倍。

工程计价定额不可只列一个综合工日单价，应根据工程项目技术要求和工种差别适当划分多种日人工单价，确保各分部工程人工费的合理构成。

注：公式2适用于工程造价管理机构编制计价定额时确定定额人工费，是施工企业投标报价的参考依据。

（二）材料费

1. 材料费

$$材料费 = \Sigma(材料消耗量 \times 材料单价)$$

$$材料单价 = [(材料原价 + 运杂费) \times [1 + 运输损耗率(\%)]] \times [1 + 采购保管费率(\%)]$$

2. 工程设备费

$$工程设备费 = \Sigma(工程设备量 \times 工程设备单价)$$

$$工程设备单价 = (设备原价 + 运杂费) \times [1 + 采购保管费率(\%)]$$

（三）施工机具使用费

1. 施工机械使用费

$$施工机械使用费 = \Sigma(施工机械台班消耗量 \times 机械台班单价)$$

$$机械台班单价 = 台班折旧费 + 台班大修费 + 台班经常修理费 +$$

$$台班安拆费及场外运费 + 台班人工费 + 台班燃料动力费 + 台班车船税费$$

注：工程造价管理机构在确定计价定额中的施工机械使用费时，应根据《建筑施工机械台班费用计算规则》结合市场调查编制施工机械台班单价。施工企业可以参考工程造价管理机构发布的台班单价，自主确定施工机械使用费的报价，如租赁施工机械，公式为：施工机械使用费 = Σ（施工机械台班消耗量 × 机械台班租赁单价）

2. 仪器仪表使用费

$$仪器仪表使用费 = 工程使用的仪器仪表摊销费 + 维修费$$

（四）企业管理费费率

（1）以分部分项工程费为计算基础

$$企业管理费费率(\%) = \frac{生产工人年平均管理费}{年有效施工天数 \times 人工单价} \times 人工费占分部分项工程费比例(\%)$$

（2）以人工费和机械费合计为计算基础

$$企业管理费费率(\%) = \frac{生产工人年平均管理费}{年有效施工天数 \times (人工单价 + 每一工日机械使用费)} \times 100\%$$

（3）以人工费为计算基础

$$企业管理费费率(\%) = \frac{生产工人年平均管理费}{年有效施工天数 \times 人工单价} \times 100\%$$

注：上述公式适用于施工企业投标报价时自主确定管理费，是工程造价管理机构编制计价定额确定企业管理费的参考依据。

工程造价管理机构在确定计价定额中企业管理费时，应以定额人工费或（定额人工费＋定额机械费）作为计算基数，其费率根据历年工程造价积累的资料，辅以调查数据确定，列入分部分项工程和措施项目中。

（五）利润

1. 施工企业根据企业自身需求并结合建筑市场实际自主确定，列入报价中。

2. 工程造价管理机构在确定计价定额中利润时，应以定额人工费或（定额人工费＋定额机械费）作为计算基数，其费率根据历年工程造价积累的资料，并结合建筑市场实际确定，以单位（单项）工程测算，利润在税前建筑安装工程费的比重可按不低于5%且不高于7%的费率计算。利润应列入分部分项工程和措施项目中。

（六）规费

1. 社会保险费和住房公积金

社会保险费和住房公积金应以定额人工费为计算基础，根据工程所在地省、自治区、直辖市或行业建设主管部门规定费率计算。

社会保险费和住房公积金 ＝ Σ（工程定额人工费 × 社会保险费和住房公积金费率）

式中：社会保险费和住房公积金费率可以每万元发承包价的生产工人人工费和管理人员工资含量与工程所在地规定的缴纳标准综合分析取定。

2. 工程排污费

工程排污费等其他应列而未列入的规费应按工程所在地环境保护等部门规定的标准缴纳，按实计取列入。

（七）税金

税金计算公式：

$$税金 ＝ 税前造价 \times 综合税率(\%)$$

综合税率：

1. 纳税地点在市区的企业

$$综合税率(\%) = \frac{1}{1 - 3\% - (3\% \times 7\%) - (3\% \times 3\%) - (3\% \times 2\%)} - 1$$

2. 纳税地点在县城、镇的企业

$$综合税率(\%) = \frac{1}{1 - 3\% - (3\% \times 5\%) - (3\% \times 3\%) - (3\% \times 2\%)} - 1$$

3. 纳税地点不在市区、县城、镇的企业

$$综合税率(\%) = \frac{1}{1-3\%-(3\%\times1\%)-(3\%\times3\%)-(3\%\times2\%)}-1$$

4. 实行营业税改增值税的，按纳税地点现行税率计算。

二、建筑安装工程计价参考公式如下

（一）分部分项工程费

$$分部分项工程费 = \Sigma(分部分项工程量 \times 综合单价)$$

式中：综合单价包括人工费、材料费、施工机具使用费、企业管理费和利润以及一定范围的风险费用（下同）。

（二）措施项目费

1. 国家计量规范规定应予计量的措施项目，其计算公式为：

$$措施项目费 = \Sigma(措施项目工程量 \times 综合单价)$$

2. 国家计量规范规定不宜计量的措施项目计算方法如下

（1）安全文明施工费

$$安全文明施工费 = 计算基数 \times 安全文明施工费费率（\%）$$

计算基数应为定额基价（定额分部分项工程费＋定额中可以计量的措施项目费）、定额人工费或（定额人工费＋定额机械费），其费率由工程造价管理机构根据各专业工程的特点综合确定。

（2）夜间施工增加费

$$夜间施工增加费 = 计算基数 \times 夜间施工增加费费率（\%）$$

（3）二次搬运费

$$二次搬运费 = 计算基数 \times 二次搬运费费率（\%）$$

（4）冬雨季施工增加费

$$冬雨季施工增加费 = 计算基数 \times 冬雨季施工增加费费率（\%）$$

（5）已完工程及设备保护费

$$已完工程及设备保护费 = 计算基数 \times 已完工程及设备保护费费率（\%）$$

上述（2）～（5）项措施项目的计费基数应为定额人工费或（定额人工费＋定额机械费），其费率由工程造价管理机构根据各专业工程特点和调查资料综合分析后确定。

（三）其他项目费

1. 暂列金额由建设单位根据工程特点，按有关计价规定估算，施工过程中由建设单位掌握使用、扣除合同价款调整后如有余额，归建设单位。

2. 计日工由建设单位和施工企业按施工过程中的签证计价。

3. 总承包服务费由建设单位在招标控制价中根据总包服务范围和有关计价规定编制，施工企业投标时自主报价，施工过程中按签约合同价执行。

（四）规费和税金

建设单位和施工企业均应按照省、自治区、直辖市或行业建设主管部门发布标准计算规费和税金，不得作为竞争性费用。

4.2 施工项目成本管理的内容

施工成本是指在建设工程项目的施工过程中所发生的全部生产费用的总和，包括所消耗的原材料、辅助材料、构配件等的费用，周转材料的摊销费或租赁费等，施工机械的使用费或租赁费等，支付给生产工人的工资、奖金、工资性质的津贴等，以及进行施工组织与管理所发生的全部费用支出。建设工程项目施工成本由直接成本和间接成本所组成。

直接成本是指施工过程中耗费的构成工程实体或有助于工程实体形成的各项费用支出，其是可以直接计入工程对象的费用，包括人工费、材料费、施工机械使用费和施工措施费等。

间接成本是指为施工准备、组织和管理施工生产的全部费用的支出，是非直接用于也无法直接计入工程对象，但为进行工程施工所必须发生的费用，包括管理人员工资、办公费、差旅交通费等。

根据建筑产品成本运行规律，成本管理责任体系应包括组织管理层和项目经理部。组织管理层的成本管理除生产成本以外，还包括经营管理费用；项目管理层应对生产成本进行管理。组织管理层贯穿于项目投标、实施和结算过程，体现效益中心的管理职能；项目管理层则着眼于执行组织确定的施工成本管理目标，发挥现场生产成本控制中心的管理职能。

4.2.1 施工项目成本管理的任务

施工项目成本管理就是要在保证工期和质量满足要求的情况下，利用组织措施、经济措施、技术措施、合同措施把成本控制在计划范围内，并进一步寻求最大程度的成本节约。施工成本管理的任务主要包括：成本预测、成本计划、成本控制、成本核算、成本分析和成本考核。

1. 施工项目成本预测

施工项目成本预测就是根据成本信息和施工项目的具体情况，运用一定的专门方法，对未来的成本水平及其可能发展趋势做出科学的估计，其实质就是在施工以前对成本进行估算。通过成本预测，可以使项目经理部在满足业主和施工企业要求的前提下，选择成本低、效益好的最佳成本方案，并能够在施工项目成本形成过程中，针对薄弱环节，加强成本控制，克服盲目性，提高预见性。因此，施工项目成本预测是施工项目成本决策与计划的依据。

2. 施工项目成本计划

施工项目成本计划是以货币形式编制施工项目在计划期内的生产费用、成本水平、成本降低率以及为降低成本所采取的主要措施和规划的书面方案，它是建立施工项目成本管理责任制、开展成本控制和核算的基础。一般来说，一个施工项目成本计划应包括从开工到竣工所必需的施工成本，它是该施工项目降低成本的指导文件，是设立目标成本的依据，可以说，成本计划是目标成本的一种形式。施工成本计划应满足以下要求：

（1）合同规定的项目质量和工期要求；

（2）组织对施工成本管理目标的要求；

（3）以经济合理的项目实施方案为基础的要求；

（4）有关定额及市场价格的要求。

3. 施工项目成本控制

施工项目成本控制是指在施工过程中，对影响施工项目成本的各种因素加强管理，并采用各种有效措施，将施工中实际发生的各种消耗和支出严格控制在成本计划范围内，随时揭示并及时反馈，严格审查各项费用是否符合标准，计算实际成本和计划成本（目标成本）之间的差异并进行分析，消除施工中的损失浪费现象，发现和总结先进经验。

施工项目成本控制应贯穿于施工项目从投标阶段开始直到项目竣工验收的全过程，它是企业全面成本管理的重要环节。因此，必须明确各级管理组织和各级人员的责任和权限，这是成本控制的基础之一，必须给以足够的重视。

施工成本控制可分为事先控制、事中控制（过程控制）和事后控制。

成本控制应满足下列要求：

（1）要按照计划成本目标值来控制生产要素的采购价格，并认真做好材料、设备进场数量和质量的检查、验收与保管。

（2）要控制生产要素的利用效率和消耗定额，如任务单管理、限额领料、验工报告审核等。同时要做好不可预见成本风险的分析和预控，包括编制相应的应急措施等。

（3）控制影响效率和消耗量的其他因素（如工程变更等）所引起的成本增加。

（4）把施工成本管理责任制度与对项目管理者的激励机制结合起来，以增强管理人员的成本意识和控制能力。

（5）承包人必须有一套健全的项目财务管理制度，按规定的权限和程序对项目资金的使用和费用的结算支付进行审核、审批，使其成为施工成本控制的一个重要手段。

4. 施工项目成本核算

施工项目成本核算是指按照规定开支范围对施工费用进行归集，计算出施工费用的实际发生额，并根据成本核算对象，采用适当的方法，计算出该施工项目的总成本和单位成本。施工项目成本核算所提供的各种成本信息是成本预测、成本计划、成本控制、成本分析和成本考核等各个环节的依据。

施工成本一般以单位工程为成本核算对象，但也可以按照承包工程项目的规模、工期、结构类型、施工组织和施工现场等情况，结合成本管理要求，灵活划分成本核算对象。施工成本核算的基本内容包括：

（1）人工费核算；

（2）材料费核算；

（3）周转材料费核算；

（4）结构件费核算；

（5）机械使用费核算；

（6）其他措施费核算；

（7）分包工程成本核算；

（8）间接费核算；

（9）项目月度施工成本报告编制。

施工成本核算制是明确施工成本核算的原则、范围、程序、方法、内容、责任及要求的制度。项目管理必须实行施工成本核算制，它和项目经理责任制等共同构成了项目管理的运行机制。组织管理层与项目管理层的经济关系、管理责任关系、管理权限关系，以及项目管理组织所承担的责任成本核算的范围、核算业务流程和要求等，都应以制度的形式作出明确的规定。

项目经理部要建立一系列项目业务核算台账和施工成本会计账户，实施全过程的成本核算，具体可分为定期的成本核算和竣工工程成本核算，如：每天、每周、每月的成本核算。定期的成本核算是竣工工程全面成本核算的基础。

形象进度、产值统计、实际成本归集三同步，即三者的取值范围应是一致的。形象进度表达的工程量、统计施工产值的工程量和实际成本归集所依据的工程量均应是相同的数值。

对竣工工程的成本核算，应区分为竣工工程现场成本和竣工工程完全成本，分别由项目经理部和企业财务部门进行核算分析，其目的在于分别考核项目管理绩效和企业经营效益。

5. 施工项目成本分析

施工项目成本分析是在成本形成过程中，对施工项目成本进行的对比评价和总结工作。它贯穿于施工成本管理的全过程，主要利用施工项目的成本核算资料，与目标成本、预算成本以及类似施工项目的实际成本等进行比较，了解成本的变动情况，同时也要分析主要技术经济指标对成本的影响，系统地研究成本变动原因，检查成本计划的合理性，深入揭示成本变动的规律，以便有效地进行成本管理。成本偏差的控制，分析是关键，纠偏是核心，要针对分析得出的偏差发生原因，采取切实措施，加以纠正。

成本分析的基本方法包括：比较法、因素分析法、差额计算法和比率法。成本分析的方法可以单独使用，也可结合使用。尤其是在进行成本综合分析时，必须使用基本方法。为了更好地说明成本升降的具体原因，必须依据定量分析的结果进行定性分析。

成本偏差分为局部成本偏差和累计成本偏差。局部成本偏差包括项目的月度（或周、天等）核算成本偏差、专业核算成本偏差以及分部分项作业成本偏差等；累计成本偏差是指已完工程在某一时间点上实际总成本与相应的计划总成本的差异。对成本偏差的原因分析，应采取定量和定性相结合的方法。

6. 施工项目成本考核

施工项目成本考核是指施工项目完成后，对施工项目成本形成中的各责任者，按施工项目成本目标责任制的有关规定，将成本的实际指标与计划、定额、预算进行对比和考核，评定施工项目成本计划的完成情况和各责任者的业绩，并以此给予相应的奖励和处罚。通过成本考核，做到有奖有惩，赏罚分明，才能有效地调动企业的每一个职工在各自的施工岗位上努力完成目标成本的积极性，为降低施工项目成本和增加企业的积累，做出自己的贡献。施工成本考核是衡量成本降低的实际成果，也是对成本指标完成情况的总结和评价。

成本考核制度包括考核的目的、时间、范围、对象、方式、依据、指标、组织领导、评价与奖惩原则等内容。

以施工成本降低额和施工成本降低率作为成本考核的主要指标，要加强组织管理层对项目管理部的指导，并充分依靠技术人员、管理人员和作业人员的经验和智慧，防止项目管理在企业内部异化为靠少数人承担风险的以包代管模式。成本考核也可分别考核组织管理层和项目经理部。

项目管理组织对项目经理部进行考核与奖惩时，既要防止虚盈实亏，也要避免实际成本归集差错等的影响，使施工成本考核真正做到公平、公正、公开，在此基础上兑现施工成本管理责任制的奖惩或激励措施。

施工成本管理的每一个环节都是相互联系和相互作用的。成本预测是成本决策的前提，成本计划是成本决策所确定目标的具体化。成本计划控制则是对成本计划的实施进行控制和监督，保证决策的成本目标的实现，而成本核算又是对成本计划是否实现的最后检验，它所提供的成本信息又对下一个施工项目成本预测和决策提供基础资料。成本考核是实现成本目标责任制的保证和实现决策目标的重要手段。

4.2.2 施工项目成本管理的措施

1. 组织措施

组织措施是其他各类措施的前提和保障，而且一般不需要增加什么费用，运用得当可以收到良好的效果。组织措施是从施工成本管理的组织方面采取的措施，如实行项目经理责任制，落实施工成本管理的组织机构和人员，明确各级施工成本管理人员的任务和职能分工、权利和责任，编制本阶段施工成本控制工作计划和详细的工作流程图；要做好施工采购规划，通过生产要素的优化配置、合理使用、动态管理，有效控制实际成本；加强施工定额管理和施工任务单管理，控制活劳动和物化劳动的消耗；加强施工调度，避免因施工计划不周和盲目调度造成窝工损失、机械利用率降低、物料积压等而使施工成本增加。

施工成本管理不仅是专业成本管理人员的工作，各级项目管理人员都负有成本控制责任。

2. 技术措施

技术措施不仅对解决施工成本管理过程中的技术问题是不可缺少的，而且对纠正施工成本管理目标偏差也有相当重要的作用。因此，运用技术纠偏措施的关键，一是要能提出多个不同的技术方案，二是要对不同的技术方案进行技术经济分析。在实践中，要避免仅从技术角度选定方案而忽视对其经济效果的分析论证。主要的技术措施有：

（1）进行技术经济分析，确定最佳的施工方案。

（2）结合施工方法，进行材料使用的比选，在满足功能要求的前提下，通过代用、改变配合比、使用添加剂等方法降低材料消耗的费用。

（3）确定最合适的施工机械、设备使用方案。

（4）结合项目的施工组织设计及自然地理条件，降低材料的库存成本和运输成本。

（5）先进的施工技术的应用，新材料的运用，新开发机械设备的使用。

3. 经济措施

经济措施是最易为人接受和采用的措施。如管理人员应编制资金使用计划，确定、分解施工成本管理目标。对施工成本管理目标进行风险分析，并制定防范性对策。通过偏差原因分析和未完工程施工成本预测，可发现一些潜在的问题将引起未完工程施工成本的增加，对这些问题应以主动控制为出发点，及时采取预防措施。

4. 合同措施

成本管理要以合同为依据，因此合同措施就显得尤为重要。采用合同措施控制施工成本，应贯穿整个合同周期，包括从合同谈判开始到合同终结的全过程。首先是选用合适的合同结构，对各种合同结构模式进行分析、比较，在合同谈判时，要争取选用适合于工程规模、性质和特点的合同结构模式。其次，在合同的条款中应仔细考虑一切影响成本和效益的因素，特别是潜在的风险因素。通过对引起成本变动的风险因素的识别和分析，采取必要的风险对策，如通过合理的方式，增加承担风险的个体数量，降低损失发生的比例，并最终使这些策略反映在合同的具体条款中。在合同执行期间，合同管理的措施既要密切注视对方合同执行的情况，以寻求合同索赔的机会；同时也要密切关注自己履行合同的情况，以防止被对方索赔。

4.3　施工项目成本计划的编制

4.3.1　施工项目成本计划的类型

对于一个施工项目而言，其成本计划的编制是一个不断深化的过程。在这一过程的不同阶段形成深度和作用不同的成本计划，按其作用可分为三类。

1. 竞争性成本计划

即工程项目投标及签订合同阶段的估算成本计划。这类成本计划是以招标文件中的合同条件、投标者须知、技术规程、设计图纸或工程量清单等为依据，以有关价格条件说明为基础，结合调研和现场考察获得的情况，根据本企业的工料消耗标准、水平、价格资料和费用指标，对本企业完成招标工程所需要支出的全部费用的估算。在投标报价过程中，虽也着力考虑降低成本的途径和措施，但总体上较为粗略。

2. 指导性成本计划

即选派项目经理阶段的预算成本计划，是项目经理的责任成本目标。它是以合同标书为依据，按照企业的预算定额标准制定的设计预算成本计划，且一般情况下只是确定责任总成本指标。

3. 实施性计划成本

即项目施工准备阶段的施工预算成本计划，它以项目实施方案为依据，落实项目经理责任目标为出发点，采用企业的施工定额通过施工预算的编制而形成的实施性施工成本计划。

施工预算和施工图预算虽仅一字之差，但区别较大。

（1）编制的依据不同

施工预算的编制以施工定额为主要依据，施工图预算的编制以预算定额为主要依据，而施工定额比预算定额划分得更详细、更具体，并对其中所包括的内容，如质量要求、施工方法以及所需劳动工日、材料品种、规格型号等均有较详细的规定或要求。

（2）适用的范围不同

施工预算是施工企业内部管理用的一种文件，与建设单位无直接关系；而施工图预算既适用于建设单位，又适用于施工单位。

（3）发挥的作用不同

施工预算是施工企业组织生产、编制施工计划、准备现场材料、签发任务书、考核功效、进行经济核算的依据，它也是施工企业改善经营管理、降低生产成本和推行内部经营承包责任制的重要手段；而施工图预算则是投标报价的主要依据。

以上三类成本计划互相衔接和不断深化，构成了整个工程施工成本的计划过程。其中，竞争性计划成本带有成本战略的性质，是项目投标阶段商务标书的基础，而有竞争力的商务标书又是以其先进合理的技术标书为支撑的。因此，它奠定了施工成本的基本框架和水平。指导性计划成本和实施性计划成本，都是战略性成本计划的进一步展开和深化，是对战略性成本计划的战术安排。此外，根据项目管理的需要，实施性成本计划又可按施工成本组成、按子项目组成、按工程进度分别编制施工成本计划。

4.3.2 施工成本计划的内容

施工成本计划的具体内容如下：

1. 编制说明

指对工程的范围、投标竞争过程及合同条件、承包人对项目经理提出的责任成本目标、施工成本计划编制的指导思想和依据等的具体说明。

2. 施工成本计划的指标

施工成本计划的指标应经过科学的分析预测确定，可以采用对比法、因素分析法等进行测定。

施工成本计划一般情况下有以下三类指标：

（1）成本计划的数量指标，如：

按子项汇总的工程项目计划总成本指标；

按分部汇总的各单位工程（或子项目）计划成本指标；

按人工、材料、机械等各主要生产要素计划成本指标。

（2）成本计划的质量指标，如施工项目总成本降低率，可采用：

设计预算成本计划降低率＝设计预算总成本计划降低额/设计预算总成本

责任目标成本计划降低率＝责任目标总成本计划降低额/责任目标总成本

（3）成本计划的效益指标，如工程项目成本降低额：

设计预算成本计划降低额＝设计预算总成本－计划总成本

责任目标成本计划降低额＝责任目标总成本－计划总成本

3. 按工程量清单列出的单位工程计划成本汇总表（表 4-1）

单位工程计划成本汇总表

表 4-1

	清单项目编码	清单项目名称	合同价格	计划成本
1				
2				
……				

4. 按成本性质划分的单位工程成本汇总表

根据清单项目的造价分析，分别对人工费、材料费、机械费、措施费、企业管理费和税费进行汇总，形成单位工程成本计划表。

施工项目计划成本应在项目实施方案确定和不断优化的前提下进行编制，因为不同的实施方案将导致直接工程费、措施费和企业管理费的差异。成本计划的编制是施工成本预控的重要手段。因此，应在工程开工前编制完成，以便将计划成本目标分解落实，为各项成本的执行提供明确的目标、控制手段和管理措施。

4.3.3 施工项目成本计划的编制依据

编制施工成本计划，需要广泛收集相关资料并进行整理，以作为施工成本计划编制的依据。

施工成本计划的编制依据包括：

（1）投标报价文件；

（2）企业定额、施工预算；

（3）施工组织设计或施工方案；

（4）人工、材料、机械台班的市场价；

（5）企业颁布的材料指导价、企业内部机械台班价格、劳动力内部挂牌价格；

（6）周转设备内部租赁价格、摊销损耗标准；

（7）已签订的工程合同、分包合同（或估价书）；

（8）结构件外加工计划和合同；

（9）有关财务成本核算制度和财务历史资料；

（10）施工成本预测资料；

（11）拟采取的降低施工成本的措施；

（12）其他相关资料。

4.3.4 施工项目成本计划的编制方法

1. 按施工项目成本组成编制施工项目成本计划

施工项目成本可以按成本构成分解为人工费、材料费、施工机械使用费、措施费和间接费（图 4-2）。

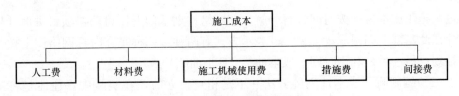

图 4-2　按施工成本组成分解

2. 按子项目组成编制施工项目成本计划

大中型的工程项目通常是由若干单项工程构成的，而每个单项工程包括了多个单位工程，每个单位工程又是由若干个分部分项工程构成。因此，首先要把项目总施工成本分解到单项工程和单位工程中，再进一步分解为分部工程和分项工程（图 4-3）。

在完成施工项目成本目标分解之后，接下来就要具体地分配成本，编制分项工程的成本支出计划。从而得到详细的成本计划表，如表 4-2。

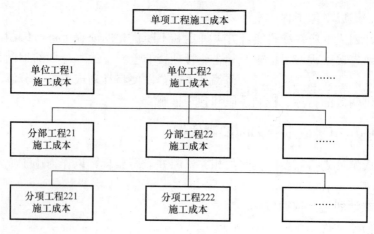

图 4-3　按项目组成分解

成本计划表　　　　　　　　　　　　　　　　　　　　表 4-2

分项工程编码	工程内容	计量单位	工程数量	计划综合单价	本分项总计
(1)	(2)	(3)	(4)	(5)	(6)

在编制成本支出计划时，要在项目的方面考虑总的预备费，也要在主要的分项工程中安排适当的不可预见费，避免在具体编制成本计划时，可能发现个别单位工程或工程量表中某项内容的工程量计算有较大出入，使原来的成本预算失实，并在项目实施过程中对其尽可能地采取一些措施。

3. 按工程进度编制施工项目成本计划

编制按时间进度的施工成本计划，通常可利用控制项目进度的网络图进一步扩充而得。即在建立网络图时，一方面确定完成各项工作所需花费的时间，另一方面同时确定完成这一工作的合适的施工成本支出计划。在编制网络计划时，应在充分考虑进度控制对项目划分要求的同时，还要考虑确定施工成本支出计划对项目划分的要求，做到二者兼顾。

通过对施工成本目标按时间进行分解，在网络计划基础上，可获得项目进度计划的横道图。并在此基础上编制成本计划。其表示方式有两种：一种是在时标网络图上按月编制的成本计划；另一种是利用时间—成本曲线（S形曲线）表示。

以上三种编制施工成本计划的方法并不是相互独立的，在实践中，往往是将这几种方法结合起来使用，从而达到扬长避短的效果。例如：将按子项目分解项目总施工成本与按施工成本构成分解项目总施工成本两种方法相结合，横向按施工成本构成分解，纵向按子项目分解，或相反。这种分解方法有助于检查各分部分项工程施工成本构成是否完整，有无重复计算或漏算；同时还有助于检查各项具体的施工成本支出的对象是否明确或落实，并且可以从数字上校核分解的结果有无错误。或者还可将按子项目分解项目总施工成本计划与按时间分解项目总施工成本计划结合起来，一般纵向按子项目分解，横向按时间分解。

4.4　施工项目成本控制和分析

4.4.1　施工项目成本控制的依据

施工成本控制的依据包括以下内容。

1. 工程承包合同

施工成本控制要以工程承包合同为依据，围绕降低工程成本这个目标，从预算收入和实际成本两方面，努力挖掘增收节支潜力，以求获得最大的经济效益。

2. 施工成本计划

施工成本计划是根据施工项目的具体情况制定的施工成本控制方案，既包括预定的具体成本控制目标，又包括实现控制目标的措施和规划，是施工成本控制的指导文件。

3. 进度报告

进度报告提供了每一时刻工程实际完成量、工程施工成本实际收到工程款情况等重要信息。施工成本控制工作正是通过实际情况与施工成本计划相比较，找出二者之间的差别，分析偏差产生的原因，从而采取措施改进以后的工作。此外，进度报告还有助于管理者及时发现工程实施中存在的隐患，并在事态还未造成重大损失之前采取有效措施，尽量避免损失。

4. 工程变更

在项目的实施过程中，由于各方面的原因，工程变更是很难避免的。工程变更一般包括设计变更、进度计划变更、施工条件变更、技术规范与标准变更、施工次序变更、工程数量变更等。一旦出现变更，工程量、工期、成本都必将发生变化，从而使得施工成本控制工作变得更为复杂和困难。因此，施工成本管理人员就应当通过对变更要求当中各类数据的计算、分析，随时掌握变更情况，包括已发生工程量、将要发生工程量、工期是否拖延、支付情况等重要信息，判断变更以及变更可能带来的索赔额度等。

除了上述几种施工成本控制工作的主要依据以外，有关施工组织设计、分包合同文本等也都是施工成本控制的依据。

4.4.2　施工项目成本控制的步骤

在确定了项目施工成本计划之后，必须定期地进行施工成本计划值与实际值的比较，当实际值偏离计划值时，分析产生偏差的原因，采取适当的纠偏措施，以确保施工成本控制目标的实现。其步骤如下：

1. 比较

按照某种确定的方式将施工成本计划值与实际值逐项进行比较，以发现施工成本是否已超支。

2. 分析

在比较的基础上，对比较的结果进行分析，以确定偏差的严重性及偏差产生的原因。这一步是施工成本控制工作的核心，其主要目的在于找出产生偏差的原因，从而采取有针对性的措施，减少或避免相同原因的再次发生或减少由此造成的损失。

3. 预测

根据项目实施情况估算整个项目完成时的施工成本。预测的目的在于为决策提供支持。

4. 纠偏

当工程项目的实际施工成本出现了偏差，应当根据工程的具体情况、偏差分析和预测的结果，采取适当的措施，以期达到使施工成本偏差尽可能小的目的。纠偏是施工成本控制中最具实质性的一步。只有通过纠偏，才能最终达到有效控制施工成本的目的。

5. 检查

指对工程的进展进行跟踪和检查，及时了解工程进展状况以及纠偏措施的执行情况和效果，为今后的工作积累经验。

4.4.3　施工项目成本控制的方法

1. 施工成本的过程控制方法

施工阶段是控制建设工程项目成本发生的主要阶段，它通过确定成本目标并按计划成本进行施工资源配置，对施工现场发生的各种成本费用进行有效控制，其具体的控制方法如下。

（1）人工费的控制

人工费的控制实行"量价分离"的方法，将作业用工及零星用工按定额工日的一定比例综合确定用工数量与单价，通过劳务合同进行控制。

（2）材料费的控制

材料费控制同样按照"量价分离"原则，控制材料用量和材料价格。

① 材料用量的控制

在保证符合设计要求和质量标准的前提下，合理使用材料，通过定额管理、计量管理等手段有效控制材料物资的消耗，具体方法如下。

定额控制。对于有消耗定额的材料，以消耗定额为依据，实行限额发料制度。在规定限额内分期分批领用，超过限额领用的材料，必须先查明原因，经过一定审批手续方可领料。

指标控制。对于没有消耗定额的材料，则实行计划管理和按指标控制的办法。根据以往项目的实际耗用情况，结合具体施工项目的内容和要求，制定领用材料指标，据以控制发料。超过指标的材料，必须经过一定的审批手续方可领用。

计量控制。准确做好材料物资的收发计量检查和投料计量检查。

包干控制。在材料使用过程中，对部分小型及零星材料（如钢钉、钢丝等）根据工程量计算出所需材料量，将其折算成费用，由作业者包干控制。

② 材料价格的控制

材料价格主要由材料采购部门控制。由于材料价格是由买价、运杂费、运输中的合理损耗等所组成，因此控制材料价格，主要是通过掌握市场信息，应用招标和询价等方式控制材料、设备的采购价格。

施工项目的材料物资，包括构成工程实体的主要材料和结构件，以及有助于工程实体形成的周转使用材料和低值易耗品。从价值角度看，材料物资的价值，约占建筑安装工程

造价的 $60\%\sim70\%$ 以上，其重要程度自然是不言而喻。由于材料物资的供应渠道和管理方式各不相同，所以控制的内容和所采取的控制方法也将有所不同。

（3）施工机械使用费的控制

合理选择施工机械设备，合理使用施工机械设备对成本控制具有十分重要的意义，尤其是高层建筑施工。据某些工程实例统计，高层建筑地面以上部分的总费用中，垂直运输机械费用约占 $6\%\sim10\%$。由于不同的起重运输机械各有不同的用途和特点，因此在选择起重运输机械时，首先应根据工程特点和施工条件确定采取何种不同起重运输机械的组合方式。在确定采用何种组合方式时，首先应满足施工需要，同时还要考虑到费用的高低和综合经济效益。

施工机械使用费主要由台班数量和台班单价两方面决定

（4）施工分包费用的控制

分包工程价格的高低，必然对项目经理部的施工项目成本产生一定的影响。因此，施工项目成本控制的重要工作之一是对分包价格的控制。项目经理部应在确定施工方案的初期就要确定需要分包的工程范围。决定分包范围的因素主要是施工项目的专业性和项目规模。对分包费用的控制，主要是要做好分包工程的询价、订立平等互利的分包合同、建立稳定的分包关系网络、加强施工验收和分包结算等工作。

2. 赢得值（挣值）法

赢得值法（Earned Value Management，EVM）作为一项先进的项目管理技术，最初是美国国防部于 1967 年首次确立的。到目前为止国际上先进的工程公司已普遍采用赢得值法进行工程项目的费用、进度综合分析控制。用赢得值法进行费用、进度综合分析控制，基本参数有三项，即已完工作预算费用、计划工作预算费用和已完工作实际费用。

（1）赢得值法的三个基本参数

① 已完工作预算费用

已完工作预算费用为 BCWP（Budgeted Cost for Work Performed），是指在某一时间已经完成的工作（或部分工作），以批准认可的预算为标准所需要的资金总额，由于业主正是根据这个值为承包人完成的工作量支付相应的费用，也就是承包人获得（挣得）的金额，故称赢得值或挣值。

已完工作预算费用（BCWP）＝已完成工作量×预算单价

② 计划工作预算费用

计划工作预算费用，简称 BCWS（Budgeted Cost for Work Scheduled），即根据进度计划，在某一时刻应当完成的工作（或部分工作），以预算为标准所需要的资金总额，一般来说，除非合同有变更，BCWS 在工程实施过程中应保持不变。

计划工作预算费用（BCWS）＝计划工作量×预算单价

③ 已完工作实际费用

已完工作实际费用，简称 ACWP（Actual Cost for work Performed），即到某一时刻为止，已完成的工作（或部分工作）所实际花费的总金额。

已完工作实际费用（ACWP）＝已完成工作量×实际单价

（2）赢得值法的四个评价指标

在这三个基本参数的基础上，可以确定赢得值法的四个评价指标，它们也都是时间的函数。

① 费用偏差 Cv（CostVariance）

费用偏差（CV）=已完工作预算费用（BCWP）一已完工作实际费用（ACWP）

当费用偏差（CV）为负值时，即表示项目运行超出预算费用；

当费用偏差（CV）为正值时，表示项目运行节支，实际费用没有超出预算费用。

② 进度偏差 Sv（ScheduleVariance）

进度偏差（SV）=已完工作预算费用（BCWP）一计划工作预算费用（BCWS）

当进度偏差（SV）为负值时，表示进度延误，即实际进度落后于计划进度；

当进度偏差（SV）为正值时，表示进度提前，即实际进度快于计划进度。

③ 费用绩效指数（CPI）

费用绩效指数（CPI）=已完工作预算费用（BCWP）/已完工作实际费用（ACWP）

当费用绩效指数 CPI<1 时，表示超支，即实际费用高于预算费用；

当费用绩效指数 CPI>1 时，表示节支，即实际费用低于预算费用。

④ 进度绩效指数（SPI）

进度绩效指数（SPI）=已完工作预算费用（BCWP）/计划工作预算费用（BCWS）

当进度绩效指数 SPI<1 时，表示进度延误，即实际进度比计划进度拖后；

当进度绩效指数 SPI>1 时，表示进度提前，即实际进度比计划进度快。

费用（进度）偏差反映的是绝对偏差，结果很直观，有助于费用管理人员了解项目费用出现偏差的绝对数额，并依此采取一定措施，制定或调整费用支出计划和资金筹措计划。但是绝对偏差有其不容忽视的局限性。

3. 偏差分析的方法

偏差分析可采用不同的方法，常用的有横道图法、表格法和曲线法。

（1）横道图法

用横道图法进行施工成本偏差分析，是用不同的横道标识已完工程计划施工成本、拟完工程计划施工成本和已完工程实际施工成本，横道的长度与其金额成正比例。

横道图法具有形象、直观、一目了然等优点，它能够准确表达出施工成本的绝对偏差，而且能一眼感受到偏差的严重性，但这种方法反映的信息量少，一般在项目的较高管理层应用。

（2）表格法

表格法是进行偏差分析最常用的一种方法，它将项目编号、名称、各施工成本参数以及施工成本偏差数综合归纳入一张表格中，并且直接在表格中进行比较。由于各偏差参数都在表中列出，使得施工成本管理者能够综合地了解并处理这些数据。用表格法进行偏差分析具有如下优点：

① 灵活、适用性强，可根据实际需要设计表格，进行增减项；

② 信息量大。可以反映偏差分析所需的资料，从而有利于施工成本控制人员及时采取针对性措施，加强控制；

③ 表格处理可借助于计算机，从而节约大量数据处理所需的人力，并大大提高速度。

（3）曲线法

曲线法是用施工成本累计曲线（S形曲线）来进行施工成本偏差分析的一种方法。

用曲线法进行偏差分析同样具有形象、直观的特点，但这种方法很难直接用于定量分析，只能对定量分析起一定的指导作用。

4.4.4 施工项目成本分析的依据

施工项目成本分析，就是根据会计核算、业务核算和统计核算提供的资料，对施工成本的形成过程和影响成本升降的因素进行分析，以寻求进一步降低成本的途径。

1. 会计核算

会计核算主要是价值核算。会计是对一定单位的经济业务进行计量、记录、分析和检查已做出预测，参与决策，实行监督，旨在实现最优经济效益的一种管理活动。资产、负债、所有者权益、营业收入、成本、利润等会计六要素指标，主要是通过会计来核算。至于其他指标，会计核算的记录中也可以有所反映，但在反映的广度和深度上有很大的局限性，一般不用会计核算来反映。由于会计记录具有连续性、系统性、综合性等特点，所以它是施工成本分析的重要依据。

2. 业务核算

业务核算是各业务部门根据业务工作的需要而建立的核算制度，它包括原始记录和计算登记表，如单位工程及分部分项工程进度登记，质量登记，工效、定额计算登记，物资消耗定额记录，测试记录等等。业务核算的范围比会计、统计核算要广，会计和统计核算一般是对已经发生的经济活动进行核算，而业务核算不但可以对已经发生的，而且还可以对尚未发生或正在发生的或尚在构思中的经济活动进行核算，看是否可以做，是否有经济效果。业务核算的目的，在于迅速取得资料，在经济活动中及时采取措施进行调整。

3. 统计核算

统计核算是利用会计核算资料和业务核算资料，把企业生产经营活动客观现状的大量数据，按统计方法加以系统整理，表明其规律性。它的计量尺度比会计宽，可以用货币计算，也可以用实物或劳动量计量。它通过全面调查和抽样调查等特有的方法，不仅能提供绝对数指标，还能提供相对数和平均数指标，可以计算当前的实际水平，确定变动速度，可以预测发展的趋势。统计除了主要研究大量的经济现象以外，也很重视个别先进事例与典型事例的研究。有时，为了使研究的对象更有典型性和代表性，还把一些偶然性的因素或次要的枝节问题予以剔除。为了对主要问题进行深入分析，不一定要求对企业的全部经济活动做出完整、全面的反映。

4.4.5 施工项目成本分析的方法

1. 成本分析的基本方法

施工成本分析的方法包括比较法、因素分析法、差额计算法、比率法等基本方法。

（1）比较法

比较法，又称"指标对比分析法"，就是通过技术经济指标的对比，检查目标的完成情况，分析产生差异的原因，进而挖掘内部潜力的方法。这种方法，具有通俗易懂、简单易行、便于掌握的特点，因而得到了广泛的应用，但在应用时必须注意各技术经济指标的可比性。比较法的应用，通常有下列形式。

① 将实际指标与目标指标对比。以此检查目标完成情况，分析影响目标完成的积极

因素和消极因素，以便及时采取措施，保证成本目标的实现。在进行实际指标与目标指标对比时，还应注意目标本身有无问题。如果目标本身出现问题，则应调整目标，重新正确评价实际工作的成绩。

② 本期实际指标与上期实际指标对比。通过这种对比，可以看出各项技术经济指标的变动情况，反映施工管理水平的提高程度。

③ 与本行业平均水平、先进水平对比。通过这种对比，可以反映本项目的技术管理和经济管理与行业的平均水平和先进水平的差距，进而采取措施赶超先进水平。

（2）因素分析法

因素分析法又称连环置换法。这种方法可用来分析各种因素对成本的影响程度。在进行分析时，首先要假定众多因素中的一个因素发生了变化，而其他因素不变，然后逐个替换，分别比较其计算结果，以确定各个因素的变化对成本的影响程度。因素分析法的计算步骤如下：

① 确定分析对象，并计算出实际数与目标数的差异；

② 确定该指标是由哪几个因素组成的，并按其相互关系进行排序；

③ 以目标数为基础，将各因素的目标数相乘，作为分析替代的基数；

④ 将各个因素的实际数按照上面的排列顺序进行替换计算，并将替换后的实际数保留下来；

⑤ 将每次替换计算所得的结果，与前一次的计算结果相比较，两者的差异即为该因素对成本的影响程度；

⑥ 各个因素的影响程度之和，应与分析对象的总差异相等。

（3）差额计算法

差额计算法是因素分析法的一种简化形式，它利用各个因素的目标值与实际值的差额来计算其对成本的影响程度。

（4）比率法

比率法是指用两个以上的指标的比例进行分析的方法。它的基本特点是：先把对比分析的数值变成相对数，再观察其相互之间的关系。常用的比率法有以下几种。

① 相关比率法。由于项目经济活动的各个方面是相互联系、相互依存又相互影响的，因而可以将两个性质不同而又相关的指标加以对比，求出比率，并以此来考察经营成果的好坏。例如：产值和工资是两个不同的概念，但它们的关系又是投入与产出的关系。在一般情况下，都希望以最少的工资支出完成最大的产值。因此，用产值工资率指标来考核人工费的支出水平，就很能说明问题。

② 构成比率法。又称比重分析法或结构对比分析法。通过构成比率，可以考察成本总量的构成情况及各成本项目占成本总量的比重，同时也可看出量、本、利的比例关系（即预算成本、实际成本和降低成本的比例关系），从而为寻求降低成本的途径指明方向。

③ 动态比率法。动态比率法，就是将同类指标不同时期的数值进行对比，求出比率，以分析该项指标的发展方向和发展速度。动态比率的计算，通常采用基期指数和环比指数两种方法。

2. 综合成本的分析方法

所谓综合成本，是指涉及多种生产要素，并受多种因素影响的成本费用，如分部分项工程成本、月（季）度成本、年度成本、竣工成本等。这些成本部是随着项目施工的进展而逐步形成的，与生产经营有着密切的关系。因此，做好上述成本的分析工作，无疑将促进项目的生产经营管理，提高项目的经济效益。

（1）分部分项工程成本分析

分部分项工程成本分析是施工项目成本分析的基础。分部分项工程成本分析的对象为已完成分部分项工程，分析的方法是：进行预算成本、目标成本和实际成本的"三算"对比，分别计算实际偏差和目标偏差，分析偏差产生的原因，为今后的分部分项工程成本寻求节约途径。

分部分项工程成本分析的资料来源（依据）是：预算成本来自投标报价成本，目标成本来自施工预算，实际成本来自施工任务单的实际工程量、实耗人工和限额领料单的实耗材料。

由于施工项目包括很多分部分项工程，不可能也没有必要对每一个分部分项工程都进行成本分析。特别是一些工程量小、成本费用微不足道的零星工程。但是，对于那些主要分部分项工程则必须进行成本分析，而且要做到从开工到竣工进行系统的成本分析。这是一项很有意义的工作，因为通过主要分部分项工程成本的系统分析，可以基本上了解项目成本形成的全过程，为竣工成本分析和今后的项目成本管理提供一份宝贵的参考资料。

（2）月（季）度成本分析

月（季）度成本分析，是施工项目定期的、经常性的中间成本分析。对于具有一次性特点的施工项目来说，有着特别重要的意义。因为通过月（季）度成本分析，可以及时发现问题，以便按照成本目标指定的方向进行监督和控制，保证项目成本目标的实现。

月（季）度成本分析的依据是当月（季）的成本报表。分析的方法，通常有以下几个方面。

① 通过实际成本与预算成本的对比，分析当月（季）的成本降低水平；通过累计实际成本与累计预算成本的对比，分析累计的成本降低水平，预测实现项目成本目标的前景。

② 通过实际成本与目标成本的对比，分析目标成本的落实情况，以及目标管理中的问题和不足，进而采取措施，加强成本管理，保证成本目标的落实。

③ 通过对各成本项目的成本分析，可以了解成本总量的构成比例和成本管理的薄弱环节。

④ 通过主要技术经济指标的实际与目标对比，分析产量、工期、质量、"二材"节约率、机械利用率等对成本的影响。

⑤ 通过对技术组织措施执行效果的分析，寻求更加有效的节约途径。

⑥ 分析其他有利条件和不利条件对成本的影响。

（3）年度成本分析

企业成本要求一年结算一次，不得将本年成本转入下一年度。而项目成本则以项目的寿命周期为结算期，要求从开工、竣工到保修期结束连续计算，最后结算出成本总量及其盈亏。

由于项目的施工周期一般较长，除进行月（季）度成本核算和分析外，还要进行年度成本的核算和分析。这不仅是为了满足企业汇编年度成本报表的需要，同时也是项目成本管理的需要。因为通过年度成本的综合分析，可以总结一年来成本管理的成绩和不足，为今后的成本管理提供经验和教训，从而可对项目成本进行更有效的管理。

年度成本分析的依据是年度成本报表。年度成本分析的内容，除了月（季）度成本分析的 6 个方面以外，重点是针对下一年度的施工进展情况规划提出切实可行的成本管理措施，以保证施工项目成本目标的实现。

（4）竣工成本的综合分析

凡是有几个单位工程而且是单独进行成本核算（即成本核算对象）的施工项目，其竣工成本分析应以各单位工程竣工成本分析资料为基础，再加上项目经理部的经营效益（如资金调度、对外分包等所产生的效益）进行综合分析。如果施工项目只有一个成本核算对象（单位工程），就以该成本核算对象的竣工成本资料作为成本分析的依据。

单位工程竣工成本分析，应包括以下 3 方面内容：

① 竣工成本分析；

② 主要资源节超对比分析；

③ 主要技术节约措施及经济效果分析。

通过以上分析，可以全面了解单位工程的成本构成和降低成本的来源，对今后同类工程的成本管理很有参考价值。

4.5 施工项目成本核算

4.5.1 工程变更价款的确定程序

合同中综合单价因工程量变更需调整时，除合同另有约定外，应按照下列办法确定：

（1）工程量清单漏项或设计变更引起的新的工程量清单项目，其相应综合单价由承包人提出，经发包人确认后作为结算的依据。

（2）由于工程量清单的工程数量有误或设计变更引起工程量增减，属合同约定幅度以内的，应执行原有的综合单价；属合同约定幅度以外的，其增加部分的工程量或减少后剩余部分的工程量的综合单价由承包人提出，经发包人确认后作为结算的依据。

4.5.2 工程变更价款的确定方法

1. 我国现行工程变更价款的确定方法

《建设工程施工合同（示范文本）》约定的工程变更价款的确定方法如下：

（1）合同中已有适用于变更工程的价格，按合同已有的价格变更合同价款；

（2）合同中只有类似于变更工程的价格，可以参照类似价格变更合同价款；

（3）合同中没有适用或类似于变更工程的价格，由承包人提出适当的变更价格，经工程师确认后执行。

采用合同中工程量清单的单价和价格：合同中工程量清单的单价和价格由承包商投标时提供，用于变更工程，容易被业主、承包商及监理工程师所接受，从合同意义上讲也是比较公平的。

采用合同中工程量清单的单价或价格有几种情况：一是直接套用，即从工程量清单上直接拿来使用；二是间接套用，即依据工程量清单，通过换算后采用；三是部分套用，即依据工程量清单，取其价格中的某一部分使用。

协商单价和价格：协商单价和价格是基于合同中没有（适用或类似）或者有但不合适的情况而采取的一种方法。

2. FIDIC 施工合同条件下工程变更的估价

工程师应通过 FIDIC（1999 年第一版）第 12.1 款和第 12.2 款商定或确定的测量方法和适宜的费率和价格，对各项工程的内容进行估价，再按照 FIDIC 第 3.5 款，商定或确定合同价格。

各项工作内容的适宜费率或价格，应为合同对此类工作内容规定的费率或价格，如合同中无某项内容，应取类似工作的费率或价格。但在以下情况下，宜对有关工作内容采用新的费率或价格。

第一种情况：

（1）如果此项工作实际测量的工程量比工程量表或其他报表中规定的工程量的变动大于 10%；

（2）工程量的变化与该项工作规定的费率的乘积超过了中标合同金额的 0.01%；

（3）工程量的变化直接造成该项工作单位成本的变动超过 1%；

（4）这项工作不是合同中规定的"固定费率项目"。

第二种情况：

（1）此工作是根据变更与调整的指示进行的；

（2）合同没有规定此项工作的费率或价格；

（3）由于该项工作与合同中的任何工作没有类似的性质或不在类似的条件下进行，故没有一个规定的费率或价格适用。

每种新的费率或价格应考虑以上描述的有关事项对合同中相关费率或价格加以合理调整后得出。如果没有相关的费率或价格可供推算新的费率或价格，应根据实施该工作的合理成本和合理利润，并考虑其他相关事项后得出。

工程师应在商定或确定适宜费率或价格前，确定用于期中付款证书的临时费率或价格。

4.5.3 索赔费用的组成

索赔费用的主要组成部分，同工程款的计价内容相似。按我国现行规定（参见建标［2013］44 号《建筑安装工程费用项目组成》），建安工程合同价包括直接费、间接费、利润及税金，我国的这种规定，同国际上通行的做法还不完全一致。按国际惯例，建安工程直接费包括人工费、材料费和机械使用费；间接费包括现场管理费、保险费、利息等。

从原则上说，承包商有索赔权利的工程成本增加，都是可以索赔的费用。但是，对于不同原因引起的索赔，承包商可索赔的具体费用内容是不完全一样的。哪些内容可索赔，要按照各项费用的特点、条件进行分析论证，现概述如下。

1. 人工费

人工费包括施工人员的基本工资、工资性质的津贴、加班费、奖金以及法定的安全福利的费用。对于索赔费用中的人工费部分而言，人工费是指完成合同之外的额外工作所花费的人工费用；由于非承包商责任的工效降低所增加的人工费用；超过法定工作时间加班劳动；法定人工费增长以及非承包商责任工程延期导致的人员窝工费和工资上涨费等。

2. 材料费

材料费的索赔包括：由于索赔事项材料实际用量超过计划用量而增加的材料费；由于客观原因材料价格大幅度上涨；由于非承包商责任工程延期导致的材料价格上涨和超期储存费用。材料费中应包括运输费、仓储费以及合理的损耗费用。如果由于承包商管理不善，造成材料损坏失效，则不能列入索赔计价。承包商应该建立健全的物资管理制度，记录建筑材料的进货日期和价格，建立领料耗用制度，以便索赔时能准确地分离出索赔事项所引起的材料额外耗用量。为了证明材料单价的上涨，承包商应提供可靠的订货单、采购单，或官方公布的材料价格调整指数。

3. 施工机械使用费

施工机械使用费的索赔包括：由于完成额外工作增加的机械使用费；非承包商责任工效降低增加的机械使用费；由于业主或监理工程师原因导致机械停工的窝工费。窝工费的计算，如系租赁设备，一般按实际租金和调进调出费的分摊计算；如系承包商自有设备，一般按台班折旧费计算，而不能按台班费计算，因台班费中包括了设备使用费。

4. 分包费用

分包费用索赔指的是分包商的索赔费，一般也包括人工、材料、机械使用费的索赔。分包商的索赔应如数列入总承包商的索赔款总额以内。

5. 现场管理费

索赔款中的现场管理费是指承包商完成额外工程、索赔事项工作以及工期延长期间的现场管理费，包括管理人员工资、办公费、通讯费、交通费等。

6. 利息

在索赔款额的计算中，经常包括利息。利息的索赔通常发生于下列情况：拖期付款的利息；由于工程变更和工程延期增加投资的利息；索赔款的利息；错误扣款的利息。至于具体利率应是多少，在实践中可采用不同的标准，主要有这样几种规定：

（1）按当时的银行贷款利率；

（2）按当时的银行透支利率；

（3）按合同双方协议的利率；

（4）按中央银行贴现率加 2 个百分点。

7. 总部（企业）管理费

索赔款中的总部管理费主要指的是工程延期期间所增加的管理费。包括总部职工工资、办公大楼、办公用品、财务管理、通讯设施以及总部领导人员赴工地检查指导工作等开支。这项索赔款的计算，目前没有统一的方法。在国际工程施工索赔中总部管理费的计算有以下几种：

（1）按照投标书中总部管理费的比例（3%～8%）计算：

总部管理费＝合同中总部管理费比率（%）×（直接费索赔款额＋现场管理费索赔款额等）

（2）按照公司总部统一规定的管理费比率计算：

总部管理费＝公司管理费比率（%）×（直接费索赔款额＋现场管理费索赔款额等）

（3）以工程延期的总天数为基础，计算总部管理费的索赔额：

$$索赔的总部管理费＝该工程的每日管理费×工程延期的天数$$

8. 利润

一般来说，由于工程范围的变更、文件有缺陷或技术性错误、业主未能提供现场等引起的索赔，承包商可以列入利润。但对于工程暂停的索赔，由于利润通常是包括在每项实施工程内容的价格之内的，而延长工期并未影响削减某些项目的实施，也未导致利润减少。所以，一般监理工程师很难同意在工程暂停的费用索赔中加进利润损失。

索赔利润的款额计算通常是与原报价单中的利润百分率保持一致。

4.5.4 索赔费用的计算方法

索赔费用的计算方法有实际费用法、总费用法和修正的总费用法。

1. 实际费用法

实际费用法是计算工程索赔时最常用的一种方法。这种方法的计算原则是以承包商为某项索赔工作所支付的实际开支为根据，向业主要求费用补偿。用实际费用法计算时，在直接费的额外费用部分的基础上，再加上应得的间接费和利润，即是承包商应得的索赔金额。由于实际费用法所依据的是实际发生的成本记录或单据，所以，在施工过程中，系统而准确地积累记录资料是非常重要的。

2. 总费用法

总费用法就是当发生多次索赔事件以后，重新计算该工程的实际总费用，实际总费用减去投标报价时的估算总费用，即为索赔金额，即：

$$索赔金额＝实际总费用－投标报价估算总费用$$

不少人对采用该方法计算索赔费用持批评态度，因为实际发生的总费用中可能包括了承包商的原因，如施工组织不善而增加的费用；同时投标报价估算的总费用也可能为了中标而过低。所以这种方法只有在难以采用实际费用法时才应用。

3. 修正的总费用法

修正的总费用法是对总费用法的改进，即在总费用计算的原则上，去掉一些不合理的因素，使其更合理。修正的内容如下：将计算索赔款的时段局限于受到外界影响的时间，而不是整个施工期；只计算受影响时段内的某项工作所受影响的损失，而不是计算该时段内所有施工工作所受的损失；与该项工作无关的费用不列入总费用中；对投标报价费用重新进行核算：按受影响时段内该项工作的实际单价进行核算，乘以实际完成的该项工作的工程量，得出调整后的报价费用。按修正后的总费用计算索赔金额的公式如下：

$$索赔金额＝某项工作调整后的实际总费用－该项工作的报价费用$$

修正的总费用法与总费用法相比，有了实质性的改进，它的准确程度已接近于实际费用法。

4.5.5 工程结算的方法

1. 承包工程价款的主要结算方式

承包工程价款结算可以根据不同情况采取多种方式。

（1）按月结算

即先预付部分工程款，在施工过程中按月结算工程进度款，竣工后进行竣工结算。

（2）竣工后一次结算

建设项目或单项工程全部建筑安装工程建设期在 12 个月以内，或者工程承包合同价值在 100 万元以下的，可以实行工程价款每月月中预支，竣工后一次结算。

（3）分段结算

即当年开工，当年不能竣工的单项工程或单位工程按照工程形象进度，划分不同阶段进行结算。分段结算可以按月预支工程款。

（4）结算双方约定的其他结算方式

实行竣工后一次结算和分段结算的工程，当年结算的工程款应与分年度的工作量一致，年终不另清算。

2. 工程预付款

工程预付款是建设工程施工合同订立后由发包人按照合同约定，在正式开工前预先支付给承包人的工程款。它是施工准备和所需要材料、结构件等流动资金的主要来源，国内习惯上又称为预付备料款。工程预付款的具体事宜由承发包双方根据建设行政主管部门的规定，结合工程款、建设工期和包工包料情况在合同中约定。在《建设工程施工合同（示范文本）》中，对有关工程预付款作了如下约定："实行工程预付款的，双方应当在专用条款内约定发包人向承包人预付工程款的时间和数额，开工后按约定的时间和比例逐次扣回。预付时间应不迟于约定的开工日期前 7 天。发包人不按约定预付，承包人在约定预付时间 7 天后向发包人发出要求预付的通知，发包人收到通知后仍不能按要求预付，承包人可在发出通知后 7 天停止施工，发包人应从约定应付之日起向承包人支付应付款的贷款利息，并承担违约责任。"

工程预付款额度，各地区、各部门的规定不完全相同，主要是保证施工所需材料和构件的正常储备。一般是根据施工工期、建安工作量、主要材料和构件费用占建安工作量的比例以及材料储备周期等因素经测算来确定。发包人根据工程的特点、工期长短、市场行情、供求规律等因素，招标时在合同条件中约定工程预付款的百分比。

3. 工程预付款的扣回

发包人支付给承包人的工程预付款其性质是预支。随着工程进度的推进，拨付的工程进度款数额不断增加，工程所需主要材料、构件的用量逐渐减少，原已支付的预付款应以抵扣的方式予以陆续扣回。扣款的方法由发包人和承包人通过洽商用合同的形式予以确定，可采用等比率或等额扣款的方式，也可针对工程实际情况具体处理。如有些工程工期较短、造价较低，就无需分期扣还；有些工期较长，如跨年度工程，其备料款的占用时间很长，根据需要可以少扣或不扣。

4. 工程进度款

（1）工程进度款的计算

工程进度款的计算，主要涉及两个方面：一是工程量的计量［参见《房屋建筑与装饰工程工程量计量规范》（GB 50854—2013）］；二是单价的计算方法。

单价的计算方法，主要根据由发包人和承包人事先约定的工程价格的计价方法决定。目前我国一般来讲，工程价格的计价方法可以分为工料单价和综合单价两种方法。

（2）工程进度款的支付

工程进度款的支付，一般按当月实际完成工程量进行结算，工程竣工后办理竣工结算。

5. 竣工结算

工程竣工验收报告经发包人认可后 28 天内，承包人向发包人递交竣工结算报告及完整的结算资料，双方按照协议书约定的合同价款及专用条款约定的合同价款调整内容，进行工程竣工结算。专业监理工程师审核承包人报送的竣工结算报表并与发包人、承包人协商一致后，签发竣工结算文件和最终的工程款支付证书。

6. 建安工程价款的动态结算

建安工程价款的动态结算就是要把各种动态因素渗透到结算过程中，使结算大体能反映实际的消耗费用。常用的动态结算办法有以下几种。

（1）按实际价格结算法

（2）按主材计算价差

发包人在招标文件中列出需要调整价差的主要材料表及其基期价格（一般采用当时当地工程造价管理机构公布的信息价或结算价），工程竣工结算时按竣工当时当地工程造价管理机构公布的材料信息价或结算价，与招标文件中列出的基期价比较计算材料差价。

（3）竣工调价系数法

按工程价格管理机构公布的竣工调价系数及调价计算方法计算差价。

（4）调值公式法（又称动态结算公式法）

即在发包方和承包方签订的合同中明确规定了调值公式。

其程序是：

首先，确定计算物价指数的品种，一般地说，品种不宜太多，只确立那些对项目投资影响较大的因素，如设备、水泥、钢材、木材和工资等，这样便于计算。

其次，要明确以下两个问题：一是合同价格条款中，应写明经双方商定的调整因素，在签订合同时要写明考核几种物价波动到何种程度才进行调整，一般都在 ±10% 左右。二是考核的地点和时点：地点一般在工程所在地，或指定的某地市场价格；时点指的是某月某日的市场价格。这里要确定两个时点价格，即基准日期的市场价格（基础价格）和与特定付款证书有关的期间最后一天的 49 天前的时点价格。这两个时点就是计算调值的依据。

随后确定各成本要素的系数和固定系数，各成本要素的系数要根据各成本要素对总造价的影响程度而定。各成本要素系数之和加上固定系数应该等于 1。

建筑安装工程费用的价格调值公式：

建筑安装工程费用价格调值公式包括固定部分、材料部分和人工部分三项。但因建筑安装工程的规模和复杂性增大，公式也变得更长更复杂。典型的材料成本要素有钢筋、水泥、木材、钢构件、沥青制品等，同样，人工可包括普通工和技术工。调值公式一般为：

$$P = P_0(a_0 + a_1 A/A_0 + a_2 B/B_0 + a_3 C/C_0 + a_4 D/D_0)$$

式中　　　　　　P——调值后合同价款或工程实际结算款；

　　　　　　　　P_0——合同价款中工程预算进度款；

　　　　　　　　a_0——固定要素，代表合同支付中不能调整的部分；

a_1、a_2、a_3、a_4——代表有关成本要素（如人工费用、钢材费用、水泥费用、运输费用等）在合同总价中所占的比重，$a_0 + a_1 + a_2 + a_3 + a_4 = 1$；

A_0、B_0、C_0、D_0——基准日期与 a_1、a_2、a_3、a_4 对应的各项费用的基期价格指数或价格；

A、B、C、D——与特定付款证书有关的期间最后一天的 49 天前与 a_1、a_2、a_3、a_4 对应的各成本要素的现行价格指数或价格。

各部分成本的比重系数在许多标书中要求承包方在投标时即提出，并在价格分析中予以论证。但也有的是由发包方在标书中规定一个允许范围，由投标人在此范围内选定。

第5章 施工项目安全管理

安全生产是我国的一项基本国策，必须强制贯彻执行。同时，安全生产也是建筑企业的立身之本，关系到企业能否稳定、持续、健康地发展。总之，安全生产是建筑企业科学规范管理的重要标志。

施工项目安全管理，就是在施工过程中，项目部组织安全生产的全部管理活动。通过对生产要素的过程控制，使其不安全行为和状态减少或消除，达到减少一般事故，杜绝伤亡事故，从而保证安全管理目标的实现。

建筑企业的安全生产方针经历了从"安全生产"到"安全第一、预防为主"的产生和发展过程，应强调在施工生产中要做好预防工作，尽可能将事故消灭在萌芽状态之中。

安全生产管理制度是依据国家法律法规制定的，项目全体员工在生产经营活动中必须贯彻执行，同时也是企业规章制度的重要组成部分。通过建立安全生产管理制度，可以把企业员工组织起来，围绕安全目标进行生产建设。同时，我国的安全生产方针和法律法规也是通过安全生产管理制度去实现的。安全生产管理制度既有国家制定的，也有企业制定的。企业必须建立的基本制度包括：安全生产责任制、安全技术措施、安全生产培训和教育、安全生产定期检查、伤亡事故的调查和处理等制度。此外，随着社会和生产的发展，安全生产管理制度也在不断发展，国家和企业在这些基本制度的基础上又建立和完善了许多新制度，比如，特种设备及特种作业人员管理，机械设备安全检修以及文明生产等制度。

5.1 施工安全管理体系

5.1.1 施工安全管理体系概述

施工安全管理体系是项目管理体系中的一个子系统，它是根据 PDCA 循环模式的运行方式，以逐步提高、持续改进的思想指导企业系统地实现安全管理的既定目标。因此，施工安全管理体系是一个动态的、自我调整和完善的管理系统。

1. 建立施工安全管理体系的重要性

（1）建立施工安全管理体系，能使劳动者获得安全与健康，是体现社会经济发展和社会公正、安全、文明的基本标志。

（2）通过建立施工安全管理体系，可以改善企业的安全生产规章制度不健全、管理方法不适当、安全生产状况不佳的现状。

（3）施工安全管理体系对企业环境的安全卫生状态规定了具体的要求和限定，从而使企业必须根据安全管理体系标准实施管理，才能促进工作环境达到安全卫生标准的要求。

（4）推行施工安全管理体系，是适应国内外市场经济一体化趋势的需要。

（5）实施施工安全管理体系，可以促使企业尽快改变安全卫生的落后状况，从根本上调整企业的安全卫生管理机制，改善劳动者的安全卫生条件，增强企业参与国内外市场的竞争能力。

2. 建立施工安全管理体系的原则

（1）贯彻"安全第一，预防为主"的方针，企业必须建立健全安全生产责任制和群防群治制度，确保工程施工劳动者的人身和财产安全。

（2）施工安全管理体系的建立，必须适用于工程施工全过程的安全管理和控制。

（3）施工安全管理体系文件的编制，必须符合《中华人民共和国建筑法》、《中华人民共和国安全生产法》、《建设工程安全生产管理条例》、《职业安全卫生管理体系标准》和国际劳工组织（ILO）167号公约等法律、行政法规及规程的要求。

（4）项目经理部应根据本企业的安全管理体系标准，结合各项目的实际加以充实，确保工程项目的施工安全。

（5）企业应加强对施工项目的安全管理、指导，帮助项目经理部建立和实施安全管理体系。

5.1.2 施工安全保证体系的构成

（1）施工安全的组织保证体系

施工安全的组织保证体系是负责施工安全工作的组织管理系统，一般包括最高权力机构、专职管理机构的设置和专兼职安全管理人员的配备（如企业的主要负责人，专职安全管理人员，企业、项目部主管安全的管理人员以及班组长、班组安全员）。

（2）施工安全的制度保证体系

施工安全的制度保证体系是为贯彻执行安全生产法律、法规、强制性标准、工程施工设计和安全技术措施，确保施工安全而提供制度的支持与保证体系。制度保证体系的制度项目构成见表5-1。

制度保证体系的制度项目构成 表 5-1

序 次	类 别	制度名称
1		安全生产组织制度（即组织保证体系的人员设置构成）
2		安全生产责任制度
3		安全生产教育培训制度
4		安全生产岗位认证制度
5	岗位管理	安全生产值班制度
6		特种作业人员管理制度
7		外协单位和外协人员安全管理制度
8		专、兼职安全管理人员管理制度
9		安全生产奖惩制度
10		安全作业环境和条件管理制度
11	措施管理	安全施工技术措施的编制和审批制度
12		安全技术措施实施的管理制度
13		安全技术措施的总结和评价制度

序次	类别	制度名称
14	投入和物资管理	安全作业环境和安全施工措施费用编制、审核、办理及使用管理制度
15		劳动保护用品的购入、发放与管理制度
16		特种劳动防护用品使用管理制度
17		应急救援设备和物资管理制度
18		机械、设备、工具和设施的供应、维修、报废管理制度
19	日常管理	安全生产检查制度
20		安全生产验收制度
21		安全生产交接班制度
22		安全隐患处理和安全整改工作的备案制度
23		异常情况、事故征兆、突然事态报告、处置和备案管理制度
24		安全生产事故报告、处置、分析和备案制度
25		安全生产信息资料收集和归档管理制度

（3）施工安全的技术保证体系

为了达到施工状态安全、施工行为安全以及安全生产管理到位的安全目的，施工安全的技术保证，就是为上述安全要求提供安全技术的保证，确保在施工中准确判断其安全的可靠性，对避免出现危险状况、事态做出限制和控制规定，对施工安全保险与排险措施给予规定以及对一切施工生产给予安全保证。

施工安全技术保证由专项工程、专项技术、专项管理、专项治理4种类别构成，每种类别又有若干项目，每个项目都包括安全可靠性技术、安全限控技术、安全保险与排险技术和安全保护技术等4种技术，建立并形成如图5-1所示的安全技术保证体系。

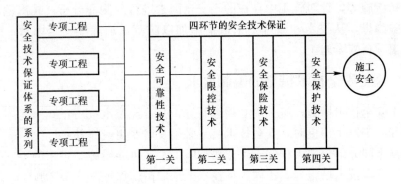

图 5-1 施工安全技术保证体系的系列图

（4）施工安全投入保证体系

施工安全投入保证体系是确保施工安全应有与其要求相适应的人力、物力和财力投入，并发挥其投入效果的保证体系。其中，人力投入可在施工安全组织保证体系中解决，而物力和财力的投入则需要解决相应的资金问题。其资金来源为工程费用中的机械装备费、措施费（如脚手架费、环境保护费、安全文明施工费、临时设施费等）、管理费和劳动保险支出等。

（5）施工安全信息保证体系

施工安全工作中的信息主要有文件信息、标准信息、管理信息、技术信息、安全施工状况信息及事故信息等，这些信息对于企业搞好安全施工工作具有重要的指导和参考作用。因此，企业应把这些信息作为安全施工的基础资料保存，建立起施工安全的信息保证体系，以便为施工安全工作提供有力的安全信息支持。

施工安全信息保证体系由信息工作条件、信息收集、信息处理和信息服务等 4 部分工作内容组成，如图 5-2 所示。

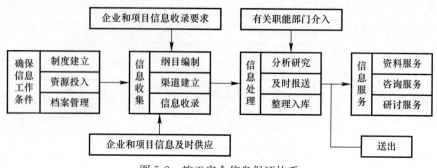

图 5-2　施工安全信息保证体系

5.2　施工安全技术措施

5.2.1　概述

施工安全技术措施是在施工项目生产活动中，根据工程特点、规模、结构复杂程度、工期、施工现场环境、劳动组织、施工方法、施工机械设备、变配电设施、架设工具以及各项安全防护设施等，针对施工中存在的不安全因素进行预测和分析；找出危险点，为消除和控制危险隐患，从技术和管理上采取措施加以防范，消除不安全因素，防止事故发生，确保施工项目安全施工。

5.2.2　施工安全技术措施的编制要求

（1）施工安全技术措施在施工前必须编制好，并且经过审批后正式下达施工单位指导施工。设计和施工发生变更时，安全技术措施必须及时变更或作补充。

（2）根据不同分部分项工程的施工方法和施工工艺可能给施工带来的不安全因素，制定相应的施工安全技术措施，真正做到从技术上采取措施保证其安全实施。

① 主要的分部分项工程，如土石方工程、基础工程（含桩基础）、砌筑工程、钢筋混凝土工程、钢门窗工程、结构吊装工程及脚手架工程等都必须编制单独的分部分项工程施工安全技术措施。

② 编制施工组织设计或施工方案时，在使用新技术、新工艺、新设备、新材料的同时，必须考虑相应的施工安全技术措施。

（3）要编制各种机械动力设备、用电设备的安全技术措施。

（4）对于有毒、有害、易燃、易爆等项目的施工作业，必须考虑防止可能给施工人员造成危害的安全技术措施。

（5）对于施工现场的周围环境中可能给施工人员及周围居民带来的不安全因素，以及由于施工现场狭小导致材料、构件、设备运输的困难和危险因素，制定相应的施工安全技术措施。

（6）针对季节性施工的特点，必须制定相应的安全技术措施。夏季要制定防暑降温措施；雨期施工要制定防触电、防雷、防坍塌措施；冬期施工要制定防风、防火、防滑、防煤气和亚硝酸钠中毒措施。

（7）施工安全技术措施中要有施工总平面图，在图中必须对危险的油库、易燃材料库以及材料、构件的堆放位置、垂直运输设备、变电设备、搅拌站的位置等，按照施工需要和安全规程的要求明确定位，并提出具体要求。

（8）制定的施工安全技术措施必须符合国家颁发的施工安全技术法规、规范及标准。

5.2.3　施工安全技术措施的主要内容

施工安全技术措施可按施工准备阶段和施工阶段编写（表 5-2、表 5-3）。

施工准备阶段安全技术措施　　　　　　　　表 5-2

准备类型	内　容
技术准备	① 了解工程设计对安全施工的要求。 ② 调查工程的自然环境（水文、地质、气候、洪水、雷击等）和施工环境（粉尘、噪声、地下设施、管道和电缆的分布、走向等）对施工安全及施工对周围环境安全的影响。 ③ 改扩建工程施工与建设单位使用、生产发生交叉，可能造成双方伤害时，双方应签订安全施工协议，搞好施工与生产的协调，明确双方责任，共同遵守安全事项。 ④ 在施工组织设计中，编制切实可行、行之有效的安全技术措施，并严格履行审批手续，送安全部门备案
物资准备	① 及时供应质量合格的安全防护用品（安全帽、安全带、安全网等），并满足施工需要。 ② 保证特殊工种（电工、焊工、爆破工、起重工等）使用工具、器械质量合格，技术性能良好。 ③ 施工机具、设备（起重机、卷扬机、电锯、平面刨、电气设备等）、车辆等，须经安全技术性能检测，鉴定合格，防护装置齐全，制动装置可靠，方可进厂使用。 ④ 施工周转材料（脚手杆、扣件、跳板等）须经认真挑选，不符合安全要求禁止使用
施工现场准备	① 按施工总平面图要求做好现场施工准备。 ② 现场各种临时设施、库房，特别是炸药库、油库的布置，易燃易爆品存放都必须符合安全规定和消防要求，并经公安消防部门批准。 ③ 电气线路、配电设备符合安全要求，有安全用电防护措施。 ④ 场内道路畅通，设交通标志，危险地带设危险信号及禁止通行标志，保证行人、车辆通行安全。 ⑤ 现场周围和陡坡、沟坑处设围栏、防护板，现场入口处设"无关人员禁止入内"的警示标志。 ⑥ 塔吊等起重设备安置要与输电线路、永久或临设工程间有足够的安全距离，避免碰撞，以保证搭设脚手架、安全网的施工距离。 ⑦ 现场设消防栓，有足够的有效的灭火器材、设施
施工队伍准备	① 总包单位及分包单位都应持有《施工企业安全资格审查认可证》方可组织施工。 ② 新工人、特殊工种工人须经岗位技术培训、安全教育后，持合格证上岗。 ③ 高险难作业工人须经身体检查合格，具有安全生产资格，方可施工作业。 ④ 特殊工种作业人员，必须持有《特种作业操作证》方可上岗

工程类型	内　容
一般工程	① 单项工程、单位工程均有安全技术措施，分部分项工程有安全技术具体措施，施工前由技术负责人向参加施工的有关人员进行安全技术交底，并应逐级保存"安全交底任务单"。 ② 安全技术应与施工生产技术统一，各项安全技术措施必须在相应的工序施工前落实好。 ③ 操作者严格遵守相应的操作规程，实行标准化作业。 ④ 针对采用的新工艺、新技术、新设备、新结构制定专门的施工安全技术措施。 ⑤ 在明火作业现场（焊接、切割、熬沥青等）有防火、防爆措施。 ⑥ 考虑不同季节的气候对施工生产带来的不安全因素可能造成的各种突发性事故，从防护上、技术上、管理上有预防自然灾害的专门安全技术措施
特殊工程	① 对于结构复杂、危险性大的特殊工程，应编制单项的安全技术措施。 ② 安全技术措施中应注明设计依据，并附有计算、详图和文字说明
拆除工程	① 详细调查拆除工程的结构特点、结构强度、电线线路、管道设施等现状，制定可靠的安全技术方案。 ② 拆除建筑物、构筑物之前，在工程周围划定危险警戒区域，设立安全围栏，禁止无关人员进入作业现场。 ③ 拆除工作开始前，先切断被拆除建筑物、构筑物的电线、供水、供热、供煤气的通道。 ④ 拆除工作应自上而下顺序进行，禁止数层同时拆除，必要时要对底层或下部结构进行加固。 ⑤ 栏杆、楼梯、平台应与主体拆除程序配合进行，不能先行拆除。 ⑥ 拆除作业工人应站在脚手架或稳固的结构部分上操作，拆除承重梁、柱之前应拆除其承重的全部结构，并防止其他部分坍塌。 ⑦ 拆下的材料要及时清理运走，不得在旧楼板上集中堆放，以免超负荷。 ⑧ 拆除建筑物、构筑物内需要保留的部分或设备，要事先搭好防护棚。 ⑨ 一般不采用推倒方法拆除建筑物，必须采用推倒方法时，应采取特殊安全措施

5.2.4　安全技术交底

1. 安全技术措施交底的基本要求

（1）项目经理部必须实行逐级安全技术交底制度，纵向延伸到班组全体作业人员。

（2）技术交底必须具体、明确，针对性强。

（3）技术交底的内容应针对分部分项工程施工中给作业人员带来的潜在危害和存在问题。

（4）应优先采用新的安全技术措施。

（5）应将工程概况、施工方法、施工程序、安全技术措施等向工长、班组长进行详细交底。

（6）定期向由两个以上作业队和多工种进行交叉施工的作业队伍进行书面交底。

（7）保持书面安全技术交底签字记录。

2. 安全技术交底主要内容

（1）一般规定见表 5-4。

项　目	内　容
安全生产六大纪律	1. 进入现场应戴好安全帽，系好帽带，并正确使用个人劳动防护用品。 2. 超过 2m 以上的高处、悬空作业、无安全设施的，必须系好安全带，扣好保险钩。 3. 高处作业时，不准往下或向上乱抛材料和工具等物件。 4. 各种电动机械设备应有可靠有效的安全接地和防雷装置，才可启动使用。 5. 不懂电气和机械的人员，严禁使用和摆弄机电设备。 6. 吊装区域非操作人员严禁入内，吊装机械性能应完好，把杆垂直下方不准站人
安全技术操作规程一般规定　施工现场	1. 参加施工的员工（包括学徒工、实习生、代培人员和民工）要熟知本工种的安全技术操作规程。在操作中，应坚守工作岗位，严禁酒后操作。 2. 电工、焊工、锅炉工、爆破工、起重机司机、打桩机司机和各种机动车司机，必须经过专门训练，考试合格后发给岗位证，方可独立操作。 3. 正确使用防护用品和采取安全防护措施，进入施工现场，应戴好安全帽，禁止穿拖鞋或光脚；在没有防护设施的高空悬崖和陡坡施工，应系好安全带。上下交叉作业有危险的出入口，要有防护棚或其他隔离设施。距地面 2m 以上作业区要有防护栏杆、挡板或安全网。安全帽、安全带、安全网要定期检查，不符合要求的，严禁使用。 4. 施工现场的脚手架、防护设施、安全标识和警告牌不得擅自拆动，需要拆动的，要经工地负责人同意。 5. 施工现场的洞、坑、沟、升降口和漏斗等危险处，应有防护设施或明显标识。 6. 施工现场要有交通指示标识，交通频繁的交叉路口，应设指挥。火车道口两侧，应设落杆；危险地区，要悬挂"危险"或"禁止通行"牌，夜间设红灯示警。 7. 工地行驶的斗车、小平车的轨道坡度不得大于 3%，铁轨终点应有车挡，车辆的制动闸和挂钩要完好可靠。 8. 坑槽施工，应经常检查边壁土质稳固情况，发现有裂缝、疏松或支撑走动，要随时采取加固措施，根据土质、沟深、水位和机械设备重量等情况，确定堆放材料和机械距坑边距离。往坑槽运材料，先用信号联系。 9. 调配酸溶液，先将酸液缓慢地注入水中，搅拌均匀，严禁将水倒入酸液中。贮存酸液的容器应加盖并设标识牌。 10. 做好女工在月经、怀孕、生育和哺乳期间的保护工作。女工在怀孕期间对原工作不能胜任时，根据医院的证明意见，应调换轻便工作
高处作业	1. 从事高处作业要定期体检，凡患有高血压、心脏病、贫血病和癫痫病以及其他不适应高处作业的人员，不得从事高处作业。 2. 高处作业衣着要灵便，禁止穿硬底和带钉易滑的鞋。 3. 高处作业所用材料要堆放平稳，工具应随手放入工具袋内，上下传递物件禁止抛掷。 4. 遇有恶劣气候（如风力在 6 级以上）影响施工安全时，禁止进行露天高空、起重和打桩作业。 5. 梯子不得缺档或垫高使用，梯子横档间距以 30cm 为宜，使用时上端要扎牢，下端应采取防滑措施。单面梯与地面夹角以 60°～70°为宜，禁止工人同时在梯上作业，如需接长使用，应绑扎牢固。人字梯底脚要固定牢。在通道处使用梯子，应有人监护或设置围栏。 6. 没有安全防护措施的，禁止在屋架的上弦、支撑、桁条、挑架的挑梁和半固定的构件上行走或作业。高处作业与地面联系，应设通讯装置并由专人负责。 7. 乘人的外用电梯、吊笼，应有可靠的安全装置。除指派专业人员外，禁止攀登起重臂、绳索和随同运料的吊笼吊物上下
施工现场安全防护标准　高处作业防护	1. 起重机吊砖：使用上压式或网式砖笼。 2. 起重机吊砌块：使用摩擦式砌块夹具。 3. 安全平网。 a. 从二层楼面起布设安全网，往上每隔四层设置一道，同时再设一道随施工高度提升的安全网。 b. 网绳不破损，应生根牢固、绷紧、圈牢和拼接严密，网杠支杆应用钢管。 c. 网宽不少于 2.6m，里口离墙不大于 15cm，外高内低，每隔 3m 设支撑，角度为 45°左右。 4. 安全立网。 a. 随施工层提升，网应高出施工层面 1m 以上。 b. 网之间拼接应严密，空隙不大于 10cm。 5. 圈梁施工。搭设操作平台或脚手架，扶梯间搭操作平台

项　目		内　容
施工现场安全防护标准	洞口临边防护	1. 预留孔洞。 a. 边长或直径在 20～50cm 的洞口，可用混凝土板内钢筋或固定盖板防护。 b. 边长或直径在 50～150cm 的洞口，可用混凝土板内钢筋贯穿洞径构成防护网，网格大于 20cm 时要另外加密。 c. 边长或直径在 150cm 以上的洞口，四周设护栏，洞口下张安全网，护栏高 1m，设两道水平杆。 2. 电梯井门口，应安装固定栅门或护栏。 3. 楼梯口。 a. 分层施工楼梯口应安装临时护栏。 b. 梯段每边应设临时防护栏杆（用钢管或毛竹）。 c. 顶层楼梯口，应随施工安装正式栏杆或临时栏。 4. 利用正式阳台栏板，随楼层安装或装设临时栏，间距大于 2m 时设立柱。 5. 框架结构。 a. 施工时，外设脚手架不低于操作面，内设操作平台。 b. 周边架设钢管护身栏。 c. 周边无柱时，板口顶埋短钢管，供安装钢管临时护栏立管用。 d. 高层框架无外脚手架时，外设小眼安全网。 6. 深坑防护，深坑顶周边设防护栏杆。行人通道设扶手及防滑措施（深度 2m 以上）。 7. 底层通道、固定出入口通道，应搭设防护棚，棚宽大于道口，多层建筑棚顶应满铺木板或竹笆，高层建筑棚顶须双层铺设。 8. 杯型基础、钢管壁上口和未填土的钢管桩上口应及时加盖，杯型基础深度在 1.2m 以上拆模后也应加盖
	垂直运输设备防护	1. 井架。 a. 井架下部三面搭防护棚，正面宽度不小于 2m，两侧不小于 1m，井架高度超过 30m，棚顶设双层。 b. 井架底层入口处设外压门，楼层通道口设安全门，通道两侧设护栏，下设踢脚笆。 c. 井架吊篮安装内落门、冲顶限位和弹闸等防护安全装置。 d. 井架底部设可靠的接地装置。 e. 井架本身腹杆及连接螺栓应齐全，缆风绳及与建筑物的硬支撑应按规定搭设，齐全牢固。 f. 临街或人流密集区，在防坠棚以上三面挂安全网防护。 2. 脚手架。 a. 注意材质，不得钢竹混搭，高层脚手架应经专门设计计算。 b. 立杆底部回填土应坚实平整。 c. 按规定设置拉撑点，剪刀撑用钢管，接头搭接不小于 40cm。 d. 每隔四步要铺隔篱笆，伸足墙面。二步架起及以上外侧设挡脚笆或安全挂网。 e. 设登高对环扶梯，在外侧配防护栏杆。转弯平台须设二道水平栏杆。 3. 人货两用电梯。 a. 电梯下部三面应搭设双层防坠棚，搭设宽度正面不小于 2.8m，两侧不小于 1.8m，搭设高度为 4m。 b. 必须设有楼层通讯装置或传话器。 c. 楼层通道口须设防护门及明显标识，电梯吊笼停层后与通道桥之间的间隙不大于 10cm，通道桥两侧须设有防护栏杆和挡脚笆。 d. 应装有良好的接地装置，底部排水要畅通。 e. 吊笼门上要挂起重量、乘人限额标识牌。 4. 塔吊。 a. "三保险"、"五限位" 应齐全有效。 b. 夹轨器要齐全。 c. 路轨纵横向高低差不大于 1‰，路轨两端设缓冲器，离轨端不小于 1m。 d. 轨道横拉杆两端各设一组，中间杆距不大于 6m。 e. 路轨接地两端各设一组，中间间距不大于 25m，电阻不大于 4Ω。 f. 轨道内排水应畅通，移动部位电缆严禁有接头。 g. 轨道中间严禁堆杂物，路轨两侧和两端外堆物应离塔吊回转台尾部 50cm 以上

项　目		内　容
施工现场安全防护标准	现场安全用电	1. 现场临时变配电所。 a. 高压露天变压器面积不小于 3m×3m，低压配电应邻靠高压变压器间，其面积也不小于 3m×3m。围墙高度不低于 3.5m。室内地坪满铺混凝土，室外四周做 80cm 宽混凝土散水坡。 b. 变压器四周及配电板背面凸出部位，须有不小于 80cm 的安全操作通道，配电板下沿距地面为 1m。 c. 配电挂箱的下沿距地面不少于 1.2m。 2. 现场下杆箱。 a. 电箱应安装双扇开启门，并有门锁、插销，写上指令性标识和统一编号。 b. 电源线进箱有滴水弯，进线应先进入熔断器后再进开关，箱内要配齐接地线，金属电箱外壳应接地保护。 c. 电箱内分路凡采用分路开关、漏电开关，其上方都要单独设熔断保护。 d. 箱内要单独设置单相三眼插座，上方要装漏电保护自动开关，现场使用单相电源的设备应配用单相三眼插头。 e. 手提分路流动电箱，外壳要有可靠的保护接地，10A 铁壳开关或按用量配上分路熔断器。 f. 要明显分开"动力"、"照明"和"电焊机"使用的插座。 3. 用电线路。 a. 现场电气线路，必须按规定架空敷设坚韧橡皮线或塑料护套软线。在通道或马路处可采用加保护管理设，树立标识牌，接头应架空或设接头箱。 b. 手持移动电具的橡皮电缆，引线长度不应超过 5m，不得有接头。 c. 现场使用的移动电具和照明灯具一律用软质橡皮线的，不准用塑料胶质线代替。 d. 现场大型临时设施的电线安装，凡使用橡皮或塑料绝缘线，应立柱明线架设，开关设置要合理。 4. 接地装置。 a. 接地体可用角钢，钢管不少于两根，入土深度不小于 2m，两根接地体间距不小于 2.5m，接地电阻不大于 4Ω。 b. 接地线可用绝缘铜或铝芯线，严禁在地下使用裸铝导线作接地线，接头处应采用焊接压接等可靠连接。 c. 橡皮电缆芯线中"黑色"或"绿黄双色"线作为接地线。 5. 高压线防护。 a. 在架空输电线路附近施工，须搭设毛竹防护架。 b. 在高压线附近搭设的井架、脚手架外侧在高压线水平上方的，应全部设安全网。 6. 手持或移动电动机具。 电源线须有漏电保护装置（包括下列机具：振动机、磨石机、打夯机、潜水泵、手电刨、手电钻、砂轮机、切割机、绞丝机和移动照明灯具等）

（2）专业工程施工安全技术交底见表 5-5。

专业工程施工安全技术交底 表 5-5

项　目	内　容
基础开挖工程	① 进入现场必须遵守安全生产六大纪律。 ② 挖土中发现管道、电缆及其他埋设物应及时报告，不得擅自处理。 ③ 挖土中要注意土壁的稳定性，发现有裂缝及倾塌趋势时，人员要立即撤离并及时处理。 ④ 人工挖土，前后操作人员间距离不小于 2～3m，堆土要在 1m 以外，并且高度不得超过 1.5m。 ⑤ 应检查土壁及支撑稳定情况，在确保安全的正常情况下才能继续工作。 ⑥ 机械挖土，启动前应检查离合器、钢丝绳等，经空车试运转正常后再开始作业。 ⑦ 机械操作中进铲不宜过深，提升不宜过猛。 ⑧ 机械不得在输电线路下工作，若在输电线路一侧工作时，不论何种情况，机械的任何部位与架空输电线路的最近距离应符合安全操作规程要求。 ⑨ 机械应停在坚实的地基上，如基础承载力不够，应采取走道板等加固措施，不得将挖土机履带与基坑平行 2m 范围内停、驶。运出汽车也不能靠近基坑平行行驶，防止塌方翻车。 ⑩ 电缆两侧 1m 范围内应采用人工挖掘

项　目		内　容
钢筋混凝土工程	模板工程	① 进入施工现场人员应戴好安全帽，高处作业人员应系安全带。 ② 经医生检查不适宜高处作业的人员，不得进行高处作业。 ③ 工作前应检查使用的工具是否牢固，扳手等工具应用绳链系挂在身上，钉子应放在工具袋内，以免掉落伤人。工作时要思想集中，防止钉子扎脚和空中滑落。 ④ 安装与拆除 5m 以上的模板，应搭脚手架，并设防护栏杆。应防止上下施工人员在同一垂直面操作。 ⑤ 高空、结构复杂模板的安装与拆除，事先应有切实可行的安全措施。 ⑥ 遇 6 级以上大风时，应暂停室外的高空作业。雪霜雨后应先清扫施工现场，不滑时再进行工作。 ⑦ 两人抬运模板时要互相配合，协同工作。传递模板、工具应用运输工具或绳子系牢后升降，不得乱抛。组合钢模板装拆时，上下应有人接应。钢模板及配件应随装拆随运送，严禁高处掷下。高空拆模时，应由专人指挥，并在下面标出工作区，用绳子和红白旗加以围栏，暂停人员过往。 ⑧ 不得在脚手架上堆放大批模板等材料。 ⑨ 支撑、牵杠等不得搭在门窗框和脚手架上。通路中间的斜撑、拉杆等应设在 1.8m 高以上。 ⑩ 支模过程中，如需中途停歇，应将支撑、搭头和柱头板等钉牢。拆模间歇时，应将已活动的弹板、牵杠和支撑等运走或妥善堆放，防止因踏空、扶空而坠落
	钢筋工程	① 进入现场应遵守安全生产六大纪律。 ② 钢筋断料、配料和弯料等工作应在地面进行，不准在高空操作。 ③ 搬运钢筋要注意附近有无障碍物、架空电线和其他临时电气设备，防止钢筋在回转时碰撞电线或发生触电事故。 ④ 现场绑扎悬空大梁钢筋时，不得站在模板上操作，应在脚手板上操作。绑扎独立柱头钢筋时，不准站在钢箍上绑扎，也不准将木料、管子和钢模板穿入钢箍内作为立人板。 ⑤ 起吊钢筋骨架，下方禁止站人，待骨架降至距模板 1m 以下后才准靠近，就位支撑好，方可摘钩。 ⑥ 起吊钢筋时，规格应统一，不得长短参差不一，不准一点吊。 ⑦ 切割机使用前，应检查机械运转是否正常，是否漏电。电源线须进漏电开关，切割机后方不准堆放易燃物品。 ⑧ 钢筋头子应及时清理，成品堆放要整齐，工作台要稳，钢筋工作棚照明灯应加网罩。 ⑨ 高处作业时，不得将钢筋集中堆在模板和脚手板上，也不要把工具、钢箍和短钢筋随意放在脚手板上，以免滑下伤人。 ⑩ 有雷雨时应暂停露天操作，以防雷击钢筋伤人
	混凝土工程	① 进入现场应遵守安全生产六大纪律。 ② 串搭车道板时，两头需搁置平稳，并用钉子固定，在车道板下面每隔 1.5m 需加横楞、顶撑，2m 以上高处串搭，应装防护栏杆。车道板上应经常清扫垃圾、石子等，以防车跳坠跌。 ③ 车道板单车行走宽度不小于 1.4m，双车道宽度不小于 2.8m。在运料时，前后应保持一定车距，不准奔跑、抢道或超车。终点卸料时，双手扶车车辆倒料，严禁双手脱把，防止翻车伤人。 ④ 用塔吊、料斗浇注混凝土时，指挥扶斗人员与塔吊驾驶员应密切配合，当塔吊放下料斗时，操作人员应主动避让，防止料斗碰头和料斗碰人堕落。 ⑤ 离地面 2m 以上浇注过梁、雨篷和小平台等，不准站在搭接头上操作。如无可靠的安全设备时，应系好安全带，并扣好保险钩。 ⑥ 使用振动机前应检查电源电压，输电应安装漏电开关，保护电源线路良好，电源线不得有接头，机械运转要正常。振动机移动时，不能硬拉电线，更不能在钢筋和其他锐利物上拖拉，防止割破拉断电线而造成触电伤亡事故。 ⑦ 井架吊篮起吊时，应关好井架安全门，头、手不准伸入井架内，待吊篮停稳后，方可进入吊篮内工作

项 目		内 容
墙体砌筑工程		① 在操作之前应检查操作环境是否符合安全要求，道路是否畅通，机具是否完好，安全设施和防护用品是否齐全，经检查符合要求后才可施工。 ② 砌基础时，应检查基坑土质变化情况，有无崩裂现象，堆放砖块材料应离开坑边 1m以上，当深基坑安装挡板支撑时，操作人员应设梯子上下，运料不得碰撞支撑，也不得踩踏砌体和支撑上下。 ③ 墙身砌体高度超过地坪 1.2m 以上时，应搭设脚手架。在一层以上或高度超过 4m 时，采用里脚手架支搭安全网，若采用外脚手架应护身栏杆和挡脚板后方可砌筑。 ④ 脚手架上堆料不得超过规定荷载，堆砖高度不得超过 3 皮侧砖，同一块脚手板上的操作人员不应超过 2 人。 ⑤ 在楼层（特别是预制板面）施工时，存放机械、砖块等物品不得超过使用荷载。如需超过荷载时，应经过计算并采取有效加固措施后方可进行堆放和施工。 ⑥ 不准站在墙顶上做划线、刮缝和清扫墙面或检查大角垂直等工作。 ⑦ 不准用不稳固的工具或物体在脚手板面垫高操作，更不准在未经加固的情况下，在一层脚手架上随意再叠加一层，脚手板不允许出现空头现象，不准用 2×4 木料或钢模板作立人板。 ⑧ 砍砖时应面向外，注意碎砖跳出伤人。 ⑨ 使用于垂直运输的吊笼、绳索具等，应满足负荷要求，牢固无损。吊运时不得超载，并要经常检查，发现问题及时修理。 ⑩ 用起重机吊砖要用砖笼，吊砂浆的料斗不能装得过满，吊件回转半径范围内不得有人停留
架子工程	金属脚手架工程	① 架设金属扣件双排脚手架时，应严格执行国家行业和当地建设主管部门的有关规定。 ② 架设前应严格进行钢管的筛选，凡严重锈蚀、薄壁、弯曲及裂变的杆件不宜采用。 ③ 严重锈蚀、变形、裂缝和螺栓螺纹已损坏的扣件不宜采用。 ④ 脚手架的基础除按规定设置外，应做好防水处理。 ⑤ 高层钢管脚手架座立于槽钢上的，应有地杆连接保护。普通脚手架立杆也应设底座保护。 ⑥ 同一立面的小横杆，应对等交错设置，同时立杆上下对直。 ⑦ 斜杆接长，应采用叠交方式，两只回转扣件接长，搭接距离视两只扣件间隔而定，一般不少于 0.4m。 ⑧ 脚手架的主要杆件，不宜采用木、竹材料。 ⑨ 高层建筑金属脚手架的拉杆，不宜采用铅丝攀拉，应使用埋件形式的钢性材料。 ⑩ 高层脚手架拆除现场必须设置警戒区域，张挂醒目的警戒标志。警戒区域内严禁非操作人员通行或在脚手架下方继续施工。地面监护人员应履行职责。高层建筑脚手架拆除，应配备良好的通讯装置
	电梯井道内架子、安全网搭设工程	① 从二层楼面起张设安全网，往上每隔四层设置一道，安全网应完好无损、牢固可靠。 ② 拉结牢靠，墙面预埋张网钢筋不小于 φ14，钢筋埋入长度不少于 30cm。 ③ 电梯井道防护安全网不得任意拆除，待安装电梯搭设脚手架时，每搭到安全网高度时方可拆除。 ④ 电梯井道的脚手架一律用钢管、扣件搭设，立杆与横杆均用直角扣件连接，扣件紧固力矩应达到 40～50N·m。 ⑤ 脚手架所有横楞两端，均与墙面撑紧，四周横楞与墙面距离，平衡对重一侧为600mm，其他三侧均为 400mm，离墙空档处应加隔排钢管，间距不大于 200mm，隔排钢管离四周墙面不大于 200mm。 ⑥ 脚手架柱距不大于 1.8m，排距为 1.8m，每低于楼层面 200mm 处加搭一排横楞，横向间距为 350mm，满铺竹笆，竹笆一律用铅丝与钢管四点绑扎牢固。 ⑦ 脚手架拆除顺序应自上而下进行，拆下的钢管、竹笆等应妥善运出电梯井道，禁止乱扔乱抛。 ⑧ 电梯井道内的设施，由脚手架保养人员定期进行检查、保养，发现隐患及时消除。 ⑨ 张设安全网及拆除井道内设施时，操作人员应系好安全带，挂点安全可靠

5.3 施工安全教育与培训

5.3.1 施工安全教育和培训的重要性

安全生产保证体系的成功实施，有赖于施工现场全体人员的参与，需要他们具有良好的安全意识和安全知识。保证他们得到适当的教育和培训，是实现施工现场安全保证体系有效运行，达到安全生产目标的重要环节。施工现场应在项目安全保证计划中确保对员工进行教育和培训的需求，指定安全教育和培训的责任部门或责任人。

安全教育和培训要体现全面、全员、全过程的原则，覆盖施工现场的所有人员（包括分包单位人员），贯穿于从施工准备、工程施工到竣工交付的各个阶段和方面，通过动态控制，确保只有经过安全教育的人员才能上岗。

5.3.2 施工安全教育主要内容

1. 现场规章制度和遵章守纪教育

（1）本工程施工特点及施工安全基本知识。

（2）本工程（包括施工生产现场）安全生产制度、规定及安全注意事项。

（3）工种的安全技术操作规程。

（4）高处作业、机械设备、电气安全基础知识。

（5）防火、防毒、防尘、防爆及紧急情况安全防范自救。

（6）防护用品发放标准及防护用品、用具使用的基本知识。

2. 本工种岗位安全操作及班组安全制度、纪律教育

（1）本班组作业特点及安全操作规程。

（2）本班组安全活动制度及纪律。

（3）爱护和正确使用安全防护装置（设施）及个人劳动防护用品。

（4）本岗位易发生事故的不安全因素及其防范对策。

（5）本岗位的作业环境及使用的机械设备、工具的安全要求。

3. 安全生产须知

（1）新工人进入工地前必须认真学习本工种安全技术操作规程。未经安全知识教育和培训，不得进入施工现场操作。

（2）进入施工现场，必须戴好安全帽、扣好帽带。

（3）在没有防护设施的 2m 高处、悬崖或陡坡施工作业必须系好安全带。

（4）高空作业时，不准往下或向上抛材料和工具等物件。

（5）不懂电器和机械的人员，严禁使用和玩弄机电设备。

（6）建筑材料和构件要堆放整齐稳妥，不要过高。

（7）危险区域要有明显标志，要采取防护措施，夜间要设红灯示警。

（8）在操作中，应坚守工作岗位，严禁酒后操作。

（9）特殊工种（电工、焊工、司炉工、爆破工、起重及打桩司机和指挥、架子工、各种机动车辆司机等）必须经过有关部门专业培训考试合格发给操作证，方准独立操作。

（10）施工现场禁止穿拖鞋、高跟鞋，易滑、带钉的鞋，禁止赤脚和赤膊操作。

（11）不得擅自拆除施工现场的脚手架、防护设施、安全标志、警告牌、脚手架连接铅丝或连接件。需要拆除时，必须经过加固后并经施工负责人同意。

（12）施工现场的洞、坑、井架、升降口、漏斗等危险处，应有防护措施并有明显标志。

（13）任何人不准向下、向上乱丢材、物、垃圾、工具等。不准随意开动一切机械。操作时思想要集中，不准开玩笑，做私活。

（14）不准坐在脚手架防护栏杆上休息。

（15）手推车装运物料时，应注意平稳，掌握重心，不得猛跑或撒把溜放。

（16）拆下的脚手架、钢模板、轧头或木模、支撑，要及时整理，圆钉要及时拔除。

（17）砌墙斩砖要朝里斩，不准朝外斩。防止碎砖堕落伤人。

（18）工具用好后要随时装入工具袋。

（19）不准在井架内穿行；不准在井架提升后不采取安全措施到下面去清理砂浆、混凝土等杂物；吊篮不准久停空中；下班后吊篮必须放在地面处，且切断电源。

（20）要及时清扫脚手架上的霜、雪、泥等。

（21）脚手板两端间要扎牢，防止空头板（竹脚手片应四点扎牢）。

（22）脚手架超载危险。砌筑脚手架均布荷载每 m^2 不得超过 270kN，即在脚手架上堆放标准砖不得超过单行侧放三层高，20 孔多孔砖不得超过单行侧放四层高，非承重三孔砖不得超过单行平放五皮高。只允许两排脚手架上同时堆放。要避免下列危险：脚手架连接物拆除；坐在防护栏杆上休息；搭、拆脚手架、井字架不系安全带。

（23）单梯上部要扎牢，下部要有防滑措施。

（24）挂梯上部要挂牢，下部要绑扎。

（25）人字梯中间要扎牢，下部要有防滑措施，不准人坐在上面作骑马式运动。

（26）高空作业：从事高空作业的人员，必须身体健康，严禁患有高血压、贫血症、严重心脏病、精神症、癫痫病、深度近视眼在 500 度以上的人员，以及经医生检查认为不适合高空作业的人员从事高空作业，对井架、起重工等从事高空作业的工种人员要每年体检一次。

5.4　施工安全检查

工程项目安全检查的目的是为了消除隐患、防止事故，它是改善劳动条件及提高员工安全生产意识的重要手段，是安全控制工作的一项重要内容。通过安全检查可以发现工程中的危险因素，以便有计划地采取措施，保证安全生产。施工项目的安全检查应由项目经理组织，定期进行。

安全检查可分为日常性检查、专业性检查，季节性检查、节假日前后的检查和不定期检查。

5.4.1　安全检查的主要内容

（1）查思想：主要检查企业的领导和职工对安全生产工作的认识。

（2）查管理：主要检查工程的安全生产管理是否有效。主要内容包括：安全生产责任制，安全技术措施计划，安全组织机构，安全保证措施，安全技术交底，安全教育，持证上岗，安全设施，安全标识，操作规程，违规行为，安全记录等。

（3）查隐患：主要检查作业现场是否符合安全生产、文明生产的要求。

（4）查整改：主要检查对过去提出问题的整改情况。

（5）查事故处理：对安全事故的处理应达到查找事故原因、明确责任并对责任者作出处理、明确和落实整改措施等要求。同时还应检查对伤亡事故是否及时报告、认真调查、严肃处理。

安全检查的重点是违章指挥和违章作业。安全检查后应编制安全检查报告，说明已达标项目、未达标项目、存在问题、原因分析、纠正和预防措施。

5.4.2 项目经理部安全检查的主要规定

（1）定期对安全控制计划的执行情况进行检查、记录、评价和考核，对作业中存在的不安全行为和隐患，签发安全整改通知，由相关部门制定整改方案，落实整改措施，实施整改后应予复查。

（2）根据施工过程的特点和安全目标的要求确定安全检查的内容。

（3）安全检查应配备必要的设备或器具，确定检查负责人和检查人员，并明确检查的方法和要求。

（4）检查应采取随机抽样、现场观察和实地检测的方法，并记录检查结果，纠正违章指挥和违章作业。

（5）对检查结果进行分析，找出安全隐患，确定危险程度。

（6）编写安全检查报告并上报。

5.4.3 安全检查方法

（1）"看"：主要查看管理记录、持证上岗、现场标识、交接验收资料、"三宝"使用情况、"洞口"、"临边"防护情况和设备防护装置等。

（2）"量"：主要是用尺进行实测实量。

（3）"测"：用仪器、仪表实地进行测量。

（4）"现场操作"：由司机对各种限位装置进行实际动作，检验其灵敏程度。能测量的数据或操作试验，不能用估计、步量或"差不多"等来代替，要尽量采用定量方法检查。

5.5 施工过程安全控制

5.5.1 基础施工阶段

1. 土石方作业安全防护

（1）挖掘土方应从上而下施工，禁止采用挖空底脚的操作方法。

（2）采用机械挖土旋转半径内不得有人停留。

（3）采用人工挖土时，人与人之间的操作间距不得小于 2.5m，并应设人观察边坡有无坍塌危险。

（4）开挖槽、坑、沟深度超过 1.5m，应按规定放坡或加可靠支撑。

（5）开挖深度超过 2m，必须在边沿处设两道护身栏杆或加可靠围护，夜间应在危险处设红色标志灯。

（6）槽、坑、沟边与建筑物、构筑物的距离不得小于 1.5m。

（7）槽、坑、沟边 1m 以内不得堆土、堆料、停置机具。

2. 挡土墙、护坡桩、大孔径桩及扩径桩等施工安全防护

（1）必须制定施工方案及安全技术措施，并上报有关部门批准后方可施工。

（2）施工现场应设围挡与外界隔离，非工作人员不得入内。

（3）需要下孔作业人员必须戴安全帽，腰系安全带（绳），且保证地面上有监护人。

（4）人员上下必须从专用爬梯上下，严禁沿孔壁或乘运土工具上下。

（5）桩孔应备孔盖，深度超过 5m 时要进行强制通风，完工时应将孔口盖严。

（6）人工提土需用垫板，应宽出孔口每侧不小于 1m，板宽不小于 30cm，板厚不小于 5cm，孔口大于 1m 时，孔上作业人员应系安全带。

（7）挖出的土方应随时运走，暂时不能运走的应堆放在孔口 1m 以外，且高度不得超过 1m，孔口边不能堆放任何物料。

（8）装土的设施（容器）不能过满，孔上任何人不准向孔内投扔任何物料。

3. 基坑支护

（1）基坑开挖之前，要按照土质情况、基坑深度及周边环境确定支护方案，其内容主要包括：防坡要求、支护结构设计、机械选择、开挖时间、开挖顺序、分层开挖深度、坡道位置、车辆进出道路、降水措施及监测要求等。

（2）施工方案的制定必须针对施工工艺结合作业条件，要对施工过程中可能造成的坍塌，作业人员安全，防止周边建筑、道路等产生不均匀沉降等因素，设计制定具体可行的措施，并在施工中付诸实施。

（3）高层建筑的箱型基础，实际上形成了建筑的地下室，随上层建筑荷载的加大，要求在地面以下设置三层或四层地下室，因而基坑的深度常常超过 5~6m，且面积较大，给基础工程的施工带来困难和危险，必须制定安全措施防止发生事故。由于基坑加深，土侧压力再加上地下水的出现，所以必须做专项支护设计以确保施工安全。

（4）支护设计方案必须合理，方案必须经上级机构审批。有的地方规定基坑开挖深度超过 6m 时，必须经建委专家组审批。

5.5.2 结构施工阶段

1. 临边、洞口作业安全防护

（1）临边作业安全防护

① 基坑施工深度达到 2m 时必须设置 1.2m 高的两道护身栏杆，并按要求设置固定高度不低于 18cm 的挡脚板，或搭设固定的立网防护。

② 横杆长度大于 2m 时，必须加设栏杆柱，栏杆柱的固定及其与横杆的连接，其整体构造应在任何一处能经受任何方向的 1000N 的外力。

③ 当临边的外侧面临街道时，除防护栏杆外，敞口立面必须采取满挂小眼安全网或

其他可靠措施做全封闭处理。

④ 分层施工的楼梯口、竖井梯边及休息平台处必须安装临时护栏。

（2）洞口作业安全防护

① 施工作业面、楼板、屋面和平台等面上短边尺寸为 2.5～25cm 以上的洞口，必须设坚实盖板并能防止挪动移位。

② 25cm×25cm～50cm×50cm 的洞口，必须设置固定盖板，保持四周搁置均衡，有固定其位置的措施。

③ 50cm×50cm～150cm×150cm 的洞口，必须预埋通长钢筋网片，钢筋间距不得大于 15cm，或满铺脚手板，脚手板应绑扎固定，任何人不得随意移动。

④ 150cm×150cm 以上的洞口，四周必须搭设围护架，并设双道防护栏杆，洞口中间支挂水平安全网，网的四周必须牢固、严密。

⑤ 位于车辆行驶道路旁的洞口、深沟、管道、坑、槽等，所加盖板应能承受不小于当地额定卡车后轮有效承载力的 2 倍的荷载。

⑥ 电梯井必须设不低于 1.2m 的金属防护门。

⑦ 洞口必须按规定设置照明装置和安全标志。

2. 高处作业安全防护

（1）凡高度在 4m 以上的建筑物上层四周必须支搭 3m 宽的水平网，网底距地不小于 3m。

（2）建筑物出入口应搭设长 3～6m，且宽于通道两侧各 1m 的防护网，非出入口和通道两侧必须封严。

（3）对人或物构成威胁的地方，必须支搭防护棚，保证人、物的安全。

（4）高处作业使用的凳子应牢固，不得摇晃，凳间距离不得大于 2m，且凳上脚手板至少铺两块以上，凳上只许一人操作。

（5）作业人员必须穿戴好个人劳动防护用品，严禁投掷物料。

5.5.3 起重设备安全防护

（1）起重吊装的指挥人员必须持证上岗，作业时必须与操作人员密切配合。

（2）起重机作业时，起重臂和重物下方严禁有人停留、工作或通过。物料吊运时，严禁从人上方通过。严禁用起重机载运人员。

（3）吊索与物件的夹角宜采用 45°～60°，且不得小于 30°，吊索与物件棱角之间应加垫块。

（4）起重机的任何部位与架空输电导线的安全距离要按临时用电规范执行。

（5）钢丝绳与卷筒应连接牢固，放出钢丝绳时，卷筒上应至少保留三圈，收放钢丝绳时，应防止钢丝绳打环、扭结、弯折和乱绳，不得使用扭结、变形的钢丝绳。

（6）钢丝绳采用编结固接时，编结部分的长度不得小于钢丝绳直径的 20 倍，并不应小于 300mm，其编结部分应捆扎细钢丝。

（7）当采用绳卡固接时，与钢丝绳直径匹配的绳卡的规格、数量应符合表 5-6 的规定。

与绳直径匹配的绳卡数　　　　表 5-6

钢丝绳直径（mm）	10 以下	10～20	21～28	28～36	36～40
最少绳卡数（个）	3	4	5	6	7
绳卡间距（mm）	80	140	160	220	240

（8）最后一个绳卡距绳头的长度不得小于 140mm。绳卡夹板紧固应在钢丝绳承载时受力的长绳一侧，"U"螺栓应在钢丝绳的尾端（短绳一侧），不得正反交错。绳卡初次固定后，应待钢丝绳受力后再度紧固，并宜拧紧到使两绳直径的高度压扁 1/3。

（9）每次作业前，应检查钢丝绳及钢丝绳的连接部位。当钢丝绳在一个节距内断丝根数达到或超过表 5-7 所示时，要给予报废。

钢丝绳报废标准（一个节距内的断丝数）　　　　表 5-7

采用的安全系数	钢丝绳规格					
	6×19+1		6×37+1		6×61+1	
	交互捻	同向捻	交互捻	同向捻	交互捻	同向捻
6 以下	12	6	22	11	36	18
6～7	14	7	26	13	38	19
7 以上	16	8	30	15	40	20

（10）吊钩的质量非常重要，其断裂可能导致重大的人身及设备事故。目前，中小起重量的起重机的吊钩是锻造的，大起重梁起重机的吊钩采用钢板铆合，称为片式吊钩。起重机的吊钩和吊环严禁补焊。当出现下列情况时，必须更换。

① 表面有裂纹、破口，可用煤油洗净钩体，用 20 倍的放大镜检查钩体是否有裂纹，特别要检查危险断面和螺纹退刀槽处；

② 危险断面及钩颈有永久变形；

③ 挂绳处断面磨损超过原高度 10% 时；

④ 吊钩衬套磨损超过原厚度 50%，应报废衬套；

⑤ 销子（心轴）磨损超过其直径的 3%～5%。

5.5.4　部分施工机具安全防护

1. 对焊机

（1）对焊机应安置在室内，要有可靠的接地（接零）。多台对焊机并列安装时的间距不得小于 3m，并应分别接在不同的开关箱上，分别有各自的开关及漏电保护。导线截面应不小于表 5-8 的要求。

对焊机导线截面最小面积表　　　　表 5-8

对焊机的额定功率（kW）	25	50	75	100	150	200	500
一次电压为 220V 时的导线截面（mm²）	10	25	35	45			
一次电压为 380V 时的导线截面（mm²）	6	26	25	35	50	70	150

（2）作业前检查，对焊机的压力机构要灵活，夹具要牢固，起、液压系统无泄漏，确认可靠后，方可施焊。

（3）焊接前，要根据所焊钢筋截面，调整二次电压，不得焊接超过对焊机规定直径的钢筋。

（4）断路器的接触点、电极应定期光磨，二次电路全部连接螺栓应定期紧固。冷却水温度不得超过 40℃；排水量根据温度调节。

（5）焊接较长钢筋时，应设置托架。

（6）闪光区应设挡板。

2. 电焊机

重点介绍电焊机二次侧安装空载降压保护装置问题。

（1）电焊机设备的外壳应做保护接零（接地），开关箱内装设漏电保护器。

（2）关于电焊机二次侧安装空载降压保护装置问题：

① 交流电焊机实际就是一台焊接变压器，由于一次线圈与二次线圈相互绝缘，所以一次侧加装漏电保护器后，并未减轻二次侧的触电危险。

② 二次侧具有低电压、大电流的特点，以满足焊接工作的需要。二次侧的工作电压只有 20 多 V，但为了引弧的需要，其空载电压一般为 45～80V（高于安全电压）。

③ 强制要求弧焊变压器加装触电装置，因为此种装置能把空载电压降到安全电压以下（一般低于 24V）。

④ 空载降压保护装置。当弧焊变压器处于空载状态时，可使其电压降到安全电压值以下，当启动焊接时，焊机空载电压恢复正常。

⑤ 防触电保护装置。将电焊机输入端加装漏电保护器和输出端加装空载降压保护器合二为一，采用一种保护装置。

⑥ 电焊机的一次侧与二次侧比较，一次侧电压高，危险性大，如果一次侧线过长（拖地），容易损坏机械或使机械操作发生危险，所以一次侧线安装的长度以尽量不拖地为准（一般不超过 3m），焊机尽量靠近开关箱，一次线最好穿管保护和焊机接线柱连接后，上方应设防护罩防止意外碰触。

⑦ 焊把线长度一般不超过 30m，并不准有接头。接头处往往由于包扎达不到电缆原有的防潮、抗拉、防机械损伤等性能，所以接头处不但有触电的危险，同时由于电流大，接头处过热，接近易燃物容易引起火灾。

⑧ 不得用金属构件或结构钢筋代替二次线的地线。

5.5.5 季节施工安全防护

（1）夏季施工：重点注意作息时间和防暑降温工作。

（2）雨季施工：重点做好防止触电、防雷、防坍塌、防大风等安全技术措施。

（3）冬季施工：制定防风、防火、防滑、防煤气中毒的安全措施。

5.5.6 "三宝"、"四口"防护

"三宝"防护：安全帽、安全带、安全网的正确使用。

"四口"防护：楼梯口、电梯井口、预留洞口、通道口等各种洞口的防护应符合要求。

1. 安全帽

（1）安全帽是防冲击的主要用品，由具有一定强度的帽壳和帽衬缓冲结构组成，可以

承受和分散落物的冲击力，并保护或减轻由于杂物从高处坠落至头部的撞击伤害。

（2）人体颈椎冲击承受能力是有限度的，国家标准规定：用 5kg 钢锤自 1m 高度落下进行冲击试验，头模受冲击力的最大值不应超过 500kg；耐穿透性能用 3kg 钢锥自 1m 高度落下进行试验，钢锥不得与头部接触。

（3）帽衬顶端至帽壳顶内面的垂直间距为 20～25mm，帽衬至帽壳内侧面的水平间距为 5～20mm。

（4）安全帽在保证承受冲击力的前提下，要求越轻越好，重量不应超过 400g。帽壳表面光滑，易于滑走落物。

（5）安全帽必须是正规生产厂家生产，有许可证编号、检查合格证等，不得购买劣质产品。

（6）戴安全帽时，必须系紧下颚系带，防止安全帽坠落失去防护作用。安全帽佩戴在防寒帽外时，应随头型大小调节帽箍，保留帽衬与帽壳之间缓冲作用的空间。

2. 安全网

（1）安全网的每根系绳都应与构架系结，四周边绳（边缘）应与支架贴紧，系结应符合打结方便，连接牢固又容易解开，工作中受力不散脱的原则。有筋绳的安全网安装时还应把筋绳连接在支架上。

（2）平网网面不宜绷得过紧，平网与下方物体表面的最小距离应不小于 3m，两层平网间距不得超过 10m。

（3）立网面应与水平面垂直，并与作业边缘最大间缝不超过 10cm。

（4）安装后的安全网应经专人检验后，方可使用。

（5）对使用中的安全网，应进行定期或不定期的检查，并及时清理网上落物。当受到较大冲击后应及时更换。

3. 安全带

使用安全带要正确悬挂。

（1）架子工使用的安全带绳长限定在 1.5～2m。

（2）应做垂直悬挂，高挂低用比较安全，当做水平位置悬挂使用时，要注意摆动碰撞，不宜低挂高用；不应将绳打结使用，不应将钩直接挂在不牢固物体或直接挂在非金属墙上，防止绳被割断。

（3）关于安全带的标准。安全带一般使用 5 年应报废。使用 2 年后，按批量抽检，以 80kg 重量自由坠落试验，不破断为合格。

4. 楼梯口

楼梯口边设置 1.2m 高防护栏杆和 0.3m 高踢脚杆。

5. 预留洞口

可根据洞口的特点、大小及位置采用以下几种措施：

（1）楼、屋面等平面上孔洞边长小于 50cm 者，可用坚实盖板固定盖设。要防止移动挪位。

（2）平面洞短边长 50～150cm 者，宜用钢筋网格或平网防护，上铺遮盖物，以防落物伤人。

（3）平面洞口边长大于 150cm 者，先在洞口四周设置防护栏杆，并在洞口下方张挂安全网，也可搭设内脚手架。

（4）挖土方施工时的坑、槽、孔洞及车辆行驶道旁的洞口、沟、坑等，一般以防护盖板为准。同时，应设置明显的安全标志如挂牌警示、栏杆导向等，必须时可专人疏导。

6. 阳台、楼板、屋面等临边防护

（1）阳台、楼板、屋面等临边应设置 1.2m 和 0.6m 两道水平杆，并在立杆内侧面用密目式安全网封闭，防护栏杆漆红白相间色。

（2）护栏杆等设施和建筑物的固定拉结必须安全可靠。

7. 通道口防护

（1）进出建筑物主体通道口、井架或物料升机进口处等均应搭设独立支撑系统的防护棚。棚宽大于道口，两端各长出 1m，垂直长度 2.5m，棚顶搭设夺层，采用脚手片的，铺设方向应互相垂直，间距大于 30cm，折边翻高 0.5m。通道口附近挂设安全标志。

（2）砂浆机、拌和机和钢筋加工场地等应搭设操作简易棚。

（3）底层非进入建筑物通道口的地方应采取禁止出入（通行）措施和设置禁行标志。

5.6 施工安全事故的处理

5.6.1 施工安全事故的分类

1. 施工伤亡事故的分类

按安全事故伤害程度划分：

① 轻伤，指损失 1 个工作日至 105 个工作日以下的失能伤害；

② 重伤，指损失工作日等于和超过 105 个工作日的失能伤害，重伤的损失工作日最多不超过 6000 工作日；

③ 死亡，指损失工作日超过 6000 工作日。

2. 生产安全事故造成的人员伤亡或直接经济损失分类

① 特别重大事故，指造成 30 人以上死亡，或 100 人以上重伤（包括急性工业中毒，下同），或 1 亿元以上直接经济损失；

② 重大事故，指造成 10 人以上 30 人以下死亡，或 50 人以上 100 人以下重伤，或 5000 万元以上 1 亿元以下直接经济损失；

③ 较大事故，指造成 3 人以上 10 人以下死亡，或 10 人以上 50 人以下重伤，或 1000 万元以上 5000 万元以下直接经济损失；

④ 一般事故，指造成 3 人以下死亡，或 10 人以下重伤，或 1000 万元以下 100 万元以上直接经济损失。

3. 按事故类别分类

根据《企业职工伤亡事故分类标准》（GB6441—86）中，将事故类别划分为 20 类。其中建筑工程最常见的事故类别主要有：高处坠落、物体打击、机械伤害、触电、坍塌、中毒、火灾 7 类。

5.6.2 施工安全事故的处理

1. 安全事故的处理原则

根据我国法律法规的要求，一旦发生安全事故，在进行事故处理时必须实施四不放过的原则：

（1）事故原因未查明不放过；

（2）事故责任者和员工未受到教育不放过；

（3）事故责任者未处理不放过；

（4）整改措施未落实不放过。

2. 安全事故处理程序

（1）安全事故报告

1）施工单位负责人接到报告后，1个小时内向事故发生地县级以上人民政府建设主管部门和有关部门报告；

2）建设主管部门逐级上报事故情况时，每级上报的时间不得超过2小时；

3）事故报告后出现新情况后，以及事故发生之日起30日内伤亡人数发生变化的，应当及时补报；

（2）组织调查组，开展事故调查

特别重大事故由国务院或者国务院授权有关部门组织事故调查组进行调查。重大事故、较大事故、一般事故分别由事故发生地省级人民政府、设区的市级人民政府、县级人民政府负责调查。

（3）现场勘查

（4）分析事故原因

通过直接和间接地分析，确定事故的直接责任者、间接责任者和主要责任者。

（5）制定预防措施

（6）提交事故调查报告。坚持安全事故月报制度，如当月无事故也要报空表。

第6章 施工现场管理

6.1 施工现场管理概述

6.1.1 施工现场管理的内容

1. 施工现场管理的概念

施工现场管理有两种含义，即狭义的现场管理和广义的现场管理。狭义的现场管理是指对施工现场内各作业的协调、临时设施的维修、施工现场与第三者的协调及现场内存的清理整顿等所进行的管理工作。广义的现场管理指项目施工管理。

2. 施工现场管理的内容

（1）平面布置与管理

现场平面管理的经常性工作主要包括：根据不同时间和不同需要，结合实际情况，合理调整场地；做好土石方的平衡工作，规定各单位取弃土石方的地点，数量和运输路线；审批各单位在规定期限内，对清除障碍物，挖掘道路，断绝交通、断绝水电动力线路等申请报告；对运输大宗材料的车辆，作出妥善安排，避免拥挤堵塞交通；做好工地的测量工作，包括测定水平位置、高程和坡度，已完工工程量的测量和竣工图的测量等。

（2）建筑材料的计划安排、变更和储存管理

主要内容是：确定供料和用料目标；确定供料、用料方式及措施；组织材料及制品的采购、加工和储备，作好施工现场的进料安排；组织材料进场、保管及合理使用；完工后及时退料及办理结算等。

（3）合同管理工作

承包商与业主之间的合同管理工作的主要内容包括：合同分析；合同实施保证体系的建立；合同控制；施工索赔等。现场合同管理人员应及时填写并保存有关方面签证的文件。包括：业主负责供应的设备、材料进场时间及材料规格、数量和质量情况的备忘录；材料代用议定书；材料及混凝土试块试验单；完成工程记录和合同议事记录；经业主和设计单位签证的设计变更通知单；隐蔽工程检查验收记录；质量事故鉴定书及其采取的处理措施；合理化建议及节约分成协议书；中间交工工程验收文件；合同外工程及费用记录；与业主的来往信件、工程照片、各种进度报告；监理工程师签署的各种文件等。

承包商与分包商之间的合同管理工作主要是监督和协调现场分包商的施工活动，处理分包合同执行过程中所出现的问题。

（4）质量检查和管理

包括两个方面工作：第一，按照工程设计要求和国家有关技术规定，如施工及验收规范、技术操作规程等，对整个施工过程的各个工序环节进行有组织的工程质量检验工作，

不合格的建筑材料不能进入施工现场，不合格的分部分项工程不能转入下道工序施工。第二，采用全面质量管理的方法，进行施工质量分析，找出产生各种施工质量缺陷的原因，随时采取预防措施，减少或尽量避免工程质量事故的发生，把质量管理工作贯穿到工程施工全过程，形成一个完整的质量保证体系。

（5）安全管理与文明施工

安全生产是现场施工的重要控制目标之一，也是衡量施工现场管理水平的重要标志。主要内容包括：安全教育；建立安全管理制度；安全技术管理；安全检查与安全分析等。

文明施工是指在施工现场管理中，按照现代化施工的客观要求，使施工现场保持良好的施工环境和施工秩序。

（6）施工过程中的业务分析

为了达到对施工全过程控制，必须进行许多业务分析，如：施工质量情况分析；材料消耗情况分析；机械使用情况分析；成本费用情况分析；施工进度情况分析；安全施工情况分析等。

6.1.2　施工现场管理业务关系

1. 现场组织与公司的业务关系

在合同关系上，根据公司和项目经理签订的承包合同，公司与现场组织是平等的甲乙双方合同关系，但是在业务管理上，现场组织作为公司内部的一个管理层次，接受公司职能部门的业务指导。主要指导内容为：经济核算、材料供应关系、周转料具供应、预算、技术（质量、安全、测试等）工作、计划统计。

2. 现场组织与业主的业务关系

（1）施工准备阶段。项目经理作为公司在项目上的法定代表人应参与工程承包合同的洽谈和签订，熟悉各种洽谈记录和签订过程。在承包合同中应明确相互的权、责、利，业主要保证落实资金、材料、设计、建设场地和外部水、电、路，而项目经理部负责落实施工必需的劳动力、材料、机械、技术及场地准备等，项目经理部负责编制施工组织设计，并参加业主的施工组织设计审核会。开工条件落实后应及时提出开工报告。

（2）施工阶段。

① 材料、设备的交验。现场管理组织负责提出应由业主供应的材料、设备的供应计划，并根据有关规定对业主供应的材料、设备进行交接验收。供应到现场的各类物资必须在项目经理部调配下统一设库、统一保管、统一发料、统一加工、按规定结算。

② 进度控制。项目经理部应及时向业主提出施工进度计划表、月份施工作业计划、月份施工统计报表等，并接受业主的检查、监督。

③ 质量控制。项目组织应对质量严格要求，注意尊重业主的监督，对重要的隐蔽工程，如地槽及基础的质量检查，应请业主代表参加认证签字，认定合格后方可进入下道工序。对暖、卫、电、空调、电梯及设备安装等专业工程项目的质量验收，也应请业主代表参加。项目组织应及时向业主或业主代表提交材料报检单、进场设备报验单、施工放样报验单、隐蔽工程验收通知、工程质量事故报告等材料，以便业主代表对工程质量进行分析、监督和控制。

④ 合同关系。甲乙双方是平等的合同关系，双方都应真心诚意共同履约，一旦发生

合同问题，应分别情况按有关规定处理。施工期间，一般合同问题切忌诉讼，遇到非常棘手的合同问题，不妨暂时回避，等待时机，另谋良策。只有当对方严重违约而使自己的利益受到重大损失时才采用诉讼手段。

⑤ 签证问题。对较大的设计变更和材料代用，应经原设计部门签证，甲乙双方再根据签证文件办理工程增减，调整施工图预算。对于不可抗拒的灾害。国家规定的材料、设备价格的调整等，可商请业主代表签证、据以结算工程款。

⑥ 收付进度款。项目经理部应根据已完工程量及收费标准，计算已完工程价值，编制"工程价款结算单"和"已完工程月报表"，送交业主代表办理签证结算。业主应在合同规定的期限内办理完签证和支付手续。

（3）交工验收阶段。项目组织应按交工资料清单整理有关交工资料，验收后交业主保管。验收中项目组织应依据技术文件、承包合同、中检验收签证及验收规范，对业主提出的问题作出详细解释。对存在的问题，应采取补救措施，尽快达到设计、合同、规范要求。

3. 现场组织与建设监理的业务

监理单位与承包商都属于企业的性质，都是属于平等的主体。在工程项目建设上，他们之间没有合同。监理单位之所以对工程项目建设中的行为具有监理的身份，一是因为业主的授权，二是因为承包商在承包合同中也事先予以承认。项目经理部必须接受监理单位的监理，并为其开展工作提供方便，按照要求提供完整的原始记录、检测记录、技术及经济资料。

6.2 施工现场管理的业务内容

6.2.1 图纸会审

1. 图纸会审的一般程序

（1）图纸学习

了解设计意图、设计标准和规定，明确技术标准和施工工艺规程等有关技术问题。

（2）图纸审查

通过初审、会审、综合会审三级审查，完成相应图纸审查工作。

2. 图纸会审的主要内容

（1）图纸学习的主要内容

学习图纸时应掌握的主要内容包括以下几方面：

① 基础及地下室部分：留口留洞位置及标高，并核对建筑、结构、设备图之间的关系；下水及排水的方向；防水工程与管线的关系；变形缝及人防出口的做法、接头的关系；防水体系的包圈、收头要求等。

② 结构部分：各层砂浆、混凝土的强度要求；墙体、柱体的轴线关系；圈梁组合柱或现浇梁柱的节点做法和要求；连结筋和结构加筋的数量和关系，悬挑结构（牛腿、阳台、雨罩、挑檐等）的锚固要求；楼梯间的构造及钢筋的重点要求等。

③ 装修部分：材料、做法；土建与专业的洞口尺寸、位置等关系；结构施工应为装

修提供的条件（预埋件、预埋木砖、预留洞等）；防水节点的要求等。

图纸学习还应包括设计规定选用的标准图集和标准做法的学习。

（2）图纸审查的主要内容

① 设计图纸是否符合国家建筑方针、政策。

② 是否无证设计或越级设计；图纸是否经设计单位正式签署。

③ 地质勘探资料是否齐全。

④ 设计图纸与说明是否齐全；有无矛盾，规定是否明确。

⑤ 设计是否安全合理。

⑥ 核对设计是否符合施工条件。

⑦ 核对主要轴线、尺寸、位置、标高有无错误和遗漏。

⑧ 核对土建专业图纸与设备安装等专业图纸之间，以及图与表之间的规定和数据是否一致。

⑨ 核对材料品种、规格、数量能否满足要求。

⑩ 地基处理方法是否合理，建筑与结构构造是否存在不能施工、不便施工的技术问题，或容易导致质量、安全、工程费用增加等方面问题。

⑪设计地震烈度是否符合当地要求。

⑫防火、消防、环境卫生是否满足要求。

图纸会审中提出的技术难题，应同三方研究协商，拟定解决的办法，写出会议纪要。

3. 施工图纸管理

对施工图纸要统一由公司技术主管部门负责收发、登记、保管、回收。

6.2.2 合同管理与索赔

1. 现场合同管理工作

（1）合同分析

包括分析合同的法律基础、词语含义、双方权利和义务、合同价格、合同工期、质量保证、合同实施保证等。以及在工程项目结构分解，施工组织计划、施工方案和工程成本计划的基础上进行合同的详细分析。

（2）建立合同实施保证体系

① 组织项目管理人员和各工程小组负责人学习合同条文和合同总体分析结果，使大家熟悉合同中的主要内容、各规定、各种管理程序，了解承包合同的责任和工程范围，各种行为的法律后果等。

② 将各种合同事件的责任分解落实到各工程小组或分包商。并对这些活动实施的技术和法律问题进行解释和说明。

③ 合同责任的完成必须通过经济手段来保证。

④ 建立合同管理工作程序。

⑤ 定期和不定期协商会制度。

⑥ 施工过程中严格的检查验收制度。建立一整套质量检查和验收制度，是为了防止由于现场质量问题造成被监理工程师检查验收不合格，或试生产失败而承担违约责任。

⑦ 建立行文制度。承包商和业主、监理工程师、分包商之间的沟通都应以书面形式

进行，或以书面形式作为最终依据。

⑧ 建立必要的特殊工作程序。对一些经常性工作应订立专门工作程序，使合同管理工作有章可循。如图纸审批程序；变更程序；分包商的账单审查程序；分包商的索赔程序；工程问题的请示报告程序等。

⑨ 建立文档管理系统。

工程的原始资料在合同实施过程中产生，它必须由各职能人员、工程小组负责人、分包商提供。

2. 施工索赔的处理

（1）施工索赔程序

① 意向通知

一般索赔意向通知仅仅是表明意向，应写得简明扼要，涉及索赔内容但不涉及索赔数额，它通常包括以下几个方面的内容：事件发生的时间和情况简单描述；合同依据的条款和理由；有关后续资料的提供；对工程成本和工期产生的不利影响的严重程度，以期引起监理工程师（业主）的注意。

② 资料准备

施工索赔的成功很大程度上取决于承包商对索赔作出的解释和具有强有力的证明材料。

③ 索赔报告的提交

索赔报告是承包商向监理工程师（业主）提交的一份要求业主给予一定经济补偿和（或）延长工期的正式报告。正式报告应在意向通知提交后 28 天内提出。

（2）施工索赔应注意的问题

① 要及早发现索赔机会；

② 对口头变更指令要得到确认；

③ 索赔报告要准确无误，条理清楚；

④ 索赔要先易后难，有理有节；

⑤ 坚持采用"清理账目法"；

⑥ 注意同业主、监理工程师搞好关系；

⑦ 力争友好解决，防止对立情绪。

6.2.3　施工任务单的管理

1. 施工任务单内容

（1）任务单——是班组进行施工的主要依据，内容有工程项目、工程数量、劳动定额、计划工数、开完工日期、质量及完全要求等。

（2）小组记工单——是班组的考勤记录，也是班组分配计件工资或奖金的依据。

（3）限额领料卡——是班组完成任务的必须的材料限额，是班组领退材料和节约材料的凭证。

2. 施工任务单的作用

（1）是控制劳动力和材料消耗的手段。

（2）是检查形象进度的依据。

（3）是考核和计酬的依据。

（4）是分项、分部、单位工程核算的依据。

（5）是班组长指挥生产的依据。

3. 施工任务单的管理

（1）计时工必须严格控制。

（2）施工任务单的签发、结算、签证、审核、付款规范为：

① 签发：任务单必须由专业工长签发，注明分项名称、工程量、单价、复价、人工定额、工日、质量要求、安全措施、标准化文明施工要求等，力求准确全面。

② 结算：任务单当月结算（未完项目结转下月），先由专业工长（谁签发谁结算）结算，转材料员核实耗用；质量员、安全员评定质量安全状况，月底全面完成。

③ 签证和建立台账：预算员或核算员分项工程量，定额、人工数量并建立台账，正确无误后转给项目经理审核签证，次月 2 号完成。

④ 审核：所有任务单由劳资部门审核，次月 4 号完成。

⑤ 付款：前方班组执行内部单价。

6.2.4 施工现场技术与安全交底

1. 技术交底

（1）技术交底的程序

① 项目工程师向技术员、专业工长交底，并履行书面签证手续。

② 技术员、专业工长向班组长或班组成员交底。在施工任务单上反映出来，接受人签证。

③ 班组长向操作工人交底，多次数次口头交底。

（2）分项工程技术交底的主要内容

① 图纸要求：如设计要求（包括设计变更）中的重要尺寸，轴心及标高的注意要点，预留孔洞、预埋件的位置、规格、大小、数量等。

② 材料及配合比要求：如使用材料的品种、规格、质量要求等；配合比要求及操作要求，如水泥、砂、石、水、外加剂等在搅拌过程中入料顺序，计量方法、搅拌时间等的规定。

③ 按照施工组织设计的有关事项，说明施工顺序、施工方法、工序搭接等。

④ 提出质量、安全、节约的具体要求和措施。

⑤ 提出班组责任制的要求，班组工人要做到定员定岗、任务明确、相对稳定。

⑥ 提出克服质量通病的要求等，对本分项工程可能出现的质量通病提出预防的措施。

2. 安全交底

（1）施工质量安全交底

隐蔽工程交底主要内容见表 6-1。

隐蔽工程交底主要内容　　　　　　　　　　　　　　　　　表 6-1

项　目	交底内容
基础工程	土质情况、尺寸、标高、地基处理、打桩记录、桩位、数量
钢筋工程	钢筋品种、规格、数量、形状、位置、接头和材料代用情况
防水工程	防水层数、防水材料和施工质量
水电管线	位置、标高、接头、各种专业试验（如水管试压）、防腐等

（2）施工事故预防交底

主要内容有高处作业预防措施交底，脚手架支搭和防护措施交底，预防物体打击交底，各分部工程安全施工交底。

（3）施工用电安全交底

① 施工现场内一般不架裸导线，照明线路要按标准架设。

② 各种电器设备均要采取接零或接地保护。

③ 每台电气设备机械应分开关和熔断保险。

④ 使用电焊机要特别注意一、二次线的保护。

⑤ 凡移动式设备和手持电动工具均要在配电箱内装设漏电保护装置。

⑥ 现场和工厂中的非电气操作人员均不准乱动电气设备。

⑦ 任何单位、任何人都不准擅自指派无电工执照的人员进行电气设备的安装和维修等工作，不准强令电工从事违章冒险作业。

（4）工地防火安全交底

① 现场应划分用火作业区、易燃易爆材料区、生活区、按规定保持防水间距。

② 现场应有车辆循环通道，通道宽度不小于 3.5m，严禁占用场内通道堆放材料。

③ 现场应设专用消防用水管网，配备消防栓。

④ 现场临建设施、仓库、易燃料场和用火处要有足够的灭火工具和设备，对消防器材要有专人管理并定期检查。

⑤ 安装使用电器设备和使用明火时应注意的问题和要求。

⑥ 现场材料堆放的防火交底。

⑦ 现场中用易燃材料搭设工棚在使用时的要求交底。

⑧ 现场不同施工阶段的防火交底。

（5）现场治安工作交底

① 安全教育方面

a. 新工人入场必须进行入场教育和岗位安全教育。

b. 特殊工种如起重、电气、焊接、锅炉、潜水、驾驶等工人应进行相应的安全教育和技术训练，经考核合格，方准上岗操作。

c. 采用新施工方法、新结构、新设备前必须向工人进行安全交底。

d. 做好经常性安全教育，特别坚持班前安全教育。

e. 做好暑季、冬季、雨季、夜间等施工时节安全教育。

② 安全检查方面：

a. 针对高处作业、电气线路、机械动力等关键性作业进行检查，以防止高处坠落，机械伤人，触电等人身事故。

b. 根据施工特点进行检查，如吊装、爆破、防毒、防塌等检查。

c. 季节性检查，如防寒、防湿、防毒、防洪、防台风等检查。

d. 防火及其安全生产检查。

③ 现场治安管理方面：

a. 落实消防管理制度。

b. 加强对职工的法规、厂纪教育，减少职工违纪、违法犯罪。

c. 加强施工现场的保卫工作，建立严密的门卫制度，运出工地的材料和物品必须持出门证明，经查验后放行。

d. 落实施工现场的治安管理责任制。

6.3 施工现场组织和布置

6.3.1 施工现场调度

1. 施工现场调度工作的原则

① 一般工程服从于重点工程和竣工工程。

② 交用期限迟的工程，服从于交用期限早的工程。

③ 小型或结构简单的工程，服从于大型或结构复杂的工程。

④ 及时性、迅速性、果断性。

2. 施工现场调度工作的内容

（1）施工准备工作的调度

施工准备工作的调度要坚持：设计与施工结合、室内准备与室外准备结合、土建工程准备与专业工程准备结合、施工现场的准备与预制加工准备的结合、全场性的准备与分项工程的准备结合。

（2）劳动力和物资供应的调度

项目经理及各工长要随时检查施工进度过否满足工期要求，是否出现劳动力、机械和材料需要量有较大的不均衡现象。

（3）现场平面管理的调度

指在施工过程中对施工场地的布置进行合理的调节。

（4）现场技术管理的调度

在施工过程中，对技术管理的各个方面所做的调整和修改。

（5）施工安全及生产中薄弱环节的调度

在施工过程中，对施工安全和生产中薄弱环节的各个方面进行特别的调整和强调，保证工程的质量，保证施工人员的人身安全。

3. 施工现场调度的手段

施工现场调度的手段主要有：书面指示、工地会议、口头指示、文件运转等。

6.3.2 施工现场平面布置

1. 施工现场平面布置的原则

（1）在满足施工需要前提下，尽量减少施工用地，不占或少占农田，施工现场布置要紧凑合理。

（2）合理布置起重机械和各项施工设施，科学规划施工道路，尽量降低运输费用。

（3）科学确定施工区域和场地面积，尽量减少专业工种之间交叉作业。

（4）尽量利用永久性建筑物、构筑物或现有设施为施工服务，降低施工设施建造费用，尽量采用装配式施工设施，提高其安装速度。

（5）各项施工设施布置都要满足：有利生产、方便生活、安全防火和环境保护要求。

2. 施工现场平面布置的依据

（1）建设项目建筑总平面图、竖向布置图和地下设施布置图。

（2）建设项目施工部署和主要建筑物施工方案。

（3）建设项目施工总进度计划、施工总质量计划和施工总成本计划。

（4）建设项目施工总资源计划和施工设施计划。

（5）建设项目施工用地范围和水电源位置，以及项目安全施工和防火标准。

3. 施工现场平面布置内容

（1）建设项目施工用地范围内地形和等高线；全部地上、地下已有和拟建的建筑物、构筑物及其他设施位置和尺寸。

（2）全部拟建的建筑物、构筑物和其他基础设施的坐标网。

（3）为整个建设项目施工服务的施工设施布置，它包括生产性施工设施和生活性施工设施两类。

（4）建设项目施工必备的安全、防火和环境保护设施布置。

4. 施工现场平面布置设计步骤

（1）把场外交通引入现场

在设计施工现场平面布置方案时，必须从确定大宗材料、预制品和生产工艺设备运入施工现场的运输方式开始。当大宗施工物资由铁路运来时，必须解决如何引入铁路专用线问题；当大宗施工物资由公路运来时，必须解决好现场大型仓库、加工场与公路之间相互关系；当大宗施工物资由水路运来时，必须解决如何利用原有码头和要否增设新码头，以及大型仓库和加工场同码头关系问题。

（2）确定仓库和堆场位置

当采用铁路运输大宗施工物资时，中心仓库尽可能沿铁路专用线布置，并且在仓库前留有足够的装卸前线，否则要在铁路线附近设置转运仓库，而且该仓库要设置在工地同侧。当采用公路运输大宗施工物资时，中心仓库可布置在工地中心区或靠近使用地方，如不可能这样做时，也可将其布置在工地入口处。大宗地方材料的堆场或仓库，可布置在相应的搅拌站、预制场或加工场附近。当采用水路运输大宗施工物资时，要在码头附近设置转运仓库。工业项目的重型工艺设备，尽可运至车间附近的设备组装场停放，普通工艺设备可放在车间外围或其他空地上。

（3）确定搅拌站和加工场位置

当有混凝土专用运输设备时，可集中设置大型搅拌站，其位置可采用线性规划方法确定，否则就要分散设置小型搅拌站，它们的位置均应靠近使用地点或垂直运输设备。

各种加工场的布置均应以方便生产、安全防火、环境保护和运输费用少为原则。通常加工场宜集中布置在工地边缘处，并且将其与相应仓库或堆场布置在同一地区。

（4）确定场内运输道路位置

根据施工项目及其与堆场、仓库或加工场相应位置，认真研究它们之间物资转运路径和转运量，区分场内运输道路主次关系，优化确定场内运输道路主次和相互位置；要尽可能利用原有或拟建的永久道路；合理安排施工道路与场内地下管网间的施工顺序，保证场内运输道路时刻畅通；要科学确定场内运输道路宽度，合理选择运输道路的路面结构。

（5）确定生活性施工设施位置

全工地性的行政管理用房屋宜设在工地入口处，以便加强对外联系，当然也可以布置在比较中心地带，这样便于加强工地管理。工人居住用房屋宜布置在工地外围或其边缘处。文化福利用房屋最好设置在工人集中地方，或者工人必经之路附近的地方。生活性施工设施尽可能利用建设单位生活基地或其他永久性建筑物，其不足部分再按计划建造。

（6）确定水电管网和动力设施位置

根据施工现场具体条件，首先要确定水源和电源类型和供应量，然后确定引入现场后的主干管（线）和支干管（线）供应量和平面布置形式。根据建设项目规模大小，还要设置消防站、消防通道和消火栓。

第7章 施工信息管理

7.1 施工方信息管理任务

7.1.1 施工方信息管理的任务

项目信息是在项目运行和管理过程中直接和间接形成的各种数据、表格、图纸、文字、音像资料等。施工项目信息管理是在施工项目实施过程中对信息收集、整理、处理、存储与应用等过程进行管理。因此施工方信息管理的任务可归纳为如下：

（1）适应施工项目管理的需要，为预测未来和正确决策提供依据，提高施工管理水平；

（2）实现项目管理信息化；

（3）项目经理部及时收集信息，并将信息准确、完整地传递给使用单位、部门和人员；

（4）项目经理部应配备有资质的培训单位培训的信息管理人员，作为信息管理的专业人员；大型项目经理部，应设置信息管理职能部门或信息中心；

（5）项目经理部负责收集、整理、管理本项目范围内的信息，含汇总、整理各分包人的全部信息；

（6）项目信息收集应随工程的进展进行，保证真实、准确，及时整理，经有关负责人审核签字，完整储存。

7.1.2 施工方收集的项目信息分类

在实际工程项目施工过程中，存在海量的工程项目信息需要收集和处理，为了方便计算机管理项目信息，可采用如图 7-1 所示的项目信息分类执行。

7.2 施工文件档案管理

7.2.1 施工文件档案管理的内容

施工文件档案管理的主要内容包括：工程施工技术管理资料、工程质量控制资料、工程施工质量验收资料、竣工图四大部分。

1. 工程技术管理资料

（1）图纸会审记录文件

（2）工程开工报告相关资料（开工报审表、开工报告）

（3）技术、安全交底记录文件

（4）施工组织设计（项目管理规划）文件

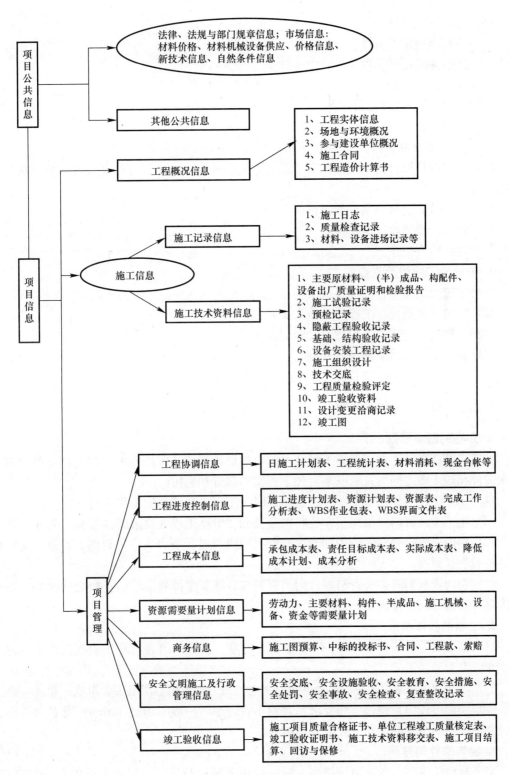

图 7-1　项目信息分类

（5）施工日志记录文件

（6）设计变更文件

（7）工程洽商记录文件

（8）工程测量记录文件

（9）施工记录文件

（10）工程质量事故记录文件

（11）工程竣工文件

2. 工程质量控制资料

（1）工程项目原材料、构配件、成品、半成品和设备的出厂合格证及进场检（试）验报告

（2）施工试验记录和见证检测报告

（3）隐蔽工程验收记录文件

（4）交接检查记录

3. 工程施工质量验收资料

（1）施工现场质量管理检查记录

（2）单位（子单位）工程质量竣工验收记录

（3）分部（子分部）工程质量验收记录文件

（4）分项工程质量验收记录文件

（5）检验批质量验收记录文件

7.2.2 施工文件的立卷

1. 立卷的基本原则

施工文件档案的立卷应遵循工程文件的自然形成规律，保持卷内工程前期文件、施工技术文件和竣工图之间的有机联系，便于档案的保管和利用。

（1）一个建设工程由多个单位工程组成时，工程文件按单位工程立卷。

（2）施工文件资料应根据工程资料的分类和"专业工程分类编码参考表"进行立卷。

（3）卷内资料排列顺序要依据卷内的资料构成而定，一般顺序为封面、目录、文件部分、备考表、封底。

（4）卷内资料若有多种资料时，同类资料按日期顺序排列，不同资料之间的排列顺序应按资料的编号顺序排列。

2. 立卷的具体要求

（1）施工文件可按单位工程、分部工程、专业、阶段等组卷，竣工验收文件按单位工程、专业组卷。

（2）竣工图可按单位工程、专业等进行组卷，每一专业根据图纸多少组成一卷或多卷。

（3）立卷过程中宜遵循下列要求：案卷不宜过厚，一般不超过 40mm；案卷内不应有重份文件，不同载体的文件一般应分别组卷。

3. 卷内文件的排列

文字材料按事项、专业顺序排列。同一事项的请示与批复、同一文件的印本与定稿、主件与附件不能分开，并按批复在前、请示在后，印本在前、定稿在后，主件在前、附件

在后的顺序排列。图纸按专业排列，同专业图纸按图号顺序排列。既有文字材料又有图纸的案卷，文字材料在前，图纸排后。

4. 案卷保管期限及密级

保管期限分为永久、长期、短期三中期限。其中：

永久是指工程档案需永久保存；长期是指工程档案的保存期限等于该工程的使用寿命；短期是指工程档案保存 20 年以下。

密级分为绝密、机密、秘密三中。同一案卷内有不同密级文件，应以高密级为本卷密级。

7.2.3　施工文件的归档

归档指文件形成单位完成其工作任务后，将形成的文件整理立卷后，按规定移交相关管理机构。

1. 施工文件的归档范围

对与工程建设有关的重要活动、记载工程建设主要过程和现状、具有保存价值的各种载体文件，均应收集齐全，整理立卷后归档。具体归档范围详见《建设工程文件归档整理规范》的要求。

2. 归档文件的质量要求

（1）归档的文件应为原件。

（2）工程文件的内容及其深度必须符合国家有关工程勘察、设计、施工、监理等方面的技术规范、标准和规程。

（3）工程文件的内容必须真实、准确，与工程实际相符合。

（4）工程文件应采用耐久性强的书写材料，如碳索墨水、蓝黑墨水，不得使用易褪色的书写材料，如：红色墨水、纯蓝墨水、圆珠笔、复写纸、铅笔等。

（5）工程文件应字迹清楚，图样清晰，图表整洁，签字盖章手续完备。

（6）工程文件文字材料幅面尺寸规格宜为 A4 幅面（297mm×210mm）。图纸宜采用国家标准图幅。

（7）工程文件的纸张应采用能够长期保存的韧力大、耐久性强的纸张。图纸一般采用蓝晒图，竣工图应是新蓝图。计算机出图必须清晰，不得使用计算机出图的复印件。

（8）所有竣工图均应加盖竣工图章。

1）竣工图章的基本内容应包括："竣工图"字样、施工单位、编制人、审核人、技术负责人、编制日期、监理单位、现场监理、总监理工程师。

2）竣工图章尺寸为：50mm×80mm。具体详见《建设工程文件归档整理规范》的竣工图章示例。

3）竣工图章应使用不易褪色的红印泥，应盖在图标栏上方空白处。

（9）利用施工图改绘竣工图，必须标明变更修改依据；凡施工图结构，工艺、平面布置等有重大改变，或变更部分超过图面 1/3 的，应当重新绘制竣工图。

3. 施工文件归档的时间和相关要求

（1）根据建设程序和工程特点，归档可以分阶段分期进行，也可以在单位或分部工程通过竣工验收后进行。

（2）施工单位应当在工程竣工验收前，将形成的有关工程档案向建设单位归档。

（3）施工单位在收齐工程文件整理立卷后，建设单位、监理单位应根据城建档案管理机构的要求对档案文件完整、准确、系统情况和案卷质量进行审查。审查合格后向建设单位移交。

（4）工程档案一般不少于两套，一套由建设单位保管，一套（原件）移交当地城建档案馆（室）。

（5）施工单位向建设单位移交档案时，应编制移交清单，双方签字、盖章后方可交接。

参 考 文 献

[1] 建筑施工技术. 第四版. 姚谨英主编. 北京：中国建筑工业出版社，2012
[2] 建筑施工技术. 第2版. 宁仁岐主编. 北京：高等教育出版社，2011
[3] 土木工程施工. 第2版. 郭正兴主编. 南京：东南大学出版社，2012
[4] 建筑施工技术. 第2版. 应惠清主编. 北京：高等教育出版社，2011
[5] 建筑施工技术. 第四版. 陈守兰主编. 北京：科学出版社，2011
[6] 建筑施工手册. 第五版. 编写组. 北京：中国建筑工业出版社，2012
[7] 建筑工程施工质量检查与验收土建施工专业分册. 金孝权、冯成编著. 南京：东南大学出版社，
     2013
[8] 中华人民共和国建设部. JGJ120—99 建筑基坑支护技术规程［S］. 北京：中国建筑工业出版社，
     2005
[9] 中华人民共和国住房和城乡建设部. GB50496—2009 大体积混凝土施工规范［S］. 北京：中国建筑
     工业出版社，2009
[10] 中华人民共和国住房和城乡建设部. JGJ/T 187—2009 塔式起重机混凝土基础工程技术规程［S］.
      北京：中国建筑工业出版社，2009
[11] 项建国. 建筑工程施工项目管理. 北京：中国建筑工业出版社，2005
[12] 邓小平. 建筑工程项目管理. 北京：高等教育出版社，2002
[13] 全国二级建造师执业资格考试用书编写委员会. 建设工程施工管理. 北京：中国建筑工业出版社，
      2007
[14] 银花. 建筑工程项目管理. 北京：机械工业出版社，2011
[15] 李玉芬，高宁. 建筑工程项目管理. 北京：机械工业出版社，2011
[16] 成虎，陈群. 工程项目管理. 北京：中国建筑工业出版社，2009
[17] 陆惠民，苏振民，王延树. 工程项目管理（第二版）. 南京：东南大学出版社，2010
[18] 全国一级建造师执业资格考试用书编写委员会. 建设工程项目管理. 北京：中国建筑工业出版社，
      2011
[19] 全国二级建造师执业资格考试用书编写委员会. 建设工程施工管理. 北京：中国建筑工业出版社，
      2011